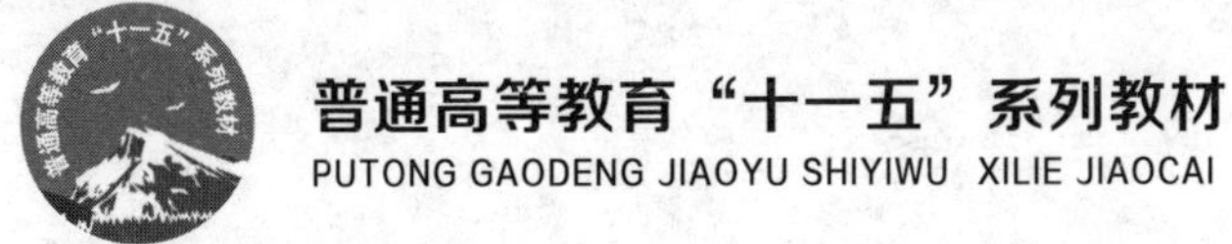

普通高等教育"十一五"系列教材

PUTONG GAODENG JIAOYU SHIYIWU XILIE JIAOCAI

电力系统分析要点与习题

（第二版）

主　编　韦　钢

编　写　符　杨　曹　炜　阎晓霞

主　审　陆敏政

中国电力出版社

CHINA ELECTRIC POWER PRESS

内 容 提 要

本书为普通高等教育“十一五”系列教材。

本书共十一章，主要内容包括电力系统等值电路、电力系统潮流分布计算、电力系统有功功率平衡及频率调整、电力系统无功功率平衡及电压调整、电力系统经济运行、同步发电机基本方程及三相短路分析计算、电力系统三相短路实用计算、电力系统不对称故障分析计算、电力系统的电磁功率特性、电力系统的静态稳定性、电力系统的暂态稳定性等。

本书主要作为普通高等学校电气信息类相关专业的本科辅导教材，也可作为高职高专相关专业的辅导教材，还可作为考研学生和工程技术人员的参考用书。

图书在版编目（CIP）数据

电力系统分析要点与习题/韦钢主编．—2版．—北京：中国电力出版社，2008.5（2025.1重印）

普通高等教育“十一五”规划教材

ISBN 978-7-5083-6834-4

Ⅰ．电… Ⅱ．韦… Ⅲ．电力系统—分析—高等学校—教学参考资料 Ⅳ．TM711

中国版本图书馆CIP数据核字（2008）第034385号

出版发行：中国电力出版社
地　　址：北京市东城区北京站西街19号（邮政编码100005）
网　　址：http://www.cepp.sgcc.com.cn
责任编辑：乔　莉（010－63412542）
责任校对：黄　蓓
装帧设计：赵丽媛
责任印制：钱兴根

印　　刷：三河市航远印刷有限公司
版　　次：2004年9月第一版　2008年5月第二版
印　　次：2025年1月北京第二十三次印刷
开　　本：787毫米×1092毫米　16开本
印　　张：19.25
字　　数：468千字
定　　价：36.00元

前　言

本书是普通高等学校电气工程及其自动化专业主干课程“电力系统分析”的辅助教材。全书共分十一章：电力系统等值电路、电力系统潮流分布计算、电力系统有功功率平衡及频率调整、电力系统无功功率平衡及电压调整、电力系统经济运行、同步发电机基本方程及三相短路分析计算、电力系统三相短路实用计算、电力系统不对称故障分析计算、电力系统的电磁功率特性、电力系统的静态稳定性、电力系统的暂态稳定性性，包括了本课程教学要求的所有内容。每一章的内容均由三部分构成。①内容要点：总结归纳本章节的主要知识点、分析计算方法和步骤，并阐述了易于困惑的难点。②例题分析：规范的详解本章内容的典型例题（即有局部性的小型例题，又有一定深度的综合例题），帮助学生提高解题能力，更好地掌握工程计算方法。③思考题与习题：汇编了一定数量的思考题，引导学生领会和思考本章内容的物理概念，丰富的习题供学生操练和巩固所学的知识，并附有习题的参考答案。

本书由上海电力学院韦钢担任主编。参加编写工作的有：上海电力学院的韦钢教授（第一、七、八章），符杨教授（第九、十、十一章），曹炜副教授（第二、六章）、山西大学工程学院的阎晓霞副教授（第三、四、五章）。上海电力学院的陆敏政教授担任本书的主审。

在本书的编写过程中参考了许多同类教材和相关书目，在此向本书所引用参考书目的作者表示衷心感谢。本书的编写和验算还得到段建明、张美霞等老师，以及贺静、张子阳等研究生的帮助，在此也一并表示感谢。

由于编者水平有限，以及大量习题的验算工作，因此书中错误和不妥之处在所难免，恳请广大读者提出宝贵意见。

编　者

2008 年 3 月

目　录

第一章　电力系统等值电路

内 容 要 点

电力系统运行状态的分析研究，主要有两种方法。一种是物理模拟方法，即通过实测或等效模拟系统的实验来进行分析研究。另一种是数学模拟方法，其主要步骤为：①建立描述电力系统各种运行状态的数学模型（即数学方程）；②用数学方法和计算工具求解所建立的数学模型，求得在各种状态下的运行参数；③对求得的结果进行验证分析。随着计算机技术的发展，用数学模拟的方法进行电力系统分析研究，已越来越精确和全面。本课程主要介绍的是采用数学模拟的方法来分析和研究电力系统。

不论是根据电路理论的基本关系来推算电力系统的运行参数（通常指的"手算"方法），还是使用计算机来进行电力系统的分析计算，电力系统各元件及其连接方式，都必须用"等值电路"来表示。因此，在进行电力系统分析研究时，首先要研究电力系统各元件的电气参数和等值电路，以及整个电力系统的等值电路。

本章内容主要针对电力系统稳态（正常运行状态）时的等值电路（序参数及其等值电路将在后述）。电力系统在正常运行状态（稳态）时，可以认为三相是对称的。因此，在分析计算时只需要采用一相等值电路。

在进行电力系统各元件参数计算时，认为系统的频率保持恒定，即不计参数的频率特性。

一、输电线路的参数及等值电路

1. 单位长度的线路参数

（1）电阻

$$r_1=\frac{\rho}{S}\quad(\Omega/\text{km})\tag{1-1}$$

式中　ρ——导线电阻率，$\Omega\cdot\text{mm}^2/\text{km}$；

S——导线载流部分截面积，mm^2。

（2）电抗

$$X_1=0.1445\lg\frac{D_m}{r}+0.0157(\Omega/\text{km})\tag{1-2}$$

分裂导线

$$X_1=0.1445\lg\frac{D_m}{r_e}+\frac{0.0157}{n}(\Omega/\text{km})$$

式中　D_m——三相导线重心几何均距，m；

r——导线半径；

r_e——等效半径，m，$r_e=\sqrt[n]{r\cdot d^{n-1}}$。

（3）电纳

$$b_1=\frac{7.58}{\lg(D_m/r)}\times10^{-6}(\text{s/km})\tag{1-3}$$

（4）电导

$$g_1=\frac{\Delta P_g}{U_L^2}(\text{S/km}) \tag{1-4}$$

式中 ΔP_g——三相线路单位长度电晕损耗；

U_L——线路运行电压。

工程计算中常忽略电导，即 $g_1=0$。

2. 输电线路参数及等值电路

各种电压等级的输电线路，可以采用集中参数表示的 π 型等值电路，如图 1-1 所示。

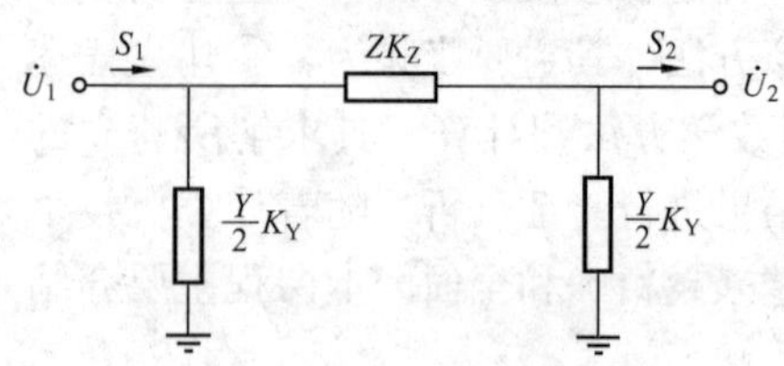

图 1-1 输电线路等值电路

$$Z=(r_1+jx_1)l=R+jx(\Omega)$$

$$Y=(g_1+jb_1)l=G+jB(\text{S})$$

K_Z、K_Y 称为阻抗、导纳修正系数。在工程计算中，可以根据输电线路的电压等级和长度，选取不同的修正系数。

（1）750km 以上架空线（通常 330kV 以上电压等级）或 300km 以上的电缆线路

$$K_Z=\frac{\text{sh}\sqrt{Z\cdot Y}}{\sqrt{Z\cdot Y}}$$

$$K_Y=\frac{2(\text{ch}\sqrt{Z\cdot Y}-1)}{\sqrt{ZY}\cdot\text{sh}\sqrt{Z\cdot Y}}$$

（2）300～750km 的架空线（通常 220kV 以上电压等级）或 100～300km 的电缆线路。

图 1-1 中，$K_Z Z=K_r R+jK_x X$；$K_Y\dfrac{Y}{2}=K_g\dfrac{G}{2}+jK_b\dfrac{B}{2}$。此时取

$$K_r=1-\frac{l^2}{3}x_1b_1$$

$$K_x=1-\frac{l^2}{6}\left(x_1b_1-\frac{r_1^2b_1}{x_1}\right)$$

$$K_g=0$$

$$K_b=1+\frac{l^2}{12}x_1b_1$$

（3）一般 35～220kV 的架空线，或 100km 以下的电缆线路

$$K_Z=1$$

$$K_Y=1$$

（4）35kV 以下的架空线，可以近似略去导纳支路

$$K_Z=1$$

$$K_Y=\infty$$

二、变压器参数及等值电路

（1）双绕组变压器。

1）归算到一个电压等级的等值电路，如图 1-2 所示。

$$Z_T=R_T+jX_T=\frac{\Delta P_k\cdot U_N^2}{1000\cdot S_N^2}+j\frac{U_k\%\cdot U_N^2}{100\cdot S_N}(\Omega) \tag{1-5}$$

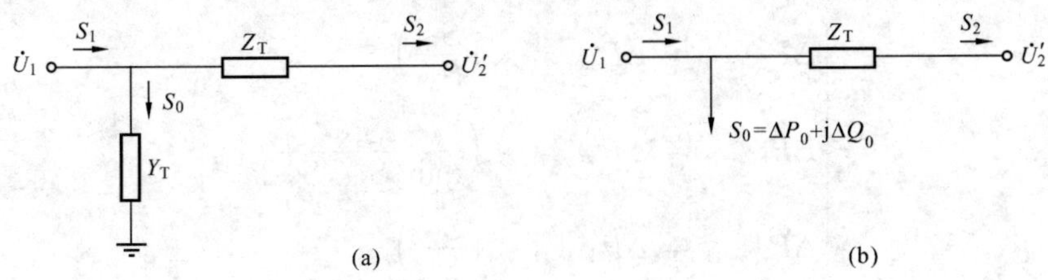

图 1-2　双绕组变压器等值电路

（a）励磁支路以导纳表示；（b）励磁支路以功率表示

$$Y_T = G_T - jB_T = \frac{\Delta P_0}{1000 \cdot U_N^2} - j\frac{I_0\% \cdot S_N}{100 \cdot U_N^2}(S) \tag{1-6}$$

式中单位为：U_N—kV，S_N—MVA，ΔP_k 和 ΔP_0—kW。

2）多电压等级（保留原电压等级）的等值电路，如图 1-3 所示。K 为理想变压器变比。

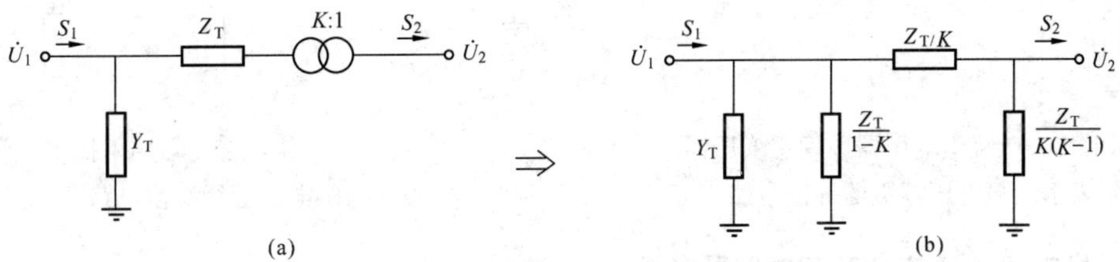

图 1-3　双绕组变压器多电压级表示等值电路

（a）用接入理想变压器表示的多电压级等值电路；（b）用阻抗表示的多电压级变压器等值电路

（2）三绕组变压器：

1）归算到一个电压等级的等值电路，如图 1-4 所示。

$$Z_{Ti} = R_{Ti} + jX_{Ti} = \frac{\Delta P_{ki} \cdot U_N^2}{1000 \cdot S_N^2} + j\frac{U_{ki}\% \cdot U_N^2}{100 \cdot S_N}(\Omega) \quad (i = 1,2,3) \tag{1-7}$$

$$Y_T = G_T - jB_T = \frac{\Delta P_0}{1000 \cdot U_N^2} - j\frac{I_0\% \cdot S_N}{100 \cdot U_N^2}(S) \tag{1-8}$$

其中

$$\begin{cases} \Delta P_{k1} = \frac{1}{2}\left[\Delta P_{k(1-2)} + \Delta P_{k(3-1)} - \Delta P_{(2-3)}\right] \\ \Delta P_{k2} = \frac{1}{2}\left[\Delta P_{k(1-2)} + \Delta P_{k(2-3)} - \Delta P_{(3-1)}\right] \\ \Delta P_{k3} = \frac{1}{2}\left[\Delta P_{k(3-1)} + \Delta P_{k(2-3)} - \Delta P_{(1-2)}\right] \end{cases}$$

$$\begin{cases} U_{k1}\% = \frac{1}{2}\left[U_{k(1-2)}\% + U_{k(3-1)}\% - U_{k(2-3)}\%\right] \\ U_{k2}\% = \frac{1}{2}\left[U_{k(1-2)}\% + U_{k(2-3)}\% - U_{k(3-1)}\%\right] \\ U_{k3}\% = \frac{1}{2}\left[U_{k(3-1)}\% + U_{k(2-3)}\% - U_{k(2-1)}\%\right] \end{cases}$$

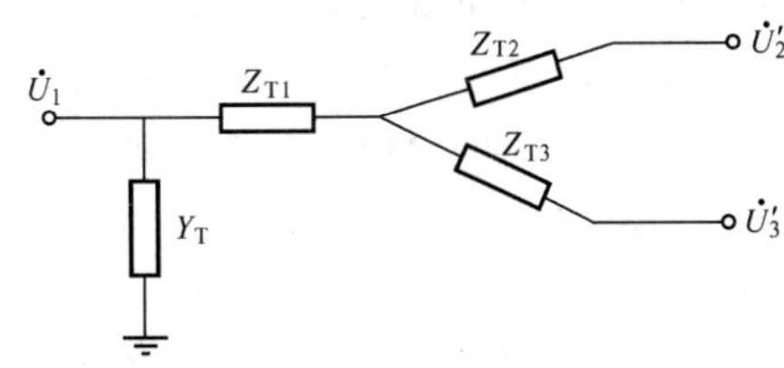

图 1-4　三绕组变压器等值电路

注意：当三绕组变压器容量比不同时，要进行容量换算。

$$\begin{cases}\Delta P_{k(1-2)} = \Delta P'_{k(1-2)} \times \left(\dfrac{S_{1N}}{S_{2N}}\right)^2 \\ \Delta P_{k(2-3)} = \Delta P'_{k(2-3)} \times \left(\dfrac{S_{1N}}{\min\{S_{2N}, S_{3N}\}}\right)^2 \\ \Delta P_{k(3-1)} = \Delta P'_{k(3-1)} \times \left(\dfrac{S_{1N}}{S_{3N}}\right)^2\end{cases}$$

2）多电压等级的等值电路，如图 1-5、图 1-6 所示（K_{12}，K_{13}为理想变压器变比）。

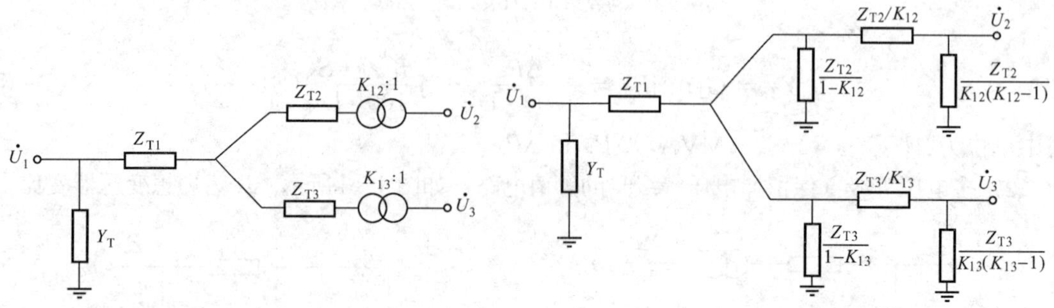

图 1-5　三绕组变压器用理想变压器表示的多电压等级的等值电路

图 1-6　三绕组变压器用阻抗表示的多电压等级等值电路

三、发电机、负荷的等值电路及参数

1. 发电机

发电机等值电路如图 1-7（b）所示。

$$\dot{E}_G = \dot{U}_G + \dot{I}_G \cdot \dot{Z}_G \tag{1-9}$$

2. 负荷

负荷等值电路，稳态计算时常用恒定功率或恒定阻抗表示，如图 1-8 所示。

$$S_L = P_L + jQ_L \qquad Z_L = \frac{U_L^2}{S_L^2} \cdot P_L + j\frac{U_L^2}{S_L^2} \cdot Q_L = R_L + jX_L \tag{1-10}$$

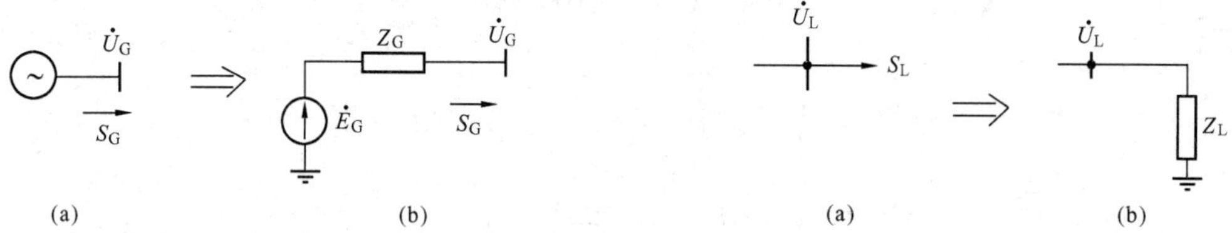

图 1-7　发电机等值电路
（a）原始电路；（b）等值电路

图 1-8　负荷的等值电路
（a）以恒定功率表示；（b）以恒定阻抗表示

四、电力系统的等值电路

电力系统是由发电机、变压器、输电线路、负荷等元件连接而成的，并具有多个电压等级。在电力系统分析计算中，通常可以用两类等值电路表示：一类是对应于一个电压等级的等值电路（“手算”时常采用）；另一类是对应于多个电压等级的等值电路（“计算机计算”时常采用）。

1. 对应于一个电压等级的等值电路

将电力系统各元件的等值电路按其接线的形式连接起来，即得到该系统的等值电路。其参数有两种表示形式：有名值表示和标幺值表示。

（1）有名值表示的等值电路。首先确定一个基本电压级（等值电路对应的电压级），而后将所有元件的参数均归算到对应于该电压级（归算时，变压器的变比取基本级与待归算级电压之比）。

$$\begin{cases} Z' = Z \times (K_1 \cdot K_2 \cdots K_n)^2 \\ Y' = Y \times \left(\dfrac{1}{K_1} \cdot \dfrac{1}{K_2} \cdots \dfrac{1}{K_n}\right)^2 \\ U' = U \times (K_1 \cdot K_2 \cdots K_n) \\ I' = I \times \left(\dfrac{1}{K_1} \cdot \dfrac{1}{K_2} \cdots \dfrac{1}{K_n}\right) \end{cases}$$

（2）标幺值表示的等值电路

$$\text{标幺值} = \frac{\text{实际有名值（任意单位）}}{\text{基准值（与有名值同单位）}}$$

计算用标幺值表示的电力系统等值电路中的参数，可以有两种途径。

1）将各元件参数的有名值先归算到基本级，再除以对应基本级的基准值。其特点是：有统一的基准值，但众多参数的归算较繁。另外，计算得到各支路电流、各节点电压的标幺值后，还必须归回原电压等级。

2）在确定了基本级的基准值之后，按变压器的实际变比归算，求出对应于各电压级的基准值，然后再将未经归算的各元件有名值参数除以自身电压级的基准值。其特点是：各电压级的基准值不同，但参数不必归算。计算结果化成有名值时只要将标幺值乘以自身电压级的基准值即可。

2. 对应于多个电压等级的等值电路

此种等值电路在将各元件等值电路连接起来时，只需将变压器等值电路采用多电压级的等值电路表示（即 π 型等值电路）即可。此时，所有电压等级的参数均不必进行归算。

3. 近似计算时电力系统等值电路的简化

电力系统稳态计算时，不论是采用有名值制还是标幺制，在各元件参数计算或电压级的归算中，均是采用各元件的额定电压和变压器的额定变比，由此得到的等值电路称为精确计算的等值电路。

在电力系统的故障计算时，为了简化计算，在满足工程对精度要求的前提下，允许对各元件的参数计算和等值电路作某些简化，即所谓的“近似”计算。近似计算主要指的是：①在元件参数的计算和归算（所有变压器的变比）以及标幺制的基准值选取等，所有用到的电压均可采用对应电压等级的平均额定电压来进行计算。②忽略不计各元件阻抗参数中的电阻，以及对地的导纳支路。

例 题 分 析

【例 1-1】 有一长度为 100km 的 110kV 输电线路，导线型号为 LGJ－185，导线水平排列，相间距离为 4m，求线路参数及输电线路的等值电路。

解 线路单位长度电阻为

$$r_1=\frac{\rho}{S}=\frac{31.5}{185}=0.17(\Omega/\mathrm{km})$$

由手册查得 LGJ－185 的计算直径为 19mm，三相导线的几何均距为

$$D_m=\sqrt{D_{ab}D_{bc}D_{ca}}=\sqrt[3]{2\times4000^3}=5040(\mathrm{mm})$$

线路单位长度电抗为

$$x_1=0.1445\lg\frac{D_m}{r}+0.0157=0.1445\lg\frac{5040}{0.5\times1.9}+0.0157=0.409(\Omega/\mathrm{km})$$

线路单位长度电纳为

$$b_1=\frac{7.58\times10^{-6}}{\lg\frac{D_m}{r}}=\frac{7.58\times10^{-6}}{\lg\frac{5040}{0.5\times19}}=2.78\times10^{-6}(\mathrm{S/km})$$

不计电导参数，全线路的集中参数为

$$Z=(r_1+\mathrm{j}x_1)\ l=100\times(0.17\times \mathrm{j}0.409)=17+\mathrm{j}40.9(\Omega)$$

$$Y=\mathrm{j}b_1l=\mathrm{j}2.78\times10^{-6}\times100=\mathrm{j}278\times10^{-6}(\mathrm{S})$$

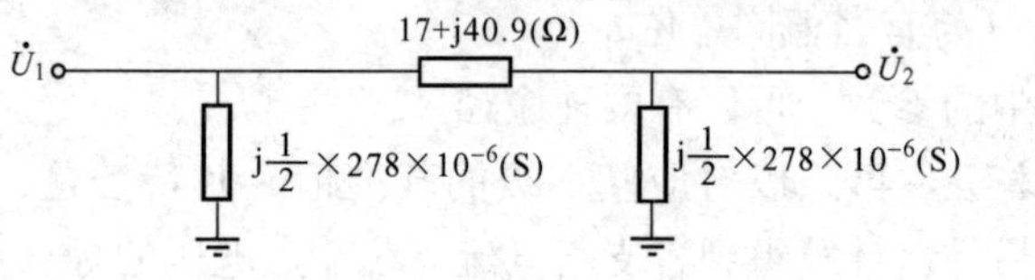

图 1-9　线路等值电路

该线路等值电路的修正系数应取为：$K_Z=1$、$K_Y=1$，则等值电路如图 1-9 所示。

【例 1-2】 有一台 SFL1－20000/110 型降压变压器向 10kV 网络供电。铭牌上给出的试验数据为：$\Delta P_k=135\mathrm{kW}$，$u_k\%=10.5$，$\Delta P_0=22\mathrm{kW}$，$I_0\%=0.8$，$K=110/11$，试求归算到高压侧的变压器参数，并作等值电路。

解　归算到高压侧的变压器等值电路如图 1-10 所示。参数为

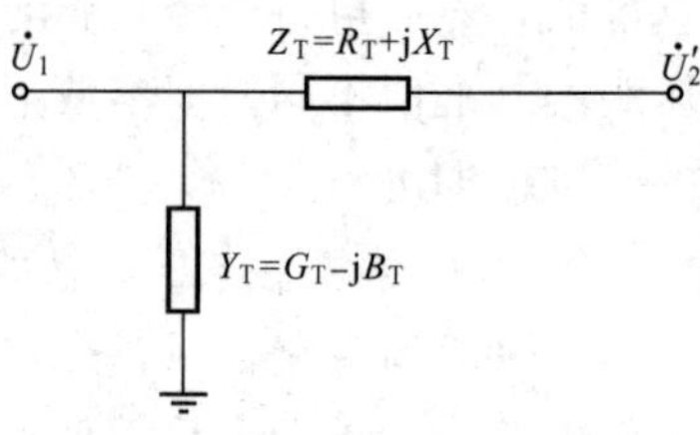

图 1-10　变压器等值电路

$$R_T=\frac{\Delta P_k\cdot U_N^2}{1000\cdot S_N^2}=\frac{135\times110^2}{1000\times20^2}=4.08(\Omega)$$

$$X_T=\frac{u_k\%\cdot U_N^2}{100\cdot S_N}=\frac{10.5\times110^2}{100\times20}=63.52(\Omega)$$

$$G_T=\frac{\Delta P_0}{100\cdot U_N^2}=\frac{22}{100\times110^2}=1.82\times10^{-6}(\mathrm{S})$$

$$B_T=\frac{I_0\%\cdot S_N}{100\cdot U_N^2}=\frac{0.8\times20}{100\times110^2}=13.2\times10^{-6}(\mathrm{S})$$

【例 1-3】 有一条长度为 400km 的 330kV 架空输电线路，导线水平排列，相间距离 8m，每相采用 2×LGJQ－300 分裂导线，分裂间距为 400mm，试求线路参数及等值电路。

解　线路单位长度电阻为

$$r_1=\frac{\rho}{S}=\frac{31.5}{2\times300}=0.053(\Omega/\mathrm{km})$$

由手册查得 LGJQ－300 导线的计算直径为 23.5mm，分裂导线三相几何均距为

$$D_m=\sqrt[3]{D_{ab}D_{bc}D_{ca}}=\sqrt[3]{2\times8000^3}=10079(\mathrm{mm})$$

每相导线的等值半径为

$$r_e = \sqrt[n]{r \times d_{n-1}} = \sqrt[2]{\frac{23.5}{2} \times 400} = 68.56(\text{mm})$$

线路单位长度电抗为

$$x_1 = 0.1445\lg\frac{D_m}{r_n} + \frac{0.0157}{n} = 0.1445\lg\frac{10079}{68.56} + \frac{0.0157}{2} = 0.31(\Omega/\text{km})$$

线路单位长度的电纳为

$$b_1 = \frac{7.58 \times 10^{-6}}{\lg\dfrac{D_m}{r_e}} = \frac{7.58 \times 10^{-6}}{\lg\dfrac{10079}{68.56}} = 3.5 \times 10^{-6}(\text{S/km})$$

不计电导，全线路集中参数为

$$R = r_1 l = 0.053 \times 400 = 21.2(\Omega)$$

$$X = x_1 l = 0.31 \times 400 = 124(\Omega)$$

$$B = b_1 l = 3.5 \times 10^{-6} \times 400 = 14 \times 10^{-4}(\text{S})$$

该线路等值电路的修正系数应取为

$$K_r = 1 - \frac{l^2}{3}x_1 b_1 = 1 - \frac{400^2}{3} \times 0.31 \times 3.5 \times 10^{-6} = 0.942$$

$$K_x = 1 - \frac{l^2}{6}\left(x_1 b_1 - \frac{r_1^2 b_1}{x_1}\right) = 1 - \frac{400^2}{6} \times \left(0.31 \times 3.5 \times 10^{-6} - \frac{0.053^2 \times 3.5 \times 10^{-6}}{0.31}\right) = 0.972$$

$$K_b = 1 + \frac{l^2}{12}x_1 b_1 = 1 + \frac{400^2}{12} \times 0.31 \times 3.5 \times 10^{-6} = 1.0145$$

则

$$K_r R + jK_x X = 0.942 \times 21.2 + j0.972 \times 124 = 19.97 + j120.5(\Omega)$$

$$j\frac{1}{2}K_b B = j\frac{1}{2} \times 1.0145 \times 14 \times 10^{-4} = j7.1 \times 10^{-4}(\text{S})$$

因此本例题的输电线路可以用如图 1-11 所示等值电路表示。

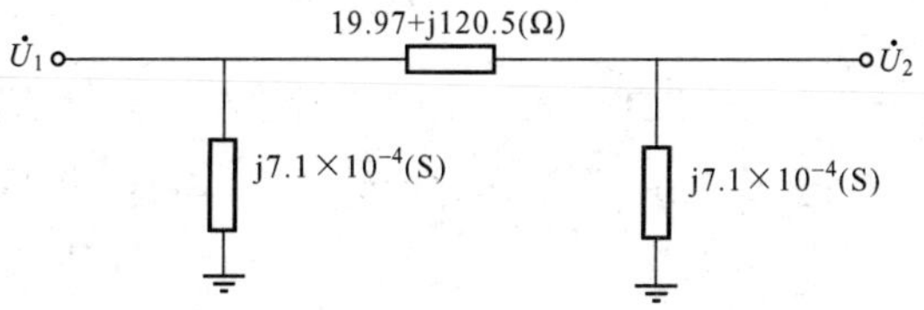

图 1-11 等值电路

【例 1-4】 如图 1-12（a）所示双绕组变压器，铭牌上给出的试验数据为：$\Delta P_k=135\text{kW}$，$u_k\%=10.5$，$\Delta P_0=22\text{kW}$，$I_0\%=0.8$，$K=110/11$，$S_N=20\text{MVA}$。试作：①变压器阻抗 Z_T 归算到高压侧时的 π 型等值电路；②变压器阻抗 Z_T 归算到低压侧时的 π 型等值电路。

解 （1）作图 1-12（a）变压器的等值电路如图 1-12（b）所示。可以计算得到

$$Z_T = \frac{\Delta P_k \cdot U_N^2}{1000 \cdot S_N^2} + j\frac{u_k\% \cdot U_N^2}{100 \cdot S_N} = 4.08 + j63.52(\Omega)$$

$$Y_T = \frac{\Delta P_0}{1000 \cdot U_N^2} - j\frac{I_0\% \cdot S_N}{100 \cdot U_N^2} = (1.82 - 13.2) \times 10^{-6}(\text{S})$$

$$Z_{12} = Z_T/K = (4.08 + j63.52)/10 = 0.408 + j6.352(\Omega)$$

$$Z_{10} = Z_T/(1-K) = (4.08 + j63.52)/(1-10) = -0.45 - j7.06(\Omega)$$

$$Z_{20} = Z_T/[K(K-1)] = (4.08 + j63.52)/[10 \times (10-1)] = 0.045 + j0.706(\Omega)$$

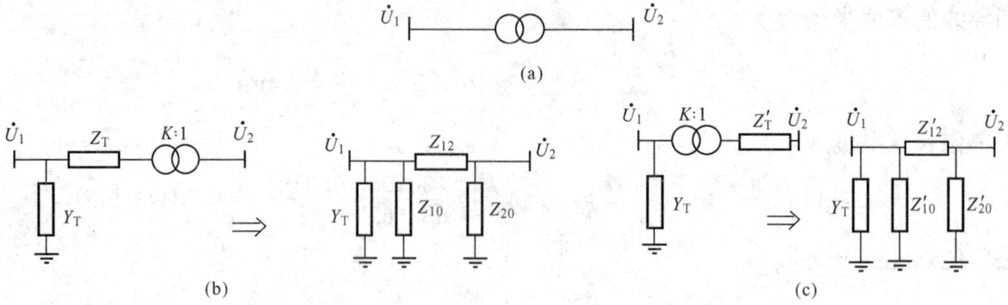

图 1-12　变压器 π 型等值电路

（2）作图 1-12（a）变压器等值电路如图 1-12（c）所示，可以计算得到

$$Z'_T = Z_T/K^2 = 0.0408 + j0.6352(\Omega)$$

$$Z'_{12} = KZ'_T = K \times Z_T/K^2 = Z_T/K = 0.408 + j6.352(\Omega)$$

$$Z'_{10} = \frac{K^2 Z'_T}{1-K} = \frac{K^2 \times Z_T/K^2}{1-K} = Z_T/(1-K) = -0.45 - j7.06(\Omega)$$

$$Z'_{20} = \frac{KZ'_T}{K-1} = \frac{K \times Z_T/K^2}{K-1} = Z_T/[K(K-1)] = 0.045 + j0.706(\Omega)$$

可见（1）和（2）的计算结果完全相同。

【例 1-5】 三相变压器型号为 SFSL－20000，变比为 110/38.5/10.5，容量比为 100/100/50。ΔP_{kmax}＝185kW，ΔP_0＝52.6kW，$I_0\%$＝3.6，$u_{k(1-2)}\%$＝10.5、$u_{k(1-3)}\%$＝17.5、$u_{k(2-3)}\%$＝6.5。计算变压器参数，并作等值电路。

解　已知三绕组变压器的最大短路损耗 ΔP_{kmax}，是指两个 100%容量绕组中流过额定电流，另一个 100%或 50%容量绕组空载时的损耗。由这个 ΔP_{kmax} 可以求得两个 100%容量绕组的电阻。然后根据“按同一电流密度选择各绕组导线截面积”的变压器设计原则，可得另一个 100%容量绕组的电阻——就等于这两个绕组之一的电阻，或另一个 50%容量绕组的电阻——就等于这两个绕组之一电阻的二倍，即

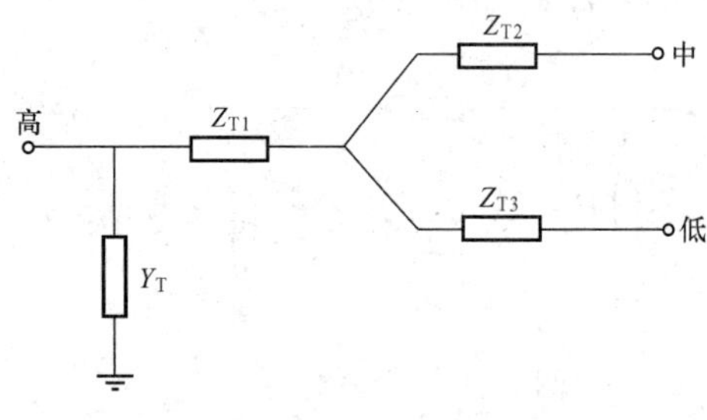

图 1-13　变压器等值电路

$$R_{T(100\%)} = \frac{\Delta P_{kmax} \cdot U_N^2}{2000 \cdot S_N^2}$$

$$R_{T(50\%)} = 2R_{T(100\%)}$$

因此，作变压器的等值电路如图 1-13 所示。

变压器参数为

$$Y_T = G_T - jB_T = \frac{\Delta P_0}{1000 \cdot U_N^2} - j\frac{I_0\% \cdot S_N}{100 \cdot U_N^2}$$

$$= \frac{52.6}{1000 \times 110^2} - j\frac{3.6 \times 20}{100 \times 110^2} = (4.3 - j59.5) \times 10^{-6}(\text{S})$$

$$R_{T1} = \frac{\Delta P_{kmax} \cdot U_N^2}{2000 \cdot S_N^2} = \frac{185 \times 110^2}{2000 \times 20^2} = 2.8(\Omega)$$

$$R_{T2} = R_{T1} = 2.8(\Omega)$$

$$R_{T3} = 2R_{T1} = 5.6(\Omega)$$

$$u_{k1}\% = \frac{1}{2}[u_{k(1-2)}\% + u_{k(1-3)}\% - u_{k(2-3)}\%] = \frac{1}{2}[10.5 + 17.5 - 6.5] = 10.75$$

$$u_{k2}\% = \frac{1}{2}[u_{k(1-2)}\% + u_{k(2-3)}\% - u_{k(1-3)}\%] = \frac{1}{2}[10.5 + 6.5 - 17.5] = -0.25$$

$$u_{k3}\% = \frac{1}{2}[u_{k(2-3)}\% + u_{k(1-3)}\% - u_{k(1-2)}\%] = \frac{1}{2}[17.5 + 6.5 - 10.5] = 6.75$$

$$X_{T1} = \frac{u_{k1}\% \cdot U_N^2}{100 \cdot S_N} = \frac{10.75 \times 110^2}{100 \times 20} = 65.04(\Omega)$$

$$X_{T2} = \frac{u_{k2}\% \cdot U_N^2}{100 \cdot S_N} = \frac{-0.25 \times 110^2}{100 \times 20} = -1.51(\Omega)$$

$$X_{T3} = \frac{u_{k3}\% \cdot U_N^2}{100 \cdot S_N} = \frac{6.75 \times 110^2}{100 \times 20} = 40.8(\Omega)$$

$$Z_{T1} = R_{T1} + jX_{T1} = 2.8 + j65.04(\Omega)$$

$$Z_{T2} = R_{T2} + jX_{T2} = 2.8 - j1.51(\Omega)$$

$$Z_{T3} = R_{T3} + jX_{T3} = 5.6 + j40.8(\Omega)$$

【例 1-6】 已知某三绕组变压器铭牌上的参数有：额定容量 120MVA，容量比为 100/100/50，变比为 220/121/10.5kV，$I_0\% = 0.9$，$\Delta P_0 = 123.1$kW，$\Delta P_{k(1-2)} = 660$kW，$\Delta P'_{k(3-1)} = 256$kW，$\Delta P'_{k(2-3)} = 227$kW，$u_{k(1-2)}\% = 24.7$、$u_{k(3-1)}\% = 14.7$、$u_{k(2-3)}\% = 8.8$。试计算变压器参数，并作等值电路。

解　将变压器参数归算到一次侧（即 220kV 侧）。导纳参数为

$$G_T = \frac{\Delta P_0}{1000U_N^2} = \frac{123.1}{1000 \times 220^2} = 2.5 \times 10^{-6}(S)$$

$$B_T = \frac{I_0\% S_N}{100U_N^2} = \frac{0.9 \times 120}{100 \times 220^2} = 22.3 \times 10^{-6}(S)$$

$$Y_T = G_T - jB_T = (2.5 - j22.3) \times 10^{-6}(S)$$

电阻参数为

$$\Delta P_{k1} = \frac{1}{2}\left[\Delta P_{k(1-2)} + \Delta P'_{k(3-1)}\left(\frac{S_{1N}}{S_{3N}}\right)^2 - \Delta P'_{k(2-3)}\left(\frac{S_{1N}}{S_{3N}}\right)^2\right]$$

$$= 0.5 \times \left[660 + 256\left(\frac{100}{50}\right)^2 - 227\left(\frac{100}{50}\right)^2\right] = 388(kW)$$

$$\Delta P_{k2} = \frac{1}{2}\left[\Delta P_{k(1-2)} + \Delta P'_{k(2-3)}\left(\frac{S_{1N}}{S_{3N}}\right)^2 - \Delta P'_{k(3-1)}\left(\frac{S_{1N}}{S_{3N}}\right)^2\right]$$

$$= 0.5 \times \left[660 + 227\left(\frac{100}{50}\right)^2 - 256\left(\frac{100}{50}\right)^2\right] = 272(kW)$$

$$\Delta P_{k3} = \frac{1}{2}\left[\Delta P_{k(3-1)}\left(\frac{S_{1N}}{S_{3N}}\right)^2 + \Delta P'_{k(2-3)}\left(\frac{S_{1N}}{S_{3N}}\right)^2 - \Delta P_{k(1-2)}\right]$$

$$= 0.5 \times \left[256\left(\frac{100}{50}\right)^2 + 227\left(\frac{100}{50}\right)^2 - 660\right] = 636(kW)$$

$$R_{T1} = \frac{\Delta P_{k1} U_N^2}{1000 S_N^2} = \frac{388 \times 220^2}{1000 \times 120^2} = 1.30(\Omega)$$

$$R_{T2} = \frac{\Delta P_{k2} U_N^2}{1000 S_N^2} = \frac{272 \times 220^2}{1000 \times 120^2} = 0.91(\Omega)$$

$$R_{T3}=\frac{\Delta P_{k3}U_N^2}{1000S_N^2}=\frac{636\times 220^2}{1000\times 120^2}=2.14(\Omega)$$

电抗参数为

$$u_{k1}\%=\frac{1}{2}[u_{k(1-2)}\%+u_{k(3-1)}\%-u_{k(2-3)}\%]$$
$$=0.5\times[24.7+14.7-8.8]=15.3$$
$$u_{k2}\%=\frac{1}{2}[u_{k(1-2)}\%+u_{k(2-3)}\%-u_{k(3-1)}\%]$$
$$=0.5\times[24.7+8.8-14.7]=9.4$$
$$u_{k3}\%=\frac{1}{2}[u_{k(3-1)}\%+u_{k(2-3)}\%-u_{k(1-2)}\%]$$
$$=0.5\times[14.7+8.8-24.7]=-0.6$$
$$X_{T1}=\frac{u_{k1}\%U_N^2}{100S_N}=\frac{15.3\times 220^2}{100\times 120}=61.71(\Omega)$$
$$X_{T2}=\frac{u_{k2}\%U_N^2}{100S_N}=\frac{9.4\times 220^2}{100\times 120}=37.91(\Omega)$$
$$X_{T3}=\frac{u_{k3}\%U_N^2}{100S_N}=\frac{-0.6\times 220^2}{100\times 120}=-2.42(\Omega)$$

$$Z_{T1}=R_{T1}+jX_{T1}=1.3+j61.71(\Omega)$$
$$Z_{T2}=R_{T2}+jX_{T2}=0.91+j37.91(\Omega)$$
$$Z_{T3}=R_{T3}+jX_{T3}=2.14-j2.42(\Omega)$$

等值电路如图 1 - 14 所示（在变压器参数计算时，应根据题目要求，将参数归算到某一侧，计算时 U_N 就应选用该侧的额定电压）。

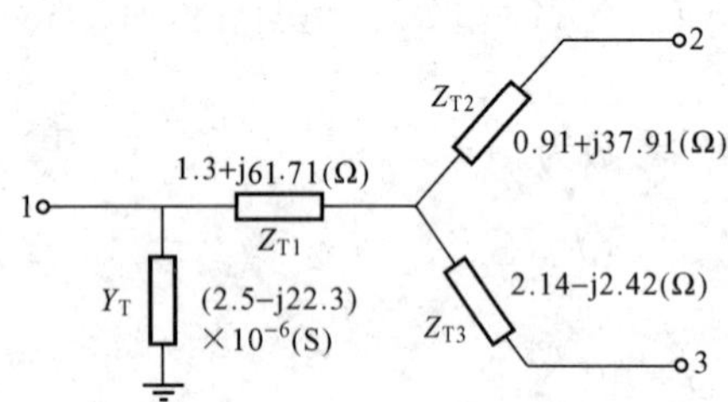

图 1 - 14 变压器等值电路

【例 1 - 7】 某一架空输电线路，在末端开路时测得其末端相电压为 200$\underline{/0^\circ}$kV，始端相电压为 180$\underline{/5^\circ}$kV，电流 200$\underline{/92^\circ}$A，求线路的 π 型等值电路参数。

解 作输电线路 π 型等值电路如图 1 - 15 所示，可以写出双端口网络方程为

$$\begin{bmatrix}\dot U_1\\ \dot I_1\end{bmatrix}=\begin{bmatrix}\boldsymbol{A} & \boldsymbol{B}\\ \boldsymbol{C} & \boldsymbol{D}\end{bmatrix}\begin{bmatrix}\dot U_2\\ \dot I_2\end{bmatrix}$$

末端开路时，$\dot I_2=0$，因此有

$$\dot U_1=A\dot U_2$$

$$\dot I_1=C\dot U_2$$

则可求得

$$A=\frac{\dot U_1}{\dot U_2}=\frac{180\underline{/5^\circ}}{200\underline{/0^\circ}}=0.9\underline{/5^\circ}$$

$$C=\frac{\dot I_1}{\dot U_2}=\frac{0.2\underline{/92^\circ}}{200\underline{/0^\circ}}=0.001\underline{/92^\circ}$$

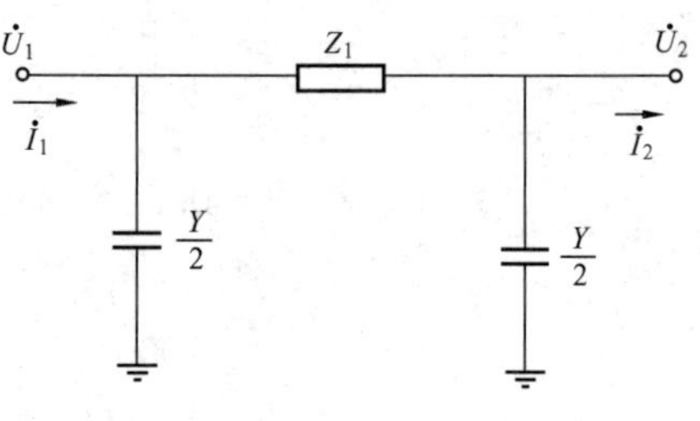

图 1 - 15 等值电路

根据双端口网络理论，A、B、C、D 四个参数存

在以下关系，即

$$A=D，AD-BC=1$$

则

$$B=\frac{A^2-1}{C}=\frac{(0.9\angle 5^\circ)^2-1}{0.001\angle 92^\circ}=246\angle 53^\circ$$

按图 1 - 15 表示的等值电路可知

$$Z_1=B=246\angle 53^\circ=148+j196.5(\Omega)$$

$$\frac{Y}{2}=\frac{A-1}{B}=\frac{0.9\angle 5^\circ-1}{246\angle 53^\circ}=j524\times10^{-6}(S)$$

【例 1 - 8】 如图 1 - 16（a）所示的简单电力系统，元件参数在图中标出。试作：①用有名值表示的电力系统等值电路；②用标幺值表示的电力系统等值电路。

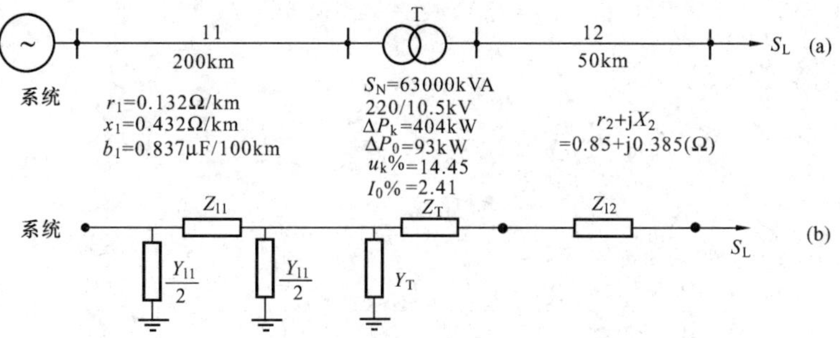

图 1 - 16　电力系统接线及等值电路

（a）系统接线图；（b）等值电路

解　作电力系统等值电路如图 1 - 16（b）所示。参数计算如下：

（1）选择 220kV 电压等级为基本电压级。

线路 l_1

$$Z_{l1}=l_1\times(r_1+jx_1)\ =26.4+j86.4(\Omega)$$

$$Y_{l1}=l_1\times jb_1=200\times100\pi\times0.837\times10^{-6}/100=j5.26\times10^{-6}(S)$$

变压器 T

$$Z_T=R_T+jX_T=\frac{\Delta P_k\times U_N^2}{1000\cdot S_N^2}+j\,\frac{u_k\%\cdot U_N^2}{100\cdot S_N}=\frac{404\times220^2}{1000\times63^2}+j\,\frac{14.45\times220^2}{100\times63}=4.93+j111(\Omega)$$

$$Y_T=G_T-jB_T=\frac{\Delta P_0}{1000\cdot U_N^2}-j\,\frac{I_0\%\cdot S_N}{100\cdot U_N^2}$$

$$=\frac{93}{1000\times220^2}-j\,\frac{2.41\times63}{100\times220^2}=(1.92-j31.4)\ \times10^{-6}(S)$$

线路 l_2

$$Z_{l2}=l_2\times(r_2+jx_2)\times\left(\frac{220}{10.5}\right)^2=373.1+j16.9(\Omega)$$

（2）参数用标幺值表示。

选取 220kV 电压级的基准值为：$S_n=100$MVA，$U_n=220$kV。则根据（1）的计算结果，各元件的标幺值参数为

$$Z_{l1*}=Z_{l1}\times\frac{S_n}{U_{n(220)}^2}=(26.4+j86.4)\times\frac{100}{220^2}=0.054+j0.178$$

$$Y_{l1*}=Y_{l1}\times\frac{U_{n(220)}^2}{S_n}=(j5.26\times10^{-6})\times\frac{220^2}{100}=j0.255$$

$$Z_{T*}=Z_T\times\frac{S_n}{U_{n(220)}^2}=(4.93+j111)\times\frac{100}{220^2}=0.01+j0.229$$

$$Y_{T*}=Y_{T*}\times\frac{U_{n(220)}^2}{S_n}=(1.92-j31.4)\times10^{-6}\times\frac{220^2}{100}=(48.9-j799.4)\times10^{-4}$$

$$Z_{l2*}=Z_{l2}\times\frac{S_n}{U_{n(220)}^2}=(373.1+j169)\times\frac{100}{220^2}=0.771+j0.349$$

若没有（1）的计算结果，直接计算标幺值参数，可以先确定各电压等级的基准电压为

$$U_{n(220)}=220(kV)$$

$$U_{n(10)}=220\times\frac{10.5}{220}=10.5(kV)$$

则标幺值参数计算为

$$Z_{l1*}=l_1\cdot(r_1+jx_1)\times\frac{S_n}{U_{n(220)}^2}=0.054+j0.178$$

$$Y_{l1*}=l_1\cdot jb_1\cdot\frac{U_{n(220)}^2}{S_n}=j0.255$$

$$Z_{T*}=\left(\frac{\Delta P_k\cdot U_{N(220)}^2}{1000\cdot S_N^2}+j\frac{u_k\%\cdot U_{N(220)}^2}{100\cdot S_N}\right)\times\frac{S_n}{U_{n(220)}^2}=0.01+j0.229$$

$$Y_{T*}=\left(\frac{\Delta P_0}{1000\cdot U_{N(220)}^2}-j\frac{I_0\%\cdot S_N}{100\cdot U_{N(220)}^2}\right)\times\frac{U_{n(220)}^2}{S_n}=(48.9-j799.4)\times10^{-4}$$

$$Z_{l2*}=l_2\cdot(r_2+jx_2)\times\frac{S_n}{U_{n(10)}^2}=0.771+j0.349$$

【例 1-9】 如图 1-17（a）所示的电力系统，各元件参数如下：

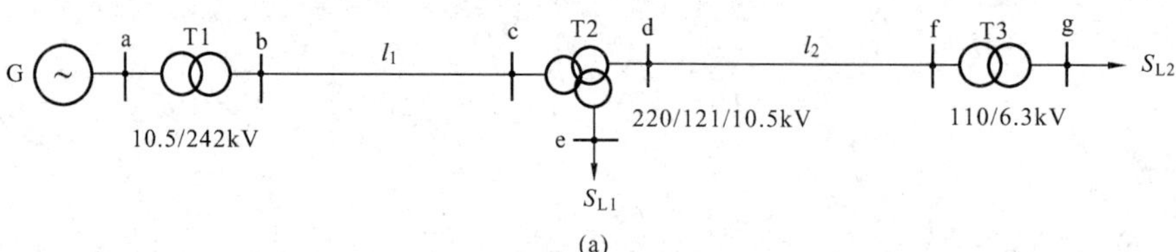

(a)

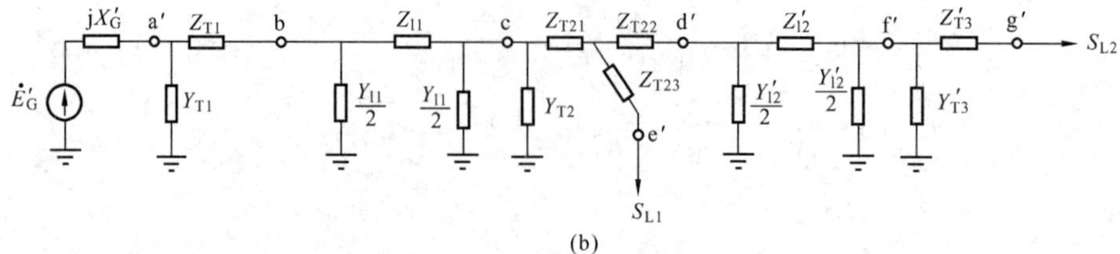

(b)

图 1-17 某多电压等级电力系统及其等值电路

（a）多电压等级电路图；（b）等值电路图

发电机 G $P_N=100MW$，$\cos\varphi_N=0.875$，$U_N=10.5kV$，$X_G\%=71$。

变压器 T1 额定容量 120MVA，变比 10.5/242kV，短路损耗 $\Delta P_k=1011.5$kW，空载损耗 $\Delta P_0=98.2$kW，短路电压 $u_k\%=14.2$，空载电流 $I_0\%=1.26$，Y，d11。

变压器 T2 参数见例 1-6。

线路 l1 LGJ－240，长度 200km，$r_1=0.132(\Omega/\text{km})$，$x_1=0.432(\Omega/\text{km})$，$b_1=2.63\times10^{-6}(\text{S/km})$。

线路 l2 LGJ－185，长度 100km，$r_1=0.17(\Omega/\text{km})$，$x_1=0.394(\Omega/\text{km})$，$b_1=2.77\times10^{-6}(\text{S/km})$。

变压器 T3 $S_N=8000$kVA，110/6.3kV，$\Delta P_k=62$kW，$\Delta P_0=11.6$kW，$u_k\%=10.5$，$I_0\%=1.1$，Y，d11

试求：(1) 各元件参数用有名值表示的电力系统等值电路；

(2) 各元件参数用标幺值表示的电力系统等值电路；

(3) 变压器用 π 型表示的多电压级的电力系统等值电路（有名值表示）；

(4) 近似计算时的电力系统等值电路（电力系统故障计算时等值电路）。

解 1 等值电路如图 1-17（b）所示。参数计算按以下步骤进行。

(1) 选择 220kV 电压级为基本电压级。

(2) 计算各元件参数。

发电机 G

$$X_G=\frac{X_G\%}{100}\times\frac{U_N^2\cos\varphi_N}{P_N}=\frac{71\times10.5^2\times0.875}{100\times100}=0.685(\Omega)$$

$$\dot{E}_G=\dot{U}_N+\text{j}\,\dot{I}_N X_G$$

$$E_G\approx U_N+I_N X_G\sin\varphi_N=10.5+\frac{100\times0.685\times0.484}{\sqrt{3}\times10.5\times0.875}=12.58(\text{kV})$$

变压器 T1

$$R_{T1}=\frac{\Delta P_k U_N^2}{1000\times S_N^2}=\frac{1011.5\times242^2}{1000\times120^2}=4.11(\Omega)$$

$$X_{T1}=\frac{u_k\%U_N^2}{100S_N}=\frac{14.2\times242^2}{100\times120}=69.3(\Omega)$$

$$Z_{T1}=R_{T1}+\text{j}X_{T1}=4.11+\text{j}69.3(\Omega)$$

$$G_{T1}=\frac{\Delta P_0}{1000U_N^2}=\frac{98.2}{1000\times242^2}=1.68\times10^{-6}(\text{S})$$

$$B_{T1}=\frac{I_0\%S_N}{100U_N^2}=\frac{1.26\times120}{100\times242^2}=25.8\times10^{-6}(\text{S})$$

$$Y_{T1}=G_{T1}-\text{j}B_{T1}=(1.68-\text{j}25.8)\times10^{-6}(\text{S})$$

变压器 T2 参数见例 1-6 的计算结果。

变压器 T3

$$R_{T3}=\frac{\Delta P_k U_N^2}{1000\times S_N^2}=\frac{62\times110^2}{1000\times8^2}=11.72(\Omega)$$

$$X_{T3}=\frac{u_k\%U_N^2}{100S_N}=\frac{10.5\times110^2}{100\times8}=158.8(\Omega)$$

$$Z_{T3}=R_{T3}+\text{j}X_{T3}=11.72+\text{j}158.8(\Omega)$$

$$G_{T3}=\frac{\Delta P_0}{1000U_N^2}=\frac{11.6}{1000\times 110^2}=0.96\times 10^{-6}(S)$$

$$B_{T3}=\frac{I_0\% S_N}{100U_N^2}=\frac{1.1\times 8}{100\times 110^2}=7.27\times 10^{-6}(S)$$

$$Y_{T3}=G_{T3}-jB_{T3}=(0.96-j7.27)\times 10^{-6}(S)$$

线路 l1

$$Z_{l1}=l_1\times(r_{l1}+jx_{l1})=200\times(0.132+j0.432)=26.4+j86.4(\Omega)$$

$$Y_{l1}=l_1\times jb_{l1}=200\times j2.63\times 10^{-6}=j5.26\times 10^{-4}(S)$$

线路 l2

$$Z_{l2}=l_2\times(r_{l2}+jx_{l2})=100\times(0.17+j0.394)=17+j39.4(\Omega)$$

$$Y_{l2}=l_2\times jb_{l2}=100\times j2.77\times 10^{-6}=j2.77\times 10^{-4}(S)$$

（3）将各元件参数归算到基本级。

$$K_{T1}=242/10.5,\ K_{T21}=220/121,\ K_{T22}=220/10.5,\ K_{T3}=110/6.3$$

发电机 G

$$X'_G=0.685\times\left(\frac{242}{10.5}\right)^2=363.9(\Omega)$$

$$E'_G=12.58\times\left(\frac{242}{10.5}\right)=289.9(kV)$$

变压器 T1　因计算变压器 T1 参数时，U_N 取 242kV，参数已归算至基本级，不必归算。

线路 l1　因线路 l1 就是 220kV 基本级的参数，不必归算。

变压器 T2　因计算变压器 T2 参数时，U_N 取 220kV，参数已归算至基本级，不必归算。

线路 l2

$$Z'_{l2}=(17+j39.4)\times\left(\frac{220}{121}\right)^2=56.2+j130.25(\Omega)$$

$$Y'_{l2}=j2.77\times 10^{-4}\times\left(\frac{121}{220}\right)^2=j0.84\times 10^{-4}(S)$$

变压器 T3

$$Z'_{T3}=(11.72+j158.8)\times\left(\frac{220}{121}\right)^2=38.74+j524.96(\Omega)$$

$$Y'_{T3}=(0.96-j7.27)\times 10^{-6}\times\left(\frac{121}{220}\right)^2=(0.29-j2.2)\times 10^{-6}(S)$$

（4）作出有名值表示的电力系统等值电路，如图 1-18 所示。

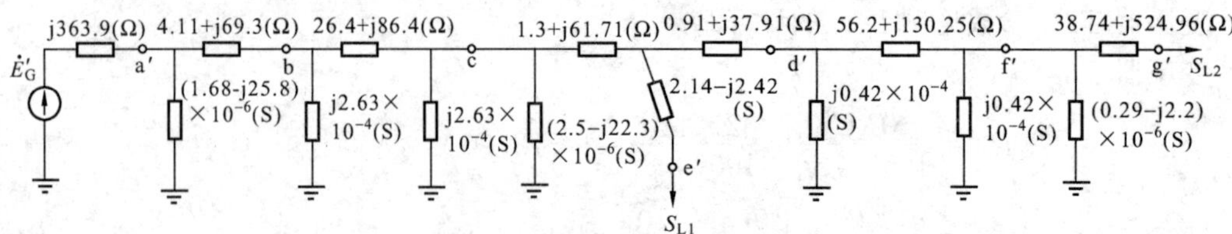

图 1-18　用有名值表示的电力系统等值电路

解 2 （1）若按第一种途径计算各参数的标幺值，只要选取对应于基本级的基准值，取 $S_n=100\text{MVA}$，$U_{n(220)}=220\text{kV}$，则将解 1 计算得到的有名值参数除以该基准值即可。等值电路如图 1-19 所示。

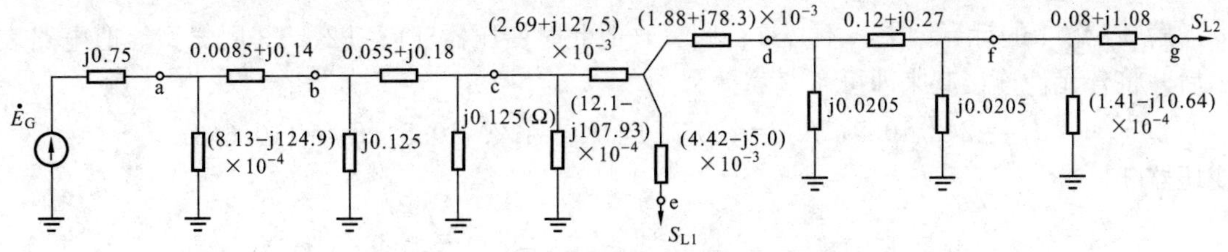

图 1-19 标幺值表示的电力系统等值电路

（2）若按第二种途径计算参数的标幺值。设：$S_n=100\text{MVA}$，$U_{n(220)}=220\text{kV}$，则

$$U_{n(110)}=220\times\frac{121}{220}=121(\text{kV})$$

$$U_{n(10.5)}=220\times\frac{10.5}{242}=9.55(\text{kV})$$

$$U_{n(6)}=220\times\frac{121}{220}\times\frac{6.3}{110}=6.93(\text{kV})$$

$$X_{G*}=\frac{X_G}{Z_{n(10.5)}}=X_G\times\frac{S_n}{U_{n(10.5)}^2}=0.685\times\frac{100}{9.55^2}=0.75$$

$$E_{G*}=\frac{E_G}{U_{n(10.5)}}=\frac{12.58}{9.55}=1.32$$

$$Z_{T1*}=\frac{Z_{T1}}{Z_{n(220)}}=Z_{T1}\times\frac{S_n}{U_{n(220)}^2}=(4.11+j69.3)\times\frac{100}{220^2}=0.0085+j0.14$$

$$Y_{T1*}=\frac{Y_{T1}}{Y_{n(220)}}=Y_{T1}\times\frac{U_{n(220)}^2}{S_n}=(1.68-j25.8)\times10^{-6}\times\frac{220}{100^2}=(8.13-j124.9)\times10^{-4}$$

$$Z_{l1*}=\frac{Z_{l1}}{Z_{n(220)}}=Z_{l1}\times\frac{S_n}{U_{n(220)}^2}=(26.4+j86.4)\times\frac{100}{220^2}=0.055+j0.18$$

$$Y_{l1*}=\frac{Y_{l1}}{Y_{n(220)}}=Y_{l1}\times\frac{U_{n(220)}^2}{S_n}=j5.26\times10^{-4}\times\frac{220^2}{100}=j0.25$$

$$Z_{l2*}=\frac{Z_{l2}}{Z_{n(110)}}=Z_{l2}\times\frac{S_n}{U_{n(110)}^2}=(17+j39.4)\times\frac{100}{121^2}=0.12+j0.27$$

$$Y_{l2*}=\frac{Y_{l2}}{Y_{n(110)}}=Y_{l2}\times\frac{U_{n(110)}^2}{S_n}=j2.77\times10^{-4}\times\frac{121^2}{100}=j0.041$$

$$Y_{T2*}=\frac{Y_{T2}}{Y_{n(220)}}=Y_{T2}\times\frac{U_{n(220)}^2}{S_n}=(2.5-j22.3)\times10^{-6}\times\frac{220^2}{100}=(12.1-j107.93)\times10^{-4}$$

$$Z_{T21*}=\frac{Z_{T21}}{Z_{n(220)}}=Z_{T21}\times\frac{S_n}{U_{n(220)}^2}=(1.3+j61.71)\times\frac{100}{220^2}=(2.69+j127.5)\times10^{-3}$$

$$Z_{T22*}=\frac{Z_{T22}}{Z_{n(220)}}=Z_{T22}\times\frac{S_n}{U_{n(220)}^2}=(0.91+j37.91)\times\frac{100}{220^2}=(1.88+j78.3)\times10^{-3}$$

$$Z_{T23*}=\frac{Z_{T23}}{Z_{n(220)}}=Z_{T23}\times\frac{S_n}{U_{n(220)}^2}=(2.14-j2.42)\times\frac{100}{220^2}=(4.42-j5.0)\times10^{-3}$$

$$Z_{T3*}=\frac{Z_{T3}}{Z_{n(110)}}=Z_{T3}\times\frac{S_n}{U^2_{n(110)}}=(11.72+j158.8)\times\frac{100}{121^2}=0.08+j1.08$$

$$Y_{T3*}=\frac{Y_{T3}}{Y_{n(110)}}=Y_{T3}\times\frac{U^2_{n(110)}}{S_n}=(0.96-j7.27)\times10^{-6}\times\frac{121^2}{100}=(1.41-j10.64)\times10^{-4}$$

解 3 解 1 的计算结果，不必进行归算，但此时变压器 T1、T2、T3 用 π 型等值电路表示后，将各元件连接起来即可。

$$K_1=242/10.5，K_{21}=220/121，K_{22}=220/10.5，K_3=110/6.3$$

变压器 T1

$$Z_{T1}/K_1=\frac{(4.11+j69.3)\times10.5}{242}=0.178+j3.00(\Omega)$$

$$\frac{Z_{T1}}{K_1(K_1-1)}=\frac{(4.11+j69.3)}{(242/10.5)^2-(242/10.5)}=0.008+j0.136(\Omega)$$

$$\frac{Z_{T1}}{1-K_1}=\frac{(4.11+j69.3)}{1-(242/10.5)}=-0.187-j3.143(\Omega)$$

值得注意的是：例 1-6 中 Y_T 是归算到 220kV 电压级的数值，而在多电压级的电力系统等值电路中，Y_T 是接在 10kV 电压级侧，因此

$$Y_{T(10)}=(1.68-j25.8)\times10^{-6}\times\left(\frac{242}{10.5}\right)^2=(8.92-j137.04)\times10^{-4}(S)$$

变压器 T2 $$Z_{T22}/K_{21}=\frac{(0.91+j37.91)\times121}{220}=0.5+j20.85(\Omega)$$

$$\frac{Z_{T22}}{K_{21}(K_{21}-1)}=\frac{(0.91+j37.91)}{(220/121)^2-(220/121)}=0.61+j25.48(\Omega)$$

$$\frac{Z_{T22}}{1-K_{21}}=\frac{(0.91+j37.91)}{1-(220/121)}=-1.11-j46.33(\Omega)$$

$$Z_{T23}/K_{22}=\frac{(2.14-j2.42)\times10.5}{220}=0.102-j0.116(\Omega)$$

$$\frac{Z_{T23}}{K_{22}(K_{22}-1)}=\frac{(2.14-j2.42)}{(220/10.5)^2-(220/10.5)}=(0.5-j0.58)\times10^{-2}(\Omega)$$

$$\frac{Z_{T23}}{1-K_{22}}=\frac{(2.14-j2.42)}{1-(220/10.5)}=-0.107+j0.121(\Omega)$$

变压器 T3

$$Z_{T3}/K_3=\frac{(11.72+j158.8)\times6.3}{110}=0.67+j9.09(\Omega)$$

$$\frac{Z_{T3}}{K_3(K_3-1)}=\frac{(11.72+j158.8)}{(110/6.3)^2-(110/6.3)}=0.041+j0.55(\Omega)$$

$$\frac{Z_{T3}}{1-K_3}=\frac{(11.72+j158.8)}{1-(110/6.3)}=-0.71-j9.69(\Omega)$$

则用多电压等级表示的电力系统等值电路，如图 1-20 所示。

解 4 在电力系统故障计算中，常采用近似计算的电力系统等值电路。以下分别用有名值表示和标幺值表示，作等值电路。

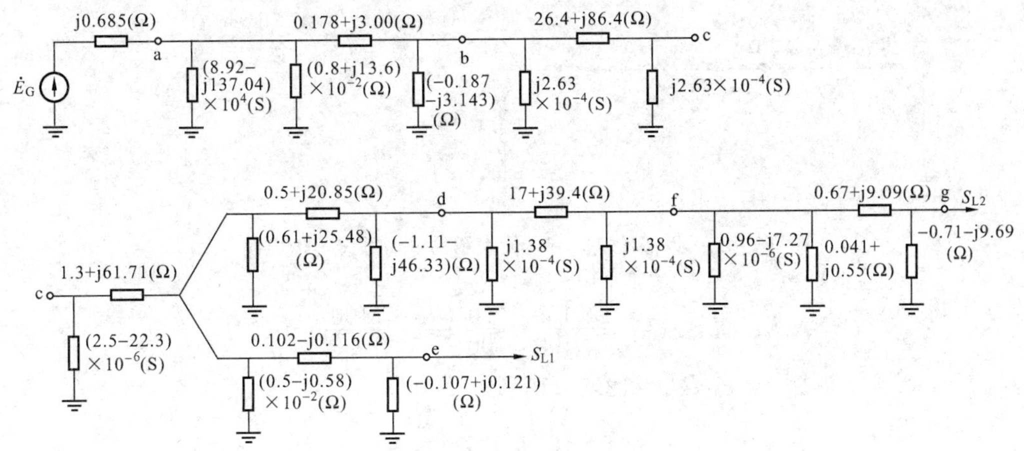

图 1-20　多电压等级表示的电力系统等值电路

（1）用有名值表示的电力系统等值电路（取基本电压级为 230kV）。

发电机 G

$$X'_G=X_GK_{T1}^2=\frac{71\times10.5^2\times0.875}{100\times100}\times\left(\frac{230}{10.5}\right)^2=328.7(\Omega)$$

$$E'_G=E_GK_{T1}=\left(10.5+\frac{100\times0.685\times0.484}{\sqrt{3}\times10.5\times0.875}\right)\times\frac{230}{10.5}=275.6(\text{kV})$$

变压器 T1

$$X_{T1}=\frac{u_k\%U_{av}^2}{100S_N}=\frac{14.2\times230^2}{100\times120}=62.2(\Omega)$$

变压器 T2

$$X_{T21}=\frac{u_{k1}\%U_{av}^2}{100S_N}=\frac{15.3\times230^2}{100\times120}=67.45(\Omega)$$

$$X_{T22}=\frac{u_{k2}\%U_{av}^2}{100S_N}=\frac{9.4\times230^2}{100\times120}=41.44(\Omega)$$

$$X_{T23}=\frac{u_{k3}\%U_{av}^2}{100S_N}=\frac{-0.6\times230^2}{100\times120}=-2.65(\Omega)$$

变压器 T3

$$X'_{T3}=X_{T3}K_{T21}^2=\frac{10.5\times115^2}{100\times8}\times\left(\frac{230}{115}\right)^2=694.3(\Omega)$$

线路 l1

$$X_{l1}=200\times0.432=86.4(\Omega)$$

线路 l2

$$X_{l2}=X_{l2}K_{T21}^2=100\times0.394\times\left(\frac{230}{115}\right)^2=157.6(\Omega)$$

近似计算时，以 230kV 为基本电压级有名值表示的电力系统等值电路，如图 1-21 所示。

（2）标幺值表示的电力系统等值电路。取：$S_n=100\text{MVA}$，$U_n=U_{av}$

发电机 G

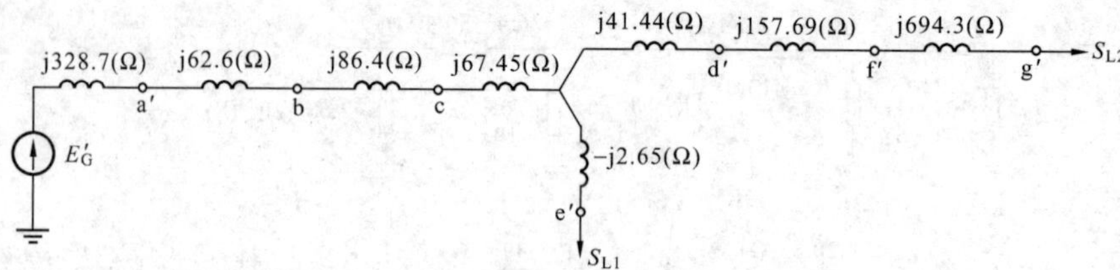

图 1 - 21　近似计算时有名值表示的电力系统等值电路

$$X_{G*}=X_G/Z_n=\frac{71\times10.5^2\times0.875}{100\times100}\times\frac{100}{10.5^2}=0.621$$

$$E_{G*}=E_G/U_n=12.58/10.5=1.2$$

变压器 T1

$$X_{T1*}=X_{T1}/Z_n=\frac{u_k\%U_{av}^2}{100S_N}\times\frac{S_n}{U_{av}^2}=\frac{14.2\times100}{100\times120}=0.118$$

变压器 T2

$$X_{T21*}=X_{T21}/Z_n=\frac{u_{k1}\%U_{av}^2}{100S_N}\times\frac{S_n}{U_{av}^2}=\frac{15.3\times100}{100\times120}=0.128$$

$$X_{T22*}=X_{T22}/Z_n=\frac{9.4\times100}{100\times120}=0.078$$

$$X_{T23*}=X_{T23}/Z_n=\frac{-0.6\times100}{100\times120}=-0.005$$

变压器 T3

$$X_{T3*}=X_{T3}/Z_n=\frac{u_k\%U_{av}^2}{100S_N}\times\frac{S_n}{U_{av}^2}=\frac{10.5\times100}{100\times8}=1.31$$

线路 l1

$$X_{l1*}=X_{l1}/Z_n=86.4\times\frac{100}{230^2}=0.16$$

线路 l2

$$X_{l2*}=X_{l2}/Z_n=39.4\times\frac{100}{115^2}=0.298$$

因此，近似计算时，标幺值表示的电力系统等值电路，如图 1 - 22 所示。

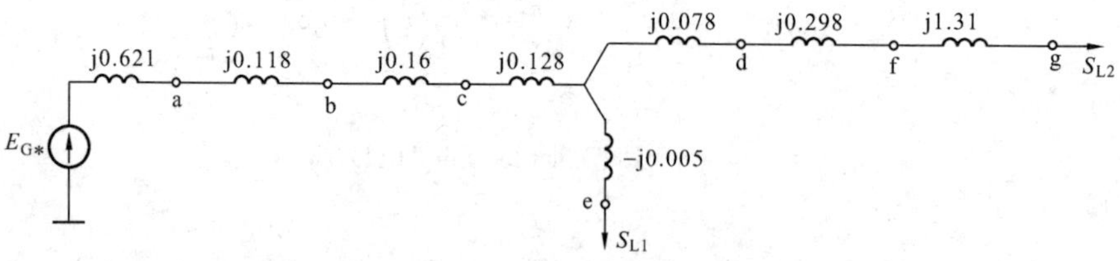

图 1 - 22　近似计算时用标幺值表示的电力系统等值电路

【例 1 - 10】　系统接线图见图 1 - 23，参数用标幺值表示，且不计线路电阻和导纳，也不计变压器的电阻和导纳。

（1）取 $S_n=100\text{MVA}$，$U_n=110\text{kV}$ 为基准（精确计算），作等值电路；

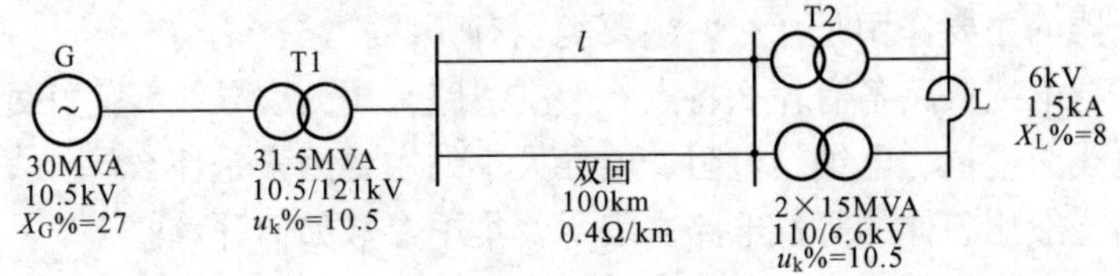

图 1 - 23　系统接线

(2) 取 $S_n=100$MVA，$U_n=U_{av}$（近似计算），作等值电路。

解　(1) 标幺值表示的电力系统等值电路，取 $S_n=100$MVA，$U_{n(110)}=110$kV。

$$U_{n(10.5)}=110\times10.5/121=9.55(\text{kV})$$

$$U_{n(6)}=110\times6.6/110=6.6(\text{kV})$$

发电机 G　$X_{G*}=X_G/Z_n=0.27\times\dfrac{10.5^2}{30}\times\dfrac{100}{9.55^2}=1.088$

变压器 T1　$X_{T1*}=\dfrac{u_k\%U_N^2}{100S_N}\times\dfrac{S_n}{U_n^2}=\dfrac{10.5\times121^2}{100\times31.5}\times\dfrac{100}{110^2}=0.403$

线路 l　$X_{l*}=X_l/Z_n=\dfrac{1}{2}\times0.4\times100\times\dfrac{100}{110^2}=0.165$

变压器 T2　$X_{T2*}=\dfrac{u_k\%U_N^2}{100S_N}\times\dfrac{S_n}{U_n^2}=\dfrac{10.5\times110^2}{100\times15}\times\dfrac{100}{110^2}=0.7$

电抗器 L　$X_{L*}=\dfrac{X_L\%}{100}\times\dfrac{U_{LN}}{\sqrt{3}I_{LN}}\times\dfrac{S_n}{U_n^2}=\dfrac{8\times6\times100}{100\times\sqrt{3}\times1.5\times6.6^2}=0.424$

作等值电路如图 1 - 24 所示。

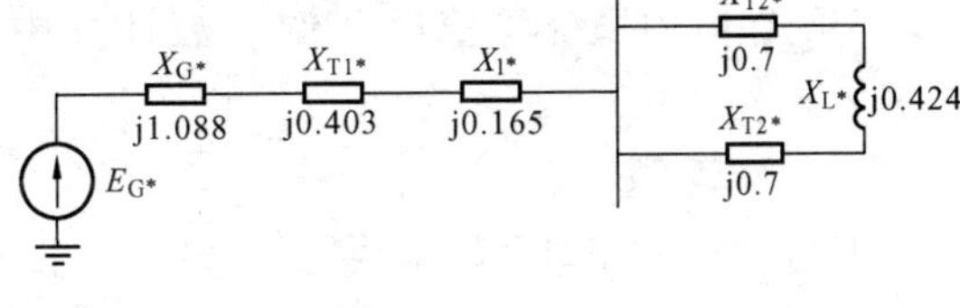

图 1 - 24　等值电路

(2) 标幺值表示的电力系统等值电路，取 $S_n=100$MVA，$U_n=U_{av}$。

发电机 G　$X_{G*}=X_G\times\dfrac{S_n}{S_G}=0.27\times\dfrac{100}{30}=0.9$

变压器 T1　$X_{T1*}=\dfrac{u_k\%S_n}{100S_N}$

$$=\frac{10.5\times100}{100\times31.5}=0.333$$

线路 l　$X_{l*}=X_l/Z_n=\dfrac{1}{2}\times0.4\times100\times\dfrac{10}{115^2}=0.151$

变压器 T2　$X_{T2*}=\dfrac{u_k\%S_n}{100S_N}=\dfrac{10.5\times100}{100\times15}=0.7$

电抗器 L　$X_{L*}=\dfrac{X_L\%}{100}\times\dfrac{U_{LN}}{\sqrt{3}I_{LN}}\times\dfrac{S_n}{U_n^2}=\dfrac{8\times6\times100}{100\times\sqrt{3}\times1.5\times6.3^2}=0.466$

思 考 题 与 习 题

一、思考题

1. 动力系统、电力系统和电力网络的基本组成是什么？

2. 根据发电使用一次能源的不同，发电厂主要有哪几种类型？

3. 电力变压器的主要作用是什么？主要类别有哪些？

4. 架空线路与电缆线路各有什么特点？架空线路采用分裂导线有何好处？

5. 影响输电线路电抗、电纳、电阻、电导大小的主要因素是什么？

6. 电力线路一般用怎样的等值电路来表示？集中参数如何计算？

7. 直流输电与交流输电相比较，有什么特点？

8. 电力系统的结构有何特点？比较有备用和无备用接线形式的主要区别？

9. 为什么要规定电力系统的电压等级？我国主要的电压等级有哪些？电力系统各元件（设备）的额定电压是如何确定的？

10. 变压器的短路试验和空载试验是在什么条件下做的？如何用这两个试验得到的数据计算变压器等值电路中的参数？

11. 发电机电抗百分值 $X_G\%$的含义是什么？

12. 什么是电力系统的负荷曲线？最大负荷利用小时数 T_{max}指的是什么？

13. 何谓电力系统的负荷特性（电压特性、频率特性）？

14. 我国电力系统的中性点运行方式主要有哪些？各有什么特点？

15. 电能质量的三个主要指标是什么？各有怎样的要求？

16. 电力系统的主要特点是什么？

17. 对应于一个电压等级的电力系统等值电路与对应于多个电压等级的电力系统等值电路各有什么特征？主要区别在哪里？

18. 电力系统计算中，采用标幺制有什么好处？基准值如何选取？不同基准值下的标幺值如何换算？

19. 在电力系统等值电路的参数计算中，何为精确计算？何为近似计算？适用场合怎样？

二、练习题

1-1　某三相单回输电线路，采用 LGJJ－300 型导线，已知导线的相间距离为 $D=6$m，查手册，该型号导线的计算外径为 25.68mm。试求：(1) 三相导线水平布置且完全换位时，每公里线路的电抗值和电纳值；(2) 三相导线按等边三角形布置时，每公里线路的电抗值和电纳值。

[**答案：**(1) $X_1=0.416(\Omega/\text{km})$，$b_1=2.73\times10^{-6}(\text{S/km})$；
(2) $X_1=0.401(\Omega/\text{km})$，$b_1=2.84\times10^{-6}(\text{S/km})$]

1-2　一回 500kV 架空线路，每相三分裂，由根距 40cm 的 LGJJ－400 导线组成。三相导线水平排列，线间距离 12m。计算此线路每公里的线路参数。若线路长 50km，求其参数及等值电路。

[**答案：**$Z=K_rR+jK_x\cdot X=11.80+j145.46(\Omega)$，$\frac{1}{2}Y=j\,\frac{1}{2}K_bB=j9.39\times10^{-4}(\text{S})$]

1-3　某一 220kV 架空线路，三相导线水平排列，导线间距离 7m，导线采用轻型钢芯铝绞线 LGJQ－500，直径 30.16mm。试计算该线路单位长度的正序阻抗和电容。

[**答案：**$r_1=0.0624(\Omega/\text{km})$，$x_1=0.416(\Omega/\text{km})$，$c_1=8.72\times10^{-9}$]

1-4　一长度为 600km 的 500kV 架空线路，使用 4×LGJQ－400 型四分裂导线，$r_1=0.018\Omega/\text{mm}$，$x_1=0.275\Omega/\text{km}$，$b_1=4.05\times10^{-6}\text{S/km}$，$g_1=0$。试计算该线路的 π 型等值

电路参数，并作等值电路。

[答案：$Z=K_rR+jK_x\cdot X=9.72+j153.9(\Omega)$，$\frac{1}{2}Y=j\frac{1}{2}K_bB=j1.255\times10^{-3}(S)$]

1-5 已知某一 200km 长的输电线，$R=0.1\Omega/km$，$L=2mH/km$，$c=0.01\mu F/km$，系统额定频率为 60Hz，试分别用（1）短线路；（2）中长线路；（3）长线路模型表示等值电路。

[答案：（1）$Z=152\angle 89.2^\circ(\Omega)$，$\frac{1}{2}Y=0$；

（2）$Z=152\angle 89.2^\circ(\Omega)$，$\frac{1}{2}Y=j3.8\times10^{-4}(S)$；

（3）$Z=147.6\angle 89.6^\circ(\Omega)$，$\frac{1}{2}Y=3.86\times10^{-4}\angle 90.4^\circ(S)$]

1-6 某双绕组变压器，额定变比为 $K=110/11$，归算到高压侧的电抗为 100Ω，设绕组的电阻和激磁支路导纳略去不计。给定一次侧相电压 $\dot{U}_1=110/\sqrt{3}kV$ 时，试利用 π 型等值电路计算 $\dot{I}_1=0$ 和 $\dot{I}_1=0.05kA$ 这两种情况下的二次侧电压和电流。

[答案：$\dot{I}_1=0$ 时，$\dot{U}_2=11/\sqrt{3}kV$，$\dot{I}_2=0$；

$\dot{I}_1=0.05kA$ 时，$\dot{U}_2=(6.35-j0.5)kV$，$\dot{I}_2=0.5kA$]

1-7 某一回 220kV 双分裂型输电线路，已知每根导线的计算半径为 13.84mm，分裂距离 $d=400mm$，相间距离 $D=5m$，三相导线水平排列，并经完全换位，求该线路每公里的电抗值。

[答案：$x_1=0.286\Omega/km$]

1-8 一回 220kV 输电线路，导线在杆塔上为三角形布置，$\overline{AB}=\overline{AC}=5.5m$，$\overline{BC}=10.23m$，使用 LGJQ－400 型导线（直径为 27.4mm，$\rho=31.5\Omega\cdot mm^2/km$），长度为 50km。求该线路的电阻、电抗和电纳，并作等值电路。

[答案：$r_1=0.0787\Omega/km$，$x_1=0.405\Omega/km$，$b_1=2.81\times10^{-6}S/km$]

1-9 某 10kV 变电站装有一台 SJL1－630/10 型变压器，其铭牌数据如下：$S_N=630kVA$，电压为 10/0.4kV，$\Delta P_k=8.4kW$，$\Delta P_0=1.3kW$，$u_k\%=4$，$I_0\%=2$，求归算到变压器高压侧的各项参数，并作等值电路。

[答案：$R_T=2.12(\Omega)$，$X_T=6.35(\Omega)$，$G_T=1.3\times10^{-5}(S)$，$B_T=1.26\times10^{-4}(S)$]

1-10 一台 SFL1－31500/35 型双绕组三相变压器，额定变比为 35/11kV，$\Delta P_0=30kW$，$I_0\%=1.2$，$\Delta P_k=177.2kW$，$u_k\%=8$。求变压器归算到低压侧参数的有名值，并作等值电路。

[答案：$R_T=0.0216(\Omega)$，$X_T=0.307(\Omega)$，$G_T=2.48\times10^{-4}(S)$，$B_T=31.24\times10^{-4}(S)$]

1-11 某三相三绕组自耦变压器容量为 90/90/45MVA，电压为 220/121/11kV，短路损耗 $\Delta P_{k(1-2)}=325kW$、$\Delta P'_{k(1-3)}=345kW$、$\Delta P'_{k(2-3)}=270kW$，短路电压 $u_{k(1-2)}\%=10$、$u'_{k(1-3)}\%=18.6$、$u'_{k(2-3)}\%=12.1$，空载损耗 $\Delta P_0=104kW$，$I_0\%=0.65$。试求该变压器的参数，并作等值电路。

[答案：$Z_{T1(220)}=1.87+j61.84(\Omega)$，$Z_{T2(220)}=0.075+j8.07(\Omega)$，

$Z_{T3(220)}=6.38+j138.21(\Omega)$，$Y_T=(2.15-j12.1)\times10^{-6}(S)$]

1-12　降压变压器型号为 SFL1－20000/110，电压 110±2×2.5%/11kV，空载损耗 $\Delta P_0=22$kW，空载电流百分数 $I_0\%=0.8$，短路损耗 $\Delta P_k=135$kW，短路电压百分数 $u_k\%=10.5$。试求：（1）变压器归算到高压侧的参数及等值电路；（2）用 π 型等值电路表示，计算各参数。

［**答案**：（1）$Z_T=4.08+j63.53(\Omega)$，$Y_T=(1.82-j13.2)\times10^{-6}$(S)；
（2）略］

1-13　某 SFSL1－20000/110 型三相三绕组变压器，其铭牌数据为：容量比 100/100/100，电压比为 121/38.5/10.5kV，$\Delta P_0=43.3$kW，$I_0\%=3.46$，$\Delta P_{k(1-2)}=145$kW、$\Delta P_{k(2-3)}=117$kW、$\Delta P_{k(3-1)}=158$kW，$u_{k(1-2)}\%=10.5$、$u_{k(2-3)}\%=6.5$、$u_{k(3-1)}\%=18$。试计算归算到变压器高压侧的参数，并作等值电路。

［**答案**：$Z_{T1}=2.4+j80.32(\Omega)$，$Z_{T2}=1.9-j3.66(\Omega)$，
$Z_{T3}=2.38+j51.24(\Omega)$，$Y_T=(2.96-j4.72)\times10^{-6}$(S)］

1-14　型号为 SFS－40000/220 的三相三绕组变压器，容量比为 100/100/100，额定变比为 220/38.5/11，查得 $\Delta P_0=46.8$kW，$I_0\%=0.9$，$\Delta P_{k(1-2)}=217$kW、$\Delta P_{k(1-3)}=200.7$kW、$\Delta P_{k(2-3)}=158.6$kW，$u_{k(1-2)}\%=17$、$u_{k(1-3)}\%=10.5$、$u_{k(2-3)}\%=6$。试求：（1）归算到高压侧的变压器参数有名值；（2）变压器用多电压等级的 π 型等值电路表示时参数有名值，并作等值电路。

［**答案**：（1）$Z_{T1}=3.72+j130.08(\Omega)$，$Z_{T2}=2.65+j75.63(\Omega)$
$Z_{T3}=2.15-j3.03(\Omega)$，$Y_T=(9.67-j74.38)\times10^{-7}$(S)；
（2）略］

1-15　某 110kV 单回线，长度为 100km，导线型号为 LGJ－185，三相导线排列方式如图 1-25 所示。试求：（1）环境温度 50℃时的线路电阻，电抗；（2）线路电纳和电容的充电功率。

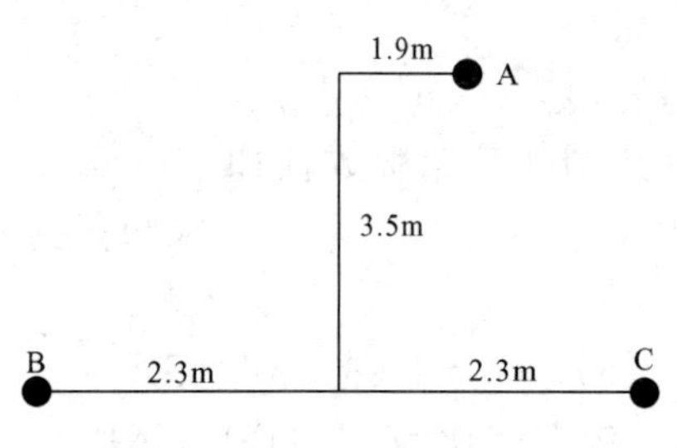

图 1-25　三相导线排列方式

［**答案**：（1）$R_{50℃}=18.8(\Omega)$，$X_1=40.2(\Omega)$；
（2）$B=2.84\times10^{-4}$(S)，$Q_l=3.44$(Mvar)］

1-16　一台 SFSL－31500/110 型三绕组变压器，额定变比为 110/38.5/11，容量比为 100/100/66.7，空载损耗 80kW，激磁功率 850kvar，短跌损耗 $\Delta P_{k(1-2)}=450$kW、$\Delta P_{k(2-3)}=270$kW、$\Delta P_{k(1-3)}=240$kW，短路电压 $u_{k(1-2)}\%=11.55$、$u_{k(2-3)}\%=8.5$、$u_{k(1-3)}\%=21$。试计算变压器归算到各电压级的参数。

［**答案**：$Y_{T(110)}=(6.612-j20.248)\times10^{-6}$(S)，
$Z_{T1(110)}=2.33+j46.19(\Omega)$，$Z_{T2(110)}=0.38-j0.224(\Omega)$，
$Z_{T3(110)}=0.52+j4.223(\Omega)$，（归算到中、低压侧略）］

1-17　变压器型号为 QSFPSL2－90000/220，三绕组自耦变压器，额定电压为 220/121/38.5kV，容量比为 100/100/50，实测的空载及短路试验数据为：$\Delta P_{k(1-2)}=333$kW、$\Delta P'_{k(1-3)}=265$kW、$\Delta P'_{k(2-3)}=277$kW、$\Delta P_0=59$kW，$u'_{k(1-2)}\%=9.09$、$u'_{k(1-3)}\%=16.45$、$u'_{k(2-3)}\%=10.75$，$I_0\%=0.332$，试求变压器的参数及等值电路（用激磁损耗表示）。

[**答案**：$Z_{T1(220)}=0.85+j55.12(\Omega)$，$Z_{T2(220)}=1.14+j0(\Omega)$，
$Z_{T3(220)}=5.48+j121.86(\Omega)$，$S_0=0.059+j0.3(\mathrm{MVA})$]

1-18 某变电站装有二台三相自耦变压器并列运行，每台变压器容量为32000kVA，变比为230/121kV，第三绕组电压为11kV，变压器试验数据为：$\Delta P_{kmax}=210\mathrm{kW}$，$\Delta P_0=32\mathrm{kW}$，$I_0\%=0.6$，在额定容量下的短路电压为$u_{k(高中)}\%=11$、$u_{k(高低)}\%=34$、$u_{k(中低)}\%=21$。试计算变压器参数，并作等值电路。

[**答案**：$Y_T=(0.6-j3.6)\times10^{-6}(\mathrm{S})$，$Z_{T1}=5.42+j198.4(\Omega)$，
$Z_{T2}=5.42-j16.53(\Omega)$，$Z_{T3}=10.84+j363.7(\Omega)$]

1-19 某电路中安装一台$X_P\%=5$（额定参数为$I_N=150\mathrm{A}$，$U_N=6\mathrm{kV}$）的电抗器，现在用另一台电抗器（$I_N=300\mathrm{A}$，$U_N=10\mathrm{kV}$）来代替，若须使代替前后电路的电抗值保持不变，问应选电抗器的电抗百分值为多少？

[**答案**：$X_P\%=6$]

1-20 图1-26是某输电系统的网络图，各元件的额定参数在图中标出（标幺值参数均是以自身额定值为基准）。试分别用如下两种方法计算发电机G到受端系统各元件的标幺值电抗（取$S_n=220\mathrm{MVA}$，$U_{n(220)}=209\mathrm{kV}$）：（1）精确计算（即按变压器实际变比计算）；（2）近似计算（即按平均额定电压计算）。

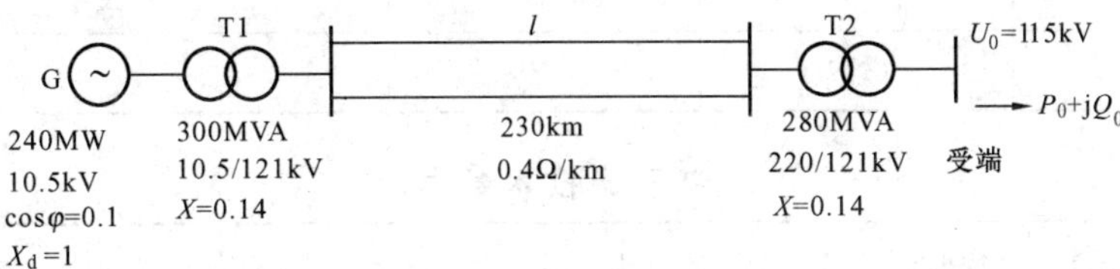

图1-26 输电系统的网络图

[**答案**：（1）$X_G=1.016$，$X_{T1}=0.114$，$X_l=1.532$，$X_{T2}=0.122$；
（2）$X_G=0.917$，$X_{T1}=0.1027$，$X_l=1.53$，$X_{T2}=0.11$]

1-21 如图1-27所示电力系统。试用（1）精确计算、（2）近似计算，作该系统的等值电路。（线路电抗$X_1=0.4\Omega/\mathrm{km}$）

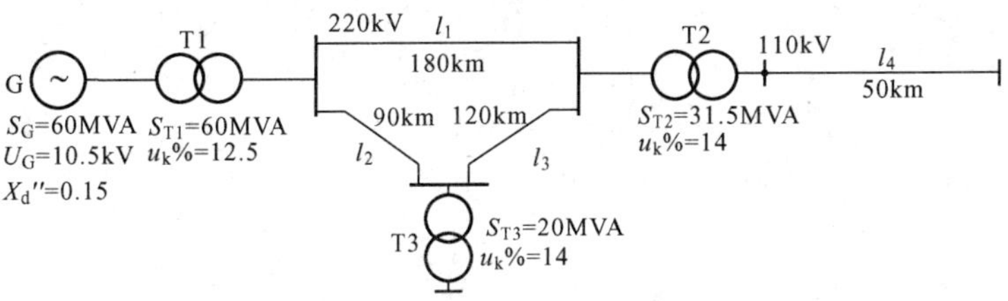

图1-27 电力系统接线

[**答案**：略]

1-22 某电力系统的电气接线如图1-28所示。各元件技术数据见表1-1、表1-2，其中变压器T2高压侧接在−2.5%分接头运行，其他变压器均接在主接头运行，35kV和10kV线路的并联导纳略去不计。试作该电力系统的等值电路：（1）取220kV为基本电压级，计算各元件参数（有名值表示）；（2）用标幺值表示（$S_n=100\mathrm{MVA}$，$U_{n(220)}=220\mathrm{kV}$）；

（3）近似计算（S_n＝100MVA，U_n＝U_{av}只计电抗）；（4）若变压器用π型等值电路表示，作多电压级表示的电力系统等值电路（有名值）。

［答案：略］

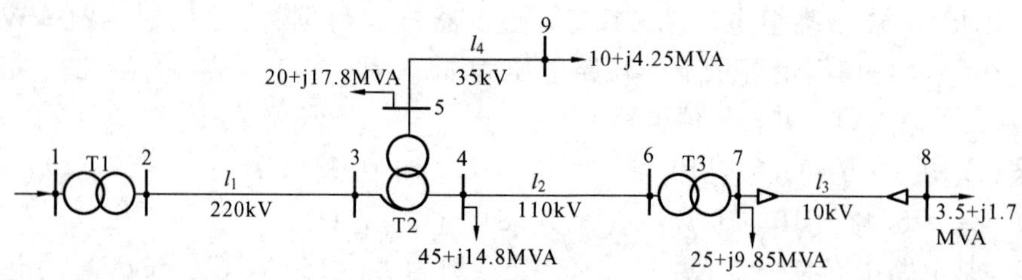

图1-28 电力系统电气接线图

表1-1 **电力线路技术数据**

线　　路	电阻（Ω/km）	电抗（Ω/km）	电纳（S/km）	线路长度（km）
l_1（架空线）	0.080	0.406	2.81×10^{-6}	150
l_2（架空线）	0.105	0.383	2.98×10^{-6}	60
l_3（电缆）	0.45	0.080		2.5
l_4（架空线）	0.17	0.38		13

表1-2 **变压器技术数据**

变压器	额定容量（MVA）	额定电压（kV）	u_k%	ΔP_k（kW）	I_0%	ΔP_0（kW）	备　　注
T1	180	13.8/242	13	893	0.5	175	
T3	63	110/10.5	10.5	280	0.61	60	
T2（自耦）	120	220/121/38.5	9.6(高－中) 35(高－低) 23(中－低)	448(高－中) 1652(高－低) 1512(中－低)	0.35	89	高压侧接在－2.5%分接头运行。u_k%，P_k均已归算到额定容量

第二章　电力系统潮流分布计算

内　容　要　点

一、概述

潮流计算是电力系统分析中的一种最基本的计算，它的任务是在给定的接线方式和运行条件下，确定系统的运行状态，如各母线上的电压（幅值和相角）、网络中的功率分布及功率损耗等，是电力系统的稳态计算。

潮流计算可以用传统的手工方式进行，也可以计算机为工具通过软件完成。两种方法各有优缺点。前者物理概念清晰，可用来计算一些接线较简单的电力网，但若将其用于接线复杂的电力网则计算量过大，难于保证计算准确性。后者从数学上看可归结为用数值方法解非线性代数方程，数学逻辑简单完整，借助计算机可快速精确地完成计算，但其缺点是物理概念不明显，物理规律被埋没在循环往复的数值求解过程中。因此，在教学上通常通过前者的讲述，使学生掌握传统的手工计算方法，同时了解潮流分布的物理规律，为后续章节有关电力系统运行状态的控制和调整的学习打下基础；通过后者的讲解，让学生了解当以计算机为工具解决物理问题时，应怎样考虑问题，考虑哪些问题，具体的求解过程是怎样的，帮助学生了解和掌握现代电力工程科学。在以下的叙述中称前者为一般潮流计算，后者为计算机潮流计算。（但需注意，前者使用的计算方法也被编程用于配电网的计算机潮流计算中。）

二、一般潮流计算

1. 阻抗上的电压降落和功率损耗、导纳上的功率损耗

电力网络等值电路最基本的构成单元是阻抗和导纳，故需熟练掌握阻抗上的电压降落和功率损耗的计算、导纳上的功率损耗的计算。它们相应的计算公式是本章乃至稳态分析中最为常用的公式，是构成本章其他计算过程的核心部分。现将各公式列于下：

阻抗上的电压降落

$$\mathrm{d}U=U_1-U_2=\Delta U+\mathrm{j}\delta U \tag{2-1}$$

$$\left.\begin{aligned}\Delta U&=\frac{PR+QX}{U}\\ \delta U&=\frac{PX-QR}{U}\end{aligned}\right\} \tag{2-2}$$

阻抗的始端电压

$$\left.\begin{aligned}U_1&=\sqrt{(U_2+\Delta U_2)^2+(\delta U_2)^2}\\ \delta&=\tan^{-1}\frac{\delta U_2}{U_2+\Delta U_2}\end{aligned}\right\} \tag{2-3}$$

阻抗的末端电压

$$\left.\begin{aligned}U_2&=\sqrt{(U_1-\Delta U_1)^2+(\delta U_1)^2}\\ \delta&=\tan^{-1}\frac{\delta U_1}{U_1-\Delta U_1}\end{aligned}\right\}\qquad(2-4)$$

阻抗上的功率损耗

$$\Delta S_z=\frac{P^2+Q^2}{U^2}(R+\mathrm{j}X)\qquad(2-5)$$

线路对地支路的功率损耗

$$\Delta S_{ly1}=-\mathrm{j}\,\frac{1}{2}BU_1^2,\ \Delta S_{ly2}=-\mathrm{j}\,\frac{1}{2}BU_2^2\qquad(2-6)$$

变压器并联支路的功率损耗

$$\Delta S_{yT}=G_TU_1^2+\mathrm{j}B_TU_1^2\qquad(2-7)$$

使用以上各公式注意事项：

(1) 复数功率定义为 $S=\dot{U}\overset{*}{I}$，即感性无功为正，容性无功为负。

(2) 公式中各量可用有名值也可用标幺值。简单网络的手算用有名值即可。用有名值时，各物理量较常用的配合为三相功率（MVA）、线电压（kV）、单相等值电路，其中阻抗单位为欧姆，导纳单位为西门子。

(3) 在阻抗的电压降落和功率损耗公式中，需用同一点的功率和电压。其中功率需是直接流向或流出阻抗的功率。

(4) 功率正方向从始端到末端，始端电压领先末端电压时，功角 δ 为正。

(5) 当功角 δ 较小时，电压损耗≈电压降落的纵分量。（电压降落是元件始末端电压的相量差；电压损耗是元件始末端电压的有效值之差）。

由阻抗元件电压降落的纵分量和横分量的公式［即式（2-2）］可知，交流电网功率传输的基本规律为：在元件的电抗比电阻大得多的高压电网中，感性无功功率从电压高的一端流向电压低的一端；有功功率从电压相位越前的一端流向电压相位落后的一端。

由阻抗元件功率损耗的公式［即式（2-5）］可知，不但有功功率的传输要消耗能量，无功功率的传输也要消耗能量。

2. 电力线路和变压器上的功率分布

阻抗和导纳的组合组成电力线路和变压器等值电路，式（2-5）～式（2-7）可用来计算电力线路和变压器的功率损耗，进而得到它们的功率分布如图 2-1、图 2-2 所示。

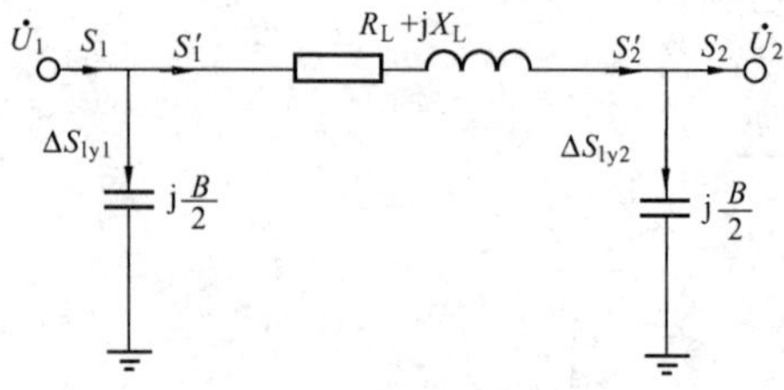

图 2-1 线路上的功率分布

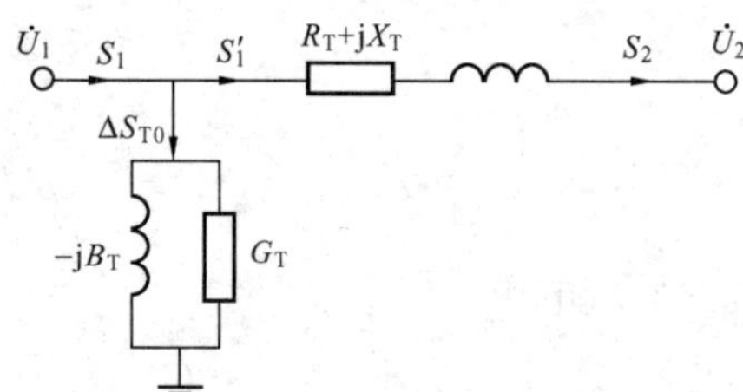

图 2-2 变压器的功率分布

注意：若假设变压器的电压为额定电压，变压器的负载功率损耗和空载功率损耗也可用

下列公式计算

$$\left.\begin{aligned}\Delta S_0&=P_0+\mathrm{j}\frac{I_0\%}{100}S_\mathrm{N}\\\Delta S_{z\mathrm{T}}&=\left[P_\mathrm{k}+\mathrm{j}\frac{u_\mathrm{k}\%}{100}S_\mathrm{N}\right]\left(\frac{S}{S_\mathrm{N}}\right)^2\end{aligned}\right\}\tag{2-8}$$

3. 简单辐射形网络的潮流计算

此部分内容可总结为“两类过程”和“一般步骤”。

(1) 两类过程。

简单辐射形网络的潮流计算有两类基本过程：

1) 已知同一端的功率和电压，求另一端功率和电压；

2) 已知始端电压、末端功率，求始端功率、末端电压（以此居多）；或已知末端电压、始端功率，求末端功率、始端电压。

过程 1)：总结为从已知功率、电压端，用式（2-1）～式（2-7）中适当的公式齐头并进逐段求解功率和电压，如图 2-3 所示。

图 2-3　已知同一点电压和功率求辐射形网络潮流

过程 2)：总结为“一来、二去”共两步来逼近需求解的网络功率和电压分布。一来即：设所有未知电压节点的电压为线路额定电压，用式（2-1）～式（2-7）中适当的公式从已知功率端开始逐段求功率，直到推得已知电压点的功率；二去即：从已知电压点开始，用推得的功率和已知电压点的电压，选用式（2-1）～式（2-7）中适当的公式，往回逐段向未知电压点求电压（如图 2-4 所示）。

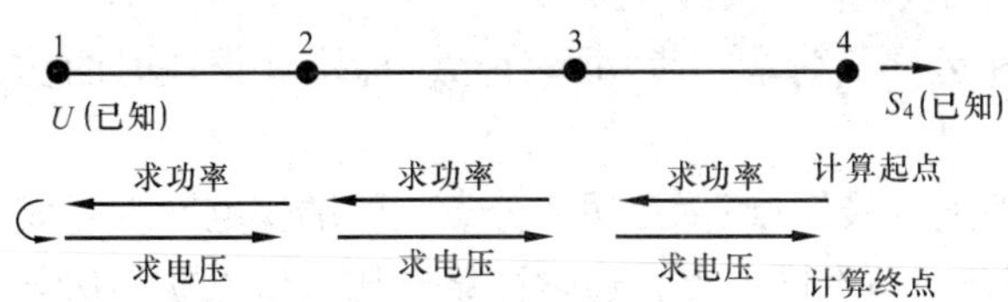

图 2-4　已知一点电压、另一点功率求辐射形网络潮流

在计算中，上述过程一般只需做一次。但当一次“来、去”过程完毕求得节点 4（如图 2-4 所示）电压后，此电压与初始假设电压相差较大时，可再一次假设未知电压节点的电压值为刚刚计算等到的节点 4 电压值，继续进行“来、去”计算，直到前后两次同一点的电压值相差不大时为止。

(2) 一般步骤。

当系统接线图由较多的电力设备（输电线、变压器）组成时，若做出每个设备的详细等值电路后再计算则计算量太大，因此此时采用如下的简化计算步骤：

1) 由已知系统接线图做系统主干网的简化等值电路（即只有阻抗元件的等值电路）；

2) 求运算功率或运算负荷；

3) 根据已知条件的具体情况，在简化的等值电路上，选前述“两类过程”之一，计算网络的功率和电压分布。

以如图 2-5 所示的电力系统接线为例：

其中变电站 b 为降压站，变电站 c 为升压站。

由步骤 1) 得简化等值电路，其中 Z_{ab}，Z_{bc} 为 ab，bc 段线路的阻抗。

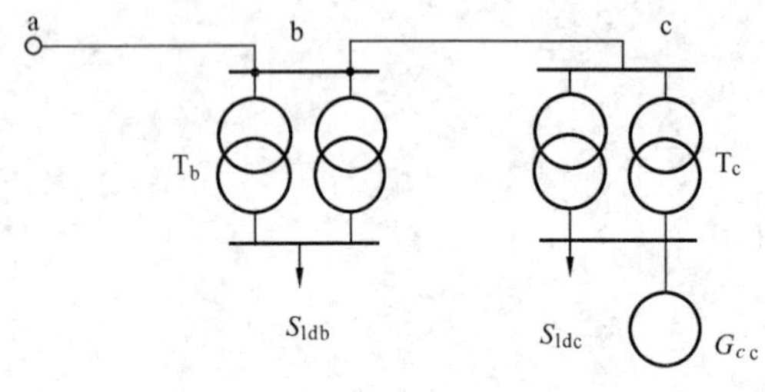

图 2-5 辐射形电力系统

由步骤 2）得简化等值电路图中的负荷功率 S_b、S_c。其中 S_b 称为降压变电站的运算负荷，S_c 称为升压变电站的运算功率；S_b 应是点 b 以下被简化掉的等值电路元件上的所有功率损耗（包括 ab、bc 段线路的单端充电功率之和）以及变电站 b 的所有负荷之和；S_c 应是点 c 以下被简化掉的等值电路元件上的所有功率损耗（包括 bc 段线路的单端充电功率）和变电站 c 低压母线的所有注入功率之差。

经过步骤 1）、2）的简化，得功率用运算负荷（或运算功率）表示的只含有主干网阻抗的简化等值电路后，就可据已知条件是同一端的功率和电压还是不同端的功率和电压，选择运用“两类过程”之一进行主干网功率和电压分布计算了。若接着还需计算 b 点（或 c 点）以下功率和电压分布，则可再由已计算出（或已知）的 b 点（或 c 点）电压和低压侧功率，做出变电站 b（或 c）中变压器等值电路计算。

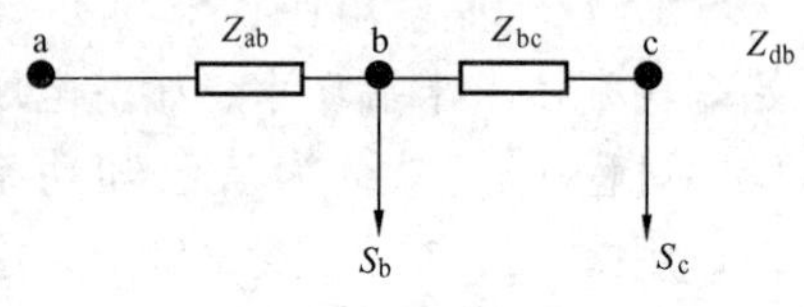

图 2-6 辐射形主干网的简化等值电路

4. 简单闭式网络的潮流计算

闭式网络包括环网和两端供电网，环网在电源点分裂，即可等效为两端供电网，故下面针对两端供电网复习。

（1）简单闭式网计算步骤归纳如下。

步骤 1）、2）与简单辐射网络潮流计算中的步骤 1）、2）相同。

3）在简化的等值电路上，由运算功率和运算负荷求初步功率分布（即不计损耗时的功率分布）。

4）据初步功率分布，确定功率分点（即电压最低点）；在功率分点将两端供电网拆开成两个开式网。如果有功功率分点与无功功率分点不在同一点，通常网络电压最低点在无功分点处，此时可在无功分点上将两端供电网拆开成两个开式网。

5）在两个开式网上，分别根据已知条件的具体情况，选用“两类过程”之一，计算网络的功率和电压分布。

上述各步可概括为先进行网络简化［步骤 1）、2）］；然后将两端供电网化为辐射网［步骤 3）、4）］，以建立起与已知知识的联系；最后在辐射网上求潮流［步骤 5）］。

步骤 3）中的初步功率分布，由基本功率分布和循环功率叠加构成。其中基本功率分布（又称自然功率分布）是由网络结构和负荷功率决定的，与两端电源电压差无关；循环功率与两端电源电压差有关，与负荷功率无关。由基本功率分布和循环功率叠加成初步功率分布时，可选初步功率正方向与基本功率正方向相同，循环功率与基本功率正方向一致时基本功率加循环功率得初步功率；相反时基本功率减循环功率得初步功率。

计算基本功率分布可用不计电压损耗和功率损耗时推导出的复数力矩法。在此方法中，将简化的等值电路和其上的运算负荷或运算功率类比作力学中的杠杆系统，杠杆各段的长度为各对应段阻抗的共轭，杠杆各节点上的作用力为等值电路对应点上的运算负荷或运算功率。

计算循环功率所用公式为

$$S_C=\frac{U_N\,d\overset{*}{\dot{U}}}{\sum\overset{*}{Z}} \tag{2-9}$$

计算初步功率分布的最终目的是为了找功率分点，以使两端供电网得以拆开成两个开式网。功率分点实际上是功率的汇聚点，也是该环路上电压最低的点。拆开成两个开式网后，它是两个开式网功率流的最末段。功率分点的总运算负荷或运算功率应根据初步功率分布计算结果一分为二，分别挂在两个开式网的末端。此即步骤4)。

(2) 注意：

1) 当环网中含几个电压等级时，循环功率的正方向和端口开路电压的正方向关系如图2-7所示，即端口开路电压差 $d\dot{U}$ 正方向与循环功率在通过此端口时正方向一致。

2) 假想端口一定要在参数归算侧。

3) 假想端口开路电压差的值会因端口具体位置的不同而有所变化，但这种变化不会影响到开路电压差的正负性质。

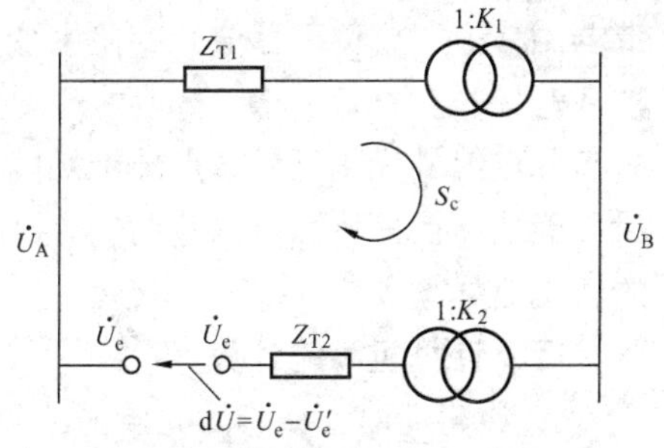

图2-7 循环功率正方向和假想端口开路电压差正方向的关系

考虑到循环功率的影响，两个及两个以上变压器并联运行时，若各变压器短路电压百分数相等，则变比相等时各变压器的负载率相等；变比不等时各变压器负载率不等，此时有些变压器过载，另一些变压器轻载，变压器容量得不到充分利用。

5. 复杂闭式网的潮流计算

复杂闭式网潮流计算的最初两步与简单闭式网相同，即先要求出挂有运算负荷或运算功率的、用阻抗表示的主干网的等值电路，然后再用网络简化方法将复杂闭式网简化为简单闭式网求解。

电路理论中的任何网络简化法都可在此用来简化网络，如：串并联变换、等值电源法，负荷移植法，星网变换法等。其中负荷移植法是在忽略电压损耗和功率损耗时，由电路理论中的电流移植推导来的，其公式也遵循求基本功率分布的复数力矩法。

由此部分内容1～5的叙述可知，一般潮流计算求解过程总的思路是从简单到复杂，后续的较复杂的问题，总是设法简化为前述较简单的问题求解。

三、电力网络的数学模型

电力网络的数学模型是对电力网络中各元件相互连接关系和相关运行状态的一种数学描述。通过网络数学模型可以把电力网络中物理现象的分析归结为某种形式的数学问题，这也是用计算机进行潮流计算的基础。

电力网络的状态可以用一组代数方程来描述，如节点电压方程、回路电流方程、割集电压方程等。其中最常用的是节点电压方程和由其导出的节点功率平衡方程。在本部分中，主要考虑节点电压方程。节点电压方程有阻抗型和导纳型两种。

节点导纳矩阵用于导纳形式的节点电压方程。根据网络的结构和参数，可以直观地形成节点导纳矩阵。导纳矩阵的特点是高度稀疏、对称和易于修改。

节点阻抗矩阵用于阻抗形式的节点电压方程，它是节点导纳矩阵的逆。可以用节点导纳矩阵求逆的方式形成节点阻抗矩阵，也可用根据节点阻抗矩阵的物理意义导出的支路追加法形成节点阻抗矩阵。实用中，节点导纳矩阵求逆的方法可用于形成网络的初始节点阻抗矩阵而运行操作或网络故障会引起网络局部结构改变后，支路追加法可用来修改初始节点阻抗矩阵，形成网络局部结构变化后的节点阻抗矩阵。

节点电压方程是一组线性代数方程，此外节点导纳矩阵求逆的过程也可看作是求解线性代数方程的过程。

求解代数方程时可用高斯消去法、因子表法、矩阵分解法等。其中高斯消去法可看作是带电流移植（或负荷移值）的星网变换的数学概括，星网变换则可看作是高斯消去法的一种物理背景。

节点编号优化可使节点导纳矩阵（或雅可比矩阵）在消去过程中产生尽量少的注入元，尽可能地保持稀疏性，以节约内存和计算时间。对应到星网变换，则在节点消去过程中产生的新支路尽量少。

四、计算机潮流计算

1. 计算机潮流计算的数学描述

计算机潮流计算从数学上看即用数值方法解非线性代数方程，即将待定量作为网络方程（网络数学模型）中的未知变量（可能是母线电压，也可能是负荷功率或发电机功率），通过求解网络方程，从而得到各母线上的电压（幅值和相角），进而等到网络中的功率分布和功率损耗等。

计算机潮流计算中最常用的网络方程是由节点电压方程演变来的节点功率平衡方程。

$$S_i = \dot{U}_i\left(\sum_{j=1}^{n}\overset{*}{Y}_{ij}\overset{*}{U}_j\right) \quad (i = 1,2,\cdots,n) \tag{2-10}$$

对于 n 个节点的电力系统，共可写出 n 个节点功率平衡方程，其中的变量为节点电压和节点注入功率。节点功率平衡方程为非线性复数方程，将其实部和虚部分开，n 个功率平衡方程可得 $2n$ 个实数方程（仍统称为节点功率平衡方程），其中 n 个为有功平衡方程，n 个为无功平衡方程。在此 $2n$ 个实数方程中，变量为每个节点的注入的有功功率、注入无功功率、电压有效值和电压相角，因此整个方程组共有 $4n$ 个变量。故若要使功率平衡方程组有有限组解，$4n$ 个变量中必须已知 $2n$ 个变量，此为功率平衡方程的定解条件（即潮流计算的定解条件）。

根据电力系统的实际运行情况，一般每个节点的 4 个变量中，总可设定 2 个是已知的。根据每个节点已知变量的不同，可将节点分为三种类型：PQ 节点（已知节点注入有功、无功）、PV 节点（已知节点注入有功，节点电压有效值）、平衡节点（已知节点电压有效值和相角）。一般网络中，PQ 节点占大部分，平衡节点 1 个，PV 节点少量（或无）。

系统中的负荷节点和在一定时间内固定出力的发电厂节点可作为 PQ 节点，具有可调无功电源设备的变电站和一定无功储备的发电厂可作为 PV 节点，系统主调频发电厂或出线最多的发电厂可作为平衡节点。

通过方程求解得到的计算结果代表了功率平衡方程在数学上的一组解。但这组解所代表的系统运行状态在工程上是否有实际意义，是否满足一定的技术经济要求，是否是可行解？这还需要进行校验。电力系统运行必须满足的一定的技术经济要求，称为潮流计算的约束条件。常用的约束条件有，为满足供电电能质量和供电安全要求的节点电压约束；有功、无功电源节点对应的表征其技术能力的有功、无功约束；为保证系统稳定运行的电源联络线路两端电压相位差约束。

总之，潮流技术可归结为求解一组非线性方程组，并使其解满足一定的约束条件，若约束条件不能满足，则需修改某些变量的给定值，甚至修改系统的运行方式，重新进行计算，直到所得解满足约束条件为止。这种方法又称为计算机常规潮流计算（对应于优化潮流计算）。

潮流计算用的数值计算方法为一般迭代法和牛顿迭代法。

注意：计算机潮流计算一般用标幺值进行（但计算结果需以有名值形式给出），所用的节点导纳矩阵，一般只用网络元件（变压器和线路）的参数形成，与短路故障计算用的导纳矩阵可能不同。

为方便讲解，以下内容中设系统中有 n 个节点，其中 m 个 PQ 节点（节点编号为 1～m），$n-(m+1)$ 个 PV 节点（节点编号为 $m+1$～$n-1$），1 个平衡节点（节点编号为 n）。

2. 高斯-赛得尔法潮流计算

高斯-赛得尔法潮流计算是一般迭代法在潮流计算中的一种具体运用，即用一般迭代法解功率平衡方程（此时用复数形式的功率平衡方程）。将式（2-10）写成高斯-赛得尔法迭代式为

$$\dot{U}_i^{(k+1)}=\frac{1}{Y_{ii}}\left(\frac{P_i-\mathrm{j}Q_i}{\overset{*}{U}_i^{(k)}}-\sum_{j=1}^{i-1}Y_{ij}\dot{U}_i^{(k+1)}-\sum_{j=i+1}^{n}Y_{ij}\dot{U}_j^{(k)}\right)\quad(i=1,2,\cdots,n-1)\quad(2-11)$$

运用迭代式（2-11）时注意：①平衡节点的功率平衡方程不参与迭代；②在迭代过程中 PV 节点。当其无功约束不满足时需转化为 PQ 节点。

3. 牛顿-拉夫逊法潮流计算

牛顿-拉夫逊法潮流计算是牛顿迭代法在潮流计算中的一种具体运用，即用牛顿迭代法解功率平衡方程，此时采用实数形式的有功平衡方程和无功平衡方程组成方程组（在直角坐标的牛顿-拉夫逊法中，所解方程组中还含 PV 节点的电压方程）。

牛顿-拉夫逊法的实质是在每步迭代中将非线性的功率平衡方程、电压方程在电压初值点附近线性化；然后求线性化后的线性方程组，即修正方程组（修正方程中的未知量系数矩阵即雅可比矩阵），得到电压的修正量；最后用电压修正量去修正电压初值，得到新的电压近似值；检验新的近似值是否满足计算精度要求：①若满足，可结束迭代循环，最新的近似值即为满足精度要求的电压解，用相应公式据此电压解可计算平衡节点的有功、无功出力和网络中的功率分布（即各条线路上的传输功率）。②若不满足，则以刚刚得到的新的近似值为初值，继续进行前述迭代过程。

牛顿-拉夫逊法潮流计算以其节点电压采用坐标不同又可分为两种：直角坐标的牛顿-拉夫逊法潮流计算；极坐标的牛顿-拉夫逊法潮流计算。

牛顿-拉夫逊法中只将电压量作为迭代过程中的未知变量，而 PV 节点的无功，平衡节点的有功、无功都是在迭代结束时据各节点电压求解出的（即平衡节点的有功、无功平衡方程不参与迭代；PV 节点的无功平衡方程不参与迭代）。

雅可比矩阵为一组函数对一组变量的偏导数矩阵，具体定义见有关教材。

（1）直角坐标的牛顿-拉夫逊法潮流计算。

在直角坐标的牛顿-拉夫逊法潮流计算中，参与迭代的方程为每个 PQ 节点的有功平衡

方程、无功平衡方程，每个 PV 节点的有功平衡方程、电压方程。其对应的修正方程为

$$\Delta \boldsymbol{W} = -\boldsymbol{J}\Delta \boldsymbol{U} \tag{2-12}$$

式（2-12）中，

$$\Delta \boldsymbol{W} = [\Delta P_1 \quad \Delta Q_1 \quad \cdots \quad \Delta P_m \quad \Delta Q_m \quad \Delta P_{m+1} \quad \Delta U_{m+1}^2 \quad \cdots \quad \Delta P_{n-1} \quad \Delta U_{n-1}^2]^T$$

$$\Delta \boldsymbol{U} = [\Delta e_1 \quad \Delta f_1 \quad \cdots \quad \Delta e_m \quad \Delta f_m \quad \Delta e_{m+1} \quad \Delta f_{m+1} \quad \cdots \quad \Delta e_{n-1} \quad \Delta f_{n-1}]^T$$

$\Delta \boldsymbol{W}$ 和雅可比矩阵 $\boldsymbol{J}$ 在每一次迭代中均为已知，对于每次迭代，它们的各元素可由前一次迭代值算出。故修正方程为未知变量为 $\Delta \boldsymbol{U}$ 的线性方程。设在第 k 次迭代中解此线性方程，得电压修正量 $\Delta \boldsymbol{U}^{(k)}$，则可用其修正电压如下 $\boldsymbol{U}^{(k+1)} = \boldsymbol{U}^{(k)} + \Delta \boldsymbol{U}^{(k)}$。迭代过程一直进行到满足收敛判据

$$\max\{|\Delta P_i^{(k)}, \Delta Q_i^{(k)}|\} < \varepsilon \tag{2-13}$$

为止。

具体编写程序时，修正方程的系数矩阵－雅可比矩阵的一些特点会决定求解修正方程时采用什么样的算法，例如是用一般的高斯消去法还是用矩阵分解法（或因子表法）？要不要考虑线性方程系数矩阵的对称性、稀疏性以减小运算量等。故了解雅可比矩阵的特点非常重要。雅可比矩阵的特点如下：

1）雅可比矩阵各元素都是节点电压的函数，它们的数值将在迭代的过程中不断地改变。因此每次迭代开始时都需重新计算雅可比矩阵中的元素，求解修正方程时用一般高斯消去法即可。

2）分块雅可比矩阵与导纳矩阵一样稀疏，修正方程的求解可以用稀疏矩阵的求解技巧。

3）雅可比矩阵不具有对称性。

（2）极坐标的牛顿-拉夫逊法潮流计算。

在极坐标的牛顿-拉夫逊法潮流计算中，参与迭代的方程为每个 PQ 节点、每个 PV 节点的有功平衡方程，每个 PQ 节点的无功平衡方程。其修正方程经变换后写成分块矩阵的形式为

$$\begin{bmatrix} \Delta \boldsymbol{P} \\ \Delta \boldsymbol{Q} \end{bmatrix} = -\begin{bmatrix} \boldsymbol{H} & \boldsymbol{N} \\ \boldsymbol{K} & \boldsymbol{L} \end{bmatrix} \begin{bmatrix} \Delta \boldsymbol{\delta} \\ \boldsymbol{U}_{D2}^{-1} \Delta \boldsymbol{U} \end{bmatrix} \tag{2-14}$$

式 2-14 中，

$$\Delta \boldsymbol{P} = \begin{bmatrix} \Delta P_1 \\ \Delta P_2 \\ \vdots \\ \Delta P_{n-1} \end{bmatrix} \quad \Delta \boldsymbol{\delta} = \begin{bmatrix} \Delta \delta_1 \\ \Delta \delta_2 \\ \vdots \\ \Delta \delta_{n-1} \end{bmatrix}$$

$$\Delta \boldsymbol{Q} = \begin{bmatrix} \Delta Q_1 \\ \Delta Q_2 \\ \vdots \\ \Delta Q_m \end{bmatrix} \quad \Delta \boldsymbol{U} = \begin{bmatrix} \Delta U_1 \\ \Delta U_2 \\ \vdots \\ \Delta U_m \end{bmatrix} \quad \boldsymbol{U}_{D2}^{-1} = \begin{bmatrix} \frac{1}{\boldsymbol{U}_1} & 0 & \cdots & 0 \\ 0 & \frac{1}{\boldsymbol{U}_2} & \cdots & 0 \\ \vdots & \vdots & \ddots & \vdots \\ 0 & 0 & \cdots & \frac{1}{\boldsymbol{U}_m} \end{bmatrix}$$

在修正方程式（2-14）中，未知变量的系数矩阵 $\begin{bmatrix} \boldsymbol{H} & \boldsymbol{N} \\ \boldsymbol{K} & \boldsymbol{L} \end{bmatrix}$ 具有与直角坐标的牛顿-拉夫

逊法中的修正方程系数矩阵（雅可比矩阵）相同的特点。

4. *PQ* 分解法潮流计算

PQ 分解法由极坐标的牛顿-拉夫逊法简化而来。所使用的简化条件为：

（1）线路和变压器的 $R \ll X$，因此系统中有功功率的变化主要受母线电压相位的影响，无功功率的变化主要受母线电压幅值的影响，即可认为 $\frac{\partial \Delta \boldsymbol{P}}{\partial \boldsymbol{U}}$，$\frac{\partial \Delta \boldsymbol{Q}}{\partial \boldsymbol{\delta}}$ 的数值相对于偏导数 $\frac{\partial \Delta \boldsymbol{P}}{\partial \boldsymbol{\delta}}$，$\frac{\partial \Delta \boldsymbol{Q}}{\partial \boldsymbol{U}}$ 要小得多，可以将式（2 - 14）中对应的 $\boldsymbol{N}$、$\boldsymbol{K}$ 子块略去不计，即认为它们的元素都等于 0。

（2）线路两侧的相角差不大，因此认为 $\cos\delta_{ij} \approx 1$，$G_{ij}\sin\delta_{ij} \ll B_{ij}$。

（3）与系统各节点无功功率相适应的导纳 $B_{\mathrm{LD}i}$ 必远小于该节点自导纳的虚部，即

$$\boldsymbol{B}_{\mathrm{LD}i} = \frac{\boldsymbol{Q}_i}{\boldsymbol{U}_i^2} \ll \boldsymbol{B}_{ii} \text{ 或 } \boldsymbol{Q}_i \ll \boldsymbol{U}_i^2 \boldsymbol{B}_{ii}$$

在上述条件下极坐标牛顿-拉夫逊法的修正方程可简化为

$$\left.\begin{aligned} \boldsymbol{U}_{\mathrm{D1}}^{-1} \Delta \boldsymbol{P} &= -\boldsymbol{B}' \boldsymbol{U}_{\mathrm{D1}} \Delta \boldsymbol{\delta} \\ \boldsymbol{U}_{\mathrm{D2}}^{-1} \Delta \boldsymbol{Q} &= -\boldsymbol{B}'' \Delta \boldsymbol{U} \end{aligned}\right\} \tag{2 - 15}$$

展开为：

$$\left.\begin{aligned} \begin{bmatrix} \frac{\Delta P_1}{U_1} \\ \frac{\Delta P_2}{U_2} \\ \vdots \\ \frac{\Delta P_{n-1}}{U_{n-1}} \end{bmatrix} &= -\begin{bmatrix} B_{11} & B_{12} & \cdots & B_{1,n-1} \\ B_{21} & B_{22} & \cdots & B_{2,n-1} \\ \vdots & \vdots & \vdots & \\ B_{n-1,1} & B_{n-1,2} & \cdots & B_{n-1,n-1} \end{bmatrix} \begin{bmatrix} U_1 \Delta\delta_1 \\ U_2 \Delta\delta_2 \\ \vdots \\ U_{n-1} \Delta\delta_{n-1} \end{bmatrix} \\ \begin{bmatrix} \frac{\Delta Q_1}{U_1} \\ \frac{\Delta Q_2}{U_2} \\ \vdots \\ \frac{\Delta Q_{n-1}}{U_{n-1}} \end{bmatrix} &= -\begin{bmatrix} B_{11} & B_{12} & \cdots & B_{1m} \\ B_{21} & B_{22} & \cdots & B_{2m} \\ \vdots & \vdots & \vdots & \\ B_{m1} & B_{m2} & \cdots & B_{mm} \end{bmatrix} \begin{bmatrix} \Delta U_1 \\ \Delta U_2 \\ \vdots \\ \Delta U_m \end{bmatrix} \end{aligned}\right\} \tag{2 - 16}$$

在每次迭代的修正方程式（2 - 16）中，ΔU_i，$\Delta\delta_i$ 为未知量，其他均为已知量。其中 ΔP_i，ΔQ_i 仍可用与牛拉法计算 ΔP_i，ΔQ_i 相同的公式来计算。

注意：

1）在 *PQ* 分解法的两个修正方程中，系数矩阵都由节点导纳矩阵的虚部构成，只是阶次不同，矩阵 $\boldsymbol{B}'$ 为 $n-1$ 阶，不含平衡节点对应的行和列，矩阵 $\boldsymbol{B}''$ 为 m 阶，不含平衡节点和 *PV* 节点所对应的行和列。由于修正方程的系数矩阵为常数矩阵，在不断的迭代过程中不更改，因此只要在开始时作一次三角分解（或因子表），即可在反复的迭代过程中使用，若结合采用稀疏技巧，还可进一步节省机器内存和计算时间。

2）*PQ* 分解法除修正方程部分和极坐标牛顿-拉夫逊法不同外，其他部分相同。

3）PQ 分解法仍用不经简化的节点功率平衡方程判断求解精度，故一系统潮流用此法计算若能收敛，则总能达到设定的精度要求。因此 PQ 分解法与牛顿-拉夫逊法都能达到相同的精度。

4）网络实际情况和简化条件的差别，会影响 PQ 分解法的收敛性，这种影响从较轻的收敛速度变慢到比较严重的迭代不收敛。差别越大，影响越大。

5）在各简化条件中，主要是输电线的 R/X 比影响 PQ 分解法的收敛性。110kV 及以上电压等级的架空线 R/X 比值较小，一般都符合 PQ 分解法的简化条件。在 35kV 及以下电压等级的电力网中，线中的 R/X 比值较大，在迭代计算中可能出现迭代不收敛的情况。

6）PQ 分解法在实际应用中为改善其收敛性还有一些改进。较常用的是：在形成 $P-\delta$ 迭代用的矩阵 $\boldsymbol{B}'$ 时，将一些对有关功率和电压相位影响较小的因素忽略不计，即在计算 $\boldsymbol{B}'$ 的对角线元素时，忽略输电线路和变压器 π 型等值电路的对地导纳支路。

5. 小结

以上各种计算机潮流计算方法都以电压为系统状态量（电压初值在额定电压附近选取），迭代结束后，需根据所得的电压计算平衡节点的有功、无功出力［用节点功率平衡方程即式 (2-10)］和网络中的功率分布（即各条线路上的传输功率）。

线路传输功率的计算公式为

$$S_{ij}=P_{ij}+Q_{ij}=\dot{U}_i\overset{*}{I}_{ij}=U_i^2(G_{i0}-\mathrm{j}B_{i0})+\dot{U}_i(\overset{*}{U}_i-\overset{*}{U}_j)(G_{ij}-\mathrm{j}B_{ij}) \tag{2-17}$$

由于以上各种方法各有优缺点，所以实用中各方法可配合使用。如高斯-赛得尔法对初值要求不高，但当解接近真值时，收敛速度变慢（高斯-赛得尔法即一般迭代法，是线性收敛的）；而牛顿-拉夫逊法对初值要求较高，但收敛速度较快（牛顿迭代法是平方收敛的，故越接近真值收敛越快）。所以可先用高斯-赛得尔法进行几次迭代，迭代后的值作为牛顿-拉夫逊法的初始值。

例 题 分 析

【例 2-1】 某 110kV 输电线路，长 100km，$r=0.21\Omega/\text{km}$，$x=0.409\Omega/\text{km}$，$b=2.74\times10^{-6}\text{S/km}$，线路末端功率 10MW，$\cos\phi=0.95$ 滞后，已知末端电压为 110kV，试计算始端电压大小和相角，始端功率，并作相量图。

解 首先作输电线的等值电路如图 2-8 所示。

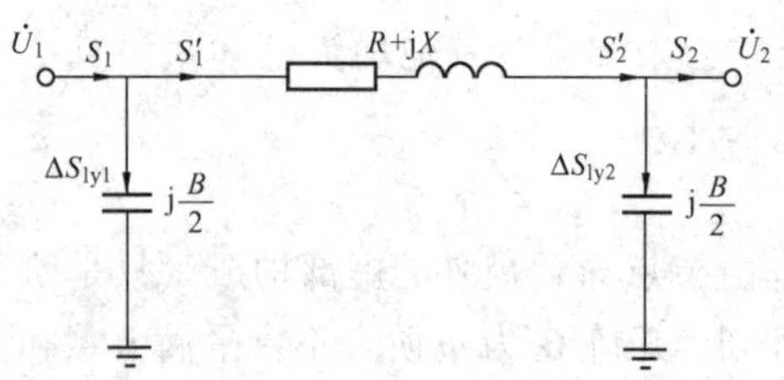

图 2-8　输电线等值电路图及其功率分布

$$R=0.21\times100=21(\Omega)$$
$$X=0.409\times100=40.9(\Omega)$$
$$B=2.74\times10^{-6}\times100=2.74\times10^{-4}(\text{S})$$
$$\phi_2=\arccos0.95=18.195°$$
$$P_2=10(\text{MW})$$
$$Q_2=10\tan18.195°=3.289(\text{Mvar})$$
$$S_2=10+\text{j}3.287(\text{MVA})$$

$$S'_2=S_2+\Delta S_{ly2}=10+\text{j}3.287-\text{j}\frac{1}{2}\times2.74\times10^{-4}\times110^2=10+\text{j}1.629(\text{MVA})$$

电压降落的纵分量、横分量分别为

$$\Delta U_2=\frac{P'_2R+Q'_2X}{U_2}=\frac{10\times 21+1.629\times 40.9}{110}=2.515(\text{kV})$$

$$\delta U_2=\frac{P'_2X-Q'_2R}{U_2}=\frac{10\times 40.9-1.629\times 21}{110}=3.407(\text{kV})$$

始端电压

$$U_1=\sqrt{(U_2+\Delta U_2)^2+(\delta U_2)^2}=\sqrt{(110+2.515)^2+3.407^2}$$
$$=112.57(\text{kV})$$

始端电压角度 $\delta=\arctan\dfrac{\delta U_2}{U_2+\Delta U_2}=\arctan\dfrac{3.407}{110+2.515}=1.734°$（滞后）

始端功率　$S_1=S'_2+\Delta S_Z+\Delta S_{ly2}$

$$=10+\text{j}1.629+\frac{10^2+1.629^2}{110^2}(21+\text{j}40.9)-\text{j}\frac{1}{2}\times 2.74\times 10^{-4}\times 112.57^2$$
$$=10.18+\text{j}0.24\text{MVA}$$

其对应的相量图如图 2-9 所示。

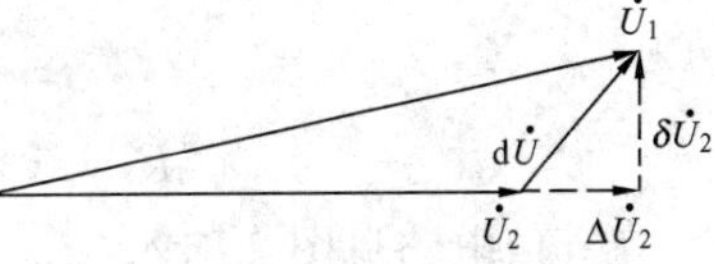

图 2-9　输电线电压相量图

【例 2-2】 某 110kV 输电线路，长 100km，$r=0.21\Omega/\text{km}$，$x=0.409\Omega/\text{km}$，$b=2.74\times 10^{-6}\text{S/km}$，线路末端功率 10MW，$\cos\phi=0.95$ 超前，已知始端电压为 112kV，试计算末端端电压大小和相角、始端功率，并作相量图。

解　线路的等值电路及参数见例 2-1 解。由于 $\cos\phi=0.95$ 超前，故 $\phi_2=-18.195°$。末端功率为

$$P_2=10\text{MW}$$
$$Q_2=10\tan(-18.195°)=-3.287(\text{Mvar})$$
$$S_2=10-\text{j}3.287(\text{MVA})$$

设末端电压为额定，即 110kV，则

$$S'_2=10-\text{j}3.287-\text{j}\frac{1}{2}\times 2.74\times 10^{-4}\times 110^2$$
$$=10-\text{j}4.945(\text{MVA})$$
$$S'_1=S'_2+\Delta S_Z$$
$$=10-\text{j}4.945+\frac{10^2+4.945^2}{110^2}(21+\text{j}40.9)$$
$$=10.216-\text{j}4.524(\text{MVA})$$

电压降落的纵分量和横分量分别为

$$\Delta U_1=\frac{P'_1R+Q'_1X}{U_1}=\frac{10.216\times 21-4.524\times 40.9}{112}=0.263$$

$$\delta U_1=\frac{P'_1X-Q'_1R}{U_1}=\frac{10.216\times 40.9+4.524\times 21}{112}=4.579$$

末端电压

$$U_2=\sqrt{(U_1-\Delta U_1)^2+(\delta U_1)^2}=\sqrt{(112-0.263)^2+4.579^2}$$
$$=111.83\text{kV}$$

末端电压相角 $\delta=\arctan\dfrac{\delta U_1}{U_1-\Delta U_1}=\arctan\dfrac{4.579}{112-0.263}=2.347°$

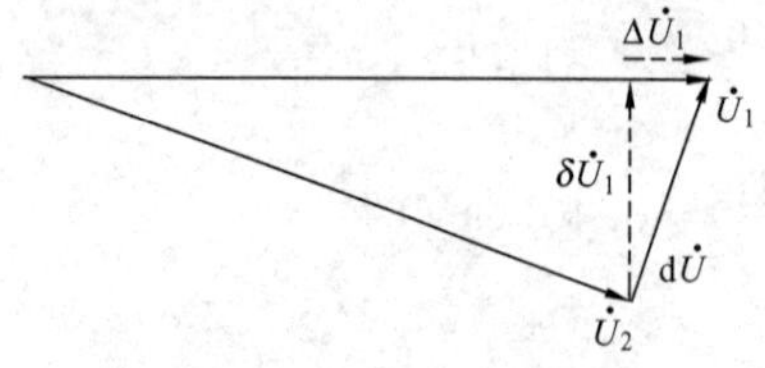

图 2-10 输电线电压相量图

始端功率

$$S_1 = S'_1 + \Delta S_{\mathrm{ly1}}$$

$$= 10.216 - \mathrm{j}4.524 - \mathrm{j}\,\frac{1}{2} \times 2.74 \times 10^{-4} \times 112^2$$

$$= 10.216 - \mathrm{j}6.242(\mathrm{MVA})$$

电压相量图如图 2-10 所示。

【例 2-3】 开式网络的接线如图 2-11，电源电压为 116kV，双回线供电，线路长 100km，$r=0.21\Omega/\mathrm{km}$，$x=0.409\Omega/\mathrm{km}$，$b=2.74\times10^{-6}\mathrm{s/km}$，变电站 a 装有两台同型号双绕组变压器，容量 31500kVA，$P_{\mathrm{k}}=190\mathrm{kW}$，$P_0=31\mathrm{kW}$，$u_{\mathrm{k}}\%=10.5$，$I_0\%=2.8$，变电站低压侧负荷 50MW，$\cos\phi=0.9$，试求变电所高压侧母线电压。

解 线路参数

$$R + \mathrm{j}X = \frac{1}{2}(0.21 + \mathrm{j}0.409) \times 100$$

$$= 10.5 + \mathrm{j}20.45(\Omega)$$

$$B = 2 \times 2.74 \times 10^{-6} \times 100 = 5.48 \times 10^{-4}(\mathrm{S})$$

等值电路见图 2-12。

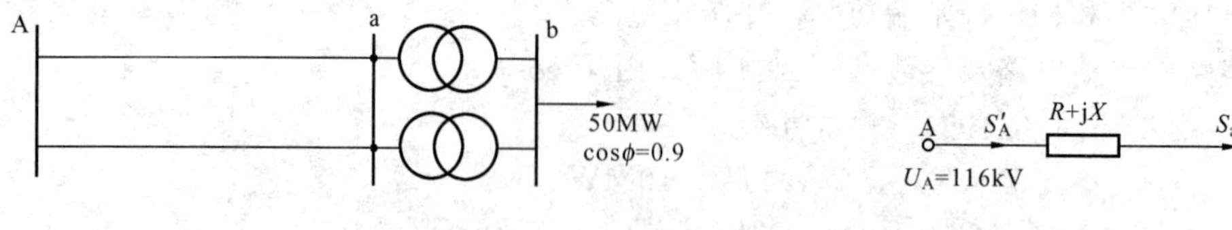

图 2-11 开式网络接线图　　图 2-12 简化的等值电路

变压器低压侧负荷

$$P_{\mathrm{b}} = 50\mathrm{MW} \quad \phi_{\mathrm{b}} = \arccos 0.9 = 25.842^\circ$$

$$Q_{\mathrm{b}} = 50\tan\phi_{\mathrm{b}} = 50\tan 25.842^\circ = 24.216(\mathrm{Mvar})$$

$$S_{\mathrm{b}} = 50 + \mathrm{j}24.216(\mathrm{MVA})$$

设电压为额定电压，求变电站 a 的运算负荷

$$S_{\mathrm{a}} = S_{\mathrm{b}} + \Delta S_{\mathrm{Tz}} + \Delta S_{\mathrm{T0}} + \Delta S_{\mathrm{ly2}}$$

$$= 50 + \mathrm{j}24.216 + 2\left(0.19 + \mathrm{j}\,\frac{10.5}{100} \times 31.5\right)\left(\frac{50^2 + 24.216^2}{2^2 \times 31.5^2}\right)$$

$$+ 2\left(0.031 + \mathrm{j}\,\frac{2.8}{100} \times 31.5\right) - \mathrm{j}\,\frac{1}{2} \times 5.48 \times 10^{-4} \times 110^2$$

$$= 50.118 + \mathrm{j}27.809(\mathrm{MVA})$$

$$S'_{\mathrm{A}} = S_{\mathrm{a}} + \Delta S_{\mathrm{i}} = 50.118 + \mathrm{j}27.809 + \frac{50.118^2 + 27.809^2}{110^2}(10.5 + \mathrm{j}20.45)$$

$$= 52.969 + \mathrm{j}33.361(\mathrm{MVA})$$

电压降落

$$\Delta U_{\mathrm{A}} = \frac{P'_{\mathrm{A}}R + Q'_{\mathrm{A}}X}{U_{\mathrm{A}}} = \frac{52.969 \times 10.5 + 33.361 \times 20.45}{116} = 10.676(\mathrm{kV})$$

$$\delta U_A = \frac{P'_A X - Q'_A R}{U_A} = \frac{52.969 \times 20.45 - 33.361 \times 10.5}{116} = 6.318(\text{kV})$$

变电站高压母线电压

$$U_a = \sqrt{(U_A - \Delta U_A)^2 + (\delta U_A)^2} = \sqrt{(116 - 10.676)^2 + 6.318^2}$$
$$= 105.513(\text{kV})$$

【例 2 - 4】　系统接线如图 2 - 13 所示。已知发电机 $S_N = 120\text{MVA}$，$x_d = 1.5$，隐极；变压器 $S_N = 120\text{MVA}$，$u_k\% = 12$，$k_T = 10.5/242$；线路长 200km，$r = 0.08\Omega/\text{km}$，$x = 0.41\Omega/\text{km}$，$b = 2.85 \times 10^{-6}\text{s/km}$；负荷 $P_{LD} = 100\text{MW}$，$\cos\phi = 0.9$。发电机运行电压为 10.5kV，当断路器 QF 突然跳闸造成甩负荷时，不计发电机转速升高，试求：

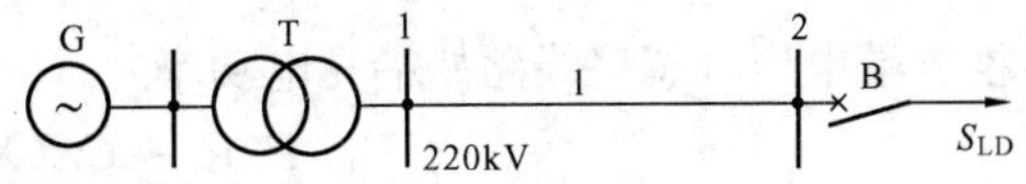

图 2 - 13　交流接线图

（1）不调发电机励磁时，发电机端和线路末端的稳态电压值和工频过电压倍数；

（2）调节发电机励磁，使发电机端稳态电压值保持为 10.5kV 时，线路末端电压和工频过电压倍数。

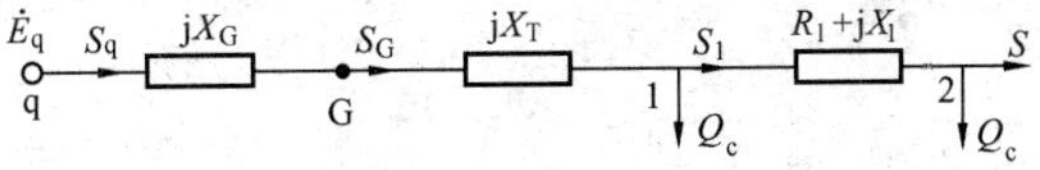

图 2 - 14　等值电路图

解　取基值 $S_n = 100\text{MVA}$，$U_{nI} = 10.5\text{kV}$，$U_{nII} = 242\text{kV}$，等值电路如图 2 - 14 所示。各参数为

$$X_G = 1.5 \times \frac{100}{120} = 1.25$$

$$X_T = 0.12 \times \frac{100}{120} = 0.1$$

$$R_l = 0.08 \times 200 \times \frac{100}{242^2} = 0.027$$

$$X_l = 0.41 \times 200 \times \frac{100}{242^2} = 0.14$$

$$B_l = 2.85 \times 10^{-6} \times 200 \times \frac{242^2}{100} = 0.334$$

带负荷 $P = \frac{100}{100} = 1$，$\phi = \arccos 0.9 = 25.842°$，$Q = P\tan\phi = 1 \times \tan 25.842° = 0.484$ 时，设末端电压为额定值，即

$$U_2 = \frac{220}{242} = 0.909$$

则线路末端充电功率

$$Q_C = -\frac{1}{2}B_l \cdot U_2^2 = -\frac{j}{2} \times 0.334 \times 0.909^2 = -0.318$$

$$S_1 = P + jQ + jQ_C + \frac{P^2 + (Q + Q_C)^2}{U_2^2}(R_l + jX_l)$$
$$= 1 + j0.484 - j0.318 + \frac{1^2 + (0.484 - 0.318)^2}{0.909^2}(0.027 + j0.14)$$
$$= 1.037 + j0.536$$

$$S_G = S_1 + jQ_C + \frac{P_1^2 + (Q_1 + Q_C)^2}{U_2^2} jX_T$$

$$= 1.037 + j0.536 - j0.318 + \frac{1.037^2 + (0.536 - 0.318)^2}{0.909^2} \times j0.1$$

$$= 1.037 + j0.548$$

由于假设的末端电压可能与实际值相差较大，故用已知的发电机端电压 $U_G = \frac{10.5}{10.5} = 1$，推末端电压（忽略线路始端充电功率）

$$U_2 \approx U_G - \frac{P_G R_l + Q_G(X_T + X_l)}{U_G}$$

$$= 1 - \frac{1.037 \times 0.027 + 0.548(0.1 + 0.14)}{1} = 0.84$$

其与初值 0.909 确相差较大，故以该末端电压为新参考值，即取 $U_2 = 0.84$ 继续反复进行上述求解过程，可依次得 $U_2 = 0.813$，0.801，0.796。

取末端电压值为 $U_2 = 0.801$ 时，可得

$$S_G = 1.049 + j0.733$$

由此可得发电机电势为

$$E_q = U_G + \frac{Q_G X_G}{U_G} = 1 + \frac{0.733 \times 1.25}{1} = 1.916$$

甩负荷后，$P=0$、$Q=0$，末端电压未知。可先设为

$$U_2 = \frac{220}{242} = 0.909$$

（1）不调励磁时 E_q 不变，仍为甩负荷之前的值，即 $E_q = 1.916$。此时

$$S_1 = P + jQ + jQ_C + \frac{P^2 + (Q + Q_C)^2}{U_2^2}(R_l + jX_l)$$

$$= 0 + j0 - j0.318 + \frac{0.318^2}{0.909^2}(0.027 + j0.14)$$

$$= 2.516 \times 10^{-3} - j0.263$$

忽略线路充电功率

$$S_q = S_1 + jQ_C + \frac{P_1^2 + (Q_1 + Q_C)^2}{U_2^2} j(X_G + X_T)$$

$$= 0.00252 - j0.263 - j0.318 + \frac{j(0.263 + 0.318)^2}{0.909^2} \times (1.25 + 0.1)$$

$$= 0.00252 - j0.065$$

$$U_2 = E_q - \frac{P_q R_l + Q_q(X_G + X_T + X_l)}{E_q}$$

$$= 1.916 - \frac{0.00252 \times 0.027 - 0.065 \times (1.25 + 0.1 + 0.14)}{1.916}$$

$$= 1.966$$

因末端电压 $U_2 = 1.966$ 与初值 0.909 相差较大，故需设末端电压为新值 1.966，继续反复迭代。历次迭代得 $U_2 = 2.15$，2.196，2.209，2.212。

取 $U_2 = 2.212$，可算出发电机端电压

$$U_G=2.164$$

故发电机机端工频过电压倍数

$$\frac{U_G \cdot U_{nI}}{10.5}=\frac{2.164\times 10.5}{10.5}=2.164$$

稳态电压值

$$U_G \cdot U_{nI}=2.164\times 10.5=22.73(\text{kV})$$

电压偏移

$$\frac{22.73-10.5}{10.5}\times 100\%=116.43\%$$

线路末端稳态电压值

$$U_2 \cdot U_{nII}=2.212\times 242=535.26(\text{kV})$$

工频过电压倍数

$$\frac{535.26}{220}=2.433$$

电压偏移

$$\frac{535.26-220}{220}\times 100\%=143.4\%$$

（2）调节励磁，使机端电压不变为 $U_g=\frac{10.5}{10.5}=1$ 时，用与带负荷时类似的求解过程（但此时 $P=0$，$Q=0$），末端电压 U_2 的历次迭代值为 0.909，1.121，1.184，1.205。取 $U_2=1.205$，得线路末端稳态电压值

$$U_2 \cdot U_{nII}=1.205\times 242=291.6(\text{kV})$$

工频过电压倍数

$$\frac{291.6}{220}=1.325$$

电压偏移

$$\frac{291.6-220}{220}\times 100\%=32.5\%$$

由此题可知调励磁可限制工频过电压。

【例 2-5】 110kV 简单环网系统接线图如图 2-15 所示，导线型号均为 LGJ－95，已知：线路 AB 段为 40kM，AC 段 30kM，BC 段 30kM；变电站负荷为 $S_B=20+j15$MVA，$S_C=10+j10$MVA。电源点 A 点电压为 115kV。试求：

（1）电压最低点和此网络的最大电压损耗及有功总损耗；

（2）此网络一条线路断开时的最大电压损耗和有功总损耗；

（3）若 BC 段导线换为 LGJ－70，重作（1）的内容；

（4）比较前 3 问的结果。

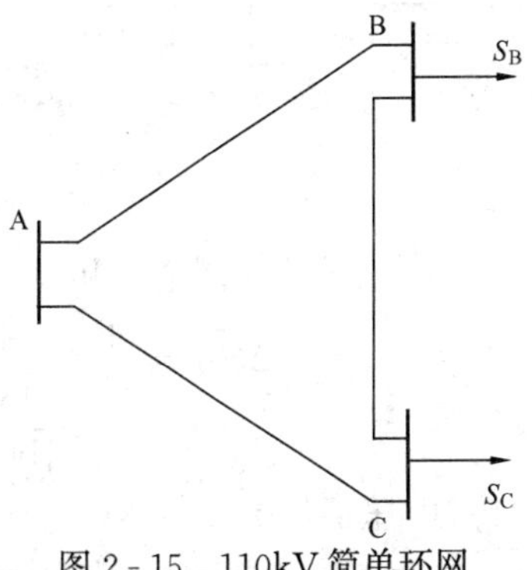

图 2-15　110kV 简单环网系统接线图

导线参数：LGJ－95：$r=0.33\Omega/\text{km}$，$x=0.429\Omega/\text{km}$，$b=2.65\times 10^{-6}\text{S/km}$；

LGJ－70：$r=0.45\Omega/\text{km}$，$x=0.440\Omega/\text{km}$，$b=2.58\times10^{-6}\text{S/km}$。

解 先求线路参数和变电站 B、C 的运算负荷

$$Z_{AB}=(0.33+j0.429)\times40=13.2+j17.16(\Omega)$$

$$Z_{AC}=(0.33+j0.429)\times30=9.9+j12.87(\Omega)=Z_{BC}$$

$$Q_{AB}=-2.65\times10^{-6}\times40\times110^2=-1.283(\text{Mvar})$$

$$Q_{AC}=Q_{BC}=-2.65\times10^{-6}\times30\times110^2=-0.962(\text{Mvar})$$

（1）运算负荷

$$S'_B=20+j15+j\frac{Q_{AB}+Q_{BC}}{2}=10+j15-\frac{j(1.283+0.962)}{2}$$
$$=20+j13.88(\text{MVA})$$

$$S'_C=10+j10-\frac{j2\times0.962}{2}=10+j9.038(\text{MVA})$$

则不计损耗时功率分布为（基本功率分布为）

$$S_{AC}=\frac{S_C(l_{AB}+l_{BC})+S_Bl_{AB}}{l_{AB}+l_{BC}+l_{AC}}$$
$$=\frac{(10+j9.038)(40+30)+(20+j13.88)\times30}{40+30+30}$$
$$=15+j11.878(\text{MVA})$$

$$S_{AB}=\frac{S_Cl_{AC}+S_B(l_{AC}+l_{BC})}{l_{AC}+l_{BC}+l_{AB}}=\frac{(10+j9.038)\times30+(20+j13.88)\times60}{100}$$
$$=15+j11.038(\text{MVA})$$

$$S_{BC}=S_{AB}-S_B=15+j11.038-(20+j13.88)$$
$$=-5-j2.84(\text{MVA})$$

（检验：由以上数据可知，$S_{AC}+S_{AB}=S'_B+S'_C=30+j22.92\text{MVA}$ 故以上计算正确）

画出功率分布如图 2-16 所示。由功率分布图可知，功率分点为 B 点，即电压最低点。

在功率分点 B 点，将原网络拆开成两个开式网，如图 2-17 所示。

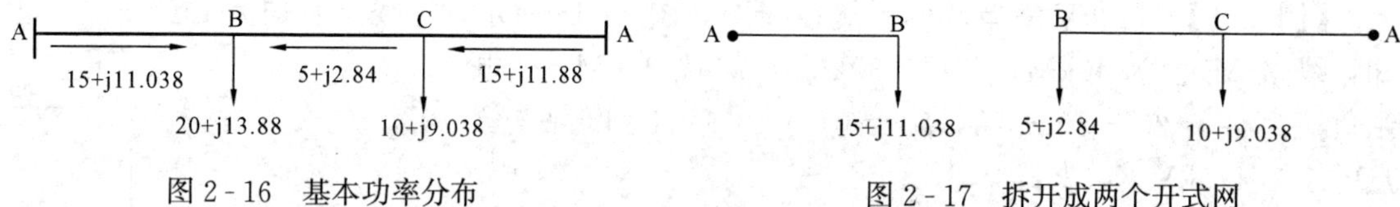

图 2-16 基本功率分布　　图 2-17 拆开成两个开式网

则由 AB 段网络可知

$$\Delta S_{AB}=\frac{15^2+11.038^2}{110^2}(13.2+j17.16)=0.378+j0.492(\text{MVA})$$

$$S'_{AB}=15+j11.038+0.378+j0.492=15.378+j11.53(\text{MVA})$$

B 点电压最低为

$$U_B=\sqrt{\left(115-\frac{15.378\times13.2+11.53\times17.16}{115}\right)^2+\left(\frac{15.378\times17.16-11.53\times13.2}{115}\right)^2}$$

$$=111.52(\text{kV})$$

最大电压损耗为$\frac{115-111.52}{110}\times100\%=3.165\%$

BC、AC段的网络损耗为

$$\Delta S_{BC}=\frac{5^2+2.84^2}{110^2}(9.9+j12.87)=0.027+j0.035(\text{MVA})$$

$$\Delta S_{AC}=\frac{15^2+11.88^2}{110^2}(9.9+j12.87)=0.3+j0.389(\text{MVA})$$

故网络有功总损耗为

$$\Delta P_{\Sigma}=\Delta P_{AB}+\Delta P_{BC}+\Delta P_{AC}=0.378+0.027+0.3=0.705(\text{MW})$$

(2) 线路AB断开时，功率分布变动最大。对网络的运行状态影响也最大。此时变电站C的运算功率不变，变电站B的运算功率为$S'_B=20+j15-\frac{0.962}{2}j=20+j14.52$，功率分布如图2-18所示。

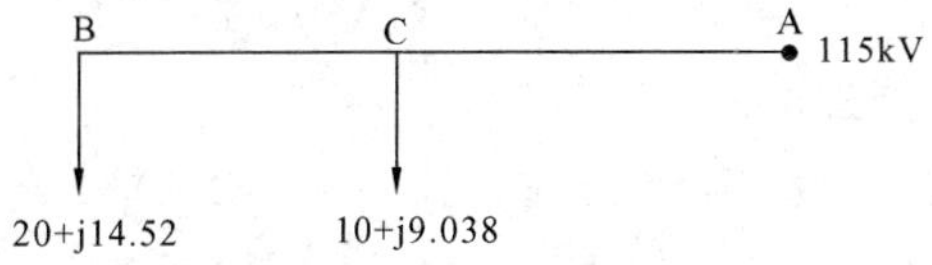

图2-18　功率分布图

与（1）开式网求解类似，可求出$U_C=109.39\text{kV}$，$U_B=105.75\text{kV}$。

最大电压损耗为$\frac{U_A-U_B}{U_N}\times100\%=\frac{115-105.75}{110}\times100\%=8.408\%$，有功总损耗为$\Delta P_{\Sigma}=2.119\text{MW}$。

(3) 当BC段导线换为LGJ－70后，重做1的内容，所得结果见表2-1（B点仍为功率分点即电压最低点)。

表2-1　　导线换为LGJ－70后的数据

最大电压损耗	网络有功总损耗	最大电压损耗	网络有功总损耗
(1)　3.165%	0.705　MW	(3)　3.228%	0.715　MW
(2)　8.408%	2.119　MW		

(4) 由表2-1，可知：①环网运行不但可增加供电可靠性，同时还可降低网络电压损耗和有功损耗；②环网运行时，以均一线环网性能最好。

【例2-6】 图2-19所示网络中，变电站C和D由电厂A和B的110kV母线供电，已知：变压器T_C，$2\times\text{SFL}_1-15000/110$，$P_k=100\text{kW}$，$P_0=19\text{kW}$，$U_k\%=10.5$，$I_0\%=1.0$；变压器$T_D$，$2\times\text{SFL}_1-10000/110$，$P_k=72\text{kW}$，$P_0=14\text{kW}$，$U_k\%=10.5$，$I_0\%=1.1$；线路AC段，LGJ－120，30km；线路CD段，LGJ－95，30km；线路BD段，LGJ－95，40km；负荷功率为$S_C=23+j14\text{MVA}$，$S_D=14+j11\text{MVA}$。

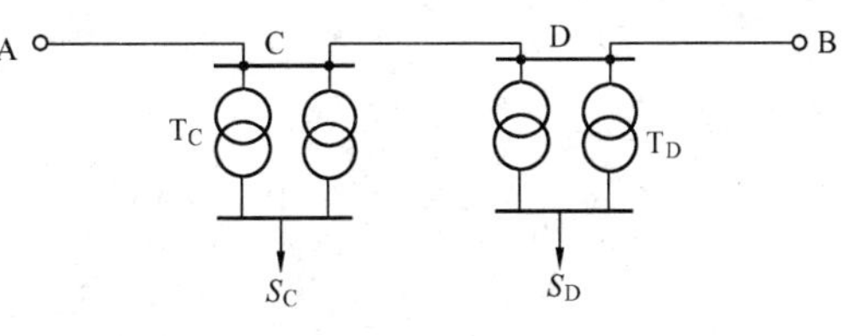

图2-19　系统接线图

(1) 若A、B两点电压相等，且相位相同，不计功率损耗，试求网络功率分布；

(2) 若电厂A拟少送5+j5MVA，A点电压为112kV，试求B点电压大小和相角；

(3) 接（2）求此时C、D点电压大小。

导线参数：LGJ－95 $r=0.33\Omega/\text{km}$，$x=0.429\Omega/\text{km}$，$b=2.65\times10^{-6}\text{s/km}$；

LGJ－120 $r=0.27\Omega/\text{km}$，$x=0.423\Omega/\text{km}$，$b=2.69\times10^{-6}\text{s/km}$。

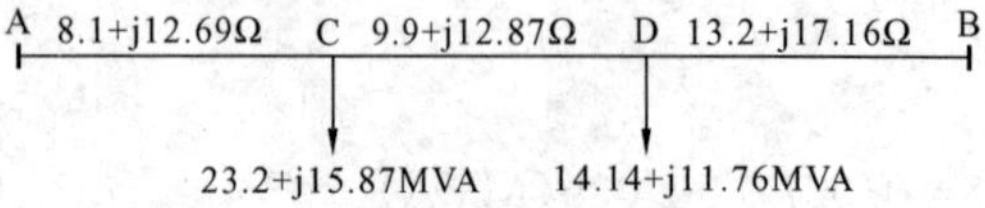

A 8.1+j12.69Ω C 9.9+j12.87Ω D 13.2+j17.16Ω B

23.2+j15.87MVA 14.14+j11.76MVA

图 2-20 简化的等值电路

解 网络等值电路见图 2-20。根据线路参数，设线路电压为额定电压，可得如图所标的运算负荷

(1) 不计损耗时功率分布计算如下

$$S_{AC}=\frac{S_C(\overset{*}{Z}_{CD}+\overset{*}{Z}_{DB})+S_D\overset{*}{Z}_{DB}}{\overset{*}{Z}_{AC}+\overset{*}{Z}_{CD}+\overset{*}{Z}_{DB}}$$

$$=\frac{(23.2+j15.87)(9.9-j12.87+13.2-j17.16)+(14.14+j11.76)(13.2-j17.16)}{8.1-j12.69+9.9-j12.87+13.2-j17.16}$$

$$=21.99+j16.73(\text{MVA})$$

同理可得

$$S_{BD}=15.35+j10.90(\text{MVA})$$

而 $S_{CD}=S_D-S_{BD}=14.14+j11.76-15.35-j10.90=-1.206+j0.863(\text{MVA})$

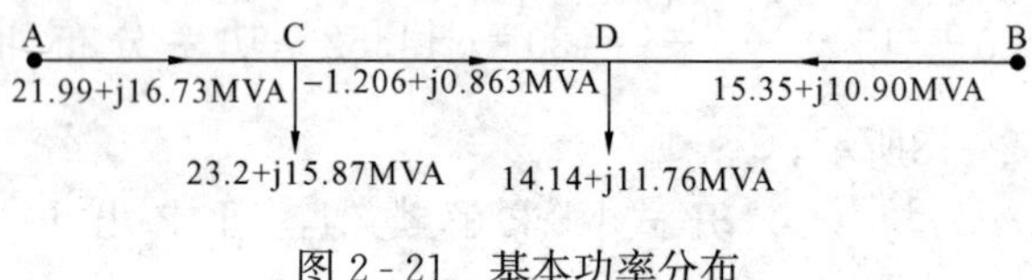

图 2-21 基本功率分布

功率分布如图 2-21 所示。

(2) 电厂 A 少送 5+j5MVA 时，$U_A=112\text{kV}$，此时循环功率即为 A 厂少送的功率

$$S_C=\frac{U_N d\overset{*}{U}}{\Sigma\overset{*}{Z}}$$

即

$$5+j5=\frac{110(\overset{*}{U}_B-\overset{*}{U}_A)}{\Sigma\overset{*}{Z}}$$

而 $\overset{*}{U}_A=1$，$\Sigma\overset{*}{Z}=\overset{*}{Z}_{AC}+\overset{*}{Z}_{CD}+\overset{*}{Z}_{DB}=31.2-j42.72$

因此可解得 $\dot{U}_B=115.3\underline{/0.256^\circ}$

即当电厂 A 母线电压为 $U_A=112\text{kV}$ 时，电厂 B 母线电压为 115.3kV、且超前 A 母线电压 0.256°时，即可实现 A 厂少送功率 5+j5MVA。

(3) 此时新的功率分布如图 2-22 所示。

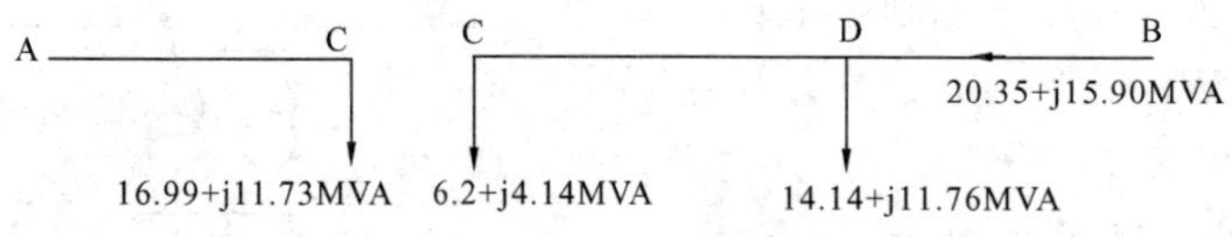

图 2-22 功率分布图

C 点为功率分点。在开式网 AC 上，可算得 $U_C=109.38\text{kV}$；在开式网 BDC 上，可算得 $U_D=110.43\text{kV}$。

【例 2-7】 两台型号相同的变压器并联运行，已知每台容量为 5.6MVA，额定变比为 35/10.5，归算到 35kV 侧的阻抗为 2.22+j16.4Ω，10kV 侧的总负荷为 8.5+j5.27MVA，高压侧电压为 35kV。不计变压器内部损耗，试计算：

（1）两台变压器变比相同时，各变压器输出的有功功率和低压侧电压；

（2）变压器 1 工作在 +2.5% 抽头，变压器 2 工作在 0% 抽头时，各变压器输出的有功功率；此时变压器运行有什么问题？

解　两台变压器型号相同。

（1）它们的变比相等时，两变压器平分功率，即每台输出功率为总负荷的一半，4.25+j2.635MVA。此时每台变压器的功率损耗为

$$\Delta S_{\mathrm{T}}=\frac{P^2+Q^2}{U^2}(R+\mathrm{j}X)$$
$$=\frac{4.25^2+2.635^2}{35^2}(2.22+\mathrm{j}16.4)=0.045+\mathrm{j}0.335(\mathrm{MVA})$$

每台变压器的始端功率为（忽略空载损耗）

$$S'_{\mathrm{T}}=4.25+\mathrm{j}2.635+0.045+\mathrm{j}0.335$$
$$=4.295+\mathrm{j}2.97(\mathrm{MVA})$$

电压降落

$$\Delta U_1=\frac{P'_{\mathrm{T}}R+Q'_{\mathrm{T}}X}{U}=\frac{4.295\times 2.22+2.97\times 16.4}{35}$$
$$=1.664(\mathrm{kV})$$
$$\delta U_1=\frac{P'_{\mathrm{T}}X+Q'_{\mathrm{T}}R}{U}=\frac{4.295\times 16.4-2.97\times 2.22}{35}$$
$$=1.824(\mathrm{kV})$$

低压侧电压

$$U'_2=\sqrt{(U_1-\Delta U_1)^2+(\delta U_1)^2}=\sqrt{(35-1.664)^2+1.824^2}$$
$$=33.39(\mathrm{kV})\text{ 或 }U'_2\approx U_1-\Delta U_1=33.34(\mathrm{kV})$$
$$U_2=33.39\times\frac{10.5}{35}=10.02(\mathrm{kV})$$

（2）当两台变压器变比不等时，会产生循环功率（设由 T1 流向 T2 为正，如图 2-23 所示）

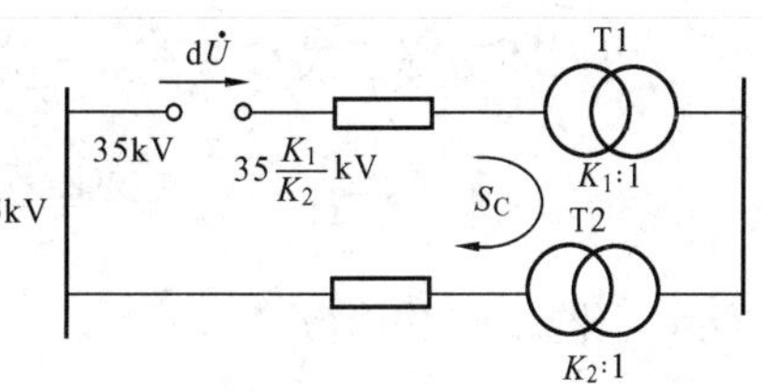

图 2-23　循环功率

$$S_{\mathrm{C}}=\frac{U_{\mathrm{N}}\mathrm{d}\overset{*}{U}}{\sum\overset{*}{Z}}=\frac{35\times 35(1-1.025)}{2(2.22-\mathrm{j}16.4)}$$
$$=-0.248-\mathrm{j}1.834$$

此时 T1 输出功率为　$S_{\mathrm{LD1}}=4.25+\mathrm{j}2.635-0.248-\mathrm{j}1.834$
$$=4.0+\mathrm{j}0.8$$

T2 输出功率为　$S_{\mathrm{LD2}}=4.25+\mathrm{j}2.635+0.248+\mathrm{j}1.834$
$$=4.5+\mathrm{j}4.47$$

T1 负载率为　$\sqrt{\dfrac{4.0^2+0.8^2}{5.6}}=0.729$（不满载）

T2 负载率为　$\sqrt{\dfrac{(4.5^2+4.4)^2}{5.6}}=1.132$（过载）

功率分配不合理。

【例 2-8】 两台型号不同的变压器并联运行，变压器的额定容量及归算到 35kV 侧的阻抗分别为：$S_{TN1}=10MVA$，$Z_{T1}=0.8+j9\Omega$；$S_{TN2}=20MVA$；$Z_{T2}=0.4+j6\Omega$。负荷 $S_{LD}=22.4+j16.8MVA$，不计变压器损耗，试求：

(1) 两变压器变比相同且为额定变比 $k_{TN}=35/11$ 时，各变压器的输出视在功率；

(2) 两变压器均有 $\pm4\times2.5\%$ 的分接头，分析两变压器分接头不同对有功和无功分布的影响；

(3) 如何调整两变压器分接头，才能使变压器间功率分配合理。

解 (1) 基本功率分布即为变比相同时的输出功率，此时变压器 T1 的输出功率为

$$S_{T1}=\frac{S_{LD}\overset{*}{Z}_{T2}}{\overset{*}{Z}_{T1}+\overset{*}{Z}_{T2}}=\frac{(22.4+j16.8)(0.4-j6)}{0.8-j9+0.4-j6}$$
$$=9.04+j6.59(MVA)$$

对应视在功率 $|S_{T1}|=11.189(MVA)$。

同理 $S_{T2}=13.36+j10.21(MVA)$

对应视在功率 $|S_{T2}|=16.81MVA$

故变压器 1 过载，变压器 2 只用了约 $\frac{3}{4}$ 的容量。

(2) 当两变压器变比不同时，将产生循环功率，由于两变压器电阻均远小于电抗，故两变压器分接头的不同，主要影响无功功率的分布。

(3) 设循环功率为 Q_C，T1 流向 T2 为正，则变比不同时，若欲使两变压器功率按容量成正比分配，则 Q_C 满足下式，即

$$\frac{9.04^2+(6.59+Q_C)^2}{13.36^2+(10.21-Q_C)^2}=\frac{10^2}{20^2}$$

解此式得 $Q_C=-3.47(MVA)$ 或 $-20.847(MVA)$。

由循环功率公式 $Q_C=\frac{35\times10(K_2-K_1)}{-j9-j6}$ 可得

$$K_2-K_1=\frac{jQ_C\times(-15j)}{350}=\begin{cases}-0.148 & \text{当 } Q_C=-3.47 \text{ 时}\\ -0.893 & \text{当 } Q_C=-20.8 \text{ 时}\end{cases}$$

两变压器相差的档数

$$\frac{K_2-K_1}{0.025\times\frac{35}{11}}=\begin{cases}-1.867 & \text{当 } Q_C=-3.47 \text{ 时，}\\ -11.232 & \text{当 } Q_C=-20.8 \text{ 时。}\end{cases}$$

因此当 $Q_C=-3.47Mvar$ 时，两变压器分接头相差接近 2 档。选差两档的分接头，可得较均衡的功率分布。

校核：

取 $K_1=1.05\times\frac{35}{11}$、$K_2=\frac{35}{11}$，由于

$$S_C=\frac{35\times10(K_2-K_1)}{\overset{*}{Z}_{T1}+\overset{*}{Z}_{T2}}=\frac{350(1.05-1)\frac{35}{11}}{1.2-j15}=-0.295-j3.69(MVA)$$

此时 T1、T2 输出功率为

$$S_{T1}=9.04+j6.59-0.295-j3.69=8.74+j2.9(MVA)$$

$$S_{T2}=13.36+j10.21+0.295+j3.69=13.66+j13.89(MVA)$$

$$|S_{T1}|=9.215MVA \quad |S_{T2}|=19.5MVA$$

负荷分配大体均衡，变压器 1 负载率为$\frac{|S_{T1}|}{S_{N1}}=\frac{9.215}{10}=0.921$；变压器 2 负载率为$\frac{|S_{T2}|}{S_{N2}}=\frac{19.481}{20}=0.974$。

【例 2-9】 电力网络等值电路参数如图 2-24。

(1) 求其节点导纳矩阵；

(2) 若 2、4 节点间没有理想变压器，修改由 (1) 形成的节点导纳矩阵。

解 设 p、q 间有变压器支路如图 2-25 所示。则节点 p、q 的自导纳和其间互导纳为

$$Y_{pp}=\frac{1}{KZ}+\frac{K-1}{KZ}=\frac{1}{Z}$$

$$Y_{qq}=\frac{1}{KZ}+\frac{1-K}{K^2Z}=\frac{1}{K^2Z}$$

$$Y_{pq}=Y_{qp}=-\frac{1}{KZ}$$

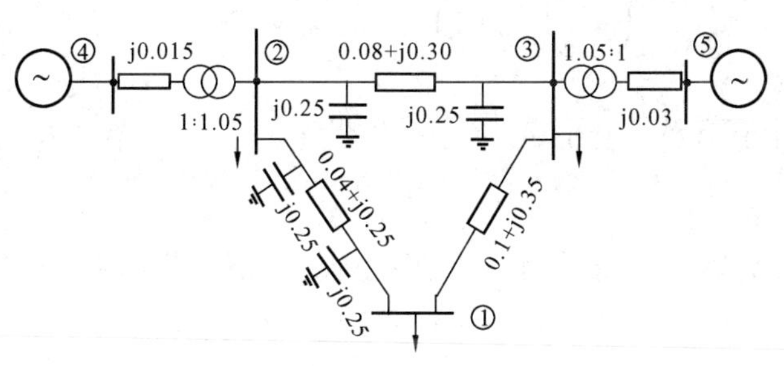

图 2-24 等值电路

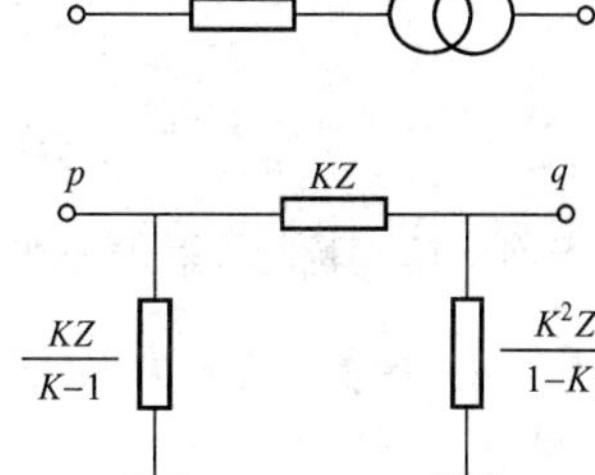

图 2-25 变压器 π 型等值电路

(1) 根据节点导纳矩阵的定义，可求得节点导纳矩阵各元素，即

$$Y_{11}=y_{10}+y_{12}+y_{13}=j0.25+\frac{1}{0.04+j0.25}+\frac{1}{0.1+j0.35}$$

$$=j0.25+0.624025-j3.900156+0.754717-j2.641509$$

$$=1.378742-j6.291665$$

与节点 1 有关的互导纳为

$$Y_{12}=Y_{21}=-y_{12}=-0.624025+j3.900156$$

$$Y_{31}=Y_{13}=-y_{13}=-0.754717+j2.641509$$

支路 2-4 为变压器支路，可以求出节点 2 的自导纳为

$$Y_{22}=y_{20}+y_{12}+y_{23}+y_{42}/k^2=j0.225+j0.25+0.624025-j3.900156$$

$$+0.829876-j3.112033-j66.666666/1.05^2$$

$$=1.473901-j66.980821$$

与节点 2 有关的互导纳为

$$Y_{23}=Y_{32}=-0.829876+j3.112033$$

$$Y_{24}=Y_{42}=-y_{42}/k_{42}=+j63.492064$$

用类似方法可以求出导纳矩阵的其他元素，最后可得到节点导纳矩阵为

$$Y=\begin{bmatrix} \begin{matrix}1.378742\\-j6.291665\end{matrix} & \begin{matrix}-0.624025\\+j3.900156\end{matrix} & \begin{matrix}-0.754717\\+j2.641509\end{matrix} & 0 & 0 \\ \begin{matrix}-0.624025\\+j3.900156\end{matrix} & \begin{matrix}1.453901\\-j66.980821\end{matrix} & \begin{matrix}-0.829876\\+j3.112033\end{matrix} & +j63.492063 & 0 \\ \begin{matrix}-0.754717\\+j2.641509\end{matrix} & \begin{matrix}-0.829876\\+j3.112033\end{matrix} & \begin{matrix}1.584593\\-j35.737858\end{matrix} & 0 & +j31.746032 \\ 0 & +j63.492063 & 0 & -j66.666667 & 0 \\ 0 & 0 & +j31.746032 & 0 & -j33.33333 \end{bmatrix}$$

（2）当 2、4 节点间无理想变压器（即其 $K=1$）时，导纳矩阵中只需对 Y_{22}、Y_{24}、Y_{42} 进行修改，设其原值为 Y'_{22}、Y'_{24}、Y'_{42}，有

$$\begin{aligned} Y_{22} &= Y'_{22}+\frac{1}{j0.015}\left(-\frac{1}{1.05^2}+1\right) \\ &=1.453-j66.980+\frac{1}{j0.015}\left(-\frac{1}{1.05^2}+1\right) \\ &=1.453-j73.178 \end{aligned}$$

$$\begin{aligned} Y_{24} &= Y_{42}=Y'_{24}-\frac{1}{j0.015}\left(-\frac{1}{1.05}+1\right) \\ &=j63.492-\frac{1}{j0.015}\left(-\frac{1}{1.05}+1\right)=j66.667 \end{aligned}$$

导纳矩阵其他元素值不变。

【例 2 - 10】 某电力系统的等值电路如图 2 - 26 所示，各阻抗的标幺值和节点编号顺序标于图中。

（1）求节点导纳矩阵；

（2）对节点导纳矩阵进行 LDU 分解；

（3）计算与节点 3 相对应的一列节点阻抗矩阵元素；

（4）用支路追加法作节点阻抗矩阵。

解 作由导纳形式表示的电路如图 2 - 27 所示。

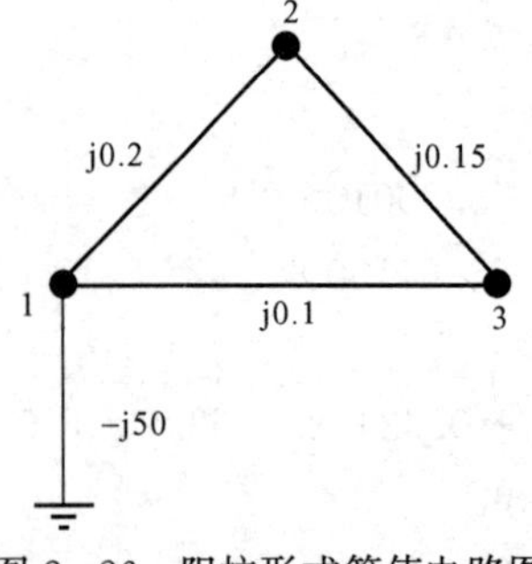

图 2 - 26 阻抗形式等值电路图

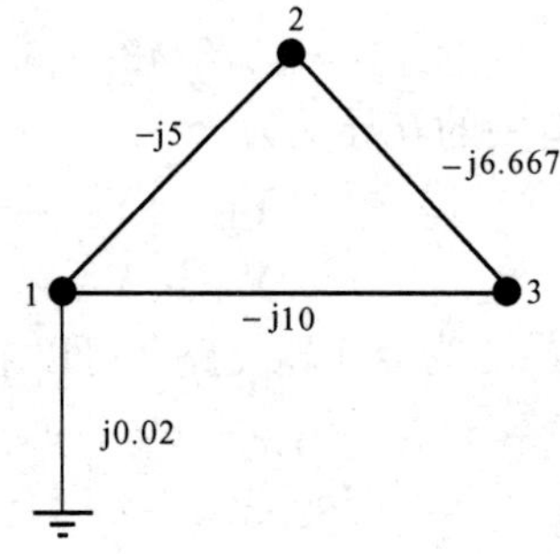

图 2 - 27 导纳形式等值电路图

（1）节点导纳矩阵为

$$Y=\begin{bmatrix}-\mathrm{j}14.98 & \mathrm{j}5 & \mathrm{j}10\\ \mathrm{j}5 & -\mathrm{j}11.667 & \mathrm{j}6.667\\ \mathrm{j}10 & \mathrm{j}6.667 & -\mathrm{j}16.667\end{bmatrix}$$

（2）令 $Y=\mathrm{LDU}$，即

$$\begin{bmatrix}1 & 0 & 0\\ l_{21} & 1 & 0\\ l_{31} & l_{32} & 1\end{bmatrix}\begin{bmatrix}d_1 & 0 & 0\\ 0 & d_2 & 0\\ 0 & 0 & d_3\end{bmatrix}\begin{bmatrix}1 & l_{21} & l_{31}\\ 0 & 1 & l_{32}\\ 0 & 0 & 1\end{bmatrix}=\begin{bmatrix}-\mathrm{j}14.98 & \mathrm{j}5 & \mathrm{j}10\\ \mathrm{j}5 & -\mathrm{j}11.667 & \mathrm{j}6.667\\ \mathrm{j}10 & \mathrm{j}6.667 & -\mathrm{j}16.667\end{bmatrix}$$

上式等号左边对应的行列相乘，分别应与右边对应元素相等，等号右边按照从上到下，从左到右的顺序依次可得

$$d_1=-\mathrm{j}14.98$$

$$l_{21}=\frac{\mathrm{j}5}{d_1}=\frac{\mathrm{j}5}{-\mathrm{j}14.98}=-0.334$$

$$l_{31}=\frac{\mathrm{j}10}{d_1}=\frac{\mathrm{j}10}{-\mathrm{j}14.98}=-0.668$$

$$d_2=\mathrm{j}11.667-l_{21}^2\cdot d_1=-\mathrm{j}11.667-0.334^2(-14.98)=-\mathrm{j}9.998$$

$$l_{32}=\frac{\mathrm{j}6.667-l_{31}l_{21}d_1}{d_2}=\frac{\mathrm{j}6.667-0.668\times0.334(-\mathrm{j}14.98)}{-\mathrm{j}9.998}=-1.001$$

$$\begin{aligned}d_3&=-\mathrm{j}16.667-l_{31}^2\cdot d_1-l_{32}^2\cdot d_2\\&=-\mathrm{j}16.667-0.668^2\times(-\mathrm{j}14.98)-1.001^2\times(-\mathrm{j}9.998)=-\mathrm{j}0.02\end{aligned}$$

即

$$\begin{bmatrix}1 & 0 & 0\\ -0.334 & 1 & 0\\ -0.668 & -1.001 & 1\end{bmatrix}\begin{bmatrix}-\mathrm{j}14.98 & 0 & 0\\ 0 & -\mathrm{j}9.998 & 0\\ 0 & 0 & -\mathrm{j}0.02\end{bmatrix}\begin{bmatrix}1 & -0.334 & -0.668\\ 0 & 1 & -1.001\\ 0 & 0 & 1\end{bmatrix}$$

$$=\begin{bmatrix}-\mathrm{j}14.98 & \mathrm{j}5 & -\mathrm{j}10\\ \mathrm{j}5 & -\mathrm{j}11.667 & \mathrm{j}6.667\\ \mathrm{j}10 & \mathrm{j}6.667 & -\mathrm{j}16.667\end{bmatrix}$$

（3）与节点 3 相对应的一列节点阻抗元素用 LDU 分解法求解如下，由

$$\begin{bmatrix}1 & 0 & 0\\ -0.334 & 1 & 0\\ -0.668 & -1.001 & 1\end{bmatrix}X_1=\begin{bmatrix}0\\0\\1\end{bmatrix}$$

求得

$$X_1=\begin{bmatrix}0\\0\\1\end{bmatrix}$$

由

$$\begin{bmatrix}-\mathrm{j}14.98 & 0 & 0\\ 0 & -\mathrm{j}9.998 & 0\\ 0 & 0 & -\mathrm{j}0.02\end{bmatrix}X_2=X_1=\begin{bmatrix}0\\0\\1\end{bmatrix}$$

求得

$$X_2=\begin{bmatrix}0\\0\\-\mathrm{j}49.922\end{bmatrix}$$

由

$$\begin{bmatrix}1 & -0.334 & -0.668\\0 & 1 & -1.001\\0 & 0 & 1\end{bmatrix}X_3=X_2=\begin{bmatrix}0\\0\\-j49.922\end{bmatrix}$$

求得

$$\begin{bmatrix}Z_{13}\\Z_{23}\\Z_{33}\end{bmatrix}=X_3=\begin{bmatrix}-j50\\-j49.956\\-j49.922\end{bmatrix}$$

（4）用支路追加法，按节点 1，2，3 的顺序追加如下：

只有节点 1 时，对应阻抗阵为

$$[-j50]$$

追加节点 2，对应阻抗阵为

$$\begin{bmatrix}-j50 & -j50\\ & -j50 \quad -j49.8\end{bmatrix}$$

追加节点 3，对应阻抗阵为

$$\begin{bmatrix}-j50 & -j50 & -j50\\-j50 & -j49.8 & -j50\\-j50 & -j50 & -j49.9\end{bmatrix}$$

追加连支 23，则新阻抗阵对应元素为

$$\begin{aligned}Z_{13}&=Z_{13}-\frac{(Z_{12}-Z_{13})(Z_{23}-Z_{33})}{Z_{22}+Z_{33}-2Z_{23}+j0.15}\\&=-j50-\frac{(-j50+j50)(-j50+j49.9)}{-j49.8-j49.9-2(-j50)+j0.15}=-j50\\Z_{23}&=Z_{23}-\frac{(Z_{22}-Z_{23})(Z_{23}-Z_{33})}{Z_{22}+Z_{33}-2Z_{23}+j0.15}=-j49.956\\Z_{33}&=Z_{33}-\frac{(Z_{32}-Z_{33})(Z_{23}-Z_{33})}{Z_{22}+Z_{33}-2Z_{23}+j0.15}=-j49.922\end{aligned}$$

同理求得其他各元素，得阻抗阵为

$$Z=\begin{bmatrix}-j50 & -j50 & -j50\\-j50 & -j49.889 & -j49.956\\-j50 & -j49.956 & -j49.922\end{bmatrix}$$

【例 2-11】 对如图 2-28 所示网络

（1）进行节点编号优化；

（2）写出节点导纳矩阵（用“＋”表示非零元素）；

（3）注明注入元的位置。

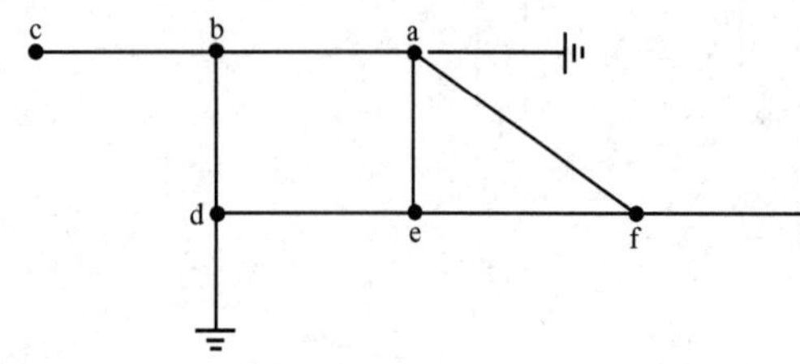

图 2-28　网络图

解　按照节点消去时新增支路数量少的原则对节点进行编号。如图 2-28 消去节点 c 和 g 都不新增支路，故可优先对 c、g 进行编号，如图 2-29 所示（消去的支路用虚线表示）。

在图 2-29 的实线部分中消去节点 f 不新增

支路，故应接着对 f 编号，见图 2-30。

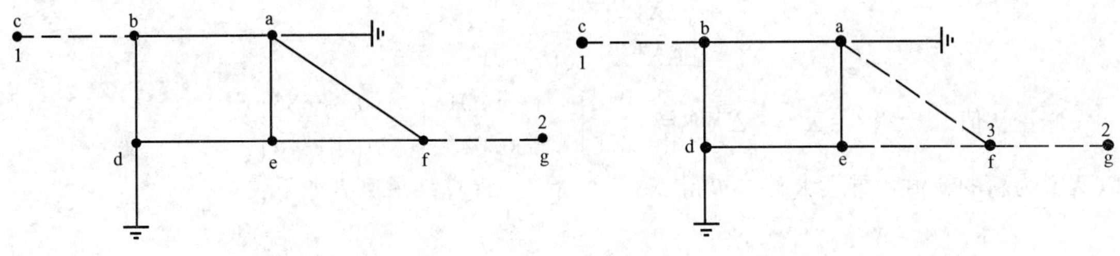

图 2-29　节点编号图一　　图 2-30　节点编号图二

在图 2-30 所剩的节点 a、b、d、e 中，消去任何一个，都新增 1 条支路，故可接着对其中任意一个进行编号。设将 d 点变为节点 4，如图 2-31，此时新增支路为支路 ad。

在图 2-31 中，ade 三个节点，消去任意一个，都不新增支路，故接着可按任意顺序编号，如图 2-32 所示。

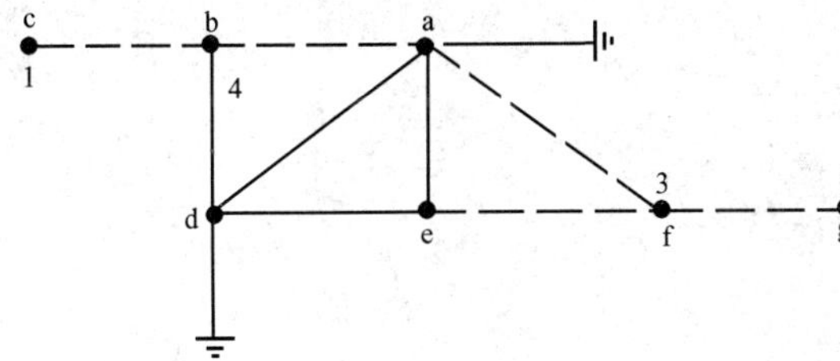

图 2-31　节点编号图三

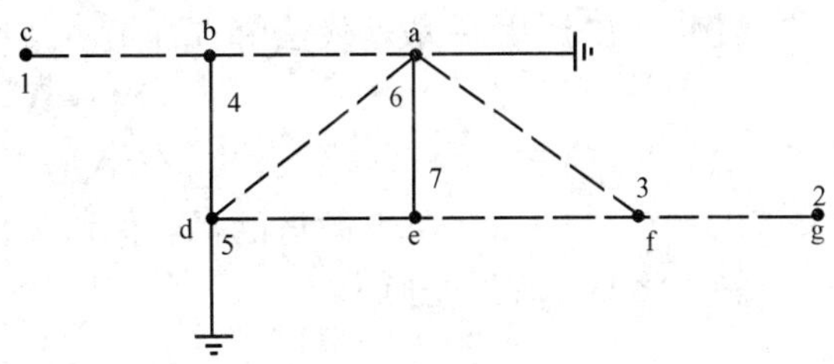

图 2-32　节点编号图四

按照图 2-32 的编号顺序，可做出导纳矩阵非零元（用“+”表示）及注入元（用“⊕”表示）的分布如图 2-33 所示。

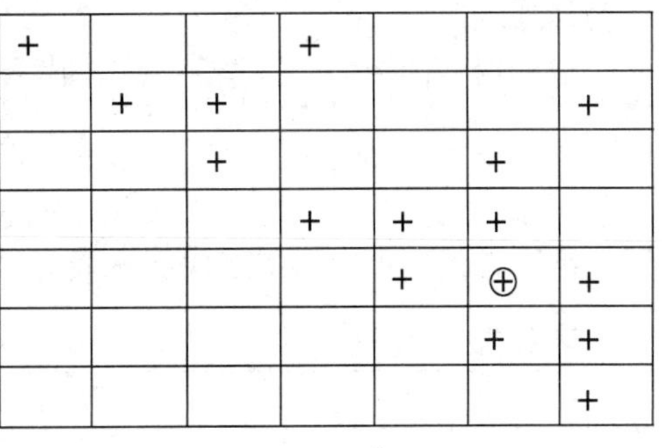

+			+			
	+	+				+
		+			+	
			+	+	+	
				+	⊕	+
					+	+
						+

图 2-33　非零元及注入元分布图

【例 2-12】　用牛顿法解方程组

$$X_1^2 + X_2^2 - 1 = 0$$

$$X_1^2 - X_2 = 0$$

求 $X_{1(0)}=0.8$，$Y_{2(0)}=0.6$ 附近的根，保留 5 位有效数字。

解

$$f_1(X_1,X_2) = X_1^2 + X_2^2 - 1 = 0$$

$$f_2(X_1,X_2) = X_1^2 - X_2 = 0$$

雅可比矩阵
$$J = \begin{bmatrix} \dfrac{\partial f_1}{\partial X_1} & \dfrac{\partial f_1}{\partial X_2} \\ \dfrac{\partial f_2}{\partial X_1} & \dfrac{\partial f_2}{\partial X_2} \end{bmatrix} = \begin{bmatrix} 2X_1 & 2X_2 \\ 2X_1 & -1 \end{bmatrix}$$

设初值 $X^{(0)} = \begin{bmatrix} 0.8 \\ 0.6 \end{bmatrix}$，将其代入 f_1、f_2 及 J，得修正方程

$$-\begin{bmatrix} 1.6 & 1.2 \\ 1.6 & -1 \end{bmatrix} \begin{bmatrix} \Delta X_1^{(0)} \\ \Delta X_2^{(0)} \end{bmatrix} = \begin{bmatrix} 0 \\ 0.04 \end{bmatrix}$$

解此方程得

$$\begin{bmatrix}\Delta X_1^{(0)}\\ \Delta X_2^{(0)}\end{bmatrix}=\begin{bmatrix}-0.014\\ 0.018\end{bmatrix}$$

修正初值 $X^{(1)}=X^{(0)}+\Delta X^{(0)}=\begin{bmatrix}0.8\\ 0.6\end{bmatrix}+\begin{bmatrix}-0.014\\ 0.018\end{bmatrix}=\begin{bmatrix}0.78636\\ 0.61818\end{bmatrix}$

以 $X^{(1)}$ 为新的初值，继续求解，可得 $\Delta X^{(2)}$，$X^{(3)}$…计算结果例表如下：

K	X_1	X_2	ΔX_1	ΔX_2
0	0.8	0.6	-0.014	0.018
1	0.78636	0.61818	-2.122×10^{-4}	-1.478×10^{-4}
2	0.78615	0.61803	$\|-3.486\times10^{-8}\|<0.000005$	$\|-9.772\times10^{-9}\|<0.000005$

故具有 5 位有效数字的解为$\begin{cases}X_1=0.78615\\ X_2=0.61803\end{cases}$。

【例 2-13】 用一般迭代法解方程组

$$X_1^2+X_2^2-1=0$$
$$X_1^2-X_2=0$$

求 $X_{2(0)}=0.8$，$X_{2(0)}=0.6$ 附近的根，保留 2 位有效数字。

解 将原方程组变换为

$$X_1=\sqrt{X_2}$$
$$X_2=\sqrt{1-X_1^2}$$

作为迭代式。

取初值 $X_1^{(0)}=0.8$ $X_2^{(0)}=0.6$，代入迭代式得

$$X_1^{(1)}=\sqrt{0.6}=0.775$$
$$X_2^{(1)}=\sqrt{1-0.8^2}=0.632$$

继续迭代，可得历次迭代值见表 2-2。

表 2-2 **历次迭代值**

K	X_1	X_2	ΔX_1	ΔX_2
0	0.8	0.6	…	
1	0.7751	0.632	-0.025	0.032
2	0.795	0.606	0.021	-0.026
3	0.779	0.627	-0.017	0.021
⋮	⋮	⋮	⋮	⋮
9	0.784	0.621	-4.675×10^{-3}	5.952×10^{-3}
10	0.788	0.616	$3.786\times10^{-3}<0.005$	$\|-4.813\times10^{-3}\|<0.005$

故具有两位有效数字的解为 $X_1=0.79$，$X_2=0.62$。

与上例比较可知牛顿拉夫逊法可大大改善收敛性能。

【例 2-14】 系统接线如图 2-34 所示。设节点 1 为平衡节点，节点 5 为 PV 节点，其余

节点为 PQ 节点。

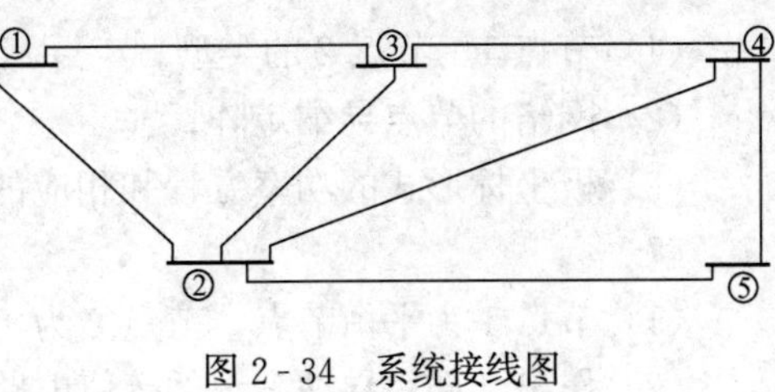

图 2-34　系统接线图

(1) 写出用直角坐标的牛顿-拉夫逊法求解该系统潮流分布时的修正方程形式。

(2) 写出 PQ 分解法的修正方程形式。

(雅可比矩阵中的非零元素用"+"表示，零元素用"0"表示，方程中的其他量用符号表示。)

解　导纳矩阵的稀疏性如下

$$\begin{bmatrix} + & + & + & 0 & 0 \\ + & + & + & + & + \\ + & + & + & + & 0 \\ 0 & + & + & + & + \\ 0 & + & 0 & + & + \end{bmatrix}$$

平衡节点不参与迭代，故直角坐标的牛顿-拉夫逊法的修正方程形式如下

$$-\begin{bmatrix} + & + & + & + & + & + & + & + \\ + & + & + & + & + & + & + & + \\ + & + & + & + & + & + & 0 & 0 \\ + & + & + & + & + & + & 0 & 0 \\ + & + & + & + & + & + & + & + \\ + & + & + & + & + & + & + & + \\ + & + & 0 & 0 & + & + & + & + \\ 0 & 0 & 0 & 0 & 0 & 0 & + & + \end{bmatrix}\begin{bmatrix} \Delta e_2 \\ \Delta f_2 \\ \Delta e_3 \\ \Delta f_3 \\ \Delta e_4 \\ \Delta f_4 \\ \Delta e_5 \\ \Delta f_5 \end{bmatrix}=\begin{bmatrix} \Delta P_2 \\ \Delta Q_2 \\ \Delta P_3 \\ \Delta Q_3 \\ \Delta P_4 \\ \Delta Q_4 \\ \Delta P_5 \\ \Delta U_5^2 \end{bmatrix}$$

PQ 分解法的修正方程形式如下

$$\begin{bmatrix} \dfrac{\Delta P_2}{U_2} \\ \dfrac{\Delta P_3}{U_3} \\ \dfrac{\Delta P_4}{U_4} \\ \dfrac{\Delta P_5}{U_5} \end{bmatrix}=-\begin{bmatrix} + & + & + & + \\ + & + & + & 0 \\ + & + & + & + \\ + & 0 & + & + \end{bmatrix}\begin{bmatrix} U_2\Delta\delta_2 \\ U_3\Delta\delta_3 \\ U_4\Delta\delta_4 \\ U_5\Delta\delta_5 \end{bmatrix}$$

$$\begin{bmatrix} \dfrac{\Delta Q_2}{U_2} \\ \dfrac{\Delta Q_3}{U_3} \\ \dfrac{\Delta Q_4}{U_4} \end{bmatrix}=-\begin{bmatrix} + & + & + \\ + & + & + \\ + & + & + \end{bmatrix}\begin{bmatrix} \Delta U_2 \\ \Delta U_3 \\ \Delta U_4 \end{bmatrix}$$

【例 2-15】 已知两母线系统如图 2-35 所示。图中参数以标幺值表示。已知 $S_{LD1}=12+j5$，$S_{LD2}=20+j10$，$\dot{U}_1=1\angle 0^\circ$，$P_{G2}=15$，$U_2=1$，试写出：

（1）节点 1、节点 2 的类型；

（2）网络的节点导纳矩阵；

（3）极坐标形式的功率方程和相应的修正方程。

解

（1）节点 1 为平衡节点，节点 2 为 PV 节点。

（2）作出全部用导纳表示的等值电路如图 2 - 36，其导纳矩阵为

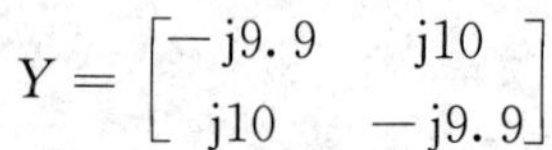

$$Y=\begin{bmatrix}-\mathrm{j}9.9 & \mathrm{j}10\\ \mathrm{j}10 & -\mathrm{j}9.9\end{bmatrix}$$

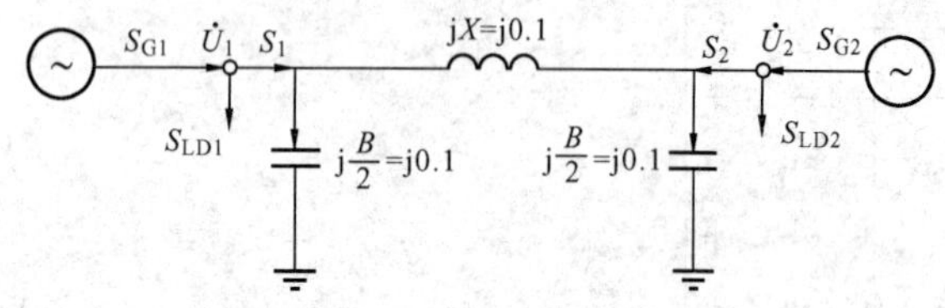

图 2 - 35 两母线系统

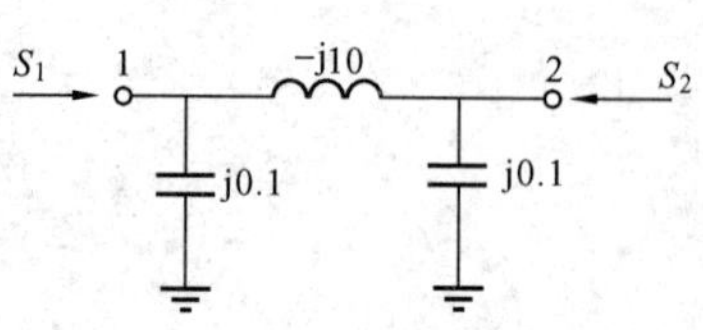

图 2 - 36 等值电路

（3）功率方程

$$\begin{aligned}S_1&=\dot{U}_1\overset{*}{I}_1=\dot{U}_1(\overset{*}{Y}_{11}\overset{*}{U}_1+\overset{*}{Y}_{12}\overset{*}{U}_2)=\dot{U}_1(\mathrm{j}9.9\overset{*}{U}_1-\mathrm{j}10\overset{*}{U}_2)\\&=\mathrm{j}9.9U_1^2-\mathrm{j}10U_1U_2(\cos\delta_2-\mathrm{j}\sin\delta_2)\\&=-\mathrm{j}9.9-\mathrm{j}10\cos\delta_2-10\sin\delta_2\end{aligned}$$

$$\begin{aligned}S_2&=\dot{U}_2\overset{*}{I}_2=\dot{U}_2(\overset{*}{Y}_{21}\overset{*}{U}_1+\overset{*}{Y}_{22}\overset{*}{U}_2)=\dot{U}_2(-\mathrm{j}10\overset{*}{U}_1+\mathrm{j}9.9\overset{*}{U}_2)\\&=-\mathrm{j}10U_2U_1\delta_2+\mathrm{j}9.9U_2^2\\&=\mathrm{j}9.9-\mathrm{j}10(\cos\delta_2+\mathrm{j}\sin\delta_2)\\&=\mathrm{j}9.9-\mathrm{j}10\cos\delta_2+10\sin\delta_2\end{aligned}$$

由于已知 $P_2=P_{G2}-P_{LD2}=15-20=-5$，故取节点 2 的有功平衡方程为

$$\Delta P_2=-5-10\sin\delta_2=0$$

其对应的修正方程为

$$-(-10\cos\delta_2^{(k)})\Delta\delta_2=\Delta P_2^{(k)}$$

思 考 题 与 习 题

一、思考题

1. 在电力系统潮流计算中，负荷是怎样表示的？

2. 输电线路和变压器的功率损耗如何计算？它们在各导纳支路上损耗的无功功率有什么不同？

3. 输电线路和变压器阻抗元件上的电压降落如何计算？电压降落的大小主要由什么决定？电压降落的相位主要由什么决定？什么情况下会出现线路末端电压高于首端电压的情况？

4. 电压降落、电压损耗、电压偏移各是如何定义的？

5. 运算功率是什么？运算负荷是什么？如何计算升压变电站的运算功率和降压变电站

的运算负荷？

6. 辐射形网络潮流计算可以分为哪两种类型？分别怎样计算？

7. 简单闭式网络主要有哪两种类型？其潮流计算的主要步骤是什么？

8. 什么是基本功率分布？什么是自然功率分布？什么是循环功率？什么是强制功率分布？什么是初步功率分布？什么是最终功率分布？什么是经济功率分布？

9. 求初步功率分布的目的是什么？

10. 基本功率分布有何特点？循环功率分布有何特点？经济功率分布有何特点？

11. 具有什么特点的网络，基本功率分布与经济功率分布相同？

12. 试述循环功率的优缺点。

13. 什么是自然功率分布？什么是强制循环功率？强制循环功率如何确定？

14. 闭式网潮流计算中为何要找功率分点？

15. 具有多个电压等级的环形电力网中，循环功率是怎样产生的？为什么循环功率以无功为主？

16. 试分析高压环网中串联电势的纵分量和横分量对环网功率分布的影响。

17. 变压器并联运行的条件是什么？为什么？

18. 试说明为什么变压器并联运行时需：(1) 短路电压百分数相等，(2) 变比相等。

19. 两同型号变压器并联运行，当变比不同时，那个变压器负荷较重？为什么？

20. 电力网络的数学模型有哪几种形式？

21. 什么是节点电压方程？有哪几种形式？

22. 节点导纳矩阵如何形成？它有何特点？其各元素的物理意义是什么？

23. 节点阻抗矩阵如何形成？是否具有稀疏性？其各元素的物理意义是什么？

24. 形成节点阻抗矩阵有哪两种方法？各在什么场合应用？

25. 什么是变压器的“标准变比”和“非标准变比”？变压器的抽头改变后，对它的等值电路参数有何影响？

26. 节点编号优化在什么情况下使用可节约机时？

27. 若用节点导纳矩阵求逆法形成节点阻抗矩阵，考虑节点编号优化可以节约机时吗？

28. 试简述电力系统潮流采用计算机计算时的数学模型。

29. 电力系统潮流计算所用的功率方程与节点电压方程有何联系？

30. 潮流计算和电路计算的主要区别是什么？

31. 电力系统潮流采用计算机计算时，变量和节点是如何分类的？

32. 什么是 PQ 节点，电力系统中什么样的节点可作为 PQ 节点？

33. 什么是 PV 节点，电力系统中什么样的节点可作为 PV 节点？

34. 什么是平衡节点？电力系统中什么样的节点可作为平衡节点？

35. 电力系统潮流计算的约束条件是什么？

36. 简述牛顿-拉夫逊法潮流计算的步骤。

37. 高斯-赛得尔法潮流计算与牛顿-拉夫逊法潮流计算相比，有何优缺点？为什么？

38. 用高斯-赛得尔法计算电力系统潮流时，需要考虑节点编号优化吗？为什么？

39. 用牛顿-拉夫逊法计算电力系统潮流时，需要考虑节点编号优化吗？为什么？

40. 用 PQ 分解法计算电力系统潮流时，需要考虑节点编号优化吗？为什么？

41. 牛顿-拉夫逊法潮流计算的修正方程是什么？其中什么是已知量？什么是未知量？

42. 牛顿-拉夫逊法潮流计算的雅可比矩阵有什么特点？节点编号顺序优化与雅可比矩阵的哪个特点相关？

43. 牛顿-拉夫逊法潮流计算中，直角坐标表示的与极坐标表示的不平衡功率方程式的数目有什么不同？为什么？

44. *PQ* 分解法潮流计算与牛顿-拉夫逊法潮流计算相比，有何优缺点？为什么？

45. *PQ* 分解法潮流计算和牛顿-拉夫逊法潮流计算可得到相同精度的结果吗？为什么？

46. 试述 *PQ* 分解法潮流计算的适用条件。

47. *PQ* 分解法潮流计算中的修正方程有何特点？在解此修正方程时用一般高斯消去法还是用因子表法可充分发挥 *PQ* 分解法的长处？为什么？

48. 在常规潮流计算过程中约束条件对潮流计算的影响是如何体现的？

二、练习题

2-1　某 110kV 输电线路，长 80km，r=0.21Ω/km，x=0.409Ω/km，b=2.74×10^{-6}s/km，线路末端功率 10MW，$\cos\phi$=0.95 滞后，已知末端电压为 110kV，试计算始端电压大小和相角、始端功率，并作相量图。

[**答案**：112.14$\underline{/1.367°}$，10.144+j0.683MVA；$\dot{U}_1$　d$\dot{U}$　$\delta\dot{U}_2$　$\dot{U}_2$　$\Delta\dot{U}_2$]

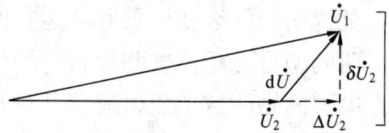

2-2　一双绕组变压器，型号 SFL1－10000，电压 35±5%/11kV，P_k=58.29kW，P_0=11.75kW，u_k%=7.5，I_0%=1.5，低压侧负荷 10MW，$\cos\phi$=0.85，低压侧电压 10kV，变压器抽头电压+5%，求：

（1）功率分布；

（2）高压侧电压。

[**答案**：（1）

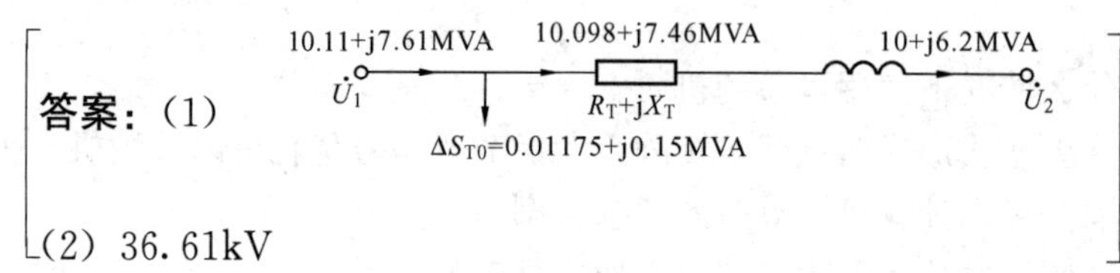

（2）36.61kV]

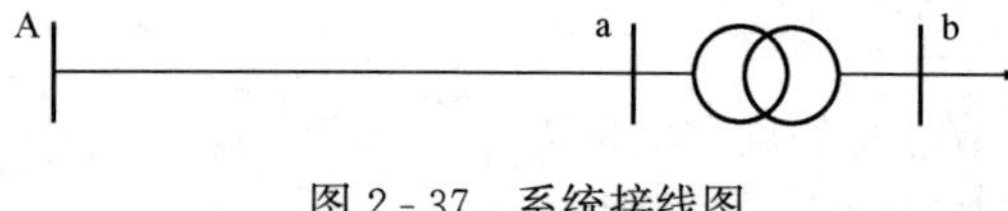

图 2-37　系统接线图

2-3　系统接线如图 2-37 所示，电力线路长 80km，额定电压 110kV，r=0.27Ω/km，x=0.412Ω/km，b=2.76×10^{-6} s/km，变压器 SF－20000/110，变比 110/38.5kV，P_k=163kW，P_0=60kW，u_k%=10.5，I_0%=3，已知变压器低压侧负荷 15+j11.25MVA，正常运行时要求电压 36kV，试求电源处母线应有的电压和功率。

[**答案**：117.26kV，15.91+j12.16MVA]

2-4　某 220kV 输电线路，长 200km，r=0.108Ω/km，x=0.42Ω/km，b=2.66×10^{-6}s/km，线路空载运行，末端电压为 205kV，求线路始端电压。

[**答案**：200.35$\underline{/0.34°}$kV]

2-5　某 110kV 输电线路，长 100km，导线采用 LGJ－240，计算半径为 r=10.8mm，

三相水平排列，相间距离为 4m。已知线路末端电压 105kV，末端负荷 42MW，$\cos\phi=0.85$ 滞后，试求：

（1）输电线路的电压降，电压损耗和功率损耗；

（2）若以（1）所得始端电压和负荷作为已知量，重作题 2-5 的计算内容，并与题 2-5 的计算结果进行比较分析。

[**答案**：（1）14.42+j12.63kV，15.08kV（13.71%），2.82+j8.42MVA；
（2）15.22+j11.00kV，14.64kV（13.31%），2.56+j7.64MVA]

2-6　某 110kV 输电线路，长 100km，$r=0.125\Omega/\text{km}$，$x=0.4\Omega/\text{km}$。试计算

（1）当末端电压保持为 110kV 时，始端的电压应是多少？

（2）如线路多输送 5MW 有功功率，则 A 点电压如何变化？

（3）如线路多输送 5Mvar 无功功率，则 A 点电压如何变化？

[**答案**：（1）$116.70\angle 3.03^\circ$；（2）$116.75\angle 3.90^\circ$；（3）$117.86\angle 2.71^\circ$]

2-7　某 220kV 输电线路，长 220km，$r=0.108\Omega/\text{km}$，$x=0.42\Omega/\text{km}$，$b=2.66\times10^{-6}\text{s/km}$，已知其始端输入功率为 120+j50MVA，始端电压为 240kV，求末端电压及功率。

[**答案**：$209.48\angle -9.33^\circ$kV，113+j49.77MVA]

2-8　某 110kV 输电线路，长 80km，$r=0.21\Omega/\text{km}$，$x=0.409\Omega/\text{km}$，$b=2.74\times10^{-6}\text{s/km}$，线路末端功率 10MW，$\cos\phi=0.95$ 超前，已知始端电压为 112kV，试计算末端电压大小和相角、始端功率，并作相量图。

[**答案**：$112.14\angle 1.367^\circ$，10.168−j5.66MVA；

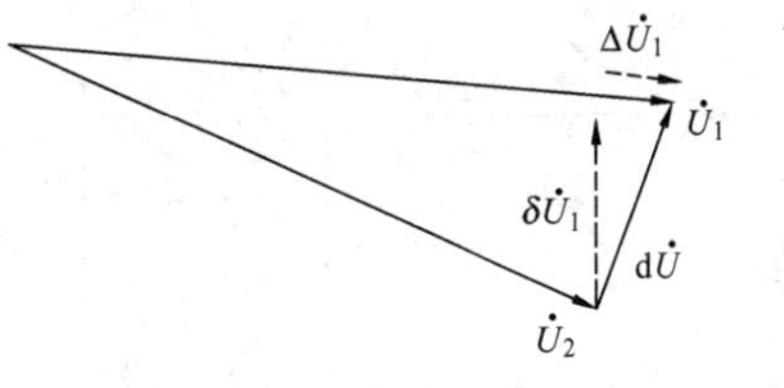

]

2-9　某变电站装设一台三绕组变压器，额定电压为 110/38.5/6.6kV，其等值电路（参数归算到高压侧）和所供负荷如图 2-38 所示，当实际变比为 110/38.5/6.6kV 时，低压母线电压为 6kV，试计算高、中压侧的实际电压。

[**答案**：103.22kV，37.65kV]

2-10　额定电压 110kV 的辐射形电网如图 2-39 所示，各段阻抗和负荷示于图中，已知电源 A 的电压为 121kV，求功率分布和各母线电压。

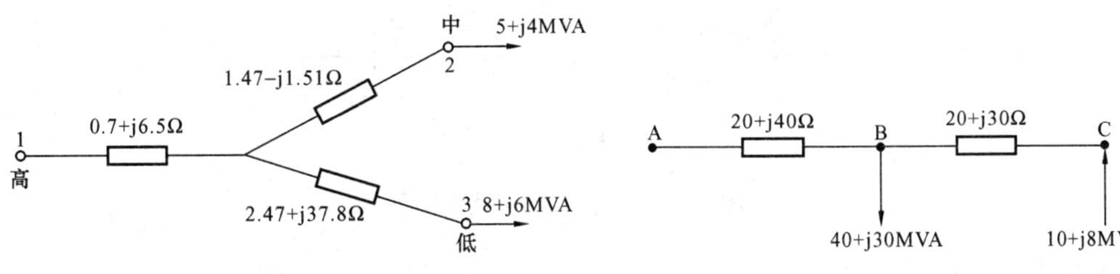

图 2-38　变压器等值电路　　　图 2-39　辐射形电网

［答案：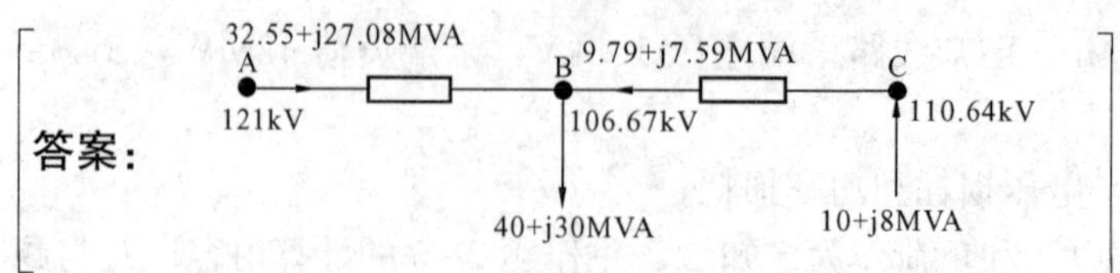
］

2-11　开式网络的接线如图 2-40 所示，电源 A 电压为 116kV，双回线供电，线路长 80km，$r=0.21\Omega/\text{km}$，$x=0.409\Omega/\text{km}$，$b=2.74\times10^{-6}\text{s/km}$，变电站 a 装有两台同型号双绕组变压器，每台容量 31500kVA，$P_k=198\text{kW}$，$P_0=31\text{kW}$，$u_k\%=10.5$，$I_0\%=2.8$，变电站低压侧负荷 50MW，$\cos\phi=0.9$。试求：

（1）变电站运算负荷；

（2）变电站高压侧母线电压。

［**答案：**（1）50.36＋j28.48MVA；（2）107.65kV］

2-12　开式网络的接线如图 2-41 所示，电源电压为 117kV，双回线供电，线路长 80km，$r=0.21\Omega/\text{km}$，$x=0.416\Omega/\text{km}$，$b=2.74\times10^{-6}\text{s/km}$，变电站装有两台同型号双绕组变压器，每台容量 150000kVA，$P_k=128\text{kW}$，$P_0=40.5\text{kW}$，$u_k\%=10.5$，$I_0\%=3.5$，负荷功率 $S_{LDb}=30+\text{j}12\text{MW}$，$S_{LDc}=20+\text{j}15\text{MVA}$。当变压器取主抽头时，试求：

（1）变电站的运算负荷；

（2）b 点电压；

（3）c 点电压。

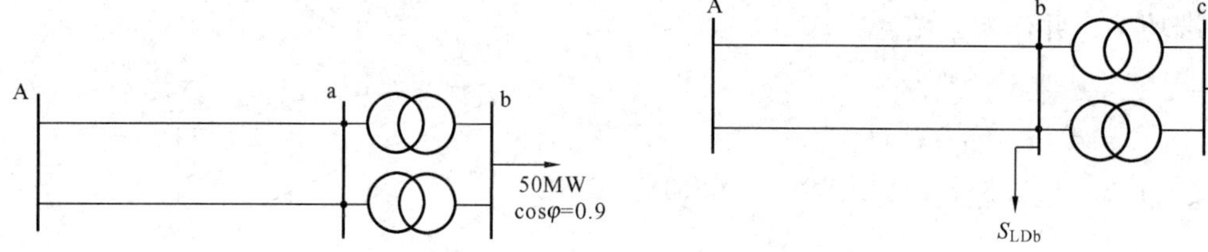

图 2-40　开式网络的接线　　　　图 2-41　开式网络接线图

［**答案：**（1）50.26＋j27.59MVA；（2）108.8kV；（3）10.17kV］

2-13　两个电压等级的开式电力网如图 2-42 所示，所接负荷亦如图 2-42 所示，变压器容量 31.5MVA，变比 110/11kV，运行抽头电压－5%，$P_k=190\text{kW}$，$P_0=31\text{kW}$，$u_k\%=10.5$，$I_0\%=2.8$。线路 l_1 长 80km，$r=0.21\Omega/\text{km}$，$x=0.409\Omega/\text{km}$，$b=2.74\times10^{-6}\text{s/km}$；线路 l_2 长 5km，$r=0.33\Omega/\text{km}$，$x=0.334\Omega/\text{km}$。无功补偿容量 6Mvar。当线路 l_2 末端电压为 9.75kV，末端负荷 5＋j3MVA，试求线路 l_1 始端电压。

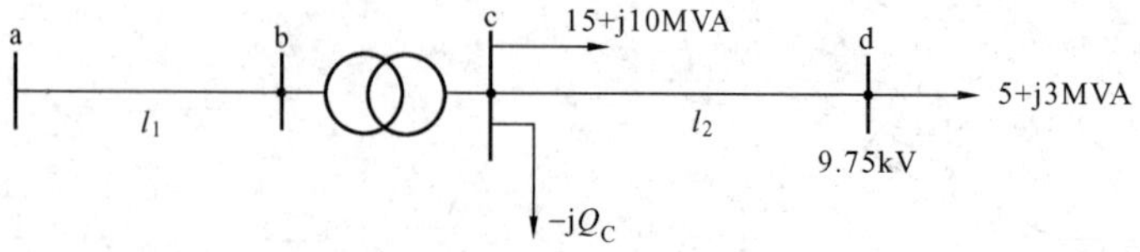

图 2-42　开式电力网接线图

［**答案：**115.15kV］

2-14　某回具有串联电容器的 110kV 供电线路如图 2-43 所示。试求节点 A、D 之间

的电压损耗，以及B、C、D各点的电压值。(忽略电压降落的横分量)

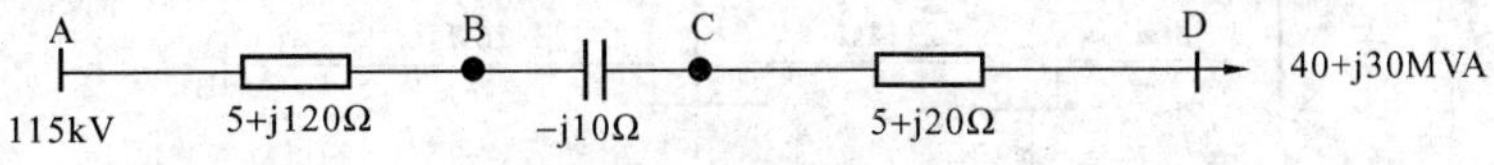

图 2-43　供电线路图

[**答案**：11.6%，107.12kV，110.21kV，102.24kV]

2-15　系统接线如图 2-44 所示，发电厂 A 装有两台每台额定容量 12MW、额定功率因数 0.8 的发电机，发电机满载运行，它们除供应发电机电压负荷 10+j8MVA 外，其余通过两台 SF—10000/110 型变压器输入网络，变压器变比为 121/10.5kV。变电站Ⅰ装设两台 SF—15000/110 型变压器，变比为 115.5/11kV。变电站Ⅱ装设两台 SF—10000/110 型变压器，变比为110/11kV。变电站负荷、线路长度和选用导线均示于图 2-44 中。设图中与等值系统连接处母线电压为 116kV，试求：

(1) 变电站Ⅰ，变电站Ⅱ的运算负荷，发电厂 A 的运算功率；

(2) 各变电站Ⅰ、Ⅱ，发电厂 A 高压母线电压；

(3) 各变电站Ⅰ、Ⅱ，发电厂 A 低压母线电压。

SF—15000/110 变压器 P_k=133kW，P_0=50kW，u_k%=10.5，I_0%=3.5；

SF—10000/110 变压器 P_k=97.5kW，P_0=38.5kW，u_k%=10.5，I_0%=3.5；

LGJ—70 输电线 r=0.45Ω/km，x=0.433Ω/km，b=2.62×10^{-6}s/km；

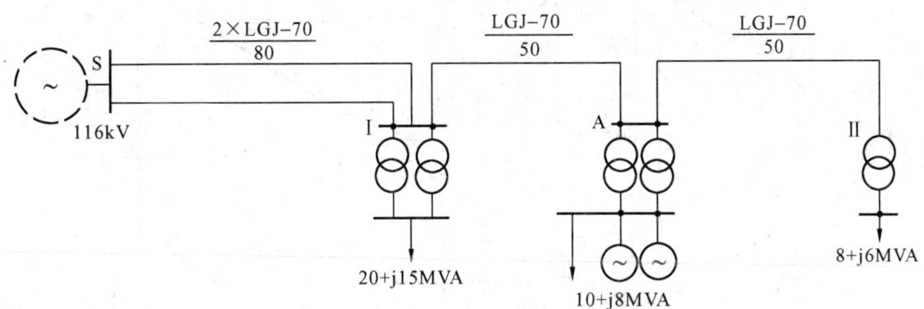

图 2-44　电力系统接线图

[**答案**：(1) 20.29+j14.94MVA，8.14+j6.61MVA，13.79+j9.42MVA；
(2) 111.7kV，110.3kV，113.3kV；
(3) 9.97kV，10.13kV，10.27kV]

2-16　供电网络见图 2-45 (a)，由 A、B 两端供电，其线路阻抗和负荷功率如图所示。试将 a 点负荷移至 A、b 两点。

[**答案**：如图 2-45 (b) 所示]

2-17　供电网如上题图 2-45 (a)，由 A、B 两端供电，其线路阻抗和负荷功率如图所示，试求当 A、B 两端供电电压相等时，不计线路功率损耗，各段线路的输送功率是多少？

[**答案**：如图 2-45 (c) 所示]

2-18　如图 2-46 (a) 环形电网，导线均采用 LGJ—50，试求：

(1) 不计损耗时的功率分布，并指明功率分点；

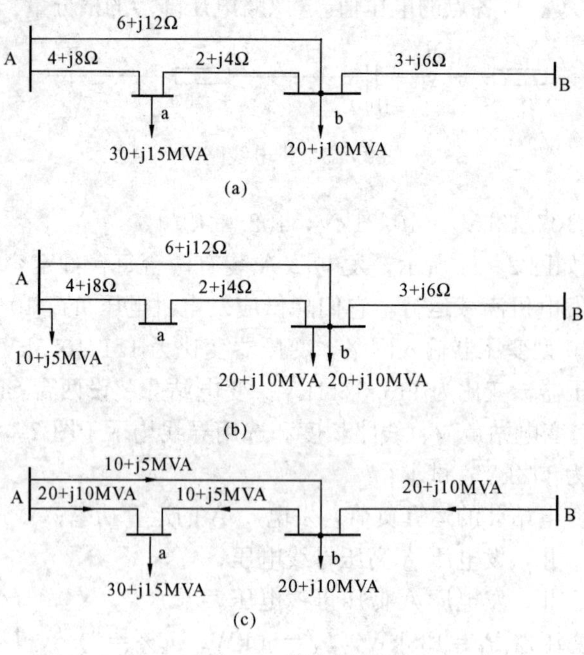

图 2-45　供电网络网

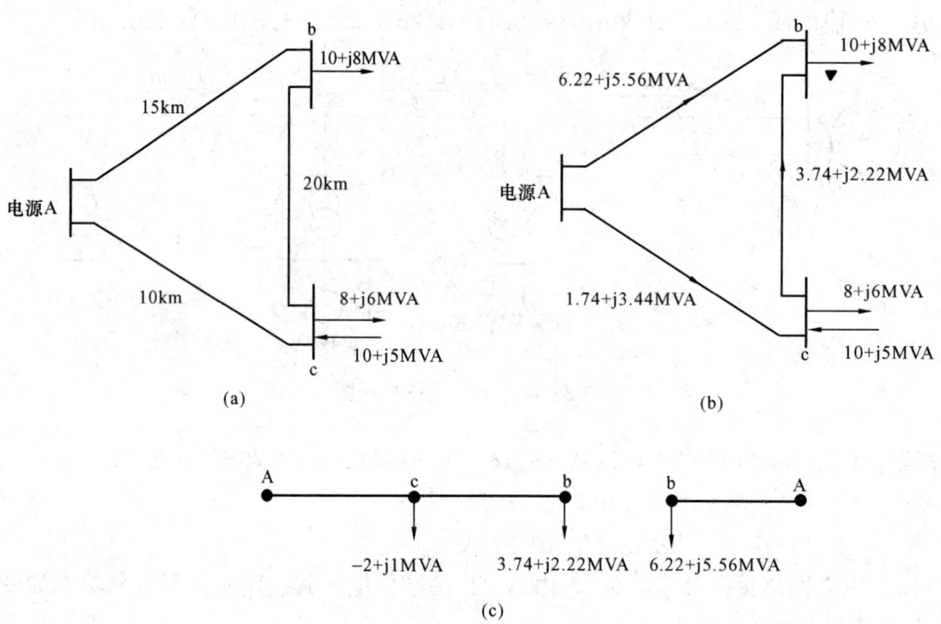

图 2-46　供电网功率分布图

（2）在功率分点拆开成两个开式网，在开式网上标明功率分布。

［**答案**：（1）如图 2-46（b）所示；（2）如图 2-46（c）所示］

2-19　系统接线如图 2-47（a），发电厂 F 母线Ⅱ上所联发电机发给定功率 40+j30MVA，其余功率由母线Ⅰ上所联发电机供给。设连接母线Ⅰ、Ⅱ的联络变压器为 60MVA，$R_T=0.8\Omega$，$X_T=23\Omega$。220kV 线路，$r_1=5.9\Omega$，$x_1=31.5\Omega$；110kV 线路，xb

段，$r_1=65\Omega$，$x_1=100\Omega$，bⅡ段，$r_1=65\Omega$，$x_1=100\Omega$。所有阻抗均已按线路额定电压的比值归算至 220kV 侧。略去降压变压器铁损，变压器空载无功损耗及输电线充电功率已并入负荷。联络变压器变比为 231/110kV，降压变压器变比为 231/121kV。试求不计功率损耗时的功率分布，找到功率分点。

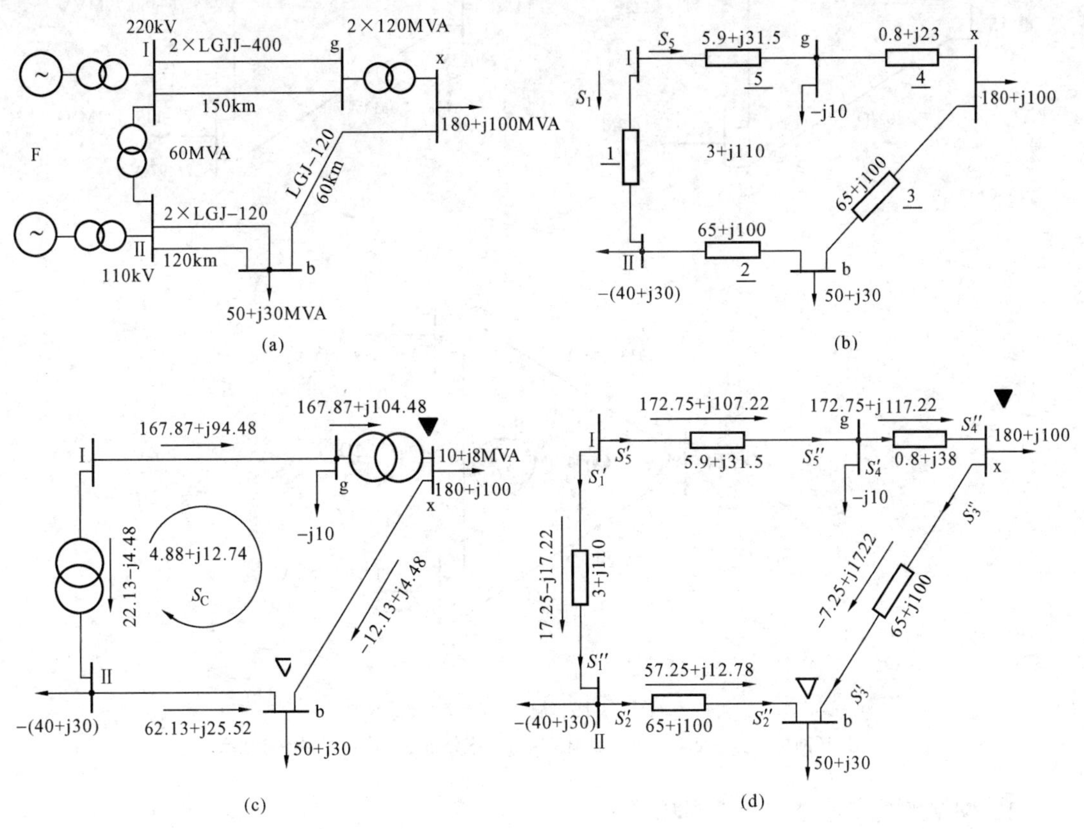

图 2-47　题 2-19 图

(a) 系统接线图；(b) 等值电路图；(c) 基本功率分布图；(d) 计及循环功率时的功率分布图

［**答案**：(1) 如图 2-47 (b) 所示；(2) 如图 2-47 (c) 所示；(3) 如图 2-48 (d) 所示］

2-20　某环网的接线如图 2-48 (a)，电源点 S 电压为 240kV，试求：

(1) 不计功率损耗时的功率分布，确定功率分点；

(2) a、b 两点电压。

［**答案**：(1) 如图 2-48 (b) 所示；(2) 226.97kV，211.53kV］

2-21　若上题图 2-48 (a) 所示网络按经济功率分布，求此网络上的强制循环功率。

［**答案**：如图 2-48 (c) 所示］

2-22　如图 2-49 (a) 所示电力系统，已知 Z_{12}，Z_{23}，Z_{31} 均为 $1+\mathrm{j}3\Omega$，A 点电压为 37kV，若不计线路功率损耗及电压降落的横分量，求功率分布及电压最低点电压值。

［**答案**：如图 2-49 (b) 所示，节点 3 为电压最低点］

2-23　如图 2-50 所示电力系统，各段线路导纳均不计，负荷功率为 $S_{\mathrm{LDB}}=25+\mathrm{j}18\mathrm{MVA}$，$S_{\mathrm{LDD}}=30+\mathrm{j}20\mathrm{MVA}$。当 B 点的运行电压为 108kV 时，试求：

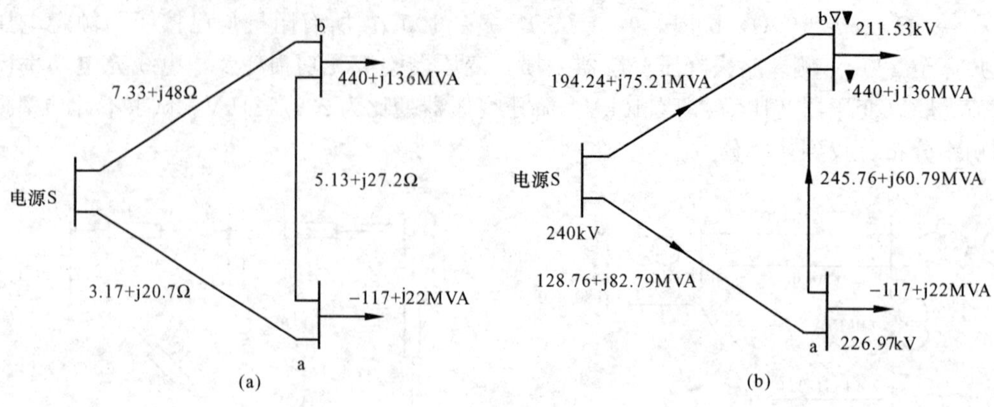

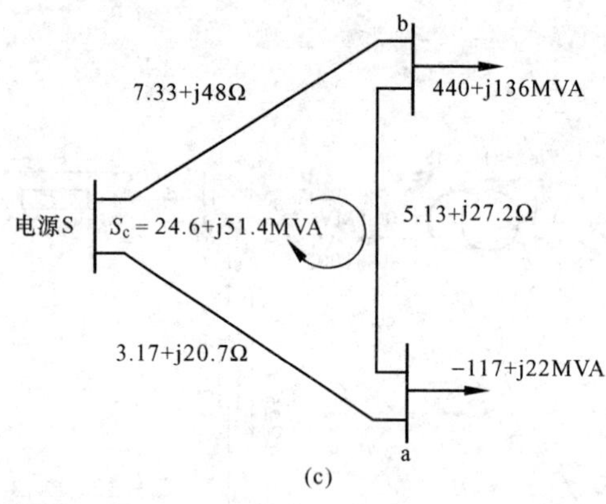

图 2-48 题 2-20 图

(a) 环网接线图；(b) 不计功率损耗时的功率分布图；(c) 强制循环功率

（1）网络的功率分布和功率损耗；

（2）A，B，D 点电压。

已知如下：

变压器 SFT－40000/110，$P_k=200$kW，$P_0=42$kW，$U_k\%=10.5$，$I_0\%=0.7$，变比110/11；

线路 AC 段 $l=50$km，$r=0.27\Omega$/km，$x=0.42\Omega$/km；

线路 BC 段 $l=50$km，$r=0.45\Omega$/km，$x=0.41\Omega$/km；

线路 AC 段 $l=40$km，$r=0.27\Omega$/km，$x=0.42\Omega$/km。

答案：（1）$S_{AC1}=27.812+j23.035$MVA，$S_{AC2}=26.49+j20.98$MVA，
$S_{AB1}=29.549+j18.619$MVA，$S_{AB2}=28.536+j17.044$MVA，
$S_{BC1}=3.536-j0.9456$MVA，$S_{BC2}=3.51-j0.979$MVA，
$S_{CD1}=30.205+j23.714$MVA，$S_{CD2}=30+j20$MVA，
$\Delta S_{AC}=1.322+j2.056$MVA，$\Delta S_{AB}=1.013+j1.575$MVA
$\Delta S_{BC}=0.0256+j0.0233$MVA，$\Delta S_T=0.2046-j3.714$MVA；
（2）115.42kV，108.55kV，101kV

2-24 如图 2-51 所示，110kV 电力网，A 为电源点，电压为 117kV。线路Ⅰ、Ⅱ：

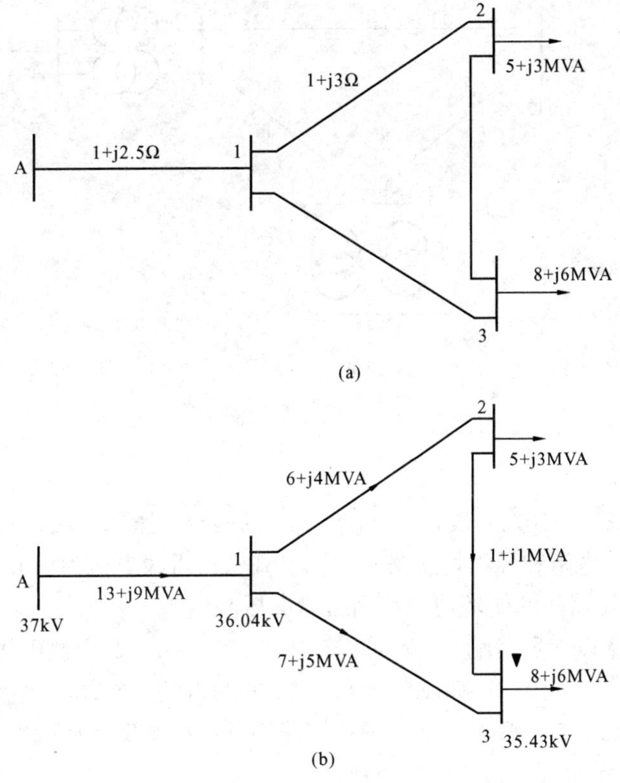

图 2 - 49　题 2 - 22 图

(a) 电力系统接线图；(b) 功率分布图

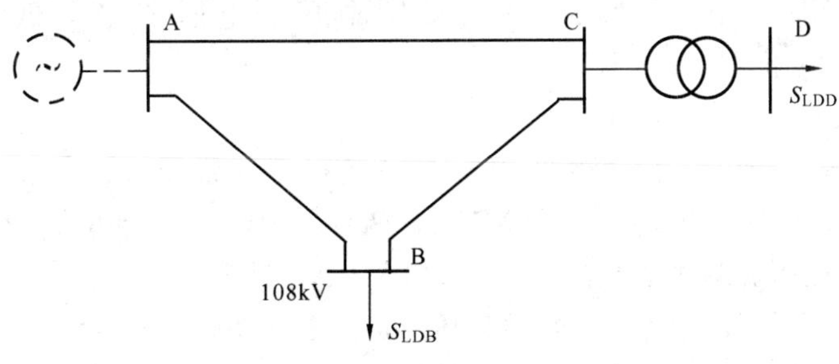

图 2 - 50　电力系统接线图

r=0.27Ω/km，x = 0.423Ω/km，b = 2.69 × 10^{-6} S/km；线路Ⅲ：r = 0.45Ω/km，x = 0.44Ω/km，b=2.58×10^{-6} s/km；线路Ⅰ：60km；线路Ⅱ：50km；线路Ⅲ：40km。各变电站每台变压器的额定容量、励磁功率和归算到 110kV 电压级的阻抗分别为：变电站 b，S_N = 20MVA，ΔS_0 = 0.05 + j0.6MVA，R_T = 4.84Ω，X_T = 63.5Ω；变电站 c，S_N = 10MVA，ΔS_0 = 0.03 + j0.35MVA，R_T = 11.4Ω，X_T = 127Ω。负荷功率为，S_{LDb} = 24 + j18MVA，S_{LDc} = 12 + j9MVA。试求：

（1）变电站 b、c 的运算负荷；

（2）电压最低点及最大电压损耗。

[**答案**：（1）24.28+j19.96MVA，12.17+j9.44MVA；（2）b 点电压最低为 110.61kV，

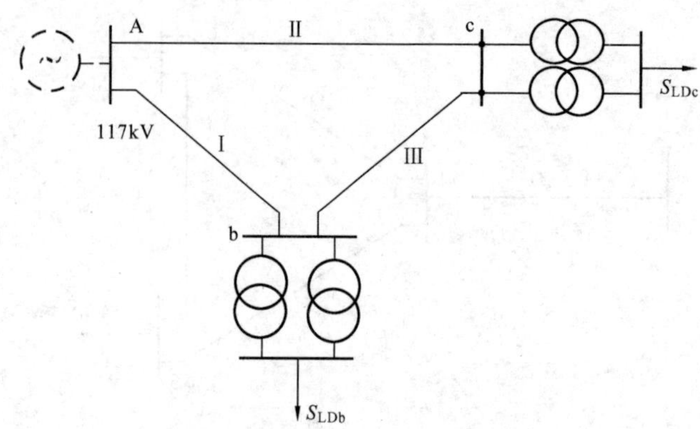

图 2-51　电力系统接线图

6.39kV]

2-25　变比为 K1=110/11 和 K2=115.5/11 的两台变压器并联运行，每台归算到低压侧的电抗均为 1Ω，其电阻和导纳均忽略不计。已知低压母线电压为 10kV，负荷功率为16+j12MVA，试求两变压器间的循环功率和高压侧电压。

[**答案**：循环功率以在负荷端 T1 流向 T2 为正 2.5Mvar，高压侧电压 108.5kV]

2-26　变比为 K1=110/11 和 K2=115.5/11 的两台变压器并联运行，每台变压器归算到低压侧的电抗均为 100Ω，其电阻和导纳均忽略不计。已知低压母线电压为 10kV，负荷功率为 16+j12MVA，试求变压器高压侧电压。

[**答案**：108.8kV]

2-27　两台型号相同的变压器并联运行，每台归算到一次侧的电抗为 10Ω，一台变压器的变比为 35/11kV，另一台为 36.75/11kV，高压侧电压 35kV，低压侧总负荷 8+j6MVA，求低压侧电压。

[**答案**：10.4kV]

2-28　某 35kV 变电站有两台变压器并联运行。变压器 T1 为 $S_N=8$MVA，$P_k=24$kW，$u_k\%=7.5$；变压器 T2 为 $S_N=2$MVA，$P_k=24$kW，$u_k\%=6.4$；忽略两台变压器的励磁支路，变压器低压侧总功率 $S_{LD}=8.5+j5.3$MVA。试求：

（1）当两台变压器变比相等时，每台变压器通过的功率各是多少？

（2）当变压器 T1 变比为 34.125/11，变压器 T2 变比为 35/11 时，每台变压器通过的功率各是多少？

[**答案**：（1）6.51+j4.24MVA，1.99+j1.06MVA；（2）6.61+j4.79MVA，1.89+j0.51MVA]

2-29　网络接线如图 2-52 所示，循环功率正方向及假想开口如图 2-53 所示，已知 $K_a=121/10.5$，$K_b=242/10.5$，$K_{c1}=220/121$，$K_{c2}=220/11$，求与循环功率正方向一致的开口电压差。

[**答案**：$d\dot{U}=\dot{U}_p-\dot{U}'_p=1.152\dot{U}_A$]

2-30　某变电站原有一台 5600kVA 变压器 T1，归算到高压侧的阻抗为 2.22+j16.4Ω，由于低压负荷的增加，需扩建一台 2400kVA 容量的变压器 T2，归算到高压侧的电抗为 6.7+j33.2Ω，带负荷 6.2+j4.75MVA。

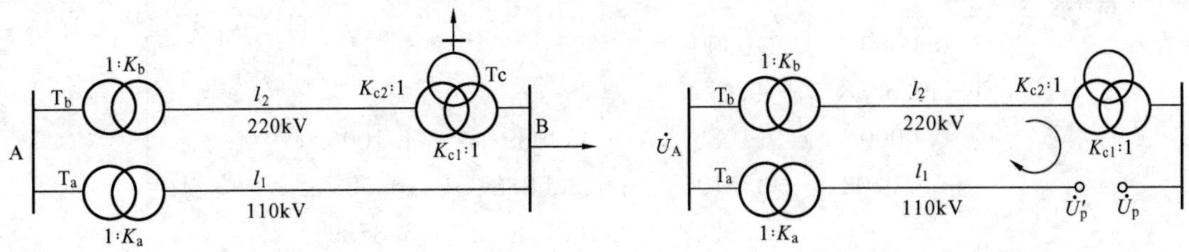

图 2-52　网络接线图　　　　图 2-53　网络开口位置

（1）若 T1 变比为 33.25/11kV，T2 变比为 35/11kV，试求各变压器通过的功率并说明此变压器运行方式是否合理；

（2）试对两变压器的分接头运行位置做出评述。

［**答案**：（1）4.313＋j4.476MVA，1.887＋j0.274MVA，T1 负载率 1.11，T2 负载率 0.794，负荷分配不合理；（2）略］

2-31　求如图 2-54 所示网络的节点导纳矩阵和节点阻抗矩阵。

$$\left[\begin{array}{l}\textbf{答案:}Y=\begin{bmatrix}-10.5j & 0 & 5j & 5j\\ 0 & -8j & 2.5j & 5j\\ 5j & 2.5j & -18j & 10j\\ 5j & 5j & 10j & -20j\end{bmatrix};\\ \quad Z=\begin{bmatrix}0.724j & 0.62j & 0.656j & 0.664j\\ 0.62j & 0.738j & 0.642j & 0.66j\\ 0.656j & 0.642j & 0.702j & 0.676j\\ 0.664j & 0.66j & 0.676j & 0.719j\end{bmatrix}\end{array}\right]$$

2-32　某电力系统的等值电路如图 2-55 所示，已知各元件参数的标幺值如下：$Z_{21}=\mathrm{j}0.105$，$K_{21}=1.05$，$z_{45}=\mathrm{j}0.184$，$k_{45}=0.96$，$z_{24}=0.03+\mathrm{j}0.08$，$z_{23}=0.024+\mathrm{j}0.065$，$z_{34}=0.018+\mathrm{j}0.05$，$y_{240}=y_{420}=\mathrm{j}0.02$，$y_{230}=y_{320}=\mathrm{j}0.016$，$y_{340}=y_{430}=\mathrm{j}0.013$。

（1）试作节点导纳矩阵；

（2）当 $k_{45}=0.98$ 时，求节点导纳矩阵。

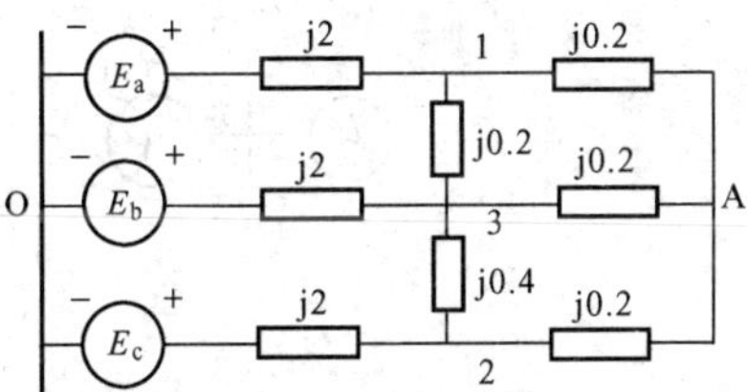

图 2-54　网络图

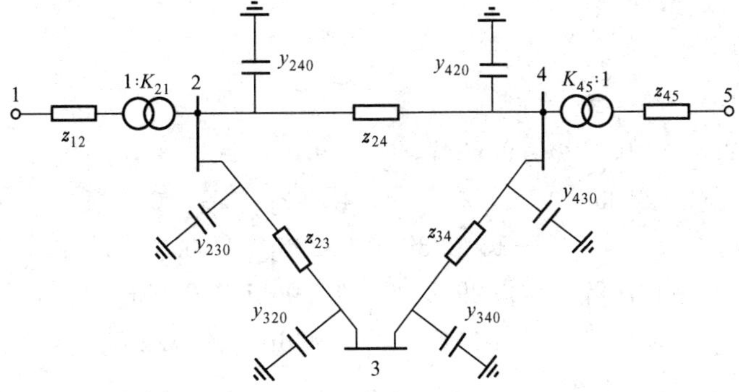

图 2-55　电力系统等值电路图

[答案：(1)

$$Y=\begin{bmatrix} 0.0000-j9.5238 & 0.0000+j9.0703 & & & \\ 0.0000+j9.0703 & 9.1085-j33.1002 & -4.9989+j13.5388 & -4.1096+j10.9589 & \\ & -4.9989+j13.5388 & 11.3728-j31.2151 & -6.3739+j17.7053 & \\ & -4.1096+j10.9589 & -6.3739+j17.7053 & 10.4835-j34.5283 & 0.0000+j5.6612 \\ & & & 0.0000+j5.6612 & 0.0000-j5.4348 \end{bmatrix}$$

(2) 其他元素不变，但 $Y_{44}=10.4835-j34.2901$，$Y_{45}=Y_{54}=j5.5457$]

2-33 某电力系统的接线如图 2-56 所示，已知各元件参数如下：

发电机 G-1 $S_N=120$MVA，$X''_d=0.23$；发电机 G-2 $S_N=60$MVA，$X''_d=0.14$；

变压器 T-1 $S_N=120$MVA，$u_k\%=10.5$；变压器 T-2 $S_N=60$MVA，$u_k\%=10.5\%$；

线路参数 $x=0.4\Omega/\text{km}$，$b=2.8\times10^{-6}$ s/km。线路 L-1 长 120km，L-2 长 80km，L-3长 70km。

取 $S_n=120$MVA，$U_n=U_{av}$，试求标幺制下的。

(1) 节点导纳矩阵和节点阻抗矩阵；

(2) 若节点 5 发生三相短路，修改节点导纳矩阵；

(3) 若节点 5 发生三相短路，用支路追加法修改节点阻抗矩阵。

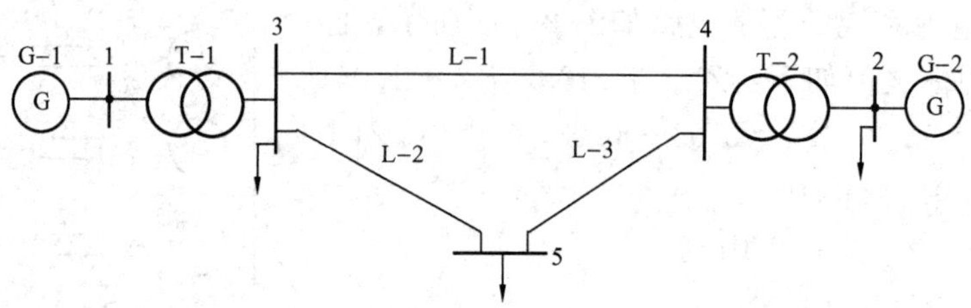

图 2-56 电力系统接线图

[答案：

$$(1)\ Y=\begin{bmatrix} -13.872j & 0 & 9.524j & 0 & 0 \\ 0 & -8.333j & 0 & 4.762j & 0 \\ 9.524j & 0 & -15.233j & 2.296j & 3.444j \\ 0 & 4.762j & 2.296j & -10.965j & 3.936j \\ 0 & 0 & 3.444j & 3.936j & -7.357j \end{bmatrix}$$

$$Z=\begin{bmatrix}0.182j & 0.062j & 0.16j & 0.108j & 0.133j\\0.062j & 0.208j & 0.09j & 0.154j & 0.124j\\0.16j & 0.09j & 0.233j & 0.157j & 0.193j\\0.108j & 0.154j & 0.157j & 0.269j & 0.217j\\0.133j & 0.124j & 0.193j & 0.217j & 0.343j\end{bmatrix};$$

$$(2)Y=\begin{bmatrix}-13.872j & 0 & 9.524j & 0\\0 & -8.333j & 0 & 4.762j\\9.524j & 0 & -15.233j & 2.296j\\0 & 4.762j & 2.296j & -10.965j\end{bmatrix};$$

$$(3)Z=\begin{bmatrix}0.131j & 0.014j & 0.085j & 0.024j\\0.014j & 0.163j & 0.02j & 0.075j\\0.085j & 0.02j & 0.124j & 0.035j\\0.024j & 0.075j & 0.035j & 0.131j\end{bmatrix}$$

2-34　某电力系统的等值电路如图 2-57 所示，各元件参数的标幺值标于图中。试根据节点导纳矩阵和节点阻抗矩阵元素的物理意义计算各矩阵元素。

答案：

$$Y=\begin{bmatrix}-j10 & j10 & 0\\j10 & -j14.5 & j5\\0 & j5 & -j4\end{bmatrix}\quad Z=\begin{bmatrix}-j0.471 & -j0.571 & -j0.714\\-j0.571 & -j0.571 & -j0.714\\-j0.714 & -j0.714 & -j0.643\end{bmatrix}$$

2-35　某电力系统的等值电路如图 2-58 所示，各元件参数的标幺值标于图中。试用支路追加法求节点阻抗矩阵。

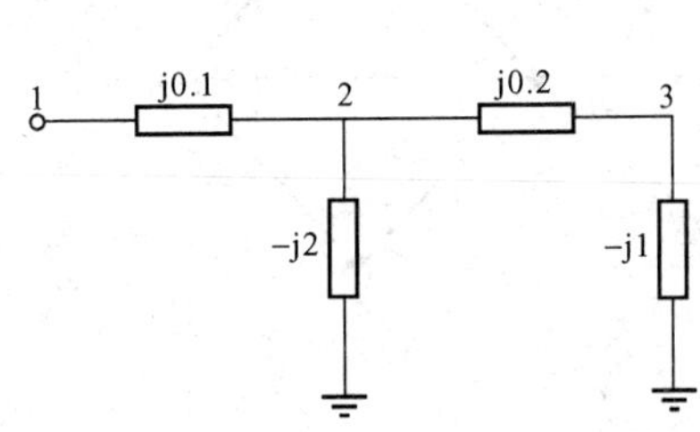

图 2-57　电力系统等值电路图

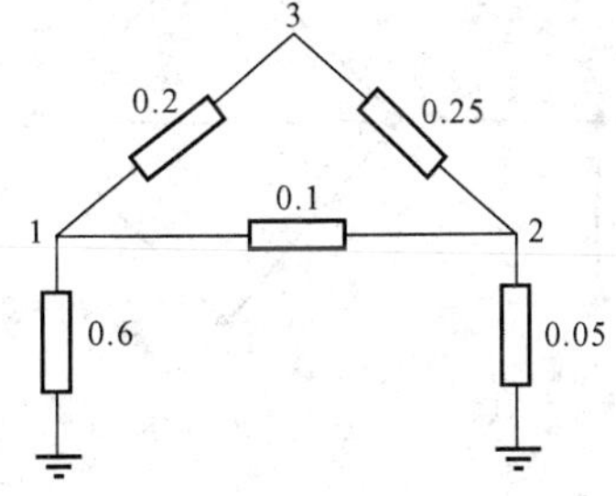

图 2-58　电力系统等值电路图

答案：

$$Z=\begin{bmatrix}0.1081 & 0.0410 & 0.0783\\0.0410 & 0.0466 & 0.0435\\0.0783 & 0.0435 & 0.1739\end{bmatrix}$$

2-36　某电力系统的等值电路如图 2-59，各元件参数的标幺值和节点编号顺序标于图中。

（1）求节点导纳矩阵；

（2）对节点导纳矩阵进行 LDU 分解；

（3）计算与节点 3 相对应的一列节点阻抗矩阵元素。

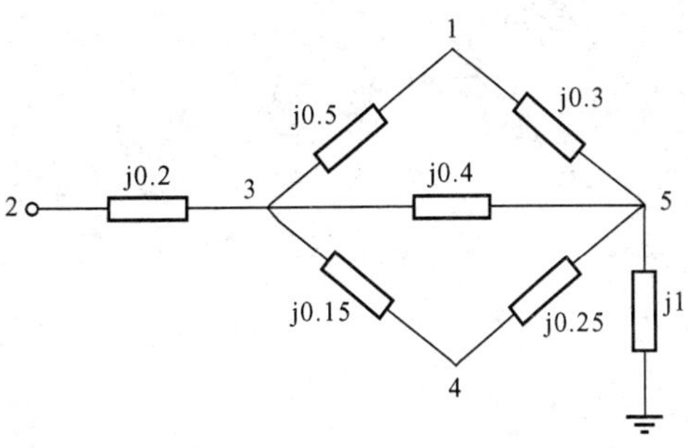

图 2-59　电力系统等值电路图

答案：

$$(1)Y=\begin{bmatrix} -j5.3333 & 0.0 & j2.0 & 0.0 & j3.3333 \\ 0.0 & -j5.0 & j5.0 & 0.0 & 0.0 \\ j2.0 & j5.0 & -j16.1667 & j6.6667 & j2.5 \\ 0.0 & 0.0 & j6.667 & -j10.6667 & j4.0 \\ j3.3333 & 0.0 & j2.5 & j4.0 & -j10.8333 \end{bmatrix}$$

（2）Y 阵作 LDU 分解后，得因子表，见表 2-3。

（3）$Z_{13}=\mathrm{j}1.0604$，$Z_{23}=Z_{33}=\mathrm{j}1.16038$，$Z_{43}=\mathrm{j}1.1004$，$Z_{15}=\mathrm{j}1.0004$

表 2-3 因 子 表

−j5.3333	0.0	−0.3750	0.0	−0.625
0.0	−j5.0	−1.0	0.0	0.0
−0.375	−1.0	−j10.4217	−0.64	−0.36
0.0	0.0	−0.64	−j6.4	−1.0
−0.625	0.0	−0.36	−1.0	−j1.0

2-37 对如图 2-60（a）所示网络

（1）进行节点编号优化；

（2）写出节点导纳矩阵（用“+”表示非零元素）；

（3）注明注入元的位置。

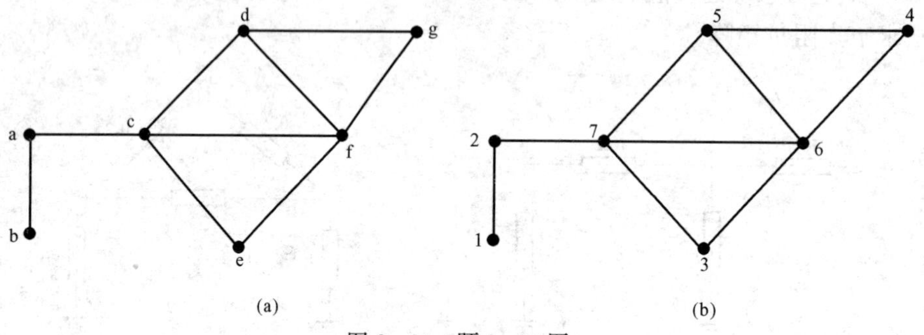

图 2-60 题 2-37 图

（a）网络图；（b）节点编号优化结果

答案：

（1）见图 2-60（b）。

（2）图 2-59（b）编号的节点导纳矩阵
$$\begin{bmatrix} + & + & 0 & 0 & 0 & 0 & 0 \\ + & + & 0 & 0 & 0 & 0 & + \\ 0 & 0 & + & 0 & 0 & + & + \\ 0 & 0 & 0 & + & + & + & 0 \\ 0 & 0 & 0 & + & + & + & + \\ 0 & 0 & + & + & + & + & + \\ 0 & + & + & 0 & + & + & + \end{bmatrix}$$

(3) 按上图编号不会产生注入元]

2-38　设有如下非线性方程组

$$X_0^2+X_1^2+X_2^2-1=0$$
$$2X_0^2+X_1^2-4X_2=0$$
$$3X_0^2-4X_1+X_2^2=0$$

用牛顿法求解上述方程组，求 $X_{1(0)}=0.8$，$X_{2(0)}=0.6$，$X_{3(0)}=0.3$ 附近的根，保留 3 位有效数字。

[**答案**：0.785，0.497，0.370]

2-39　如图 2-61 所示网络，试写出

(1) 节点 1、2、3 的类型；

(2) 极坐标的功率方程；

(3) 直角坐标功率方程（或电压方程）。

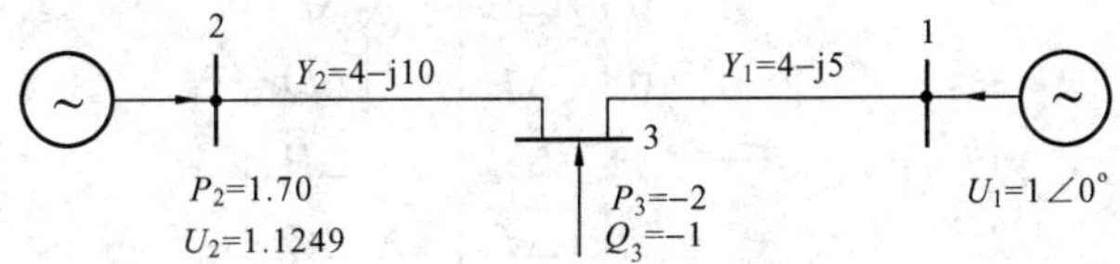

图 2-61　电力网络图

[**答案**：(1) 节点 1 为平衡节点；节点 2 为 PV 节点；节点 3 为 PQ 节点；

(2) 节点 1　$P_1=4+6.4031U_3\cos(128.7°+\delta_3)$

$Q_1=5-6.4031V_3\sin(128.7°+\delta_3)$

节点 2　$1.7=5.0612+12.115V_3\cos(111.8°+\delta_3-\delta_2)$

$Q_2=12.653-12.115V_3\sin(111.8°+\delta_3-\delta_2)$

节点 3　$-2=6.4031V_3\cos(128.7°-\delta_3)+12.115U_3\cos(111.8°+\delta_2-\delta_3)+8U_3^2$

$-1=-6.4031U_3\sin(128.7°-\delta_3)-12.115U_3\sin(111.8°+\delta_2-\delta_3)+15U_3^2$

(3) 节点 1　$P_1=4-4e_3-5f_3$

$Q_1=5-5e_3+4f_3$

节点 2　$1.7=5.0612-4(e_2e_3+f_2f_3)-10(e_2f_3-e_3f_2)$

$Q_2=12.653-10(e_2e_3+f_2f_3)+4(e_2e_3-e_3f_2)$

$1.1249^2=e_2^2+f_2^2$

节点 3　$-2=-4e_3+5f_3-e_3(4e_2+10f_2)+f_3(10e_2-4f_2)+8(e_3^2+f_3^2)$

$-1=-5e_3-4f_3-e_3(10e_2-4f_2)-f_3(4e_2+10f_2)+15(e_3^2+f_3^2)$]

2-40　已知节点导纳矩阵为

$$\begin{bmatrix} -j5 & 0 & j5 & 0 & 0 \\ 0 & -j8 & 0 & 0 & j8 \\ j5 & 0 & -j12 & j5 & 0 \\ 0 & 0 & j5 & -j10 & j4 \\ 0 & j8 & 0 & j4 & -j13 \end{bmatrix}$$

（1）画出网络接线示意图；

（2）设节点 1 为平衡节点，节点 2 为 PV 节点，其余节点为 PQ 节点，写出用直角坐标的牛顿-拉夫逊法求解该系统潮流分布时的修正方程表达式。（雅可比矩阵中的非零元素用“+”表示，零元素用“0”表示，方程中的其他量用相应的符号表示）。

（3）写出 PQ 分解法的修正方程形式。

［**答案**：（1）

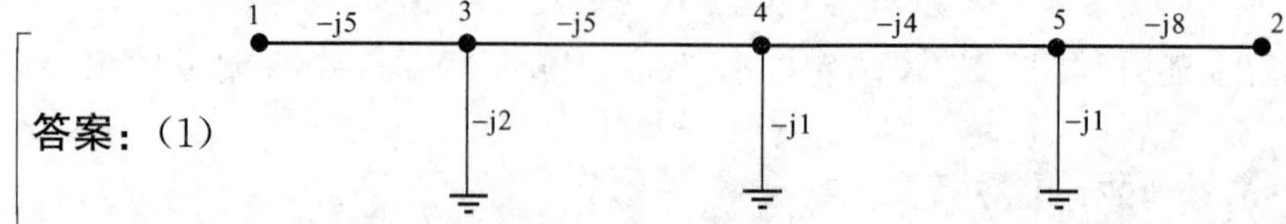

（2）平衡节点不参与迭代，故直角坐标的牛顿-拉夫逊法的修正方程形式如下

$$-\begin{bmatrix} + & + & 0 & 0 & 0 & 0 & + & + \\ + & + & 0 & 0 & 0 & 0 & 0 & 0 \\ 0 & 0 & + & + & + & + & 0 & 0 \\ 0 & 0 & + & + & + & + & 0 & 0 \\ 0 & 0 & + & + & + & + & + & + \\ 0 & 0 & + & + & + & + & + & + \\ + & + & 0 & 0 & + & + & + & + \\ + & + & 0 & 0 & + & + & + & + \end{bmatrix}\begin{bmatrix}\Delta e_2\\ \Delta f_2\\ \Delta e_3\\ \Delta f_3\\ \Delta e_4\\ \Delta f_4\\ \Delta e_5\\ \Delta f_5\end{bmatrix}=\begin{bmatrix}\Delta P_2\\ \Delta U_2^2\\ \Delta P_3\\ \Delta Q_3\\ \Delta P_4\\ \Delta Q_4\\ \Delta P_5\\ \Delta Q_5\end{bmatrix}$$

（3）PQ 分解法的修正方程形式如下

$$\begin{bmatrix}\dfrac{\Delta P_2}{U_2}\\ \dfrac{\Delta P_3}{U_3}\\ \dfrac{\Delta P_4}{U_4}\\ \dfrac{\Delta P_5}{U_5}\end{bmatrix}=-\begin{bmatrix} + & + & + & + \\ + & + & + & 0 \\ + & + & + & + \\ + & 0 & + & + \end{bmatrix}\begin{bmatrix}U_2\Delta\delta_2\\ U_3\Delta\delta_3\\ U_4\Delta\delta_4\\ U_5\Delta\delta_5\end{bmatrix}$$

$$\begin{bmatrix}\dfrac{\Delta Q_3}{U_3}\\ \dfrac{\Delta Q_4}{U_4}\\ \dfrac{\Delta Q_5}{U_5}\end{bmatrix}=-\begin{bmatrix} + & + & 0 \\ + & + & + \\ 0 & + & + \end{bmatrix}\begin{bmatrix}\Delta U_3\\ \Delta U_4\\ \Delta U_5\end{bmatrix}$$

］

2-41　已知两端供电系统如图 2-62（a）所示，输电线电阻为 0，电抗为 0.1，两端充电电容各为 0.1，$S_{LD1}=S_{LD2}=20+j10$，母线 2 的电源功率 $S_{G2}=15+j10$，母线 1 的电压相量为参考相量，电压值为 1，试用高斯-赛得尔法求解潮流分布。

［**答案**：如图 2-62（b）所示］

2-42　试用牛顿-拉夫逊法计算如图 2-63（a）所示系统的潮流。

［**答案**：如图 2-63（b）所示］

2-43　简单电力系统如图 2-64 所示，已知各段线路阻抗和节点功率为：$Z_{12}=10+$

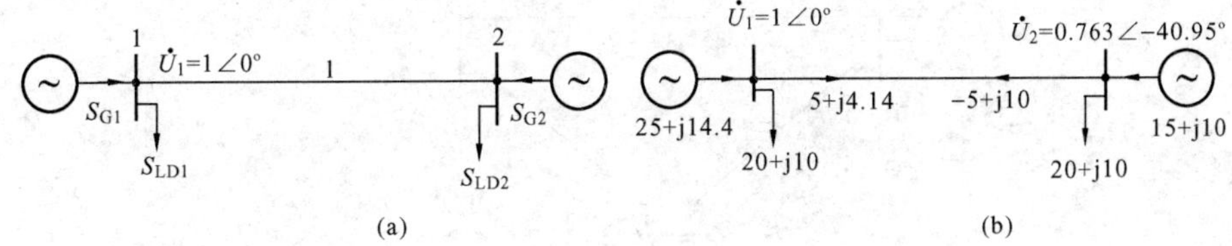

图 2-62 题 2-41 图

(a) 两端供电系统图；(b) 潮流分布图

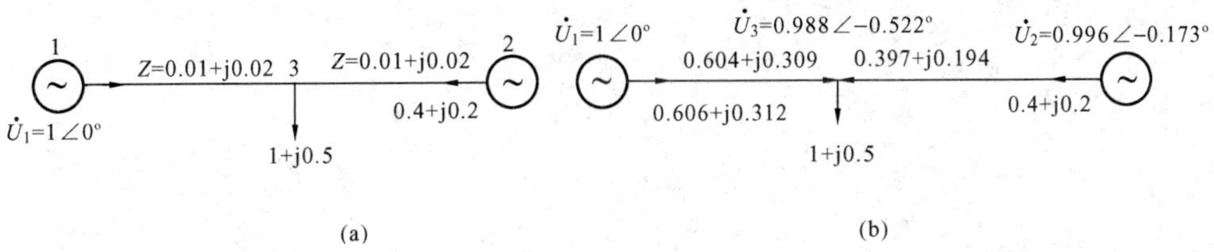

图 2-63 题 2-42 图

(a) 系统图；(b) 潮流分布图

j16Ω，Z_{13}＝13.5＋j12Ω，Z_{23}＝24＋j22Ω，S_{LD2}＝20＋j15MVA，S_{LD3}＝25＋j18MVA。节点 1 为平衡节点，$\dot{U}_1$＝115∠0°kV，试用牛顿-拉夫逊法计算潮流。

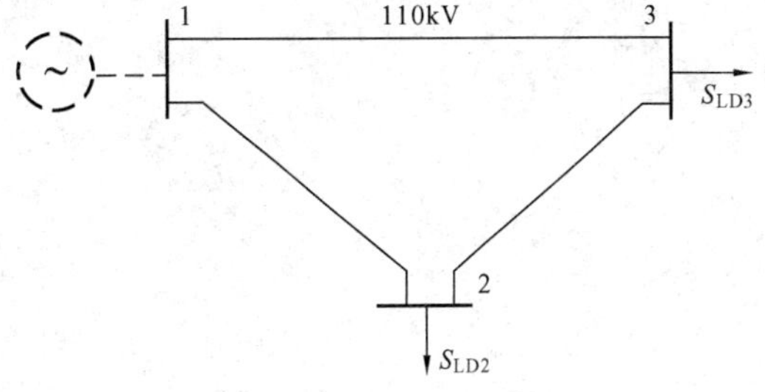

图 2-64 简单电力系统

(1) 形成节点导纳矩阵；

(2) 第一次迭代用的雅可比矩阵；

(3) 求经 3 次迭代后的结果，并说明此时所达到的精度；

(4) 若改用 PQ 分解法，预计会出现什么问题？为什么？

[**答案**：(1)
$$Y=\begin{bmatrix} 0.04975-0.07864j & -0.02809+0.04494j & -0.02166+0.03369j \\ -0.02809+0.04494j & 0.05073-0.0657j & -0.02264+0.02075j \\ -0.02166+0.03369j & -0.02264+0.02075j & 0.0443-0.05445j \end{bmatrix};$$

(2)

$$J=\begin{bmatrix} -5.44 & -7.45156 & 2.49057 & 2.28302 \\ -7.00212 & 5.7209 & 2.28302 & -2.49057 \\ 2.49057 & 2.28302 & -4.76493 & -6.15787 \\ 2.28302 & -2.49057 & -5.82093 & 4.98154 \end{bmatrix};$$

(3) 如图 2-65 所示。

此时的精度 $\varepsilon=10^{-5}$；

(4) 若改用 PQ 分解法求解，则因此网络中 $R\ll X$ 不成立，会致收敛速度放慢或不收敛。]

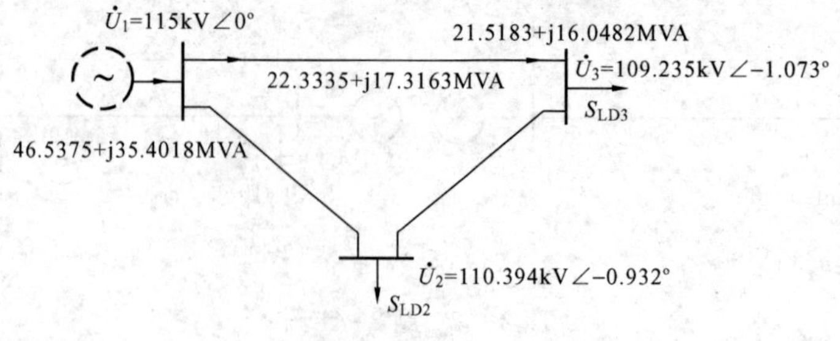
$\dot{U}_1$=115kV∠0°
21.5183+j16.0482MVA
$\dot{U}_3$=109.235kV∠−1.073°
22.3335+j17.3163MVA
S_{LD3}
46.5375+j35.4018MVA
$\dot{U}_2$=110.394kV∠−0.932°
S_{LD2}

图 2 - 65 三次迭代

第三章　电力系统有功功率平衡及频率调整

内　容　要　点

一、电力系统有功功率的平衡

频率是衡量电能质量的重要指标。电力系统的频率与有功功率密切相关。实现电力系统在额定频率下的有功功率平衡，并留有必要的备用容量，是保证频率质量的前提。

1. 有功功率平衡和备用容量

电力系统中的有功功率电源是各类发电厂的发电机。在电力系统运行中，所有有功功率电源发出的功率必须与电力系统的发电负荷相平衡，即

$$\sum_{i=1}^{n} P_{Gi} = \sum_{i=1}^{n} P_{Di} + \Delta P_{\Sigma} \tag{3-1}$$

式中　$\sum_{i=1}^{n} P_{Gi}$——系统中所有有功功率电源发出的功率；

$\sum_{i=1}^{n} P_{Di}$——系统中所有负荷消耗的有功功率；

ΔP_{Σ}——系统中各元件总的有功功率损耗。

电力系统中各发电机组额定容量的总和，称为电力系统的装机容量。由于各发电设备并不都是按额定容量运行，所以系统调度部门必须随时准确掌握可投入的各发电设备的可发功率——系统电源容量。为保证电力系统运行的可靠和具有良好的电能质量，系统电源容量应大于发电负荷，大于的部分称为备用容量。

备用容量按发电设备的运行状态可分为热备用和冷备用。热备用是运行中的备用，冷备用是未运转的备用。

备用容量按发电设备的用途分为负荷备用、事故备用、检修备用和国民经济备用。负荷备用是调整系统中短时负荷波动并担负计划外的负荷增加而设置的备用；事故备用是使电力用户在发电设备发生偶然性事故时不受严重影响、维持系统正常供电所需的备用；检修备用是为使系统中的发电设备能定期检修而设置的备用；国民经济备用是计及负荷的超计划增长而设置的备用。

上述四种备用是以热备用和冷备用的形式存在着的。其中负荷备用和一部分事故备用需为热备用，其余备用视需要确定为热备用或冷备用。

2. 有功功率负荷的变动及其调整

电力系统的总负荷根据变化规律可分为以下三种：第一种是变化幅度很小、变化周期很短的负荷；第二种是变化幅度较大、变化周期较长的负荷；第三种是变化幅度很大，变化周期很长的负荷。

根据有功功率平衡关系［见式（3-1）］，负荷功率变化时，发电机发出的电磁功率将随之变化，以达到有功功率平衡。又根据发电机的转子运动方程

$$\frac{d\omega_*}{dt}=\frac{1}{T_J}(P_{T*}-P_{E*}) \tag{3-2}$$

可知，发电机电磁功率 P_E变化，而机械功率 P_T由于机组惯性不能马上变化，功率平衡破坏，发电机转速 ω 发生变化（偏离额定转速 ω_N），即系统频率发生变化。

由第一种负荷变化引起的频率偏移将由发电机组调速系统的调速器进行调整，称为频率的一次调整；第二种负荷变化引起的频率偏移将由发电机组调速系统的调频器进行调整，称为频率的二次调整；第三种负荷变化引起的频率偏移将在有功功率平衡的基础上，责成各发电设备按最优（经济）分配原则进行有功功率的分配，称为频率的三次调整（将在第五章介绍）。

二、电力系统的频率特性

电力系统处于稳态运行时，系统有功功率随频率变化的特性称为电力系统的有功功率—频率静态特性。它可以分为负荷的有功功率—频率静态特性和发电机组（电源）的有功功率—频率静态特性，简称功—频静特性。负荷和发电机组的功—频率静态特性可用来分析频率的调整过程和调整结果。

1. 负荷的有功功率—频率静态特性

在电力系统的总有功负荷中，有与频率变化无关的负荷，如照明、整流设备等；有与频率的一次方成正比的负荷，如球磨机、往复式水泵等；有与频率的二次方成正比的负荷，如变压器的涡流损耗；有与频率的三次方成正比的负荷，如通风机、循环水泵等；有与频率的更高次方成正比的负荷，如给水泵等。

整个系统的有功功率负荷与频率的关系可写成

$$P_D=a_0P_{DN}+a_1P_{DN}\left(\frac{f}{f_N}\right)+a_2P_{DN}\left(\frac{f}{f_N}\right)^2+a_3P_{DN}\left(\frac{f}{f_N}\right)^3+\cdots \tag{3-3}$$

式中 P_D——频率等于 f 时系统的有功负荷；

P_{DN}——频率等于额定频率 f_N 时系统的有功负荷；

$a_i(i=0,1,2,\cdots)$ ——与频率的 i 次方成正比的负荷在 P_{DN}中所占的份额，且有 $a_0+a_1+a_2+\cdots=1$。

将式（3-3）两边同除以 P_{DN}，即得到标幺值表示的负荷的功—频静特性

$$P_{D*}=a_0+a_1f_*+a_2f_*^2+a_3f_*^3+\cdots \tag{3-4}$$

当频率偏差不大时，负荷的功—频静特性常用一条直线近似表示，如图 3-1 所示。图中直线的斜率为

$$K_D=\tan\beta=\frac{\Delta P_D}{\Delta f} \tag{3-5}$$

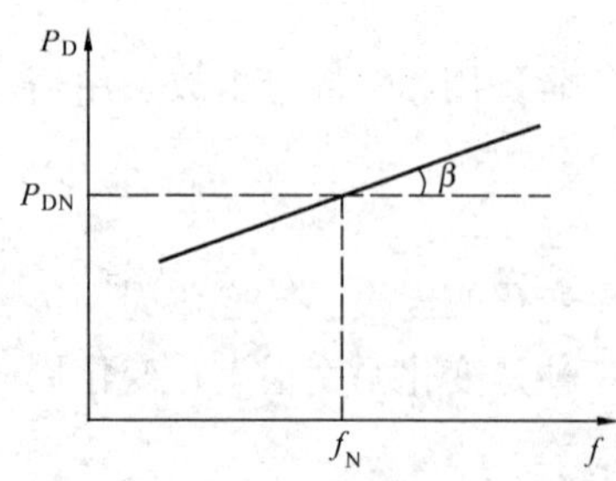

图 3-1 负荷的有功功率—频率静态特性

K_D 称为负荷的频率调节效应系数，也称负荷的单位调节功率，它的标幺值是

$$K_{D*}=\frac{\Delta P_D/P_{DN}}{\Delta f/f_N}=K_D\frac{f_N}{P_{DN}} \tag{3-6}$$

负荷的频率调节效应系数表征负荷的频率调节特性，即随着频率的升高和降低，负荷消耗的功率增加或减少的多少。

关于 K_D 需要注意以下几点：

（1）负荷的频率调节效应系数不能整定，其 K_{D*} 的大

小取决于全系统各类负荷所占的比重，不同系统或同一系统不同时刻，K_{D*}可能不同。在实际系统中，K_{D*}取1～3。

(2) 负荷的频率调节效应系数是反映系统进行一次调整性能的一个重要数据，它是调度部门确定按频率减负荷方案以及低频事故切负荷来恢复频率的计算依据。

2. 发电机组的有功功率—频率静态特性

当电力系统负荷发生变化打破发电机组输入机械功率和输出电磁功率之间的平衡时，发电机组转速发生变化，发电机调速系统中的调速器动作，改变原动机的进汽（水）量，使发电机的输入、输出功率达到新的平衡，实现转速或频率的调整。所以根据发电机调速系统的调节原理，即负荷增大，发电机出力增加，频率降低；负荷减少，发电机出力减少，频率增加，发电机组的有功功率—频率静态特性可近似表示为一条折线，如图3-2所示。

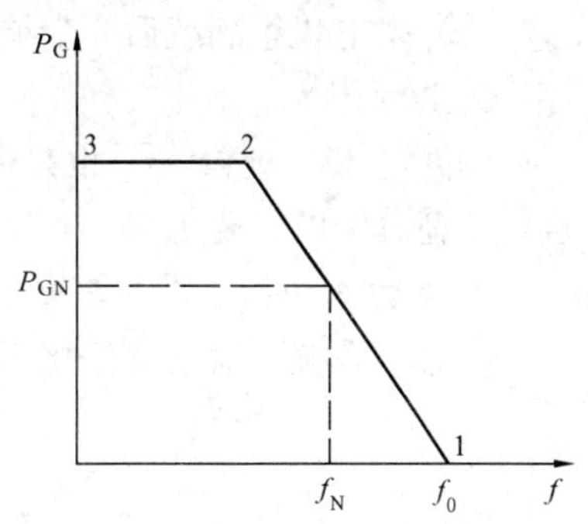

图3-2　发电机组的有功功率—频率静态特性

图中线段2—3表示发电机出力已达最大值，调速器不再起作用。图中的斜线部分表示发电机频率的调节过程，其斜率为

$$K_G = -\frac{\Delta P_G}{\Delta f} \tag{3-7}$$

K_G称为发电机组的单位调节功率，它的标幺值是

$$K_{G*} = -\frac{\Delta P_G/P_{GN}}{\Delta f/f_N} = K_G\frac{f_N}{P_{GN}} \tag{3-8}$$

发电机的单位调节功率表征电源的频率调节特性，即随着频率的升高或降低发电机组有功出力减少或增加的多少。

除发电机的单位调节功率外，表征系统电源频率调节特性的参数还有静态调差系数，它定义为

$$\delta_* = \frac{f_0 - f_N}{f_N} \tag{3-9}$$

式中f_0表示发电机空载运行时的频率。调差系数表明发电机由空载运行到额定运行时频率偏移的大小，它与发电机的单位调节功率的关系如下

$$\delta_* = \frac{f_0 - f_N}{f_N} = \frac{f_0 - f_N}{P_{GN} - 0}\cdot\frac{P_{GN}}{f_N} = \frac{1}{K_G}\cdot\frac{P_{GN}}{f_N} = \frac{1}{K_{G*}}$$

即有

$$K_G = \frac{1}{\delta_*}\frac{P_{GN}}{f_N} \tag{3-10}$$

$$K_{G*} = \frac{1}{\delta_*} \tag{3-11}$$

关于K_G或δ_*需要注意以下几点：

(1) 在负荷和发电机的单位调节功率的推导公式中，始终取功率的增大和频率的上升为正，所以式（3-7）中的负号表示随着频率的上升（下降），发电机有功出力是降低（增大）的，也即发电机的单位调节功率是正值。

（2）与负荷的频率调节效应系数也即单位调节功率 K_D 不同，K_G 或 δ_* 是可以整定的。但受发电机组调速机构运行稳定性的限制，其整定范围是有限的。在整定范围内，K_G 越大或 δ_* 越小，频率偏移越小。δ_* 的取值范围一般为

汽轮发电机组 $\delta_*=0.04\sim0.06$

水轮发电机组 $\delta_*=0.02\sim0.04$。

（3）发电机组满载后，受调速机构的限制，发电机组不再具有调频能力，即此时 K_G 为零，δ_* 为无限大。

（4）与 K_D 一样，K_G 也是反映系统进行一次调整性能的一个重要数据，它是并列机组进行负荷分配的重要依据。

3. 电力系统的有功功率—频率静态特性

当电力系统负荷发生变化引起频率变化时，频率的调整是由负荷和发电机组两者的调节效应共同承担的，其调整过程正是频率的一次调整。图 3-3 示出了电力系统的功—频静态特性（以一个负荷和一台发电机为例）。

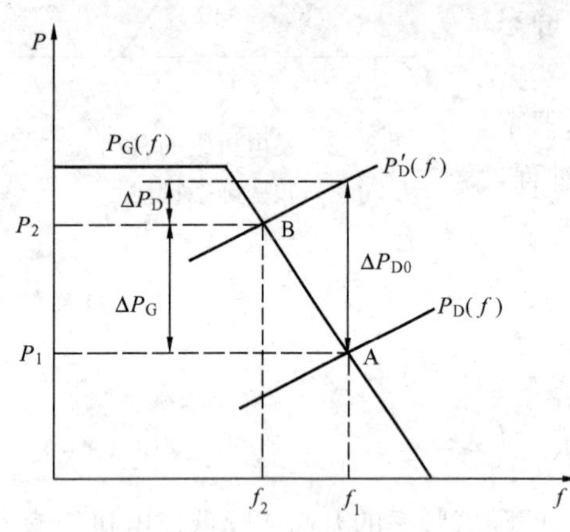

图 3-3 电力系统的有功功率—频率静态特性

图中，原始运行点为 A 点，即当系统负荷为 P_1 时，负荷的功—频静特性为 $P_D(f)$，与发电机的功—频静特性 $P_G(f)$ 相交于 A 点，此时系统频率为 f_1。当系统负荷增加 ΔP_{D0}，负荷的功—频静特性由 $P_D(f)$ 跃变为 $P'_D(f)$。这时，一方面发电机组的输入输出功率平衡被打破，转速变化引起频率下降，调速器动作，发电机出力增加 ΔP_G；另一方面由于转速变化引起频率下降又使负荷所需的有功功率按自身的调节效应减少 ΔP_D。$P'_D(f)$ 与 $P_G(f)$ 重新相交于 B 点，即在发电机和负荷调节效应共同作用下，运行点由 A 至 B，运行频率由 f_1 下降至 f_2，即有

$$\Delta P_{D0}=\Delta P_G-\Delta P_D$$

也即

$$\Delta P_{D0}=-(K_G+K_D)\Delta f \tag{3-12}$$

或

$$\Delta P_{D0}=-K\Delta f \tag{3-13}$$

其中

$$K=K_G+K_D=-\frac{\Delta P_{D0}}{\Delta f}$$

称为电力系统的单位调节功率，它的标幺值为

$$K_*=-\frac{\Delta P_{D0}/P_{DN}}{\Delta f/f_N}=\frac{P_{GN}}{P_{DN}}K_{G*}+K_{D*}$$

或

$$K_*=K_rK_{G*}+K_{D*}=-\frac{\Delta P_{D0*}}{\Delta f_*} \tag{3-14}$$

$$K_r=\frac{P_{GN}}{P_{DN}}$$

式中 K_r——备用系数，表示发电机组额定容量与系统在额定频率时的总有功负荷之比。正常情况下，系统总有一定的备用容量，故 $K_r>1$。

电力系统的单位调节功率表征系统的频率调节特性，即系统负荷增加或减少时，在发电

机和负荷调节效应共同作用下系统频率下降或上升的多少。

关于 K 需要注意以下几点：

（1）由 $K=K_G+K_D=-\frac{\Delta P_{D0}}{\Delta f}$ 可知，系统的单位调节功率 K 的调整只能通过调整发电机单位调节功率 K_G 实现。K_G 越大，K 越大，负荷增减引起的频率变化越小，系统频率也就越稳定。

（2）当发电机满载（即 $K_{G*}=0$）时，$K_*=K_{D*}$，即负荷增加时其增量只能靠负荷本身的调节效应承担，而 K_{D*} 的数值很小，所以负荷增加引起的频率下降非常严重。这就要求发电机出力不仅应满足额定频率下系统对有功功率的要求，而且应设有一定的备用容量。

三、电力系统的频率调整

1. 频率的一次调整

频率的一次调整正是图 3-3 所示的电力系统有功功率—频率静态特性反映的调节过程，即负荷的增量 ΔP_{D0} 是由调速器作用使发电机有功出力增加和负荷功率随频率的下降而自动减少两个方面共同调节来平衡的。一次调整的调节特性方程式即为式（3-12）或式（3-13）。

当有 n 台装有调速器的机组并联运行时，等值发电机组的单位调节功率为

$$K_{G\Sigma}=\sum_{i=1}^{n}K_{Gi} \tag{3-15}$$

一次调整的调节特性方程变为

$$\Delta P_{D0}=-(K_{G\Sigma}+K_D)\Delta f \tag{3-16}$$

或

$$\Delta P_{D0}=-K\Delta f \tag{3-17}$$

关于频率的一次调整需注意以下几点：

（1）式（3-15）中的 n 台机组均未满载，一旦机组已满载运行，应取 $K_{Gi}=0$。由此也可见，参加并列的未满载机组越多，系统的单位调节功率 K 越大。

（2）由式（3-16）或式（3-17）可知，对一定的负荷变化量 ΔP_{D0}，系统的单位调节功率 K 越大（也即 $K_{G\Sigma}$ 越大或调差系数 δ_* 越小），频率变化 Δf 越小，系统频率就越稳定。但受调速机构稳定性的影响，发电机的单位调节功率不可整定得过大（或调差系数整定得过小）。假设调差系数整定为零，这时，虽然负荷的变动不会引起频率的变动，似乎可确保频率恒定，但这样将会出现负荷变化量在各发电机组间的分配无法固定，从而出现各发电机组的调速系统不能稳定工作的问题。

（3）根据“(2)”的结论可知，频率的一次调整是有差调整，即调整后的频率不可能回到原来的值。因此频率的一次调整只能适应负荷变化幅度小、周期短的不规则变化情况。

（4）具有一次调整的各机组间负荷的分配，按其单位调节功率或调差系数自然分配。即各机组承担的功率增量为

$$\Delta P_{Gi}=-K_{Gi}\Delta f=-\frac{1}{\delta_*}\times\frac{P_{GiN}}{f_N}\Delta f \tag{3-18}$$

即调差系数越小的机组承担的有功出力（相对于本身的额定容量）就越多。

2. 频率的二次调整

对于负荷变化幅度较大、周期较长的情况，仅靠一次调整不一定能保证频率偏移在允许的范围内。此时需由发电机调速系统的调频器动作进行频率的二次调整。

频率的二次调整是当负荷变化引起频率变化时，通过调频器的动作，使发电机组的功—频

静特性平行移动，从而改变发电机的有功出力，以保持系统频率不变或在允许范围内。例如在图3-4中，负荷增加使频率降低，调频器动作（自动或手动）增大原动机的进汽（水）量，发电机有功出力增加，使频率增加，功—频静特性由2平行右移至1；反之，如果负荷降低使频率升高，调频器动作减少进汽（水）量，使频率降低，功—频静特性由2平行左移为3。

频率的二次调整过程如图3-5所示。系统的原始运行点为A点，系统频率为f_1。系统负荷增加ΔP_{D0}后，仅有一次调整时运行点到B点，系统频率为f_2。在发电机调速系统的调频器作用下，发电机的功—频静特性平移至$P'_G(f)$，运行点随之移至B′点，系统频率为f'_2。其频率调节特性方程为

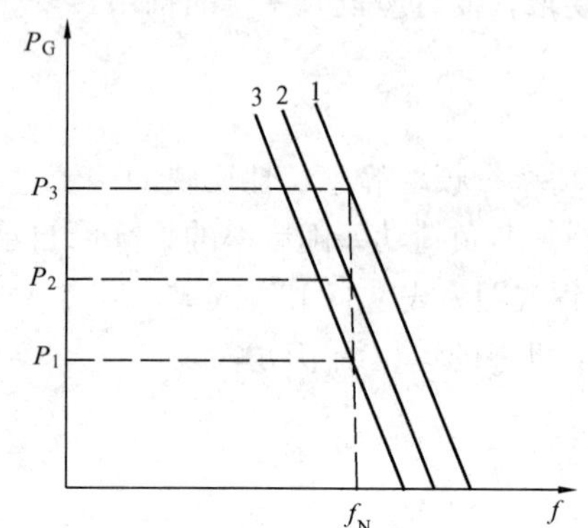

图3-4　有功功率—频率静态特性的平移

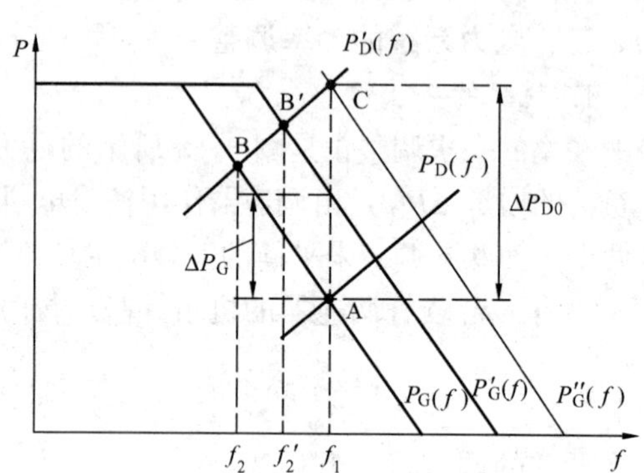

图3-5　频率的二次调整

$$\Delta P_{D0}-\Delta P_G=-(K_G+K_D)\Delta f \tag{3-19}$$

由上式可见，负荷的增量ΔP_{D0}由三部分承担，一部分是二次调整的发电机组增发的功率ΔP_G，一部分是一次调整的发电机组增发的功率$-K_G\Delta f$，一部分是负荷的调节效应所减少的负荷功率$K_D\Delta f$。而且由于二次调整发电机组增发了功率，在相同负荷变化下，系统的频率偏移变小了。如果二次调整使发电机组增发的功率全部承担了负荷增量［如图中$P''_G(f)$］，即$\Delta P_{D0}=\Delta P_G$，则$\Delta f=0$，则实现了系统频率的无差调节。

关于二次调整需要注意以下几点：

（1）二次调整既可实现频率的有差调节，又可实现频率的无差调节。但二次调整并不能改变系统的单位调节功率的数值。

（2）在多台均装配调速器的机组并联运行的系统中，当负荷变化时，只要机组不满载，则均参加频率的一次调整；而频率的二次调整一般只由一台（一个）或少数几台（n个）发电机组（发电厂）承担。

3. 互联系统的频率调整

对由n个分系统组成的大型电力系统，如果某一分系统因负荷变化进行频率调整时，将会伴随着与其他系统交换功率的变化，此时需要注意系统联络线上交换功率的控制问题。

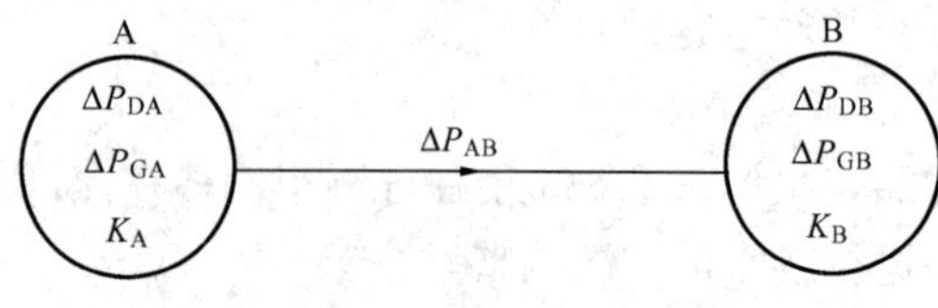

图3-6　互联系统的频率调整

图3-6示出了由A、B两系统组成的互联系统。图中，ΔP_{DA}、ΔP_{DB}分别为A、B两系统的负荷增量，ΔP_{GA}、ΔP_{GB}为A、B两系统二次调整增发的功率，K_A、K_B为A、B两系统的单位调节功率，ΔP_{AB}为A、B两系统联络线上

交换的功率，且在图中的参考方向下（由 A 流向 B 时为正值），对 A 系统而言，ΔP_{AB}相当于负荷，对 B 系统而言，ΔP_{AB}相当于电源。根据二次调整特性方程，有

$$\left.\begin{aligned}\Delta P_{DA}+\Delta P_{AB}-\Delta P_{GA}&=-K_A\Delta f_A\\ \Delta P_{DB}-\Delta P_{AB}-\Delta P_{GB}&=-K_B\Delta f_B\end{aligned}\right\} \tag{3-20}$$

两系统负荷变化引起的频率偏移应相同，即 $\Delta f_A=\Delta f_B=\Delta f$。联立求解上两个方程,可得

$$\Delta f=-\frac{(\Delta P_{DA}-\Delta P_{GA})+(\Delta P_{DB}-\Delta P_{GB})}{K_A+K_B}=-\frac{\Delta P_A+\Delta P_B}{K_A+K_B} \tag{3-21}$$

$$\Delta P_{AB}=\frac{K_A(\Delta P_{DB}-\Delta P_{GB})-K_B(\Delta P_{DA}-\Delta P_{GA})}{K_A+K_B}=\frac{K_A\Delta P_B-K_B\Delta P_A}{K_A+K_B} \tag{3-22}$$

$$\Delta P_A=\Delta P_{DA}-\Delta P_{GA},\Delta P_B=\Delta P_{DB}-\Delta P_{GB}$$

式中 ΔP_A、ΔP_B——分别称为 A、B 两系统的功率缺额。

对互联系统的频率调整作以下几点讨论：

（1）从式（3-21）可知，当 B 系统的功率缺额完全由 A 系统增发的功率所抵偿，即 $\Delta P_B=-\Delta P_A$ 或互联系统增发功率的总和与负荷增量的总和相平衡，即 $\Delta P_{DA}+\Delta P_{DB}=\Delta P_{GA}+\Delta P_{GB}$，则可实现无差调节，即 $\Delta f=0$，否则将出现频率偏移。

（2）当 A、B 两系统都进行二次调整，且两系统满足条件

$$\frac{\Delta P_A}{K_A}=\frac{\Delta P_B}{K_B}$$

时，联络线上的交换功率 $\Delta P_{AB}=0$，其值达最小。

（3）当 A、B 两系统中任一系统（如系统 B）不参加二次调整，即 $\Delta P_{GB}=0$，且两系统的负荷增量全部由 A 系统的二次调整承担，即 $\Delta P_{DA}+\Delta P_{DB}-\Delta P_{GA}=0$，此时联络线的交换功率

$$\begin{aligned}\Delta P_{AB}&=\frac{K_A\Delta P_{DB}-K_B(\Delta P_{DA}-\Delta P_{GA})}{K_A+K_B}\\ &=\Delta P_{DB}-\frac{K_B(\Delta P_{DB}+\Delta P_{DA}-\Delta P_{GA})}{K_A+K_B}=\Delta P_{DB}\end{aligned}$$

其值达最大。

例 题 分 析

【例 3-1】 某电力系统总有功负荷为 4000MW 时系统频率为 50Hz。负荷的频率调节效应系数标幺值为 1.5，试计算频率调节效应系数 K_D。

解 根据定义

$$K_D=\frac{\Delta P_D}{\Delta f}$$

$$K_{D*}=K_D\frac{f_N}{P_{DN}}$$

所以

$$K_D=K_{D*}\frac{P_{DN}}{f_N}=1.5\times\frac{4000}{50}=120(\mathrm{MW/Hz})$$

【例 3-2】 某电力系统有功负荷 1000MW，与频率无关的负荷占 20%，与频率的一次方成正比的负荷占 40%，与频率的二次方成正比的负荷占 30%，与频率的三次方成正比的

负荷占10%，试求：

(1) 该系统负荷的频率调节效应系数；

(2) 当系统频率从50Hz降为49.8Hz时，负荷将会减少多少？

解 (1) 按已知条件写出负荷的有功功率—频率静态特性为

$$P_{\mathrm{D}}=a_0P_{\mathrm{DN}}+a_1P_{\mathrm{DN}}\frac{f}{f_{\mathrm{N}}}+a_2P_{\mathrm{DN}}\left(\frac{f}{f_{\mathrm{N}}}\right)^2+a_3P_{\mathrm{DN}}\left(\frac{f}{f_{\mathrm{N}}}\right)^3$$

$$\begin{aligned}P_{\mathrm{D}*}&=a_0+a_1f_*+a_2f_*^2+a_3f_*^3\\&=0.2+0.4f_*+0.3f_*^2+0.1f_*^3\end{aligned}$$

$$K_{\mathrm{D}*}=\frac{\Delta P_{\mathrm{D}}/P_{\mathrm{DN}}}{\Delta f/f_{\mathrm{N}}}=\frac{\mathrm{d}P_{\mathrm{D}*}}{\mathrm{d}f_*}=0.4+0.6f_*+0.3f_*^2$$

当系统频率等于额定频率，即 $f_*=1$ 时

$$K_{\mathrm{D}*}=0.4+0.6+0.3=1.3$$

$$K_{\mathrm{D}}=K_{\mathrm{D}*}\frac{P_{\mathrm{DN}}}{f_{\mathrm{N}}}=1.3\times\frac{1000}{50}=26(\mathrm{MW/Hz})$$

(2) 当频率下降为49.8Hz时，系统有功负荷相应地减小

$$\Delta P_{\mathrm{D}}=K_{\mathrm{D}}\Delta f=26(50-49.8)=5.2(\mathrm{MW})$$

即有功负荷减少5.2MW。

【例3-3】 某一容量为100MW的发电机，调差系数整定为4%，当系统频率为50Hz时，发电机出力为60MW；若系统频率下降为49.5Hz时，发电机的出力是多少？

解 根据调差系数与发电机的单位调节功率关系可得

$$K_{\mathrm{G}}=\frac{1}{\delta_*}\cdot\frac{P_{\mathrm{GN}}}{f_{\mathrm{N}}}=\frac{1}{0.04}\times\frac{100}{50}=50(\mathrm{MW/Hz})$$

于是有

$$\Delta P_{\mathrm{G}}=-K_{\mathrm{G}}\Delta f=50(50-49.5)=25(\mathrm{MW})$$

即频率下降到49.5Hz时，发电机的出力为60+25=85(MW)。

【例3-4】 某系统中有容量为100MW的四台发电机并联运行，每台发电机调差系数为4%，系统频率为50Hz时，系统总负荷为320MW。当负荷增加50MW时，在下列情况下，系统频率为多少（负荷的频率调节效应系数为1.5）？

(1) 机组平均分配负荷；

(2) 两台机组满载，余下的负荷由另两台机组承担；

(3) 两台机组各带85MW，另两台机组各带75MW；

(4) 一台机组满载，另三台机组平均分配其余负荷，但这三台机组因故只能各自承担80MW负荷；

(5) 四台机组平均分配负荷，但三台机组因故只能承担80MW负荷。

解 (1) 机组平均分配负荷时：

首先计算每台机组的单位调节功率和负荷的频率调节效应系数：

$$K_{\mathrm{G}}=\frac{1}{\delta_*}\cdot\frac{P_{\mathrm{GN}}}{f_{\mathrm{N}}}=\frac{1}{0.04}\times\frac{100}{50}=50(\mathrm{MW/Hz})$$

$$K_{\mathrm{D}}=K_{\mathrm{D}*}\frac{P_{\mathrm{DN}}}{f_{\mathrm{N}}}=1.5\times\frac{320}{50}=9.6(\mathrm{MW/Hz})$$

由于四台发电机组平均分配负荷，即每台机组承担80MW负荷，发电机未满载，全部参加一次调整，发电机总的单位调节功率为

$$K_{G\Sigma} = 4K_G = 4 \times 50 = 200 \quad (\text{MW/Hz})$$

根据频率一次调整的调节特性方程

$$\Delta P_{D0} = -(K_{G\Sigma} + K_D)\Delta f$$

得

$$\Delta f = -\frac{50}{(200+9.6)} = -0.239 \quad (\text{Hz})$$

即频率变为50－0.239＝49.761Hz。

（2）两台机组满载，余下的负荷由另外两台机组承担时：

两台满载的机组不再参加一次调整，即有 $K_{G\Sigma}=2K_G=2\times50=100$MW/Hz，此时

$$\Delta f = -\frac{\Delta P_{D0}}{(K_{G\Sigma}+K_D)} = -\frac{50}{100+9.6} = -0.456(\text{Hz})$$

即频率变为50－0.456＝49.544Hz

（3）两台机组各带85MW，另两台机组各带75MW时：

由于每台机组均未满载，全部参加一次调整，计算过程与“1”相同，即 $\Delta f=-0.239$Hz，频率为49.761Hz。

（4）一台机组满载，另三台机组平均分配其余负荷，但这三台机组因故只能各自承担80MW负荷时：

一台机组满载，不再参加一次调整。其余三台机组各承担负荷 $(320-100)/3=\frac{220}{3}$MW，即三台机的可调容量 $\Delta P_{G\Sigma}=3\left(80-\frac{220}{3}\right)=20$MW，而负荷增加50MW，于是有 $\Delta P_{D1}=50-20=30$MW 的功率完全由负荷的频率调节效应承担，如图3-7所示。

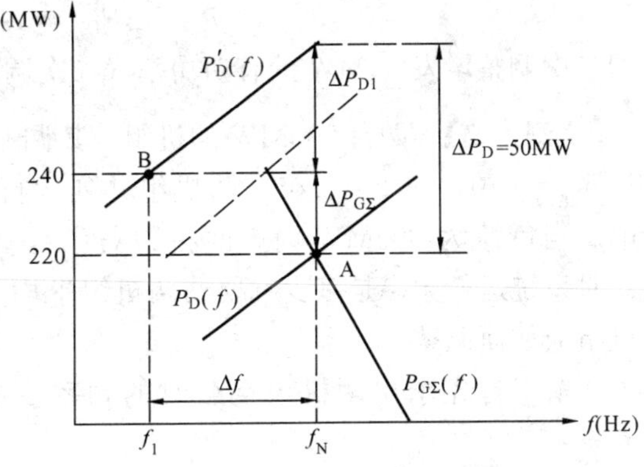

图3-7 例3-4.4功—频静特性

图中，$P_{G\Sigma}(f)$ 为三台机组的功—频静特性，$P_D(f)$ 为负荷的功—频静特性，在额定频率 f_N 下三台机承担负荷220MW，即正常时运行在A点。当负荷增加50MW后，负荷的功—频静特性平行移动至 $P'_D(f)$，运行点变为B点，频率为 f_1。由图可知

$$\Delta f = \frac{\Delta P_{D1}}{K_D} = \frac{30}{9.6} = 3.125(\text{Hz})$$

频率变为50－3.125＝46.875Hz，频率严重下降。

（5）四台机组平均分配负荷，但三台机组因故只能承担80MW负荷时：

四台机组平均分配负荷，各承担80MW负荷。但其中三台机组不再参加调整，负荷增量全部由一台机组及负荷的调节效应来承担，如图3-8所示。

图中 $P_G(f)$ 为一台机组的功—频静特性，$P_D(f)$ 为负荷的功—频静特性，在额定频率下该机组承担80MW的负荷，即正常运行在A点。当负荷增加50MW后，负荷的功频静特

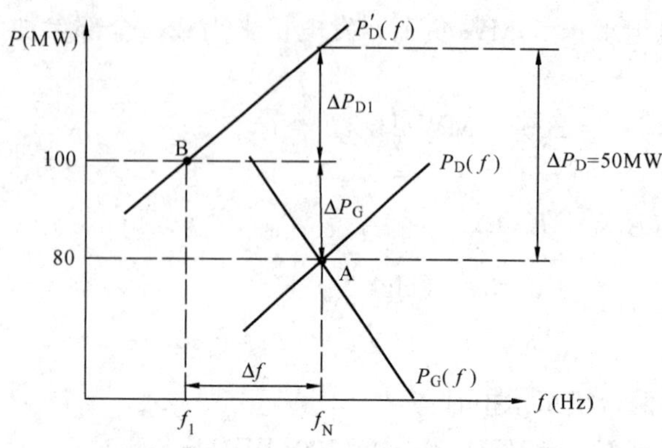

图 3-8 例 3-4.5 功—频静特性

性平移至 $P'_D(f)$，运行点变为 B 点，频率为 f_1。由图可知，

$$\Delta P_D = \Delta P_{D1} + \Delta P_G$$

$$\Delta P_{D1} = 50 - 20 = 30(\text{MW})$$

$$\Delta f = \frac{\Delta P_{D1}}{K_D} = \frac{30}{9.6} = 3.125(\text{Hz})$$

与（4）相同，频率严重下降为 50－3.125＝46.875Hz。

由例 3-4 可以看出，参加一次调整的机组越多，机组可调整的容量越大，系统调频的效果越好。

【例 3-5】 在例 3-4（1）中，如果机组二次调整增发 20MW 有功功率，系统频率变为多少？如果要使频率仍维持在 50Hz，二次调整应增发多少有功功率。

解 根据二次调整的频率调节特性方程

$$\Delta P_{D0} - \Delta P_G = -(K_{G\Sigma} + K_D)\Delta f$$

有

$$\Delta f = -\frac{50 - 20}{200 + 9.6} = -0.143(\text{Hz})$$

所以二次调整后系统频率为 50－0.143＝49.857Hz。要使频率为 50Hz，即实现无差调节，$\Delta f=0$，则有

$$\Delta P_{D0} = \Delta P_G = 50\text{MW}$$

即二次调整增发 50MW 的有功功率（二次调整承担全部负荷增量）可实现无差调节。

【例 3-6】 两台 200MW 的机组，其调差系数分别为 $\delta_{1*}=0.04$，$\delta_{2*}=0.05$。两机组并列运行向负荷供电。当负荷为 300MW 时，两机组各承担多少负荷，此时系统运行频率是多少？要使两机组平均分配负荷，机组应如何调整？

解 首先求出两机组空载时的频率。根据 $\delta_* = \frac{f_O - f_N}{f_N}$ 可得

$$f_{01} = (1+\delta_{1*})f_N = (1+0.04)50 = 52(\text{Hz})$$

$$f_{02} = (1+\delta_{2*})f_N = (1+0.05)50 = 52.5(\text{Hz})$$

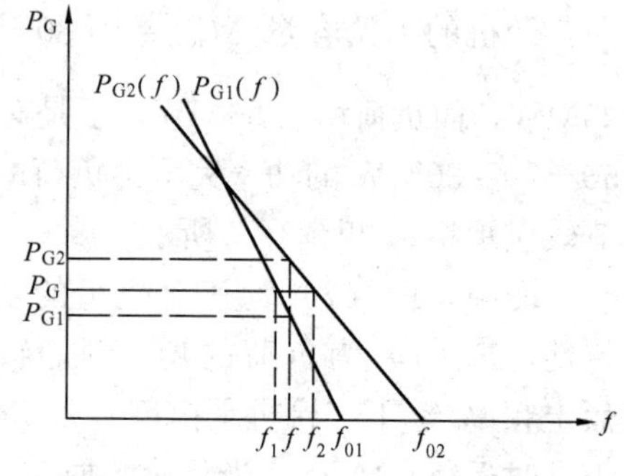

图 3-9 两机组功—频静特性

作出两机组的功—频静特性，如图 3-9 所示。图中，$P_{G1}(f)$ 为调差系数为 0.04 的机组，$P_{G2}(f)$ 为调差系数为 0.05 的机组。两机组相应的单位调节功率为

$$K_{G1} = \frac{1}{\delta_{1*}} \cdot \frac{P_{GN}}{f_N} = \frac{1}{0.04} \times \frac{200}{50} = 100(\text{MW/Hz})$$

$$K_{G2} = \frac{1}{\delta_{2*}} \cdot \frac{P_{GN}}{f_N} = \frac{1}{0.05} \times \frac{200}{50} = 80(\text{MW/Hz})$$

假设负荷为 300MW 时，两机组出力分别为 P_{G1}、P_{G2}，系统运行频率为 f。则有

$$\begin{cases} P_{G1}+P_{G2}=300 & ① \\ P_{G1}=(f_{01}-f)K_{G1}=(52-f)\times 100 & ② \\ P_{G2}=(f_{02}-f)K_{G2}=(52.5-f)\times 80 & ③ \end{cases}$$

联立求解上方程组，可得 $P_{G2}=155.56\text{MW}$，$P_{G1}=144.44\text{MW}$，$f=50.556\text{Hz}$。

当平均分配负荷时，即 $P_{G1}=P_{G2}=P_G=150\text{MW}$，此时对应的两机组频率不相同，分别为 f_1、f_2。根据

$$P_{G1}=P_G=(52-f_1)\times 100$$

$$P_{G2}=P_G=(52.5-f_2)\times 80$$

得 $f_2=50.625\text{Hz}$，$f_1=50.5\text{Hz}$，要使系统运行频率质量更好，可使调差系数大的机组 [$P_{G2}(f)$] 进行二次调整，使其运行在 $f_1=50.5\text{Hz}$ 处。此时，该机组二次调整需减少的功率 $\Delta P_{G2}=K_{G2}(50.625-50.5)=10\text{MW}$。如果此时频率保持为 50Hz，两机组均需进行二次调整 [平移 $P_{G1}(f)$、$P_{G2}(f)$]。此时两机组经二次调整减少的功率为 $\Delta P_{G1}=K_{G1}(50.5-50)=50\text{MW}$，$\Delta P_{G2}=K_{G2}(50.625-50)=50\text{MW}$。

【例 3-7】 电力系统中有 A、B 两等值机组并列运行，向负荷 P_D 供电。A 等值机额定容量 500MW，调差系数 0.04，B 等值机额定容量 400MW，调差系数 0.05。系统负荷的频率调节效应系数 $K_{D*}=1.5$。当负荷 P_D 为 600MW 时，频率为 50Hz，A 机组出力 500MW，B 机组出力 100MW。试问：

（1）当系统增加 50MW 负荷后，系统频率和机组出力是多少？

（2）当系统切除 50MW 负荷后，系统频率和机组出力是多少？

解　首先求等值发电机组 A、B 的单位调节功率及负荷的频率调节效应系数为

$$K_{GA}=\frac{1}{\delta_*}\cdot\frac{P_{GNA}}{f_N}=\frac{1}{0.04}\times\frac{500}{50}=250(\text{MW/Hz})$$

$$K_{GB}=\frac{1}{\delta_*}\cdot\frac{P_{GNB}}{f_N}=\frac{1}{0.05}\times\frac{400}{50}=160(\text{MW/Hz})$$

$$K_D=K_{D*}\frac{P_{DN}}{f_N}=1.5\,\frac{600}{50}=18(\text{MW/Hz})$$

（1）当系统增加 50MW 负荷后。

由题可知，等值机 A 已满载，若负荷增加，频率下降，$K_{GA}=0$，不再参加频率调整。系统的单位调节功率

$$K=K_{GB}+K_D=160+18=178(\text{MW/Hz})$$

频率的变化量　$$\Delta f=-\frac{\Delta P_D}{K}=\frac{-50}{178}=-0.2809(\text{Hz})$$

系统频率　$$f=50-0.2809=49.72(\text{Hz})$$

A 机有功出力　$$P_{GA}=500\text{MW}$$

B 机有功出力　$$P_{GB}=100-K_{GB}\Delta f=100+160\times 0.2809=144.94(\text{MW})$$

（2）当系统切除 50MW 负荷后。

A 机满载运行，负荷增加时无可调功率，但切除负荷，即负荷减少，频率上升，A 机组具有频率调整作用。即系统的单位调节功率为

$$K=K_{GA}+K_{GB}+K_D=250+160+18=428(\text{MW/Hz})$$

频率的变化量
$$\Delta f=-\frac{\Delta P_{\mathrm{D}}}{K}=-\frac{-50}{428}=0.117(\mathrm{Hz})$$
系统频率
$$f=50+0.117=50.117(\mathrm{Hz})$$
A机有功出力 $P_{\mathrm{GA}}=500-K_{\mathrm{GA}}\Delta f=500-250\times0.117=470.75(\mathrm{MW})$

B机有功出力 $P_{\mathrm{GB}}=100-K_{\mathrm{GB}}\Delta f=100-160\times0.117=81.30(\mathrm{MW})$

【例3-8】 某电力系统各机组的调差系数为$\delta_*=0.04$，其中一台容量最大机组的额定容量为系统额定负荷的10%，且运行时有15%的热备用容量。当系统负荷增加了其额定值的5%时，系统频率下降0.1Hz。如果系统中一台最大容量机组因故障切除时，系统频率下降为多少？

解 当系统负荷增加了额定值的5%时，系统频率下降0.1Hz，由此即可求出系统的单位调节功率
$$K=-\frac{\Delta P_{\mathrm{D}}}{\Delta f}=\frac{0.05P_{\mathrm{DN}}}{0.1}=0.5P_{\mathrm{DN}}$$
式中P_{DN}为系统的额定负荷容量。

最大一台容量机组运行时的有功出力为$0.1P_{\mathrm{DN}}(1-0.15)=0.085P_{\mathrm{DN}}$，该机组因故障切除，相当于负荷增加了$0.085P_{\mathrm{DN}}$。该机组的单位调节功率为
$$K_{\mathrm{Gmax}}=\frac{1}{\delta_*}\frac{P_{\mathrm{GN}}}{f_{\mathrm{N}}}=\frac{1}{0.04}\cdot\frac{0.1P_{\mathrm{DN}}}{50}=0.05P_{\mathrm{DN}}$$
此时系统的单位调节功率
$$K'=K-K_{\mathrm{Gmax}}=0.5P_{\mathrm{DN}}-0.05P_{\mathrm{DN}}=0.45P_{\mathrm{DN}}$$
相应的频率变化
$$\Delta f=-\frac{\Delta P_{\mathrm{D}}}{K'}=-\frac{0.085P_{\mathrm{DN}}}{0.45P_{\mathrm{DN}}}=-0.189(\mathrm{Hz})$$
即系统频率下降了0.189Hz。

此题也可以用标幺值进行计算。

系统的单位调节功率为
$$K_*=\frac{\Delta P_{\mathrm{D}*}}{\Delta f_*}=\frac{0.05}{0.1/50}=25$$
最大一台容量机组的有功出力及单位调节功率为
$$\Delta P_{\mathrm{D}*}=0.1(1-0.15)=0.085$$
$$K_{\mathrm{G}*}=\frac{1}{\delta_*}\cdot\frac{P_{\mathrm{GN}}}{P_{\mathrm{DN}}}=\frac{1}{0.04}\times0.1=2.5$$
该机组切除后系统的单位调节功率为
$$K'_*=K_*-K_{\mathrm{G}*}=25-2.5=22.5$$
频率的变化量
$$\Delta f_*=-\frac{\Delta P_{\mathrm{D}*}}{K'_*}=-\frac{0.085}{22.5}$$
$$\Delta f=\Delta f_*\cdot f_{\mathrm{N}}=\frac{0.085}{22.5}\times50=-0.189(\mathrm{Hz})$$
即系统频率下降了0.189Hz。

【例 3-9】 现有 A、B 两子系统经一条联络线连接成为互联电力系统，各系统的发电机单位调节功率及负荷的频率调节效应系数以基准功率为 500MW 的标幺值表示，它们分别是：$K_{GA*}=50$，$K_{DA*}=1.5$，$K_{GB*}=50$，$K_{DB*}=1.0$。系统原频率为 50Hz。如果 A 系统负荷增加 100MW 后，求下列情况下系统的频率变化量及联络线上流过的交换功率：①A、B 两系统都参加频率的一次调整；②A、B 两系统都不参加频率的一次调整；③B 系统不参加频率的一次调整；④A 系统不参加频率的一次调整。

解　将以标幺值表示的单位调节功率折算成有名值为

$$K_{GA}=K_{GA*}\frac{P_n}{f_N}=50\times\frac{500}{50}=500(\text{MW/Hz})$$

$$K_{DA}=K_{DA*}\frac{P_n}{f_N}=1.5\times\frac{500}{50}=15(\text{MW/Hz})$$

$$K_{GB}=K_{GB*}\frac{P_n}{f_N}=50\times\frac{500}{50}=500(\text{MW/Hz})$$

$$K_{DB}=K_{DB*}\frac{P_n}{f_N}=1.0\times\frac{500}{50}=10(\text{MW/Hz})$$

1. 两系统都参加频率的一次调整

$\Delta P_{GA}=\Delta P_{GB}=\Delta P_{DB}=0$；$\Delta P_{DA}=100\text{MW}$；$K_A=K_{GA}+K_{DA}=500+15=515\text{MW/Hz}$，$K_B=K_{GB}+K_{DB}=500+10=510\text{MW/Hz}$；$\Delta P_A=\Delta P_{DA}-\Delta P_{GA}=100-0=100\text{MW}$，$\Delta P_B=\Delta P_{DB}-\Delta P_{GB}=0$ 根据公式（3-21）、式（3-22）可得

$$\Delta f=-\frac{\Delta P_A+\Delta P_B}{K_A+K_B}=-\frac{100+0}{515+510}=-0.09756(\text{Hz})$$

$$\Delta P_{AB}=\frac{K_A\Delta P_B-K_B\Delta P_A}{K_A+K_B}=\frac{515\times0-510\times100}{515+510}=-49.756(\text{MW})$$

这种情况属正常，频率下降很小，由 B 向 A 输送的功率也不大。

2. 两系统都不参加频率的一次调整

$\Delta P_{GA}=\Delta P_{GB}=\Delta P_{DB}=0$；$\Delta P_{DA}=100\text{MW}$；$K_{GA}=K_{GB}=0$；$K_A=K_{DA}=15\text{MW/Hz}$，$K_B=K_{DB}=10\text{MW/Hz}$；$\Delta P_A=100\text{MW}$，$\Delta P_B=0$。

此时

$$\Delta f=-\frac{\Delta P_A+\Delta P_B}{K_A+K_B}=-\frac{100}{25}=-4(\text{Hz})$$

$$\Delta P_{AB}=\frac{K_A\Delta P_B-K_B\Delta P_A}{K_A+K_B}=\frac{-10\times100}{25}=-40(\text{MW})$$

这种情况最严重，由于 A、B 两系统机组均已满载，负荷的增量只能依靠负荷的频率调节效应。这时系统的频率质量根本不能保证。

3. B 系统机组不参加频率的一次调整

$\Delta P_{GA}=\Delta P_{GB}=\Delta P_{DB}=0$；$\Delta P_{DA}=100\text{MW}$；$K_{GB}=0$，$K_A=K_{GA}+K_{DA}=515\text{MW/Hz}$；$K_B=K_{DB}=10\text{MW/Hz}$；$\Delta P_A=100\text{MW}$；$\Delta P_B=0$。此时

$$\Delta f=-\frac{\Delta P_A+\Delta P_B}{K_A+K_B}=-\frac{100+0}{515+10}=-0.191(\text{Hz})$$

$$\Delta P_{AB}=\frac{K_A\Delta P_B-K_B\Delta P_A}{K_A+K_B}=-\frac{10\times100}{515+10}=-1.91(\text{MW})$$

这种情况说明，由于B系统机组不参加一次调整，A系统的负荷增量由A系统发电机二次调整增发的功率和A系统与B系统因频率下降减少的负荷三方面共同承担了。由于频率略有下降，B系统负荷略有减少，使B系统向A系统供应了1.91MW的功率。

4. A系统不参加频率的一次调整

$\Delta P_{GA}=\Delta P_{GB}=\Delta P_{DB}=0$；$\Delta P_{DA}=100$MW；$K_{GA}=0$；$K_A=K_{DA}=25$MW/Hz，$K_B=K_{GB}+K_{DB}=500+10=510$MW/Hz；$\Delta P_A=100$MW，$\Delta P_B=0$。此时

$$\Delta f=-\frac{\Delta P_A+\Delta P_B}{K_A+K_B}=-\frac{100+0}{510+25}=-0.187(\text{Hz})$$

$$\Delta P_{AB}=\frac{K_A\Delta P_B-K_B\Delta P_A}{K_A+K_B}=\frac{-510\times 100}{510+25}=-95.33(\text{MW})$$

这种情况说明，由于A系统机组不参加一次调整，该系统的功率缺额主要由B系统提供，以致联络线上可能流过超过允许值的交换功率。

【例3-10】 例3-9中，试计算下列情况下系统的频率变化量及联络线上流过的交换功率：

（1）A、B两系统机组都参加频率的一、二次调整，且两系统二次调整增发50MW；（2）A、B两系统机组都参加频率的一次调整，A系统部分机组参加频率的二次调整增发50MW；（3）A、B两系统机组都参加频率的一次调整，B系统部分机组参加频率的二次调整增发50MW。

解 （1）A、B两系统机组都参加频率的一、二次调整，且都增发50MW时，$\Delta P_{GA}=\Delta P_{GB}=50$MW；$\Delta P_{DA}=100$MW，$\Delta P_{DB}=0$；$K_A=K_{GA}+K_{DA}=515$MW/Hz，$K_B=K_{GB}+K_{DB}=510$MW/Hz；$\Delta P_A=\Delta P_{DA}-\Delta P_{GA}=100-50=50$MW，$\Delta P_B=\Delta P_{DB}-\Delta P_{GB}=-50$MW。此时

$$\Delta f=-\frac{\Delta P_A+\Delta P_B}{K_A+K_B}=-\frac{50-50}{515+510}=0$$

$$\Delta P_{AB}=\frac{K_A\Delta P_B-K_B\Delta P_A}{K_A+K_B}=\frac{515\times(-50)-510\times 50}{515+510}=-50(\text{MW})$$

这种情况说明，由于进行二次调整发电机增发的功率正好与负荷增量相平衡，系统频率无偏移，B系统增发的功率全部通过联络线供给A系统。

（2）A、B两系统都参加频率的一次调整，且A系统二次调整增发50MW功率时，$\Delta P_{GA}=50$MW，$\Delta P_{GB}=0$；$\Delta P_{DA}=100$MW，$\Delta P_{DB}=0$；$K_A=K_{GA}+K_{DA}=515$MW/Hz，$K_B=K_{GB}+K_{DB}=510$MW/Hz；$\Delta P_A=100-50=50$MW，$\Delta P_B=0$。此时

$$\Delta f=-\frac{\Delta P_A+\Delta P_B}{K_A+K_B}=\frac{-50}{515+510}=-0.049(\text{Hz})$$

$$\Delta P_{AB}=\frac{K_A\Delta P_B-K_B\Delta P_A}{K_A+K_B}=\frac{-510\times 50}{515+510}=-24.88(\text{MW})$$

这种情况也较为理想，频率偏移以及联络线上的交换功率都较小。

（3）A、B两系统都参加频率的一次调整，且B系统二次调整增发50MW功率时，$\Delta P_{GA}=0$，$\Delta P_{GB}=50$MW；$\Delta P_{DA}=100$MW，$\Delta P_{DB}=0$；$K_A=515$MW/Hz，$K_B=510$MW/Hz；$\Delta P_A=100$MW，$\Delta P_B=-50$MW。此时

$$\Delta f=-\frac{\Delta P_A+\Delta P_B}{K_A+K_B}=-\frac{100-50}{515+510}=-0.049(\text{Hz})$$

$$\Delta P_{AB}=\frac{K_A\Delta P_B-K_B\Delta P_A}{K_A+K_B}=\frac{515\times(-50)-510\times100}{515+510}=-74.88(\text{MW})$$

这种情况与上一种情况相比，频率偏移相同，这是因为系统功率缺额均为50MW。联络线上的交换功率增加了B系统二次调整增发的50MW功率。显然这种情况不是理想的。

从例3-9，例3-10可以看出，联合系统的调频方案，可采用分区就地调整的方法，即局部的功率盈亏尽可能就地调整。这样既可以保证频率质量，又可最大限度地减少联络线上流过的交换功率，减轻联络线的负担。

【例3-11】 某系统A，当负荷增加500MW时，频率下降0.2Hz；系统B，当负荷增加400MW时，频率下降0.1Hz。当系统A运行于49.9Hz、系统B运行于50Hz时，将两系统用联络线联系，求联络后的互联系统频率以及联络线上交换的功率是多少？（功率的正方向由A至B）

解 首先计算A、B两系统的单位调节功率

$$K_A=-\frac{\Delta P_{DA}}{\Delta f_A}=\frac{500}{0.2}=2500(\text{MW/Hz})$$

$$K_B=-\frac{\Delta P_{DB}}{\Delta f_B}=\frac{400}{0.1}=4000(\text{MW/Hz})$$

设两系统联络后的频率为f，联络线上交换的功率为ΔP_{AB}，对A系统，有

$$\Delta P_{DA}-\Delta P_{GA}+\Delta P_{AB}=-K_A(f-49.9)$$

对B系统，有

$$\Delta P_{DB}-\Delta P_{GB}-\Delta P_{AB}=-K_B(f-50)$$

而$\Delta P_{DA}=\Delta P_{GA}=\Delta P_{DB}=\Delta P_{GB}=0$，所以有

$$\begin{cases}\Delta P_{AB}=-K_A(f-49.9)\\-\Delta P_{AB}=-K_B(f-50)\end{cases}$$

解上方程组，得到

$$f=49.962\text{Hz}\quad \Delta P_{AB}=-153.85\text{MW}$$

【例3-12】 三个电力系统联合运行如图3-10所示。设三个系统的单位调节功率$K_A=100$MW/Hz，$K_B=K_C=200$MW/Hz。设系统A中负荷增加100MW，系统B中发电厂二次调整增发50MW，试计算互联系统的频率变化量和联络线上的交换功率ΔP_{AB}、ΔP_{BC}。

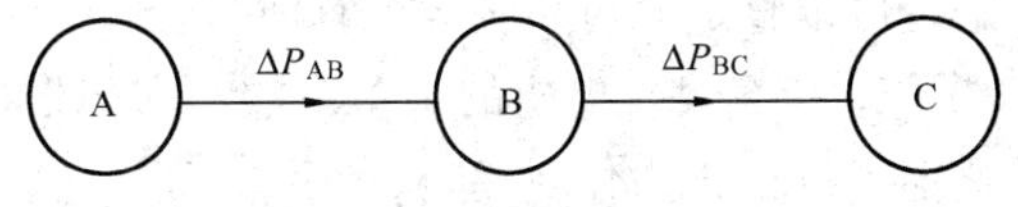

图3-10　三系统组成的互联系统

解 建立三系统的频率调节特性方程如下

$$\Delta P_{DA}-\Delta P_{GA}+\Delta P_{AB}=-K_A\Delta f$$

$$\Delta P_{DB}-\Delta P_{GB}-\Delta P_{AB}+\Delta P_{BC}=-K_B\Delta f$$

$$\Delta P_{DC}-\Delta P_{GC}-\Delta P_{BC}=-K_C\Delta f$$

根据题意，$\Delta P_{DA}=100$MW，$\Delta P_{GA}=0$；$\Delta P_{DB}=0$，$\Delta P_{GB}=50$MW；$\Delta P_{DC}=\Delta P_{GC}=0$。上三个方程可变为

$$\begin{cases}100+\Delta P_{AB}=-100\Delta f\\-50-\Delta P_{AB}+\Delta P_{BC}=-200\Delta f\\-\Delta P_{BC}=-200\Delta f\end{cases}$$

联立求解上三个方程，即可得到

$$\Delta f=-0.1\text{Hz},\ \Delta P_{AB}=-90\text{MW},\ \Delta P_{BC}=-20\text{MW}$$

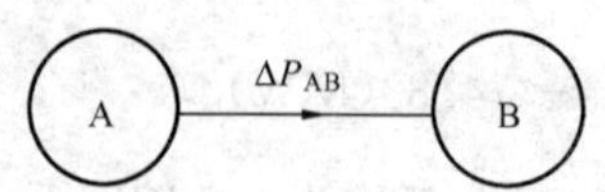

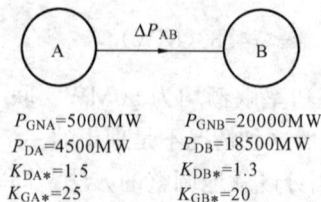

P_{GNA}=5000MW　P_{GNB}=20000MW
P_{DA}=4500MW　P_{DB}=18500MW
K_{DA*}=1.5　K_{DB*}=1.3
K_{GA*}=25　K_{GB*}=20

图 3-11　两系统组成的互联系统

【例 3-13】　如图 3-11 所示的互联系统，系统 A、B 的电源额定容量、负荷容量及单位调节功率均示于图上。A 系统由于电源故障切除 2000MW 有功时，系统频率及联络线上功率的变化是多少？

解　两系统单位调节功率为

$$K_A=K_{GA}+K_{DA}=25\times\frac{5000}{50}+1.5\times\frac{4500}{50}=2635(\text{MW/Hz})$$

$$K_B=K_{GB}+K_{DB}=20\times\frac{20000}{50}+1.3\times\frac{18500}{50}=8481(\text{MW/Hz})$$

A 系统的功率缺额 $\Delta P_A=2000$MW，B 系统的功率缺额 $\Delta P_B=0$，则有

$$\begin{cases}\Delta P_A+\Delta P_{AB}=-K_A\Delta f\\ \Delta P_B-\Delta P_{AB}=-K_B\Delta f\end{cases}$$

即

$$\Delta f=-\frac{\Delta P_A+\Delta P_B}{K_A+K_B}=-\frac{2000}{2635+8481}=-0.180(\text{Hz})$$

$$\Delta P_{AB}=\frac{K_A\Delta P_B-K_B\Delta P_A}{K_A+K_B}=\frac{-8481\times2000}{2635+8481}=1526(\text{MW})$$

思 考 题 与 习 题

一、思考题

1. 电力系统进行有功功率平衡的目的是什么？如何进行有功功率平衡？

2. 什么叫电力系统的有功功率备用容量？为什么要设置备用容量？

3. 什么叫热备用和冷备用？检修中的机组是备用容量吗？

4. 负荷的单位调节功率和发电机的单位调节功率的物理意义分别是什么？它们的大小是否可以整定？对系统运行有何影响？

5. 什么是发电机的调差系数？它与发电机的单位调节功率是什么关系？调差系数可否整定得过小，为什么？

6. 什么叫电力系统频率的一次调整？一次调整可否做到无差调节？当机组满载时，是否还具有一次调整的能力？

7. 什么叫电力系统频率的二次调整？二次调整可否实现无差调节？如果能，需要什么条件？

8. 在电力系统中，是否所有的机组均可以承担频率的一次调整和二次调整任务？

9. 互联系统调频计算的主要目的是什么？在什么情况下互联系统可实现无差调节？在什么情况下联络线上交换的功率最小？

10. 具有一次调整的多台机组并列运行时，各机组出力是如何分配的？

二、练习题

3-1　某电力系统综合负荷的有功功率—频率静态特性为 $P_D=0.2+0.5P_{DN}\dfrac{f}{f_N}+$

$0.2P_{DN}\left(\frac{f}{f_N}\right)^2+0.1P_{DN}\left(\frac{f}{f_N}\right)^3$，系统额定频率 50Hz。试求频率为 50Hz 和 49Hz 下负荷的频率调节效应系数 K_{D*}。当系统运行频率由 50Hz 降到 49Hz 时负荷相对额定负荷变化的百分值是多少？

[**答案**：$K_{D*}=1.2$，1.18；$\Delta P_{D*}=0.024$]

3-2　某容量为 100MW、调差系数为 5%的发电机，满载运行时在 50Hz 的额定频率下运行。当系统频率上升为 51.2Hz 时，发电机出力是多少？

[**答案**：$P_G=52$MW]

3-3　系统有发电机组的容量和它们的调差系数分别为

水轮发电机组　100MW　5 台　$\delta_*=0.025$

　　　　　　　75MW　5 台　$\delta_*=0.0275$

汽轮发电机组　100MW　6 台　$\delta_*=0.035$

　　　　　　　50MW　20 台　$\delta_*=0.04$

较小容量发电机组合计 1000MW　$\delta_*=0.04$。

系统额定频率 50Hz，总负荷 3000MW，负荷的频率调节效应系数 $K_{D*}=1.5$。试计算在以下三种情况下，系统总负荷增大到 3300MW，系统新的稳定频率各是多少？

(1) 全部机组都参加一次调整；

(2) 全部机组都不参加一次调整；

(3) 仅有水轮发电机组参加一次调整。

[**答案**：(1) 49.86Hz；(2) 46.67Hz；(3) 49.61Hz]

3-4　系统条件同例 3-3 (3)，试求

(1) 要求频率无差调节时，发电机的二次调整增发的功率为多少？

(2) 要求系统频率不低于 49.8Hz 时的发电机二次调整增发的功率为多少？

[**答案**：(1) $\Delta P_G=300$MW；(2) $\Delta P_G=147.4$MW]

3-5　系统中有 5 台 100MW ($\delta_*=0.03$) 和 5 台 200MW ($\delta_*=0.04$) 的发电机组对 1200MW 的负荷供电，系统额定频率为 50Hz。当一台满载运行的 200MW 发电机自动跳闸切除后，系统频率的变化量为多少？(负荷的频率调节效应系数 $K_{D*}=2$)

[**答案**：$\Delta f=-0.256$Hz]

3-6　两台并列运行的发电机，其额定容量分别为 100MW 和 200MW，调差系数均为 0.04。两机组联合向负荷供电。当负荷为 200MW 时，两机组的有功出力各是多少？

[**答案**：$P_{G1}=66.67$MW；$P_{G2}=133.33$MW]

3-7　并列运行的两台发电机组 A、B，调差系数为 0.05 和 0.03。当系统频率为 50Hz 时两机组的出力分别为 1000MW 和 2400MW。当系统负荷减少了 20%时，系统的频率及两机组的出力各是多少？

[**答案**：$f=50.34$Hz，$P_{GA}=864$MW；$P_{GB}=1856$MW]

3-8　设系统有两台 100MW 的发电机组，其调差系数 $\delta_{1*}=0.02$，$\delta_{2*}=0.04$，系统负荷容量为 140MW，负荷的频率调节效应系数 $K_{D*}=1.5$。系统运行频率为 50Hz 时，两机组出力为 $P_{G1}=60$MW，$P_{G2}=80$MW。当系统负荷增加 50MW 时，试问：

(1) 系统频率下降多少？

（2）各机组输出功率增加为多少？

［**答案**：$\Delta f=-0.324\text{Hz}$；$P_{G1}=92.4\text{MW}$；$P_{G2}=96.2\text{MW}$］

3-9 系统中有两台发电机并列运行，一台额定容量为 $P_{GN1}=150\text{MW}$，调差系数 $\delta_{1*}=0.04$；另一台 $P_{GN2}=100\text{MW}$，调差系数 $\delta_{2*}=0.05$。求当系统运行频率为 50.5Hz 时，两机组共承担多少系统负荷？当系统负荷增加为 120%时，系统的运行频率为多少？此时各机组出力是多少？

［**答案**：$P_D=192.5\text{MW}$；$f=50.16\text{Hz}$；$P_{G1}=138\text{MW}$；$P_{G2}=93\text{MW}$］

3-10 某电力系统中有 50%的机组（调差系数 0.06）已满载；有 25%的机组（调差系数为 0.05）未满载运行，且有 20%的备用容量；还有 25%的机组（调差系数 0.04）也未满载运行，且有 10%的备用容量。系统负荷的频率调节效应系数为 1.5。求系统的单位调节功率（标幺值）。

［**答案**：$K_x=13.66$］

3-11 电力系统 A 总容量为 2000MW，机组调差系数为 0.04，负荷的频率调节效应系数为 50MW/Hz。电力系统 B 总容量为 5000MW，机组调差系数为 0.05，负荷的频率调节效应系数为 120MW/Hz。A、B 两系统通过联络线相连，当系统 A 增加 200MW 负荷后，试计算下列情况下系统的频率变化及联络线上的交换功率：（1）全部调速器在正常情况下运行；（2）全部机组达到最大容量；（3）A、B 两系统各有一半机组已达最大容量；（4）A 系统机组已达到最大容量，B 系统正常情况下运行。

［**答案**：（1）$\Delta f=-0.063\text{Hz}$，$\Delta P_{AB}=-133.754\text{MW}$；（2）$\Delta f=-1.176\text{Hz}$，$\Delta P_{AB}=-141.18\text{MW}$；（3）$\Delta f=-0.1198\text{Hz}$，$\Delta P_{AB}=-134.132\text{MW}$；（4）$\Delta f=-0.092\text{Hz}$，$\Delta P_{AB}=-195.392\text{MW}$］

3-12 在 3-11（1）中，试计算下列三种情况下系统频率变化量及联络线上的交换功率：（1）A、B 两系统各有部分机组调频器动作，各增发 100MW 有功；（2）A 系统调频器动作增发 50MW 有功；（3）B 系统调频器动作增发 50MW 有功。

［**答案**：（1）$\Delta f=0$，$\Delta P_{AB}=-100\text{MW}$；（2）$\Delta f=-0.0473\text{Hz}$，$\Delta P_{AB}=-100.316\text{MW}$；（3）$\Delta f=-0.0473\text{Hz}$，$\Delta P_{AB}=-150.316\text{MW}$］

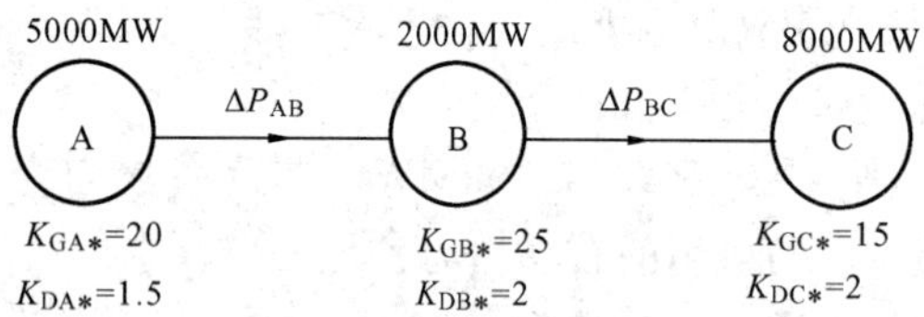

图 3-12 三系统组成的联合系统

3-13 由 A、B、C 三个系统组成的联合系统如图 3-12 所示。系统容量、发电机组的单位调节功率及负荷的频率调节效应系数均示于图中。在正常情况下，联络线功率均为零。试按下列三种情况计算系统频率变化量及联络线上交换的功率：（1）A 系统突增负荷 300MW，三系统均参加频率的一次调整；（2）A 系统突增负荷 300MW，除三系统有一次调整外，C 系统单独承担无差调节的频率二次调整；（3）B 系统突增负荷 300MW，但 B 系统已满载，其他两系统均参加一次调整。

［**答案**：（1）$\Delta f=-0.0504\text{Hz}$，$\Delta P_{AB}=-196.6\text{MW}$，$\Delta P_{BC}=-137.1\text{MW}$；（2）$\Delta f=0$，$\Delta P_{AB}=-300\text{MW}$，$\Delta P_{BC}=-300\text{MW}$；（3）$\Delta f=-0.0606\text{Hz}$，$\Delta P_{AB}=130.30\text{MW}$，$\Delta P_{BC}=164.85\text{MW}$］

3-14 某电力系统负荷的频率调节效应系数 $K_{D*}=2$。主调频电厂额定容量为系统负荷的 20%。当系统运行于负荷 $P_{D*}=1$、$f_N=50$Hz 时，主调频厂出力为其额定值的 50%。如果负荷增加，而主调频厂的调频器不动作，系统的频率就下降 0.3Hz，此时测得 $P_{D*}=1.1$（发电机组仍不满载）。现在调频器动作，使频率上升 0.2Hz。试求二次调整增发的功率及系统发电机组的单位调节功率。

［**答案：**$\Delta P_{G*}=0.067$，$K_{G*}=0.239$（以 P_{DN}为基准）］

3-15　有两互联系统 A 和 B，当系统 A 负荷增加 500MW 时，B 系统经联络线向 A 系统输送功率 300MW。如果 A 系统负荷增加 500MW 时，联络线处于开断状态，此时 A 系统频率降为 49Hz，B 系统频率仍维持 50Hz。试求 A、B 两系统的单位调节功率。

［**答案：**$K_A=500$MW/Hz，$K_B=750$MW/Hz］

3-16　A、B 两系统通过互联系统相连。其中 A 系统的单位调节功率为 500MW/Hz，B 系统的单位调节功率为 1000MW/Hz。正常运行时系统频率为 50Hz，联络线上无交换功率。A 系统因故突然切除 300MW 的一台发电机，此时系统的运行频率是多少？联络线上的交换功率是多少？

［**答案：**$f=49.8$Hz，$\Delta P_{AB}=-200$MW］

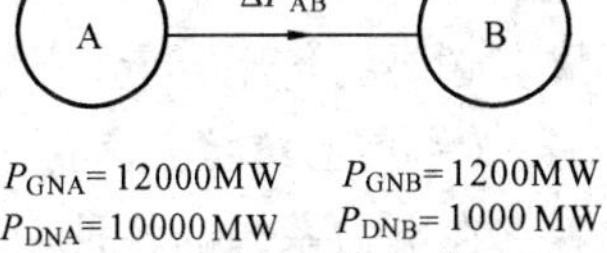

$P_{GNA}=12000$MW　$P_{GNB}=1200$MW
$P_{DNA}=10000$MW　$P_{DNB}=1000$MW
$K_{DA*}=2$　$K_{DB*}=3$
$K_{GA*}=15$　$K_{GB*}=8$

图 3-13　两系统组成的互联系统

3-17　A、B 两系统通过互联系统相连。各系统的系统额定容量、系统负荷、电源及负荷的单位调节功率示于图 3-13。当系统运行频率为 50Hz 时，系统 A 经联络线向系统 B 输送 500MW 功率。试求：

（1）联络线因故障切除后，A、B 两系统的频率变化量；

（2）要使 B 系统频率变化不超过 0.5Hz，B 系统应减负荷多少？

［**答案：**（1）$\Delta f_A=0.125$Hz，$\Delta f_B=-1.984$Hz；（2）应减 374MW］

第四章　电力系统无功功率平衡及电压调整

内 容 要 点

一、电力系统无功功率的平衡

电压是衡量电能质量的另一项重要指标。电力系统的电压和无功功率密切相关。正如第三章有功功率的平衡和频率调整一样，实现电力系统在正常电压水平下的无功功率平衡，并留有必要的备用容量，则是保证电压质量的前提。

（一）无功功率负荷

在电力系统的各种用电设备中，除一小部分照明负荷消耗有功功率、为数不多的同步电动机发出一部分无功功率外，大量的异步电动机消耗无功功率。异步电动机的等值电路如图4-1所示，其消耗的无功功率为

$$Q_M = Q_m + Q_\sigma = \frac{U^2}{X_m} + I^2 X_\sigma \tag{4-1}$$

其中 Q_m 为励磁电抗消耗的无功功率，与电压 U 近似成二次曲线关系（因为电压较高时，由于磁饱和使 X_m 有所下降），Q_σ 为漏抗消耗的无功功率，随着电压的降低而增大（因为电压降低，负载功率不变的情况下，电流增大）。

对应的负荷的无功功率—电压特性如图4-2所示。

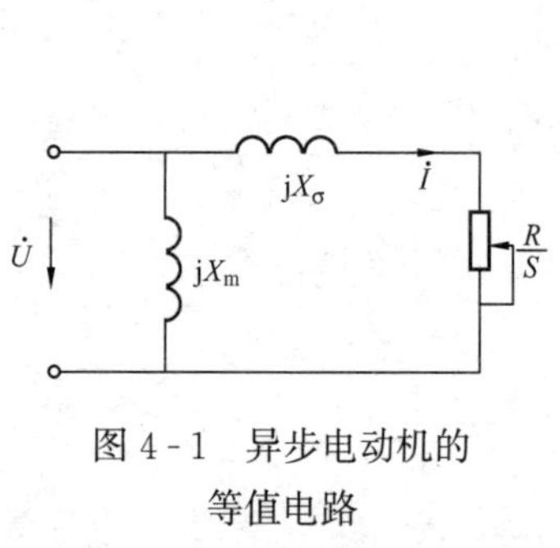

图4-1　异步电动机的等值电路

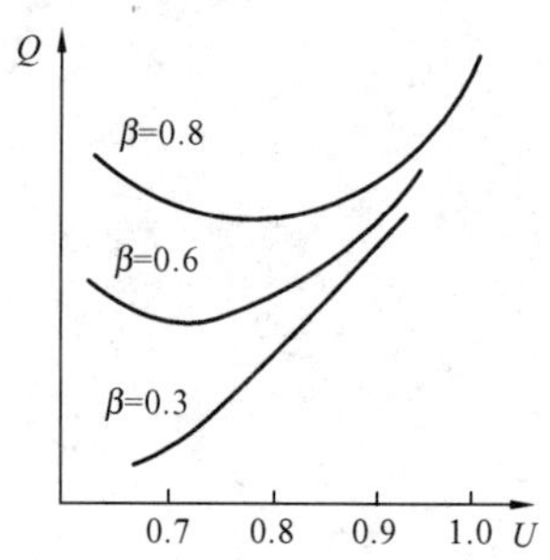

图4-2　异步电动机的无功功率—电压特性

图中，β 为电动机的受载系数（实际负荷与额定负荷之比）。由图可见，在额定电压附近，电动机的无功功率随电压的升高或降低而增大或减小；当电压明显低于额定值时，无功功率随电压的下降而增大（Q_σ 起主要作用）。

（二）无功功率损耗

电力系统的无功损耗包括变压器和线路的无功损耗。

变压器的无功损耗包括励磁损耗 ΔQ_0 和漏抗中的损耗 ΔQ_σ，即

$$\Delta Q_T = \Delta Q_0 + \Delta Q_\sigma = U^2 B_T + \left(\frac{S}{U}\right)^2 X_T \tag{4-2}$$

可见，变压器的无功损耗—电压特性与异步电动机类似。

线路的无功损耗包括线路串联电抗中的无功损耗 ΔQ_x 与线路电容的充电功率 ΔQ_B，即

$$\Delta Q_L = \Delta Q_x + \Delta Q_B = \left(\frac{S}{U}\right)^2 X + \left(-\frac{B}{2}U^2\right) \tag{4-3}$$

对 35kV 及以下的线路，充电功率甚小，线路消耗无功功率。对 110kV 及以上线路，当线路传输功率较大时，线路电抗消耗的无功功率大于充电功率，线路无功损耗成为无功负载；当传输功率较小（小于自然功率）时，充电功率大于线路电抗消耗的无功，线路无功损耗成为无功电源。

（三）无功功率电源

电力系统的无功电源，除发电机外，还有同步调相机、静电电容器、静止无功补偿器及近年来发展起来的静止无功发生器。后四种装置又称无功补偿装置。静止电容器只能发出感性无功功率（即吸收容性无功功率），其余几类补偿装置既可发出感性无功功率，又能发出容性无功功率。

1. 发电机

发电机既是惟一的有功功率电源，又是最基本的无功功率电源。发电机在额定状态下运行时，可发出无功功率为

$$Q_{GN} = S_{GN}\sin\varphi_N = P_{GN}\tan\varphi_N \tag{4-4}$$

式中　S_{GN}、P_{GN}、φ_N——发电机的额定视在功率、额定有功功率和额定功率因数角。

图 4-3 示出了发电机的运行相量图（额定运行条件下的），图中相量 $jX_d\dot{I}_N$ 正比于定子额定电流，也可按比例表示发电机的额定视在功率 S_{GN}，其在纵、横轴上的投影即为 P_{GN}、Q_{GN}；相量 $\dot{E}$ 正比于转子额定电流。据此相量图作出了发电机的运行极限图。运行极限图表明在不同功率因数下，受发电机定子额定电流（额定视在功率）、转子额定电流（空载电势）、原动机出力（额定有功功率）等的限制，发电机应发有功功率和无功功率的限额。图中，以 A 为圆心，以 AC 为半径的圆弧表示定子额定电流的限制；以 O 为圆心，OC 为半径的圆弧表示转子额定电流的限制；水平线 DC 表示原动机出力的限制。此外，曲线 DF 表示当发电机超前功率因数运行即进相运行时，发电机静态稳定性和定子端部温升的限制。发电机应发有功功率、无功功率的限额在图中体现为曲线段 AB、BC、CD、DF 包围的面积。即发电机发出的有功功率和无功功率所对应的运行点位于这一面积内时，发电机组可保证安全运行。发电机只有在额定电压、额定电流、额定功率因数下运行时，视在功率才能达额定值，其容量才能最充分利用。当发电机发出的有功功率小于额定值 P_{GN}时，发出的无功功率允许略大于额定值 Q_{GN}。

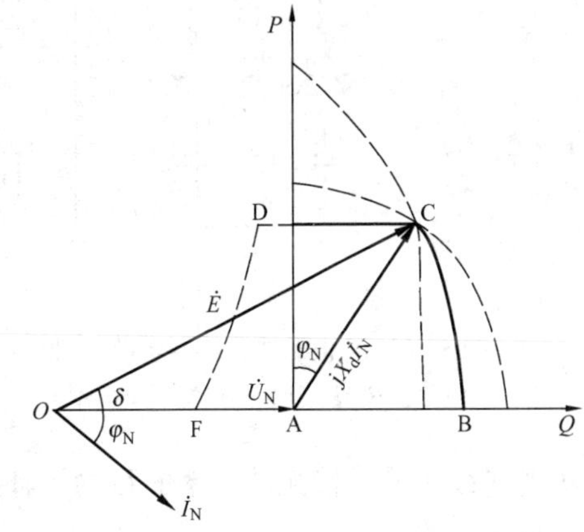

图 4-3　发电机的运行相量图

2. 同步调相机

同步调相机实质上是只能发无功功率的发电机。过励运行时向系统供给感性无功功率起

无功电源的作用；欠励运行时从系统吸收感性无功功率起无功负荷的作用。欠励运行时的容量约为过励运行时容量的50%～65%。装有自动调节励磁装置的调相机可以平滑调节供给或吸收的无功功率，进行电压调节。但由于它的有功损耗较大，响应速度较慢，投资较大，运行维护较复杂，现已逐渐被静止无功补偿装置所取代。

3. 静电电容器

静电电容器只能向系统供应感性无功功率。其值为

$$Q_c = \frac{U^2}{X_c} \tag{4-5}$$

由式（4-5）可见，当系统电压降低时，电容器输出无功功率将减少。当系统故障电压降低时，电容器无功输出的减少将导致电压继续下降。因此电容器的无功功率调节性能较差。此外，在运行中为了调节电容器的输出功率，电容器可成组投入或退出，因而其调节方式为不连续调节。

当然，由于电容器运行方式较灵活（既可集中使用，又可分散安装），单位容量投资较低，维护检修方便，因而得到较为广泛的应用。

4. 静止无功补偿器

静止无功补偿器由静电电容器与电抗器并联组成。它利用电容器可发出感性无功功率，电抗器可吸收感性无功功率的特点，再配以适当的调节装置，即可成为平滑调节输出无功功率的装置。常见的静止无功补偿器有晶闸管控制电抗器型（TCR型）、晶闸管开关电容器型（TSC型）和饱和电抗器型（SR型），其电路原理图如图4-4（a）、（b）、（c）所示，其伏安特性如图4-5（a）、（b）、（c）所示。

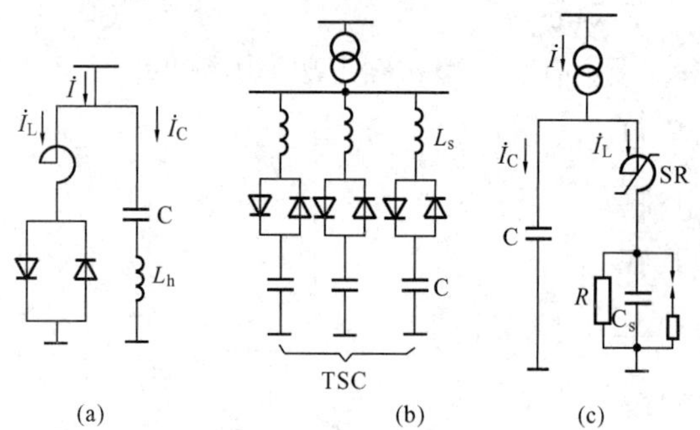

图4-4　静止无功补偿器电路原理图
（a）TCR型；（b）TSC型；（c）SR型

TCR型补偿器由晶闸管控制电抗器TCR与固定电容器并联组成，通过控制晶闸管触发角的大小来改变通过电抗器的电流，就可以平滑地调节电抗器吸收的无功功率，从而实现连续调节补偿无功功率的目的。补偿器中的电容器C与串联电感用来消除TCR中产生的高次谐波。

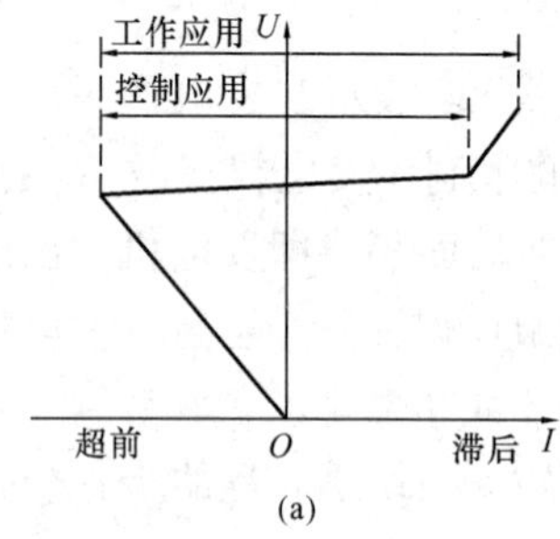

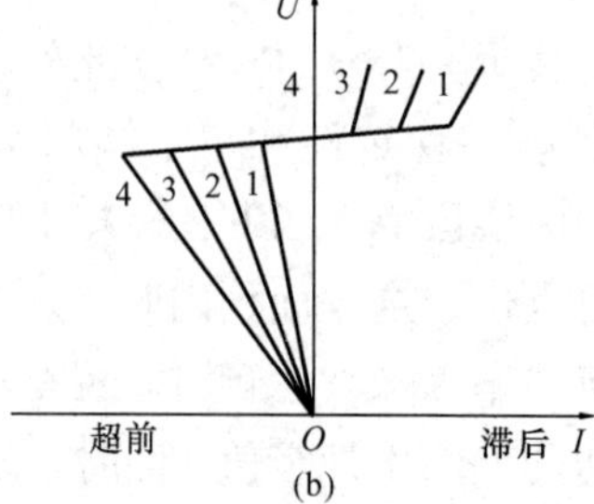

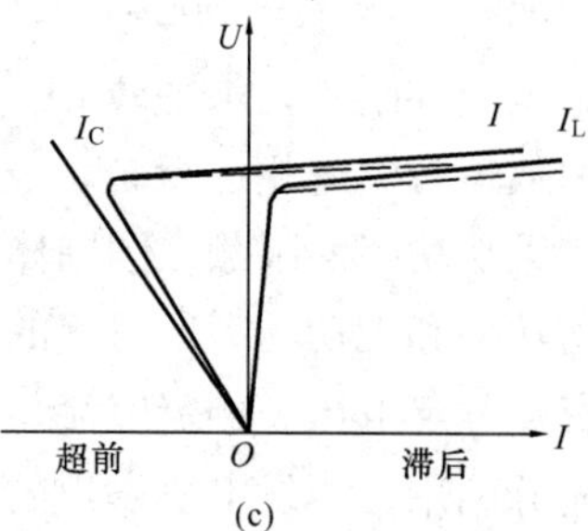

图4-5　静止无功补偿器的伏安特性
（a）TCR型；（b）TSC型；（c）SR型

TSC型补偿器是以晶闸管开关取代常规电容器配置的机械式开关，它只能发出感性无功，不能平滑调节输出的功率。但由于晶闸管对控制信号的响应极为迅速，通断次数又不受限制，其运行性能还是明显优于机械开关投切的电容器。TSC型和TCR型也可以并联组成补偿器，以改善其调节性能。

SR型补偿器是由饱和电抗器SR和固定电容器并联组成，利用SR的饱和特性，即电压大于某值后，随着电压增大，铁心急剧饱和，从而引起电流大幅度变化，实现无功功率的平滑调节。

静止补偿器能在系统电压变化时快速、平滑地调节无功功率，能满足动态无功补偿的要求，而且运行维护简单、功率损耗小。但各型补偿器的核心元件仍是电容器，电容器发出的感性无功与端电压的平方成正比。所以当系统电压水平过低，急需向系统供应无功功率时，补偿器往往无法增加，这是静止补偿器的缺点。

5. 静止无功发生器

静止无功发生器是一种更为先进的静止无功补偿装置。其电路原理图如图4-6所示，其工作原理是：以电容器为电压源、利用由六个可关断晶闸管（GTO）和六个二极管反向并联组成的逆变器控制其交流侧的电压 $\dot{U}_a$（适当控制GTO的通断），使之与系统电压 $\dot{U}_A$ 同相位，当 $U_a > U_A/k$ 时，发生器向系统输出感性无功；$U_a < U_A/k$ 时，由系统输入感性无功。更重要的是，U_a 完全可控，不依赖于系统电压，在电压较低时仍可向系统注入无功功率，因而具有更大优越性。

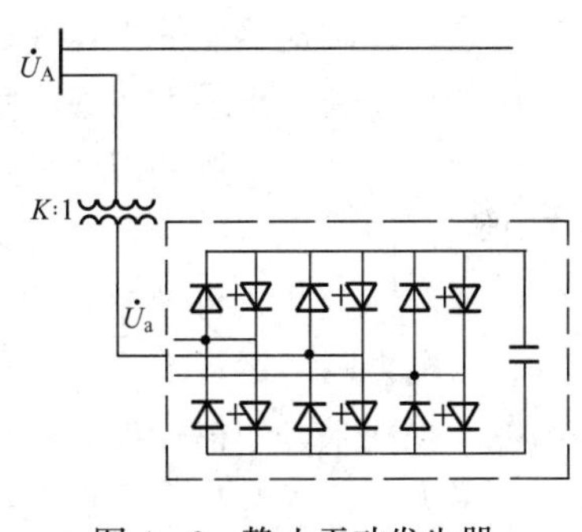

图4-6　静止无功发生器电路原理图

（四）无功功率平衡

电力系统无功功率平衡关系是

$$\sum Q_{GC} - \Delta Q_{\Sigma} - \sum Q_D = 0 \tag{4-6}$$

即所有无功电源发出的无功功率应与无功负荷消耗的无功功率和电网的无功损耗之和相等。当然，无功电源的容量应大于无功电源的总出力 $\sum Q_{GC}$，即系统应留有无功备用容量。

关于无功功率平衡问题，需要注意以下几点：

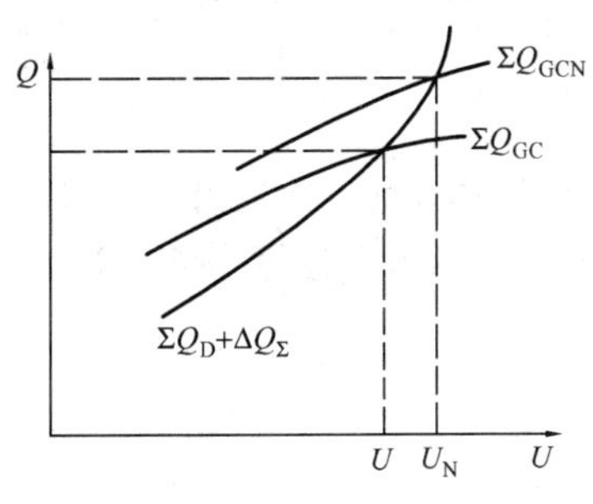

图4-7　无功功率平衡和电压水平的关系

（1）应定期作无功功率平衡计算。应分别按最大、最小负荷的运行方式下通过潮流分布计算获得无功功率平衡的计算结果。

（2）无功功率平衡计算的前提是系统的电压水平正常。如果不能在正常电压水平下保证无功功率平衡，系统的电压质量就不能保证。如图4-7所示，当系统无功电源不足时（$\sum Q_{GC} < \sum Q_{GCN}$），无功功率平衡所对应的电压将低于额定电压。事实上这种平衡正是由于系统电压下降，无功负荷（包括损耗）的需求降低（无功负荷具有正的电压调节效应）而达到的。

（3）为改善电压质量和降低网损，应尽量避免通过电网输送大量无功功率。此时，不仅要进行全系统的无功功率平衡，更要进行分地区、分电压级的无功功率平衡。例如超高压网线路会产生大量的充电功率，系统应配置并联电抗器予以吸收；较低电压等级网络则可配置并联电容器予以补偿。

(4) 应根据无功功率平衡的计算结果，确定补偿设备的容量，并按就地平衡的原则进行补偿容量的分配。

二、电力系统的电压调整

(一) 中枢点的电压调整

任何电气设备都按额定电压来设计制造，这些设备在额定电压下运行其性能最佳。但由于在电能的输送过程中电网存在电压损耗，使用电设备的电压都偏离额定值。为了使负荷的电压偏移在允许范围内，必须借助于电力系统的电压调整。

由于电力系统中，负荷点数目众多而又分散，不可能也没有必要对每个负荷点电压进行监视调整。系统中经常选择一些有代表性的发电厂和变电站母线作为电压监视点，又称电压中枢点，控制这些点的电压使之符合要求，其他各点的电压质量也就得以保证。控制中枢点电压的方法是作出最大、最小负荷下满足各负荷点电压要求的中枢点电压曲线，控制中枢点电压使之运行在电压曲线的公共部分（满足各负荷点电压的部分），即可保证各负荷点电压要求了。但对规划中的系统，无法作出中枢点的电压曲线，对中枢点的电压调整则提出原则性的要求。为此，将中枢点的调整方式分为三种：逆调压、顺调压、恒调压。

在电力网络运行中，最大负荷下电网的电压损耗大，中枢点电压较低；最小负荷下电网的电压损耗小，中枢点电压较高。

最大负荷时升高中枢点电压、最小负荷时降低中枢点电压的调压方式称为逆调压。逆调压在最大负荷时可将中枢点电压升高至 $105\%U_N$（U_N 为线路额定电压），最小负荷时可将中枢点电压降为 U_N。供电线路较长，负荷变动较大的中枢点往往采用逆调压方式。

最大负荷时允许中枢点电压降低，最小负荷时允许中枢点电压升高的调压方式称为顺调压。顺调压在最大负荷时允许中枢点电压不低于 $102.5\%U_N$，最小负荷时允许不高于 $107.5\%U_N$。供电线路不长，负荷变动不大的中枢点通常采用顺调压方式。

在任何负荷情况下都保持中枢点电压为一基本不变的数值，如（102%～105%）U_N，称为恒（常）调压。

上述的调压要求值为正常运行时的值，系统发生事故时，允许的电压偏移较正常情况大 5%。

(二) 电压调整的措施

随着运行方式的改变，电网中电压损耗的作用有可能出现无论中枢点电压取什么范围，都不能满足所有负荷对电压的要求。当发生这种情况时，只靠控制中枢点电压就不能保证所有负荷点的电压。因此必须采取其他调压措施来保证电压质量。

各种调压措施所依据的基本原理说明如下。

图 4-8 示出一简单电力系统以及略去元件导纳支路和功率损耗后归算至基本级的等值电路。要求调整的负荷节点 b 的电压为

$$U_b = U'_b/k_2 = (U'_G - \Delta U)/k_2 = \left(U_G k_1 - \frac{PR + QX}{U_G k_1}\right)/k_2 \tag{4-7}$$

式中 U_b、U_G——b 点、G 点的实际电压；

U'_b、U'_G——b 点、G 点的归算电压；

k_1、k_2——变压器 T1、T2 的变比；

R、X——电力网的等值电阻、等值电抗。

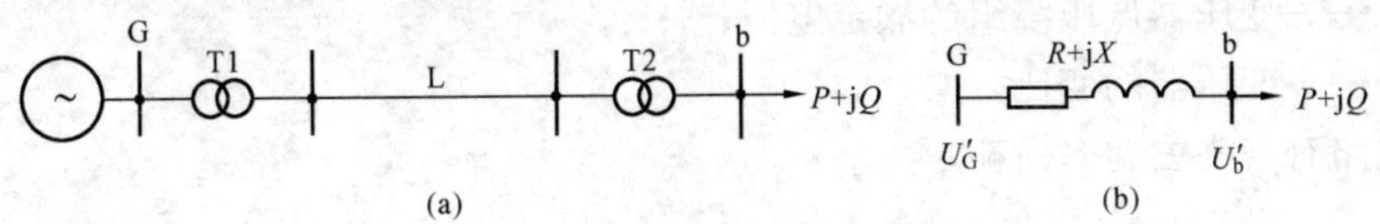

图 4-8　简单电力系统及其等值电路

(a) 简单电力系统接线；(b) 电力系统等值电路

由公式（4-7）可见，调整负荷节点 b 的电压可以采取以下措施：

（1）调节发电机励磁电流以改变发电机端电压 U_G；

（2）选择适当变压器变比；

（3）改变线路的电抗参数；

（4）改变无功功率分布。

需要说明的是，为了调压改变有功功率的分配以及增大导线截面以减小电阻是不恰当的。

1. 改变发电机机端电压调压

大中型同步发电机都装有自动励磁调节装置，根据运行情况调节发电机励磁电流以改变发电机机端电压以达到调压的目的。这是一种不需耗费投资而且最直接的调压手段。这种调压措施对供电线路不长的直配电网，是最经济合理的调压措施。但对供电线路较长、供电范围较大的多电压等级电网，由于不同运行方式下电压损耗的变化幅度太大，靠发电机调压不能满足负荷点电压的需求。此外，对大型电力系统中有众多处于并列运行的发电机，个别发电机进行机端电压的调整，会引起系统无功功率的重新分配，并可能造成与无功功率经济分配发生矛盾。在这两种情况下，改变发电机机端电压调压只能作为一种辅助性的调压措施。

2. 改变变压器变比调压

改变变压器变比调压就是根据调压要求适当选择变压器的分接头电压。变压器的低压绕组不设分接头，双绕组变压器分接头设在高压绕组，三绕组变压器分接头设在高、中压绕组上。对于普通变压器（即无激磁调压变压器），有三个或五个分接头可供选择，例如 $U_N \pm 5\%$ 或 $U_N \pm 2 \times 2.5\%$。下面介绍普通双绕组变压器分接头的选择方法。

（1）降压变压器分接头选择

1）分接头电压的计算及选择

降压变压器的接线及等值电路如图 4-9 所示。

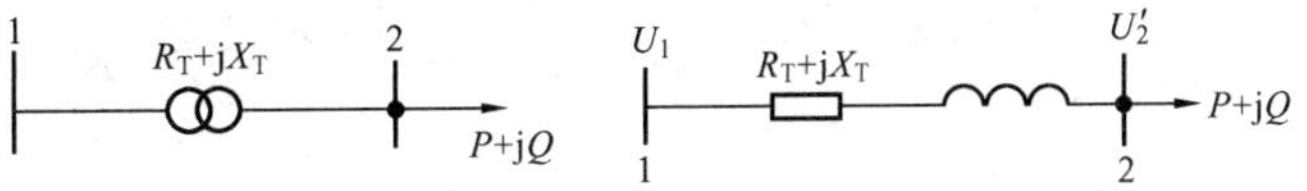

图 4-9　降压变压器及其等值电路

设　U_1——高压侧母线电压；

U'_2——低压侧母线归算至高压侧的归算电压；

U_2——低压侧母线电压（要求电压）；

ΔU_T——变压器的电压损耗；

U_{1t}——变压器高压绕组的分接头电压；

U_{2N}——变压器低压绕组的额定电压；

k——变压器的变比。

根据等值电路有（略去功率损耗）

$$U'_2 = U_1 - \Delta U_T$$

其中
$$\Delta U_T = \frac{PR_T + QX_T}{U_1}$$

也即
$$U_2 \cdot k = U_1 - \Delta U_T$$

而
$$k = \frac{U_{1t}}{U_{2N}}$$

则有
$$U_{1t} = \frac{U_1 - \Delta U_T}{U_2} U_{2N} \tag{4-8}$$

由于普通变压器只能停电改变分接头电压，在运行中只能使用一个固定分接头，所以应在最大、最小负荷下分别求出变压器的分接头电压的计算值

$$U_{1tmax} = \frac{U_{1max} - \Delta U_{Tmax}}{U_{2max}} U_{2N} \tag{4-9}$$

$$U_{1tmin} = \frac{U_{1min} - \Delta U_{Tmin}}{U_{2min}} U_{2N} \tag{4-10}$$

然后取其平均值

$$U_{1t} = (U_{1tmax} + U_{1tmin})/2 \tag{4-11}$$

再根据计算值 U_{1t} 选择一个与它数值最接近的分接头电压。

2）分接头电压的校验

根据所选择的分接头电压计算最大、最小负荷下低压母线的实际电压，并校验其是否满足调压要求。

$$U_{2max} = (U_{1max} - \Delta U_{Tmax}) \frac{U_{2N}}{U_{1t}} \tag{4-12}$$

$$U_{2min} = (U_{1min} - \Delta U_{Tmin}) \frac{U_{2N}}{U_{1t}} \tag{4-13}$$

（2）升压变压器分接头选择

升压变压器的接线及等值电路如图 4-10 所示。图中 1 仍为高压侧，2 仍为低压侧。

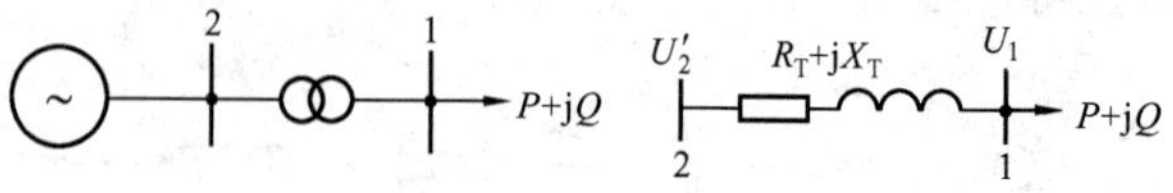

图 4-10 升压变压器及其等值电路

根据等值电路有

$$U'_2 = U_1 + \Delta U_T \qquad \text{其中 } \Delta U_T = \frac{PR_T + QX_T}{U_1}$$

即　$U_2 \cdot k = U_1 + \Delta U_T$　而　$k = \frac{U_{1t}}{U_{2N}}$

则有　$$U_{1t} = \frac{U_1 + \Delta U_T}{U_2} U_{2N} \tag{4-14}$$

升压变压器分接头电压的计算、选择及校验方法与降压变压器相同。但需注意的是：①升压变压器与降压变压器的额定电压是有区别的；②升压变压器电压损耗的计算方向与降压变压器不同，即 $U'_2 = U_1 + \Delta U_T$（降压变压器为 $U'_2 = U_1 - \Delta U_T$）；③发电机机端接有地区负荷时，式（4-9）、式（4-10）中的 U_{2max}、U_{2min} 应按地区负荷的调压要求（一般为逆调压）计算；如没有地区负荷，则按发电机机端电压的要求计算。

改变变压器变比调压，还需说明如下两点：

1）当最大、最小负荷时电压变化幅度超过了分接头的调整范围（±5%），或者调压要求的变化趋势与实际的相反（例如逆调压）时，靠选普通变压器的分接头的方法就无法满足调压要求，这时就得采用有载调压变压器。采用有载调压变压器时，可对不同的运行方式（最大负荷下和最小负荷下）分别选择各自合适的分接头。有载调压变压器可带负荷切换分接头，调压灵活方便，调节范围大，调压效果好，在无功功率充足的系统，提倡使用。

2）对于三绕组变压器，同样按上述方法选择分接头电压，但需分两步进行。首先按低压母线的调压要求，由高—低压侧计算高压绕组的分接头电压 U_{1t}，然后按中压母线的调压要求，由高—中压侧计算中压绕组的分接头电压 U_{2t}。这样根据计算值选择与之最接近的高、中压绕组分接头电压，从而确定了三绕组变压器的变比。校验时也应分别按选定变比计算中、低压侧母线电压并判断是否满足调压要求。

3. 改变无功功率分布调压

无功功率的产生基本上不消耗能源，但无功功率沿电网传输则会引起网络的有功功率损耗和电压损耗。改变无功功率分布或合理地进行无功功率的分配，以减少有功功率损耗，涉及的是系统的经济运行问题，第五章将予以介绍。改变无功功率分布以减少电压损耗，从而改善用户的电压质量，正是调压的目的所在。改变无功功率分布调压的方法，是在用户处就地补偿（并联补偿）无功功率电源，以减少电网传输的无功功率。调压计算的内容是按调压要求确定应设置的无功功率补偿容量。确定补偿容量时，要结合考虑变压器变比的选择，使之达到既充分发挥变压器的调压作用，又充分利用了无功补偿容量，达到在满足调压要求的前提下，使用的补偿容量最少。

图 4-11 所示为一简单电力网。设 U'_2 和 U'_{2c} 分别为补偿前后归算至高压侧的变电站低压母线电压，补偿前后供电点电压 U_1 维持不变，不计线路充电功率和变压器的励磁功率，忽略电压降落的横分量，可推导出补偿设备的容量为

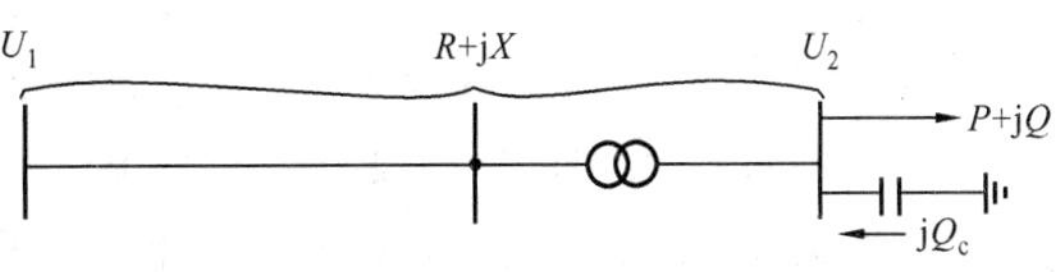

图 4-11　简单电力网的无功功率补偿

$$Q_c = \frac{U'_{2c}}{X}(U'_{2c} - U'_2) \tag{4-15}$$

该式未能反映变电站低压母线的调压要求。无功补偿的目的就是要满足低压母线的调压要求而不影响线路首端的电压。

设变电站低压侧的实际电压（调压要求值）为 U_{2c}，变压器变比为 k，则式（4-15）可

变为

$$Q_c = \frac{U_{2c}}{X}\left(U_{2c} - \frac{U'_2}{k}\right)k^2 \quad (4-16)$$

由此可见，补偿容量与调压要求和降压变压器的变比选择有关。

当无功补偿电源为静电电容器时，考虑到大负荷时降压变电站电压偏低，小负荷时电压偏高，而电容器只能发出感性无功功率以提高电压，不能吸收无功功率以降低电压，所以为了充分利用补偿容量，在最大负荷时电容器应全部投入，在最小负荷时则全部退出。具体计算步骤如下。

第一步，按最小负荷无补偿情况下计算变压器分接头电压 $U_t = \frac{U_{2N}U'_{2min}}{U_{2min}}$ 并选择与之最接近的分接头电压 U_{1t}，由此确定变压器变比 $k = \frac{U_{1t}}{U_{2N}}$。

第二步，按最大负荷时由式（4-16）确定补偿容量

$$Q_c = \frac{U_{2cmax}}{X}\left(U_{2cmax} - \frac{U'_{2max}}{k}\right)k^2 \quad (4-17)$$

第三步，根据确定的变比和选定的电容器容量校验变电站低压母线的实际电压是否满足调压要求。

当无功补偿电源为同步调相机时，考虑到调相机既能过励运行提高电压，又能欠励运行降低电压，所以为了充分利用补偿容量，在最大负荷时按额定容量过励运行，在最小负荷时按（0.5～0.65）额定容量欠励运行。具体计算步骤为：

最大负荷下

$$Q_c = \frac{U_{2cmax}}{X}\left(U_{2cmax} - \frac{U'_{2max}}{k}\right)k^2 \quad (4-18)$$

最小负荷下

$$-\alpha Q_c = \frac{U_{2cmin}}{X}\left(U_{2cmin} - \frac{U'_{2min}}{k}\right)k^2 \quad (4-19)$$

α 取值范围为 0.5～0.65。

上二式相比，即可求出变压器变比

$$k = \frac{\alpha U_{2cmax}U'_{2max} + U_{2cmin}U'_{2min}}{\alpha U_{2cmax}^2 + U_{2cmin}^2} \quad (4-20)$$

按式（4-20）的计算值 k 选取与之最接近的变压器变比并代入式（4-18），即可求出同步调相机容量，最后按所选变比和容量进行电压校验。

需要说明的是，改变无功功率分布调压在电抗远大于电阻的高压电网中效果较显著，而在电阻较电抗大的低压电力网中，这种调压方法不适合。

4. 改变线路电抗参数调压

在输电线路中串联接入电容器补偿线路的电抗，从而降低电压损耗达到调压的目的。

在图 4-12 所示的输电线路中，线路首端电压 U_1 保持恒定，加装电容器前后线路上的压损分别为 ΔU 和 ΔU_c（略去电压降落的横分量且不计功率损耗），即

$$\Delta U = \frac{PR + QX}{U_1}$$

$$\Delta U_c = \frac{PR + Q(X - X_c)}{U_1}$$

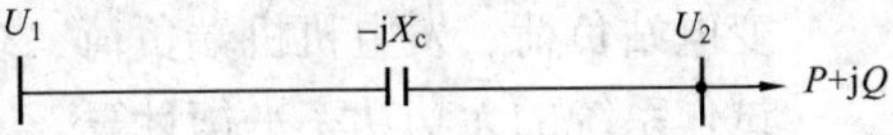

式中 R、X 为线路电阻和电抗，X_c 为电容器的容抗值。由此可得

图 4-12　输电线路的串联补偿

$$X_c = \frac{U_1(\Delta U - \Delta U_c)}{Q} \tag{4-21}$$

当通过电容器的最大负荷电流为 I_{max} 时，串联电容器的计算容量为

$$Q_c = 3I_{max}^2 X_c \tag{4-22}$$

设电容器组由许多单个电容器串、并联组成，单个电容器的额定电流、额定电压为 I_{NC}、U_{NC}，串、并联的个数为 n、m，则有

$$mI_{NC} \geqslant I_{max}$$
$$nU_{NC} \geqslant I_{max}X_c$$

则所选电容器的总容量为

$$Q_{NC} = 3mnU_{VC}I_{NC} \geqslant 3I_{max}^2 X_c \tag{4-23}$$

需要说明的是，对负荷功率因数大或导线截面小的线路，$\frac{PR}{U}$ 分量较大，串联电容器调压效果 $\left(\frac{QX_c}{U}\right)$ 很小，所以串联电容器改变线路电抗调压一般用在 35kV 或 10kV 负荷波动大而频繁、功率因数又很低的配电线路。而高压、超高压线路中的串联电容补偿的作用主要在于提高电力系统的稳定性。

例 题 分 析

【例 4-1】 系统接线如图 4-13 所示，图中各元件参数如下：

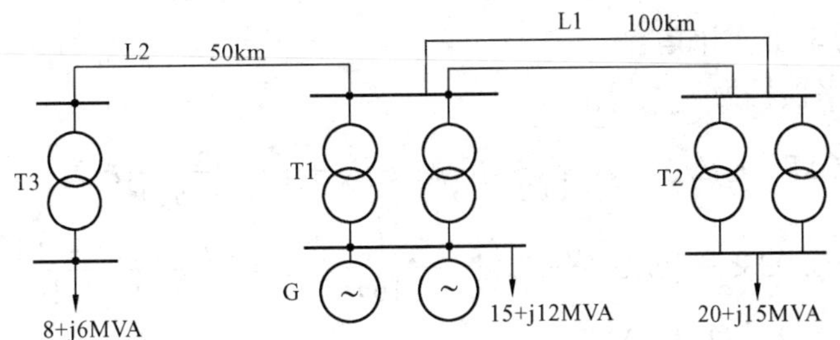

图 4-13　110kV 系统接线图

发电机 G　2×25MW，10.5kV，$\cos\varphi = 0.85$；

变压器 T1　2×20MVA，10.5/121kV，$\Delta P_0 = 27.5$kW，$\Delta P_k = 104$kW，$I_0\% = 0.9$，$u_k\% = 10.5$；

变压器 T2　2×16MVA，115.5/11kV，$\Delta P_0 = 23.5$kW，$\Delta P_k = 86$kW，$I_0\% = 0.9$，$u_k\% = 10.5$；

变压器 T3　10MVA　110/11kV，$\Delta P_0 = 16.5$kW，$\Delta P_k = 59$kW，$I_0\% = 1.0$　$u_k\% = 10.5$；

线路 L1、L2　$r_1 = 0.422\Omega$/km，$x_1 = 0.429\Omega$/km，$b_1 = 2.66\times10^{-6}$S/km。

变电站负荷、发电机机端负荷、线路长度均示于图中。

试作系统的无功功率平衡计算。

解　1. 输电系统参数计算

(1) 线路参数

$$Z_{L1}=\frac{1}{2}(0.422+j0.429)\times 100=21.1+j21.45(\Omega)$$

$$\frac{Y_{L1}}{2}=2\left(j\,\frac{2.66\times 10^{-6}}{2}\right)\times 100=j0.266\times 10^{-3}(S)$$

$$Z_{L2}=(0.422+j0.429)\times 50=21.1+j21.45(\Omega)$$

$$\frac{Y_{L2}}{2}=\left(\frac{j}{2}\times 2.66\times 10^{-6}\right)\times 50=j0.0665\times 10^{-3}(S)$$

(2) 变压器参数（过程从略）

T1（单台）　$R_{T1}=3.81\Omega$；$X_{T1}=76.87\Omega$

额定负荷下的损耗

$$\Delta P_0=0.0275\text{MW};\ \Delta Q_0=0.18\text{Mvar};$$
$$\Delta P_k=0.104\text{MW};\ \Delta Q_k=2.1\text{Mvar}$$

T2（单台）　$R_T=4.48\Omega$；$X_T=87.55\Omega$

额定负荷下的损耗

$$\Delta P_0=0.0235\text{MW};\ \Delta Q_0=0.144\text{Mvar};$$
$$\Delta P_k=0.086\text{MW};\ \Delta Q_k=1.68\text{Mvar}$$

T3　$R_T=7.14\Omega$；$X_T=127.1\Omega$

额定负荷下的损耗

$$\Delta P_0=0.0165\text{MW}\qquad \Delta Q_0=0.10\text{Mvar}$$
$$\Delta P_k=0.059\text{MW}\qquad \Delta Q_k=1.05\text{Mvar}$$

2. 无补偿的功率平衡计算

变压器 T2 中的功率损耗为

$$\begin{aligned}\Delta S_{T2}&=2(\Delta P_0+j\Delta Q_0)+2\left[\frac{S^2}{(2\times S_N)^2}\Delta P_k+j\,\frac{S^2}{(2\times S_N)^2}\Delta Q_k\right]\\&=2(0.0235+j0.144)+2\left(\frac{20^2+15^2}{(2\times 16)^2}\times 0.086+j\,\frac{20^2+15^2}{(2\times 16)^2}\times 1.68\right)\\&=0.152+j2.34(\text{MVA})\end{aligned}$$

线路 L1 末端充电功率为

$$\Delta S_{y1}=-j0.266\times 10^{-3}\times 110^2=-j3.21(\text{Mvar})$$

通过线路 L1 传输的功率为

$$S_1=(20+j15)+(0.152+j2.34)-j3.21=20.15+j14.13(\text{MVA})$$

线路 L1 上的功率损耗为

$$\begin{aligned}\Delta S_{L1}&=\frac{P_1^2+Q_1^2}{U_N^2}(R_{L1}+jX_{L1})=\frac{20.15^2+14.13^2}{110^2}(21.1+j21.45)\\&=1.056+j1.08(\text{MVA})\end{aligned}$$

线路 L1 始端的充电功率

$$\Delta S_{y1} = -j3.21(\text{Mvar})$$

线路 L1 始端功率

$$S_{L1} = 20.15 + j14.13 + 1.056 + j1.08 - j3.21 = 21.21 + j12(\text{MVA})$$

变压器 T3 中的功率损耗

$$\Delta S_{T3} = \Delta P_0 + j\Delta Q_0 + \frac{S^2}{S_N^2}\Delta P_k + j\frac{S^2}{S_N^2}\Delta Q_k$$

$$= 0.0165 + j0.10 + \frac{8^2+6^2}{10^2}\times 0.059 + j\frac{8^2+6^2}{10^2}\times 1.05$$

$$= 0.078 + j1.15(\text{MVA})$$

线路 L2 的末端充电功率

$$\Delta S_{y2} = -j0.0665\times 10^{-3}\times 110^2 = -j0.805(\text{Mvar})$$

通过线路 L2 传输的功率

$$S_2 = 8 + j6 + 0.078 + j1.15 - j0.805 = 8.08 + j6.35(\text{MVA})$$

线路 L2 上的功率损耗

$$\Delta S_{L2} = \frac{P_2^2 + Q_2^2}{U_N^2}(R_{L2} + jX_{L2}) = \frac{8.08^2 + j6.35^2}{110^2}(21.1 + j21.45)$$

$$= 0.184 + j0.187(\text{MVA})$$

线路 L2 的始端充电功率

$$\Delta S_{y2} = -j0.805(\text{Mvar})$$

线路 L2 始端功率

$$S_{L2} = 8.08 + j6.35 + 0.184 + j0.187 - j0.805 = 8.26 + j5.74(\text{MVA})$$

变压器 T1 高压侧的等值负荷功率

$$S = S_{L1} + S_{L2} = 21.21 + j12 + 8.26 + j5.74 = 29.47 + j17.74(\text{MVA})$$

变压器 T1 的功率损耗

$$\Delta S_{T1} = 2(\Delta P_0 + j\Delta Q_0) + 2\left[\frac{S^2}{(2\times S_N)^2}\Delta P_k + \frac{S^2}{(2\times S_N^2)}\Delta Q_k\right]$$

$$= 2(0.0275 + j0.18) + 2\left[\frac{29.47^2 + 17.74^2}{(2\times 20)^2}\times 0.104 + \frac{29.47^2 + 17.74^2}{(2\times 20)^2}\times 2.1\right]$$

$$= 0.209 + j3.47(\text{MVA})$$

发电机应发功率

$$S'_G = 29.47 + j17.74 + 0.209 + j3.47 + 15 + j12 = 44.68 + j33.21(\text{MVA})$$

若发电机在满足有功需求时按额定功率因数运行，其输出功率为

$$S_G = 44.68 + j44.68\times\tan\varphi_N = 44.68 + j27.69(\text{MVA})$$

此时无功缺额为

$$33.21 - 27.69 = 5.52(\text{Mvar})$$

3. 无功补偿及无功功率平衡计算

现拟在 T2 低压侧补偿 5Mvar 的无功功率，则功率因数由补偿前的 0.8 提高到补偿后的 0.894。

补偿后 T2 的负荷功率为 20＋j10MVA，此时

$$\Delta S'_{T2} = 2(0.0235 + j0.144) + 2\left[\frac{20^2 + 10^2}{(2\times 16)^2}\times 0.086 + \frac{20^2 + 10^2}{(2\times 16)^2}\times 1.68\right]$$

$$=0.131+j1.93(\text{MVA})$$

通过线路 L1 传输的功率

$$S_1'=20+j10+0.131+j1.93-j3.21=21.13+j8.72(\text{MVA})$$

线路 L1 上的功率损耗

$$\Delta S_{L1}'=\frac{21.13^2+8.72^2}{110^2}(21.1+j21.45)=0.911+j0.93(\text{MVA})$$

线路 L1 的始端功率

$$S_{L1}'=20.13+j8.72+0.911+j0.93-j3.21=21.04+j6.44(\text{MVA})$$

变压器 T1 高压侧的等值负荷功率

$$S_1'=21.04+j6.44+8.26+j5.74=29.3+j12.18(\text{MVA})$$

变压器 T1 中的功率损耗

$$\Delta S_{T1}'=2(0.0275+j0.18)+2\left(\frac{29.3^2+12.18^2}{(2\times 20)^2}\times 0.104+\frac{29.3^2+12.18^2}{(2\times 20)^2}\times 2.1\right)$$
$$=0.184+j3.001(\text{MVA})$$

发电机应发功率

$$S_G'=29.3+j12.18+0.184+j3.001+15+j12=44.44+j27.18(\text{MVA})$$

此时发电机的功率因数为 0.853。

计算结果表明，所选补偿容量是适宜的。

【例 4-2】 某输电系统的等值电路如图 4-14 所示。已知 $Z=j55\Omega$，$S_D=80+j60\text{MVA}$，负荷点的运行电压 $U=105\text{kV}$，以负荷点电压及负荷无功功率为基准的负荷无功电压静态特性为 $Q_*(U)=10.16-24.486U_*+15.326U_*^2$，负荷有功功率恒定。现负荷点接入负荷特性相同的无功负荷 12Mvar，试求：

(1) 电源电势不变时的负荷点电压及电源送入负荷点的无功功率；

(2) 若保持负荷点电压不变，系统电源送入负荷点的无功功率。

解 (1) 首先作出电压相量图如图 4-15 所示。

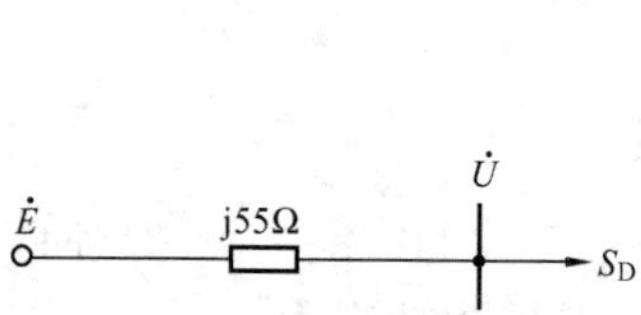

图 4-14 输电系统等值电路

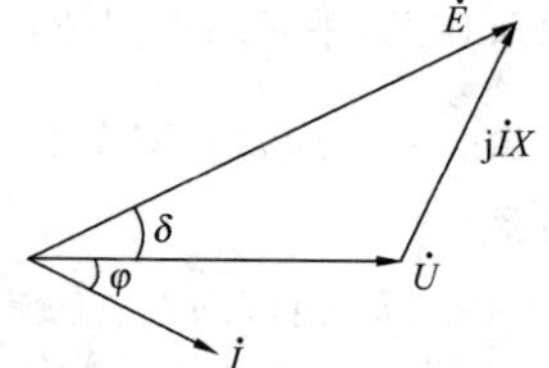

图 4-15 输电系统相量图

发电机送到负荷点的功率为

$$P=UI\cos\varphi=\frac{EU}{X}\sin\delta$$

$$Q=UI\sin\varphi=\frac{EU}{X}\cos\delta-\frac{U^2}{X}$$

当 P 为定值时，得

$$Q=\sqrt{\left(\frac{EU}{X}\right)^2-P^2}-\frac{U^2}{X}$$

电压降落为

$$\Delta U=\frac{PR+QX}{U}=\frac{60\times 55}{105}=31.43(\text{kV})$$

$$\delta U=\frac{PX-QR}{U}=\frac{80\times 55}{105}=41.91(\text{kV})$$

电源电势为

$$E=\sqrt{(U+\Delta U)^2+(\delta U)^2}=\sqrt{(105+31.43)^2+41.91^2}=142.72(\text{kV})$$

电源向负荷点送的无功功率为

$$Q=\sqrt{\left(\frac{EU}{X}\right)^2-P^2}-\frac{U^2}{X}$$

$$=\sqrt{\left(\frac{142.72U}{55}\right)^2-80^2}-\frac{U^2}{55}=\sqrt{6.73U^2-6400}-0.018U^2$$

负荷无功功率为 60Mvar 时无功电压静态特性为

$$Q_1=\left[10.16-24.486\frac{U}{105}+15.326\left(\frac{U}{105}\right)^2\right]60(\text{Mvar})$$

负荷无功功率为 72Mvar 时无功电压静态特性为

$$Q_2=\left[10.16-24.486\frac{U}{105}+15.326\left(\frac{U}{105}\right)^2\right]60+12\quad(\text{Mvar})$$

表 4 - 1 列出了 U_2 为不同值时的 Q、Q_1、Q_2 的数值。

表 4 - 1　无功功率的电压静特性

U(kV)	102	103	104	105	106
Q(Mvar)	64.96	63.99	62.97	61.93	60.85
Q_1(Mvar)	50.18	53.29	56.56	60	63.61
Q_2(Mvar)	62.18	65.19	68.56	72	75.61

利用表中数据所作的无功电压特性如图 4 - 16 所示。从图中特性曲线交点可以确定，当电压 U 为 102.68kV 时，电源向负荷点送入的无功功率为 64.29Mvar，满足无功负荷 Q_2 的要求。

（2）当负荷点电压不变，仍为 105kV 时，Q_2 为 72Mvar，此时电源必须增送 12Mvar 的无功功率，即送入负荷点 72Mvar 无功功率，以满足负荷的无功要求。

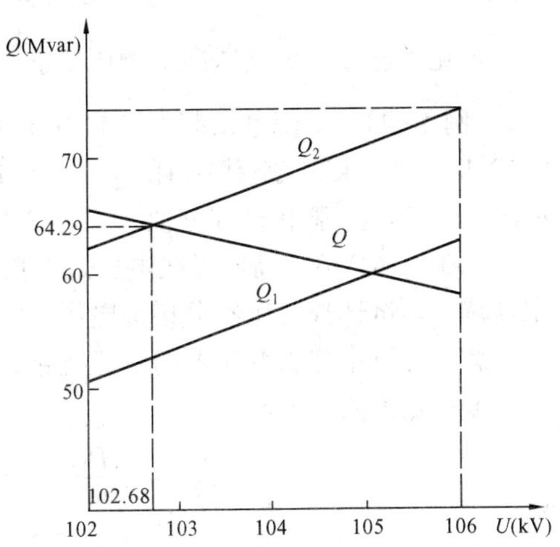

图 4 - 16　无功功率电压特性曲线

【例 4 - 3】 某水电厂通过升压变压器 SFL_1－40000 与系统相连（如图 4 - 17），高压母线电压最大负荷时为 112.09kV，最小负荷时为 115.45kV。要求低压母线采用逆调压，试选择变压器分接头电压。

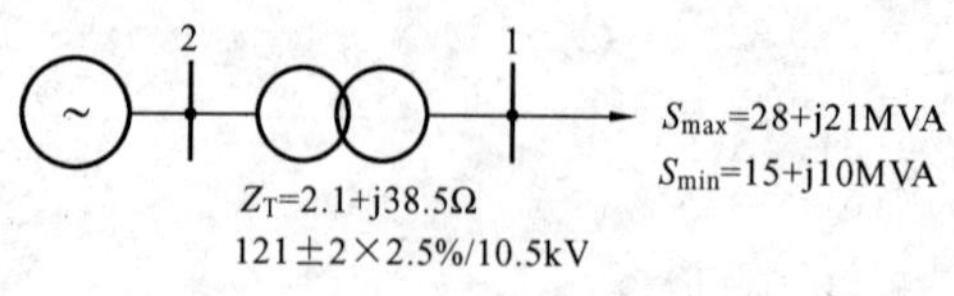

图 4-17 升压变压器接线图

解 最大、最小负荷时变压器的电压损耗为

$$\Delta U_{Tmax} = \frac{P_{max}R_T + Q_{max}X_T}{U_{1max}} = \frac{28 \times 2.1 + 38.5 \times 21}{112.09} = 7.74(kV)$$

$$\Delta U_{Tmin} = \frac{P_{min}R_T + Q_{min}X_T}{U_{1min}} = \frac{15 \times 2.1 + 10 \times 38.5}{115.45} = 3.61(kV)$$

根据逆调压的要求，最大、最小负荷时变压器的分接头电压应为

$$U_{1tmax} = \frac{U_{1max} + \Delta U_{Tmax}}{U_{2max}}U_{2N} = \frac{112.09 + 7.74}{10.5} \times 10.5 = 119.83(kV)$$

$$U_{1tmin} = \frac{U_{1min} + \Delta U_{Tmin}}{U_{2min}}U_{2N} = \frac{115.45 + 3.61}{10} \times 10.5 = 125.01(kV)$$

$$U_{1t} = (U_{1tmax} + U_{1tmin})/2 = 122.42(kV)$$

选取与U_{1t}最接近的分接头电压 121kV，并按所选分接头电压校验低压母线实际电压，即

$$U_{2max} = (U_{1max} + \Delta U_{Tmax})\frac{U_{2N}}{U_{1t}} = 119.83 \times \frac{10.5}{121} = 10.4(kV) < 10.5kV$$

$$U_{2min} = (U_{1min} + \Delta U_{Tmin})\frac{U_{2N}}{U_{1t}} = 119.06 \times \frac{10.5}{121} = 10.33(kV) > 10kV$$

可见所选分接头电压满足调压要求。

【例 4-4】 某变电站装设一台双绕组变压器，型号为 SFL－31500/110，变比为 110±2×2.5%/38.5kV，空载损耗 $\Delta P_0 = 86kW$，短路损耗 $\Delta P_k = 200kW$，短路电压百分值 $u_k\% = 10.5$，空载电流百分值 $I_0\% = 2.7$。变电站低压侧所带负荷为 $S_{max} = 20 + j10MVA$，$S_{min} = 10 + j7MVA$，高压母线电压最大负荷时为 102kV，最小负荷时为 105kV，低压母线要求逆调压，试选择变压器分接头电压。

解 计算中略去变压器的励磁支路、功率损耗及电压降落的横分量。

变压器的阻抗参数

$$R_T = \frac{\Delta P_k U_N^2}{1000S_N^2} = \frac{200 \times 110^2}{1000 \times 31.5^2} = 2.44(\Omega)$$

$$X_T = \frac{U_k\% U_N^2}{100S_N} = \frac{10.5 \times 110^2}{100 \times 31.5} = 40.3(\Omega)$$

变压器最大、最小负荷下的电压损耗为

$$\Delta U_{\mathrm{Tmax}}=\frac{P_{\max}R_{\mathrm{T}}+Q_{\max}X_{\mathrm{T}}}{U_{1\max}}=\frac{20\times2.44+10\times40.3}{102}=4.43(\mathrm{kV})$$

$$\Delta U_{\mathrm{Tmin}}=\frac{P_{\min}R_{\mathrm{T}}+Q_{\min}X_{\mathrm{T}}}{U_{1\min}}=\frac{10\times2.44+7\times40.3}{105}=2.92(\mathrm{kV})$$

变压器最大、最小负荷下的分接头电压为

$$U_{1\mathrm{tmax}}=(U_{1\max}-\Delta U_{\mathrm{Tmax}})\frac{U_{2\mathrm{N}}}{U_{2\max}}=(102-4.43)\times\frac{38.5}{35\times105\%}=102.2(\mathrm{kV})$$

$$U_{1\mathrm{tmin}}=(U_{1\min}-\Delta U_{\mathrm{Tmin}})\frac{U_{2\mathrm{N}}}{U_{2\min}}=(105-2.92)\times\frac{38.5}{35}=112.3(\mathrm{kV})$$

$$U_{1\mathrm{t}}=(102.2+112.3)/2=107.25(\mathrm{kV})$$

选择与$U_{1\mathrm{t}}$最接近的分接头为110－2.5％即分接头电压为107.25kV。此时，低压母线按所选分接头电压计算的实际电压为

$$U_{2\max}=(U_{1\max}-\Delta U_{\mathrm{Tmax}})\frac{U_{2\mathrm{N}}}{U_{1\mathrm{t}}}=97.57\times\frac{38.5}{107.25}=35(\mathrm{kV})<35\times105\%=36.7(\mathrm{kV})$$

$$U_{2\min}=(U_{1\min}-\Delta U_{\mathrm{Tmin}})\frac{U_{2\mathrm{N}}}{U_{1\mathrm{t}}}=102.08\times\frac{38.5}{107.25}=36.6(\mathrm{kV})>35(\mathrm{kV})$$

可见，所选分接头满足调压要求。

【例4-5】 两台型号为SFZ1－63000/110的有载调压变压器并列运行，变压器变比为110±8×1.25％/10.5kV，折算到高压侧的阻抗（单台）为0.79＋j20.2Ω。变压器高压侧母线电压在最大负荷时为110kV，最小负荷时为112kV。变压器低压侧负荷最大值为90＋j67.5MVA，最小值为60＋j45MVA。在计及变压器功率损耗的情况下选择变压器变比以满足变压器低压侧电压为逆调压的要求。

解 等值电路如图4-18所示。在计及变压器功率损耗的情况下，低压母线归算在高压侧的电压U'_2的计算有两种方法：

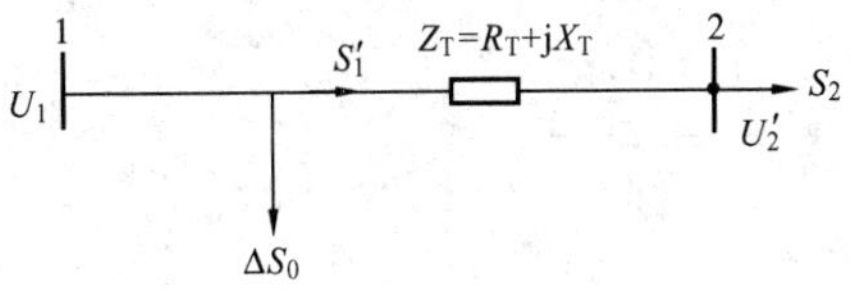

图4-18　变压器等值电路

（1）$S'_1=S_2+\Delta S_{\mathrm{T}}=S_2+\frac{P_2^2+Q_2^2}{U_{\mathrm{N}}^2}(R_{\mathrm{T}}+\mathrm{j}X_{\mathrm{T}})=P'_1+\mathrm{j}Q'_1$，$U'_2=U_1-\frac{P'_1R_{\mathrm{T}}+Q'_1X_{\mathrm{T}}}{U_1}$。

（2）$U'_2=U_1-\frac{P_2R_{\mathrm{T}}+Q_2X_{\mathrm{T}}}{U'_2}$。

下面采用方法（2）进行计算。

最大负荷时

$$U'_{2\max}=U_{1\max}-\frac{P_{2\max}R_{\mathrm{T}}+Q_{2\max}X_{\mathrm{T}}}{U'_{2\max}}$$

$$U'^2_{2\max}-110U'_{2\max}+\left(90\times\frac{0.79}{2}+67.5\times\frac{20.2}{2}\right)=0$$

$$U'_{2\max}=103\quad(\mathrm{kV})$$

最小负荷时

$$U'_{2\min}=U_{1\min}-\frac{P_{2\min}R_{\mathrm{T}}+Q_{2\min}X_{\mathrm{T}}}{U'_{2\min}}$$

$$U'^2_{2min}-112U_{2min}+\left(60\times\frac{0.79}{2}+45\times\frac{20.2}{2}\right)=0$$

$$U'_{2min}=107.6(kV)$$

最大、最小负荷下分接头电压的计算值为

$$U_{1tmax}=U'_{2max}\cdot\frac{U_{2N}}{U_{2max}}=103\times\frac{10.5}{10.5}=103(kV)$$

$$U_{1tmin}=U'_{2min}\frac{U_{2N}}{U_{2min}}=107.6\frac{10.5}{10}=112.98(kV)$$

有载调压变压器可在最大、最小负荷下分别选择分接头，即最大负荷选 110－5×1.25％分接头，电压为 103.1kV，最小负荷选 110＋2×1.25％分接头，电压为 112.75kV。此时，低压侧的实际电压

$$U_{2max}=U'_{2max}\frac{U_{2N}}{U_{1tmax}}=103\times\frac{10.5}{103.1}=10.49(kV)<10.5(kV)$$

$$U_{2min}=U'_{2min}\frac{U_{2N}}{U_{1tmin}}=107.6\frac{10.5}{112.75}=9.97(kV)$$

最小负荷下的电压偏移为$\frac{9.97-10}{10}\times100\%=-0.3\%$。因为相邻两分接头之间电压为 1.25％，计算出的电压偏移要求相差不超过±0.625％是允许的，所以所选分接头满足要求。

【例 4-6】 三绕组变压器的额定电压为 110/38.5/6.6kV，等值电路如图 4-19 所示。各绕组最大负荷时流通的功率已示于图中，最小负荷为最大负荷时的一半。变压器高压侧母线电压最大负荷时为 112kV，最小负荷时为 115kV；中压、低压侧母线电压偏移最大、最小负荷时分别为 0、＋7.5％，试选择高、中压绕组分接头。

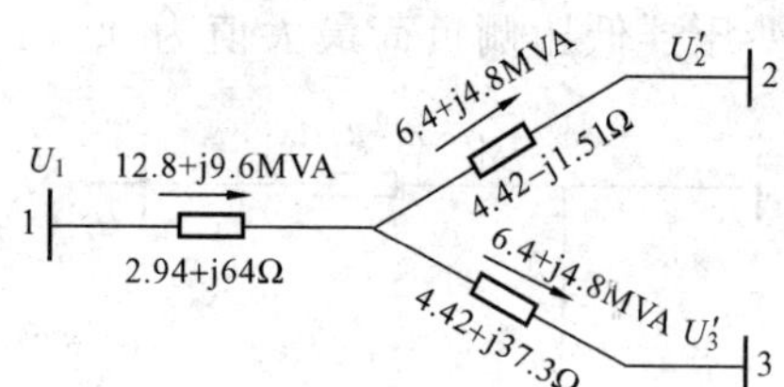

图 4-19　三绕组变压器等值电路

解　(1) 不计变压器的功率损耗，计算变压器各绕组的电压损耗及中、低压母线电压的归算值。

$$\Delta U_{1Tmax}=\frac{12.8\times2.94+9.6\times64}{112}=5.91(kV)$$

$$\Delta U_{1Tmin}=\frac{6.4\times2.94+4.8\times64}{115}=2.88(kV)$$

$$U_{0max}=U_{1max}-\Delta U_{1Tmax}=112-5.91=106.09(kV)$$

$$U_{0min}=U_{1min}-\Delta U_{1Tmax}=115-2.88=112.12(kV)$$

$$\Delta U_{2Tmax}=\frac{6.4\times4.42-4.8\times1.51}{106.09}=0.198(kV)$$

$$\Delta U_{2Tmin}=\frac{3.2\times4.42-2.4\times1.51}{112.12}=0.093(kV)$$

$$U'_{2max}=U_{0max}-\Delta U_{2Tmax}=106.09-0.198=105.9(kV)$$

$$U'_{2min}=U_{0min}-\Delta U_{2Tmax}=112.12-0.093=112.0(kV)$$

$$\Delta U_{3Tmax}=\frac{6.4\times4.42+4.8\times37.3}{106.09}=1.980(kV)$$

$$\Delta U_{3Tmin}=\frac{3.2\times4.42+2.4\times37.3}{112.12}=0.935(kV)$$

$U'_{3max}=U_{0max}-\Delta U_{3Tmax}=106.09-1.980=104.1(kV)$

$U'_{3min}=U_{0min}-\Delta U_{3Tmin}=112.12-0.935=111.1(kV)$

（2）根据低压母线的调压要求，选择高压绕组分接头。

低压母线的要求值在最大负荷时为 6kV，最小负荷时为 1.075×6=6.45kV。

高压绕组的分接头电压计算值为

$$U_{1tmax}=U'_{3max}\frac{U_{3N}}{U_{3max}}=104.1\times\frac{6.6}{6}=114.5(kV)$$

$$U_{1tmin}=U'_{3min}\frac{U_{3N}}{U_{3min}}=111.1\times\frac{6.6}{6.45}=113.7(kV)$$

平均值为 $U_{1t}=(114.5+113.7)/2=114.1kV$，选择 110+5%的分接头，即电压为 115.5kV。此时，低压母线的实际电压为

$$U_{3max}=U'_{3max}\frac{U_{3N}}{U_{1t}}=104.1\times\frac{6.6}{115.5}=5.95(kV)$$

$$U_{3min}=U'_{3min}\frac{U_{3N}}{U_{1t}}=111.1\times\frac{6.6}{115.5}=6.35(kV)$$

相应的电压偏移为：最大负荷时 $\frac{5.95-6}{6}\times100\%=-0.833\%$；最小负荷时为 $\frac{6.35-6}{6}\times100\%=5.83\%$。最大负荷虽较要求值低 0.833%，但没有超过 1.25%，所选分接头电压满足要求。

（3）根据中压母线的调压要求，选择中压绕组的分接头电压。

中压母线的要求值在最大负荷时为 35kV，最小负荷时为 1.075×35=37.6kV。

中压绕组的分接头电压的计算值可根据

$$U'_2=\frac{U_{1t}}{U_{2t}}U_2$$

得

$$U_{2tmax}=35\times\frac{115.5}{105.9}=38.2(kV)$$

$$U_{2tmin}=37.6\times\frac{115.5}{112}=38.8(kV)$$

平均值为（38.2+38.8）/2=38.5kV，可选 38.5kV 的主接头。此时，中压母线的实际电压为

$$U_{2max}=U'_{2max}\frac{U_{2t}}{U_{1t}}=105.9\,\frac{38.5}{115.5}=35.3(kV)$$

$$U_{2min}=U'_{2min}\frac{U_{2t}}{U_{1t}}=112\,\frac{38.5}{115.5}=37.3(kV)$$

相应的电压偏移为最大负荷时，$\frac{35.3-35}{35}\times100\%=0.86\%$；最小负荷时，$\frac{37.3-35}{35}\times100\%=6.57\%$。可见满足调压要求，所选变压器变比为 115.5/38.5/6.6kV。

【例 4-7】 一条长 100km、电压为 220kV 的线路，由系统 S 的 A 母线引出，末端变电站低压侧为 35kV 的电压等级。线路和变压器参数，系统接带的负荷均示于图 4-20 中。A 母线电压保持为 222kV，试选择变压器分接头，使母线 C 电压最大负荷时不高于 37kV，最小负荷时不低于 35kV。

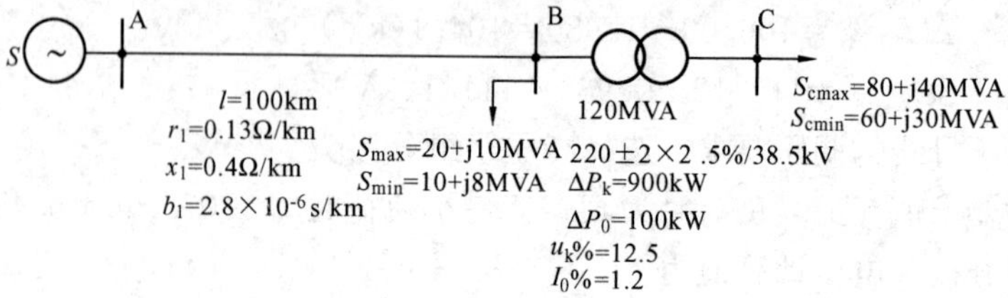

S A B C
l=100km
r_1=0.13Ω/km
x_1=0.4Ω/km
b_1=2.8×10⁻⁶s/km
S_{max}=20+j10MVA
S_{min}=10+j8MVA
120MVA
220±2×2.5%/38.5kV
ΔP_k=900kW
ΔP_0=100kW
$u_k\%$=12.5
$I_0\%$=1.2
S_{cmax}=80+j40MVA
S_{cmin}=60+j30MVA

图 4-20 220kV 系统接线

解 （1）参数计算。

线路参数

$$R=r_1 l=0.13\times100=13(\Omega)$$
$$X=x_1 l=0.4\times100=40(\Omega)$$

变压器参数

$$R_T=\frac{\Delta P_k U_N^2}{1000S_N^2}=\frac{900\times220^2}{100\times120^2}=3.025(\Omega)$$
$$X_T=\frac{u_k\%U_N^2}{100S_N}=\frac{12.5\times220^2}{100\times120}=50.4(\Omega)$$

额定负荷的损耗为

$$\Delta P_0=0.1\text{MW}\quad \Delta Q_0=\frac{I_0\%S_N}{100}=\frac{1.2\times120}{100}=1.44(\text{Mvar})$$
$$\Delta P_k=0.9\text{MW}\quad \Delta Q_k=\frac{u_k\%S_N}{100}=\frac{12.5\times120}{100}=15(\text{Mvar})$$

（2）潮流计算。

首先求额定电压下的功率分布（最大和最小负荷下）。

变压器损耗

$$\Delta S_{Tmax}=0.1+j1.44+\frac{80^2+40^2}{120^2}\times0.9+j\,\frac{80^2+40^2}{120^2}\times15=0.6+j9.77(\text{MVA})$$
$$\Delta S_{Tmin}=0.1+j1.44+\frac{60^2+30^2}{120^2}\times0.9+j\,\frac{60^2+30^2}{120^2}\times15=0.38+j6.13(\text{MVA})$$

线路充电功率

$$\Delta S_y=-\frac{1}{2}\ (2.8\times10^{-6}\times100)\ \times220^2=-j6.77(\text{MVA})$$

B 母线的等值运算负荷

$$S_{Bmax}=80+j40+0.6+j9.77-j6.77+20+j10=100.6+j53(\text{MVA})$$
$$S_{Bmin}=60+j30+0.38+j6.13-j6.77+10+j8=70.38+j37.36(\text{MVA})$$

线路的功率损耗

$$\Delta S_{Lmax}=\frac{100.6^2+53^2}{220^2}(13+j40)=3.47+j10.68(\text{MVA})$$
$$\Delta S_{Lmin}=\frac{70.38^2+37.36^2}{220^2}(13+j40)=1.71+j5.25(\text{MVA})$$

线路始端的功率（无线路充电功率）

$$S_{Amax}=100.6+j53+3.47+j10.68=104.07+j63.38(\text{MVA})$$

$$S_{Amin}=70.38+j37.36+1.71+j5.24=72.09+j42.61(MVA)$$

接着从A端求电压分布（略去横分量）。

线路上的电压降落

$$\Delta U_{Lmax}=\frac{104.07\times13+40\times63.38}{222}=17.51(kV)$$

$$\Delta U_{Lmin}=\frac{72.09\times13+42.61\times40}{222}=11.9(kV)$$

B点电压

$$U_{Bmax}=222-17.51=204.49(kV)$$

$$U_{Bmin}=222-11.9=210.1(kV)$$

变压器的电压损耗（此时通过变压器阻抗支路的功率最大负荷为 80＋j40＋0.5＋j8.33＝80.5＋j48.33MVA，最小负荷为 60＋j30＋0.281＋j4.688＝60.281＋j34.688MVA）

$$\Delta U_{Tmax}=\frac{80.5\times3.025+48.33\times50.4}{204.49}=13.11(kV)$$

$$\Delta U_{Tmin}=\frac{60.281\times3.025+34.688\times50.4}{210.1}=9.19(kV)$$

变压器的分接头电压为

$$U_{1tmax}=(204.43-13.11)\frac{38.5}{37}=191.32\times\frac{38.5}{37}=199.1(kV)$$

$$U_{1tmin}=(210.1-9.19)\frac{38.5}{35}=200.91\times\frac{38.5}{35}=221(kV)$$

$$U_{1t}=(199.1+221)/2=210.05(kV)$$

取 220－5％的分接头，即分接头电压为 209kV。此时低压侧母线实际电压为

$$U_{cmax}=191.32\times\frac{38.5}{209}=35.24(kV)<37(kV)$$

$$U_{cmin}=200.91\times\frac{38.5}{209}=37(kV)>35(kV)$$

满足调压要求。

【例 4 - 8】 降压变电站低压母线 j 要求常调压，其电压保持 10.5kV，试配合降压变压器分接头的选择确定 j 母线上装设的电容器的容量。系统接线如图 4 - 21 所示，忽略系统的功率损耗。

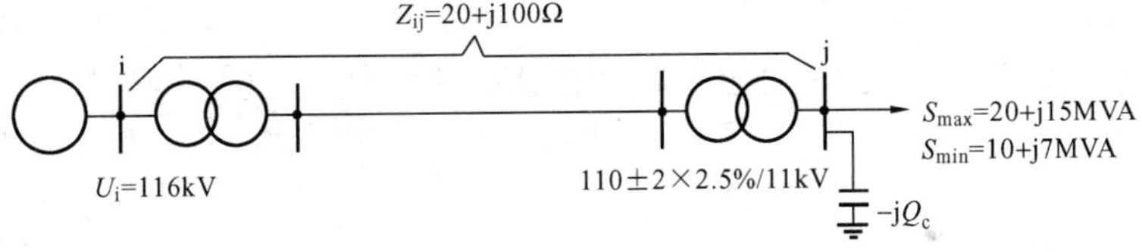

图 4 - 21　110kV 输电系统的并联补偿

解　设置补偿设备前，变电站低压侧归算到高压侧的电压为

$$U'_{jmax}=U_i-\frac{P_{jmax}R_{ij}+Q_{jmax}X_{ij}}{U_i}=116-\frac{20\times20+15\times100}{116}=99.62(kV)$$

$$U'_{jmin}=U_i-\frac{P_{jmin}R_{ij}+Q_{jmin}X_{ij}}{U_i}=116-\frac{10\times20+7\times100}{116}=108.2(kV)$$

装设电容器，按常调压要求确定最小负荷时补偿设备全部退出运行条件下降压变压器的分接头电压

$$U_t=\frac{U_{2N}U'_{jmin}}{U_{jmin}}=108.2\times\frac{11}{10.5}=113.35(kV)$$

选用 110+2.5%分接头，即分接头电压为 112.75kV，并按最大负荷时的调压要求确定补偿容量 Q_c 为

$$\begin{aligned}Q_c&=\frac{U_{jcmax}}{X_{ij}}\left(U_{jcmax}-\frac{U'_{jmax}}{k}\right)k^2\\&=\frac{10.5}{100}\left(10.5-99.62\times\frac{11}{112.75}\right)\times\left(\frac{112.75}{11}\right)^2\\&=8.64(Mvar)\end{aligned}$$

选取补偿容量为 9Mvar，校验变电站低压侧实际电压

$$\begin{aligned}U_{jcmax}=U'_{jcmax}/k&=\left[116-\frac{20\times20+(15-9)\times100}{116}\right]\frac{11}{112.75}\\&=107.4\times\frac{11}{112.75}=10.49(kV)\end{aligned}$$

$$U_{jcmin}=U'_{jcmin}/k=108.2\times\frac{11}{112.75}=10.55(kV)$$

可见所选电容器能满足调压要求。

【例 4-9】 在图 4-22 所示的输电系统中，变电站变压器的变比为 110±2×2.5%/6.6kV，变电站低压母线归算至高压侧的电压在最大负荷时为 101.1kV，最小负荷时为 110.2kV，变电站低压母线允许的电压偏移值最大负荷时为 0.3kV，最小负荷时为 0。若要保持线路始端电压 U_1 恒定，变电站低压侧应装设多大容量的调相机。

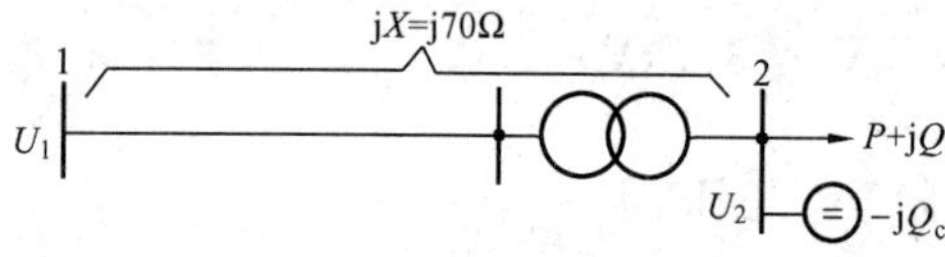

图 4-22 110kV 输电系统的并联补偿

解 利用式（4-20）确定降压变压器的变比（取 α 为 0.5～0.6 的变化范围）

$$\begin{aligned}k&=\frac{\alpha U_{2cmax}U'_{2max}+U_{2cmin}U'_{2min}}{\alpha U^2_{2cmax}+U^2_{2cmin}}\\&=\frac{(0.5\sim0.6)(6+0.3)\times101.1+(6+0)\times110.2}{(0.5\sim0.6)(6+0.3)^2+(6+0)^2}\\&=17.54\sim17.44\end{aligned}$$

即分接头电压计算值为

$$U_t=(17.54\sim17.44)\times6.6=115.76\sim115.10(kV)$$

可选分接头 110+2×2.5%，即分接头电压为 115.5kV。此时代入式（4-18）即可求得调相机的补偿容量为

$$Q_c=\frac{U_{2cmax}}{X}\left(U_{2cmax}-\frac{U'_{2max}}{k}\right)k^2$$

$$=\frac{6+0.3}{70}\left(6.3-\frac{101.1}{115.5}\times6.6\right)\left(\frac{115.5}{6.6}\right)^2$$

$$=14.4(\text{Mvar})$$

应装设额定容量为15Mvar、额定电压为6.3kV的调相机作为补偿设备。

【例4-10】 有一条35kV的供电线路，线路末端负荷为8+j6MVA，线路阻抗12.54+j15.2Ω，线路首端电压保持37kV。现在线路上装设串联电容器以便使线路末端电压维持34kV，若选用YL1.05—30－1单相油浸纸质移相电容器，其额定电压为1.05kV、$Q_{NC}=$30kvar，需装设多少个电容器，其总容量是多少？

解 补偿前线路的功率损耗为

$$\Delta S_L=\frac{8^2+6^2}{35^2}(12.54+j15.2)=1.024+j1.241(\text{MVA})$$

线路首端功率为

$$S=8+j6+1.024+j1.241=9.024+7.241(\text{MVA})$$

线路的电压降落为

$$\Delta U=\frac{9.024\times12.54+7.241\times15.2}{37}=6.03(\text{kV})$$

补偿后要求的压降为37－34＝3kV。

补偿容抗计算值为

$$X_C=\frac{35\times(6.03-3)}{7.241}=14.64(\Omega)$$

线路通过的最大电流

$$I_{max}=\frac{\sqrt{9.024^2+7.241^2}}{\sqrt{3}\times37}=0.181(\text{kA})=181(\text{A})$$

选用额定电压为$U_{NC}=1.05$kV，容量为30kvar的电容器，其单个电容器的额定电流为

$$I_{NC}=\frac{30}{1.05}=28.57(\text{A})$$

单个电容器的容抗为

$$X_{NC}=\frac{1050}{28.57}=36.75(\Omega)$$

需要并联的支路数计算为

$$m\geqslant\frac{I_{max}}{I_{NC}}=\frac{181}{28.57}=6.34$$

需要串联的个数计算为

$$n\geqslant\frac{I_{max}X_C}{U_{NC}}=\frac{181\times14.64}{1050}=2.52$$

取$m=7$、$n=3$，则总的补偿容量为

$$Q_C=3mnQ_{NC}=3\times7\times3\times30=1890(\text{kvar})$$

对应的补偿容抗为

$$X_C=\frac{3X_{NC}}{7}=\frac{3\times36.75}{7}=15.75(\Omega)$$

补偿后线路末端的电压为

$$U_{2C}=37-\frac{9.024\times12.54+(15.2-15.75)\times7.241}{37}=34.05(\text{kV})$$

满足调压要求。

思考题与习题

一、思考题

1. 电力系统进行无功功率平衡的目的是什么？当电压水平不正常时，系统的无功功率可否达到平衡？如果此时无功功率达到平衡，能否保证电压质量？

2. 发电机在什么条件下容量利用得最充分？当发电机运行的 $\cos\varphi$ 不为 $\cos\varphi_N$ 时，其视在容量受什么条件限制？对应的有功和无功大小如何？

3. 静电电容器和静止无功补偿器在运行特性上（如调节范围、控制方式、电压调节效应等方面）各有何优、缺点？

4. 什么叫电力系统电压中枢点？中枢点的调压方式有哪些？具体含义是什么？其中哪种调压方式较难实现？

5. 借改变发电机端电压调压有何局限性？在什么情况下可作为主要调压措施？什么情况下可作为辅助性的调压措施？

6. 升压变压器和降压变压器分接头电压的选择有何不同？

7. 如何对三绕组变压器进行分接头电压的选择？

8. 当最大或最小负荷时系统某节点电压偏移超出了容许范围，改变普通变压器分接头电压可否使电压偏移满足要求？如果不满足，应该怎么办？（设系统无功功率充足）

9. 当系统无功功率不充足时，使用有载调压变压器进行调压会带来什么后果？此时最好的调压措施是什么？

10. 利用串、并联电容器进行调压的原理是什么？分别适合什么场合的调压？

二、练习题

4-1 两台容量为 20MVA 的变压器并列运行向负荷供电。当负荷容量恰为 40MVA，功率因数为 0.8 时，变压器突然增加了 6MVA、功率因数为 0.75 的负荷。为使两台变压器不过负荷运行，变电站应设置多少兆乏的并联电容器？

［答案：$Q_c=11.6$Mvar］

4-2 如图 4-23 所示网络，变压器和线路分别归算至高压侧的阻抗为 $Z_T=2.32+j40\Omega$，$Z_L=17+j40\Omega$，线路始端电压 $U_k=115$kV，变压器低压侧负荷为 $S_D=30+j18$MVA，变压器变比为 $110\pm2\times2.5\%/10.5$kV。试计算：(1) 当变压器工作在主抽头时，求变压器低压侧的实际运行电压；(2) 以 (1) 求得的电压及负荷的功率为基准的电压特性为：$P_{D*}=1$；$Q_{D*}=7-21U_*+15U_*^2$，当变压器分接头调至-2.5%时，求低压母线的运行电压和负荷的无功功率。

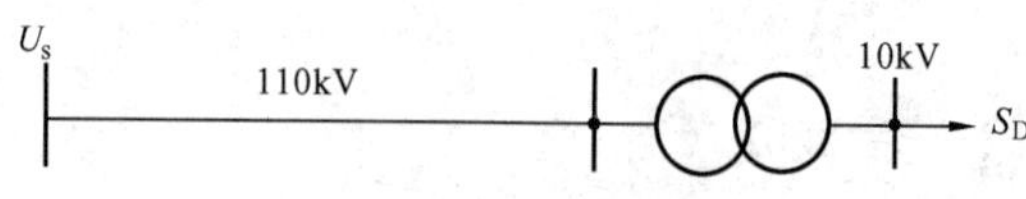

图 4-23 110kV 输电系统接线

［答案：(1) $U=9.148$kV；(2) $U=9.25$kV，$Q_D=19.84$Mvar］

4-3 某系统有 A、B 两火力发电厂，A 厂装机容量 350MW，机组功率因数 0.8；B 厂装机容量100MW，功率因数0.8。系统负荷如表4-2所示。现取厂用电率为10%，有功网损为最大有功负荷的6%，无功网损为最大视在负荷的20%。最大负荷的同时率取0.9。试校验该系统的有功功率和无功功率是否平衡？如果不平衡，建议应采取什么措施？

表4-2　　系统负荷表

项　目	发电厂		变　电　站		
	A	B	C	D	E
最大负荷（MW）	20	25	80	180	50
最小负荷（MW）	10	15	45	100	30
功率因数	0.85	0.85	0.8	0.8	0.85

［**答案**：有功能平衡，且尚有18.6%的备用容量；无功功率缺额37.5Mvar］

4-4　系统接线如图4-24所示，图中各元件参数如下：

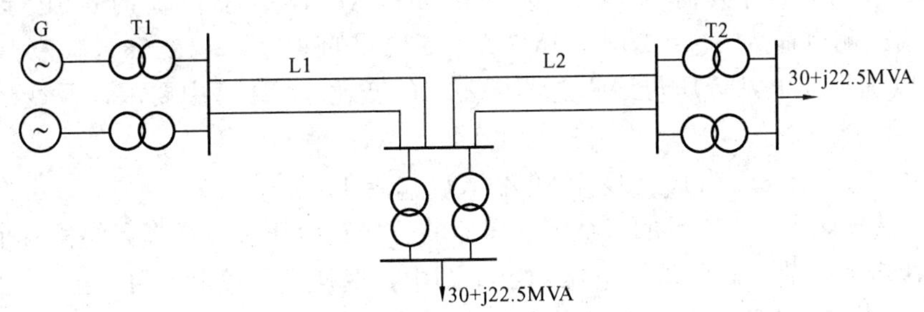

图4-24　110kV系统接线图

发电机G　2×50MW，10.5kV，$\cos\varphi=0.85$。

变压器T1　2×63MVA，10.5/121kV，$\Delta P_0=60\text{kW}$，$\Delta P_k=300\text{kW}$，$I_0\%=0.8$，$u_k\%=10.5$。

变压器T2、T3　2×20MVA，110/11kV，$\Delta P_0=22\text{kW}$，$\Delta P_k=135\text{kW}$，$I_0\%=0.8$，$u_k\%=10.5$。

线路L1　2×LGJ－150/20，40km；$r_1=0.21\Omega/\text{km}$，$x_1=0.405\Omega/\text{km}$，$b_1=2.81\times10^{-6}\text{s/km}$。

线路L2　2×LGJ－95/20，40km；$r_1=0.33\Omega/\text{km}$，$x_1=0.418\Omega/\text{km}$，$b_1=2.72\times10^{-6}\text{s/km}$。

试作无功功率平衡。

［**答案**：两个变电站各补偿$Q_c=8\text{Mvar}$无功功率］

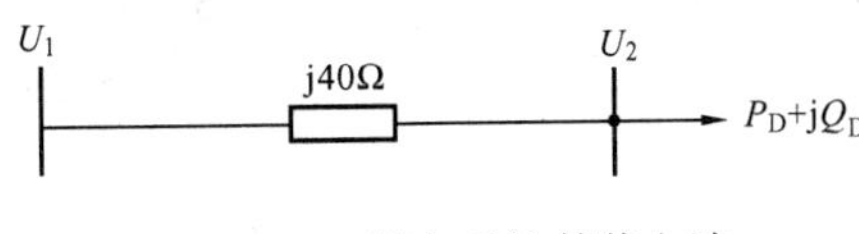

图4-25　输电系统等值电路

4-5　某输电系统的等值电路如图4-25所示。电源侧电压U_1维持115kV不变。负荷有功功率$P_D=40\text{MW}$保持恒定，负荷无功功率静态电压特性$Q_D=20\left(\dfrac{U_2}{110}\right)^2$。试根据无功功率平衡条件确定节点2的电压及电源送向负荷点的无功功率。

［**答案**：$U=107\text{kV}$，$Q_G=18.79\text{Mvar}$］

4-6　某升压变电站有一台容量为240MVA的变压器，电压为242±2×2.5%/

10.5kV。变电站高压母线电压最大负荷时为235kV，最小负荷时为226kV，变电站归算到高压侧的电压损耗最大负荷时为8kV，最小负荷时为4kV，变电站母线电压为逆调压，试选择变压器分接头电压。

［**答案**：选242－5%分接头，即U_{1t}＝229.9kV］

4-7　某一降压变压器，变比为110±2×2.5%/6.3kV，归算至高压侧的阻抗为Z_T＝2.44＋j40Ω，在最大负荷时，变压器通过的功率为24＋j10MVA，高压母线电压为112kV；在最小负荷时，变压器通过的功率为10＋j5MVA，高压母线电压为115kV。低压母线电压要求最大负荷时不低于6kV，最小负荷时不高于6.6kV。试选择变压器分接头。

［**答案**：选110kV主抽头，即U_{1t}＝110kV］

4-8　两台容量为31.5MVA的有载调压变压器并联运行于110/10kV的降压变电站，单台变压器归算至高压侧的等值阻抗为Z_T＝1.8＋j40.3Ω。变电站在最大负荷时高压母线电压为105kV，低压侧负荷为S_{max}＝40＋j30MVA；在最小负荷时高压母线电压为108.5kV，低压侧负荷为S_{min}＝20＋j15MVA。变压器的变比为110±8×1.25%/10.5kV。试求变压器以满足变电站低压母线为逆调压要求的变比。（计算中要求计及变压器功率损耗）。

［**答案**：U_{1tmax}＝99kV（110－8×1.29%），U_{1tmin}＝110kV］

4-9　试选择图4-26所示的三绕组变压器的分接头电压。变压器各绕组等值阻抗、中压和低压侧接带的负荷、高压母线电压均示于图中。变压器的变比为110±2×2.5%/38.5±2×2.5%/6.6kV，中压、低压母线的电压变化范围分别要求为35～38kV和6～6.5kV。（不计变压器功率损耗）

［**答案**：U_{1t}＝115.5kV，U_{2t}＝38.5kV］

4-10　10kV电力网如图4-27所示，已知网络各元件的最大电压损耗为：ΔU_{AB}＝2%，ΔU_{BC}＝6%，ΔU_{T1}＝3%，ΔU_{T2}＝3%。各变电站最大负荷为最小负荷的2倍，且变电站最大或最小负荷同时出现。变电站380V母线的允许电压偏移范围为＋2.5%～＋7.5%。试配合变压器分接头的选择决定对A点10kV母线的调压要求。

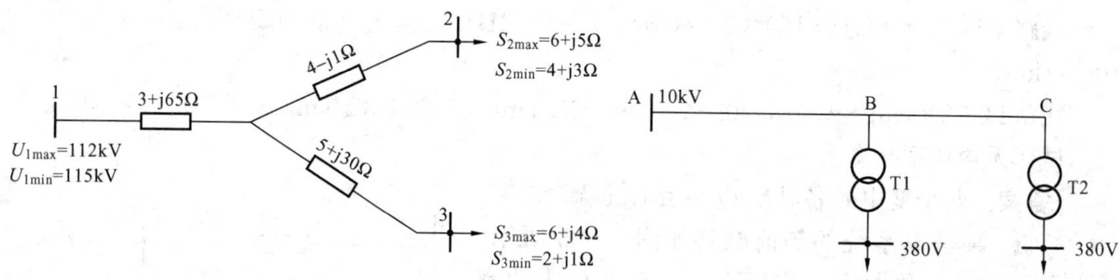

图4-26　三绕组变压器的分接头电压
（注：图1、2、3分别指高、中、低压侧）

图4-27　10kV电力网接线

［**答案**：变压器T1：U_{1t}＝10kV；变压器T2：U_{1t}＝9.5kV；U_{Amax}＝10.374kV，U_{Amin}＝10.276kV］

4-11　变电站A与B通过110kV环网与供电变电站C相连，如图4-28所示。线路参数如表4-3所示，变电站各数据如表4-4所示。变电站变压器为有载调压变压器，变比为 115±9×1.78%/11kV。变电站 C 的 110kV 母线电压 U_C 保持 125kV。试求变电站 A、B 满足其低压母线为 10.5kV 要求的变压器分接头电压。忽略变压器的励磁损耗。

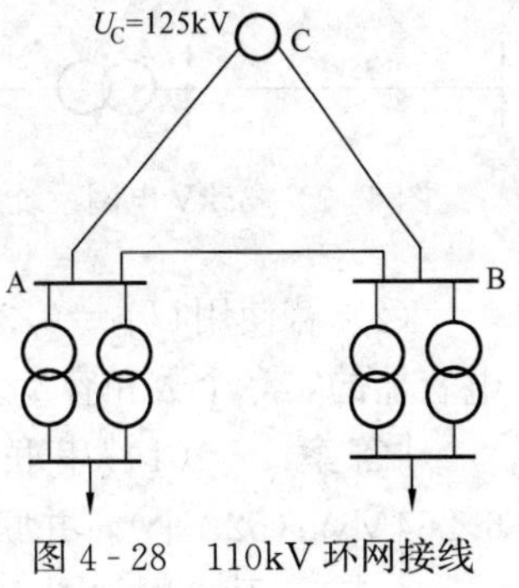

图 4-28　110kV 环网接线

表 4-3　　线 路 参 数

线　路	阻抗 Z (Ω)	导纳 $\frac{Y}{2}$ (S)
CA	13.5+j21.2	j0.8
CB	8.4+j16.7	j0.7
AB	11.25+j11	j0.4

表 4-4　　变 电 站 数 据

变电站	容量 (MVA)	变压器阻抗 (Ω/台)	低压侧负荷 (MVA)	变压器损耗 (MVA)
A	2×25	2.34+j51	30+j15	0.2+j1.8
B	2×16	4.02+j80	20+j15	0.1+j1.7

[**答案**：变电站 A：U_{1t}=121.13kV(115+3×1.78%)；变电站 B：U_{1t}=125.22kV(115+5×1.78%)]

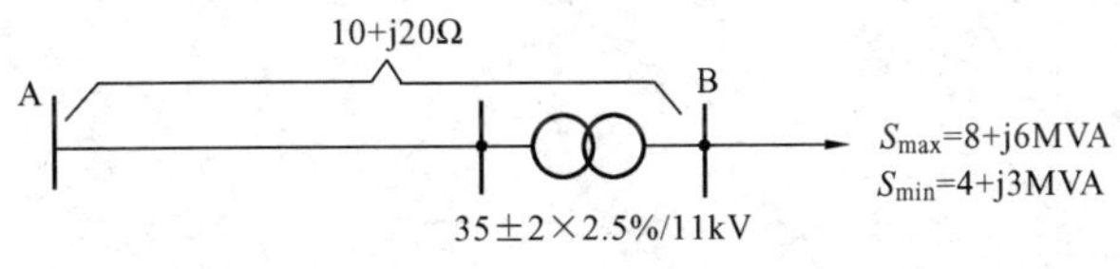

图 4-29　35kV 供电系统接线

4-12　如图 4-29 所示的供电系统，若 A 点电压保持 36kV 不变，B 点调压要求为 10.2kV≤U_B≤10.5kV，试配合选择变压器分接头电压确定并联补偿电容器的容量。不计变压器及线路的功率损耗。

[**答案**：Q_c=4Mvar]

4-13　某地区降压变电站，由双回 110kV、长 70km 的线路供电，导线参数 r_1=0.27Ω/km，x_1=0.416Ω/km。变电站装有两台容量为 31.5MVA、电压为 110±2×2.5%/11kV 的变压器，其短路电压百分值为 10.5。最大负荷时，变电站低压母线归算至高压侧的电压为 100.5kV；最小负荷时为 112.0kV。变电站低压母线允许电压偏移为+2.5%～+7.5%。当变电站低压母线上的补偿设备为 (1) 并联电容器；(2) 并联同步调相机时，分别确定补偿设备的最小容量。(α=0.5)

[**答案**：(1) Q_c=23Mvar (k=115.5/11kV)；(2) Q_c=15Mvar (k=112.75/11)]

4-14　某电源中心通过 110kV、长 80km 的单回线路向降压变电站供电。其线路阻抗为 21+j34Ω，在最大负荷为 22+j20MVA 运行时，要求线路电压降小于 6%。为此，线路上需串联电容器。若采用 0.66kV、40kvar 的单相电容器，求电容器的数量及设置的容量。(不计线路的功率损耗)

[**答案**：并联 m=3 个，串联 n=7 个，Q_c=2.52Mvar]

4-15　某 35kV 电网如图 4-30 所示。线路和变压器归算到 35kV 侧的阻抗为 Z_L=9.9+j12Ω，Z_T=1.3+j10Ω。变电站低压侧负荷为 8+j6MVA。线路始端电压保持 37kV，

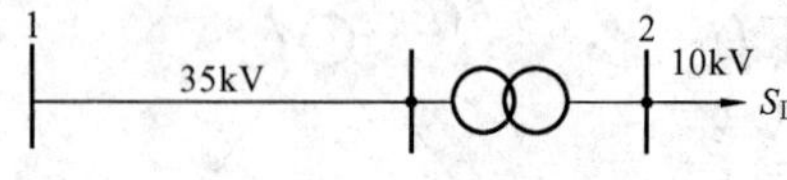

图 4-30　35kV 电网系统接线

变电站低压母线要求为 10.25kV。变压器变比为 35/10.5kV不调，试计算：

（1）采用串联电容器和并联电容器补偿调压两种情况下所需的最小补偿容量；

（2）若使用 U_{NC}＝6.3kV、Q_{NC}＝12kvar 的单相电容器，采用串联补偿和并联补偿所需电容器的实际个数和容量。(设并联电容器为星形接线)

[**答案**：　（1）串联补偿：4.902Mvar，并联补偿：1.585Mvar；　（2）串联补偿：6.264Mvar(522 个)，并联补偿：4.896Mvar(408 个)]

4-16　某电网如图 4-31 所示，元件参数为：

线路 l　长 20km，单位长度阻抗为 0.25＋j0.4Ω/km；

升压变压器 T1　S_N＝31.5MVA，ΔP_k＝120kW，u_k%＝10.5，变比为 10.5/121kV；

降压变压器 T2　S_N＝31.5MVA，ΔP_k＝120kW，u_k%＝10.5，变比为 110±2×2.5%/10.5kV；

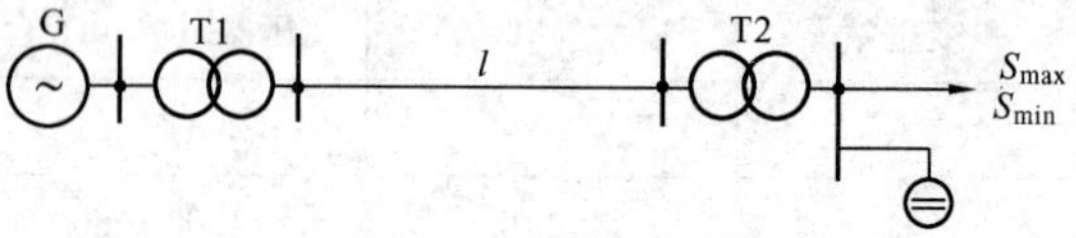

G　T1　l　T2　S_{max}　S_{min}

图 4-31　110kV 电网接线图

发电机机端电压为 10.2kV，负荷端要求为逆调压。为满足负荷端的调压要求，在负荷端装有调相机。最大负荷 S_{max}＝20＋j15MVA；最小负荷 S_{min}＝12＋j8MVA。请用牛顿-拉夫逊法计算全网在最大、最小负荷下的潮流分布情况，并结合选择 T2 变压器的分接头电压，确定调相机的工作容量。

第五章　电力系统经济运行

内　容　要　点

电力系统的经济运行，即是在保证整个系统安全、可靠供电和电能质量满足需求的前提下，努力提高电能生产和输送的效率，尽量降低供电的燃料消耗和供电成本。考核电力系统运行经济性的两个重要指标是煤耗率和网损率。

煤耗率是指每生产 1kW·h 电能所消耗的标准煤重，以 g/kW·h 为单位，而标准煤则是指含热量为 29.31MJ/kg 的煤。

网损率是指电力网中损耗的电能与向电力网供应的电能的百分比。

本章就是从降低煤耗率和网损率目标出发，从技术的角度分析实现电力系统的经济运行问题。

一、电力网络的电能损耗计算

电力网络的电能损耗主要包括：与电流平方成正比的变压器绕组和输电线路导线中的电能损耗；与运行电压有关的变压器铁心、电容器和电缆的绝缘介质以及电晕等的损耗。

（一）输电线路的电能损耗计算

设某段线路的等值电阻为 R，给定时段 T 内的功率和电压瞬时值为 $s(t)$、$v(t)$，该段线路在给定时期内的电能损耗为

$$\Delta A=\int_0^T \Delta p(t)\mathrm{d}t=\int_0^T \frac{s^2(t)}{v^2(t)}R\mathrm{d}t=\int_0^T 3i^2(t)R\mathrm{d}t \tag{5-1}$$

这是一个精确的计算公式，但 $s(t)$、$v(t)$ 或 $i(t)$ 很难用解析式给出。因此，将时段 T 分成步长为 Δt_i 的 n 等分，认为每段内功率、电压或电流为定值，然后用求和的方法近似计算

$$\Delta A\approx\sum_{i=1}^{n}\Delta P_i\Delta t_i=\sum_{i=1}^{n}\frac{S_i^2}{U_i^2}R\Delta t_i=\sum_{i=1}^{n}3I_i^2R\Delta t_i \tag{5-2}$$

式中　n——时段 T 内划分的步数；

Δt_i——第 i 个时段（h）时间；

ΔP_i、S_i、I_i——第 i 个时段对应的功率损耗、输送功率、输送电流。

事实上，即使是求和方法，计算也很复杂，特别在规划设计阶段负荷曲线未知的情况下，数据更为欠缺，计算更为粗略。下面介绍两种工程上常采用的简化方法。

1. 最大负荷损耗时间法

若线路中输送的功率一直保持最大负荷功率 S_{max}，在 τ_{max} 小时内的电能损耗恰好等于该线路全年的实际电能损耗，则称 τ_{max} 为最大负荷损耗时间。当最大负荷利用小时数 T_{max} 与功率因数 $\cos\varphi$ 已知时，可由表 5-1 查出 τ_{max}。这时该线路的年电能损耗为

$$\Delta A=\Delta P_{max}\tau_{max} \tag{5-3}$$

式中，ΔP_{max} 为最大负荷下线路的有功功率损耗。

表 5-1　　最大负荷损耗小时数 τ_{max} 与最大负荷的利用小时数 T_{max} 的关系

T_{max}（h）	τ_{max}（h）				
	$\cos\varphi=0.80$	$\cos\varphi=0.85$	$\cos\varphi=0.90$	$\cos\varphi=0.95$	$\cos\varphi=1.00$
2000	1500	1200	1000	800	700
2500	1700	1500	1250	1100	950
3000	2000	1800	1600	1400	1250
3500	2350	2150	2000	1800	1600
4000	2750	2600	2400	2200	2000
4500	3150	3000	2900	2700	2500
5000	3600	3500	3400	3200	3000
5500	4100	4000	3950	3750	3600
6000	4650	4600	4500	4350	4200
6500	5250	5200	5100	5000	4850
7000	5950	5900	5800	5700	5600
7500	6650	6600	6550	6500	6400
8000	7400	—	7350	—	7250

需要注意的是，如果线路上有几个负荷点时，如图 5-1 所示，则线路的总电能损耗就等于各段线路电能损耗之和，即

$$\Delta A=\left(\frac{S_1}{U_a}\right)^2 R_1\tau_{max1}+\left(\frac{S_2}{U_b}\right)^2 R_2\tau_{max2}+\left(\frac{S_3}{U_c}\right)^2 R_3\tau_{max3}$$

式中　S_1、S_2、S_3——各段最大负荷功率；

τ_{max1}、τ_{max2}、τ_{max3}——各段最大负荷损耗时间。

欲求各线段的 τ_{max1}、τ_{max2}、τ_{max3}，应先求出各段线路的 $\cos\varphi_1$、T_{max1}、$\cos\varphi_2$、T_{max2}、$\cos\varphi_3$、T_{max3}。计算式为

$$\cos\varphi_1=\frac{S_a\cos\varphi_a+S_b\cos\varphi_b+S_c\cos\varphi_c}{S_a+S_b+S_c}$$

$$\cos\varphi_2=\frac{S_b\cos\varphi_b+S_c\cos\varphi_c}{S_b+S_c}$$

$$\cos\varphi_3=\cos\varphi_c$$

$$T_{max1}=\frac{P_a T_{max\cdot a}+P_b T_{max\cdot b}+P_c T_{max\cdot c}}{P_a+P_b+P_c}$$

$$T_{max2}=\frac{P_b T_{max\cdot b}+P_c T_{max\cdot c}}{P_b+P_c}$$

$$T_{max3}=T_{max\cdot c}$$

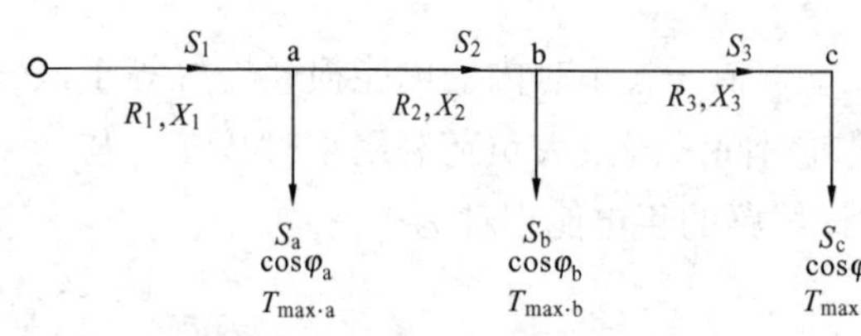

图 5-1　多个负荷点的供电线路

根据 $\cos\varphi_1$ 和 T_{max1}、$\cos\varphi_2$ 和 T_{max2}、$\cos\varphi_3$ 和 T_{max3} 查表 5-1 即可求出相应的 τ_{max1}、τ_{max2}、τ_{max3}。

用最大负荷损耗时间计算电能损耗精度十分低，仅适合系统规划设计阶段。

2. 等值功率法

若线路在给定的时段 T 内，通过电阻为 R 的线路供电的电流、有功功率、无功功率分别为 I_{eq}、P_{eq}、Q_{eq}，对应的 T 时段内的电能损耗恰好为该线路 T 时段内实际的电能损耗，即

$$\Delta A = 3\int_0^T i^2(t)R\mathrm{d}t = 3I_{eq}^2RT = \frac{P_{eq}^2 + Q_{eq}^2}{U^2}RT \tag{5-4}$$

则称 I_{eq}、P_{eq}、Q_{eq}为等值电流、等值有功功率、等值无功功率，利用它们求出线路电能损耗的方法称等值功率法。其中

$$I_{eq} = \sqrt{\frac{1}{T}\int_0^t i^2(t)\mathrm{d}t} \tag{5-5}$$

P_{eq}、Q_{eq}也有相同的表达式。工程计算中，I_{eq}、P_{eq}、Q_{eq}可用各自的平均值表示，即

$$\left.\begin{aligned} I_{eq} &= GI_{av} \\ P_{eq} &= KP_{av} \\ Q_{eq} &= LQ_{av} \end{aligned}\right\} \tag{5-6}$$

此时，电能损耗计算公式变为

$$\Delta A = \frac{RT}{U^2}(K^2P_{av}^2 + L^2Q_{av}^2) \tag{5-7}$$

$$K^2 = \frac{1}{2} + \frac{(1+\alpha)^2}{8\alpha} \tag{5-8}$$

式中，P_{av}、Q_{av}可用 T 时段内有功电量和无功电量 A_P、A_Q（这两个值可从电度表直接读取）求得，即 $P_{av}=\frac{A_P}{T}$，$Q_{av}=\frac{A_Q}{T}$；K、L 分别称为有功负荷曲线和无功负荷曲线的形状系数；α 为最小负荷率。L 与 K 的计算类似，当负荷功率因数不变时，L 与 K 相等。

等值功率法对原始数据要求不多，方法简单易懂，在已运行的系统中进行电能损耗计算是非常有效的。

（二）变压器的电能损耗计算

变压器的电能损耗由绕组的阻抗支路电阻消耗的电能和铁心的导纳（励磁）支路电导消耗的电能两部分构成。以最大负荷损耗时间法为例，双绕组变压器的年电能损耗应由下式计算

$$\Delta A_T = \Delta P_0 T + \Delta P_{max}\tau_{max} \tag{5-9(a)}$$

式中 ΔP_0——变压器的空载损耗，kW；

T——变压器的年运行小时数，h；

ΔP_{max}——最大负荷下变压器电阻消耗的有功功率，kW；

τ_{max}——最大负荷损耗时间，h，其求法与线路的 τ_{max}相同。

根据 $\Delta P=\Delta P_k\left(\frac{S}{S_N}\right)^2$（$S$ 表示变压器承担的负荷），式［5-9（a)］也可写成

$$\Delta A_T = \Delta P_0 T + \Delta P_k\left(\frac{S_{max}}{S_N}\right)^2\tau_{max} \tag{5-9(b)}$$

三绕组变压器的电能损耗计算式为

$$\Delta A_T = \Delta P_0 T + \Delta P_{k1}\left(\frac{S_1}{S_N}\right)^2\tau_{max1} + \Delta P_{k2}\left(\frac{S_2}{S_N}\right)^2\tau_{max2} + \Delta P_{k3}\left(\frac{S_3}{S_N}\right)^2\tau_{max3} \tag{5-10(a)}$$

式中 S_1、S_2、S_3——变压器一、二、三次侧承担的实际负荷；

τ_{max1}、τ_{max2}、τ_{max3}——变压器一、二、三次侧的最大负荷损耗时间；

ΔP_{k1}、ΔP_{k2}、ΔP_{k3}——变压器一、二、三次侧的等值短路损耗。

当变压器给出的参数为最大短路损耗 ΔP_{kmax}时，式［5-10（a）］可写成

$$\Delta A_T = \Delta P_0 T + \frac{1}{2}\Delta P_{kmax}\left[\left(\frac{S_1}{S_N}\right)^2\tau_{max1} + \left(\frac{S_2}{S_N}\right)^2\tau_{max2} + \left(\frac{S_3}{S_N}\right)^2\tau_{max3}\right] \quad [5-10(b)]$$

二、降低网损的技术措施

为了降低供电网的电能损耗，可采取各种技术措施和管理措施。主要的技术措施如下所述。

1. 提高用户的功率因数，减少输送的无功功率

提高用户的功率因数，首先要提高用户的自然功率因数。

用户的自然功率因数大约为 0.6～0.9。以占系统负荷大多数的异步电动机为例，其无功功率为

$$Q = Q_0 + (Q_N - Q_0)\left(\frac{P}{P_N}\right)^2 \quad (5-11)$$

式中 Q_0——电动机空载时的无功功率；

P_N、Q_N——电动机额定负荷时的有功功率和无功功率；

P——电动机实际输出的负荷功率；

$\frac{P}{P_N}$——负荷率（受载系数）。

由式（5-11）可见，电动机负荷率越低，功率因数越低。所以，防止电动机空载或轻载运行，是提高自然功率因数的重要措施。此外，在技术条件许可的情况下，可采用同步电动机代替异步电动机运行（前者可向系统输出无功功率）、用户中已运行的同步电动机过励运行等措施。

将负荷的自然功率因数尽可能提高后，才可以考虑就地补偿无功，人为提高用户的功率因数，以降低电网输送的无功功率。实现无功功率的就地补偿，不仅可改善电压质量，而且可以减少网络的有功损耗，提高电网运行的经济性。例如，线路的有功损耗为

$$\Delta P_L = \frac{P^2}{U^2\cos^2\varphi}R$$

如果将功率因数由 $\cos\varphi_1$ 提高到 $\cos\varphi_2$，线路中的功率损耗可降低

$$\delta P_L\% = \left[1 - \left(\frac{\cos\varphi_1}{\cos\varphi_2}\right)^2\right]\times 100 \quad (5-12)$$

当功率因数由 0.7 提高到 0.9 时，线路中的功率损耗可减少 39.5%。

2. 改善闭式网络的功率分布

在由非均一线路组成的闭式环网中，功率的自然分布不同于经济分布。电网的不均一程度越大，两者的差别越大。为了降低网损，对于环形网络，第一可以考虑开环运行，特别是低压配电网，但要注意合理选择开环点；第二在环网中引入环路电势进行潮流控制，使功率分布更接近经济分布。

3. 合理确定电力网的运行电压水平

35kV 及以上电力网，线路导线和变压器绕组的负荷功率损耗大于铁心中的不变功率损

耗。适当提高运行电压水平就可以使绕组的功率损耗降低，从而降低电网总的电能损耗；对6～10kV的农村配电网，变压器的铁损在配电网总损失中占60%～80%，甚至更高，适当降低运行电压水平以降低铁心的功率损耗。当然，改变运行电压水平，必须以电压偏移在允许范围内为前提。

4. 合理组织变压器的经济运行

在电力网中，变压器的损耗约占电网总损耗的50%左右。在多台变压器运行的变电站，合理组合运行是降低网损的一项重要措施。

如前所述，变压器的功率损耗有两部分，绕组损耗与负荷的平方成正比，铁心损耗与运行电压的平方成正比，后者基本不变，前者则随负荷的变化而变化。当变压器负荷率较高时前者占的比重较大，多台变压器并联运行有利于降低功率损耗；反之，当变压器负荷率较低时，停运若干台变压器有利于降低功率损耗。

变压器的运行台数 n 与功率损耗的关系为（设 n 台变压器容量相同）

$$\Delta P_{T(n)} = n\Delta P_0 + n\Delta P_k\left(\frac{S}{nS_N}\right)^2$$

图5-2示出了 n 台变压器并列运行和 $n-1$ 台变压器并列运行时，功率损耗随负荷功率变化的曲线，两条曲线有一个交点，交点处功率损耗大小相等，对应的负荷功率称为临界功率。即当 $\Delta P_{T(n)}=\Delta P_{T(n-1)}$ 时，可求出投入 n 台变压器运行或减为 $n-1$ 台变压器并列运行的临界负荷功率为

$$S_{cr} = S_N\sqrt{n(n-1)\frac{\Delta P_0}{\Delta P_k}} \quad (5-13)$$

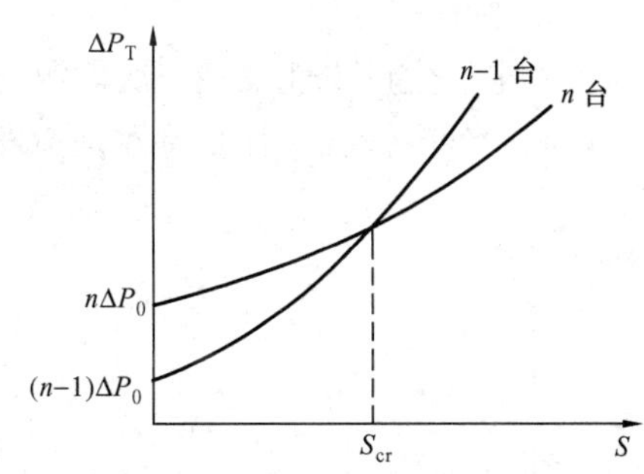

图5-2 并列运行变压器的损耗曲线

关于变压器的经济运行，需要注意以下三点：

（1）当变压器容量不同时，仍可利用 $\Delta P_{T(n)}=\Delta P_{T(n-1)}$ 求临界负荷功率。

（2）以上所指的变压器经济运行方式是以降低变压器有功损耗从而达到降低网损为目的。事实上，变压器在运行中无功损耗远大于有功损耗，如果在组织变压器经济运行时，既能降低有功损耗，又能降低无功损耗，则降损效果更为明显，且能减少系统无功补偿容量。此时变压器经济运行方式应以降低综合功率损耗为目标。n 台并列运行变压器的综合功率损耗为

$$\Delta P_{Tn} = n(\Delta P_0 + K\Delta Q_0) + n(\Delta P_k + K\Delta Q_k)\left(\frac{S}{nS_N}\right)^2 \quad (5-14)$$

式中，K 称为“无功经济当量”，即1kvar的无功损耗引起网络有功损耗的kW数。一般发电厂取0.02，变电站取0.1～0.15。

此时，仍以 $\Delta P_{T(n)} = \Delta P_{T(n-1)}$ 求取临界功率。

（3）对三绕组变压器，其综合功率损耗的表达式为

$$\Delta P_{Tn} = n(\Delta P_0 + K\Delta Q_0) + \frac{1}{n}\left[(\Delta P_{k1} + K\Delta Q_{k1})\left(\frac{S_1}{S_N}\right)^2 + (\Delta P_{k2} + K\Delta Q_{k2})\left(\frac{S_2}{S_N}\right)^2 + (\Delta P_{k3} + K\Delta Q_{k3})\left(\frac{S_3}{S_N}\right)^2\right] \quad [5-15\ (a)]$$

或

$$\Delta P_{\text{Tn}} = n(\Delta P_0 + K\Delta Q_0) + \frac{1}{2n}(\Delta P_{\text{kmax}} + K\Delta Q_{\text{kmax}}) \times \left[\left(\frac{S_1}{S_N}\right)^2 + \left(\frac{S_2}{S_N}\right)^2 + \left(\frac{S_3}{S_N}\right)^2\right] \quad [5\text{-}15\text{(b)}]$$

式中 S_1、S_2、S_3——n 台变压器一、二、三侧承担的负荷。

临界功率仍以 $\Delta P_{\text{T(n)}} = \Delta P_{\text{T(n-1)}}$ 求取。

最后需要指出，实际运行时，对一昼夜内多次大幅度变化的负荷，为避免频繁操作，不宜按上述临界功率来投切变压器。对季节性变化的负荷，按临界功率投切变压器则是切实可行的，但对供电可靠性的要求要作必要的分析和计算。

5. 对原有电网进行技术改造

为了满足日益增长的负荷需要，应对原有电网进行技术改造，例如增设电源点，提升线路电压等级，简化网络结构，减少变电层次，增大导线截面等，都可明显减少网络损耗。

三、电力系统有功功率负荷的经济分配

（一）火电厂间有功功率负荷的经济分配

1. 耗量特性

发电厂生产电能消耗一次能源的经济性，取决于各发电厂的耗量特性及有功功率在各发电厂间的分配情况。耗量特性是指发电厂或机组单位时间内输出有功功率与输入能源（火电厂为燃料，水电厂为水）之间的关系，如图 5-3 所示。

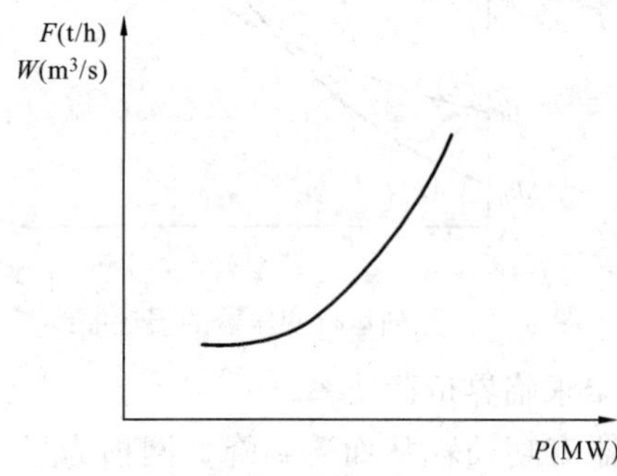

图 5-3 耗量特性

耗量特性曲线上某点的纵坐标与横坐标的比，即输入与输出之比称为比耗量 $u=\dfrac{F}{P}\left(或\dfrac{W}{P}\right)$，其倒数 $\eta=\dfrac{P}{F}\left(或\dfrac{P}{W}\right)$表示发电厂的效率。

耗量特性曲线上某点切线的斜率称为耗量微增率 $\lambda=\dfrac{\mathrm{d}F}{\mathrm{d}P}\left(或\dfrac{\mathrm{d}W}{\mathrm{d}P}\right)$，它表示在该点运行时输入增量与输出增量之比。

2. 等耗量微增率准则

有功功率负荷经济分配的基本思想是：在满足一定的约束条件下，各发电厂之间合理分配系统的有功功率负荷，使整个系统的燃料耗量最小。

设系统有 n 个火力发电厂节点，上述问题的基本形式为：

在满足约束条件

$$\sum_{i=1}^{n} P_{\text{G}i} - \Delta P_{\Sigma} - \sum_{i=1}^{n} P_{\text{D}i} = 0 \quad (5\text{-}16)$$

$$P_{\text{G}i\min} \leqslant P_{\text{G}i} \leqslant P_{\text{G}i\max} \quad [5\text{-}17\text{(a)}]$$

$$Q_{\text{G}i\min} \leqslant Q_{\text{G}i} \leqslant Q_{\text{G}i\max} \quad [5\text{-}17\text{(b)}]$$

$$U_{i\min} \leqslant U_i \leqslant U_{i\max} \quad [5\text{-}17\text{(c)}]$$

的情况下，目标函数

$$F = \sum_{i=1}^{n} F_i(P_{\text{G}i})$$

最小。

这是多元函数求条件极值的问题，可应用拉格朗日乘数法求解。为此，构造拉格朗日函数

$$L = F - \lambda\left(\sum_{i=1}^{n} P_{Gi} - \Delta P_{\Sigma} - \sum_{i=1}^{n} P_{Di}\right) \tag{5-18}$$

函数 L 取得极值的必要条件是

$$\frac{\partial L}{\partial P_{Gi}} = \frac{\partial F}{\partial P_{Gi}} - \lambda\left(1 - \frac{\partial \Delta P_{\Sigma}}{\partial P_{Gi}}\right) = 0 \tag{5-19}$$

当略去网损 ΔP_{Σ}时，式（5-19）变为

$$\frac{\mathrm{d}F_i}{\mathrm{d}P_{Gi}} - \lambda = 0 \tag{5-20}$$

或

$$\frac{\mathrm{d}F_i}{\mathrm{d}P_{Gi}} = \lambda \qquad (i = 1, 2 \cdots n) \tag{5-21}$$

这就是 n 个火电厂间负荷经济分配的等耗量微增率准则，即各电厂按相等的耗量微增率进行有功功率负荷分配消耗的能源最小。

当计及网损 ΔP_{Σ}时，式（5-19）可变为

$$\frac{\mathrm{d}F_i}{\mathrm{d}P_{Gi}} - \lambda\left(1 - \frac{\partial \Delta P_{\Sigma}}{\partial P_{Gi}}\right) = 0$$

或

$$\frac{\mathrm{d}F_i}{\mathrm{d}P_{Gi}} \times \frac{1}{\left(1 - \frac{\partial \Delta P_{\Sigma}}{\partial P_{Gi}}\right)} = \frac{\mathrm{d}F_i}{\mathrm{d}P_{Gi}} \alpha_i = \lambda \tag{5-22}$$

这就是经过网损修正后的等耗量微增率准则。式（5-22）也称为 n 个发电厂负荷经济分配的协调方程式。其中，α_i 称为网损修正系数，$\alpha_i = 1\Big/\left(1 - \frac{\partial \Delta P_{\Sigma}}{\partial P_{Gi}}\right)$；$\frac{\partial \Delta P_{\Sigma}}{\partial P_{Gi}}$称为网损微增率。

关于等耗量微增率准则的应用，需要注意以下三点：

（1）在应用等耗量微增率准则计算发电厂间经济分配时，暂不考虑不等式约束条件，待算出结果后，再按式［5-17（a）］进行校验。对于越限的发电厂，可按其限值分配负荷。至于约束条件式［5-17（b）］、式［5-17（c）］可留在有功功率负荷已基本确定以后的潮流计算中再作处理。

（2）应用等耗量微增率准则计算多个发电厂间的经济分配时，一般是通过迭代的方式求解的。方法为：

1）根据耗量特性建立数学模型

$$P_{Gi} = \alpha_i + \beta_i \lambda + \gamma_i \lambda^2 + \cdots$$

其中，α_i、β_i、γ_i……已知。

2）设耗量微增率初值 $\lambda^{(0)}$。

3）求与 $\lambda^{(0)}$ 对应的 $P_{Gi}^{(0)}$。

4）检验求得的 $P_{Gi}^{(0)}$ 是否满足等约束条件

$$\sum_{i=1}^{n} P_{Gi}^{(0)} - \sum_{i=1}^{n} P_{Di} = 0$$

5）如不能满足，则$\sum P_{Gi} > \sum P_{Di}$时，取 $\lambda^{(1)} < \lambda^{(0)}$；当$\sum P_{Gi} < \sum P_{Di}$时，取 $\lambda^{(1)} > \lambda^{(0)}$，

自第二步开始重新计算。

6）循环计算，直至满足约束条件 $\sum_{i=1}^{n} P_{Gi}^{(k)} - \sum_{i=1}^{n} P_{Di} = 0$

（3）在应用经网损修正后的等耗量微增率准则时，由于各发电厂在网络中所处的位置不同，各厂的网损微增率不同，当 $\frac{\partial \Delta P_{\Sigma}}{\partial P_{Gi}} > 0$ 时，$\alpha_i > 1$，即发电厂 i 出力增加会引起网损的增加，这时 $\frac{dF_i}{dP_{Gi}}$ 应取较小的值；$\frac{\partial \Delta P_{\Sigma}}{\partial P_{Gi}} < 0$ 时，$\alpha_i < 1$，即发电厂 i 出力增加会引起网损的减少，这时 $\frac{dF_i}{dP_{Gi}}$ 应取较大的值。

（二）水、火电厂间有功功率负荷的经济分配

为了简化分析，设有功功率负荷的经济分配局限于一个火力发电厂和一个水电厂，并略去网络损耗，且不计水电厂水头变化（即认为耗量特性不变）。水电厂的特点是在较短运行周期（一日、一周或一月）内总发电用水量 W_{Σ} 为定值。水、火电间经济分配的基本思想是：在给定的运行周期 T 内，在满足一定的约束条件下，合理分配水、火电厂的负荷，使全系统火电厂总燃料耗量最小。

设 P_T、$F(P_T)$ 表示火电厂的功率和耗量特性；P_H、$W(P_H)$ 表示水电厂的功率和耗量特性。上述问题的基本形式为：在满足等式约束条件（不等式约束条件只用作校验）

$$P_H(t) + P_T(t) - P_D(t) = 0 \tag{5-23}$$

$$\int_0^T W[P_H(t)]dt = W_{\Sigma} \tag{5-24}$$

的情况下，目标函数

$$F_{\Sigma} = \int_0^T F[P_T(t)]dt \tag{5-25}$$

最小。

仍然用拉格朗日乘数法进行处理。将时段 T 分隔成 S 个更短的时间段，任一时段 Δt_k 内 P_T、P_H、P_D 不变，则式（5-23）、式（5-24）变为

$$P_{H\cdot k} + P_{T\cdot k} - P_{D\cdot k} = 0 \qquad (k = 1,2,\cdots s) \tag{5-26}$$

$$\sum_{k=1}^{s} W(P_{H\cdot k})\Delta t_k = W_{\Sigma} \tag{5-27}$$

式（5-25）则变为

$$F_{\Sigma} = \sum_{k=1}^{s} F(P_{T\cdot k})\Delta t_k \tag{5-28}$$

相应的拉格朗日函数为

$$L = \sum_{k=1}^{s} F(P_{T\cdot k})\Delta t_k - \sum_{k=1}^{s} \lambda_k (P_{H\cdot k} + P_{T\cdot k} - P_{Dk})\Delta t_k + \gamma\left[\sum_{k=1}^{s} W(P_{H\cdot k})\Delta t_k - W_{\Sigma}\right]$$

式中，λ_1，$\lambda_2 \cdots \lambda_s$、$\gamma$ 均为拉格朗日乘数。L 取得最小值的条件为

$$\frac{\partial L}{\partial P_{T\cdot k}} = 0;\ \frac{\partial L}{\partial P_{H\cdot k}} = 0;\ \frac{\partial L}{\partial \lambda_k} = 0;\ \frac{\partial L}{\partial \gamma} = 0$$

即可得到

$$\frac{dF_k}{dP_{T\cdot k}} = \gamma \frac{dW_k}{dP_{H\cdot k}} = \lambda_k \tag{5-29}$$

$$P_{\mathrm{T}\cdot k}+P_{\mathrm{H}\cdot k}-P_{\mathrm{D}\cdot k}=0 \tag{5-30}$$

$$\sum_{k=1}^{s}W_k\Delta t_k=W_{\Sigma} \tag{5-31}$$

如果时间段 Δt_k 取得足够短，式（5-29）也可表示任何瞬间水、火电间经济分配的条件，它可以改写为

$$\frac{\mathrm{d}F}{\mathrm{d}P_{\mathrm{T}}}=\gamma\frac{\mathrm{d}W}{\mathrm{d}P_{\mathrm{H}}}=\lambda_k \tag{5-32}$$

这就是水、火电厂间经济分配的等耗量微增率准则。其中 γ 又称为水煤换算系数。

需要注意的是，应用等耗量微增率准则计算水、火电间的经济分配时，应适当选取 γ 的数值。γ 一般与水电厂在指定运行期内给定的用水量有关，丰水期给定用水量较多，水电厂可以多带负荷，γ 应取较小值，此时水耗量微增率就较大；反之，在枯水期给定用水量较少，水电厂应少带负荷，γ 应取较大值，此时水耗量微增率较小。γ 的取值应使给定用水量在运行期正好用完。

具体的计算步骤为：

1）给定初值 $\gamma^{(0)}$。

2）求与 $\gamma^{(0)}$ 对应的、各个不同时刻的有功功率负荷最优分配方案。

3）计算与分配方案对应的耗水量 $W_{\Sigma}^{(0)}$，并判断是否满足

$$W_{\Sigma}^{(0)}=W_{\Sigma}$$

4）若不满足，当 $W_{\Sigma}^{(0)}>W_{\Sigma}$，取 $\gamma^{(1)}>\gamma^{(0)}$；当 $W_{\Sigma}^{(0)}<W_{\Sigma}$，取 $\gamma^{(1)}<\gamma^{(0)}$，自第二步重新计算。

5）循环计算，直至满足 $W_{\Sigma}^{(k)}=W_{\Sigma}$。

四、电力系统无功功率的经济分配

（一）无功功率负荷的经济分配

无功功率的产生不消耗能源，但无功功率的传输则会产生有功功率损耗。电力系统的经济运行，首先要求各发电厂间实现有功功率负荷的经济分配，在有功负荷分配确定的前提下，调整各个无功电源之间的负荷分配，使有功网损达到最小。这就是无功功率经济分配的目标。

设系统有 n 个无功功率电源节点，上述问题的基本形式为：在满足约束条件

$$\sum_{i=1}^{n}Q_{\mathrm{G}i}-\Delta Q_{\Sigma}-\sum_{i=1}^{n}Q_{\mathrm{D}i}=0 \tag{5-33}$$

$$Q_{\mathrm{G}i\min}\leqslant Q_{\mathrm{G}i}\leqslant Q_{\mathrm{G}i\max} \tag{5-34}$$

$$U_{i\min}\leqslant U_i\leqslant U_{i\max} \tag{5-35}$$

的情况下，目标函数

$$\Delta P_{\Sigma}=\Delta P_{\Sigma}(Q_{\mathrm{G1}},Q_{\mathrm{G2}}\cdots Q_{\mathrm{G}n})$$

最小。

应用拉格朗日乘数法，构造拉格朗日函数

$$L=\Delta P_{\Sigma}-\lambda\left(\sum_{i=1}^{n}Q_{\mathrm{G}i}-\Delta Q_{\Sigma}-\sum_{i=1}^{n}Q_{\mathrm{D}i}\right)$$

函数 L 取得极值的必要条件是

$$\frac{\partial L}{\partial Q_{Gi}}=\frac{\partial \Delta P_{\Sigma}}{\partial Q_{Gi}}-\lambda\left(1-\frac{\partial \Delta Q_{\Sigma}}{\partial Q_{Gi}}\right)=0 \tag{5-36}$$

当略去网损 ΔQ_{Σ}时，式（5-36）变为

$$\frac{\partial \Delta P_{\Sigma}}{\partial Q_{Gi}}=\lambda \qquad (i=1, 2\cdots n)$$

这就是 n 个无功电源间负荷经济分配的等网损微增率准则，即各无功电源按相等的网损微增率分配负荷有功网损最小。

当计及网损 ΔQ_{Σ}时，式（5-36）变为

$$\frac{\partial \Delta P_{\Sigma}}{\partial Q_{Gi}}\times\frac{1}{\left(1-\dfrac{\partial \Delta Q_{\Sigma}}{\partial Q_{Gi}}\right)}=\frac{\partial \Delta P_{\Sigma}}{\partial Q_{Gi}}\beta_i=\lambda \tag{5-37}$$

这就是经网损修正过的等网损微增率准则。式中 β_i 称为无功网损修正系数，$\beta_i=1\bigg/\left(1-\dfrac{\partial \Delta Q_{\Sigma}}{\partial Q_{Gi}}\right)$。

需要提出的是，对式（5-34）、式（5-35）的不等式约束条件的处理与有功功率负荷经济分配的情况相同。

（二）无功功率补偿电源的经济配置

无功功率负荷的经济分配问题可理解为在现有无功电源间经济分配系统负荷的问题。在实际中，还会遇到另一类问题，即哪些节点需要设置无功补偿电源、设置多大容量的无功电源才最经济——无功功率补偿的经济配置。当然，确定经济配置后，这些无功补偿电源又如何分配负荷才最经济，则为等网损微增率准则要解决的问题。

无功功率补偿电源经济配置的基本思想是在节点 i 设置补偿容量 Q_{ci}，应使因电能损耗减少而节约的年运行费用大于相应的与投资有关的年支出费用，并使其达到最大，因而补偿 Q_{ci} 获得最大的经济效益。

上述问题的基本形式为：在节点 i 设置补偿设备 Q_{ci}，所取得的费用节约为

$$\Delta C_{ei}(Q_{ci})=C_{ei}(Q_{ci})-C_{di}(Q_{ci})$$

式中，$C_{ei}(Q_{ci})$ 为每年节约了的电能损耗费；$C_{di}(Q_{ci})$ 为每年支出的费用。

可见，无功补偿容量只应配置给 $\Delta C_{ei}>0$ 的节点，而不应配置给 $\Delta C_{ei}<0$ 的节点。而为了取得最大的经济效益，应按

$$\frac{\partial \Delta C_{ei}(Q_{ci})}{\partial Q_{ci}}=0$$

即

$$\frac{\partial C_{ei}(Q_{ci})}{\partial Q_{ci}}=\frac{\partial C_{di}(Q_{ci})}{\partial Q_{ci}}=k_c \tag{5-38}$$

来确定应配置的补偿容量。

经济的补偿容量确定后（工程中，有时也会给定补偿容量），须利用等网损微增率准则寻求补偿容量的经济分配方案。需要指出的是，如果经济分配方案不满足节点的调压要求时，相应节点应按调压要求配置补偿容量，而其余补偿点仍按等网损微增率分配补偿容量。

例　题　分　析

【例 5-1】 某 10kV 配电系统如图 5-4 所示，两条线路电阻均为 1Ω，日负荷曲线如图 5-5所示，负荷功率因数 $\cos\varphi=0.8$。设全年功率因数和日负荷曲线不变，试分别利用负荷曲线和最大负荷损耗时间法计算年电能损耗。

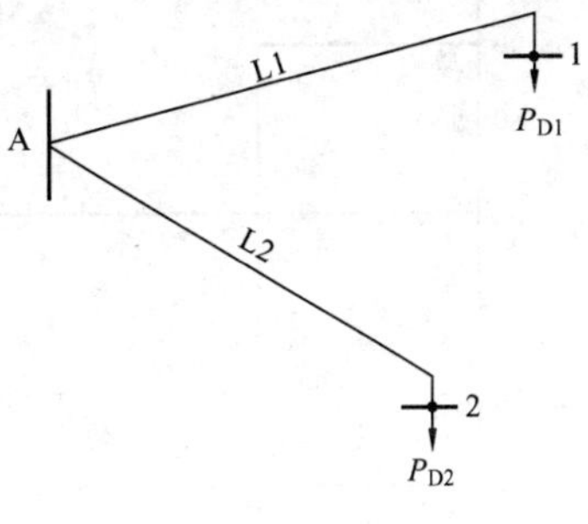

图 5-4　10kV 配电系统

解　最大负荷下的有功功率损耗

$$\Delta P_{L1max}=\frac{P_{D1max}^2+Q_{D1max}^2}{U_N^2}R=\frac{2^2+(2\times\tan\varphi)^2}{10^2}\times 1$$
$$=0.0625(MW)$$

$$\Delta P_{L2max}=\frac{P_{D2max}^2+Q_{D2max}^2}{U_N^2}R=\frac{1^2+(1\times\tan\varphi)^2}{10^2}\times 1$$
$$=0.015625(MW)$$

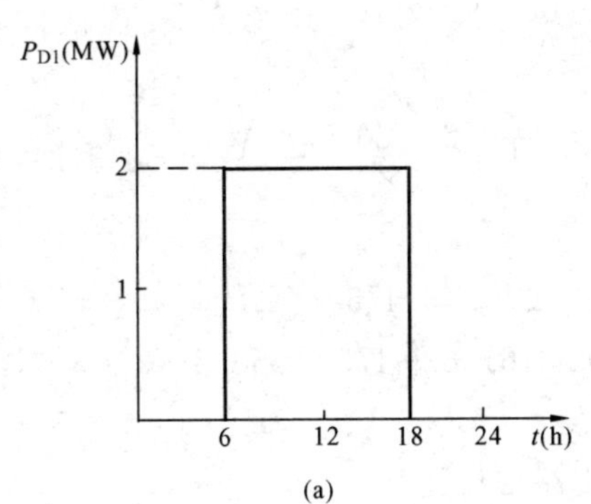

(a)

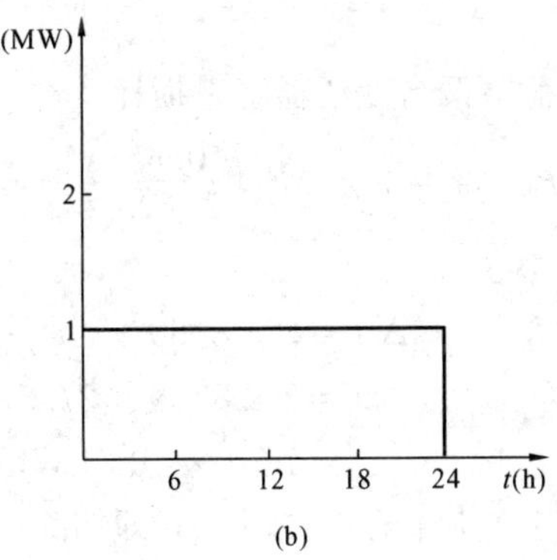

(b)

图 5-5　日负荷曲线

利用日负荷曲线进行电能损耗计算

$$\Delta A=\Delta A_{L1}+\Delta A_{L2}$$
$$=365\times 12\times\Delta P_{L1max}+365\times 24\times\Delta P_{L2max}$$
$$=365\times 12\times 0.0625+365\times 24\times 0.015625$$
$$=273.75+136.875=410.625(MWh)$$

利用最大负荷损耗时间法进行计算：

线路 L1 年输送电能 $A_{L1}=365\times 12\times P_{D1max}=8760MWh$，对应的 $T_{max1}=\frac{A_{L1}}{P_{max}}=4380h$，查表 5-1 得 $\tau_{max1}\approx 3060h$。

线路 L2 年输送电能 $A_{L2}=365\times 24\times P_{D2max}=8760MWh$，对应的 $T_{max2}=\frac{A_{L2}}{P_{max}}=8760h$，显然 $\tau_{max2}=8760h$

所以有

$$\Delta A=\Delta A_{L1}+\Delta A_{L2}=\Delta P_{L1max}\tau_{max1}+\Delta P_{L2max}\tau_{max2}$$

$$=0.0625\times3060+0.015625\times8760=191.25+136.875$$
$$=328.125(\text{MWh})$$

可见，最大负荷损耗时间法精度较低。

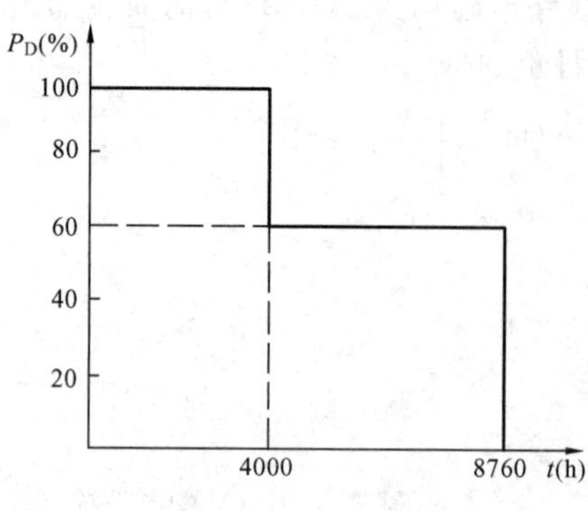

图 5-6 年负荷曲线

【例 5-2】 某变电站两台容量为 20MVA、变比为 110/11 的降压变压器并列运行，其最大负荷为 30MW，$\cos\varphi=0.85$，变压器的参数 $\Delta P_k=104\text{kW}$，$\Delta P_0=27.5\text{kW}$，年负荷曲线如图 5-6 所示，求下列情况下变压器的电能损耗。

（1）两台变压器全年并列运行；

（2）当负荷降至 60%时，立即切除一台变压器运行。

解 （1）两台变压器全年并列运行。

最大负荷下两台变压器绕组的损耗为

$$\Delta P_{max}=2\times\Delta P_k\left(\frac{S}{2S_N}\right)^2=2\times104\times\left(\frac{30/0.85}{2\times20}\right)^2=161.8(\text{kW})$$

在 60%负荷下两台变压器绕组损耗

$$\Delta P_{max\cdot60}=2\times\Delta P_k\left(\frac{0.6S}{2\times S_N}\right)^2=2\times104\times\left(\frac{0.6\times30/0.85}{2\times20}\right)^2=58.3(\text{kW})$$

全年电能损耗

$$\begin{aligned}\Delta A&=2\times8760\times\Delta P_0+4000\times\Delta P_{max}+4760\times\Delta P_{max\cdot60}\\&=2\times8760\times27.5+4000\times161.8+4760\times58.3\\&=14.1\times10^5(\text{kWh})\end{aligned}$$

（2）当负荷降至 60%时，立即切除一台变压器运行。

这时，最大负荷的损耗不变，而在 60%最大负荷下一台变压器的损耗为

$$\Delta P'_{max\cdot60}=\Delta P_k\left(\frac{0.6S}{S_N}\right)^2=104\left(\frac{0.6\times30/0.85}{20}\right)^2=116.6(\text{kW})$$

全年电能损耗

$$\begin{aligned}\Delta A'&=4000(\Delta P_{max}+2P_0)+4760(\Delta P'_{max\cdot60}+P_0)\\&=4000(161.8+2\times27.5)+4760(116.6+27.5)\\&=15.5\times10^5(\text{kWh})\end{aligned}$$

可见，第一种运行方式比第二种方式节能 1.4×10^5kWh。事实上，由式（5-12）可求出临界负荷功率

$$S_{cr}=S_N\sqrt{n(n-1)\frac{\Delta P_0}{\Delta P_k}}=20\sqrt{2\times1\times\frac{27.5}{104}}=14.5(\text{kVA})$$

而负荷降低至 60%的最大负荷（$0.6\times30/0.85=21$kVA）大于 S_{cr}，即两台变压器运行更经济。

【例 5-3】 图 5-7 所示为某 35kV 供电网络。输电线路参数为：$l=15$km，$r_1=0.28\Omega$/km，$x_1=0.43\Omega$/km；单台变压器参数：$S_N=7.5$MVA，$\Delta P_0=24$kW，$\Delta P_k=75$kW，$u_k\%=7.5$，$I_0\%=3.5$。变压器低压侧最大负荷 $P_D=10$MW，$\cos\varphi=0.9$，最大负荷利用小

时数为 $T_{max}=4500h$。试求线路及变压器中全年的电能损耗。（略去线路导纳支路）

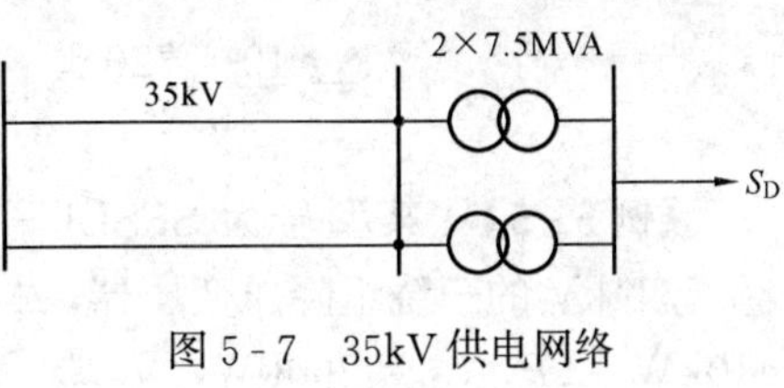

图 5-7　35kV 供电网络

解　最大负荷下变压器绕组的功率损耗

$$\Delta S_T=\Delta P_T+j\Delta Q_T=2\left(\Delta P_k+j\frac{u_k\%}{100}S_N\right)\left(\frac{S}{2S_N}\right)^2$$

$$=2(75+j\frac{7.5}{100}\times 7500)\left(\frac{10/0.9}{2\times 7.5}\right)^2$$

$$=82.2+j617(kVA)$$

变压器的铁心功率损耗

$$\Delta S_0=2\left(\Delta P_0+j\frac{I_0\%}{100}S_N\right)$$

$$=2\left(24+j\frac{3.5}{100}\times 7500\right)=48+j525(kVA)$$

线路末端功率

$$S_1=S_D+\Delta S_T+\Delta S_0$$

$$=10+j4.843+0.082+j0.617+0.048+j0.525$$

$$=10.13+j5.985(MVA)$$

线路上的有功损失

$$\Delta S_L=\Delta P_L+j\Delta Q_L=\frac{10.13^2+5.985^2}{35^2}\left(\frac{1}{2}\times 0.28\times 15+j\frac{1}{2}\times 0.43\times 15\right)$$

$$=0.237+j0.364(MVA)$$

已知 $T_{max}=4500h$ 和 $\cos\varphi=0.9$，从表 5-1 查得 $\tau_{max}=2900h$，则变压器全年投入运行时的电能损耗

$$\Delta A=\Delta A_T+\Delta A_L=(2\Delta P_0\times 8760+\Delta P_T\times 2900)+\Delta P_L\times 2900$$

$$=(2\times 24\times 8760+82.2\times 2900)+237\times 2900$$

$$=13.4\times 10^5(kWh)$$

【例 5-4】　某元件的电阻为 10Ω，在 720h 内通过的电量为 $A_p=80200kW\cdot h$ 和 $A_Q=40100kvar\cdot h$，最小负荷率 $\alpha=0.4$，平均运行电压为 10.3kV，假定功率因数不变，求该元件的电能损耗。

解　通过该元件的平均功率

$$P_{av}=\frac{A_p}{T}=\frac{80200}{720}=111.4(kW)$$

$$Q_{av}=\frac{A_Q}{T}=\frac{40100}{720}=55.7(kvar)$$

当 $\alpha=0.4$ 时，形状系数的平均值

$$K=L=\sqrt{\frac{1}{2}+\frac{(1+0.4)^2}{8\times 0.4}}=1.055$$

则该元件的电能损耗

$$\Delta A=\frac{RT}{U^2}(K^2P_{av}^2+L^2Q_{av}^2)\times 10^{-3}$$

$$= \frac{10 \times 720}{10.3^2} \times 1.055^2 \times (111.4^2 + 55.7^2) \times 10^{-3} = 1171.77(\text{kW} \cdot \text{h})$$

【例 5 - 5】 某型号为 SFSL1－63000/110、容量比为 100/100/100、额定变比为 110/38.5/11kV 的三绕组降压变压器，$\Delta P_0 = 84\text{kW}$，$I_0\% = 2.5$，$\Delta P_{k(1-2)} = 410\text{kW}$，$\Delta P_{k(1-3)} = 410\text{kW}$，$\Delta P_{k(2-3)} = 260\text{kW}$，$u_{k(1-2)}\% = 10.5$，$u_{k(1-3)}\% = 18$，$u_{k(2-3)}\% = 6.5$。35kV 侧负荷为$S_{2max} = 36 + j27\text{MVA}$，$T_{max} = 4500\text{h}$；10kV 侧负荷为$S_{3max} = 10 + j6\text{MVA}$，$T_{max} = 4000\text{h}$。试进行下列计算：

（1）用最大负荷损耗时间法计算变压器的电能损耗；

（2）用等值功率法计算变压器的电能损耗，此时负荷功率因数不变，最小负荷率均为$\alpha = 0.42$，负荷同时率为 1。

解 （1）用最大负荷损耗时间法

参数计算为

$$\Delta P_{k1} = \frac{1}{2}(410 + 410 - 260) = 280(\text{kW}) \qquad R_1 = \frac{\Delta P_{k1} U_N^2}{1000 S_N^2} = 0.854(\Omega)$$

$$\Delta P_{k2} = \frac{1}{2}(410 + 260 - 410) = 130(\text{kW}) \qquad R_2 = \frac{\Delta P_{k2} U_N^2}{1000 S_N^2} = 0.396(\Omega)$$

$$\Delta P_{k3} = \frac{1}{2}(410 + 260 - 410) = 130(\text{kW}) \qquad R_3 = \frac{\Delta P_{k3} U_N^2}{1000 S_N^2} = 0.396(\Omega)$$

$$U_{k1}\% = \frac{1}{2}(10.5 + 18 - 6.5) = 11$$

$$U_{k2}\% = \frac{1}{2}(10.5 + 6.5 - 18) = -0.5$$

$$U_{k3}\% = \frac{1}{2}(18 + 6.5 - 10.5) = 7$$

$$\Delta Q_{k1} = \frac{U_{k1}\%}{100} S_N = 6.93 \times 10^3(\text{kvar})$$

$$\Delta Q_{k2} = \frac{U_{k2}\%}{100} S_N = -0.315 \times 10^3(\text{kvar})$$

$$\Delta Q_{k3} = \frac{U_{k3}\%}{100} S_N = 4.41 \times 10^3(\text{kvar})$$

$$\Delta Q_0 = \frac{I_0\%}{100} S_N = \frac{2.5}{100} \times 63 = 1.58 \times 10^3(\text{kvar})$$

$$S_{3max} = \sqrt{10^2 + 6^2} = 11.65(\text{MVA})$$

$$S_{2max} = \sqrt{36^2 + 27^2} = 45(\text{MVA})$$

$$S_{1max} = \sqrt{46^2 + 33^2} = 56.65(\text{MVA})$$

查表 5 - 1 可得 $\tau_{max3} = 2600\text{h}$，$\tau_{max2} = 3150\text{h}$，则

$$T_{max1} = \frac{P_{2max} T_{max3} + P_{3max} T_{max3}}{P_{2max} + P_{3max}} = \frac{36 \times 4500 + 10 \times 4000}{46} = 4390(\text{h})$$

$$\cos\varphi_1 = \frac{S_{2max}\cos\varphi_2 + S_{3max}\cos\varphi_3}{S_{2max} + S_{3max}} = \frac{45 \times 0.8 + 11.65 \times 0.86}{56.65} = 0.81$$

查表 5 - 1，得 $\tau_{max1} \approx 3000\text{h}$。

电能损耗计算：

当不计无功损耗对有功损耗的影响时，利用式［5 - 10（a）］可得

$$\Delta A_{\mathrm{T}}=\left[\Delta P_0 T+\Delta P_{\mathrm{k1}}\left(\frac{S_1}{S_{\mathrm{N}}}\right)^2\tau_{\max1}+\Delta P_{\mathrm{k2}}\left(\frac{S_2}{S_{\mathrm{N}}}\right)^2\tau_{\max2}+\Delta P_{\mathrm{k3}}\left(\frac{S_3}{S_{\mathrm{N}}}\right)^2\tau_{\max3}\right]$$

$$=\left[84\times8760+280\times\left(\frac{56.65}{63}\right)^2\times3000+130\times\left(\frac{45}{63}\right)^2\times3150+130\times\left(\frac{11.65}{63}\right)^2\times2600\right]$$

$$=1.635524\times10^6(\mathrm{kW\cdot h})$$

当计及无功损耗对有功损耗的影响时，有

$$\Delta A_{\mathrm{T}}=(\Delta P_0+K\Delta Q_0)T+\left[(\Delta P_{\mathrm{k1}}+K\Delta Q_{\mathrm{k1}})\left(\frac{S_1}{S_{\mathrm{N}}}\right)^2\tau_{\max1}+(\Delta P_{\mathrm{k2}}+K\Delta Q_{\mathrm{k2}})\left(\frac{S_2}{S_{\mathrm{N}}}\right)^2\tau_{\max2}+(\Delta P_{\mathrm{k3}}+K\Delta Q_{\mathrm{k3}})\left(\frac{S_3}{S_{\mathrm{N}}}\right)^2\tau_{\max3}\right]$$

取 $K=0.1$，则

$$\Delta A_{\mathrm{T}}=(84+0.1\times1.58\times10^3)\times8760+\left[(280+0.1\times6.93\times10^3)\times\left(\frac{56.65}{63}\right)^2\times3000+[130+0.1\times(-0.315\times10^3)]\times\left(\frac{45}{63}\right)^2\times3150+(130+0.1\times4.41\times10^3)\times\left(\frac{11.65}{63}\right)^2\times2600\right]$$

$$=4.689212\times10^6(\mathrm{kW\cdot h})$$

（2）用等值功率法（计算变压器铜耗）

$$\Delta A'_{\mathrm{T}}=\Delta A'_{\mathrm{T1}}+\Delta A'_{\mathrm{T2}}+\Delta A'_{\mathrm{T3}}\qquad K^2=\frac{1}{2}+\frac{(1+\alpha)^2}{8\alpha}=1.1$$

$$\Delta A'_{\mathrm{T1}}=\frac{R_1TK^2}{U^2}(P_{\mathrm{av1}}^2+Q_{\mathrm{av1}}^2)\times10^{-3}$$

$$=\frac{R_1TK^2}{U^2}\left[\left(\frac{A_{\mathrm{P1}}}{T}\right)^2+\left(\frac{A_{\mathrm{Q1}}}{T}\right)^2\right]\times10^{-3}$$

$$=\frac{R_1K^2}{TU^2}(P_{1\max}^2T_{\max1}^2+Q_{1\max}^2T_{\max1}^2)\times10^{-3}$$

$$=\frac{0.854\times1.1}{8760\times110^2}(46^2\times4390^2\times10^6+33^2\times4390^2\times10^6)\times10^{-3}$$

$$=546452(\mathrm{kW\cdot h})$$

$$\Delta A'_{\mathrm{T2}}=\frac{R_2K^2}{TU^2}(P_{2\max}^2T_{\max2}^2+Q_{2\max}^2T_{\max2}^2)\times10^{-3}$$

$$=\frac{0.396\times1.1}{8760\times110^2}(36^2\times4500^2\times10^6+27^2\times4500^2\times10^6)\times10^{-3}$$

$$=168510(\mathrm{kW\cdot h})$$

$$\Delta A'_{\mathrm{T3}}=\frac{R_3K^2}{TU^2}(P_{3\max}^2T_{\max3}^2+Q_{3\max}^2T_{\max3}^2)\times10^{-3}$$

$$=\frac{0.396\times1.1}{8760\times110^2}(10^2\times4000^2\times10^6+6^2\times4000^2\times10^6)\times10^{-3}$$

$$= 8942(\text{kW} \cdot \text{h})$$

$$\Delta A'_{\text{T}} = 546452 + 168510 + 8942 = 0.723904 \times 10^6 (\text{kW} \cdot \text{h})$$

$$\Delta A_{\text{T}} = \Delta A'_{\text{T}} + \Delta P_0 T = 0.723904 \times 10^6 + 84 \times 8760 = 1.459744 \times 10^6 (\text{kW} \cdot \text{h})$$

可见，两种算法差别较大。一般，最大负荷损耗时间法误差较大。

【例 5-6】 某 110kV 输电系统如图 5-8（a）所示，其等值电路如图 5-8（b）所示。变电站低压侧最大负荷为 30MW，$\cos\varphi=0.9$，最大负荷利用小时数为 5000h。日负荷曲线如图 5-9 所示。设全年系统运行时间为 305 天，试求：

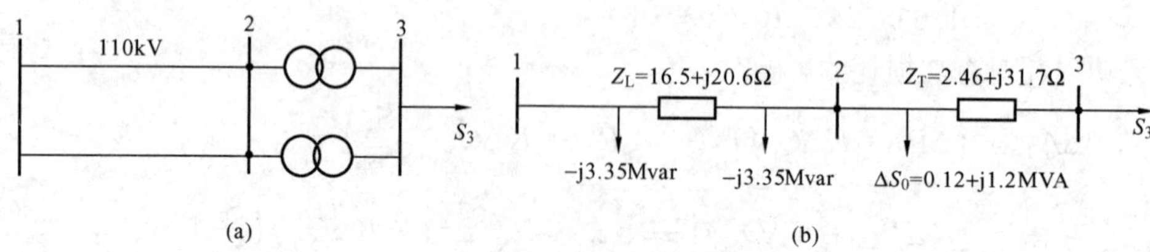

图 5-8 110kV 输电网络及其等值电路

（a）系统接线；（b）等值电路

（1）两台变压器昼夜运行和低负荷时仅一台变压器运行这两种情况下变压器的年电能损耗，并作比较；

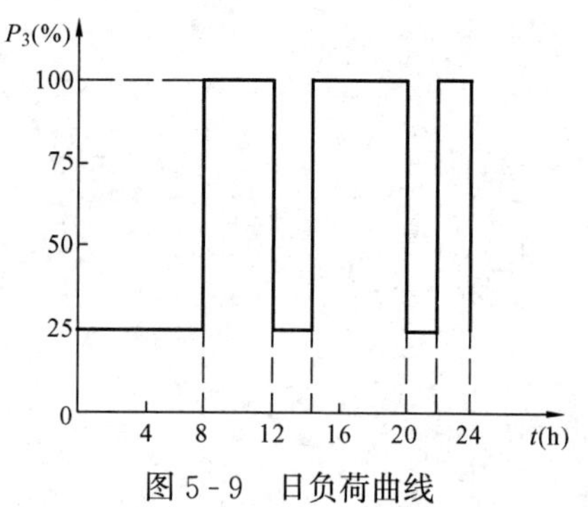

图 5-9 日负荷曲线

（2）线路的年电能损耗（两台变压器并列运行时）。

解 （1）两台变压器昼夜运行时：

最大、最小负荷下变压器的功率损耗

$$\Delta S_{\text{Tmax}} = \Delta P_0 + \text{j}\Delta Q_0 + \frac{P_{3\max}^2 + Q_{3\max}^2}{U^2}(R_{\text{T}} + \text{j}X_{\text{T}})$$

$$= 0.12 + \text{j}1.2 + \left(\frac{30}{0.9 \times 110}\right)^2 (2.46 + \text{j}31.7)$$

$$= (0.12 + \text{j}1.2) + (0.226 + \text{j}2.911)$$

$$= 0.346 + \text{j}4.111(\text{MVA})$$

$$\Delta S_{\text{Tmin}} = \Delta P_0 + \text{j}\Delta Q_0 + \frac{P_{3\min}^2 + Q_{3\min}^2}{U^2}(R_{\text{T}} + \text{j}X_{\text{T}})$$

$$= 0.12 + \text{j}1.2 + \left(\frac{30 \times 0.25}{0.9 \times 110}\right)^2 (2.46 + \text{j}31.7)$$

$$= (0.12 + \text{j}1.2) + (0.0141 + \text{j}0.182)$$

$$= 0.134 + \text{j}1.382(\text{MVA})$$

从日负荷曲线可知全天最大负荷持续时间为 12h，全天最小负荷持续时间 12h，则两台变压器全年电能损耗

$$\Delta A_{\text{T}} = (\Delta P_{\text{Tmax}} \times 12 + \Delta P_{\text{Tmin}} \times 12) \times 305$$

$$= (12 \times 0.346 + 12 \times 0.134) \times 305$$

$$= 1756.8(\text{MWh})$$

当最小负荷退出一台变压器运行时：

最小负荷下的变压器有功功率损耗

$$\Delta P'_{\mathrm{Tmin}} = \frac{1}{2}\Delta P_0 + \frac{P_{3\min}^2 + Q_{3\min}^2}{U^2} \cdot 2R_{\mathrm{T}}$$
$$= \frac{1}{2} \times 0.12 + \left(\frac{30 \times 0.25}{0.9 \times 110}\right)^2 \times 2 \times 2.46$$
$$= 0.0882(\mathrm{MW})$$

年电能损耗

$$\Delta A'_{\mathrm{T}} = (\Delta P_{\mathrm{Tmax}} \times 12 + \Delta P'_{\mathrm{Tmin}} \times 12) \times 305$$
$$= (12 \times 0.346 + 12 \times 0.0882) \times 305$$
$$= 1589.2(\mathrm{MWh})$$

可见，后一种方式节省电能 1756.8－1589.2＝167.6MWh，其运行更为经济。

（2）线路末端经过阻抗支路的功率

$$S'_{2\max} = S_{3\max} + \Delta S_{\mathrm{Tmax}} + \Delta S_0 + (-\mathrm{j}3.35)$$
$$= 30 + \mathrm{j}14.53 + 0.346 + \mathrm{j}4.111 + 0.12 + \mathrm{j}1.2 - \mathrm{j}3.35$$
$$= 30.466 + \mathrm{j}16.491(\mathrm{MVA})$$
$$S'_{2\min} = S_{3\min} + \Delta S_{\mathrm{Tmin}} + \Delta S_0 - \mathrm{j}3.35$$
$$= 0.25 \times 30 + \mathrm{j}0.25 \times 14.53 + 0.134 + \mathrm{j}1.382 + 0.12 + \mathrm{j}1.2 - \mathrm{j}3.35$$
$$= 7.754 + \mathrm{j}2.865(\mathrm{MVA})$$

线路中的有功损耗

$$\Delta P_{\mathrm{Lmax}} = \frac{30.466^2 + 16.491^2}{110^2} \times 16.5 = 1.637(\mathrm{MW})$$
$$\Delta P_{\mathrm{Lmin}} = \frac{7.754^2 + 2.865^2}{110^2} \times 16.5 = 0.093(\mathrm{MW})$$

对应的电能损耗

$$\Delta A_{\mathrm{L}} = (\Delta P_{\mathrm{Lmax}} \times 12 + \Delta P_{\mathrm{Lmin}} \times 12) \times 305$$
$$= (1.637 \times 12 + 0.093 \times 12) \times 305$$
$$= 6331.8(\mathrm{MWh})$$

【例 5-7】 对例 5-6，试用最大负荷损耗时间进行计算：

（1）双台变压器昼夜运行时的年电能损耗；

（2）线路的年电能损耗。

解　（1）变压器的电能损耗：

查表 5-1，当 $T_{\max3}$＝5000h，$\cos\varphi_3$＝0.9 时，$\tau_{\max3}$＝3400h

此时

$$\Delta A_{\mathrm{T}} = \Delta P_0 T + \Delta P_{\max}\tau_{\max}$$
$$= 0.12 \times 305 \times 24 + 0.226 \times 3400 = 1646.8(\mathrm{MWh})$$

（2）线路的电能损耗：

查表 5-1，当 $T_{\max2}$＝5000h，$\cos\varphi'_2 = \cos\left(\tan^{-1}\frac{16.491}{30.466}\right)$＝0.879 时，$\tau_{\max2}$＝3300h。

此时　$\Delta A_{\mathrm{L}} = \Delta P_{\mathrm{Lmax}}\tau_{\max2} = 1.637 \times 3300 = 5402.1(\mathrm{MWh})$

与例 5-6 的计算结果比较，误差达－12.9%，可见最大负荷损耗时间法计算精度较低。

【例 5-8】 两台 SFL7－10000/110 型变压器并列运行，每台的数据为 $\Delta P_0=16.5\text{kW}$，$\Delta P_k=59\text{kW}$，试问当负荷为多少时切除一台变压器运行更有利于降损？

解 根据式（5-13）可求出切除一台变压器的临界功率

$$S_{cr}=S_N\sqrt{n(n-1)\frac{\Delta P_0}{\Delta P_k}}$$

$$=10\sqrt{2(2-1)\frac{16.5}{59}}=7.48(\text{MVA})$$

即当负荷小于 7.48（MVA）时，可切除一台变压器运行以降低损耗。

【例 5-9】 某变电站装有两台并列运行的变压器，A 台为 SJL1－2000/35 型，$\Delta P_0=4.2\text{kW}$，$\Delta P_k=24\text{kW}$；B 台为 SJL1－4000/35 型，$\Delta P_0=6.8\text{kW}$，$\Delta P_k=40\text{kW}$。日负荷曲线如图 5-10 所示，功率因数恒为 0.8。为降低有功功率损耗，何时、何负荷下应并联运行？何时何负荷下应一台运行并决定应该用哪一台运行？

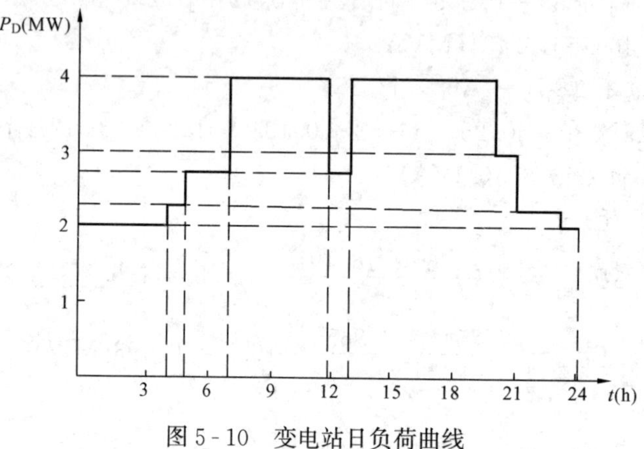

图 5-10 变电站日负荷曲线

解 由于两台变压器的型式、变比及短路电压百分值均相同，可以推导出负荷按其容量成正比分配，即

$$S_A=\frac{S_{NA}}{S_{NA}+S_{NB}}\cdot S_D=\frac{2}{2+4}\cdot S_D=\frac{1}{3}S_D$$

$$S_B=\frac{S_{NB}}{S_{NA}+S_{NB}}\cdot S_D=\frac{4}{2+4}\cdot S_D=\frac{2}{3}S_D$$

并列运行时，每台变压器的有功功率损耗为

$$\Delta P_A=\Delta P_{0A}+\Delta P_{kA}\left(\frac{S_A}{S_{NA}}\right)^2=4.2+24\left(\frac{1}{3}\cdot\frac{S_D}{S_{NA}}\right)^2$$

$$=4.2+\frac{2}{3}S_D^2$$

$$\Delta P_B=\Delta P_{0B}+\Delta P_{kB}\left(\frac{S_B}{S_{NB}}\right)^2=6.8+40\left(\frac{2}{3}\cdot\frac{S_D}{S_{NB}}\right)^2$$

$$=6.8+\frac{10}{9}S_D^2$$

$$\Delta P_A+\Delta P_B=11+\frac{16}{9}S_D^2$$

单独运行时，每台变压器的有功功率损耗为

$$\Delta P'_A = 4.2 + 24\left(\frac{S_D}{S_{NA}}\right)^2 = 4.2 + 6S_D^2$$

$$\Delta P'_B = 6.8 + 40\left(\frac{S_D}{S_{NB}}\right)^2 = 6.8 + \frac{5}{2}S_D^2$$

变压器的运行方式可有：①两台变压器并列运行；②A 变压器单独运行；③B 变压器单独运行三种运行方式。

现在求三种运行方式切换的有功负荷临界值。

（1）A、B 并列与 A 的切换：

根据在临界运行状态下，其两侧的运行状态的有功功率损耗相等的原则，有

$$11 + \frac{16}{9}S_D^2 = 4.2 + 6S_D^2$$

得
$$S_{D\cdot Cr} = 1.269(\text{MVA})$$

则
$$P_{D\cdot Cr} = S_{D\cdot Cr}\cdot\cos\varphi = 1.269\times 0.8 = 1.015(\text{MW})$$

（2）A、B 并列与 B 的切换

$$11 + \frac{16}{9}S_D^2 = 6.8 + \frac{5}{2}S_D^2$$

$$S_{D\cdot Cr} = 2.412(\text{MVA})$$

$$P_{D\cdot Cr} = 1.929 \approx 2(\text{MW})$$

（3）A 与 B 的切换

$$4.2 + 6S_D^2 = 6.8 + \frac{5}{2}S_D^2$$

$$S_{D\cdot Cr} = 0.862(\text{MVA}) \qquad P_{D\cdot Cr} = 0.689(\text{MW})$$

由负荷曲线可知，由 A、B 并列与 A 的切换和由 A 切换为 B，其临界有功功率均小于日最小负荷，即只有 A、B 并列与 B 的切换能够实现。而且从 4 时至 23 时均为 A、B 两变压器并列运行，23 时至次日 4 时切除 A 变压器而让 B 变压器单独运行有利于降损。

上述解题方法具有一定的普遍意义。事实上，结合本题的日负荷曲线，也可以简化计算。例如 P_{min}=2MW，而变压器 A 的额定容量为 2MVA，显然不可能有变压器 A 单独运行的状态，即只有切除变压器 A 的可能。这样可仅计算切除变压器 A 的临界功率一种情况。

【例 5-10】 两台容量均为 200MW 的发电机并列运行，向 300MW 负荷供电。发电机的最小有功出力均为 60MW，耗量特性分别为：

$$F_1 = 0.001P_{G1}^2 + 0.2P_{G1} + 2(\text{t/h})$$

$$F_2 = 0.002P_{G2}^2 + 0.2P_{G2} + 4(\text{t/h})$$

（1）求机组的经济分配方案；

（2）若平均分担负荷，多消耗的燃料（单位时间内）为多少？

解　（1）按等耗量微增率准则，有

$$\frac{dF_1}{dP_{G1}} = \frac{dF_2}{dP_{G2}} = \lambda$$

即
$$0.002P_{G1} + 0.2 = 0.004P_{G2} + 0.2$$

及
$$P_{G1}+P_{G2}=300$$
从而得
$$P_{G1}=200(\text{MW})$$
$$P_{G2}=100(\text{MW})$$
该结果在 $60\text{MW}\leqslant P_{Gi}\leqslant 200\ \text{MW}(i=1,\ 2)$ 范围内，即为经济分配方案。

（2）当 $P_{G1}=P_{G2}=150\text{MW}$ 时，燃料消耗为
$$F_{\Sigma}=F_1+F_2=0.001\times150^2+0.2\times150+2+0.002\times150^2+0.2\times150+4=133.5(\text{t/h})$$
而按经济分配时，燃料消耗为
$$F_{\Sigma}=F_1+F_2=0.001\times200^2+0.2\times200+2+0.002\times100^2+0.2\times100+4=126(\text{t/h})$$
可见，平均分配负荷时，多消耗 133.5－126=7.5t/h 燃料，日积月累，是相当可观的。

【例 5-11】 已知两台机组的耗量特性为
$$F_1=3.5+0.7P_{G1}+0.0015P_{G1}^2 \qquad (\text{t/h})$$
$$F_2=2.5+0.5P_{G2}+0.0020P_{G2}^2 \qquad (\text{t/h})$$
两机组容量为 100MW，功率极限 $P_{G1\min}=40\text{MW}$，$P_{G1\max}=100\text{MW}$，$P_{G2\min}=40\text{MW}$，$P_{G2\max}=100\text{MW}$。试求负荷的最优分配方案并作出两台机组的综合耗量微增率曲线。

解
$$\lambda_1=0.7+0.0030P_{G1}(\text{t/MWh})$$
$$\lambda_2=0.5+0.0040P_{G2}(\text{t/MWh})$$
当负荷为 80MW 时，两套机组都按下限发电即各承担 40MW，相应的耗量微增率为
$$\lambda_1=0.7+0.0030\times40=0.82;\ \lambda_2=0.5+0.0040\times40=0.66$$
负荷增加时，机组 2 应首先增加负荷，机组 1 仍按下限发电。这时，两台机组的综合耗量微增率取决于发电设备 2。例如：当 $P_D=90\text{MW}$ 时，$P_{G1}=40\text{MW}$，$P_{G2}=50\text{MW}$，则
$$\lambda_2=0.5+0.0040\times50=0.7$$
只有当负荷增加使 $\lambda_2=0.82$。即 $P_{G2}=\dfrac{0.82-0.5}{0.004}=80\text{MW}$ 时，发电设备 1 才开始增加负荷。此时负荷 $P_D=40+80=120\text{MW}$。也即当负荷大于 120MW 后才能按等耗量微增率准则进行负荷的经济分配。

根据等耗量微增率准则，随着负荷的变化，通过如下计算公式可算出不同负荷下的耗量微增率 λ 和 P_{G1}、P_{G2}。
$$P_{G1}=\frac{\lambda-0.7}{0.003},P_{G2}=\frac{\lambda-0.5}{0.004},P_{G1}+P_{G2}=P_D$$
计算结果如表 5-2 所示，对应的综合耗量微增率曲线如图 5-11 所示。

表 5-2 **负荷的经济分配方案**（MW）

P_D	80	100	120	130	140	150	160	170	180	190	200
λ	0.66	0.74	0.82	0.84	0.85	0.87	0.89	0.91	0.94	0.97	1
P_{G1}	40	40	40	45.71	51.43	57.14	62.86	70	80	90	100
P_{G2}	40	60	80	84.29	88.57	92.86	97.14	100	100	100	100

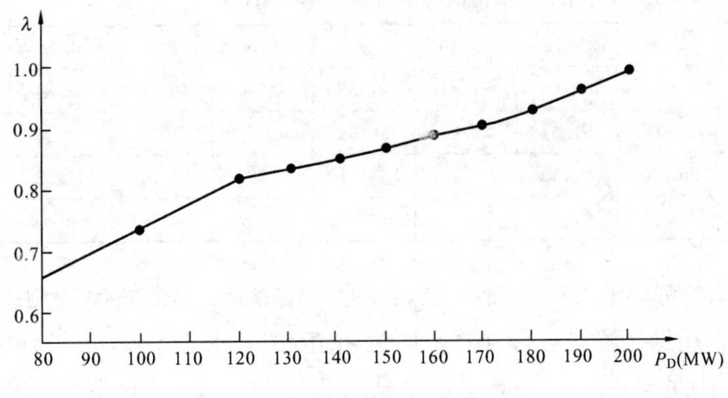

图 5-11 综合耗量微增率曲线

【例 5-12】 两台容量为 100MW 的机组，耗量特性为

$$F_1 = 0.0014P_{G1}^2 + 0.25P_{G1} + 3.5(\text{t/h})$$
$$F_2 = 0.0019P_{G2}^2 + 0.18P_{G2} + 4.0(\text{t/h})$$

网损与 P_{G1}、P_{G2}的关系为

$$\Delta P_{\Sigma} = 0.0011P_{G1}^2 + 0.0014P_{G2}^2(\text{MW})$$

机组的最小出力为 40MW。两机组集中向一个 150MW 的负荷供电。求两机组的经济负荷分配。

解 每台机组的耗量微增率为

$$\lambda_1 = 0.25 + 0.0028P_{G1}$$
$$\lambda_2 = 0.18 + 0.0038P_{G2}$$

网损微增率为

$$\frac{\partial \Delta P_{\Sigma}}{\partial \Delta P_{G1}} = 0.0022P_{G1}; \frac{\partial \Delta P_{\Sigma}}{\partial \Delta P_{G2}} = 0.0028P_{G2}$$

根据经济分配的协调方程式（5-22），可得

$$\frac{0.25 + 0.0028P_{G1}}{1 - 0.0022P_{G1}} = \frac{0.18 + 0.0038P_{G2}}{1 - 0.0028P_{G2}} = \lambda \qquad (1)$$

且应满足

$$P_{G1} + P_{G2} - 0.0011P_{G1}^2 - 0.0014P_{G2}^2 - 150 = 0 \qquad (2)$$

解法一 解方程（1）、(2)，可得到

$$P_{G1} \approx 87.2\text{MW} \quad P_{G2} = 80.5\text{MW} \quad \Delta P_{\Sigma} = 17.43\text{MW}$$

即有 $P_{G1}+P_{G2}-\Delta P_{\Sigma}-150=87.2+80.5-17.43-150\approx0.27\approx0$

解法二 根据方程（1）、(2）可得

$$P_{G1} = \frac{\lambda - 0.25}{0.0028 + 0.0022\lambda}; P_{G2} = \frac{\lambda - 0.18}{0.0038 + 0.0028\lambda}$$
$$\Delta P_{\Sigma} = 0.0011P_{G1}^2 + 0.0014P_{G2}^2$$
$$P_{G1} + P_{G2} - \Delta P_{\Sigma} = P_D$$

对 λ 取不同的值，可算出 P_{G1}、P_{G2}、ΔP_{Σ}和 P_D，然后制成表 5-3（也可绘成曲线）。利用表 5-3 可求出总负荷为 150MW 时的经济分配方案。

表 5-3 负荷的经济分配方案（MW）

λ	0.374	0.430	0.438	0.446	0.47	0.5	0.6	0.62	0.679	0.778
P_{G1}	40	50	50	51.84	57.38	64.10	84.95	88.84	100	100
P_{G2}	40	50	51.33	52.69	56.69	61.54	76.64	79.48	87.59	100
ΔP_{Σ}	4	6.25	6.439	6.843	8.121	9.827	16.161	17.53	21.741	25
P_D	76	93.75	94.89	97.69	105.95	115.82	145.43	150.79	165.85	175

由表可见，当总负荷为 150MW 时，$P_{G1}\approx 88.5$MW，$P_{G2}\approx 78.5$MW，$\Delta P_{\Sigma}=17.243$MW。

此外，也可以用迭代解法进行计算。即设初值 $\lambda^{(0)}$，求 $P_{G1}^{(0)}$、$P_{G2}^{(0)}$，判断等式约束条件［方程（2）］是否满足要求，若不满足，重新设 $\lambda^{(1)}$（视约束条件被满足的情况增大或减小），重复计算，直至所设的 λ 满足等式约束条件为止。

【例 5-13】 某电力系统有一个火电厂和一个水电厂并联运行，其耗量特性分别为

$$F = 4 + 0.3P_T + 0.0003P_T^2 (\text{t/h})$$

$$W = 0.5P_H + 0.001P_H^2 (\text{m}^3/\text{s})$$

设水电厂给定日用水量为 $K=10^7\text{m}^3$，系统的日负荷曲线如图 5-12 所示。火电厂容量 700MW，水电厂容量 400MW，试确定火、水电厂的经济负荷分配。

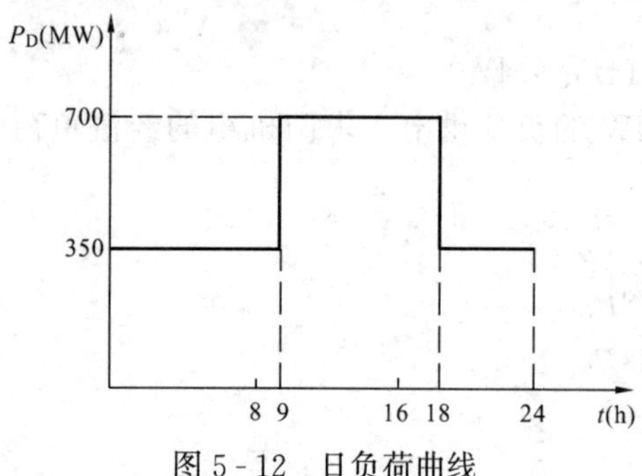

图 5-12 日负荷曲线

解 由水、火电耗量特性可得协调方程式为

$$0.3+0.0006P_T=\gamma(0.5+0.002P_H)$$

对于每一时段，均有

$$P_T + P_H = P_D$$

由上面两方程可得

$$P_H = \frac{0.3 - 0.5\gamma + 0.0006P_D}{0.0006 + 0.002\gamma}$$

$$P_T = P_D - P_H$$

取 $\gamma=0.60$，可得

在下午 18 时至次日上午 9 时（$P_D=350$MW）

$$P'_H = 116.7\text{MW}; \quad P'_T = 233.3\text{MW}$$

在上午 9 时至下午 18 时（$P_D=700$MW）

$$P'_H = 233.3\text{MW}; \quad P''_T = 466.7\text{MW}$$

水电厂的全日耗水量为

$$\begin{aligned} K &= W' \times 15 \times 3600 + W'' \times 9 \times 3600 \\ &= (0.5 \times 116.7 + 0.001 \times 116.7^2) \times 15 \times 3600 \\ &\quad + (0.5 \times 233.3 + 0.001 \times 233.3^2) \times 9 \times 3600 \\ &= 0.9429 \times 10^7 (\text{m}^3) \end{aligned}$$

可见，$\gamma=0.60$ 过大，以致水电厂分担负荷过小，不能耗尽应消耗的水量。

另取 $\gamma=0.54$，重复如上计算，可得 $K=1.1626\times 10^7\text{m}^3$ 显然 $\gamma=0.54$ 取值又过小。

重复上述计算，直至求得的 K 值接近于 10^7m^3。计算结果如表 5-4 所示。

表 5-4　负荷经济分配方案

γ	P'_T(MW)	P'_H(MW)	W'(m^3/s)	P''_T(MW)	P''_H(MW)	W''(m^3/s)	K($\times 10^7 m^3$)
0.60	233.3	116.7	71.97	466.7	233.3	171.08	0.9429
0.54	207.1	142.9	91.87	432.1	267.9	205.72	1.1626
0.5844	226.9	123.1	76.70	458.1	241.9	179.47	0.9566
0.5829	226.3	123.7	77.15	457.3	242.7	180.25	1.0006
0.5832	226.4	123.6	77.08	457.5	242.5	180.05	0.9996

【例 5-14】 简化后的 35kV 系统网络如图 5-13 所示，各负荷及线路参数示于图上。无功功率补偿设备总容量为 5Mvar。试确定不计无功功率损耗时，这些无功功率补偿设备的最优分布。

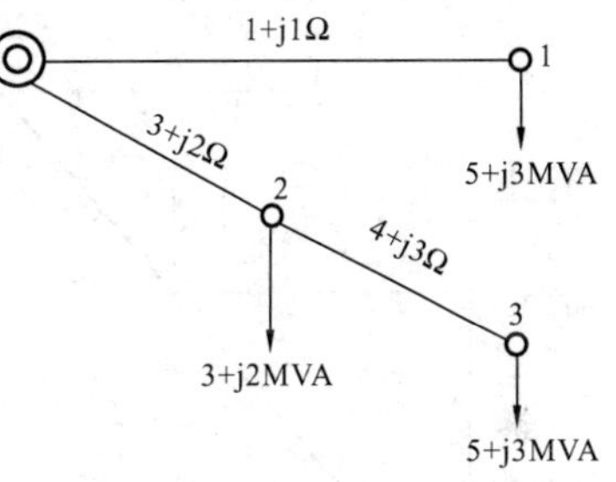

图 5-13　35kV 系统网络

解　列出因无功功率流动而产生的有功功率网损表达式，其中无功补偿容量在负荷点的分布分别设为 Q_{c1}、Q_{c2}、Q_{c3}，则

$$\Delta P_{\Sigma}=\frac{1}{U_N^2}[(3-Q_{c1})^2\times 1+(2-Q_{c2}+3-Q_{c3})^2\times 3+(3-Q_{c3})^2\times 4]$$

然后求网损微增率

$$\frac{\partial \Delta P_{\Sigma}}{\partial Q_{c1}}=-\frac{1}{35^2}\times 2(3-Q_{c1})$$

$$\frac{\partial \Delta P_{\Sigma}}{\partial Q_{c2}}=-\frac{1}{35^2}\times 6(5-Q_{c2}-Q_{c3})$$

$$\frac{\partial \Delta P_{\Sigma}}{\partial Q_{c3}}=-\frac{1}{35^2}\times[6(5-Q_{c2}-Q_{c3})+8(3-Q_{c3})]$$

不计无功功率网损时的按等网损微增率准则有

$$\frac{\partial \Delta P_{\Sigma}}{\partial Q_{c1}}=\frac{\partial \Delta P_{\Sigma}}{\partial Q_{c2}}=\frac{\partial \Delta P_{\Sigma}}{\partial Q_{c3}}$$

即
$$2(3-Q_{c1})=6(5-Q_{c2}-Q_{c3})=6(5-Q_{c2}-Q_{c3})+8(3-Q_{c3})$$

且有
$$Q_{c1}+Q_{c2}+Q_{c3}=5$$

解上两个方程可得

$$Q_{c1}=0.75\text{Mvar};\ Q_{c2}=1.25\text{Mvar};\ Q_{c3}=3\text{Mvar}$$

【例 5-15】 例 5-14 中，已知最大负荷损耗时间 $\tau_{max}=4500$h，无功功率补偿设备采用电容器，其单位容量投资 β_c 与电能损耗费 β 的比值为 $\beta_c/\beta=100$；折旧维修率和投资回收率分别为 0.022 和 0.08，试计算：

(1) 补偿设备总容量分别为 4、6、7、8Mvar 时的最优分布；

(2) 求经济补偿容量及其分配。

解　(1) 与例 5-14 相同，仍按等网损微增率准则和约束条件建立方程

$$2(3-Q_{c1})=6(5-Q_{c2}-Q_{c3})$$
$$=6(5-Q_{c2}-Q_{c3})+8(3-Q_{c3})$$

$$Q_{c1}+Q_{c2}+Q_{c3}=Q_{c\Sigma}$$

其中，$Q_{c\Sigma}$ 分别为 4、6、7、8Mvar。将不同的 $Q_{c\Sigma}$ 分别代入上述方程，可得到不同补偿容量下的经济分配方案，如表 5 - 5 所示，对应的曲线如图 5 - 14 所示。

表 5 - 5　无功功率补偿设备的经济分配方案

$Q_{c\Sigma}$	Q_{c1}	Q_{c2}	Q_{c3}	$\partial\Delta P_\Sigma/\partial\Delta Q_{ci}$
4	0	1	3	−0.0049
6	1.5	1.5	3	−0.0025
7	2.25	1.75	3	−0.0012
8	3	2	3	0

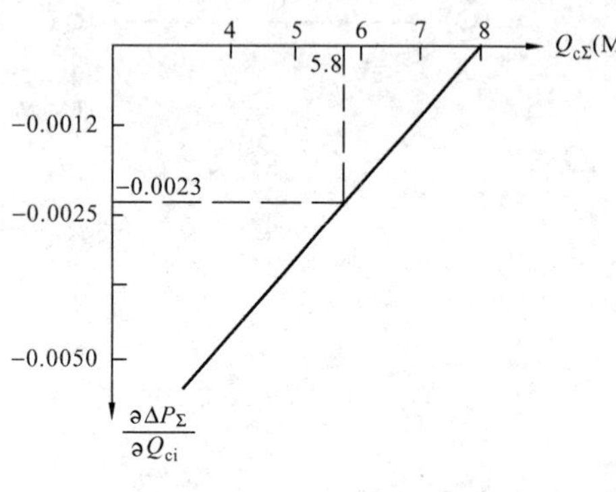

图 5 - 14　网损微增率曲线

（2）设置补偿设备每年节约了的电能损耗费

$$C_{c\Sigma}(Q_{ci})=\beta(\Delta P_{\Sigma 0}-\Delta P_\Sigma)\tau_{max}$$

式中，β 为电价，元/kW・h；$\Delta P_{\Sigma 0}$、ΔP_Σ 分别为设置补偿设备前后电网的有功损耗，kW；τ_{max} 为电网最大负荷损耗时间。

设置补偿设备每年支出的费用

$$C_{di}(Q_{ci})=(\alpha+\gamma)\beta_c Q_{ci}$$

式中，α、γ 分别为折旧维修率和投资回收率，β_c 为单位容量补偿设备投资，元/kvar。

根据式（5 - 38）

$$\frac{\partial C_{ei}(Q_{ci})}{\partial Q_{ci}}=\frac{\partial C_{di}(Q_{ci})}{\partial Q_{ci}}=k_c$$

可得

$$\frac{\partial\Delta P_\Sigma}{\partial Q_{ci}}=-\frac{(\alpha+\gamma)\beta_c}{\beta\tau_{max}}=-\frac{0.022+0.08}{4500}\times 100=-0.0023$$

由求得的 $\frac{\partial\Delta P_\Sigma}{\partial Q_{ci}}$ 按图 5 - 14 得 $Q_{c\Sigma}=5.8$Mvar，对应的各负荷点的经济补偿容量分布为

$$Q_{c1}=1.35\text{Mvar};\ Q_{c2}=1.45\text{Mvar};\ Q_{c3}=3\text{Mvar}$$

思 考 题 与 习 题

一、思考题

1. 衡量电力系统经济运行的两个指标是什么？

2. 试说明降低网损和煤耗的技术措施。

3. 变压器与线路的电能损耗计算有何异同？当负荷为零时，变压器和线路电能损耗为零吗？

4. 某变电站两台相同的变压器并联运行。考虑系统运行的经济性，决定单台运行还是两台运行的条件是什么？

5. 比耗量和耗量微增率的物理意义是什么？它们两者有何异同？

6. 有功功率负荷和无功功率负荷经济分配的目的是什么？它们各依据什么准则进行经济分配？当分配方案越限后应如何处理？

7. 网损微增率$\frac{\partial \Delta P_{\Sigma}}{\partial P_{Gi}}$的意义是什么？它的大小、正负对有功功率负荷的经济分配有何影响？

8. 无功功率补偿电源经济配置的原则是什么？从经济的角度看，设置的无功电源使负荷功率因数为1.0时为最佳吗？

9. 什么叫水煤换算系数，它对水、火电机组的有功功率负荷经济分配有何影响？

10. 在无功补偿容量的经济分配中，当出现某个节点分配的无功补偿为负值时，说明了什么？应如何处理这种情况？

二、练习题

5-1　图5-15（a）为某10kV配电系统，其负荷的日负荷曲线$P_{D1}(t)$、$P_{D2}(t)$如图5-15（b）所示，其中$P_{D3}(t)$与$P_{D2}(t)$相同，负荷功率因数$\cos\varphi=0.8$，三段线路的电阻如图所示，日负荷曲线全年相同。（1）利用负荷曲线计算年电能损耗；（2）用最大负荷损耗时间法计算年电能损耗，并进行结果比较。

［**答案**：（1）$\Delta A=1231.875$MWh；（2）$\Delta A=1190.625$MWh］

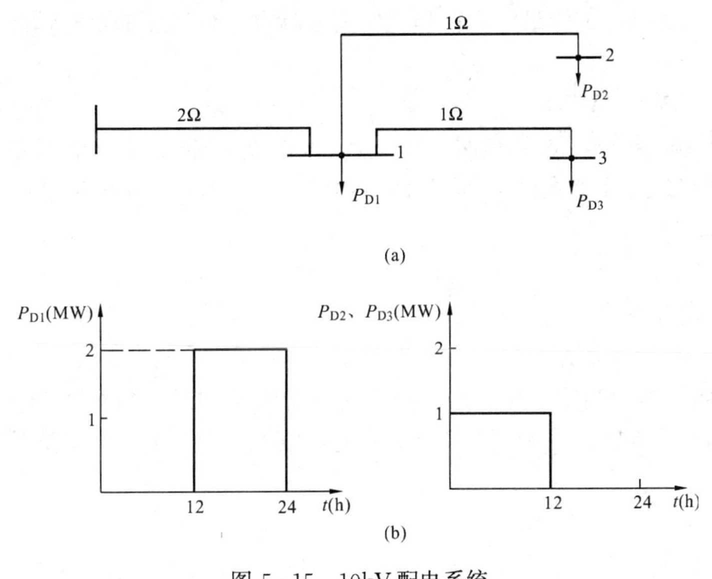

图5-15　10kV配电系统

（a）系统接线；（b）日负荷曲线

5-2　两台型号为SFL1—40000/110型的变压器并列运行，变压器的每台参数为$\Delta P_0=41.5$kW，$I_0\%=0.7\%$，$\Delta P_k=203.4$kW，$u_k\%=10.5$。变压器所带最大负荷$S_{max}=50+j36$MVA，$T_{max}=4000$h，试求：（1）两台变压器并列运行时的年电能损耗；（2）单台变压器运行的临界功率值。

［**答案**：（1）1382MWh；（2）$S_{cr}=25.55$MVA］

5-3　有两回110kV输电线路向某降压变电站供电。导线$r_1=0.17\Omega$/km，$x_1=0.409\Omega$/km，$b_1=2.82\times10^{-6}$s/km，线路长100km。变电站内装设两台31.5MVA变压器，

变比为 110/11kV，ΔP_0=38.5kW，ΔP_k=148kW，I_0%=0.8，u_k%=10.5。系统接线如图 5-16（a）所示。变电站最大负荷为 40MW，功率因数为 0.8，最大负荷利用小时数为 4500h，年持续负荷曲线如图 5-16（b）所示。试计算下列情况下电网的全年电能损耗。

（1）两台变压器并列运行；

（2）当负荷低于 50%的最大负荷时，切除一台变压器运行。

［**答案**：（1）ΔA=6780.52MWh；（2）ΔA=6797.42MWh］

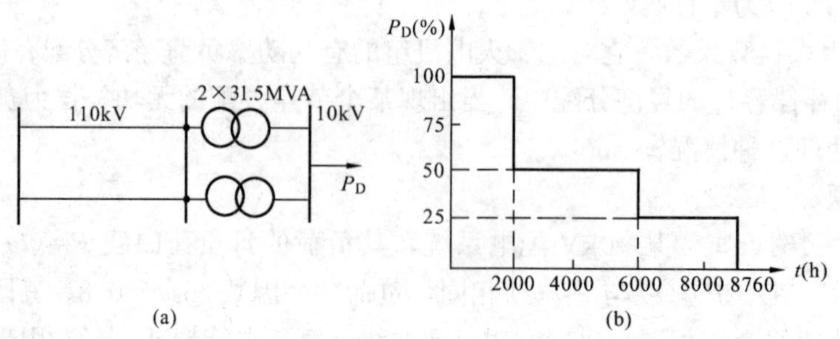

图 5-16 110kV 系统接线及年负荷曲线

（a）系统接线；（b）年负荷曲线

5-4 在题 5-3 中，试用最大负荷损耗时间法计算双台变压器运行情况下电网的全年电能损耗。

［**答案**：ΔA=7009.8MWh］

5-5 35kV 降压变电站装有两台 6.3MVA 的变压器，变压器参数 ΔP_0=8.2kW，ΔP_k=41kW，试确定变压器在多大负荷时两台并列运行，多大负荷时单台运行，可使变压器电能损耗最小。

［**答案**：S<3.98MVA 时单台运行，S>3.98MVA 时两台运行］

5-6 某变电站装设一台三绕组变压器，额定容量为 20MVA，变比为 110/38.5/6.3kV，ΔP_{kmax}=163kW，ΔP_0=75kW，$u_{k(1-2)}$%=10.5，$u_{k(1-3)}$%=17，$u_{k(2-3)}$%=6，I_0%=3.5。变压器的容量比为 100/100/50。变压器中压侧最大负荷为 10MVA，低压侧最大负荷为 8MVA，功率因数均为 0.8（全年不变），T_{max}=5000h。当变压器全年运行时，试计算其年电能损耗。

［**答案**：ΔA=1062.054MWh］

5-7 变电站两台变压器并列运行。一台为 SF7－16000/35 型，ΔP_0=19kW，ΔP_k=77kW；另一台为 SF7－20000/35 型，ΔP_0=22.5kW，ΔP_k=93kW，其余参数两台变压器全部相同。为减少损耗，试根据负荷功率的变化合理安排变压器的运行方式。

［**答案**：S≤7.16MVA 时，小容量变压器运行；7.16<S≤13.69MVA 时，大容量变压器运行；S>13.69MVA 时，两台变压器并列运行］

5-8 已知三个电厂的耗量特性为

$$F_1=0.0012P_{G1}^2+0.1P_{G1}+3(\text{t/h})$$

$$F_2=0.0012P_{G2}^2+0.13P_{G2}+2.5(\text{t/h})$$

$$F_3=0.0018P_{G3}^2+0.16P_{G3}+1.2(\text{t/h})$$

如果总负荷 P_D=300MW，不计网损的影响，求各电厂之间的经济负荷分配。若三厂平均分担负荷，8000h 内浪费多少煤？

[**答案**：$P_{G1}=123.45\text{MW}$，$P_{G2}=110.93\text{MW}$，$P_{G3}=65.62\text{MW}$，$\Delta F=23520\text{t}$]

5-9　某系统有两个火力发电厂共同供电，它们的耗量特性分别为

$$F_A=2.5+0.25P_{GA}+0.0014P_{GA}^2(\text{t/h})$$

$$F_B=5.0+0.18P_{GB}+0.0018P_{GB}^2(\text{t/h})$$

试求：(1) 总负荷为 80MW 时每个电厂负担的经济负荷分配（不计网损），并比较两电厂按经济分配和平均分配负荷时，每小时燃料的消耗量；

(2) 若电厂 A 的可发有功功率上下限为 $P_{GAmin}=20\text{MW}$，$P_{GAmax}=100\text{MW}$，试分析系统总负荷为 198MW 时，两电厂的经济负荷分配。

(3) 在 (1) 中，如果发电厂 A 远离负荷中心，而 B 厂靠近负荷中心，那么在考虑网损时，两个电厂的负荷分配比例将可能会发生什么变化趋势。

[**答案**：(1) $P_{GA}=34.06\text{MW}$，$P_{GB}=45.94\text{MW}$，$\Delta P_{\Sigma}=0.1128\text{t}$　(2) $P_{GA}=100\text{MW}$，$P_{GB}=98\text{MW}$]

5-10　两台容量均为 100MW、耗量特性分别为 $F_1=0.01P_{G1}^2+1.2P_{G1}+30(\text{t/h})$、$F_2=0.01P_{G2}^2+1.5P_{G2}+15(\text{t/h})$ 的机组，同时向一个负荷供电，试求：

(1) 当系统负荷为 120MW 时，两机组如何分配负荷最经济？

(2) 当只有一台发电机运行时，负荷在什么范围内采用 2 号机组运行最经济？

(3) 当计及网损时，若两机组的经济负荷分配为 $P_{G1}=100\text{MW}$，$P_{G2}=100\text{MW}$，机组的最小出力为 50MW。$\dfrac{\partial\Delta P_{\Sigma}}{\partial P_{G2}}=0.2$，求 1 号机组的网损微增率 $\left(\dfrac{\partial\Delta P_{\Sigma}}{\partial P_{G1}}\right)$。

$\left[\textbf{答案}：(1)\ P_{G1}=67.5\text{MW}，P_{G2}=52.5\text{MW}；(2)\ P_D<50\text{MW}；(3)\ \dfrac{\partial\Delta P_{\Sigma}}{\partial P_{G1}}=0.269\right]$

5-11　电力系统中有一个火电厂、一个水电厂，火、水电厂的耗量特性为

$$F=3+0.3P_T+0.0015P_T^2(\text{t/h})$$

$$W=5+P_H+0.002P_H^2(\text{m}^3/\text{s})$$

水电厂日用水量恒定为 $K=1.5\times10^7\text{m}^3$，系统的日负荷曲线如图 5-17 所示。火电厂容量为 900MW，水电厂容量为 400MW，求在给定的用水量下，水、火电厂间的经济负荷分配。

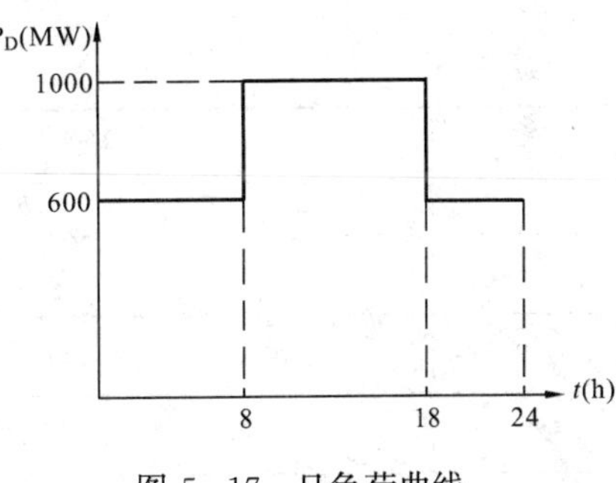

图 5-17　日负荷曲线

[**答案**：0～8h 和 8～24h 内 $P_T=529.002\text{MW}$，$P_H=70.998\text{MW}$，8～18h 内，$P_T=793.844\text{MW}$，$P_H=206.116\text{MW}$]

5-12　两电厂联合向一负荷供电，如图 5-18 所示。设发电厂母线电压均为 1.0，负荷功率 $S_L=P_L+jQ_L=1.2+j0.7$，其有功部分由两发电厂平均分担。试计算下列情况下的无功功率负荷经济分配：

(1) 不计无功功率网损修正系数；

(2) 计及无功功率网损修正系数。

[**答案**：(1) $Q_1=0.268$，$Q_2=0.670$；(2) $Q_1=0.248$，$Q_2=0.688$]

5-13　某 35kV 电力网络的等值电路如图 5-19 所示，设给定总补偿容量为 1.2Mvar，

试确定无功补偿容量在负荷点 1、2 的经济分配。

［答案：Q_{c1}＝0.37Mvar，Q_{c2}＝0.83Mvar］

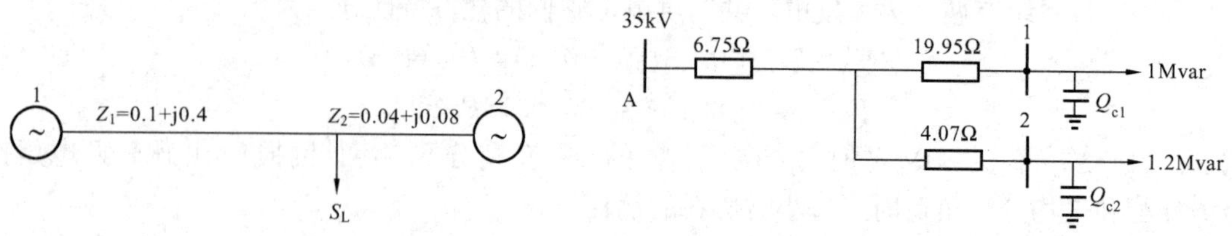

图 5-18　两发电厂网络　　　　图 5-19　35kV 网络等值电路

5-14　在习题 5-13 中，设最大负荷损耗时间为 5400h，无功补偿设备单位容量投资与电能损耗费的比值 β_c/β＝200，补偿设备的折旧维修率和投资回收率分别为 α＝0.15，γ＝0.15。试计算：

（1）总补偿容量为 1.4、1.5、1.6、1.8、2.0、2.2Mvar 时的经济分配；

（2）经济补偿容量及其分配。

［答案：（2）Q_c＝1.5Mvar］

5-15　两个独立运行的系统 A 和 B 分别拥有发电机组 1 号、2 号、3 号、4 号、5 号、6 号。各发电机组的耗量特性为

$$F_i(P_{Gi}) = a_i + b_i P_{Gi} + c_i P_{Gi}^2$$

$$P_{Gimin} \leqslant P_{Gi} \leqslant P_{Gimax}$$

其中各参数如表 5-6 所示。系统 A 的总负荷为 700MW，系统 B 的总负荷为 1100MW。请分别对两个系统进行经济功率分配；如果两个系统互联，是否运行更经济？试通过计算说明之。

表 5-6　　　　机 组 参 数 表

机组号	耗量特性系数			机组出力极限（MW）	
	a_i	b_i	c_i	P_{Gimin}	P_{Gimax}
1	1122	15.84	0.003124	150	600
2	620	15.70	0.003880	100	400
3	156	15.94	0.009640	50	200
4	950	13.414	0.002641	140	590
5	560.5	14.174	0.003496	110	440
6	560.5	14.174	0.003496	110	440

5-16　某电力系统接线如图 5-20 所示，各条线路及各台变压器的总阻抗已标注在图中。在最大负荷时，变电站Ⅱ和变电站Ⅲ低压侧负荷中的无功功率分别为 18.5Mvar 和 9.3Mvar。在节点①和②之间以及节点②与③之间的线路阻抗支路末端功率中无功功率分别为 31.66Mvar 和 10.77Mvar。发电厂Ⅰ的发电机机端负荷为 4.7＋j40MVA。根据发电机母线的调压要求，已计算得到下列各节点归算到高压侧的电压如表 5-7 所示。

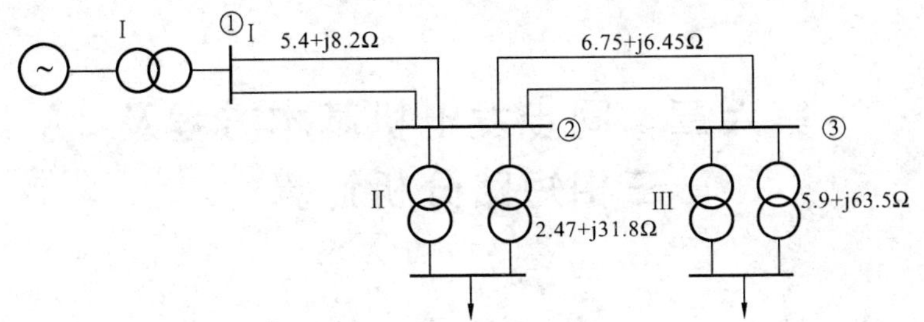

图 5-20　110kV 系统接线

表 5-7　各节点归算到高压侧的电压　(kV)

	最大负荷	最小负荷		最大负荷	最小负荷		最大负荷	最小负荷
U_{I}	118	113	U_{II}	106.76	104.78	U_{III}	105.46	105.71

U_{I} 为发电厂Ⅰ高压母线电压，U_{II}、U_{III} 为变电站Ⅱ、Ⅲ低压母线归算到高压侧的值。发电机参数：$P_N=50\mathrm{MW}$，$U_N=10.5\mathrm{kV}$，$\cos\varphi_N=0.8$。

试求解下列问题：

(1) 如果充分利用发电机的容量，无功功率电源是否仍不足？如果不足，尚缺多少？

(2) 在发电厂Ⅰ高压母线电压保持不变，而且只采用在变电站Ⅲ低压侧安装电力电容器的调压措施，最少安装多少容量才能使变电站Ⅲ低压侧满足逆调压要求？

(3) 已知该网络最优网损微增率均为−0.035，按无功电源最优分配原则，求各变电站安装的电容器容量。

(4) 在有载调压变压器可供使用的情况下，应如何综合考虑调压和无功电源优化问题。

第六章　同步发电机基本方程及三相短路分析计算

内 容 要 点

一、同步发电机的基本方程

同步发电机是电力系统的最重要的元件，它的运行特性对电力系统的运行状态起决定性的影响。同时同步发电机也是实用数学模型最具有多样性的元件，但实际上它的多种数学模型都源于一组最基本的方程，即同步发电机的基本方程。

同步发电机的基本方程是基于理想同步电机基本假设而描述发电机各绕组电磁相互关系的一组数学方程，由各绕组磁链方程和电动势方程两部分组成。在根据电磁原理列写这些方程前，需先确定各绕组交链的磁链、电动势、电流和电压的正方向。各教材对正方向的规定不同，所列写的方程中各项正负号也会有所不同。

本书选择的正方向为：定子各相绕组的轴线正方向（互差120°，如图6-1所示）即为各绕组磁链的正方向，各相绕组中正方向电流产生的磁链的方向与该相绕组轴线的正方向相反；在转子方面，励磁绕组及纵轴阻尼绕组磁链的正方向与d轴一致，横轴阻尼绕组磁链正方向与q轴一致（q轴在d轴顺时针方向90°处如图6-1，图中转子角α为转子d轴与定子a轴之间的夹角，d轴在a轴的顺时针方向为正），转子三个绕组中正方向电流产生正方向磁链；所有6个绕组的感应电动势的正方向和各自的电流正方向相同。定子各绕组电流正方向和端电压正方向符合发电机惯例，转子励磁绕组电流正方向和端电压正方向符合电动机惯例。

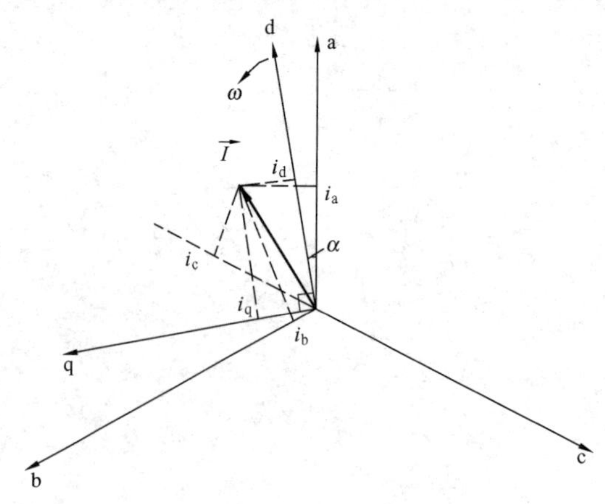

图6-1　综合矢量$\vec{I}$与i_a、i_b、i_c、i_d、i_q的关系

1. 同步发电机的原始方程

在如上规定的正方向下，可写出发电机的原始磁链方程和原始电压方程。在原始磁链方

程中，定子各绕组的自感系数和其间的互感系数随转、定子相对位置的变化而变化，转子每旋转一个电气周，它们经历两个周期的变化，即它们是 2α 的周期函数；定子绕组和转子绕组间的互感系数也随转、定子相对位置的变化而变化，转子每旋转一个电气周，它们经历一个周期的变化，即它们是 α 的周期函数；各转子绕组的自感系数和其间的互感系数不随转、定子相对位置的变化而变化，即它们是与 α 无关的常数。总之，在磁链方程中许多电感系数都随转子角 α 而作周期变化，转子角 α 又是时间的函数，因此这些电感系数也将随时间而作周期变化。若将磁链方程代入电动势方程，则电动势方程将成为一组以时间的周期函数为系数的微分方程组（时变微分方程组）。这类方程组的求解相当困难。为了解决这个困难，可以通过"坐标变换"，用一组新的变量代替原来的变量，将变系数的微分方程变换为常系数微分方程，然后求解。在同步发电机的基本方程中 Park 变换可用来完成上述任务。

2. Park 变换和 Park 方程

Park 变换是一种旋转坐标变换，其旧坐标系为由定子三相绕组轴线组成的 abc 坐标系，新坐标系为由转子 d 轴、q 轴及 0 轴（即转子转动轴）组成的 dq0 坐标系（见图 6 - 1）。由 abc 到 dq0 的坐标变换矩阵称为 Park 变换矩阵 P，即

$$P=\frac{2}{3}\begin{bmatrix}\cos\alpha & \cos(\alpha-120^\circ) & \cos(\alpha+120^\circ)\\ -\sin\alpha & -\sin(\alpha-120^\circ) & -\sin(\alpha+120^\circ)\\ \frac{1}{2} & \frac{1}{2} & \frac{1}{2}\end{bmatrix} \tag{6-1}$$

由一组 abc 坐标系的量如 $[i_a \quad i_b \quad i_c]^T$，可得其对应的 dq0 坐标系的量 $[i_d \quad i_q \quad i_0]^T$，反之亦然，即有

$$[i_d \quad i_q \quad i_0]^T = P[i_a \quad i_b \quad i_c]^T \tag{6-2}$$

$$[i_a \quad i_b \quad i_c]^T = P^{-1}[i_d \quad i_q \quad i_0]^T \tag{6-3}$$

通过由式（6 - 2）或式（6 - 3）进行的计算可知，abc 坐标系中的基频交流量对应（可变换为）dq0 坐标系的直流量；abc 坐标系的直流量对应 dq0 坐标系的基频交流量；abc 坐标系的倍频交流量对应 dq0 坐标系的基频交流量等。

若 abc 坐标系中的量（即 a、b、c 三相绕组的量）为三相平衡量（即各相的量相加等于 0）则此组三相平衡量在几何上可看作是某点（或坐标原点指向此点的向量，也称综合向量）在 a、b、c 轴上的投影，该点（向量）在 d、q 轴上的投影为对应的 dq0 坐标系中的坐标如图 6 - 1（此时 0 轴坐标为零）。

对同步发电机的原始方程施以 Park 变换；然后选取适当的基准值，对变换后的方程标幺化；最后近似认为 d 轴方向的三个绕组（定子等效 dd 绕组、转子上的励磁绕组 ff、转子上的纵轴阻尼绕组 DD）只有一个公共磁通（即三个绕组中每两个绕组间互感都相同）；则可得如下方程，称为 Park 方程，即

$$\left.\begin{aligned}\psi_d &= -x_d i_d + x_{ad} i_f + x_{ad} i_D\\ \psi_q &= -x_q i_q + x_{aq} i_Q\\ \psi_0 &= -x_0 i_0\\ \psi_f &= -x_{ad} i_d + x_f i_f + x_{ad} i_D\\ \psi_D &= -x_{ad} i_d + x_{ad} i_f + x_D i_D\\ \psi_Q &= -x_{aq} i_q + x_Q i_Q\end{aligned}\right\} \tag{6-4}$$

$$\left.\begin{aligned}u_d&=\frac{d\psi_d}{dt}-\omega\psi_q-ri_d\\u_q&=\frac{d\psi_d}{dt}+\omega\psi_d-ri_q\\u_0&=\frac{d\psi_0}{dt}-ri_0\\u_f&=\frac{d\psi_f}{dt}+r_fi_f\\0&=\frac{d\psi_D}{dt}+r_Di_D\\0&=\frac{d\psi_Q}{dt}+r_Qi_Q\end{aligned}\right\}\tag{6-5}$$

其中式（6-4）为Park磁链方程，式（6-5）为Park电动势方程。Park磁链方程中的各电感系数（在此写成了电抗形式）为常数。

Park磁链方程中的各电感系数之所以为常数是因为Park变换从物理上看其实是参照系的变换。通过Park变换，观察者的视角从静止的定子转移到了转动的转子上。此时从转子上看，定子的静止三相绕组被三个定子等效绕组dd绕组、qq绕组、00绕组所代替，其中dd绕组、qq绕组分别以d轴、q轴为轴线，随转子同步运动，00绕组轴线在转子转动轴方向（与d轴、q轴垂直）上。由于定子诸等效绕组和转子诸绕组间此时不存在相对运动，故定子等效绕组的自感、等效绕组间的互感、定子等效绕组和转子绕组间的互感都不随定、转子间的相对位置的变化而变化，即不随α变化，也就不随时间变化。这即是新坐标系下的电感系数为常数的原因。在上述Park变换物理意义的指导下，还可对Park方程的其他方面做出物理解释，如Park磁链方程中反映出的不同轴向的绕组间互感为零，Park电动势方程中的变压器电势、速度电势产生的原因等。

综上所述，Park方程是由同步发电机的原始方程经过Park变换而来的。Park变换从数学上看是一种"坐标变换"，通过Park变换引入新变量代替原变量，将原坐标系下时变（或随α变化）的电感系数变换为新坐标系下定常的电感系数（不随α变化），使Park磁链方程代入Park电动势方程后为常系数微分方程，而便于求解。Park变换有明确的物理意义，在此物理意义的指导下可对Park方程做出明确的物理解释。同步发电机的原始方程和同步发电机的Park方程是同步发电机各绕组的电磁相互关系在不同参照系（坐标系）中的数学表达。

从同步发电机的Park方程出发，可推导出发电机在各种不同应用场合的数学模型（或等值电路）。

注意：发电机的输出电磁功率$P_e=u_ai_a+u_bi_b+u_ci_c$。在dq0坐标系中，此式变为$P_e=3u_0i_0+\frac{3}{2}(u_di_d+u_qi_q)$。

二、同步发电机的对称稳态运行分析

发电机对称稳态运行时的特点为：

- 发电机转速等于或接近额定转速，故$\omega=1$（或≈1）；
- 定子各等效绕组、转子各绕组交链的磁链为常数，即

$$\frac{d\psi_d}{dt}=\frac{d\psi_q}{dt}=\frac{d\psi_0}{dt}=\frac{d\psi_f}{dt}=\frac{d\psi_D}{dt}=\frac{d\psi_Q}{dt}=0$$

代入对应的 Park 电势方程式（6 - 5）的第 3、5、6 式可得 $i_0=i_D=i_Q=0$。

为便于计算，还进一步忽略定子电阻，则 Park 方程的式（6 - 4）的第 1、2 式、式(6 - 5)的第 1、2 式简化为

$$\left.\begin{aligned}u_q &= E_q - x_d i_d\\ u_d &= x_q i_q\end{aligned}\right\} \tag{6 - 6}$$

其中 E_q 称为稳态电动势，其定义为

$$E_q=x_{ad}i_f$$

由于发电机对称稳态运行时定子各量均为基频量，可用相量表示。故选 d 轴为实轴方向，q 轴为虚轴方向，使 dq 平面与复平面重合，式（6 - 6）也可用向量形式表示为

$$\left.\begin{aligned}\dot{U}_q &= \dot{E}_q - jx_d \dot{I}_d\\ \dot{U}_d &= -jx_q \dot{I}_q\end{aligned}\right\} \tag{6 - 7}$$

式（6 - 7）对应等值电路如图 6 - 2 所示。

发电机的等值电路图在两个轴向分别画出不便于实际应用，故虚拟一个计算用电动势 $\dot{E}_Q$，称为等值隐极机电动势，其定义为

$$\dot{E}_Q = \dot{E}_q - j\,\dot{I}_d(x_d - x_q) \tag{6 - 8}$$

此时，将式（6 - 7）两方程相加可得

$$\dot{U} = \dot{E}_Q - jx_q\,\dot{I} \tag{6 - 9}$$

式（6 - 9）对应等值电路如图 6 - 3 所示。

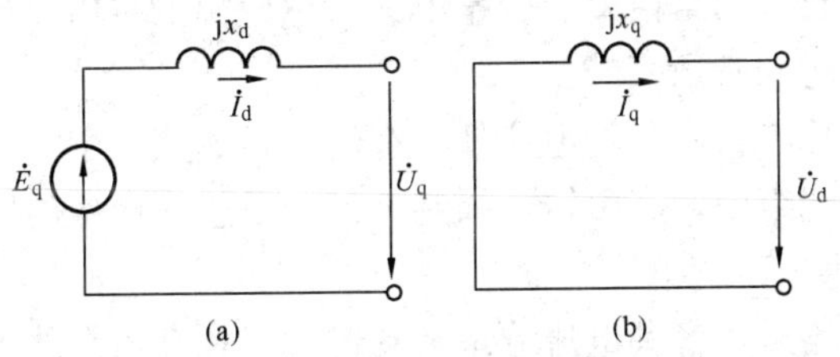

图 6 - 2　同步发电机稳态等值电路
（a）纵轴向；（b）横轴向

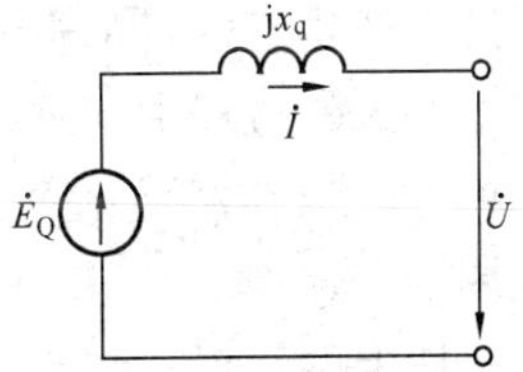

图 6 - 3　同步发电机等值隐极机电路

以 $\dot{E}_Q$ 为桥梁，还可方便地作出凸极机稳态运行的相量图如图 6 - 4 所示。

注意：等值隐极机电动势 $\dot{E}_Q$ 是一个非常重要的量，其重要性在于当发电机运行状态（定子电压，定子电流及其相位关系）一定时，以 $\dot{E}_Q$ 为桥梁，可定出 d、q 轴的位置（因为 $\dot{E}_Q$ 所在方向即 q 轴所在方向）。而只有定出 d、q 轴位置，其他量如 E_q 的计算才有可能。

三、同步发电机的三相短路瞬态过程分析计算

有了 Park 方程，理论上已具备对同步发电机的三相短路瞬态过程进行数学定量分析的条件。发电机端三相短路时定子三相端电压为 0，由 Park 变换可得三个定子等效绕组端电压亦为 0，转子励磁绕组端电压由励磁系统控制（其变化规律可视为已知），转子两个轴向的阻尼绕组为无外接电源的闭合绕组，其端电压亦为 0，故组成 Park 方程的 12 个方程中，

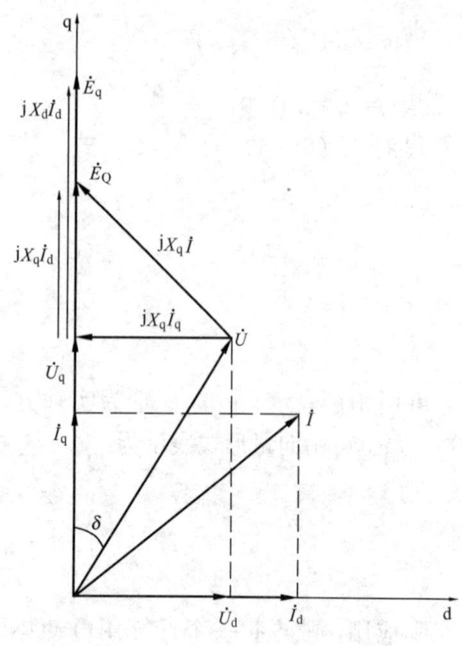

图 6 - 4　凸极机稳态运行相量图

未知变量其实只有定子各等效绕组的电流和磁链、转子各绕组的电流和磁链共 12 个变量［因为 $u_0=0$，由式（6 - 4）第 3 式，式（6 - 5）第 3 式联立可知 $\psi_0=i_0=0$，故也可去掉 0 轴上的两个方程，则为由 10 个方程联立解出 10 个未知变量］。具体的求解可用拉氏变换法，也可用数值解法。除了这两种方法外，对发电机三相短路时瞬态过程的定量分析也可采用物理概念和数学手段（包括电路方法）相结合的方法，这样更有助于对短路瞬态过程物理规律的理解，而对电力系统中各种物理规律的学习、理解，是学习这门课程的主要目的之一。

注意：超导体闭合回路磁链守恒原则（即导体闭合回路在运行状态变化的瞬间磁链不变的原则）给上述前两种方法提供了初始条件，给第三种方法提供了理论基础。

1. 同步发电机三相短路的物理分析

同步发电机三相短路瞬时，一方面，由于短路前后电路结构（运行状态）的变化，同步发电机中磁场分布有发生变化的趋势，即同步发电机各绕组所交链的磁链有发生变化的趋势；另一方面，由于发电机各绕组均为闭合回路，在短路瞬间，每个绕组所交链的磁链都有保持不变的特性。因此，发电机短路瞬间定、转子的每个绕组中都会有为了保持本绕组磁链守恒而产生的自由直流分量，且由于电磁感应，此自由直流分量又会在其他绕组乃至本绕组中感应出自由交流分量电流。感应出的自由交流分量电流以感应产生它的自由直流分量衰减的时间常数衰减。

在短路瞬变过程中，发电机各绕组中除有自由分量电流外，在转子励磁绕组中，还有由外电源供电的强制直流分量；在定子三相绕组中，有由转子强制直流分量感应产生的定子强制基频周期分量。

基于以上的认识，同步发电机三相短路后，各种电流分量及它们之间相互依存的关系小结如表 6 - 1 和表 6 - 2。

注意在表 6 - 1 和表 6 - 2 中：

（1）强制分量也称为稳态分量；

（2）定子的基频周期分量之和（其中包括基频强制分量和基频自由分量）称为发电机（定子）短路电流的基频分量，直流分量和由它感应产生的倍频分量之和称为发电机（定子）短路电流的非基频分量。

在物理分析中，将短路电流分解为各种分量，只是为了分析和计算的方便，实际上每个绕组可观测的都只有一个总电流。但搞清楚短路时定、转子绕组中各种电流分量产生的原因以及它们之间的相互关系（即深入理解短路的物理过程），对以前述“第三种方法”进行的短路暂态过程的分析计算是很有帮助的，同时也有助于我们对用前述“前两种”数学方法进行的计算结果做出适当的物理解释。

在定、转子各电流分量中，最常用的是定子周期分量的计算，在大多数工程应用中，定子的非周期分量电流只要考虑它对短路总电流最大瞬时值（冲击电流）和最大有效值的影响。

表 6-1　　无阻尼绕组发电机电流分量表

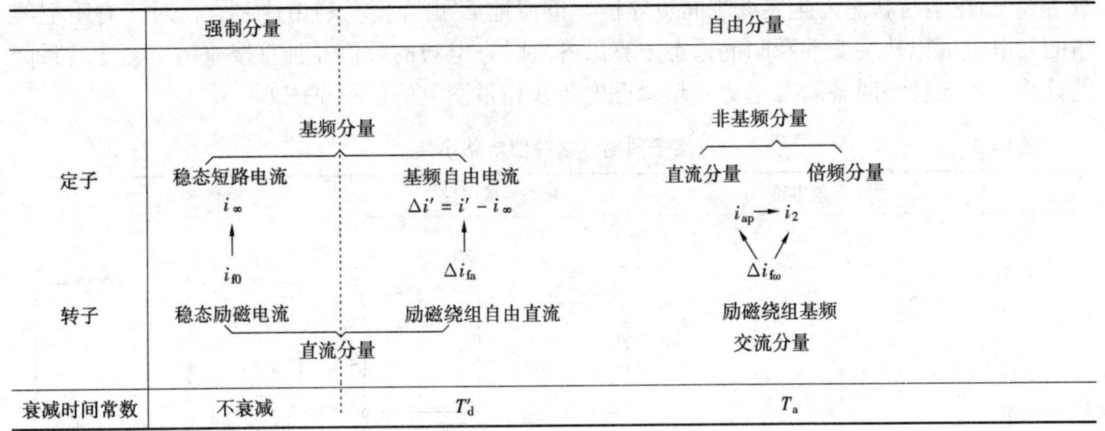

	强制分量	自由分量	
	基频分量		非基频分量
定子	稳态短路电流 i_∞	基频自由电流 $\Delta i' = i' - i_\infty$	直流分量 i_{ap} → 倍频分量 i_2
	↑	↑	↖ ↗
转子	i_{f0} 稳态励磁电流	Δi_{fa} 励磁绕组自由直流	$\Delta i_{f\omega}$ 励磁绕组基频交流分量
	直流分量		
衰减时间常数	不衰减	T'_d	T_a

表 6-2　　有阻尼绕组发电机电流分量表

	强制分量	自由分量					
	周期分量				非周期分量		
定子	稳态短路电流	基频自由电流			直流分量	倍频分量	
	i_∞	$\Delta i' = i' - i_\infty$	$\Delta i''_d = i''_d - i'$	$\Delta i''_q = i''_q$	i_{ap}	i_2	
	↑	↑	↑	↑			
	i_{f0}	Δi_{fa}	Δi_{Da}	Δi_{Qa}	$\Delta i_{f\omega}$	$\Delta i_{D\omega}$	$\Delta i_{Q\omega}$
转子	稳态励磁电流	励磁绕组自由直流	纵轴阻尼绕组直流	横轴阻尼绕组直流	励磁绕组基频	纵轴阻尼绕组基频	横轴阻尼绕组基频
	直流分量				交流分量		
衰减时间常数	不衰减	T'_d	T''_d		T''_q	T_a	

2. 定子电流周期分量的计算

（1）计算定子电流周期分量的各种等值电路。

与发电机对称稳态分析类似，对发电机定子电流周期分量进行计算时认为：

1）发电机转速等于或接近额定转速，故 $\omega=1$（或≈1）；

2）定子各等效绕组交链的磁链为常数或接近于常数，即变压器电势 $\frac{d\psi_d}{dt}=\frac{d\psi_q}{dt}=0$（或≈0）。并且忽略发电机定子绕组电阻。

则由 Park 方程还可推出发电机瞬态等值电路、超瞬态等值电路和对应的方程。现将它们连同稳态等值电路列于表 6-3。

注意：①表 6-3 中的等值电路虽名为发电机暂态等值电路、次暂态等值电路，但发电机处于稳态时仍适用，因为稳态也满足上述两个条件。②暂态电势 E'_q、次暂态电势 E''_q，E''_d，E''无法进行实测，只能根据给定的运行状态计算出来。③无阻尼绕组同步发电机由于其 E'_q与励磁绕组交链的磁链 ψ_f 成正比，而 ψ_f 在运行状态发生突变瞬间守恒，故E'_q在运行状态发生突变瞬间也守恒。对于无阻尼绕组的发电机利用这一点，可以从突变前瞬间的稳态中算出它的数值并且直接应用于突变后瞬间的计算中。又因为 E' 接近于 E'_q，所以在近似计算中也可认为在运行状态突变瞬间 E' 不变。④由于 E''_q 是励磁绕组磁链和纵轴阻尼绕组磁链的线性组合，E''_q 与横轴阻尼绕组磁链成正比，而各绕组交链的磁链在运行状态发生突变瞬间守恒，故 E''_q，E''_d 在运行状态发生突变瞬间也守恒，近似地 E'' 也守恒。利用这一点，对于有阻尼绕组的发电机可以从突变前瞬间的稳态中算出各次瞬态电势的数值并且直接应用于突变后瞬间的计算中。⑤稳态时各瞬态电势、超瞬态电势在相量图上的位置见图 6－5。

表 6－3　　　　定子周期分量等值电路小结

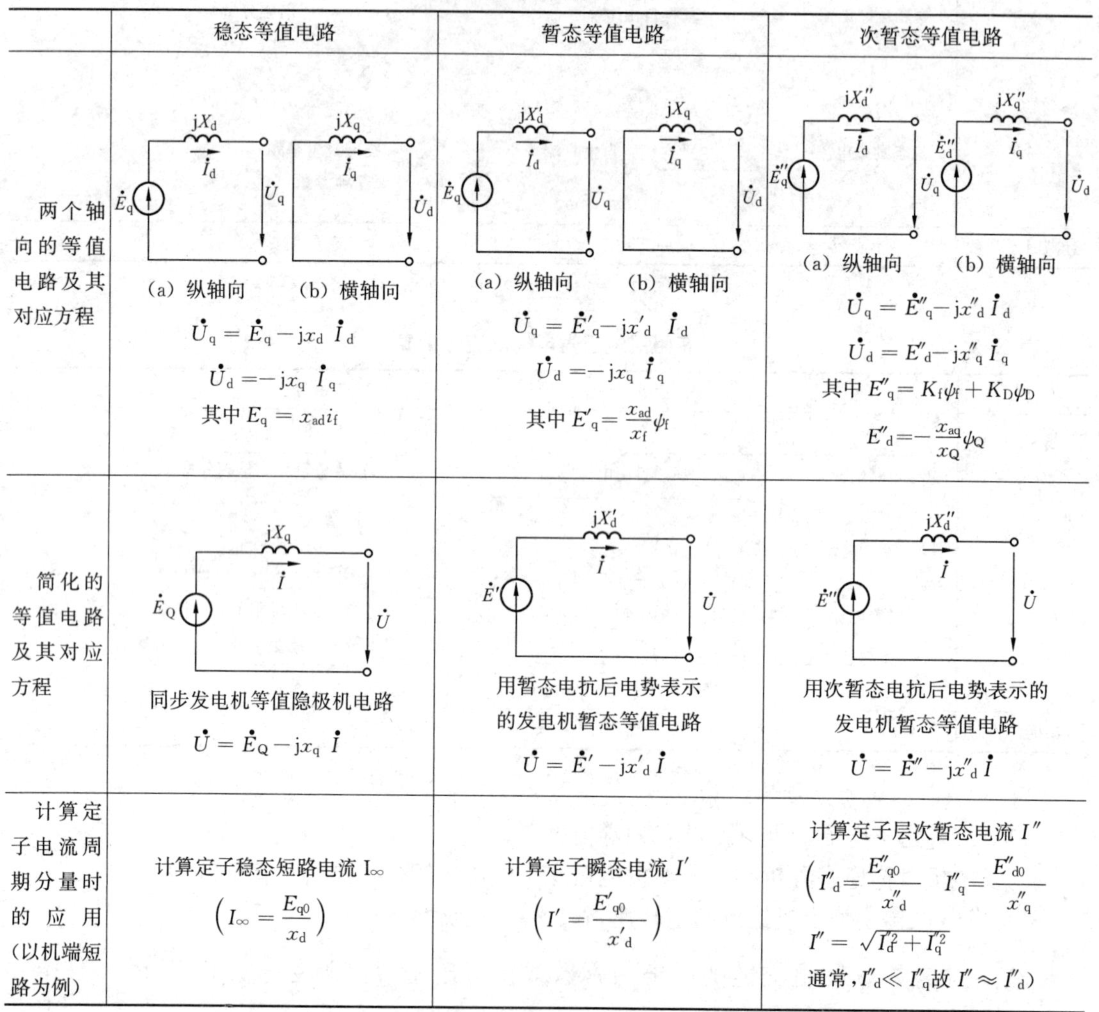

	稳态等值电路	暂态等值电路	次暂态等值电路
两个轴向的等值电路及其对应方程	（a）纵轴向　（b）横轴向 $\dot{U}_q = \dot{E}_q - jx_d\dot{I}_d$ $\dot{U}_d = -jx_q\dot{I}_q$ 其中 $E_q = x_{ad}i_f$	（a）纵轴向　（b）横轴向 $\dot{U}_q = \dot{E}'_q - jx'_d\dot{I}_d$ $\dot{U}_d = -jx_q\dot{I}_q$ 其中 $E'_q = \frac{x_{ad}}{x_f}\psi_f$	（a）纵轴向　（b）横轴向 $\dot{U}_q = \dot{E}''_q - jx''_d\dot{I}_d$ $\dot{U}_d = \dot{E}''_d - jx''_q\dot{I}_q$ 其中 $E''_q = K_f\psi_f + K_D\psi_D$ $E''_d = -\frac{x_{aq}}{x_Q}\psi_Q$
简化的等值电路及其对应方程	同步发电机等值隐极机电路 $\dot{U} = \dot{E}_Q - jx_q\dot{I}$	用暂态电抗后电势表示的发电机暂态等值电路 $\dot{U} = \dot{E}' - jx'_d\dot{I}$	用次暂态电抗后电势表示的发电机暂态等值电路 $\dot{U} = \dot{E}'' - jx''_d\dot{I}$
计算定子电流周期分量时的应用（以机端短路为例）	计算定子稳态短路电流 I_∞ $\left(I_\infty = \frac{E_{q0}}{x_d}\right)$	计算定子瞬态电流 I' $\left(I' = \frac{E'_{q0}}{x'_d}\right)$	计算定子层次暂态电流 I'' $\left(I''_d = \frac{E''_{q0}}{x''_d}\quad I''_q = \frac{E''_{d0}}{x''_q}\right.$ $I'' = \sqrt{I''^2_d + I''^2_q}$ 通常，$I''_d \ll I''_q$ 故 $I'' \approx I''_d$）

（2）无阻尼绕组发电机机端三相短路时定子电流周期分量的计算。

由表 6－1 可知，无阻尼绕组发电机三相短路时定子电流的周期分量由两部分组成，一部分为稳态分量，由稳态励磁电流决定；另一部分为自由基频分量，在此也称为瞬态分量，它以励磁绕组的时间常数 T'_d 衰减。短路瞬间，定子电流周期分量是稳态分量和瞬态分量起始值的和，习惯上也称其为瞬态电流。短路到达稳态后，瞬态分量衰减完毕，定子中只有稳态分量，即稳态短路电流。结合表 6－3，用分析电路暂态过程的三要素法，可写出任意时刻短路电流周期分量有效值的表达式。

$$I_t = (I' - I_\infty)e^{\frac{-t}{T'_d}} + I_\infty \tag{6-10}$$

（3）有阻尼绕组发电机机端三相短路时定子电流周期分量的计算。

由表6-2可知，有阻尼绕组发电机三相短路时定子电流的周期分量由四部分组成，一部分为稳态分量，由稳态励磁电流决定；另外三部分为自由基频分量，分别由励磁绕组直流自由分量在定子中感应产生的瞬态分量、纵轴阻尼绕组直流分量在定子中感应产生的纵轴超瞬态分量，横轴阻尼绕组直流分量在定子中感应产生的横轴超瞬态分量组成。瞬态分量仍以励磁绕组的时间常数T'_d衰减，纵轴超瞬态分量以纵轴阻尼绕组的时间常数衰减T''_d，横轴超瞬态分量以横轴阻尼绕组的时间常数衰减T''_q。通常瞬态分量衰减的时间常数与超瞬态分量衰减的时间常数相差很大，即$T'_d \gg T''_d$，故在短路瞬变过程中，当次超瞬态分量迅速衰减时，瞬态分量还变化甚小。这也就是说，当阻尼绕组的自由直流分量大部分已衰减时，励磁绕组的自由直流分量还变化很少；或励磁绕组的自由直流分量开始显著变化时，阻尼绕组的自由直流分量几乎已衰减完毕。据此可将短路后的瞬变过程分解为两个阶段。

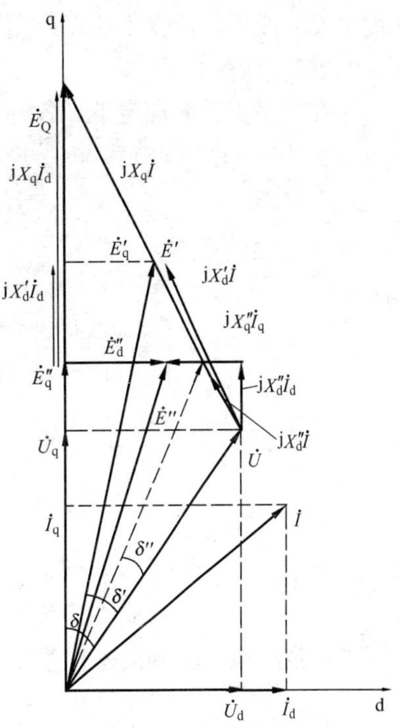

图6-5　发电机稳态运行相量图

短路刚开始阶段，由上所述，超瞬态分量迅速衰减，瞬态分量几乎不变，习惯上称为瞬变过程的这前一阶段为超瞬态阶段。当超瞬态分量几乎衰减完毕时，瞬态分量才开始显著衰减，习惯上称瞬变过程的这后一阶段为瞬态阶段。在瞬态阶段，由于阻尼绕组中的自由直流分量几乎已衰减完毕，故可近似认为阻尼绕组开路，即可将发电机当作无阻尼绕组发电机看待。或者说可以近似认为瞬态阶段刚开始瞬间（一个假想瞬间）的有阻尼绕组发电机与无阻尼绕组发电机在短路瞬间的行为一样（在此之后的行为也一样）。

在短路初瞬间，定子电流周期分量是稳态分量、瞬态分量起始值和两个轴向超瞬态分量起始值的和，习惯上也称其为超瞬态电流；瞬态阶段刚开始瞬间定子电流周期分量为稳态电流和瞬态分量电流起始值的和，即瞬态电流。

短路到达稳态后，瞬态分量、两个轴向的超瞬态分量都衰减完毕，定子中只有稳态分量，即稳态短路电流。结合表6-3仍用三要素法，可写出任意时刻短路电流周期分量有效值的表达式。

$$\left.\begin{aligned} I_{td} &= (I''_d - I')e^{\frac{-t}{T''_d}} + (I' - I_\infty)e^{\frac{-t}{T'_d}} + I_\infty \\ I_{tq} &= I''_q e^{\frac{-t}{T''_q}} \end{aligned}\right\} \tag{6-11}$$

$$I_t = \sqrt{I_{td}^2 + I_{tq}^2} \tag{6-12}$$

或

$$I_t \approx I_{td} \tag{6-13}$$

3. 有阻尼绕组发电机各绕组全电流的计算

要想得到短路后任意时刻各定子绕组、转子绕组全电流瞬时值的表达式，需从Park方程出发，或用拉氏变换法，或用数值解法，或用物理概念和数学手段（包括电路方法）相结合的方法求解。

在本书正方向规定下，各种方法求解结果均为：

$$\left.\begin{aligned}
i_d &= \frac{E_{q0}}{x_d} + \left(\frac{E'_{q0}}{x'_d} - \frac{E_{q0}}{x_d}\right)e^{\frac{-t}{T'_d}} + \left(\frac{E''_{q0}}{x''_d} - \frac{E'_{q0}}{x'_d}\right)e^{\frac{-t}{T''_d}} - \frac{U_0}{x''_q}e^{\frac{-t}{T_a}}\cos(\omega t + \delta_0)\\
i_q &= -\frac{E''_{d0}}{x''_d}e^{\frac{-t}{T''_q}} + \frac{U_0}{x''_q}e^{\frac{-t}{T_a}}\sin(\omega t + \delta_0)\\
i_f &= i_{f0} + \left[\frac{x_{ad}x_{\sigma D}U_0\cos\delta_0}{(x_f x_D - x_{ad}^2)x''_d} - \frac{(x_d - x'_d)U_0\cos\delta_0}{x'_d x_{ad}}\right]e^{\frac{-t}{T''_d}}\\
&\quad + \frac{(x_d - x'_d)U_0\cos\delta_0}{x'_d x_{ad}}e^{\frac{-t}{T'_d}} - \frac{x_{ad}x_{\sigma D}U_0}{(x_f x_D - x_{ad}^2)x''_d}e^{\frac{-t}{T_a}}\cos(\omega t + \delta_0)\\
i_D &= \frac{x_{ad}x_{\sigma f}U_0\cos\delta_0}{(x_f x_D - x_{ad}^2)x''_d}e^{-\frac{t}{T''_d}} - \frac{x_{ad}x_{\sigma f}U_0}{(x_f x_D - x_{ad}^2)x''_d}e^{-\frac{t}{T_a}}\cos(\omega t + \delta_0)\\
i_Q &= -\frac{(x_q - x''_q)U_0\sin\delta_0}{x''_q x_{aq}}e^{-\frac{t}{T''_q}} + \frac{(x_q - x''_q)U_0}{x''_q x_{aq}}e^{-\frac{t}{T_a}}\sin(\omega t + \delta_0)
\end{aligned}\right\} \tag{6-14}$$

将定子电流由dq0坐标系变换到abc坐标，得

$$\begin{aligned}
i_a = &\frac{E_{q0}}{x_d}\cos(\omega t + \alpha_0) + \left(\frac{E'_{q0}}{x'_d} - \frac{E_{q0}}{x_d}\right)e^{\frac{-t}{T'_d}}\cos(\omega t + \alpha_0) + \left(\frac{E''_{q0}}{x''_d} - \frac{E'_{q0}}{x'_d}\right)e^{\frac{-t}{T''_d}}\cos(\omega t + \alpha_0)\\
&- \frac{U_0}{2}\left(\frac{1}{x''_d} + \frac{1}{x''_q}\right)e^{\frac{-t}{T_a}}\cos(\alpha_0 - \delta_0)\\
&- \frac{U_0}{2}\left(\frac{1}{x''_d} - \frac{1}{x''_q}\right)e^{\frac{-t}{T_a}}\cos(2\omega t + \alpha_0 + \delta_0)
\end{aligned} \tag{6-15}$$

式（6-14）、式（6-15）中各时间常数含义见表6-4。

表6-4 各时间常数及其含义

时间常数	T_a	T'_d	T''_d	T''_q
含义	考虑转子各绕组互感作用后的定子绕组的时间常数	考虑定子绕组互感作用后（此时阻尼绕组开路）的转子励磁绕组的时间常数	考虑定子绕组、励磁绕组互感作用后纵轴阻尼绕组的时间常数	考虑定子绕组互感作用后横轴阻尼绕组的时间常数
计算公式	$T_a=\dfrac{2x''_d x''_q}{\omega r\ (x''_d+x''_q)}$	$T'_d=T'_{d0}\dfrac{x'_d}{x_d}$	$T''_d=T''_{d0}\dfrac{x''_d}{x'_d}$	$T''_q=T''_{q0}\dfrac{x''_q}{x_q}$
以该时间常数衰减的量	定子非基频分量（包括直流分量、倍频分量），转子各绕组基频分量	励磁绕组部分直流自由分量，定子绕组基频自由分量中的瞬态分量以T'_d为时间常数衰减	纵轴阻尼绕组中的直流自由分量，励磁绕组中另一部分直流自由分量，定子绕组基频自由分量中的纵轴超瞬态分量	横轴阻尼绕组中的直流自由分量，定子绕组基频自由分量中的横轴超瞬态分量
以上各时间常数均与短路点距机端距离有关				

续表

时间常数	T'_{d0}	T''_{d0}	T''_{q0}
含义	励磁绕组自身的时间常数（即未考虑定子绕组、阻尼绕组互感作用时，励磁绕组的时间常数）	定子绕组开路，励磁绕组短路，纵轴阻尼绕组的时间常数（即考虑励磁绕组互感作用，但未考虑定子绕组互感作用时，纵轴阻尼绕组的时间常数）	为定子绕组开路，横轴阻尼绕组的时间常数（即横轴阻尼绕组自身的时间常数）
以上各时间常数均与短路点距机端距离无关			

4. 强行励磁对短路暂态过程的影响

在前面的讨论中，假定励磁电压不变。但现代电力系统中，同步发电机都配有自动励磁调节装置。强行励磁是自动励磁调节系统的一部分，当发生短路或由于其他原因使机端电压大幅下降时，强行励磁装置动作，使施于励磁绕组的电压 u_f 显著增大，从而增大励磁电流以恢复机端电压。

强行励磁影响短路电流的强制分量（稳态分量），考虑强行励磁作用后，只需在定子短路电流周期分量的 d 轴分量中增加与强行励磁有关的一项。则定子短路电流周期分量表达式应为

$$I_{td}=(I''_d-I')e^{\frac{-t}{T''_d}}+(I'-I_\infty)e^{\frac{-t}{T'_d}}+I_\infty+\frac{x_{ad}(u_{fm}-u_{f0})}{x_d r_f}\left(1-\frac{T'_d e^{\frac{-t}{T'_d}}-T_e e^{\frac{-t}{T_e}}}{T'_d-T_e}\right) \tag{6-16}$$

式（6 - 16）中 u_{fm} 为强励顶值电压，T_e 为励磁系统的时间常数。

例 题 分 析

【例 6 - 1】 设同步发电机的定子 A、B、C 三相电流为

（1）$i_A=I_m\cos(\omega_N t+\theta_0)$，$i_B=I_m\cos(\omega_N t+\theta_0-120°)$，$i_C=I_m\cos(\omega_N t+\theta_0+120°)$；

（2）$i_A=I_m$，$i_B=-0.5I_m$，$i_C=-0.5I_m$；

（3）$i_A=I_m$，$i_B=-0.25I_m$，$i_C=-0.25I_m$。

试分别计算它们经派克变换后的 i_d，i_q，i_0（abc 坐标与 dq0 坐标关系如图 6 - 6，$\alpha=\omega_N t+\alpha_0$），并简要说明物理意义。

若 abc 坐标与 dq0 坐标关系如图 6 - 6 所示，则 $P_{ar}k$ 变换的方程为

解

$$P=\frac{2}{3}\begin{bmatrix}\cos\alpha & \cos(\alpha-120°) & \cos(\alpha+120°)\\ -\sin\alpha & -\sin(\alpha-120°) & -\sin(\alpha+120°)\\ \frac{1}{2} & \frac{1}{2} & \frac{1}{2}\end{bmatrix}$$

（1）

$$\begin{bmatrix}i_d\\ i_q\\ i_0\end{bmatrix}=P\begin{bmatrix}i_a\\ i_b\\ i_c\end{bmatrix}=\frac{2}{3}\begin{bmatrix}\cos\alpha & \cos(\alpha-120°) & \cos(\alpha+120°)\\ -\sin\alpha & -\sin(\alpha-120°) & -\sin(\alpha+120°)\\ \frac{1}{2} & \frac{1}{2} & \frac{1}{2}\end{bmatrix}\cdot\begin{bmatrix}I_m\cos(\omega_N t+\theta_0)\\ I_m\cos(\omega_N t+\theta_0-120°)\\ I_m\cos(\omega_N t+\theta_0+120°)\end{bmatrix}$$

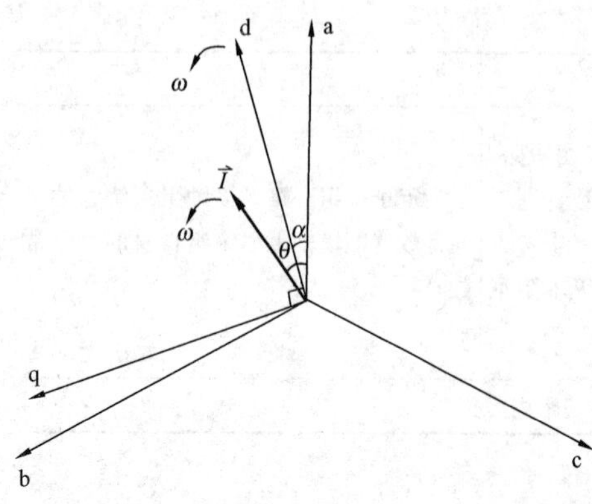

图 6 - 6 综合矢量与 abc,dq0 坐标的关系

$$= I_m \begin{bmatrix} \cos(\alpha - \omega_N t - \theta_0) \\ -\sin(\alpha - \omega_N t - \theta_0) \\ 0 \end{bmatrix}$$

将 $\alpha = \omega_N t + \alpha_0$ 代入

$$\begin{bmatrix} i_d \\ i_q \\ i_0 \end{bmatrix} = I_m \begin{bmatrix} \cos(\alpha_0 - \theta_0) \\ -\sin(\alpha_0 - \theta_0) \\ 0 \end{bmatrix}$$

此题也可用如下图解法：

图 6 - 6 中，矢量 $\vec{I}$ 其长度为 I_m，在 a、b、c 轴上的投影，即为 i_a，i_b，i_c；在 a、q 轴上的投影，即为 i_d，i_q。

此题说明，abc 坐标系中的对称基频交流量，对应 dq0 坐标系中的直流量。

（2）

$$\begin{bmatrix} i_d \\ i_q \\ i_0 \end{bmatrix} = P \begin{bmatrix} i_a \\ i_b \\ i_c \end{bmatrix} = \frac{2}{3} \begin{bmatrix} \cos\alpha & \cos(\alpha - 120°) & \cos(\alpha + 120°) \\ -\sin\alpha & -\sin(\alpha - 120°) & -\sin(\alpha + 120°) \\ \frac{1}{2} & \frac{1}{2} & \frac{1}{2} \end{bmatrix} \begin{bmatrix} I_m \\ -0.5I_m \\ -0.5I_m \end{bmatrix}$$

$$= I_m \begin{bmatrix} \cos\alpha \\ -\sin\alpha \\ 0 \end{bmatrix}$$

将 $\alpha = \omega_N t + \alpha_0$ 代入

$$\begin{bmatrix} i_d \\ i_q \\ i_0 \end{bmatrix} = I_m \begin{bmatrix} \cos(\omega_N t + \alpha_0) \\ -\sin(\omega_N t + \alpha_0) \\ 0 \end{bmatrix}$$

此题也可用如下图解法：

图 6 - 7 中，矢量 $\vec{I}$ 其长度为 I_m，其在 a、b、c 轴上的投影，即为 i_a，i_b，i_c；在 d、q 轴上的投影，即为 i_d，i_q。

此题说明，abc 坐标系中的平衡直流量，对应 dq0 坐标系中的基频交流量。

（3）

$$\begin{bmatrix} i_d \\ i_q \\ i_0 \end{bmatrix} = P \begin{bmatrix} i_a \\ i_b \\ i_c \end{bmatrix} = \frac{2}{3} \begin{bmatrix} \cos\alpha & \cos(\alpha - 120°) & \cos(\alpha + 120°) \\ -\sin\alpha & -\sin(\alpha - 120°) & -\sin(\alpha + 120°) \\ \frac{1}{2} & \frac{1}{2} & \frac{1}{2} \end{bmatrix} \begin{bmatrix} I_m \\ -0.25I_m \\ -0.25I_m \end{bmatrix}$$

$$= \frac{I_m}{6} \begin{bmatrix} 5\cos\alpha \\ -5\sin\alpha \\ 1 \end{bmatrix}$$

将 $\alpha = \omega_N t + \alpha_0$ 代入

$$\begin{bmatrix} i_d \\ i_q \\ i_0 \end{bmatrix} = \frac{I_m}{6}\begin{bmatrix} 5\cos(\omega_N t+\alpha_0) \\ -5\sin(\omega_N t+\alpha_0) \\ 1 \end{bmatrix}$$

此题经如下处理后也可用图解法：

（1）首先将 i_a，i_b，i_c 通过如下变换化作三相平衡量

$$i_0=(i_a+i_b+i_c)/3=I_m/6$$
$$i'_a=i_a-i_0=5I_m/6$$
$$i'_b=i_b-i_0=-5I_m/12$$
$$i'_c=i_c-i_0=-5I_m/12$$

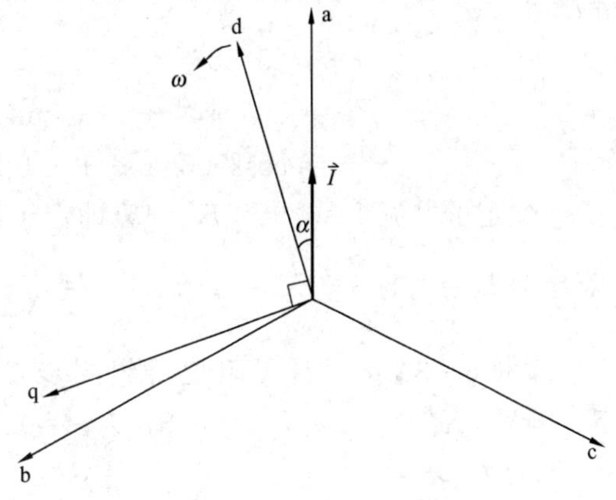

图 6 - 7　综合矢量与 abc，dq0 坐标的关系

（2）然后作图如图 6 - 7，其中矢量 $\vec{I}$ 的长度为 $5I_m/6$，其在 a、b、c 轴上的投影，即为 i'_a，i'_b，i'_c；在 d、q 轴上的投影，即为 i_d，i_q。

【例 6 - 2】 一台同步发电机，已知：$P_N=30$MW，$\cos\varphi=0.85$，$U_N=10.5$kV，$X_d=1.2$，$X_q=0.8$，发电机在额定电压下运行，带负荷 30+j15MVA，求：

（1）E_Q，E_q 并作相量图；

（2）此时定子电流是否大于额定值，转子电流是否大于额定值?

解　选发电机额定容量为基准功率、额定电压为基准电压

$$S_N=\frac{p_N}{\cos\varphi_N}=\frac{30}{0.85}=35.394(\text{MVA})$$

$$P=\frac{30}{35.394}=0.85$$

$$Q=\frac{15}{35.394}=0.425$$

$$\varphi=\arccos\varphi=\arccos\frac{0.85}{\sqrt{0.85^2+0.425^2}}=26.565^\circ$$

取发电机机端电压 $\dot{U}=1\underline{/0^\circ}$，则

$$I=\frac{S}{U\cos\varphi}=\frac{\sqrt{0.85^2+0.425^2}}{\cos 26.565^\circ}=0.95$$

（1）等值隐极机电势

$$\dot{E}_Q=\dot{U}+\text{j}\,\dot{I}X_q=1\underline{/0^\circ}+0.95\times0.8\underline{/90^\circ-26.565^\circ}=1.503\underline{/26.906^\circ}$$

E_Q 有名值 $1.503\times10.5=15.778$kV，$\delta_0=26.906^\circ$

$$\begin{aligned}E_q&=U\cos\delta_0+I\sin(\delta_0+\varphi)\cdot X_d\\&=\cos26.906^\circ+0.95\sin(26.906^\circ+26.565^\circ)\times1.2\\&=1.808\end{aligned}$$

其有名值 $1.808\times10.5=18.985$kV。

（2）发电机额定运行状态时，$\varphi_N=\arccos0.85=31.788^\circ$

$$\begin{aligned}\dot{E}_{QN}&=\dot{U}_N+\text{j}\,\dot{I}_N X_q=1\underline{/0^\circ}+1\times0.8\underline{/90^\circ-31.788^\circ}\\&=1.576\underline{/25.566^\circ}\end{aligned}$$

故

$$\delta_N = 25.566°$$

$$E_{qN} = U_N\cos\delta_N + I_N X_d \sin(\delta_N + \varphi_N)$$
$$= \cos 25.566° + 1 \times 1.2\sin(25.566° + 31.788°) = 1.913$$

∵定子电流 $I=0.95<I_N=1$，即定子电流小于额定定电子电流；∵转子电流对应的稳态电势 $E_q=1.808<E_{qN}=1.913$ 而 $I_f=\dfrac{E_q}{X_{ad}}$ ∴转子电流小于额定转子电流。

【例 6-3】 一台无阻尼绕组同步发电机，已知：$P_N=30\text{MW}$，$\cos\varphi=0.85$，$U_N=10.5\text{kV}$，$X_d=1.2$，$X_q=0.8$，$X'_d=0.3$，发电机在额定电压下运行，带负荷 30＋j15MWA，求：

（1）E'_q，E'并作相量图；

（2）若机端发生三相短路，求瞬变电流，稳态短路电流；

（3）若 $T'_{d0}=5\text{s}$，求机端发生三相短路后 0.05s，0.5s，5s，10s 时短路电流周期分量的有效值；

（4）作短路电流周期分量的有效值随时间变化的曲线；

（5）若 $T_a=0.15\text{s}$，设 a 相电压过零（由正变为零）时发生三相短路，求 i_a 并作其随时间变化的曲线；

（6）若短路的同时，励磁电压阶跃为原来的 2 倍，重做（2），（3），（4），（5）；

（7）若短路发生在距机端 0.5Ω 外接电抗处，短路后励磁电压维持短路前的值不变，重做（2），（5）；

（8）接（5），a、b、c 三相中，哪一相的峰值电流最大？

解 （1）接例 6-2 得

$$E'_q = U\cos\delta_0 + IX'_d\sin(\delta_0 + \varphi)$$
$$= \cos 26.906° + 0.95 \times 0.3\sin(26.906° + 26.565°) = 1.121$$

其有名值 1.121×10.5=11.769kV。

$$\dot{E}' = \dot{U} + \text{j}\,\dot{I}X'_d = 1\underline{/0°} + 0.95 \times 0.3\underline{/90° - 26.565°} = 1.156\underline{/12.744°}$$

其有名值 $1.156\times10.5\underline{/12.744°}=12.138\underline{/12.744°}\text{kV}$。

对应相量图见图 6-5。

$$(2)\ I_N = \frac{30}{\sqrt{3} \times 10.5 \times 0.85} = 1.941(\text{kA})$$

瞬变电流

$$I'_d = \frac{E'_q}{X'_d} = \frac{1.121}{0.3} = 3.736$$

有名值为 3.736×1.941=7.251kA。

稳态短路电流

$$I_\infty = \frac{E_q}{X_d} = \frac{1.808}{1.2} = 1.507$$

有名值为 1.507×1.941=2.924kA。

瞬变电流也可近似求解如下

$$I'=\frac{E'}{X'_{\rm d}}=\frac{1.156}{0.3}=3.853$$

(3) $T'_{\rm d}=\dfrac{X'_{\rm d}T'_{\rm d0}}{X_{\rm d}}=\dfrac{0.3\times5}{1.2}=1.25({\rm s})$

短路电流周期分量有效值表达式为

$$I_{\rm d}(t)=(I'_{\rm d}-I_{\infty}){\rm e}^{-\frac{t}{T'_{\rm d}}}+I_{\infty}=2.229{\rm e}^{-\frac{t}{1.25}}+1.507$$

则 $I_{\rm d}(0.05)=3.649$　有名值 7.081kA；

$I_{\rm d}(0.5)=3.001$　有名值 5.824kA；

$I_{\rm d}(5)=1.548$　有名值 3.004kA；

$I_{\rm d}(10)=1.508$　有名值 2.926kA。

(4) 短路电流周期分量的有效值随时间变化的曲线见图 6 - 8。

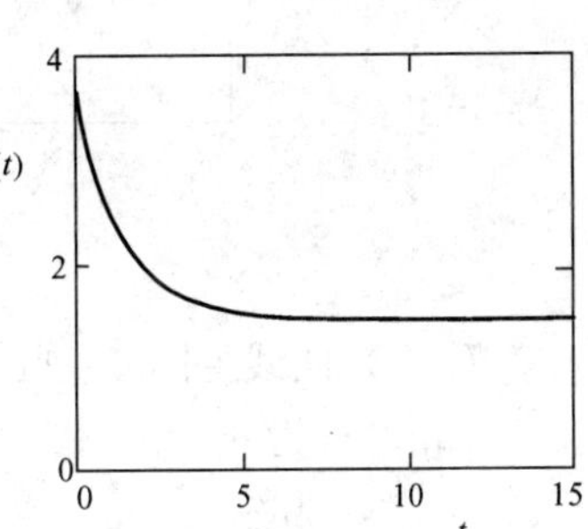

图 6 - 8　周期分量有效值随时间变化的曲线

(5) $T_{\rm a}=0.15$s。又当 a 相电压过零（由正变为零）时，a 相电压必垂直于 a 轴。由图 6 - 9 可见，此时 $\alpha_0=\delta_0=26.906°$。则

$$i_{\rm a}(t)=\frac{E_{\rm q}}{X_{\rm d}}\cos(\omega t+\alpha_0)+\left(\frac{E'_{\rm q}}{X'_{\rm d}}-\frac{E_{\rm q}}{X_{\rm d}}\right){\rm e}^{\frac{-t}{T'_{\rm d}}}\cos(\omega t+\alpha_0)\cdots$$

$$-\frac{U}{2}\left(\frac{1}{X'_{\rm d}}+\frac{1}{X_{\rm q}}\right){\rm e}^{\frac{-t}{T_{\rm a}}}\cos(\alpha_0-\delta_0)-\frac{U}{2}\left(\frac{1}{X'_{\rm d}}-\frac{1}{X_{\rm q}}\right){\rm e}^{\frac{-t}{T_{\rm a}}}\cos(2\omega t+\alpha_0+\delta_0)$$

即　$$i_{\rm a}(t)=1.507\cos(\omega t+\alpha_0)+2.229{\rm e}^{\frac{-t}{1.25}}\cos(\omega t+\alpha_0)\cdots$$

$$-2.292{\rm e}^{\frac{-t}{0.15}}-1.042{\rm e}^{\frac{-t}{0.15}}\cos(2\omega t+2\alpha_0)$$

其中 $\omega=2\pi f_{\rm N}=100\pi=314.16$

图 6 - 9　相量图

$-i_{\rm a}(t)$ 曲线如图 6 - 10 所示。

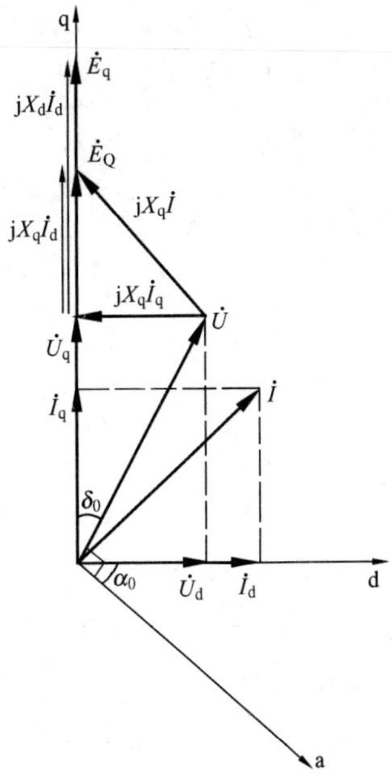

(6) 励磁电压的突变不会影响短路电流在短路瞬间的值，只会影响短路电流的稳态值。

故瞬变电流仍为 $I'_{\rm d}=3.736$，对应有名值 $I'_{\rm d}\cdot I_{\rm N}=7.251$kA。

稳态短路电流

$$I_{\rm d}=\frac{2\cdot E_{\rm q}}{X_{\rm d}}=\frac{2\times1.808}{1.2}=3.014$$

对应有名值为 $I_{\rm d}\cdot I_{\rm N}=5.848$kV。

定子短路电流周期分量的有效值为

$$I_{\rm d}(t)=(I'_{\rm d}-I_{\rm d})\cdot{\rm e}^{-\frac{t}{T'_{\rm d}}}+I_{\rm d}$$

即　$$I_{\rm d}(t)=0.722\,{\rm e}^{-\frac{t}{T'_{\rm d}}}+3.014$$

则　$I_{\rm d}(0.05)=3.708$　有名值 $I_{\rm d}(0.05)\cdot I_{\rm N}=7.195$kA；

$I_{\rm d}(0.5)=3.498$　有名值 $I_{\rm d}(0.5)\cdot I_{\rm N}=6.788$kA；

$I_{\rm d}(5)=3.027$　有名值 $I_{\rm d}(5)\cdot I_{\rm N}=5.875$kA；

$I_{\rm d}(10)=3.014$　有名值 $I_{\rm d}(10)\cdot I_{\rm N}=5.85$kA。

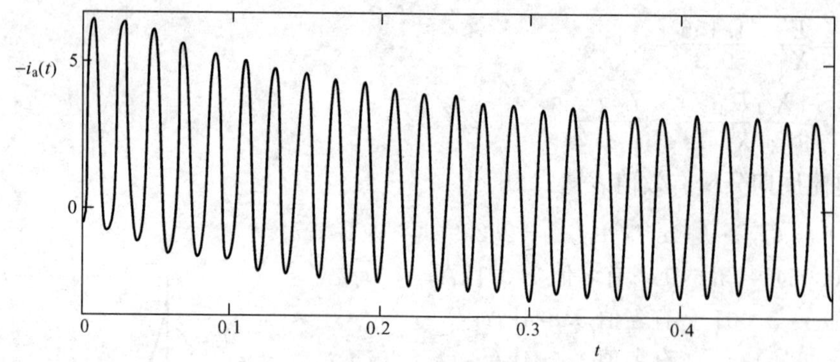

图 6-10　$-i_a(t)$ 曲线

I_d（t）曲线见图 6-11。

a 相电流为

$$i_a(t)=\frac{2E_q}{X_d}\cos(\omega t+\alpha_0)+\left(\frac{E'_q}{X'_d}-\frac{2E_q}{X_d}\right)e^{\frac{-t}{T'_d}}\cos(\omega t+\alpha_0)\cdots$$

$$-\frac{U}{2}\left(\frac{1}{X'_d}+\frac{1}{X_q}\right)e^{\frac{-t}{T_a}}\cos(\alpha_0-\delta_0)-\frac{U}{2}\left(\frac{1}{X'_d}-\frac{1}{X_q}\right)e^{\frac{-t}{T_a}}\cos(2\omega t+\alpha_0+\delta_0)$$

即　$$i_a(t)=3.014\cos(\omega t+\alpha_0)+0.772e^{\frac{-t}{1.25}}\cos(\omega t+\alpha_0)\cdots$$

$$-2.292e^{\frac{-t}{0.15}}-1.042e^{\frac{-t}{0.15}}\cos(2\omega t+2\alpha_0)$$

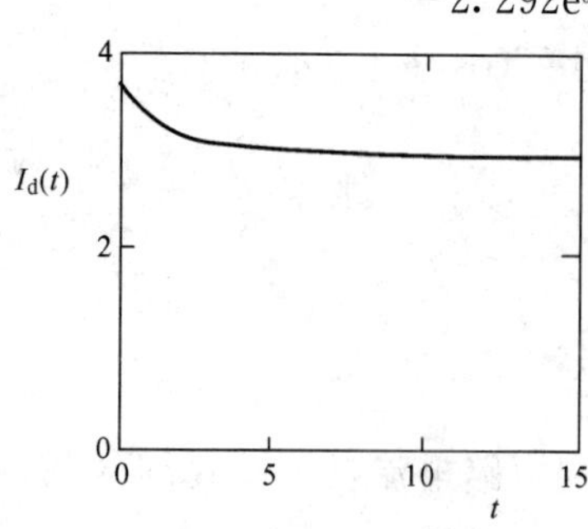

图 6-11　$I_d(t)$ 曲线

（7）外接电抗 0.5Ω 后短路时：

由前各题已知 $P_N=30$，$U_N=10.5$，$I_N=1.941$，$\cos(\varphi_N)=0.85$，$E'_q=1.121$，$E_q=1.808$，$T'_{d0}=5$，$T_a=0.15$，$\delta_0=\alpha_0=26.906°$。

外接电抗的标幺值为

$$X_e=0.5\times\frac{P_N}{U_N^2\cdot\cos(\varphi_N)}=\frac{0.5\times30}{10.5^2\times0.85}=0.16$$

短路前，$\dot{U}=1\angle0°$，$\dot{I}=0.95\angle-26.565°$，则

$$\dot{U}_e=\dot{U}-j\dot{I}X_e=1\angle0°-0.95\times0.16\angle90°-26.565°=0.942\angle-8.306°$$

$$\delta_{e0}=\delta_0-\arg(\dot{U}_e)=26.906°+8.306°=35.212°$$

$$X_d=X_d+X_e=1.2+0.16=1.36$$

$$X_q=X_q+X_e=0.8+0.16=0.96$$

$$X'_d=X'_d+X_e=0.3+0.16=0.46$$

$$T'_d=\frac{X'_d\cdot T'_{d0}}{X_d}=\frac{0.46\times5}{1.36}=1.691(\mathrm{s})$$

$$T_a=T_a\frac{X'_dX_q}{X'_d+X_q}\cdot\frac{(X'_d+X_q-2\cdot X_e)}{(X'_d-X_e)\cdot(X_q-X_e)}$$

$$=0.15\times\frac{0.46\times0.96}{0.46\times0.96}\times\frac{0.46+0.96-2\times0.16}{(0.46-0.16)(0.96-0.16)}=0.214(\mathrm{s})$$

瞬变短路电流为　$$I'_d=\frac{E'_q}{X'_d}=\frac{1.121}{0.46}=2.436$$

其有名值　$I'_d \cdot I_N = 4.728(\text{kA})$

稳态短路电流为　$I_d = \dfrac{E_q}{X_d} = \dfrac{1.808}{1.36} = 1.329$

其有名值 $I_d \cdot I_N = 2.58(\text{kA})$

$$i_a(t) = \frac{E_q}{X_d}\cos(\omega t + \alpha_0) + \left(\frac{E'_q}{X'_d} - \frac{E_q}{X_d}\right)e^{\frac{-t}{T'_d}}\cos(\omega t + \alpha_0)\cdots$$
$$-\frac{|U_e|}{2}\left(\frac{1}{X'_d} + \frac{1}{X_q}\right)e^{\frac{-t}{T_a}}\cos(\alpha_0 - \delta_0) - \frac{|U_e|}{2}\left(\frac{1}{X'_d} - \frac{1}{X_q}\right)e^{\frac{-t}{T_a}}\cos(2\omega t + \alpha_0 + \delta_{e0})$$

即

$$i_a(t) = 1.329\cos(\omega t + \alpha_0) + 1.107e^{\frac{-t}{1.691}}\cos(\omega t + \alpha_0)\cdots$$
$$-1.498e^{\frac{-t}{0.214}}\cos(\alpha_0 - \delta_{e0}) - 0.533e^{\frac{-t}{0.214}}\cos(2\omega t + \alpha_0 + \delta_{e0})$$

$-i_a(t)$ 曲线见图 6 - 12。

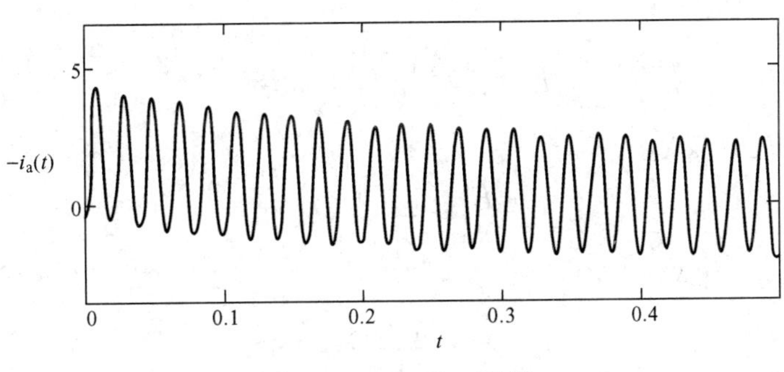

图 6 - 12　$-i_a(t)$ 曲线

（8）a 相的峰值电流最大。

【例 6 - 4】　一台有阻尼绕组同步发电机，已知：$P_N = 30\text{MW}$，$\cos\varphi = 0.85$，$U_N = 10.5\text{kV}$，$X_d = 1.2$，$X_q = 0.8$，$X'_d = 0.3$，$X''_d = 0.146$，$X''_q = 0.21$。发电机在额定电压下运行，带负荷 30+j15MVA。求：

（1）E''_q，E''_d，E''并作相量图；

（2）若机端发生三相短路，求超瞬态电流，瞬态电流，稳态短路电流；

（3）若 $T'_{d0} = 5\text{s}$，$T''_{d0} = 0.5\text{s}$，$T''_{q0} = 0.25$，求机端发生三相短路后，0.05s、0.5s、5s、10s 时短路电流周期分量的有效值；

（4）作短路电流周期分量的有效值随时间变化的曲线；

（5）若短路的同时，励磁电压阶跃为原来的 2 倍，重做（2），（3），（4）。

解　（1）由例 6 - 2 有 $S_N = 35.294$、$U_N = 10.5$、$E_q = 1.808$，而 $I_N = \dfrac{S_N}{\sqrt{3} \cdot U_N} = \dfrac{35.294}{\sqrt{3} \times 10.5} = 1.941(\text{kA})$，$U = 1\underline{/0°}$，$I = 0.95$，$\delta_0 = 26.906°$，则

$$E''_q = U\cos(\delta_0) + I\sin(\delta_0 + \varphi)X''_d = \cos 26.906° + 0.95 \times 0.146\sin(26.906° + 26.565°) = 1.003$$

有名值 $E''_q \cdot U_N = 10.534$（kV）

$$E''_d = U\sin(\delta_0) - I\cos(\delta_0 + \phi)X''_q = \sin 26.906° - 0.95 \times 0.21\cos(26.906° + 26.565°)$$

$= 0.334$

有名值 $E''_d \cdot U_N = 3.504(\text{kV})$

$$E'' = \sqrt{E''^2_q + E''^2_d} = \sqrt{1.003^2 + 0.334^2} = 1.169$$

或 $$\dot{E}'' = \dot{U} + jX''_d \dot{I} = 1\angle 0^\circ + 0.146 \times 0.95\angle 90^\circ - 26.565^\circ = 1.156\angle 12.744^\circ$$

$$|E''|U_N = 11.227(\text{kV})$$

（2）由例 6 - 3 有 $E_q = 1.808$、$E'_q = 1.121$，则

超瞬态电流 $$I''_d = \frac{E''_q}{X''_d} = \frac{1.003}{0.146} = 6.872$$

$$I''_q = \frac{-E''_d}{X''_q} = \frac{-0.334}{0.21} = -1.589$$

$$I'' = \sqrt{I''^2_d + I''^2_q} = \sqrt{6.872^2 + 1.589^2} = 7.053$$

有名值 $I'' \cdot I_N = 13.687(\text{kA})$

瞬态电流 $$I'_d = \frac{E'_q}{X'_d} = \frac{1.121}{0.3} = 3.736$$

有名值 $I'_d \cdot I_N = 7.251(\text{kA})$

或近似为 $$I' = \frac{E'}{X'_d} = \frac{1.156}{0.3} = 3.853$$

有名值 $I' \cdot I_N = 7.478(\text{kA})$

稳态短路电流 $$I_d = \frac{E_q}{X_d} = \frac{1.808}{1.2} = 1.507$$

有名值 $I_d \cdot I_N = 2.924(\text{kA})$

（3）由已知 $T'_{d0} = 5\text{s}$、$T''_{d0} = 0.5\text{s}$、$T''_{q0} = 0.25\text{s}$，有

$$T'_d = \frac{X'_d \cdot T'_{d0}}{X_d} = \frac{0.3 \times 5}{1.2} = 1.25(\text{s})$$

$$T''_d = \frac{X''_d \cdot T''_{d0}}{X'_d} = \frac{0.146 \times 0.5}{0.3} = 0.243(\text{s})$$

$$T''_q = \frac{X''_q \cdot T''_{q0}}{X_q} = \frac{0.21 \times 0.25}{0.8} = 0.066(\text{s})$$

$$I_d(t) = (I''_d - I'_d)e^{-\frac{t}{T''_d}} + (I'_d - I_d)e^{-\frac{t}{T'_d}} + I_d$$

$$I_q(t) = I''_q e^{-\frac{t}{T''_q}}$$

即 $$I_d(t) = 3.135e^{-\frac{t}{T''_d}} + 2.229e^{-\frac{t}{T'_d}} + 1.507$$

$$I_q(t) = -1.589e^{-\frac{t}{T''_q}}$$

$$I(t) = \sqrt{I_d(t)^2 + I_q(t)^2}$$

基频分量电流的有效值

$I(0.05) = 6.245$ 有名值 $I(0.05) \cdot I_N = 12.12(\text{kA})$；

$I(0.5) = 3.403$ 有名值 $I(0.5) \cdot I_N = 6.604(\text{kA})$；

$I(5) = 1.548$ 有名值 $I(5) \cdot I_N = 3.004(\text{kA})$；

$I(10) = 1.508$ 有名值 $I(10) \cdot I_N = 2.926(\text{kA})$。

（4）I（t）曲线如图 6 - 13 所示。

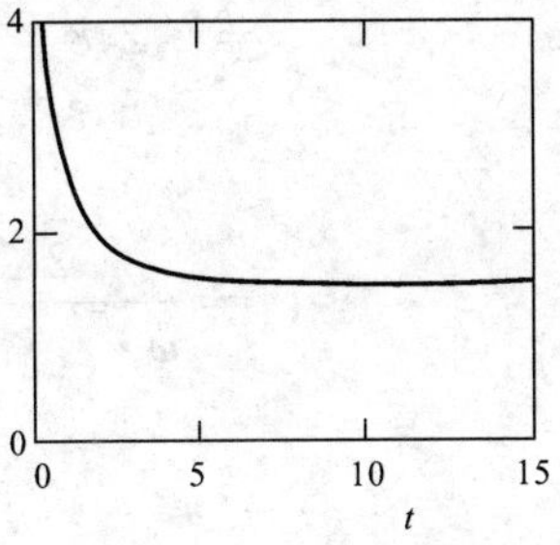

（5）励磁电压的突变不会影响电流在短路瞬间的值，也不会影响瞬态电流，只会影响短路电流的稳态值，故：

图 6 - 13　$I(t)$ 曲线

超瞬态电流仍为　$I''_d=\frac{E''_q}{X''_d}=\frac{1.003}{0.146}=6.872$

有名值 $I''_d\cdot I_N=13.335\text{kA}$。

瞬态电流仍为　$I'_d=\frac{E'_q}{X'_d}=\frac{1.121}{0.3}=3.736$

有名值 $I'_d\cdot I_N=7.251\text{kA}$。

稳态短路电流为　$I_d=\frac{2\cdot E_q}{X_d}=\frac{2\times1.808}{1.2}=3.014$

有名值 $I_d\cdot I_N=5.848\text{kA}$。

定子短路电流周期分量的有效值

$$I_d(t)=(I''_d-I'_d)e^{-\frac{t}{T''_d}}+(I'_d-I_d)e^{-\frac{t}{T'_d}}+I_d$$

$$I_q(t)=I''_q e^{-\frac{t}{T''_q}}$$

即

$$I_d(t)=3.135e^{-\frac{t}{T''_d}}+0.723e^{-\frac{t}{T'_q}}+3.014$$

$$I_q(t)=-1.589e^{-\frac{t}{T''_q}}$$

$$I(t)=\sqrt{I_d(t)^2+I_q(t)^2}$$

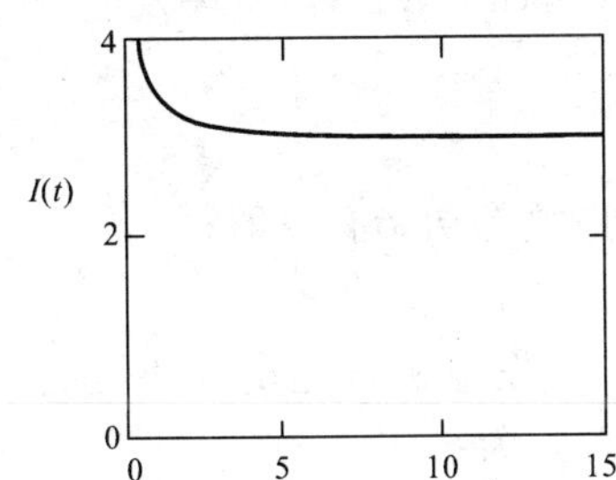

图 6 - 14　I（t）曲线

基频分量电流的有效值

$I(0.05)=6.305$ 有名值 $I(0.05)\cdot I_N=12.236(\text{kA})$；

$I(0.5)=3.9$　有名值 $I(0.5)\cdot I_N=7.569(\text{kA})$；

$I(5)=3.027$　有名值 $I(5)\cdot I_N=5.875(\text{kA})$；

$I(10)=3.014$　有名值 $I(10)\cdot I_N=5.85(\text{kA})$。

此条件下的 I（t）曲线如图 6 - 14 所示。

【例 6 - 5】 一台有阻尼绕组同步发电机，$X_d=1.2$，$X_q=0.8$，$X_{ad}=1.0$，$X_{aq}=0.6$，$r_a=0.005$，$\sigma_f=0.091$，$r_f=0.0011$，$\sigma_D=0.091$，$r_D=0.002$，$\sigma_Q=0.25$，$r_Q=0.004$，试计算发电机的瞬态和超瞬态电抗和各时间常数。

解　由已知数据可得

$$X_f=\frac{X_{ad}}{1-\sigma_f}=\frac{1.0}{1-0.091}=1.1$$

$$X_D=\frac{X_{ad}}{1-\sigma_D}=\frac{1.0}{1-0.091}=1.1$$

$$X_Q=\frac{X_{aq}}{1-\sigma_Q}=\frac{0.6}{1-0.25}=0.8$$

$$X'_d=X_d-\frac{X_{ad}^2}{X_f}=1.2-\frac{1.0^2}{1.1}=0.291$$

$$X''_d=X_d-\frac{X_{ad}^2\cdot(X_D+X_f-2\cdot X_{ad})}{X_D\cdot X_f-X_{ad}^2}=1.2-\frac{1.0^2\times(1.1+1.1-2\times1.0)}{1.1\times1.1-1.0^2}$$

$= 0.248$

$$X''_q = X_q - \frac{X_{aq}^2}{X_Q} = 0.8 - \frac{0.6^2}{0.8} = 0.35$$

$$T_a = \frac{2X''_d \cdot X''_q}{\omega \cdot r_a \cdot (X''_d + X''_q)} = \frac{2 \times 0.248 \times 0.35}{2 \times 50 \times 3.146(0.248 + 0.35)} = 0.185(s)$$

$$T'_{d0} = \frac{X_f}{\omega \cdot r_f} = \frac{1.1}{314.16 \times 0.0011} = 3.183(s)$$

$$T'_d = \frac{X'_d \cdot T'_{d0}}{X_d} = \frac{0.291 \times 3.183}{1.2} = 0.772(s)$$

$$T''_{d0} = \frac{X_D - X_{ad} + \sigma_f X_{ad}}{\omega \cdot r_D} = \frac{1.1 - 1.0 + 0.091 \times 1.0}{314.16 \times 0.002} = 0.304(s)$$

$$T''_d = \frac{X''_d \cdot T''_{d0}}{X'_d} = \frac{0.248 \times 0.304}{0.291} = 0.259(s)$$

$$T''_{Q0} = \frac{X_Q}{\omega \cdot r_Q} = \frac{0.8}{314.16 \times 0.004} = 0.637(s)$$

$$T''_q = \frac{X''_q \cdot T''_{Q0}}{X_q} = \frac{0.35 \times 0.637}{0.8} = 0.279(s)$$

【例 6-6】 一台有阻尼绕组同步发电机，已知：$P_N = 200MW$，$\cos\varphi = 0.85$，$U_N = 15.75kV$，$X_d = 1.962$，$X_q = 1.962$，$X'_d = 0.246$，$X''_d = 0.146$，$X''_q = 0.21$，$T'_{d0} = 7.4s$，$T''_{d0} = 0.62s$，$T''_{q0} = 1.64s$，发电机在额定电压下运行，带负荷 180+j110MVA，机端发生三相短路，试求

（1）E_q，E'_q，E''_q，E''_d，E''短路前瞬刻和短路瞬刻的值；

（2）超瞬态电流、非周期分量电流的最大初始值、倍频分量电流的初始有效值；

（3）经外接电抗 $X_e = 0.5\Omega$ 短路重做（2）。

解 选发电机额定功率为基准功率、额定电压为基准电压，则发电机额定电压下运行时，$P = 180MW$、$Q = 110Mvar$ 的标幺值（设发电机电压相角为 0°）为

$$P = \frac{P \cdot \cos(\phi_N)}{P_N} = \frac{180 \times 0.85}{200} = 0.765$$

$$Q = Q \cdot \frac{\cos(\phi_N)}{P_N} = \frac{110 \times 0.85}{200} = 0.468$$

$$S = P + jQ = 0.765 + 0.468j$$

$$I = \frac{S}{U} = 0.765 - j0.468 = 0.897\underline{/-31.43^\circ}$$

（1）短路前

等值隐极机电动势为

$$\dot{E}_Q = \dot{U} + jX_q\dot{I} = 1\underline{/0^\circ} + 1.962 \times 0.897\underline{/90^\circ - 31.43^\circ} = 2.435\underline{/38.056^\circ}$$

$$\delta = 38.056^\circ$$

$$E_q = U \cdot \cos\delta + I\sin(\delta + \varphi) \cdot X_d = \cos 38.056^\circ + 0.897 \times 1.962\sin(38.056^\circ + 31.43^\circ)$$
$$= 2.435$$

有名值为 $E_q \cdot U_N = 38.349(kV)$

$$E'_{q}=U\cdot\cos\delta+I\sin(\delta+\varphi)\cdot X'_{d}=\cos38.056^{\circ}+0.897\times0.246\sin(38.056^{\circ}+31.43^{\circ})$$
$$=0.994$$

有名值为 $E'_{q}\cdot U_{N}=15.655(\mathrm{kV})$

$$E''_{q}=U\cdot\cos\delta+I\sin(\delta+\varphi)\cdot X''_{d}=\cos38.056^{\circ}+0.897\times0.146\sin(38.056^{\circ}+31.43^{\circ})$$
$$=0.91$$

有名值为 $E''_{q}\cdot U_{N}=14.333(\mathrm{kV})$

$$E''_{d}=U\cdot\sin\delta-I\cos(\delta+\varphi)\cdot X''_{q}=\sin38.056^{\circ}-0.897\times0.21\cos(38.056^{\circ}+31.43^{\circ})$$
$$=0.55$$

有名值为 $E''_{d}\cdot U_{N}=8.67(\mathrm{kV})$

$$E''=\sqrt{0.91^{2}+0.55^{2}}=1.064$$

有名值为 $E''\cdot U_{N}=16.751(\mathrm{kV})$

或 $\dot{E}''=\dot{U}+\mathrm{j}X''_{d}\dot{I}=1\underline{/0^{\circ}}+0.897\times0.146\underline{/90^{\circ}-31.43^{\circ}}=1.074\underline{/5.969^{\circ}}$

有名值为 $E''\cdot U_{N}=16.917(\mathrm{kV})$

$\dot{E}'=\dot{U}+\mathrm{j}X'_{d}\dot{I}=1\underline{/0^{\circ}}+0.246\times0.897\underline{/90^{\circ}-31.43^{\circ}}=1.131\underline{/9.58^{\circ}}$

$$\delta'=9.58^{\circ}$$

有名值为 $|E'|\cdot U_{N}=17.81(\mathrm{kV})$

短路后瞬间

短路电流周期分量的起始值

$$I''_{d}=\frac{E''_{q}}{X''_{d}}=\frac{0.91}{0.146}=6.233$$

$$I''_{q}=\frac{E''_{d}}{X''_{q}}=\frac{-0.55}{0.21}=-2.621$$

短路后瞬间的 E''_{q}、E''_{d}、E''等于短路前的值而

$$E'_{q0}=X'_{d}I''_{d}=0.246\times6.233=1.533$$

有名值 $E'_{q0}\cdot U_{N}=24.149\ (\mathrm{kV})$

$$E_{q0}=X_{d}I''_{d}=1.962\times6.233=12.229$$

有名值 $E_{q0}\cdot U_{N}=192.606(\mathrm{kV})$

(2) 起始超瞬态电流

$$I''=\sqrt{I''^{2}_{d}+I''^{2}_{q}}=\sqrt{6.233^{2}+2.621^{2}}=6.762$$

有名值为 $I''\cdot I_{N}=58.321\ (\mathrm{kA})$

非周期分量电流的最大初始值

$$i_{ap0}=\frac{U}{2}\cdot\left(\frac{1}{X''_{d}}+\frac{1}{X''_{q}}\right)=\frac{1}{2}\times\left(\frac{1}{0.146}+\frac{1}{0.21}\right)=5.806$$

有名值为$\sqrt{2}i_{ap0}\cdot I_{N}=70.816(\mathrm{kA})$

倍频分量电流的初始有效值

$$I_{2w}=\frac{U}{2}\cdot\left(\frac{1}{X''_{d}}-\frac{1}{X''_{q}}\right)=\frac{1}{2}\times\left(\frac{1}{0.146}-\frac{1}{0.21}\right)=1.044$$

有名值为 $I_{2w}\cdot I_{N}=9.002(\mathrm{kA})$

（3）由于　　$X_e=0.5\cdot\dfrac{P_N}{U_N^2\cos\phi_N}=\dfrac{0.5\times200}{15.75^2\times0.85}=0.474$

短路前

$$\dot{U}_e=\dot{U}-j\dot{I}X_e=1\angle0^\circ-0.897\times0.474\angle90^\circ-31.43^\circ=0.859\angle-24.994^\circ$$

$$X_{de}=X_d+X_e=1.962+0.474=2.436$$

$$X_{qe}=X_q+X_e=1.962+0.474=2.436$$

$$X'_{de}=X'_d+X_e=0.246+0.474=0.72$$

$$X''_{de}=X''_d+X_e=0.146+0.474=0.62$$

$$X''_{qe}=X''_q+X_e=0.21+0.474=0.684$$

$$I''_d=\frac{E''_q}{X''_d}=\frac{0.91}{0.62}=1.467$$

$$I''_q=\frac{-E''_d}{X''_q}=\frac{-0.55}{0.684}=-0.804$$

起始超瞬态电流

$$I''=\sqrt{I''^2_d+I''^2_q}=\sqrt{1.467^2+0.804}=1.673$$

有名值为 $I''\cdot I_N=14.432$（kA）

非周期分量电流的最大初始值

$$i_{ap0}=\frac{U_e}{2}\cdot\left(\frac{1}{X''_d}+\frac{1}{X''_q}\right)=\frac{0.859}{2}\times\left(\frac{1}{0.62}+\frac{1}{0.684}\right)=1.32$$

有名值为$\sqrt{2}i_{ap0}\cdot I_N=16.097$（kA）

倍频分量电流的初始有效值

$$I_{2w}=\frac{U_e}{2}\cdot\left(\frac{1}{X''_d}-\frac{1}{X''_q}\right)=\frac{0.859}{2}\times\left(\frac{1}{0.62}-\frac{1}{0.684}\right)=0.065$$

有名值为 $I_{2w}\cdot I_N=0.558$（kA）

【例 6-7】 同步发电机参数 $X_d=1.2$、$X_q=0.8$、$X'_d=0.291$、$X''_d=0.248$、$X''_q=0.35$，发电机机端电压 $U=1.1$。发电机空载下机端三相短路时，试求

（1）试求超瞬态电流、瞬态电流、稳态电流；

（2）若 $T'_{d0}=3.183$s，$T''_{d0}=0.304$s，$T''_{q0}=0.637$s，试写出定子绕组短路电流周期分量有效值任意时刻的表达式；

（3）若 $T_a=0.185$s，求定子绕组最大可能的峰值电流；

（4）接（2），求任意时刻 E_q，E'_q，E''_q，E''_d；

（5）若当短路发生时，发电机 d 轴领先定子 A 相绕组轴线 $\alpha_0=30^\circ$，哪个定子绕组峰值电流最大？哪个定子绕组峰值电流最小？

（6）接（5），分别写出 a、b、c 三相电流瞬时值表达式，画出其随时间变化的曲线。并验证（5）；

（7）考虑强行励磁的作用，设强励倍数为 2，$T_e=0.5$s，重作（2）。

解　（1）因为短路前空载，所以短路前 q 轴各电动势相等，等于机端电压；d 轴电动势为零，

即　　$U_0=1.1$，$E_{q0}=1.1$，$E'_{q0}=1.1$，$E''_{q0}=1.1$，$E''_{d0}=0$

机端发生三相短路时

超瞬态电流

$$I''_d=\frac{E''_{q0}}{X''_d}=\frac{1.1}{0.248}=4.435$$

$$I''_q=\frac{-E''_{d0}}{X''_q}=\frac{-0}{0.35}=0$$

$$I''=\sqrt{I''^2_d+I''^2_q}=4.435$$

瞬态电流

$$I'_d=\frac{E'_{q0}}{X'_d}=\frac{1.1}{0.297}=3.78$$

稳态短路电流

$$I_d=\frac{E_{q0}}{X_d}=\frac{1.1}{1.2}=0.917$$

（2）由于

$$T'_d=\frac{X'_d\cdot T'_{d0}}{X_d}=\frac{0.291\times 3.183}{1.2}=0.772(\text{s})$$

$$T''_d=\frac{X''_d\cdot T''_{d0}}{X'_d}=\frac{0.248\times 0.304}{0.291}=0.259(\text{s})$$

$$T''_q=\frac{X''_q\cdot T''_{q0}}{X'_q}=\frac{0.35\times 0.637}{0.8}=0.279(\text{s})$$

而

$$I_d(t)=(I''_d-I'_d)\cdot e^{-\frac{t}{T''_d}}+(I'_d-I_d)\cdot e^{-\frac{t}{T'_d}}+I_d$$

$$I_q(t)=0$$

即

$$I_d(t)=0.66\cdot\exp(-3.86t)+2.86\cdot\exp(-1.3t)+0.917$$

$$I_d(t)=0.66\cdot\exp(-3.86t)+2.86\cdot\exp(-1.3t)+0.917$$

（3）由定子绕组磁链守恒原理可知：当短路后瞬间定子某相周期分量电流瞬时值最大时，定子直流分量电流的起始值最大，而短路后约半个周期该相会出现最大峰值电流。因此要想得到最大峰值电流，应为该相（如 a 相）机端电压过零时短路，此时转子 d 轴与 a 轴重合，即　$\alpha_0=0$。故最大可能的峰值电流约为

$$I(0)\cdot(1+e^{\frac{-0.01}{T_a}})=8.641$$

最大可能的峰值电流也可由 a 相电流表达式得到，具体过程如下：a 相电流的一般表达式为

$$i_m(t,\alpha_0)=\frac{E_{q0}}{X_d}\cdot\cos(\omega t+\alpha_0)+\left(\frac{E'_{q0}}{X'_d}-\frac{E_{q0}}{X_d}\right)\cdot e^{\frac{-t}{T'_d}}\cdot\cos(\omega t+\alpha_0)\cdots$$

$$+\left(\frac{E''_{q0}}{X''_d}-\frac{E'_{q0}}{X'_d}\right)\cdot e^{\frac{-t}{T''_d}}\cdot\cos(\omega t+\alpha_0)$$

$$+\frac{E''_{d0}}{X''_q}\cdot e^{\frac{-t}{T''_q}}\sin(\omega t+\alpha_0)\cdots$$

$$+\frac{E''_{q0}}{2}\left(\frac{1}{X''_d}+\frac{1}{X''_q}\right)\cdot e^{\frac{-t}{T_a}}\cdot\cos(\alpha_0)$$

$$-\frac{E''_{q0}}{2}\cdot\left(\frac{1}{X''_d}-\frac{1}{X''_q}\right)\cdot e^{\frac{-t}{T_a}}\cdot\cos(2\omega t+\alpha_0)$$

以 $t=0.01$、$\alpha_0=0$ 代入，得最大可能的峰值电流为 $|i_m(0.01,0)|=8.576$ 比估算的 8.641 略小。

（4）由稳态等值电路可知

$$E_q(t)=I_d(t)\cdot X_d$$

$$E_q(t)=0.792\cdot\exp(-3.86t)+3.43\cdot\exp(-1.3t)+1.1$$

由瞬态等值电路可知

$$E'_q(t)=I_d(t)\cdot X'_d$$

$$E'_q(t)=0.192\cdot\exp(-3.86t)+0.832\cdot\exp(-1.3t)+0.267$$

由超瞬态等值电路可知

$$E''_q(t)=I_d(t)\cdot X''_d$$

$$E''_q(t)=0.164\cdot\exp(-3.86t)+0.709\cdot\exp(-1.3t)+0.227$$

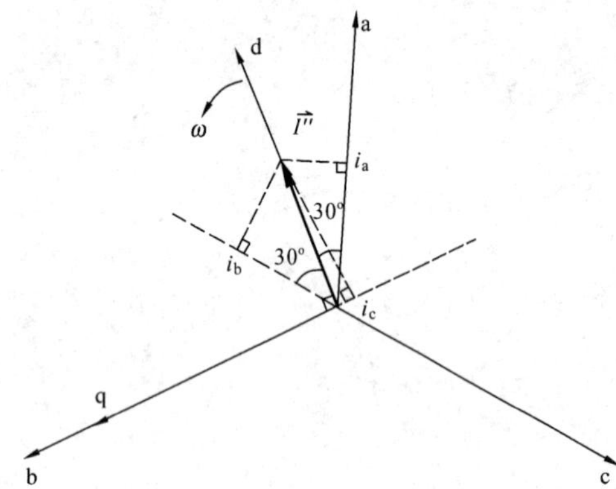

图 6 - 15　综合矢量 $\overrightarrow{I''}$ 与 abc 电流

（5）如图 6 - 15 所示，当 d 轴领先 a 轴 30°时，综合矢量 $\overrightarrow{I''}$ 在 a、c 轴上的投影相当，且较大。故 a，c 相有相等的峰值电流，b 相峰值电流最小。

（6）$i_a(t)=i_m\left(t,30\cdot\frac{\pi}{180}\right)$

$$i_b(t)=i_m\left[t,(30-120)\cdot\frac{\pi}{180}\right]$$

$$i_c(t)=i_m\left[t,(30+120)\cdot\frac{\pi}{180}\right]$$

$i_a(t)$、$i_b(t)$、$i_c(t)$ 曲线如图6 - 16～图 6 - 18 所示。

（7）由 $K_e=2$、$T_e=0.5$ 条件有

$$F(t)=1-\frac{T'_d\cdot e^{\frac{-t}{T'_d}}-T_e\cdot e^{\frac{-t}{T_e}}}{T'_d-T_e}$$

$$I_d(t)=(I''_q-I'_d)\cdot e^{\frac{-t}{T''_d}}+(I'_d-I_d)\cdot e^{\frac{-t}{T'_d}}+I_d+(K_e-1)\cdot\frac{E_{q0}}{X_d}\cdot F(t)$$

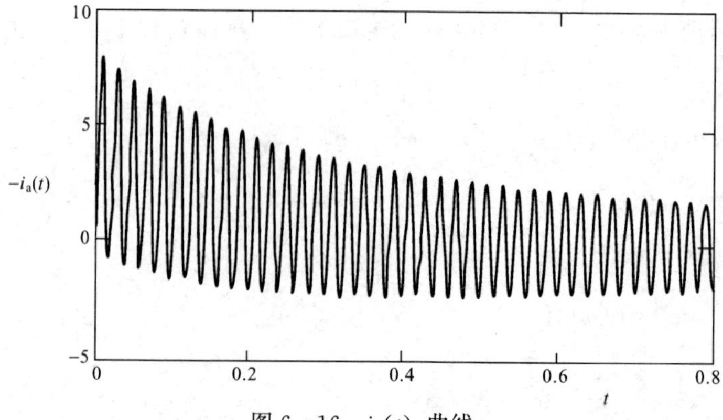

图 6 - 16　$i_a(t)$ 曲线

即　$$I_d(t)=0.655\cdot e^{\frac{-t}{0.259}}+2.863\cdot e^{\frac{-t}{0.772}}+0.917+0.917\cdot F(t)$$

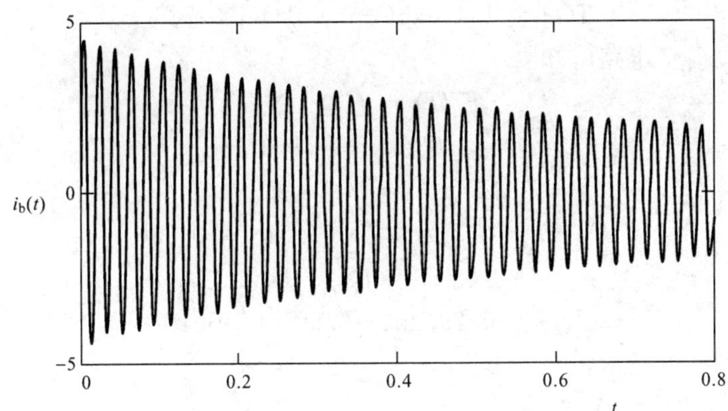

图 6 - 17　i_b（t）曲线

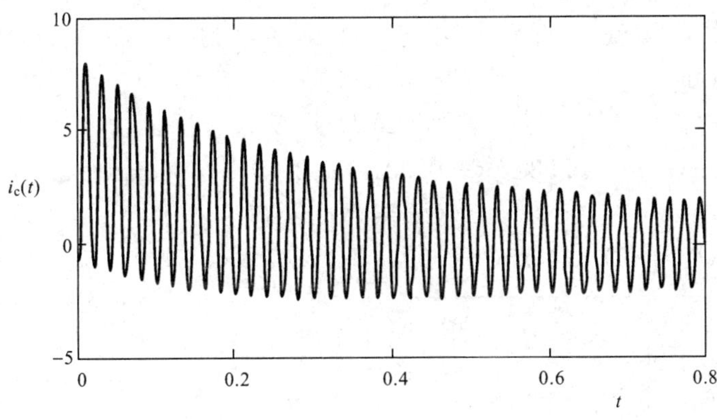

图 6 - 18　i_c（t）曲线

【例 6 - 8】　同步发电机参数 $X_d=1.2$、$X_q=0.8$、$X_d'=0.291$、$T_a=0.185s$、$T_{d0}'=3.183s$，发电机机端电压 $U=1.1$，发电机空载，距发电机机端 $X_e=0.2$ 处三相短路时，试求：

（1）短路后 I_d，E_q，E_q'和机端电压随时间变化的曲线；

（2）考虑强行励磁的作用，设强励倍数为 2.5，$T_e=0.5s$，重作（1）

解　（1）因为短路前空载，所以短路前 q 轴各电动势相等，等于机端电压；d 轴电势为零。即$U_0=1.1$，$E_{q0}=1.1$，$E_{q0}'=1.1$，$E_{q0}''=1.1$，$E_{d0}''=0$。

距机端 X_e 处发生三相短路时

$$X_{de}=X_d+X_e=1.4，X_{qe}=X_q+X_e=1，X_{de}'=X_d'+X_e=0.491$$

瞬变电流　$$I_d'=\frac{E_{q0}'}{X_{de}'}=\frac{1.1}{0.491}=2.24$$

稳态电流　$$I_d=\frac{E_{q0}}{X_{de}}=\frac{1.1}{1.4}=0.786$$

时间常数

$$T_d'=\frac{X_d'\cdot T_{d0}'}{X_d}=\frac{0.491\times3.183}{1.4}=1.116(s)$$

则
$$I(t) = (I'_d - I_d) \cdot e^{\frac{-t}{T'_d}} + I_d$$
即
$$I(t) = 1.45\exp(-0.901t) + 0.786$$

由稳态和瞬变等值电路可知

$$E_q(t) = I(t) \cdot X_d$$
$$E_q(t) = 2.03\exp(-0.901t) + 1.1$$
$$E'_q(t) = I(t) \cdot X'_d$$
$$E'_q(t) = 0.712\exp(-0.901t) + 0.386$$

机端电压
$$U(t) = I(t) \cdot X_e$$
$$U(t) = 0.29\exp(-0.901t) + 0.157$$

各曲线见图 6 - 19 所示。

（2）$K_e = 2.5$，$T_e = 0.5$ 时

$$F(t) = 1 - \frac{T'_d \cdot e^{\frac{-t}{T'_d}} - T_e \cdot e^{\frac{-t}{T_e}}}{T'_d - T_e}$$

$$I(t) = -0.7\exp(-0.901t) + 1.97 + 0.968 \cdot \exp(-2.0t)$$

由等值电路可知

$$E_q(t) = I(t) \cdot X_d$$
$$E_q(t) = -0.98\exp(-0.901t) + 2.76 + 1.36\exp(-2.0t)$$
$$E'_q(t) = I(t) \cdot X'_d$$
$$E'_q(t) = -0.344\exp(-0.901) + 0.967 + 0.475 \cdot \exp(-2.0t)$$

(a) (b)

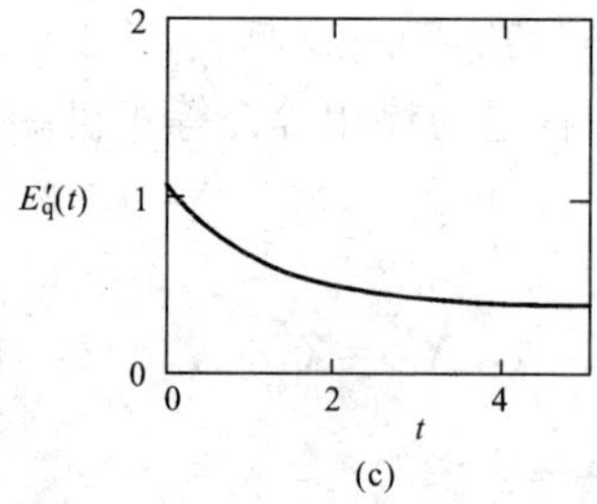

(c)

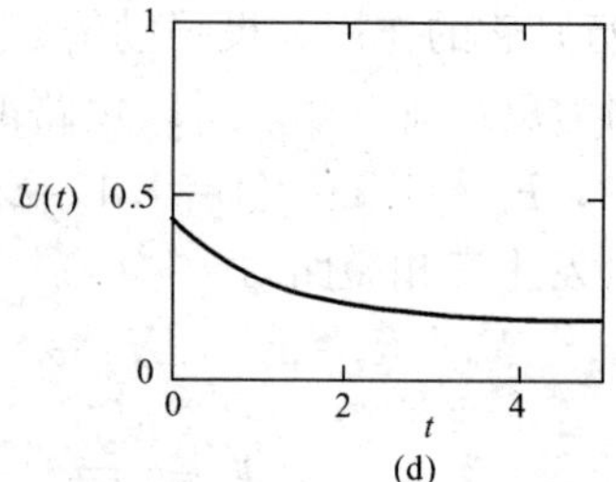

(d)

图 6 - 19　各曲线图

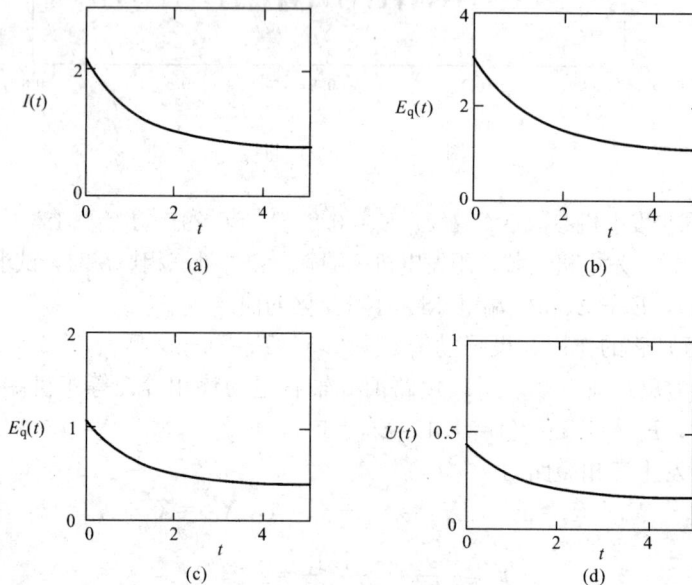

(a) $I(t)$；(b) $E_q(t)$；(c) $E'_q(t)$；(d) $U(t)$

机端电压

$$U(t) = I(t) \cdot X_e$$
$$U(t) = -0.14\exp(-0.901 \cdot t) + 0.394 + 0.193 \cdot \exp(-2.0 \cdot t)$$

各曲线如图 6-20 所示。

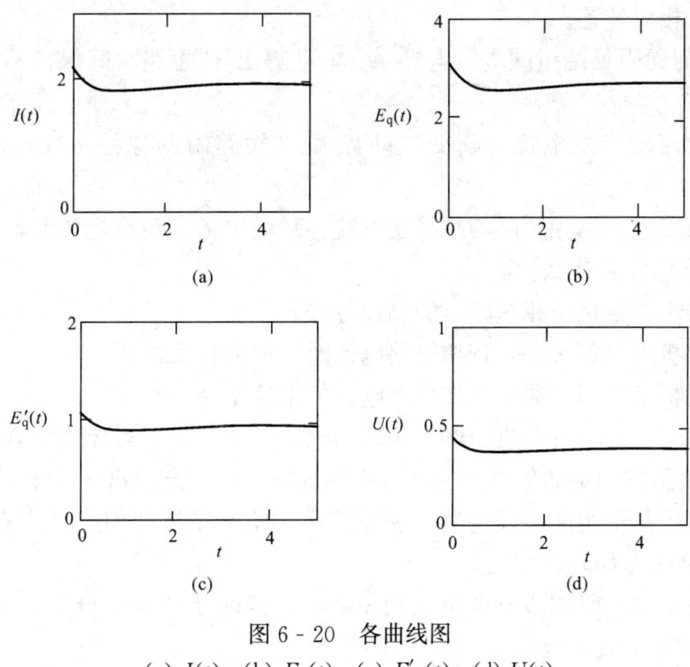

图 6-20　各曲线图

(a) $I(t)$；(b) $E_q(t)$；(c) $E'_q(t)$；(d) $U(t)$

思考题与习题

一、思考题

1. 什么是理想同步电机？为什么要定义理想同步电机？

2. 在理想同步发电机（凸极机）原始磁链方程中，各电感系数——定子绕组间自感、互感，转子绕组间自感、互感，定、转子绕组间互感，哪些随转子位置而变化，哪些不随转子位置变化？若是隐极机呢？

3. 有一开路超导体线圈在固定均匀磁场中作匀速旋转运动，旋转轴线与磁场方向垂直。试问：

①当线圈旋转到其平面与磁场方向垂直时（如图 6-21 所示），将线圈短路（开关 K 闭合），问线圈中出现的电流有什么特点？

②当线圈旋转到其平面与磁场方向平行时，将线圈短路（开关 K 闭合），问线圈中出现的电流有什么特点？

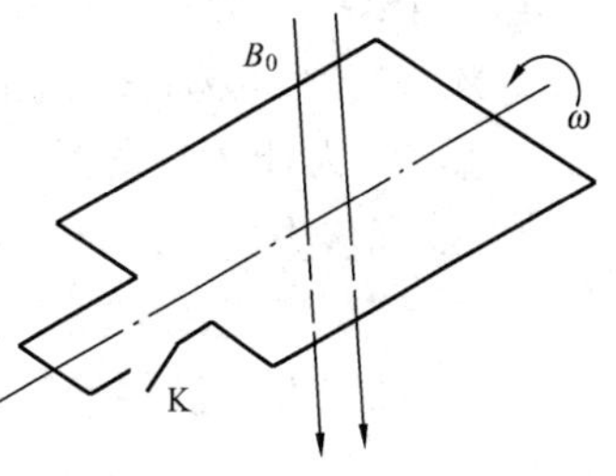

图 6-21　磁场中的线圈

4. 同步发电机正常稳态运行时的等值电路和相量图的形式如何？虚构电动势 E_Q 有何意义？

5. 同步发电机正常稳态运行时，发电机电动势为速度电动势还是变压器电动势，抑或两者都有？

6. 试简述派克变换的物理含义？

7. 为什么要进行派克变换？

8. 写出无阻尼绕组同步发电机的派克磁链方程和派克电压方程，说明正方向并画出 a、b、c 轴 d、q 轴的相对位置。

9. 试分析为何无阻尼绕组同步发电机瞬变电动势 E'_q 在短路瞬间保持不变？这一点有何实用价值？

10. 试分析为何同步发电机超瞬变电动势 E''_q 在短路瞬间保持不变？这一点有何实用价值？

11. 在求同步发电机三相短路的超瞬变电流、瞬变电流、稳态电流时，发电机电动势和电抗分别采用什么值？为什么？

12. 试简述同步发电机三相短路后的物理过程。

13. 同步电机机端三相短路，各相短路电流瞬时值为什么不同？

14. 同步电机机端三相短路，出现冲击电流的条件是什么？

15. 无阻尼绕组的同步发电机突然三相短路时，定子和转子电流中出现了哪些分量？试用磁链守恒原理说明它们是如何产生的。这些分量的大小与合闸角度有什么关系？

16. 试简述无阻尼绕组同步发电机三相短路后，定转子绕组中分别含有哪些电流分量，它们又是以什么时间常数衰减的？

17. 试简述有阻尼绕组同步发电机三相短路后，定转子绕组中分别含有哪些电流分量，它们又是以什么时间常数衰减的？

18. 无阻尼绕组的同步发电机机端发生三相短路，定子绕组中的短路电流周期分量可分为哪几个部分？其中哪些部分是衰减的？各按什么时间常数衰减？

19. 有阻尼绕组的同步发电机机端发生三相短路，定子绕组中的短路电流周期分量可分为哪几个部分？其中哪些部分是衰减的？各按什么时间常数衰减？

20. 无阻尼同步发电机三相短路，与定子绕组直流分量衰减速度相同的定、转子电流分量还有哪些？为什么？衰减的时间常数用什么符号表示？

21. 有阻尼同步发电机三相短路，与定子绕组直流分量衰减速度相同的定、转子电流分量还有哪些？为什么？衰减的时间常数用什么符号表示？

22. 同步发电机三相短路，与转子励磁绕组自由直流分量衰减速度相同的定、转子电流分量还有哪些？为什么？衰减的时间常数用什么符号表示？

23. 同步发电机三相短路，与转子纵轴阻尼绕组直流分量衰减速度相同的定、转子电流分量还有哪些？为什么？衰减的时间常数用什么符号表示？

24. 同步发电机三相短路，与转子横轴阻尼绕组直流分量衰减速度相同的定、转子分量还有哪些？为什么？衰减的时间常数用什么符号表示？

25. 同步发电机突然三相短路时，定子各相电流周期分量是否三相对称？为什么？

26. 同步发电机突然三相短路时，定子各相电流非周期分量是否三相相等？为什么？

27. 同步发电机突然三相短路时，定子各相电流非周期分量的起始值与转子在短路瞬间的位置 α_0 是否有关。为什么？

28. 同步发电机突然三相短路时，定子各相电流周期分量的有效值与转子在短路瞬间的位置 α_0 是否有关。为什么？

29. 同步发电机突然三相短路时，定子各相电流非周期分量的起始值与转子在短路瞬间的位置 α_0 有关。那么与它对应的转子电流的周期分量幅值是否也与 α_0 有关？为什么？

30. 同步发电机突然三相短路时，定子各相电流周期分量的起始值与转子在短路瞬间的位置 α_0 有关。那么与它对应的转子电流的直流分量幅值是否也与 α_0 有关？为什么？

31. 试通过比较无阻尼绕组同步发电机和有阻尼绕组同步发电机的短路电流，说明它们的短路瞬态过程有什么异同？

32. 在发电机供电的线路上发生突然三相短路产生的短路电流，与把电源功率当做无限大时发生三相短路所产生的短路电流有什么不同？为什么？

33. 变压器在额定电压时的稳态对称短路电流很大，达到 $20I_N$ 左右，它突然短路时的冲击电流却只有稳态短路电流的 1.8 倍左右。同步发电机在额定空载电压下发生三相稳态短路电流不大，约与 I_N 相当，但它突然短路时的冲击电流值却达稳态短路电流的 20 倍左右。这是为什么？

34. 试比较同步发电机各电抗的大小。

35. 试比较同步发电机各电动势的大小并说明原因。

36. 在求同步发电机三相短路超瞬态电流和稳态短路电流大小时，发电机电动势和电抗分别采用什么值？为什么？（假定发电机稳态电动势 E_q 恒定）

37. 无阻尼绕组发电机短路电流周期分量中有无 q 轴分量？为什么？

38. 有阻尼绕组发电机短路电流周期分量中有无 q 轴分量？为什么？

39. 发电机稳态短路电流中有无 q 轴分量？为什么？

40. 在计算超瞬态电流时，可否用 I''_d来近似 I''？为什么？

41. 无阻尼绕组的发电机，可以假定 E' 在短路瞬间不变吗？为什么？怎样用 E' 来计算瞬态电流。

42. 有阻尼绕组的发电机，可以假定 E'' 在短路瞬间不变吗？为什么？怎样用 E'' 来计算超瞬态电流。

43. 有阻尼绕组的发电机，若 $X''_d = X''_q$，有无倍频分量？为什么？

44. 有阻尼绕组的发电机，d、q 轴完全对称，则对短路电流的分量有何影响？

45. 无阻尼绕组的隐极发电机有无倍频分量？为什么？

46. 试述时间常数 T'_{d0}，T''_{d0}，T''_{q0} 的含义。

47. 试述时间常数 T_a，T'_d，T''_d，T''_q的含义。

48. 发电机的各时间常数 T_a，T'_{d0}，T''_{d0}，T''_{q0}，T'_d，T''_d，T''_q中，哪些和短路点距发电机的远近有关？哪些无关？为什么？

49. 已知冲击系数 $K_{im} = 1 + \exp(-0.01/T_a)$，$T_a$ 与短路点的远近有关吗？为什么？此处的 T_a 与上题中的 T_a 含义相同吗？

50. 什么是强行励磁？它对短路瞬变过程有何影响？

51. 强行励磁是否影响短路电流的超瞬态分量？为什么？

52. 强行励磁是否影响短路电流的非周期分量？为什么？

53. 当短路点距发电机较远时，为何稳态短路电流大于超瞬态短路电流？

54. 有阻尼绕组的发电机空载运行时，机端发生三相短路，若 a 相绕组中没有直流分量，则该绕组中是否有倍频分量？此时 b、c 相绕组中有无直流分量？

55. 有阻尼绕组的发电机空载运行时，机端发生三相短路，若 a 相绕组中没有直流分量，则 b、c 相绕组中的直流分量在数量上有什么关系？

56. 有阻尼绕组的发电机空载运行时，机端发生三相短路，若 a 相绕组中出现最大可能的直流分量，则该绕组中是否有倍频分量？此时 b、c 相绕组中有无直流分量？

57. 有阻尼绕组的发电机空载运行时，机端发生三相短路，若 a 相绕组中出现最大可能的直流分量，则 b、c 相绕组中的直流分量在数量上有什么关系？

58. 在派克方程中，如不计变压器电动势，则分析出的定子短路电流中有哪些分量？

二、练习题

6-1　同步发电机的定子 A、B、C 三相通以正弦电流 i_A，i_B，i_C，转子各绕组均开路，已知 $i_A+i_B+i_C=0$，试问 $\alpha=0°$ 和 $\alpha=90°$ 时 A 相绕组的等值电感 $L_A(=\psi_A/i_A)=$？（其中 α 为转子 d 轴与定子 a 轴间的夹角，见图 6-22）

［**答案：**$\alpha=0°$ 时，L_A 等于纵轴同步电感 L_d；$\alpha=90°$ 时，L_A 等于横轴同步电感 L_q］

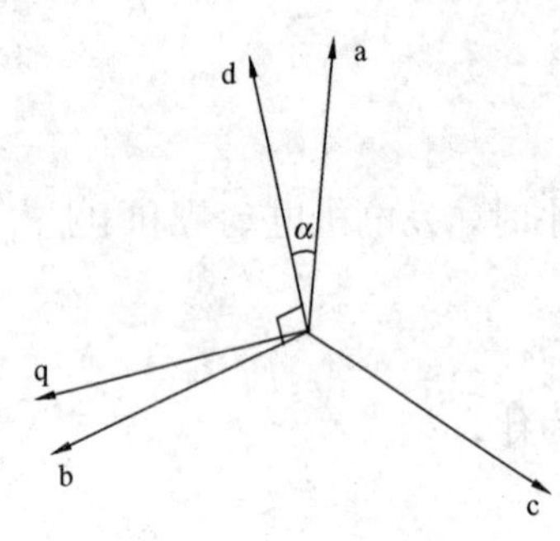

图 6-22　题 6-1 图

6-2　同步发电机的定子 A、B、C 三相通以正弦电流 $i_A=i_B=i_C$，转子各绕组均开路，试问 A 相绕组的等值电感 L_A $(=\psi_A/i_A)$ $=$？

［**答案：**L_A 等于零轴电感系数 L_0］

6-3　同步发电机的定子 C 相开路，A、B 相通以正弦电流 $i_A=-i_B=\cos\omega_N t$，转子各绕组均开路，试问 $\alpha=0°$ 和 $\alpha=90°$ 时 A 相绕组的等值电感 $L_A(=\psi_A/i_A)=$？（其中 α 为转子 d 轴与定子 a 轴间的夹角）

［**答案：**$\alpha=0°$ 时，L_A 等于纵轴同步电感 L_d；$\alpha=90°$ 时 L_A 等于横轴同步电感 L_q］

6-4　abc 坐标与 dq0 坐标关系如图 6-22 所示，推导派克变换的矩阵 P。

6-5　设同步发电机的定子 A、B、C 三相电流为

(1) $i_A=I_m\sin(\omega_N t+\theta_0)$，$i_B=I_m\sin(\omega_N t+\theta_0-120°)$，$i_C=I_m\sin(\omega_N t+\theta_0+120°)$；

(2) $i_A=I_m\cos(\omega_N t+30°)$，$i_B=I_m\cos(\omega_N t-90°)$，$i_C=I_m\cos(\omega_N t+150°)$；

(3) $i_A=\frac{\sqrt{3}}{2}I_m$，$i_B=0$，$i_C=-\frac{\sqrt{3}}{2}I_m$；

(4) $i_A=I_m$，$i_B=0$，$i_C=0$；

(5) $i_A=I_m$，$i_B=-I_m$，$i_C=3I_m$；

(6) $i_A=I_m\cos(\omega_N t+\theta_0)$，$i_B=I_m\cos(\omega_N t+\theta_0+120°)$，$i_C=I_m\cos(\omega_N t+\theta_0-120°)$；

(7) $i_A=I_m\cos(2\omega_N t+\theta_0)$，$i_B=I_m\cos(2\omega_N t+\theta_0-120°)$，$i_C=I_m\cos(2\omega_N t+\theta_0+120°)$；

(8) $i_A=i_B=i_C=I_m$；

(9) $i_A=i_B=i_C=I_m\sin(\omega_N t)$。

试分别计算它们经派克变换后的 i_d，i_q，i_0（abc 坐标与 aq0 坐标关系如图 6-22，$\alpha=\omega_N t+\alpha_0$），并简要说明物理意义。

［**答案：**与题 6-7 对应］

6-6　设同步发电机的定子 A、B、C 三相电压为

$u_A=U_m\sin(\omega_N t+\theta_0)$，$u_B=U_m\sin(\omega_N t+\theta_0-120°)$，$u_C=U_m\sin(\omega_N t+\theta_0+120°)$

试分别计算它们经派克变换后的 u_d，u_q，u_0（abc 坐标与 dq0 坐标关系如题图 6-22，$\alpha=\omega_N t+\alpha_0$）。

［**答案**：$u_d=-U_m\sin(\alpha_0-\theta_0)$，$u_q=-U_m\cos(\alpha_0-\theta_0)$，$u_0=0$］

6-7　设同步发电机的定子A、B、C三相电流经派克变换后为

(1) $i_d=-I_m\sin(\alpha_0-\theta_0)$，$i_q=-I_m\cos(\alpha_0-\theta_0)$，$i_0=0$；

(2) $i_d=I_m\cos(30°-\alpha_0)$，$i_q=I_m\sin(30°-\alpha_0)$，$i_0=0$；

(3) $i_d=I_m\cos(\omega_N t+\alpha_0-30°)$，$i_q=-I_m\sin(\omega_N t+\alpha_0-30°)$，$i_0=0$；

(4) $i_d=\frac{2}{3}I_m\cos(\omega_N t+\alpha_0)$，$i_q=-\frac{2}{3}I_m\sin(\omega_N t+\alpha_0)$，$i_0=\frac{1}{3}I_m$；

(5) $i_d=-\frac{4}{\sqrt{3}}\sin(\omega_N t+\alpha_0)$，$i_q=-\frac{4}{\sqrt{3}}\cos(\omega_N t+\alpha_0)$，$i_0=1$；

(6) $i_d=I_m\cos(2\omega_N t+\alpha_0+\theta_0)$，$i_q=-I_m\sin(2\omega_N t+\alpha_0+\theta_0)$，$i_0=0$；

(7) $i_d=I_m\cos(\omega_N t-\alpha_0+\theta_0)$，$i_q=I_m\sin(\omega_N t-\alpha_0+\theta_0)$，$i_0=0$；

(8) $i_d=0$，$i_q=0$，$i_0=I_m$；

(9) $i_d=0$，$i_q=0$，$i_0=I_m\sin(\omega_N t)$。

试分别计算其对应的i_a，i_b，i_c（abc坐标与dq0坐标关系如图6-22，$\alpha=\omega_N t+\alpha_0$），并简要说明物理意义。

［**答案**：与题6-5对应］

6-8　同步发电机参数$X_d=1.2$、$X_q=0.8$、$X'_d=0.35$、$X''_d=0.2$、$X''_q=0.25$，在额定运行时$U=1$、$I=1$、$\cos\varphi=0.9$。试计算在额定运行时的同步发电机的E_Q，E_q，E'_q，E'，E''_q,E''_d，E''之值，并绘制出该同步发电机在额定运行状态下的相量图。

［**答案**：$E_Q=1.529$，$E_q=1.852$，$E'_q=1.615$，$E'=1.195$，$E''_q=1.044$，$E''_d=0.324$，$E''=1.132$］

6-9　若在题6-8中，发电机以功率因数$\cos\varphi=0.7$运行时，转子电流是否超过额定值？为什么？

［**答案**：此时$E_q=2.031$大于题6-8中额定时的$E_q=1.852$，而$i_f=E_q/X_{ad}$，故此时转子电流超过额定转子电流值］

6-10　同步发电机参数$X_d=1.2$、$X_q=0.8$、$X'_d=0.35$、$X''_d=0.2$、$X''_q=0.25$，变压器参数$X_T=0.15$，变压器高压侧的运行参数为$U=1$、$I=1$、$\cos\varphi=0.8$（见图6-23）。试计算此时同步发电机的E_Q，E_q，E'_q，E'，E''_q，E''_d，E''之值，并绘制出该发电机变压器组在此运行条件下的稳态等值电路，瞬态等值电路，超瞬态等值电路。

［**答案**：$E_Q=1.744$，$E_q=2.1$，$E'_q=1.344$，$E'=1.36$，$E''_q=1.211$，$E''_d=0.252$，$E''=1.167$］

6-11　同步发电机参数$X_d=1.2$、$X_q=0.8$、$X'_d=0.35$、$X''_d=0.2$、$X''_q=0.25$，负载电压$\dot{U}=1.0\underline{/30°}$，电流$\dot{I}=0.8\underline{/-15°}$，试计算发电机在此运行状态下的$E_Q$，$E_q$，$E'_q$，$E'$，$E''_q$，$E''_d$，$E''$之值，并绘制出该发电机在此运行状态下的相量图。

［**答案**：$E_Q=1.529$，$E_q=1.805$，$E'_q=1.203$，$E'=1.214$，$E''_q=1.096$，$E''_d=0.204$，$E''=1.119$］

6-12　同步发电机参数$X_d=1.2$、$X_q=0.8$、$X'_d=0.35$、$X''_d=0.2$、$X''_q=0.25$，变压器参数$X_T=0.15$，运行状态为高压侧$U=1$、$I=1$、$\cos\varphi=0.8$，接线见图6-23所示。试求：

$U,I,\cos\varphi$

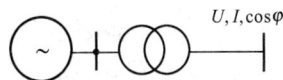

图6-23　发电机变压器组接线

（1）求当变压器高压侧三相短路时流过发电机定子绕组的超瞬态电流，瞬态电流，稳态电流。

（2）求发电机端三相短路时流过发电机定子绕组的超瞬态电流，瞬态电流，稳态电流。

［**答案**：（1）3.517，2.689，1.555；（2）6.139，3.841，1.75］

6-13 发电机参数 $X_d=1.2$、$X_q=0.8$、$X'_d=0.35$、$X''_d=0.2$、$X''_q=0.25$，变压器参数 $X_T=0.15$，运行状态为发电机端 $U=1$、$I=1$、$\cos\varphi=0.9$，接线图 6-24。试求：

（1）当变压器高压侧三相短路时，流过发电机定子绕组的超瞬态电流，瞬态电流，稳态电流。

（2）当发电机端三相短路时，流过发电机定子绕组的超瞬态电流，瞬态电流，稳态电流。

［**答案**：（1）5.377，3.329，1.544；（2）3.09，2.33，1.372］

6-14 发电机参数 $P_N=60\text{MW}$，$\cos\varphi_N=0.85$，$X_d=1.2$、$X_q=0.8$、$X'_d=0.35$、$X''_d=0.2$、$X''_q=0.25$，变压器参数 $X_T=0.15$（已统一到发电机基准值），运行状态为发电机端 $U=1$，发电机输出功率 $P=60\text{MW}$，$Q=35\text{Mvar}$，见图 6-25。试求：

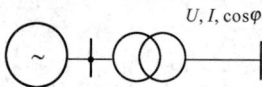

图 6-24 题 6-13 图　　　　图 6-25 题 6-14 图

（1）当变压器高压侧三相短路时，流过发电机定子绕组的超瞬变电流，瞬变电流，稳态电流。

（2）求当发电机端三相短路时流过发电机定子绕组的超瞬变电流，瞬变电流，稳态电流。

［**答案**：（1）3.268，2.371，1.393；（2）5.716，3.387，1.567］

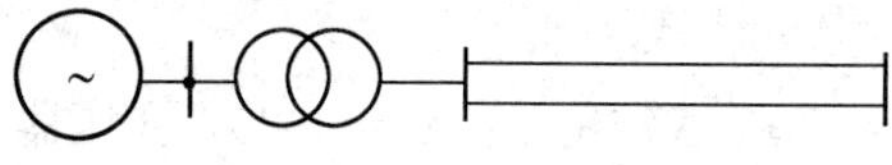

图 6-26 电力系统接线图

6-15 电力系统接线图如图 6-26 所示，发电机参数为额定功率 120MVA，额定电压 10.5kV，$X_d=X_q=1.15$、$X'_d=0.37$、$X''_d=X''_q=0.24$；变压器参数为额定容量 150MVA，额定电压 10.5/242kV，$U_k\%=12$，每回线路长 200km，0.4Ω/km，线路空载，线路末端电压为额定值。试求：

（1）当线路末端三相短路时，短路处的超瞬态电流，瞬态电流，稳态电流；流过发电机定子绕组的超瞬态电流，瞬态电流，稳态电流。

（2）当线路始端三相短路时，短路处的超瞬态电流，瞬态电流，稳态电流；流过发电机定子绕组的超瞬态电流，瞬态电流，稳态电流。

［**答案**：（1）0.685kA，0.522kA，0.216kA，15.878kA，12.042kA，4.969kA；
（2）0.852kA，0.614kA，0.23kA，19.638kA，14.159kA，5.293kA］

6-16 隐极同步发电机参数 $X_d=1.0$、$X'_d=0.3$，短路前发电机电压为额定值的 0.9，带纯电感负载，电流为发电机额定电流，试计算机端短路时 E_q，E'_q短路前瞬刻和短路瞬刻的值。

［**答案**：短路前瞬刻 $E_q=1.95$，$E'_q=1.25$；短路后瞬刻 $E_q=4.167$，$E'_q=1.25$］

6－17　一台无阻尼绕组同步发电机参数为 $P_N=150MW$，$\cos\varphi=0.85$，$U_N=15.75kV$，$X_d=1.04$，$X_q=0.69$，$X'_d=0.31$，发电机额定满载运行。试求：

（1）E_q，E'_q，E'；

（2）若机端发生三相短路，求瞬态电流，稳态短路电流；

（3）若 $T'_{d0}=7.3s$，求机端发生三相短路后短路电流周期分量的有效值随时间变化的表达式，周期分量电流瞬时值随时间变化的表达式，0.2s 时基频分量的有效值；

（4）若短路发生在距机端 0.5Ω 外接电抗处，重做（2），（3）；

（5）若短路发生在距机端 0.5Ω 外接电抗处，且此外接电抗大于临界电抗 X_{cr}，试求强行励磁作用下的瞬态电流，稳态短路电流。

［**答案**：以发电机机端电压为基准。

（1）标幺值为 $E_q=1.771$、$E'_q=1.173$、$E'=1.193$、$\delta=23.275°$、$\delta'=12.763°$，

有名值为 $E_q=27.896kV$、$E'_q=18.471kV$、$E'=18.789kV$、$\delta=23.275°$、$\delta'=12.763°$；

（2）标幺值为 $I'=3.783$、$I_\infty=1.703$，有名值为 $I'=24.472kA$、$I_\infty=11.017kA$；

（3）$I_t=13.455e^{-\frac{t}{2.176}}+11.017kA$，$i_{a\omega}=(19.021e^{-\frac{t}{2.176}}+15.5874)\cos(\omega t+\alpha_0)kA$，$I_{0.2}=23.291kA$；

（4）标幺值为 $I'=1.762$、$I_\infty=1.269$，有名值为 $I'=11.396kA$、$I_\infty=8.209kA$，$I_t=3.187e^{-\frac{t}{3.482}}+8.209kA$、$i_{a\omega}=(4.502e^{-\frac{t}{3.482}}+11.615)\cos(\omega t+\alpha_0)kA$、$I_{0.2}=11.218kA$；

（5）11.396kA，18.186kA］

6－18　一台有阻尼绕组同步发电机，其参数为 $P_N=50MW$，$\cos\varphi=0.8$，$U_N=10.5kV$，$X_d=1.2$，$X_q=0.9$，$X_{ad}=1.0$，$X_{aq}=0.7$，$R_a=0.005$，$\sigma_f=0.091$，$R_f=0.0011$，$\sigma_D=0.091$，$R_D=0.004$，$\sigma_Q=0.25$，$R_Q=0.006$。试求：

（1）发电机的瞬态和超瞬态电抗和各时间常数；

（2）额定满载运行时机端发生三相短路，求超瞬态电流，瞬态电流，稳态电流；

（3）发生短路 0.3s 后，基频分量电流的有效值。

［**答案**：（1）$X'_d=0.291$，$X''_d=0.248$，$X''_q=0.375$，$T_a=0.19s$，$T'_{d0}=3.183s$，$T'_d=0.772s$，$T''_{d0}=0.152s$，$T''_d=0.129s$，$T''_{q0}=0.495s$，$T''_{q0}=0.206s$；（2）15.602kA，13.73kA，5.627kA；（3）11.318kA］

6－19　一台有阻尼绕组同步发电机，已知：$P_N=60MW$，$\cos\varphi=0.85$，$U_N=10.5kV$，$X_d=1.6$，$X_q=1.6$，$X'_d=0.246$，$X''_d=0.146$，$X''_q=0.21$，$T'_{d0}=7.4s$，$T''_{d0}=0.62s$，$T''_{q0}=1.64s$，发电机在额定电压下运行，带负荷 50＋j30MWA，机端发生三相短路，试求：

（1）E_q，E'_q，E''_q，E''_d，E''短路前瞬刻和短路瞬刻的值；

（2）超瞬态电流，非周期分量电流的最大初始值，倍频分量电流的初始有效值；

（3）经外接电抗 $X_e=0.5\Omega$，后重做（2）。

［**答案**：（1）短路前瞬间

标幺值为 $E_q=2.202$、$E'_q=1.013$、$E''_q=0.938$、$E''_d=0.486$、$E''=1.067$，

有名值为 $E_q=21.279kV$、$E'_q=10.638kV$、$E''_q=9.852kV$、$E''_d=5.101kV$、$E''=11.204kV$

短路瞬间

标幺值为 $E_q=10.282$、$E'_q=1.581$、$E''_q=0.938$、$E''_d=0.486$、$E''=1.067$，

有名值为 $E_q=107.97\text{kV}$、$E'_q=16.6\text{kV}$、$E''_q=9.852\text{kV}$、$E''_d=5.101\text{kV}$、$E''=11.204\text{kV}$；

（2）标幺值为 6.83、5.806、1.044，有名值为 26.51kA、31.86kA、4.051kA；

（3）标幺值为 2.212、1.801、0.116，有名值为 8.584kA、9.882kA、0.449kA]

6-20 同步发电机参数 $X_d=1.1$、$X_q=1.08$、$X'_d=0.23$，$R=0.0055$，$T'_{d0}=5.309$、$T_a=0.16$，短路前发电机空载，机端电压为额定值。试计算机端电压瞬时值过零时发生机端三相短路，在短路瞬间的定子基频电流有效值和 $t=0.01\text{s}$ 时的全电流瞬时值。

[**答案**：4.348，−8.4]

6-21 同步发电机参数 $X_d=1.3$，$X_q=0.7$，$X_f=1.2$，$X_D=1.2$，$X_Q=0.6$，$X_{ad}=1$，$X_{aq}=0.5$，$R=0.005$，$T'_d=1.11$，$R_f=0.001$，$R_D=0.03$，$R_Q=0.05$，短路前发电机空载，机端电压为额定值的 1.2 倍，试计算 a 相机端电压瞬时值过零时发生机端三相短路，在短路瞬间的定子基频电流有效值和 $t=0.01\text{s}$ 时的全电流瞬时值，并求最大峰值电流。

[**答案**：3.077，6.151，6.151]

6-22 一台水轮发电机的额定容量为 150MVA，额定电压为 13.8kV，$X_d=0.871$、$X_q=0.576$、$X'_d=0.261$、$X''_d=0.161$、$X''_q=0.163$，$R=0.0018$，$T'_{d0}=7.54\text{s}$，$T''_{d0}=0.0717\text{s}$，$T''_{q0}=0.156\text{s}$，发电机正常运行时，端电压和电流都等于额定值，功率因数为 0.85。设在距发电机机端电气距离 $X_e=0.127\Omega$ 处，当转子 d 轴与定子 a 相绕组轴线重合时发生三相短路，试求 $t=0.01\text{s}$ 时的 a 相电流瞬时值。

[**答案**：−63.2kA]

6-23 一台发电机 $X_d=1.0$、$X_q=0.6$、$X'_d=0.3$，$T'_{d0}=5\text{s}$，短路前故障点电压为 0.96，电流 0.9，功率因数 0.83。设在距发电机机端电气距离 $X_e=0.15$ 处，且该处 a 相绕组电压瞬时值过零（由正变到零）时发生三相短路，试求：

（1）短路后 I_d，E_q，E'_q和机端电压随时间变化的曲线；

（2）考虑强行励磁的作用，设强励倍数为 2.5，$T_e=0.5\text{s}$，重作（1）。

[**答案**：（1）$I_d=1.199e^{-\frac{t}{1.96}}+1.521$，$E_q=1.380e^{-\frac{t}{1.96}}+1.749$，$E'_q=0.54e^{-\frac{t}{1.96}}+0.684$，机端电压 $U=0.18e^{-\frac{t}{1.96}}+0.228$；

（2）$F(t)=1-1.34e^{-\frac{t}{1.96}}+0.342e^{-\frac{t}{0.5}}$，$I_d=1.199e^{-\frac{t}{1.96}}+1.521+2.28F(t)$，$E_q=1.380e^{-\frac{t}{1.96}}+1.749+2.62F(t)$，$E'_q=0.54e^{-\frac{t}{1.96}}+0.684+1.027F(t)$，机端电压 $U=0.18e^{-\frac{t}{1.96}}+0.228+0.342F(t)$]

6-24 同步发电机参数 $X_d=1.2$、$X_q=0.8$、$X'_d=0.35$、$X''_d=0.2$、$X''_q=0.25$，发电机机端电压 $U=1$，发电机空载，机端三相短路时，试求：

（1）超瞬态电流，瞬态电流，稳态电流；

（2）若 $T'_{d0}=5\text{s}$，$T''_{d0}=0.5\text{s}$，$T''_{q0}=0.2\text{s}$，试计算定子绕组基频电流各分量的起始有效值和衰减的时间常数；

（3）若 $T_a=0.15\text{s}$，短路瞬间发电机 d 轴领先定子 a 相绕组轴线 $\alpha_0=30°$，哪个定子绕组峰值电流最大？哪个定子绕组峰值电流最小？

（4）接（3）定子 a 相绕组直流分量电流的起始值、倍频分量电流的初始有效值；

(5) 若 $X''_d = X''_q$ 定子绕组的短路电流中有无倍频分量？

[**答案**：(1) 5，2.857，0.833；

(2) 超瞬态分量 2.143、以 $T''_d = 0.286s$ 为时间常数衰减，瞬态分量 2.024、以 $T'_d = 1.458s$ 为时间常数衰减，稳态分量 0.833、不衰减；

(3) a 相、c 相峰值电流相同较大，b 相峰值电流较小；

(4) 3.897，0.5；

(5) 没有]

6-25　一无阻尼绕组同步发电机具有恒定的励磁电压，当其机端电压与无穷大系统母线电压大小相等且以 δ_0 超前无穷大系统母线电压时合到母线上，试求合闸电流 $i_d(t)$、$i_q(t)$（不计定子绕组和励磁绕组的电阻）。

[**答案**：设无穷大母线电压为 U_s，则 $I_d(t) = \left[\left(\frac{1}{X'_d} - \frac{1}{X_d}\right)e^{-\frac{t}{T'_d}} + \frac{1}{X_d}\right](1-\cos\delta_0)U_s$；$I_q(t) = U_s\frac{\sin\delta_0}{X_q}$]

6-26　一无阻尼绕组同步发电机 A 经电抗 0.5 连接到无穷大系统母线 B，$U_B = 0.9$，机端电压为 1，发电机 $X_d = 1.2$，$X_q = 1$，$X'_d = 0.3$，输出的有功功率 $P = 0.9$，求当机端发生三相短路时由发电机供给的瞬态电流和稳态短路电流。

[**答案**：3.678，1.558]

6-27　一无阻尼绕组同步发电机参数为：$X_d = 1$、$X'_d = 0.2$、$T'_{d0} = 5s$。在空载额定电压条件下机端发生三相突然短路，0.05s 后励磁电压阶跃为原有值的 2 倍，试写出全过程定子短路电流基频分量的表达式（没有调压器）。

[**答案**：$t \leqslant 0.05s$，$I_t = 1 + 4e^{-t}$；$t \geqslant 0.05s$，$I_t = 2 + 2.949e^{-t}$]

6-28　一台无阻尼绕组同步发电机，已知参数 X_d、X'_d、T'_{d0}、空载时的电动势 E_0，励磁电流为 I_{f0}。在空载条件下发生机端三相短路达到稳态后，将短路突然拉开，试写出励磁电流 I_f 和机端电压 U 随时间变化的表达式（无励磁调节）。

[**答案**：$I_f(t) = \left[1 - \left(1 - \frac{X'_d}{X_d}\right)e^{-\frac{t}{T'_d}}\right]\frac{E_0}{X_{ad}}$，$U(t) = \left[1 - \left(1 - \frac{X'_d}{X_d}\right)e^{-\frac{t}{T'_d}}\right]E_0$]

第七章　电力系统三相短路实用计算

内 容 要 点

电力系统故障计算，可分为实用计算的"手算"和计算机算法。大型电力系统的故障计算，一般均是采用计算机算法进行计算。在现场实用中，以及大学本、专科学生的教学中，常采用实用的计算方法——"手算"（通过"手算"的教学，可以加深学生对物理概念的理解）。

电力系统三相短路故障的实用计算主要有二大任务：

（1）起始超瞬态电流 I''的计算（$t=0$ 时短路电流周期性分量的有效值）、冲击电流 i_{imp} 的计算（短路电流最大瞬时值），以及短路电流最大有效值 I_{imp} 和短路容量 S_D 的计算。

计算结果（I''）主要用于校验断路器的开断电流和继电保护的整定计算中，i_{imp} 主要用于电气设备的动稳定校验。

（2）三相短路瞬态过程中，某一时刻短路电流周期性分量有效值 I_t 的计算。（采用运算曲线法计算）。

计算结果主要应用于电气设备的热稳定校验。

一、起始超瞬态电流（I''）的计算

计算 I''，通常按照以下步骤进行。

1. 确定系统各元件的超瞬态参数

（1）发电机。在突然短路瞬间，同步发电机的超瞬态电动势保持着短路前瞬间的数值（$E''_0=E''_{101}$）。根据短路前瞬间发电机的相量图 7 - 1，发电机电动势可按以下关系计算，即

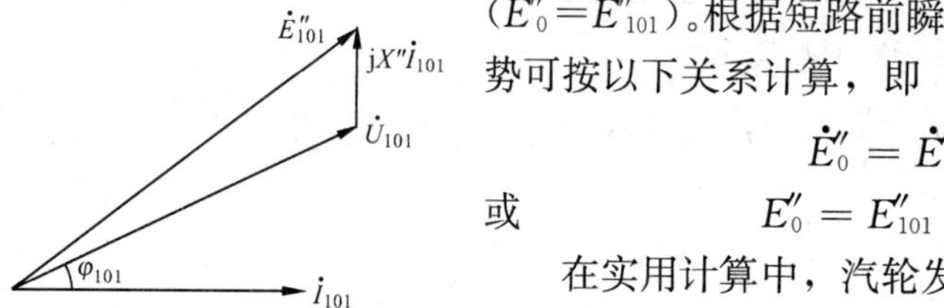

图 7 - 1　故障前瞬间发电机相量图

$$\dot{E}''_0=\dot{E}''_{101}=\dot{U}_{101}+jX''\dot{I}_{101} \tag{7 - 1}$$

或

$$E''_0=E''_{101}\approx U_{101}+X''I_{101}\sin\varphi_{101}$$

在实用计算中，汽轮发电机和有阻尼绕组的凸极发电机、超瞬态电抗可以取为 $X''=X''_d$。

假定发电机在短路前额定满载运行，$U_{101}=1$、$I_{101}=1$、$\sin\varphi_{101}=0.53$、$X''=0.13\sim0.20$，则有

$$E''_0\approx1+(0.13\sim0.20)\times1\times0.53=1.07\sim1.11$$

在实用计算中，如果难以确定同步发电机短路前的运行参数，则可以近似地取 $E''_0=1.08$（或 $E''=1.05$），不计负载影响时，可以近似取 $E''_0=1$。

（2）短路点附近的大型异步（或同步）电动机。电力系统负荷中包含有大量的异步电动机，在正常运行情况下，异步电动机的转差率很小，（$s\approx2\%\sim5\%$），可以近似地当作同步运行。根据短路瞬间转子绕组磁链守恒的原理，异步电动机也可以用与转子绕组的总磁链成正比的超瞬态电动势和超瞬态电抗来表示。

异步电机的超瞬态电抗的额定标幺值为 $X''=\dfrac{1}{I_{st}}$（I_{st}为异步电机的启动电流标幺值，一般为 4～7），可以近似取 $X''=0.2$。

异步电机的超瞬态电动势，可以根据故障前瞬间电动机的相量图 7-2 来计算。

$$\dot{E}''_0=\dot{E}''_{101}=\dot{U}_{101}-\mathrm{j}X''\dot{I}_{101} \tag{7-2}$$

或
$$E''_0=E''_{101}\approx U_{101}-X''I_{101}\sin\varphi_{101}$$

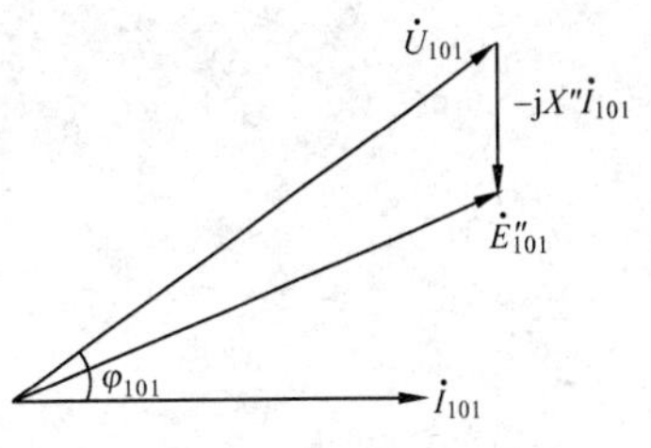

图 7-2　异步电机故障前瞬间相量图

在实用计算中，若短路点附近的大型异步电动机不能确定其短路前的运行参数，则可以近似地取 $E''_0=0.9$，$X''=0.2$（均以电动机额定容量为基准）。

由于异步电机的超瞬态电动势在短路故障后，很快就将衰减到零。因此，只有在计算起始超瞬态电流 $I''(t=0)$，并且机端残压小于超瞬态电动势时，才将电动机作为电源考虑，向短路点提供短路电流。否则均作为综合负荷对待。

(3) 综合负荷。在短路瞬间，综合负荷常常可以近似地用一个含超瞬态电动势和超瞬态电抗的等值支路来表示。以额定运行参数为基准，综合负荷的电动势和电抗的标幺值可取为$E''_0=0.8$，$X''=0.35$。

在电力系统三相短路故障的实用计算时，对于距离短路点较远的负荷（电气距离较大），为简化计算，有时也只用一个电抗 $X''=1.2$ 来表示。进一步的简化计算，甚至可以略去不计（相当于负荷支路断开）。

(4) 变压器、电抗器、线路的超瞬态电抗。对于这些静止元件，它们的超瞬态电抗即可用稳态正常运行时的正序电抗来表示。

2. 作短路故障后电力系统等值电路

电力系统三相短路故障的计算，通常采用标幺制进行。等值电路中的参数计算采用近似计算法，即取基准值 S_n、$U_n=U_{av}$。（在参数计算中，注意要将以自身额定容量为基准的标幺值换算为统一的基准容量 S_n。）

三相短路故障点电压为零。

3. 网络变换及化简

由于电力系统的接线较为复杂，在实际的短路计算中，通常是将原始等值电路进行适当的网络变换及化简，以求得各电源（或等值电源）到短路点的转移电抗，进而再计算短路电流。

(1) 网络变换及化简方法。

1) 电抗的串联、并联以及星形与三角形的相互变换（Y⇌△）。

2) 电源的合并，如图 7-3 所示。

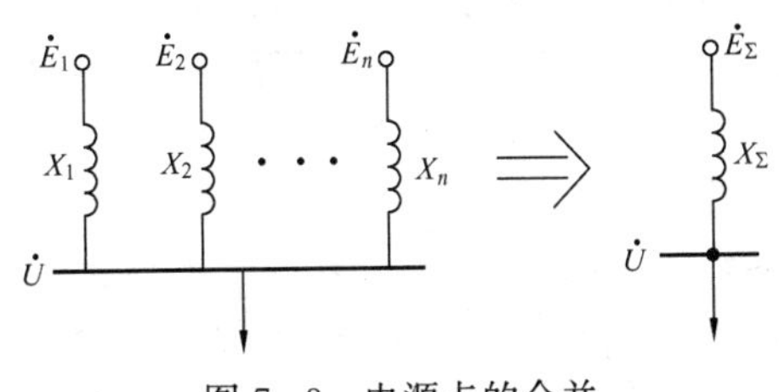

图 7-3　电源点的合并

有
$$\left.\begin{aligned}\dot{E}_\Sigma&=\mathrm{j}X_\Sigma\times\left(\frac{\dot{E}_1}{\mathrm{j}X_1}+\frac{\dot{E}_2}{\mathrm{j}X_2}+\cdots+\frac{\dot{E}_n}{\mathrm{j}X_n}\right)\\X_\Sigma&=1\Big/\left(\frac{1}{X_1}+\frac{1}{X_2}+\cdots+\frac{1}{X_n}\right)\end{aligned}\right\} \tag{7-3}$$

3) 分裂电动势源。分裂电动势源就是将连接在一个电源点上的各支路拆开，分开后各支路分别连接在电动势相等的电源点上。如图 7-4（b）所示。

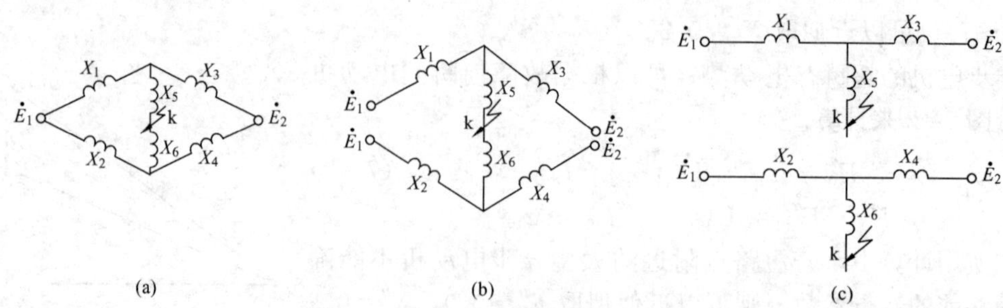

图 7-4　分裂电动势源和分裂短路点

（a）原等值电路；（b）分裂电动势源；（c）分裂短路点

4）分裂短路点。分裂短路点就是将接于短路点的各支路在短路点处拆开，拆开后的各支路仍带有短路点，如图 7-4（c）所示。则总的短路电流等于两处短路电流之和。

（2）计算转移电抗（或电流分布系数）。

转移电抗是指网络中某一电源和短路点之间直接相连的电抗（在直接相连的电抗之间不应有分支），如图 7-5 所示。X_{1k} 和 X_{2k} 分别表示电源 E_1 和 E_2 到短路点的转移电抗。

电流分布系数 C_i 的定义为支路短路电流与总短路电流的比值，即 $C_i = I''_i / I''_\Sigma$。

转移电抗与电流分布系数之间有如下关系

$$C_i = X_{k\Sigma} / X_{ik} \tag{7-4}$$

式中，$X_{k\Sigma}$ 为短路点输入电抗。

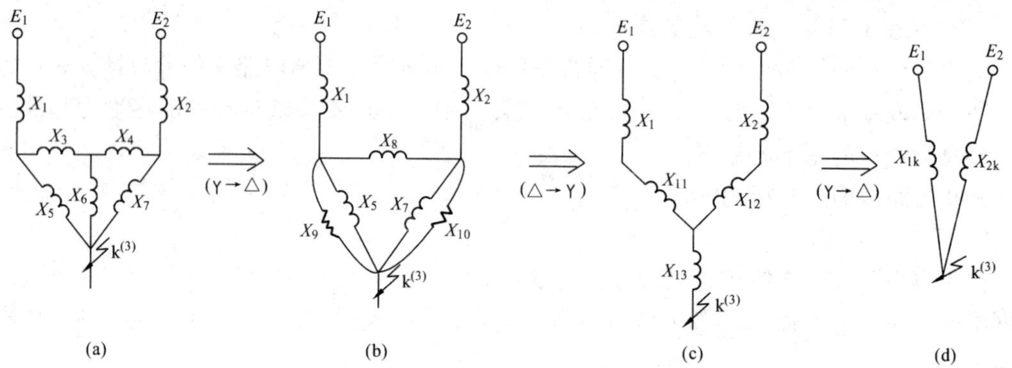

图 7-5　计算转移电抗时网络的简化

（3）计算起始超瞬态电流（I''）。

电力系统三相短路后的等值电路经网络变换化简后，即可求得只含有发电机电源节点和短路点的放射形网络（电源点与短路点之间用转移电抗表示），如图 7-5（d）所示。则各电源对短路点的起始超瞬态电流为

$$\dot{I}''_i = \frac{\dot{E}''_i}{jX_{ik}} \tag{7-5}$$

故障点 k 总的起始超瞬态电流为

$$\dot{I}''_{\Sigma}=\sum\dot{I}''_{i}=\sum\frac{\dot{E}''_{i}}{jX_{ik}} \tag{7-6}$$

若将所有电源支路合并，则总短路电流为

$$\dot{I}''_{\Sigma}=\frac{\dot{E}''_{\Sigma}}{jX_{k\Sigma}} \tag{7-7}$$

求得的三相短路电流标幺值后，还应乘以相应电压等级的基准值，才能求得有名值。

二、冲击电流（i_{imp}）的计算

实用计算中，冲击电流计算式为

$$i_{imp}=k_{imp}\sqrt{2}I''+k_{imp\cdot LD}\sqrt{2}I''_{LD} \tag{7-8}$$

式中　k_{imp}——发电机电源的冲击系数，$1\leqslant i_{imp}\leqslant 2$，常取 $k_{imp}=1.8$；

I''——发电机提供的起始超瞬态电流；

$k_{imp\cdot LD}$——电动机（或综合负荷）的冲击系数，小容量综合负荷取 $k_{imp\cdot LD}=1$，容量为 200～500kW 的异步电动机取 $k_{imp\cdot LD}=1.3\sim1.5$，容量为 500～1000kW 的异步电动机取 $k_{imp\cdot LD}=1.5\sim1.7$，1000kW 以上的异步电动机取 $k_{imp\cdot LD}=1.7\sim1.8$；

I''_{LD}——电动机（或综合负荷）提供的起始超瞬态电流。

在实用计算时，如果负荷远离短路点，不计其反馈的起始超瞬态电流时，冲击电流就可以只按式（7-8）的第一项计算。

三、短路电流最大有效值 I_{imp} 的计算

实用计算中，短路电流最大有效值 I_{imp} 计算式为

$$I_{imp}=I''\sqrt{1+2(k_{imp}-1)^{2}} \tag{7-9}$$

四、短路容量（即短路功率）的计算

短路容量等于短路电流（I''_{Σ}）与短路处的正常工作电压（一般用平均额定电压）的乘积，即

$$S_{D}=\sqrt{3}U_{av}I''_{\Sigma} \tag{7-10}$$

用标幺值表示，即 $S_{D*}=I''_{\Sigma*}$。

五、某时刻短路电流周期性分量有效值（I_t）的计算

电力系统三相短路后任意时刻的短路电流周期分量有效值，准确计算非常复杂，工程上常常采用的是运算曲线法。运算曲线是按照典型电路得到的 $I_t=f(x_{js}\cdot t)$ 的关系曲线。根据各电流至短路点的计算电抗 X_{jsi} 和时刻 t，即可由曲线查得 I_t。具体计算步骤如下。

1. 制定短路故障后电力系统等值电路

（1）选取基准值 S_n 和基准电压 $U_n=U_{av}$。

（2）发电机电抗采用 X''_d，略去网络中各元件的电阻以及各元件对地的导纳支路。

（3）略去电力系统中的负荷。

2. 进行网络变换及化简

把短路电流变化规律大体相同的发电机尽可能地合并起来（即把发电机类型和参数相近、距短路点电气距离相近的发电机合并起来），对于条件比较特殊的某些发电机则

单独考虑，无限大容量电源也单独考虑。这样通过网络变换的化简，即可求出各等值发电机对短路点的转移电抗 X_{1k}、X_{2k}、$\cdots X_{nk}$，以及无限大容量电源对短路点的转移电抗 X_{sk}。

3. 求计算电抗 X_{jsi}

转移电抗是在同一基准容量（S_n）下得到的标幺值，因此，还须将求得的转移电抗按各相应的等值发电机的容量进行归算，以得到对应于各发电机容量的计算电抗，即

$$X_{jsi} = X_{ik} \cdot \frac{S_{Ni}}{S_n} \qquad (i = 1,2\cdots n) \tag{7-11}$$

式中 S_{Ni}——第 i 台等值发电机额定容量（也即合并到该等值发电机的容量之和）。

无限大容量电源支路的转移电抗不必归算。

4. 求短路电流标幺值

根据求得的各电源支路的计算电抗 X_{jsi} 和时刻 t，即可查运算曲线得到 I_{ti}（标幺值）。

无限大容量电源供电支路，短路电流周期性分量是不衰减的，可按下式计算

$$I_{ts} = \frac{1}{X_{sk}} \tag{7-12}$$

5. 求 t 时刻短路电流周期性分量的有名值

各等值支路的短路电流必须化成有名值后相加（因为标幺值是分别对应不同容量的），即

$$I_t = \sum_{i=1}^{n} I_{ti} \times \frac{S_{Ni}}{\sqrt{3}U_{av}} + I_s \times \frac{S_n}{\sqrt{3}U_{av}} (\text{kA}) \tag{7-13}$$

六、起始超瞬态电流的计算机算法

复杂电力系统的三相短路起始超瞬态电流普遍应用计算机进行计算。通常应用叠加原理进行计算。先作潮流计算，得到各节点的正常电压 $\dot{U}_{i|0|}$，然后对故障分量等值网络进行求解，得到各节点电压故障分量 $\Delta\dot{U}_i$。最后根据节点实际电压 $\dot{U}_i = \dot{U}_{i|0|} + \Delta\dot{U}_i$ 计算各支路的起始超瞬态电流。

具体计算步骤为：

（1）形成计算故障分量用的等值网络的节点导纳矩阵。

（2）解以下线性方程组，求出短路点 k 对应的一行节点阻抗矩阵元素。

$$\begin{bmatrix} Y_{11} & \cdots & Y_{1k} & \cdots & Y_{1n} \\ \vdots & & & & \\ Y_{k1} & \cdots & Y_{kk} & \cdots & Y_{kn} \\ \vdots & & & & \\ Y_{n1} & \cdots & Y_{nk} & \cdots & Y_{nn} \end{bmatrix} \begin{bmatrix} \dot{U}_1 \\ \vdots \\ \dot{U}_k \\ \vdots \\ \dot{U}_n \end{bmatrix} = \begin{bmatrix} 0 \\ \vdots \\ 1 \\ \vdots \\ 0 \end{bmatrix} \leftarrow k\text{行} \tag{7-14}$$

（3）应用式 $\dot{I}''_k = \dfrac{\dot{U}_{k|0|}}{Z_{kk}}$，计算短路点的起始超瞬态电流 $\dot{I}''_k$。

（4）按式 $\dot{U}_i = \dot{U}_{i|0|} + \Delta\dot{U}_i = \dot{U}_{i|0|} - Z_{ik}\dot{I}''_k$ 计算各节点的电压。

（5）应用式 $\dot{I}_{ij} = (\dot{U}_i - \dot{U}_j)/Z_{ij}$ 计算各支路的起始超瞬态电流。

例　题　分　析

【例 7-1】 如图 7-6 所示的输电系统，当 k 点发生三相短路，作标幺值表示的等值电路并计算三相短路电流。各元件参数已标于图中。

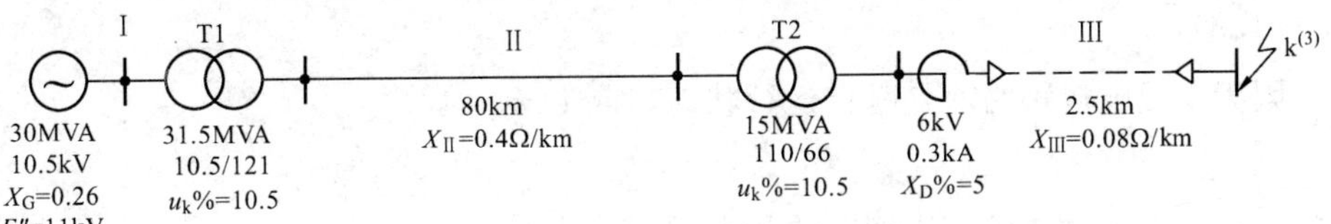

图 7-6　系统接线图

解　取基准容量 $S_n=100\text{MVA}$，基准电压 $U_n=U_{av}$（即各电压级的基准电压用平均额定电压表示）。则各元件的参数计算如下，等值电路如图 7-7 所示。

发电机 G　$X_1=X_G\cdot\dfrac{S_n}{S_{NG}}=0.26\times\dfrac{100}{30}=0.87$

变压器 T_1　$X_2=\dfrac{u_k\%}{100}\times\dfrac{S_n}{S_{NT1}}=0.105\times\dfrac{100}{31.5}=0.33$

线路Ⅱ　$X_3=X_{Ⅱ}\times l_{Ⅱ}\times\dfrac{S_n}{U^2_{n(Ⅱ)}}=0.4\times80\times\dfrac{100}{115^2}=0.24$

变压器 T_2　$X_4=\dfrac{u_k\%}{100}\times\dfrac{S_n}{S_{NT2}}=0.105\times\dfrac{100}{15}=0.7$

电抗器　$X_5=\dfrac{X_D\%}{100}\times\dfrac{U_{ND}}{\sqrt{3}I_{ND}}\times\dfrac{S_n}{U^2_{n(Ⅲ)}}=0.05\times\dfrac{6}{\sqrt{3}\times0.3}\times\dfrac{100}{6.3^2}=1.46$

电缆线Ⅲ　$X_6=X_{Ⅲ}\times l_{Ⅲ}\times\dfrac{S_n}{U^2_{nⅢ}}=0.08\times2.5\times\dfrac{100}{6.3^2}=0.504$

电源电动势的标幺值　$E''=\dfrac{E''}{U_{n(Ⅰ)}}=\dfrac{11}{10.5}=1.05$

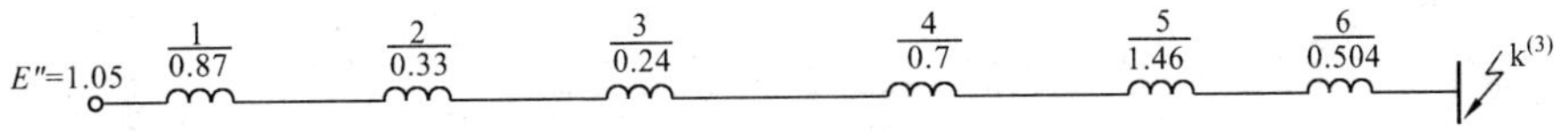

E″=1.05　$\frac{1}{0.87}$　$\frac{2}{0.33}$　$\frac{3}{0.24}$　$\frac{4}{0.7}$　$\frac{5}{1.46}$　$\frac{6}{0.504}$　k(3)

图 7-7　等值电路

电源对短路点的总电抗 X_Σ 为

$$X_\Sigma=X_1+X_2+X_3+X_4+X_5+X_6=0.87+0.33+0.24+0.7+1.46+0.504=4.11$$

则三相短路电流标幺值为

$$I''_k=\frac{E''}{X_\Sigma}=\frac{1.05}{4.11}=0.256$$

若题目中没有给定电动势大小，则按近似计算 $E''=1$，$I''=\dfrac{1}{4.11}=0.243$。

短路点处三相短路电流有名值为

$$I_k=0.256\times\frac{S_n}{\sqrt{3}U_{n(Ⅲ)}}=0.256\times\frac{100}{\sqrt{3}\times6.3}=2.36(\text{kA})$$

发电机所处位置短路电流有名值为

$$I_{G}=0.256\times\frac{S_{n}}{\sqrt{3}U_{n(\mathrm{I})}}=0.256\times\frac{100}{\sqrt{3}\times10.5}=1.41(\mathrm{kA})$$

【例 7-2】 已知某发电机短路前在额定条件下运行，额定电流 $I_N=3.45\mathrm{kA}$，$\cos\varphi_N=0.8$、$X''_d=0.125$。试求突然在机端发生三相短路时的起始超瞬态电流 I'' 和冲击电流有名值。（取 $K_{imp}=1.8$）

解 因为，发电机短路前是额定运行状态，取 $\dot{U}_{101}=1\underline{/0^\circ}$

则
$$\varphi_{101}=\cos^{-1}0.8=36.8^\circ,\quad \dot{I}_{101}=\underline{/-36.8^\circ}$$

发电机超瞬态电动势可以按短路前状态进行计算为

$$\dot{E}''_{101}=\dot{U}_{101}+\mathrm{j}X''_d\ \dot{I}_{101}=1+\mathrm{j}(0.8-\mathrm{j}0.6)\times0.125=1.075+\mathrm{j}0.1$$

短路瞬间，超瞬态电动势不突变，即

$$E''_{101}=E''_0$$

则，短路后的起始超瞬态电流为

$$\dot{I}''=\frac{\dot{E}''_0}{\mathrm{j}X''_d}=\frac{1.075+\mathrm{j}0.1}{\mathrm{j}0.125}=0.8-\mathrm{j}8.6=8.637\underline{/85.9^\circ}$$

有名值为

$$\dot{I}''=8.637\times3.45=29.787(\mathrm{kA})$$

冲击电流为

$$i_{imp}=\sqrt{2}K_{imp}I''=\sqrt{2}\times1.8\times29.787=75.96(\mathrm{kA})$$

【例 7-3】 电力系统接线如图 7-8 所示（各元件参数在图中），求：

（1）k 点三相短路时的短路电流及流过线路 5、6 和 7 的短路电流；

（2）故障线 A 侧三相跳闸后，线路中的短路电流值。

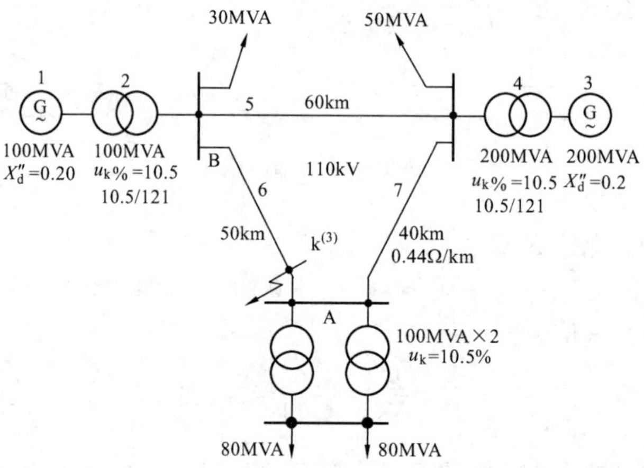

图 7-8 电力系统接线

解 （1）不计各元件电阻的影响。不接在短路点的负荷，可以近似认为是远处负荷，因此可忽略其影响。

取基准容量 $S_n=200\text{MVA}$，基准电压 $U_n=U_{av}$。则各元件的电抗计算如下。作等值电路如图 7-9（a）。取电源电动势 $E''=1$。

$$X_1=X''_d\times S_n/S_{NG}=0.20\times\frac{200}{100}=0.40$$

$$X_2=\frac{u_k\%}{100}\times\frac{S_n}{S_{NT}}=0.105\times\frac{200}{100}=0.21$$

$$X_3=X''_d\times\frac{S_n}{S_{NG}}=0.20\times\frac{200}{200}=0.20$$

$$X_4=\frac{u_k\%}{100}\times\frac{S_n}{S_{NT}}=0.105\times\frac{200}{200}=0.105$$

$$X_5=X_1\times l_5\times\frac{S_n}{U_n^2}=0.44\times 60\times\frac{200}{115^2}=0.40$$

$$X_6=X_1\times l_6\times\frac{S_n}{U_n^2}=0.44\times 50\times\frac{200}{115^2}=0.33$$

$$X_7=X_1\times l_7\times\frac{S_n}{U_n^2}=0.44\times 40\times\frac{200}{115^2}=0.27$$

化简等值电路，可以得图 7-9（b）、（c），相应参数计算如下

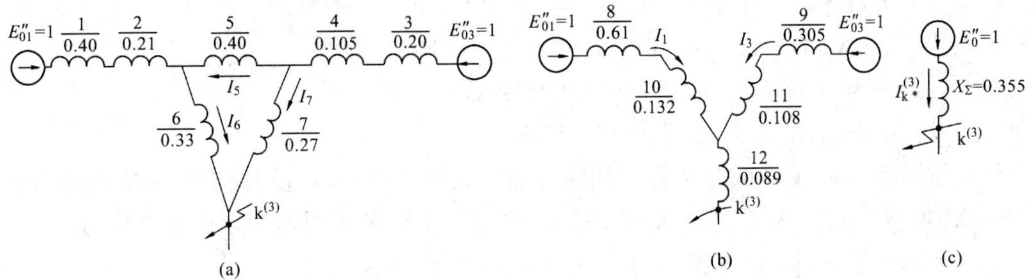

图 7-9　等值电路

$$X_8=X_1+X_2=0.40+0.21=0.61$$

$$X_9=X_3+X_4=0.20+0.105=0.305$$

$$X_{10}=\frac{X_5X_6}{X_5+X_6+X_7}=\frac{0.40\times 0.33}{0.40+0.33+0.27}=0.132$$

$$X_{11}=\frac{X_5X_7}{X_5+X_7+X_6}=\frac{0.40\times 0.27}{0.40+0.27+0.33}=0.108$$

$$X_{12}=\frac{X_6X_7}{X_5+X_6+X_7}=\frac{0.33\times 0.27}{0.40+0.33+0.27}=0.089$$

$$X_\Sigma=[(X_8+X_{10})/\!/(X_9+X_{11})]+X_{12}$$
$$=[(0.61+0.132)/\!/(0.305+0.108)]+0.089=0.355$$

则短路点处三相短路电流标幺值为

$$I_k^{(3)}=\frac{E''_0}{X_\Sigma}=\frac{1}{0.355}=2.817$$

按图 7-9（b）流过 X_{10}、X_{11} 的电流为

$$I_{10}=I_8=I_1=I_2=\frac{X_9+X_{11}}{X_8+X_{10}+X_9+X_{11}}\times I_k^{(3)}=\frac{(0.305+0.108)\times 2.817}{0.61+0.132+0.305+0.108}=1.007$$

$$I_{11}=I_9=I_3=I_4=\frac{(X_8+X_{10})I_k^{(3)}}{X_8+X_{10}+X_9+X_{11}}=\frac{(0.61+0.132)\times 2.817}{0.61+0.132+0.305+0.108}=1.81$$

则流过 X_5、X_6、X_7 的电流为

$$I_5=\frac{I_3X_{11}-I_1X_{10}}{X_5}=\frac{1.81\times 0.108-1.007\times 0.132}{0.40}=0.156$$

$$I_6=\frac{I_1X_{10}+I_k^{(3)}X_{12}}{X_6}=\frac{1.007\times 0.132+2.817\times 0.089}{0.33}=1.163$$

即 $$I_6=I_1+I_5$$

$$I_7=\frac{I_3X_{11}+I_k^{(3)}X_{12}}{X_7}=\frac{1.81\times 0.108+2.817\times 0.089}{0.27}=1.654$$

即 $$I_7=I_3-I_5$$

则各元件处短路电流的有名值为

$$I_{n(115)}=\frac{200}{\sqrt{3}\times 115}=1.004(\text{kA}),\ I_{n(10.5)}=\frac{200}{\sqrt{3}\times 10.5}=10.997$$

$$I_k^{(3)}=2.817\times 1.004=2.828(\text{kA})$$

$$I_5=0.156\times 1.004=0.157(\text{kA})$$

$$I_6(\text{B侧})=1.163\times 1.004=1.168(\text{kA})$$

$$I_6(\text{A侧})=I_7=1.654\times 1.004=1.660(\text{kA})$$

$$I_1=1.007\times 10.997=11.074(\text{kA})$$

$$I_3=1.81\times 10.997=19.9(\text{kA})$$

（2）按图 7-8，线路 6 的 A 侧三相跳开后，线路 7 中不流过短路电流（负荷已略去），相当于 X_7 断开。则将 X_3、X_4、X_5 串联后，再与（X_1+X_2）并联可求得总电抗为

$$\begin{aligned}X_\Sigma&=[(X_3+X_4+X_5)\,/\!/\,(X_1+X_2)]+X_6\\&=\frac{(0.40+0.21)(0.20+0.105+0.40)}{0.40+0.21+0.20+0.105+0.40}+0.33=0.657\end{aligned}$$

则线路 6B 侧的短路电流标幺值为

$$I_{6(\text{B侧})}=\frac{1}{X_\Sigma}=\frac{1}{0.657}=1.522$$

有名值为

$$I_{6(\text{B侧})}=1.522\times 1.004=1.528(\text{kA})$$

可以看出，k 点三相短路时，当 AB 线 A 侧三相跳闸后，B 侧电流由 1.168kA，突然增大到 1.528kA。

【例 7-4】 系统如图 7-10 所示，A、B、C 为三个等值电源。其中 $S_A=75$MVA，$X_A=0.38$；$S_B=535$MVA，$X_B=0.304$；C 容量和电抗值不详，只知 QF 的断开容量为 3500MVA。线路 l_1、l_2、l_3 的长度分别为 10、5、24km，电抗均为 0.4Ω/km。试计算在母线 1 处三相短路时的起始超瞬态电流和冲击电流。

解 取基准容量 $S_n=1000$MVA，其准电压 $U_n=U_{av}$。

在题目中某元件参数若直接以标幺值给出，通常均是以其自身容量为基准，则各元件参数计算如下。作等值电路如图 7-11 所示。取各电源电动势 $E''=E''_A=E''_B=E''_C=1$

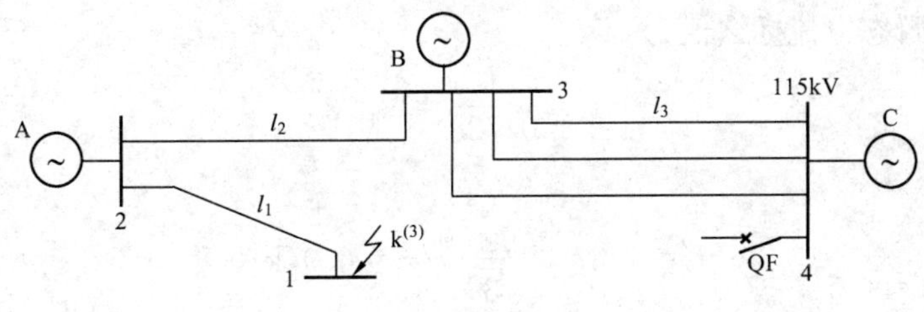

图 7-10　系统接线图

$$X_1=0.38\times\frac{1000}{75}=5.07$$

$$X_2=0.4\times5\times\frac{1000}{115^2}=0.151$$

$$X_3=0.304\times\frac{1000}{535}=0.568$$

$$X_4=0.4\times24\times\frac{1000}{115^2}\times\frac{1}{3}=0.242$$

$$X_6=0.4\times10\times\frac{1000}{115^2}=0.302$$

根据母线 4 上的断开容量可以确定电源 C 的等值电抗。假设在母线 4 处断路器 QF 之后发生三相短路，则 A、B、C 各相供给的短路电流都要通过 QF，其中 A、B 相供给的短路电流决定于如下的电抗

$$X=[(5.07+0.151)\ /\!/\ 0.568]+0.242=0.754$$

短路瞬间，这两个电源供给的短路功率为

$$S''=\frac{1}{0.754}\times1000=1328(\mathrm{MVA})$$

此时断路器 QF 允许电源 C 供给的短路功率为 3500－1328＝2172(MVA)。由此，电源 C 的等值电抗为

$$X_5=\frac{1000}{2172}=0.46$$

则可作出等值电路如图 7-11 所示。

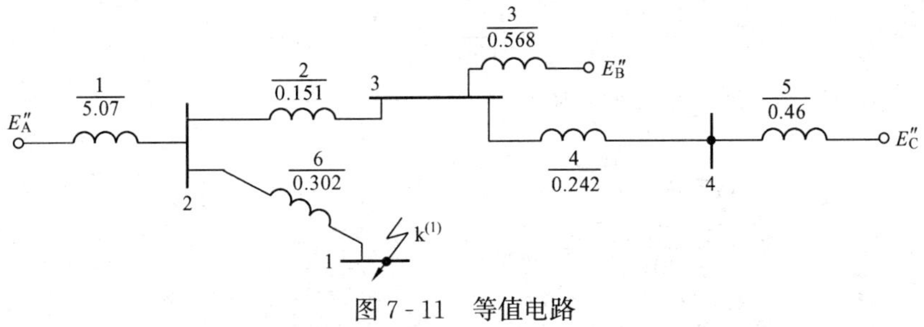

图 7-11　等值电路

母线 1 处发生三相短路总电抗计算为

$$\begin{aligned}X_\Sigma&=[(X_4+X_5)\ /\!/\ X_3+X_2]\ /\!/\ X_1+X_6\\&=[(0.46+0.242)\ /\!/\ 0.568+0.151]\ /\!/\ 5.07+0.302\\&=0.728\end{aligned}$$

短路点处起始超瞬态电流标幺值为

$$I''_{k}=\frac{1}{0.728}=1.373$$

有名值为

$$I''_{k}=1.373\times\frac{1000}{\sqrt{3}\times 115}=6.9(\text{kA})$$

冲击电流（取 $k_{imp}=1.8$）的有名值为

$$i_{m}=\sqrt{2}\times k_{imp}\times I''=\sqrt{2}\times 1.8\times 6.9=17.57(\text{kA})$$

【例 7-5】 如图 7-12（a）所示的电力系统，节点 k 发生三相短路，试计算短路处的起始超瞬态电流和冲击电流。系统各元件的参数如下：发电机 G1，100MW，$X''_{d}=0.183$，$\cos\varphi=0.85$；G2，50MW，$X''_{d}=0.163$，$\cos\varphi=0.8$。变压器 T1，150MVA，$u_{k(1-2)}\%=24.6$，$u_{k(1-3)}\%=14.3$，$u_{k(2-3)}\%=9.45$；T2，60MVA，$u_{k}\%=10.15$。线路 L_1，160km，$X=0.3\Omega/\text{km}$；L_2：120km，$X=0.417\Omega/\text{km}$，L_3，80km/$X=0.4\Omega/\text{km}$。负荷 LD1，40MW，$\cos\varphi=0.7$；LD2，80MW，$\cos\varphi=0.75$。

解 采用标幺制计算，选取 $S_n=100\text{MVA}$，$U_n=U_{av}$。

（1）发电机 G1 和 G2 的超瞬态电动势取 $E_1=E_2=1.08$，负荷全部计入，LD1 和 LD2 的超瞬态电动势取 $E_3=E_4=0.8$，额定标幺值电抗为 0.35。

1）计算各元件参数：

发电机 G1 $\quad X_1=X''_{d}\times\frac{S_n}{P_N/\cos\varphi_N}=0.183\times\frac{100}{100/0.85}=0.156$

发电机 G2 $\quad X_2=0.163\times\frac{100}{50/0.8}=0.261$

变压器 T1 $\quad U_{k1}\%=\frac{1}{2}(24.6+14.3-9.45)=14.7$

$$U_{k2}\%=\frac{1}{2}(24.6+9.45-14.3)=9.875$$

$$U_{k3}\%=\frac{1}{2}(9.45+14.3-24.6)=-0.425$$

∴

$$X_3=\frac{U_{k1}\%}{100}\times\frac{S_n}{S_N}=\frac{14.7}{100}\times\frac{100}{150}=0.098$$

$$X_4=\frac{9.875}{100}\times\frac{100}{150}=0.066$$

$$X_5=0$$

变压器 T2 $\quad X_9=\frac{10.15}{100}\times\frac{100}{60}=0.169$

线路 L_1 $\quad X_6=X_1\times\frac{S_n}{U_n^2}=0.3\times 160\times\frac{100}{230^2}=0.091$

线路 L_2 $\quad X_7=0.417\times 120\times\frac{100}{230^2}=0.095$

线路 L_3 $\quad X_8=0.41\times 80\times\frac{100}{230^2}=0.062$

负荷 LD1　　$X_{10}=0.35\times\frac{100}{40/0.7}=0.613$

负荷 LD2　　$X_{11}=0.35\times\frac{100}{80/0.75}=0.328$

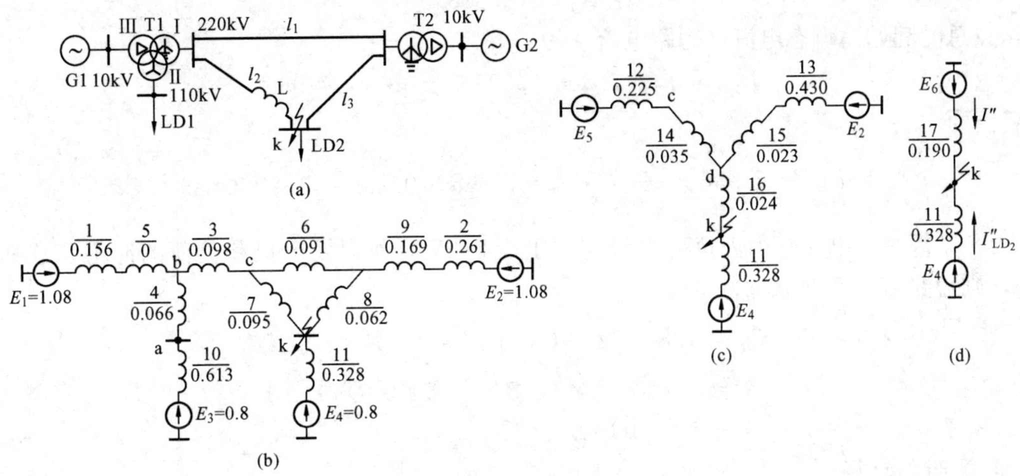

图 7-12　电力系统及其等值电路

(a) 接线图；(b) 等值电路；(c) 简化后的网络；(d) 最简化网络

2）作系统等值电路，并化简网络。根据求得的各元件参数，作出系统的等值电路，如图 7-12（b）所示。

进行网络变换及化简。网络变换后的参数为

$$X_{12}=[(X_4+X_{10})\ /\!/\ X_1]+X_3=\frac{0.679\times0.156}{0.679+0.156}+0.098=0.225$$

$$E_5=\frac{E_1(X_4+X_{10})+E_3X_1}{X_4+X_{10}+X_1}=\frac{1.08\times0.679+0.8\times0.156}{0.679+0.156}=1.028$$

$$X_{13}=X_2+X_9=0.261+0.169=0.430$$

$$X_{14}=\frac{X_6X_7}{X_6+X_7+X_8}=\frac{0.091\times0.095}{0.091+0.095+0.062}=0.035$$

$$X_{15}=\frac{X_6X_8}{X_6+X_7+X_8}=\frac{0.091\times0.062}{0.091+0.095+0.062}=0.023$$

$$X_{16}=\frac{X_7X_8}{X_6+X_7+X_8}=\frac{0.095\times0.062}{0.091+0.095+0.062}=0.024$$

化简后的网络如图 7-12（c）所示。

再进一步化简

$$X_{17}=[(X_{12}+X_{14})\ /\!/\ (X_{13}+X_{15})]+X_{16}=\frac{0.26\times0.453}{0.26+0.453}+0.024=0.19$$

$$E_6=\frac{E_5(X_{13}+X_{15})+E_2(X_{12}+X_{14})}{X_{13}+X_{15}+X_{12}+X_{14}}=\frac{1.032\times0.453+1.08\times0.26}{0.453+0.26}=1.05$$

进一步化简的网络，如图 7-12（d）所示。

3）计算起始超瞬态电流。由系统提供的起始超瞬态电流为（远处负荷也归入系统）

$$I''=\frac{E_6}{X_{17}}=\frac{1.05}{0.19}=5.526$$

由负荷LD2供给的起始超瞬态电流为

$$I''_{LD2}=\frac{E_4}{X_{11}}=\frac{0.8}{0.328}=2.439$$

短路点总的起始超瞬态电流（短路电流）为

$$I''_k=I''+I''_{LD2}=5.526+2.439=7.965$$

有名值为

$$I''_k=7.956\times\frac{100}{\sqrt{3}\times 230}=7.965\times 0.251=1.999(\text{kA})$$

4）计算冲击电流。因为负荷容量均大于1000kW，所以发电机和负荷的冲击系数都取1.8，则短路点的冲击电流为

$$\begin{aligned}i_{imp}&=1.8\times\sqrt{2}\times(I''+I''_{LD2})\times I_n\\&=1.8\times\sqrt{2}\times(5.526+2.439)\times 0.251\\&=5.089(\text{kA})\end{aligned}$$

（2）近似计算

发电机G1和G2的超瞬态电动势取$E_1=E_2=1$。由于负荷LD1离短路点较远，故略去不计，则

$$X_{12}=X_1+X_3=0.156+0.098=0.254$$

$$X_{17}=[(X_{12}+X_{14})\ /\!/\ (X_{13}+X_{15})]+X_{16}=0.2004$$

由系统提供的起始超瞬态电流为

$$I''=\frac{E_6}{X_{17}}=\frac{1}{0.2004}=4.989$$

负荷LD2提供的起始超瞬态电流仍为$I''_{LD}=2.439$。则可得短路点总的起始超瞬态电流（短路电流）有名值为

$$I''_k=(I''+I''_{LD2})I_n=(4.989+2.439)\times 0.251=1.864(\text{kA})$$

短路点的冲击电流为

$$i_{imp}=1.8\times\sqrt{2}\times(I''+I''_{LD})I_n=1.8\times\sqrt{2}\times 1.864=4.745(\text{kA})$$

将前后两种计算方法所得到的结果相比较，误差为

起始超瞬态电流 $\dfrac{1.864-1.999}{1.999}\times 100\%=-6.76\%$

冲击电流 $\dfrac{4.745-5.089}{5.089}\times 100\%=-6.76\%$

在工程计算中，这样大的误差一般还是容许的。

【例7-6】 在图7-13（a）所示的电力系统中，当k点发生三相短路时，试计算在$t=0.2$s、2s时的短路电流。系统各元件的参数如下：发电机G1和G2为水轮发电机，每台的参数是50MW，$X''_d=0.163$，$\cos\varphi=0.85$；G3和G4为水轮发电机，每台的参数是25MW，$X''_d=0.176$，$\cos\varphi=0.8$；变压器T1和T2各为63MVA，$u_k\%=10.5$；T3的参数，63MVA，$u_{k(1-2)}\%=10.5$，$u_{k(3-1)}\%=18.5$，$u_{k(2-3)}\%=6.5$；线路L，80km，0.4Ω/km；

系统 S 为无限大容量，$X=0$。

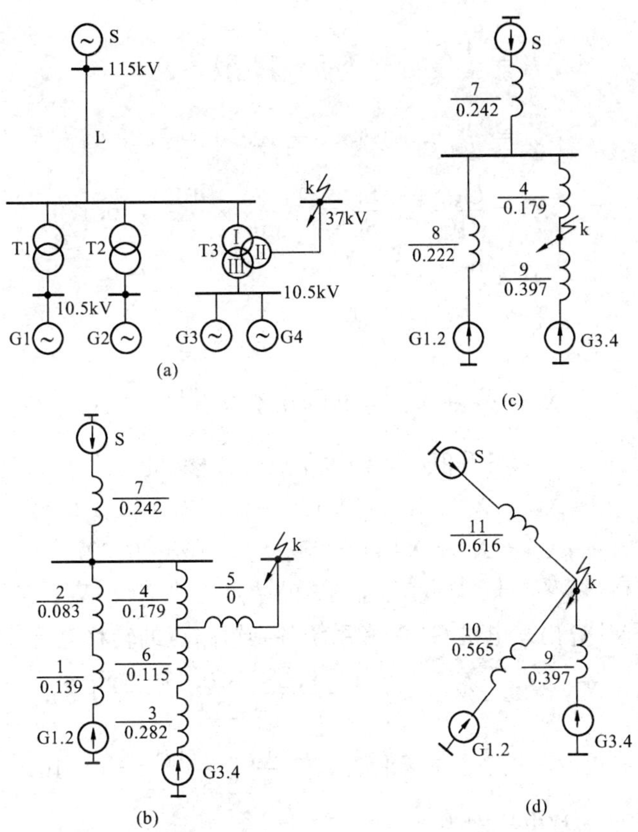

图 7-13　电力系统及其等值电路

（a）接线图；（b）等值电路；（c）简化网络；（d）最终网络

解　按标幺制进行计算，取 $S_n=100\text{MVA}$，$U_n=U_{av}$。

（1）作等值电路，求各元件参数。根据电源合并的原则和图 7-13（a）系统电路结构的对称性，可以将发电机 G1 和 G2 合并，G3 和 G4 合并，将变压器 T1 和 T2 合并。作出其等值电路，如图 7-13（b）所示。

计算各元件的参数。发电机 G1 和 G2 的等值电抗为

$$X_1=\frac{1}{2}\times X''_{d1}\times\frac{S_n}{P_{N1}/\cos\varphi}=\frac{1}{2}\times 0.163\times\frac{100}{50/0.85}=0.139$$

发电机 G3 和 G4 的等值电抗为

$$X_3=\frac{1}{2}\times X''_{d3}\times\frac{S_n}{P_{N3}/\cos\varphi}=\frac{1}{2}\times 0.176\times\frac{100}{25/0.8}=0.282$$

变压器 T1 和 T2 的等值电抗为

$$X_2=\frac{1}{2}\times\frac{u_k\%}{100}\times\frac{S_n}{S_N}=\frac{1}{2}\times\frac{10.5}{100}\times\frac{100}{63}=0.083$$

三绕组变压器 T3 的参数

$$u_{k1}\%=\frac{1}{2}[u_{k(1-2)}\%+u_{k(3-1)}\%-u_{k(2-3)}\%]$$

$$=\frac{1}{2}(10.5+18.5-6.5)=11.25$$

$$U_{k2}\%=\frac{1}{2}(10.5+6.5-18.5)\approx 0$$

$$U_{k3}\%=\frac{1}{2}(6.5+18.5-10.5)=7.25$$

$$X_4=\frac{U_{k1}\%}{100}\times\frac{S_n}{S_N}=\frac{11.25}{100}\times\frac{100}{63}=0.179$$

$$X_5\approx 0$$

$$X_6=\frac{7.25}{100}\times\frac{100}{63}=0.115$$

线路 L

$$X_7=l\cdot x_1\cdot\frac{S_n}{U_n^2}=80\times 0.4\times\frac{100}{115^2}=0.242$$

（2）网络变换及化简。求各等值电源到短路点的转移电抗为

$$X_8=X_1+X_2=0.139+0.083=0.222$$

$$X_9=X_3+X_6=0.282+0.115=0.397$$

因 $X_5=0$，故可将短路点 k 移到变压器 T3 的中点。将 X_4、X_7、X_8 组成的星形网络变换成三角形网络，即计算出发电机 G1.2 和系统各到短路点的转移电抗分别为

$$X_{10}=0.222+0.179+\frac{0.222\times 0.179}{0.242}=0.565$$

$$X_{11}=0.242+0.179+\frac{0.242\times 0.179}{0.222}=0.616$$

电源 G3.4 到短路点的转移电抗即为

$$X_9=0.397$$

（3）求短路电流。等值发电机 G1.2 和 G3.4 支路的计算电抗为

$$X_{js1.2}=X_{10}\times\frac{S_{N1.2}}{S_n}=0.565\times\frac{2\times 50/0.85}{100}=0.665$$

$$X_{js3.4}=X_9\times\frac{S_{N3.4}}{S_n}=0.397\times\frac{2\times 25/0.8}{100}=0.248$$

根据 $X_{js1.2}$ 和 $X_{js3.4}$ 查运算曲线，可得短路电流标幺值，见表 7-1。

表 7-1　短路电流计算结果

电　源	计算电抗	短路电流标幺值		短路电流有名值（kA）	
	X_{js}	$I_{0.2}$	I_2	$I_{0.2}$	I_2
G1.2	0.665	1.402	1.597	2.574	3.932
G3.4	0.248	3.245	2.50	3.165	2.439
S				2.533	2.533
总　和				8.272	7.904

无限大容量电源提供的短路电流标幺值为

$$I_s=\frac{1}{X_{11}}=\frac{1}{0.616}=1.623$$

各时刻短路电流有名值为

$$I_{0.2}=1.402\times\frac{2\times50/0.85}{\sqrt{3}\times37}+3.245\times\frac{2\times25/0.8}{\sqrt{3}\times37}+1.623\times\frac{100}{\sqrt{3}\times37}$$
$$=2.574+3.165+2.533=8.272(\text{kA})$$
$$I_{2}=1.597\times\frac{2\times50/0.85}{\sqrt{3}\times37}+2.501\times\frac{2\times25/0.8}{\sqrt{3}\times37}+1.623\times\frac{100}{\sqrt{3}\times37}$$
$$=2.932+2.439+2.533=7.904(\text{kA})$$

计算结果汇总在表 7-1 中。

【例 7-7】 如图 7-14（a）表示一个降压变电站，高压侧母线 A 接到电力系统，系统的电抗值未给定，只知道接到母线的断路器 QF 的额定切断容量为 2500MVA，求低压侧母线 B 发生三相短路时的电流（I''_k）、冲击电流以及短路电流最大有效值。

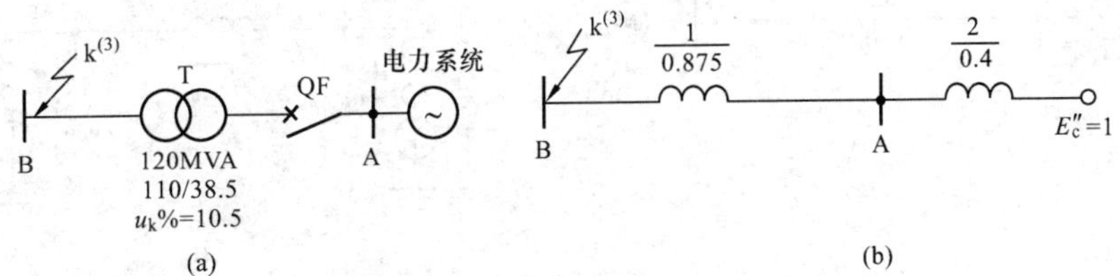

图 7-14　电力系统及等值电路

解　取基准功率 $S_n=1000$MVA，其准电压 $U_n=U_{av}$，则可作出图 7-14（b）所示的等值电路。

参数计算如下（标幺值表示）：

变压器 T

$$X_1=\frac{u_k\%}{100}\times\frac{S_n}{S_{NT}}=0.105\times\frac{1000}{120}=0.875$$

因电力系统的等值电抗未给定，只能通过断路器额定切断容量来近似求得。

假设高压侧 A 母线三相短路时的短路容量就等于断路器的切断容量，即 $S_F=2500$MVA，则其标幺值为

$$S_{F*}=\frac{S_F}{S_B}=\frac{2500}{1000}=2.5$$

则电力系统的等值电抗标幺值为

$$X_2=\frac{1}{I_{F*}}=\frac{1}{S_{F*}}=\frac{1}{2.5}=0.4$$

这样，当 k 点三相短路时短路电流标幺值为

$$I''_k=\frac{E''_c}{X_1+X_2}=\frac{1}{0.875+0.4}=0.784$$

有名值为

$$I''_k=0.784\times\frac{1000}{\sqrt{3}\times37}=12.2(\text{kA})$$

冲击电流有名值（取冲击系数 $k_{imp}=1.8$）为

$$i_{imp}=\sqrt{2}k_{imp}I''_k=\sqrt{2}\times1.8\times12.2=31.06(\text{kA})$$

短路电流最大有效值为

$$I_{imp}=\sqrt{1+2\ (k_{imp}-1)^2}\times I''_k=\sqrt{1+2\times\ (1.8-1)^2}\times 12.2=18.42(\text{kA})$$

【例 7-8】 简单系统如图 7-15（a）所示。k 点发生三相短路，求：短路点、发电机支路、电动机支路的起始超瞬态电流（有名值）。已知短路前，发电机功率 20MW，$\cos\varphi=0.8$，k 点电压为 12.08kV（线路参数已归算到发电机容量）。

解法一 选取基准值为 $S_n=30\text{MVA}$，$U_n=13.2\text{kV}$，$I_n=\dfrac{30}{\sqrt{3}\times 13.2}=1.312(\text{kA})$。

按正常运行情况计算发电机和电动机的超瞬态电动势（E''_G、E''_M）。

正常运行时系统的等值电路如图 7-15（b）所示，故障点 k 短路前电压为

$$U_{k(0)}=\frac{12.8}{13.2}=0.97,\quad 设\ \dot{U}_{k(0)}=0.97\underline{/0^\circ}$$

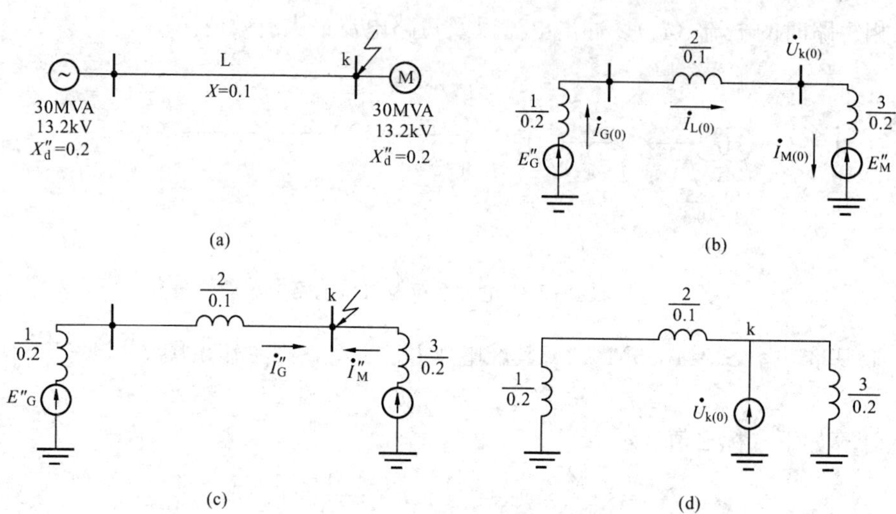

图 7-15 系统接线及等值电路

（a）系统图；（b）正常时等值电路；（c）故障时等值电路；（d）故障分量等值电路

由已知条件有

$$\dot{I}_{G(0)}=\dot{I}_{L(0)}=\dot{I}_{M(0)}=\frac{20\underline{/-36.9^\circ}}{0.8\times\sqrt{3}\times 12.8}=1.128\underline{/-36.9^\circ}(\text{kA})$$

标幺值表示为

$$\dot{I}_{G(0)}=\dot{I}_{L(0)}=\dot{I}_{M(0)}=0.86\underline{/-36.9^\circ}=0.69-\text{j}0.52$$

则发电机电动势为

$$\dot{E}''_G=0.97\underline{/0^\circ}+\text{j}(0.1+0.2)\times(0.69-\text{j}0.52)=1.126+\text{j}0.207$$

电动机电动势为

$$\dot{E}''_M=0.97\underline{/0^\circ}-\text{j}0.2\times(0.69-\text{j}0.52)=0.866-\text{j}0.138$$

当 k 点发生三相短路时，系统的等值电路如图 7-15（c）所示，短路电流为

$$\dot{I}''_G=\frac{\dot{E}''_G}{\text{j}(X_1+X_2)}=\frac{1.126+\text{j}0.207}{\text{j}(0.2+0.1)}=0.69-\text{j}3.753=0.905-\text{j}4.924(\text{kA})$$

$$\dot{I}''_M=\frac{\dot{E}''_M}{\text{j}X_3}=\frac{0.866-\text{j}0.138}{\text{j}0.2}=0.69-\text{j}4.33=-0.905-\text{j}5.681(\text{kA})$$

$$\dot{I}''_{k} = \dot{I}''_{G} + \dot{I}''_{M} = -j8.083 = -j10.60(kA)$$

解法二（采用叠加法）：

当 k 点发生三相短路时，故障分量的等值电路如图 7 - 15（d）所示。短路前的电压和电流计算同于解法一。

则短路点起始次暂态电流可按图 7 - 15（d）计算为

$$\dot{I}''_{k} = \frac{\dot{U}_{k(0)}}{j(X_1 + X_2) /\!/ jX_3} = 0.97\angle 0° \times \frac{0.3 + 0.2}{j(0.3 \times 0.2)}$$

$$= -j8.083(\text{标幺值}) = -j10.60(kA)$$

各支路的故障分量电流为

$$\Delta \dot{I}''_{G} = -j8.083 \times \frac{0.2}{0.2 + 0.3} = -j3.233$$

$$\Delta \dot{I}''_{M} = -j8.083 \times \frac{0.3}{0.2 + 0.3} = -j4.85$$

则

$$\dot{I}''_{G} = \dot{I}_{G(0)} + \Delta \dot{I}''_{G} = 0.69 - j0.52 - j3.233 = 0.69 - j3.753$$

$$= 0.905 - j4.924(kA)$$

$$\dot{I}''_{M} = -\dot{I}_{M(0)} + \Delta \dot{I}''_{M} = -0.69 + j0.52 - j4.85 = -0.69 - j4.33$$

$$= -0.905 - j5.681(kA)$$

与解法一的结果完全一致。

【例 7 - 9】 如图 7 - 16（a）电力系统，各元件参数在图中标出（发电机均为汽轮发电机）。当 k 点发生三相短路故障时，试求：（1）短路点起始超瞬态电流；（2）用运算曲线求 $t=0s$、$t=0.2s$ 及 $t=\infty$ 时的短路电流。

解　（1）负荷 L 距短路点较远，可以忽略不计，近似取各电源电动势为 $E''=1$，作系统等值电路如图 7 - 16（b）所示。

选取基准值 $S_n=100MVA$，$U_n=U_{av}$，则各元件参数计算为

$$X_1 = X_2 = 80 \times 0.4 \times \frac{100}{115^2} = 0.242$$

$$X_3 = 60 \times 0.4 \times \frac{100}{115^2} = 0.181$$

$$X_4 = \frac{1}{2}[u_{k(1-3)}\% + u_{k(2-3)}\% - u_{k(1-2)}\%] \times \frac{S_n}{100 \cdot S_{NT3}} = \frac{\frac{1}{2} \times (10.5 + 17 - 6) \times 100}{100 \times 20} = 0.53$$

$$X_5 = \frac{1}{2}[u_{k(1-2)}\% + u_{k(3-1)}\% - u_{k(2-3)}\%] \times \frac{S_n}{100 \cdot S_{NT3}} = -0.0125 \approx 0$$

$$X_6 = \frac{1}{2}[u_{k(1-2)}\% + u_{k(2-3)}\% - u_{k(3-1)}\%] \times \frac{S_n}{100 \cdot S_{NT3}} = 0.312$$

$$X_7 = 10 \times 0.08 \times \frac{100}{37^2} = 0.0584$$

$$X_8 = X_9 = X''_d \times \frac{S_n}{S_{NG2}} = 0.12 \times \frac{100}{15} = 0.8$$

$$X_{10} = 40 \times 0.4 \times \frac{100}{115^2} = 0.121$$

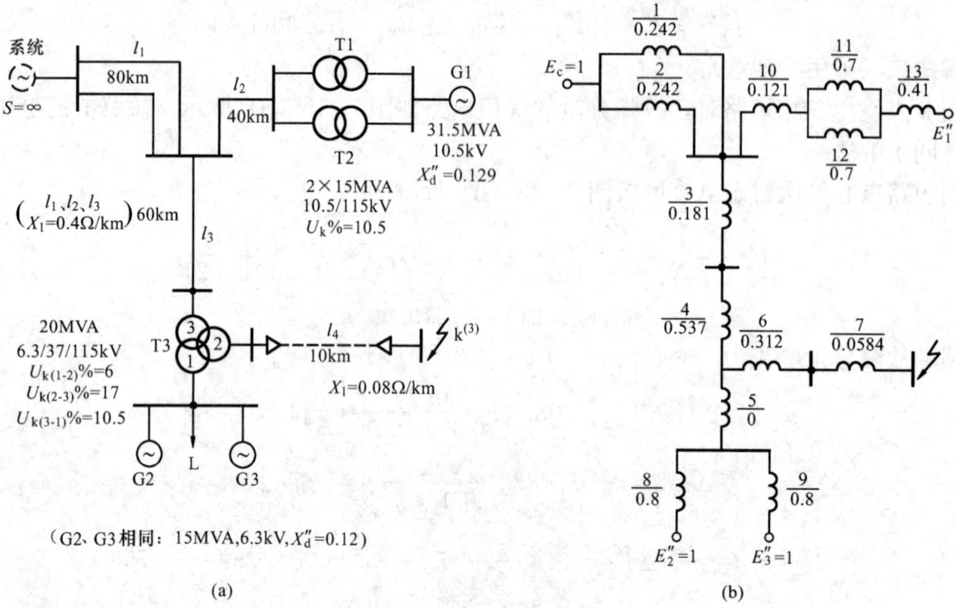

图 7-16　系统接线及等值电路

(a) 系统图；(b) 等值电路图

$$X_{11}=X_{12}=\frac{u_k\%}{100}\times\frac{S_n}{S_{NT1}}=\frac{10.5}{100}\times\frac{100}{15}=0.7$$

$$X_{13}=X''_d\times\frac{S_B}{S_{NG1}}=0.129\times\frac{100}{31.5}=0.41$$

化简等值电路，可求得短路点电抗 X_{kk} 为

$$X_{14}=X_1/\!/X_2=0.121$$
$$X_{15}=X_{10}+(X_{11}/\!/X_{12})+X_{13}=0.881$$
$$X_{16}=X_3+X_4=0.718$$
$$X_{17}=X_6+X_7=0.37$$
$$X_{18}=X_5+(X_8/\!/X_9)=0.4$$
$$X_{kk}=[(X_{14}/\!/X_{15})+X_{16}]/\!/X_{18}+X_{17}=0.634$$

则短路点起始超瞬态电流为

$$I''_k=\frac{E''}{X_{kk}}=\frac{1}{0.634}=1.58$$

有名值为

$$I''_k=1.58\times\frac{100}{\sqrt{3}\times37}=2.47(\text{kA})$$

(2) 将 G2、G3 合并为等值电源，通过网络变换，按电流分布系数法求各电源到短路点的转移电抗。

如图 7-17 (a) 所示，将 X_{14}、X_{15}、X_{16} 构成的Y形变换成△形，各电抗为

$$X_{19}=X_{14}+X_{16}+\frac{X_{14}\times X_{16}}{X_{15}}=0.121+0.718+\frac{0.121\times0.718}{0.881}=0.938$$

$$X_{20}=X_{15}+X_{16}+\frac{0.881\times0.718}{0.121}=6.83$$

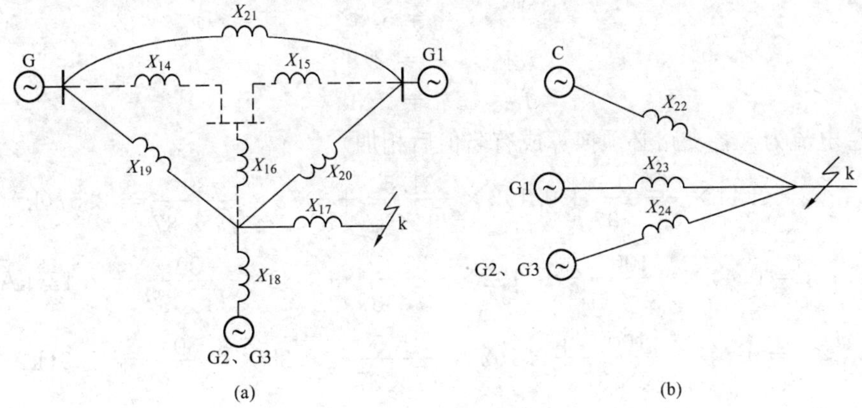

图 7-17　等值电路

（两电源直接相连的电抗 X_{21} 与短路电流计算无关，不计）

用电流分布系数法求各电源至短路点的转移电抗 X_{22}、X_{23}、X_{24}，如图 7-17（b）所示。

各分支系数和支路电抗为

$$C_C = \frac{X_{19} /\!/ X_{20} /\!/ X_{18}}{X_{19}} = \frac{0.259}{0.938} = 0.276$$

$$C_{G1} = \frac{X_{19} /\!/ X_{20} /\!/ X_{18}}{X_{20}} = \frac{0.259}{6.83} = 0.038$$

$$C_{G2、3} = \frac{X_{19} /\!/ X_{20} /\!/ X_{18}}{X_{18}} = \frac{0.259}{0.4} = 0.65$$

$$X_{kk} = (X_{19} /\!/ X_{20} /\!/ X_{18}) + X_{17} = 0.259 + 0.37 = 0.629$$

$$X_{22} = \frac{X_{kk}}{C_C} = \frac{0.629}{0.276} = 2.278$$

$$X_{23} = \frac{X_{kk}}{C_{G1}} = \frac{0.629}{0.038} = 16.55$$

$$X_{24} = \frac{X_{kk}}{C_{G2、3}} = \frac{0.629}{0.65} = 0.96$$

计算各电源支路至短路点的计算电抗（基准值换算至电源容量）为

$X_{j22} = 2.278$（无限大电源不必换算）

$$X_{j23} = X_{23} \times \frac{S_{NG1}}{S_n} = 16.55 \times \frac{31.5}{100} = 5.2$$

$$X_{j24} = X_{24} \times \frac{S_{NG2,3}}{S_n} = 0.96 \times \frac{(15+15)}{100} = 0.288$$

无限大电源支路短路电流（电流不衰减）为

$$I_{c(t=0)} = I_{c(t=0.2)} = I_{c(t=\infty)} = \frac{1}{X_{22}} = \frac{1}{2.278} = 0.44$$

G1 电源支路短路电流（因为 $X_{j23} > 3.5$，也可以近似认为该支路电流不衰减）为

$$I_{G1(t=0)} = I_{G1(t=0.2)} = I_{G1(t=\infty)} = \frac{1}{X_{j23}} = \frac{1}{5.2} = 0.192$$

G2、G3 电源支路短路电流，根据计算电抗 X_{j24} 查运算曲线可得

$$I_{G2、3(t=0)} = 3.82$$
$$I_{G2、3(t=0.2)} = 2.85$$
$$I_{G2、3(t=\infty)} = 2.38$$

则短路点总电流为（各支路必须换算成有名值后相加）

$$I_{k(t=0)} = 0.44 \times \frac{100}{\sqrt{3} \times 37} + 0.192 \times \frac{31.5}{\sqrt{3} \times 37} + 3.82 \times \frac{30}{\sqrt{3} \times 37} = 2.57(\text{kA})$$

$$I_{k(t=0.2)} = 0.44 \times \frac{100}{\sqrt{3} \times 37} + 0.192 \times \frac{31.5}{\sqrt{3} \times 37} + 2.85 \times \frac{30}{\sqrt{3} \times 37} = 2.12(\text{kA})$$

$$I_{k(t=\infty)} = 0.44 \times \frac{100}{\sqrt{3} \times 37} + 0.192 \times \frac{31.5}{\sqrt{3} \times 37} + 2.38 \times \frac{30}{\sqrt{3} \times 37} = 1.9(\text{kA})$$

比较解（1）和解（2）可见，$t=0$s 时的短路电流误差 0.1kA。

思考题与习题

一、思考题

1. 电力系统短路故障计算时，等值电路的参数是采用近似计算，做了哪些简化？

2. 电力系统短路故障的分类、危害以及短路计算的目的是什么？

3. 无限大容量电源的含义是什么？由这样电源供电的系统，三相短路时，短路电流包含几种分量？有什么特点？

4. 何谓起始超瞬态电流（I''）？计算步骤如何？在近似计算中，又做了哪些简化假设？

5. 冲击电流指的是什么？它出现的条件和时刻如何？冲击系数 k_{imp} 的大小与什么有关？

6. 在计算 I'' 和 i_{imp} 时，什么样的情况应该将异步电动机（综合负荷）作为电源看待？如何计算？

7. 什么是短路功率（短路容量）？如何计算？什么叫短路电流最大有效值？如何计算？

8. 网络变换和化简主要有哪些方法？转移电抗和电流分布系数指的是什么？他们之间有何关系？

9. 运算曲线是在什么条件下制作的？如何制作？

10. 应用运算曲线法计算短路电流周期分量的主要步骤如何？

二、练习题

7-1　供电系统如图 7-18 所示，各元件参数如下：线路 l，50km，$X_1=0.4\Omega/\text{km}$；变压器 T，$S_N=10$MVA，$u_k\%=10.5$，$K_T=110/11$。假定供电点（s）电压为 106.5kV 保持恒定不变，当空载运行时变压器低压母线发生三相短路时，试计算：短路电流周期分量起始值、冲击电流、短路电流最大有效值及短路容量的有名值。

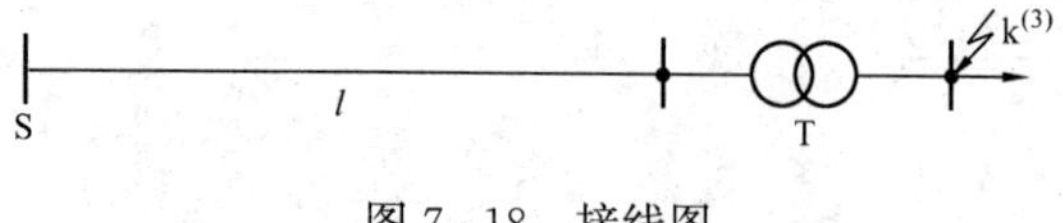

图 7-18　接线图

［**答案**：$I''=4.243$kA，$i_{imp}=10.801$kA，$I_{imp}=6.467$kA，$S_D=77.17$MVA］

7-2　某电力系统的等值电路如图 7-19 所示。已知元件参数的标幺值为：$E_1=1.0$，$E_2=1.1$，$X_1=X_2=0.2$，$X_3=X_4=X_5=0.6$，$X_6=0.9$，$X_7=0.3$，试用网络变换法求电源对短路点的等值电动势和转移电抗。

［**答案**：$X_{1k}=1.667$，$X_{2k}=1.667$］

7-3　在图 7-20 所示的网络中，已知：$x_1=0.3$，$x_2=0.4$，$x_3=0.6$，$x_4=0.3$，$x_5=0.5$，$x_6=0.2$。

(1) 试求各电源对短路点的转移电抗；(2) 求各电源及各支路的电流分布系数。

［**答案**：(1) $x_{1k}=1.917$、$x_{2k}=2.557$，$x_{3k}=0.9785$，$x_{4k}=0.3$；(2) $c_1=0.099$，$c_2=0.074$，$c_3=0.1796$，$c_4=0.6327$，$c_5=0.1733$，$c_6=0.353$］

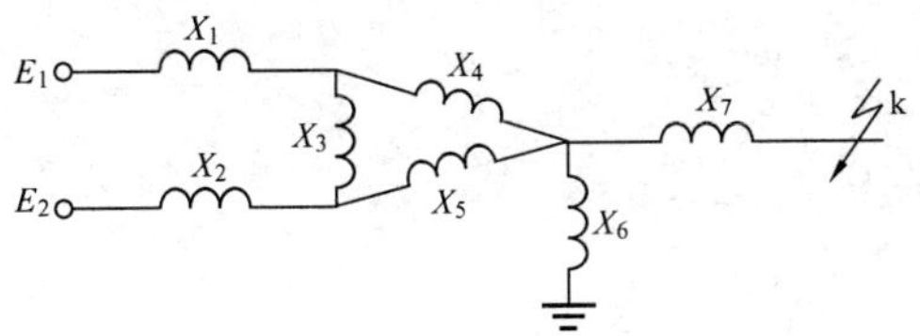

图 7-19　等值电路

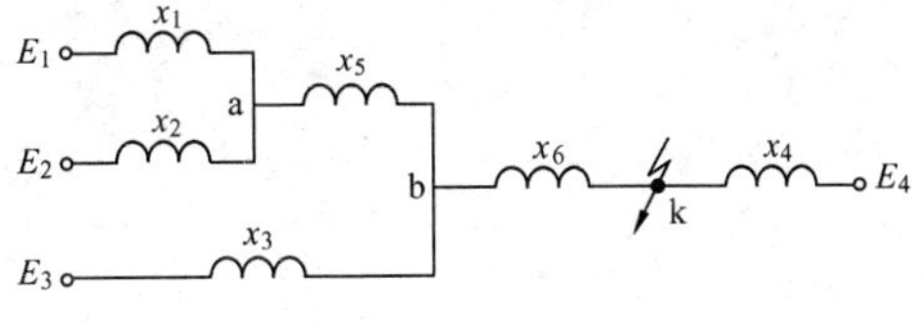

图 7-20　等值电路

7-4　一台同步发电机参数为 50MVA，10.5kV，$X''_d=0.125$，经过一串联的电抗器后发生三相短路，电抗器的电抗值是 0.44Ω。现在新增一台同样的发电机与原有发电机并联运行，而要使同一短路点的短路容量不变，问电抗器的电抗值应改为多少欧？

［**答案**：$x_p=0.578(\Omega)$］

7-5　系统接线如图 7-21 所示，已知各元件参数如下：

发电机 G　$S_N=60$MVA，$x''_d=0.14$；变压器 T　$S_N=30$MJVA，$u_k\%=8$；线路 L　$l=20$km，$x=0.38\Omega/$km。

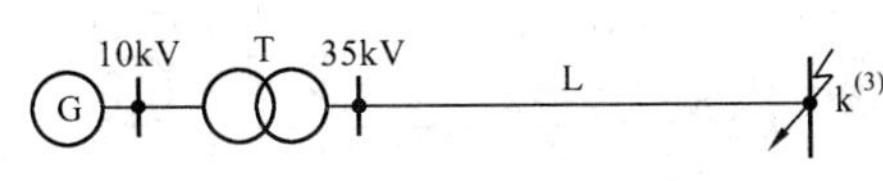

图 7-21　系统接线图

试求 k 点三相短路时的起始超瞬态电流、冲击电流、短路电流最大有效值和短路功率的有名值。(取 $E''=1.08$)

［**答案**：$I''_k=1.598$(kA)，$i_{imp}=4.068$(kA)，$I_{imp}=2.41$(kA)，$S_D=102.4$(MVA)］

7-6　系统接线如图 7-22 所示，图中各元件参数如下：G1、G2 相同，为 12MW，$\cos\varphi=0.8$，10.5kV，$x''_d=0.125$；变压器 T1，12.5MVA，10.5/121kV，$u_k\%=10.5$；变压器 T2，10MVA，110/38.5kV，$u_k\%=10.5$；电抗器 L，10kV，0.3kA，$X_L\%=5\%$；线路 l_1 和 l_2，$x_1=0.4\Omega/$km，$l=70$km。求 k_1、k_2、k_3 点分别发生三相短路时的起始超瞬态电流。(电源电动势取 $E''=1.075$)

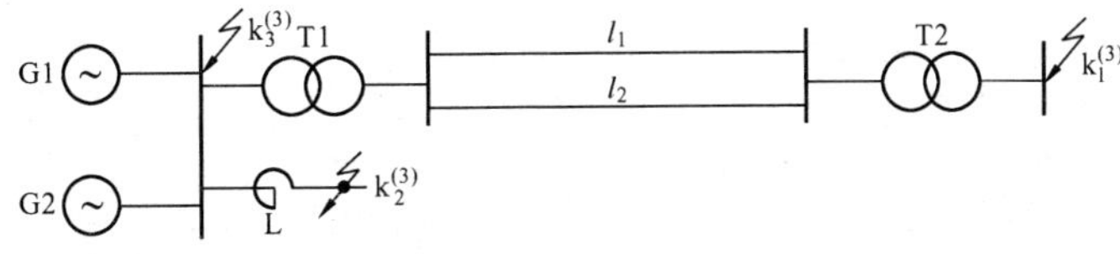

图 7-22　系统接线图

［**答案**：$I''_{k1}=0.647$kA，$I''_{k2}=4.124$kA，$I''_{k3}=13.196$kA］

7-7　图 7-23 中 G 为发电机，C 为调相机，M 为大型电动机，l_1、l_2 为由各种电动机组合而成的综合负荷。它们的超瞬态电动势分别为 1.08、1.2、0.9、0.8、0.8；大型电动机和综合负荷的超瞬态电抗分别为 0.2、0.35；线路电抗均为 0.4Ω/km。试计算 k 点三相短

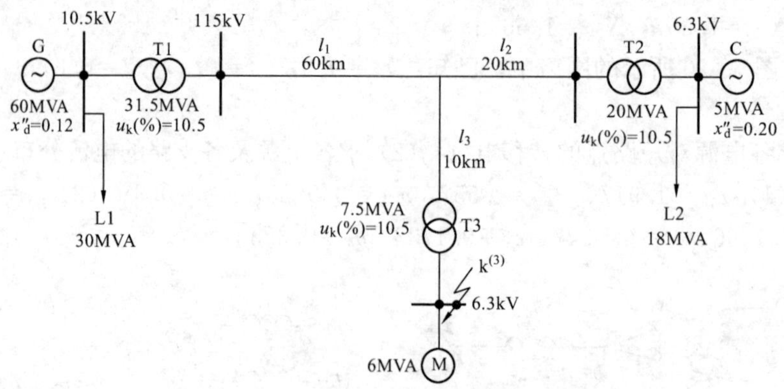

图 7-23　系统接线图

路时的冲击电流和短路电流的最大有效值。

[**答案**：取 $E''_G=1.08$，$E''_C=1.2$，负荷均考虑为 $E''=0.8$，$x=0.35$ 时，$i_{imp}=13.97$kA
若取：$E''_G=E''_C=1$ 时，远处负荷不考，$i_{imp}=13.20$kA（短路电流最大有效值略）]

7-8　简单电力系统如图 7-24 所示，已知各元件参数如下：

发电机 G1：$S_N=60$MVA，$x''_d=0.15$；发电机 G2：$S_N=150$MVA，$x''_d=0.2$；

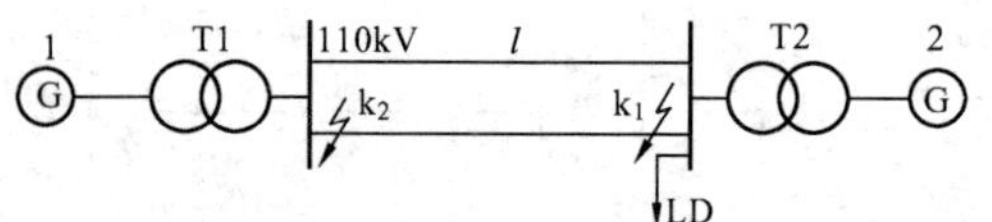

图 7-24　系统接线图

变压器 T1：$S_N=60$MVA，$u_k\%=12$；变压器 T2：$S_N=90$MVA，$u_k\%=12$；

线路 l 每回路 $l=80$km，$x=0.4\Omega$/km；负荷 LD：$S_{LD}=120$MVA，$x''_{LD}=0.35$。

试分别计算 k_1 点和 k_2 点发生三相短路时起始超瞬态电流和冲击电流的有名值。（取 $E''_1=E''_2=1.08$，$E''_{LD}=0.8$）

[**答案**：$I''_{k1}=4.363$kA，$i_{imp(k1)}=11.106$kA，$I''_{k2}=3.981$kA，$i_{imp(k2)}=10.133$kA]

7-9　某电力系统的等值电路如图 7-25 所示，标幺值参数在图中标出。试用不同的方法决定电源点 E_1、E_2 对短路点 k 的转移电抗。

[**答案**：$X_{1k}=0.330$，$X_{2k}=0.638$]

7-10　电力系统接线如图 7-26 所示。断路器 QF 的切断容量为 3500MVA，S_A 未知，$S_B=100$MVA，$X_B=0.3$。试计算当 k 点发生三相短路时的起始超瞬态电流 I''、冲击电流 i_{imp}。

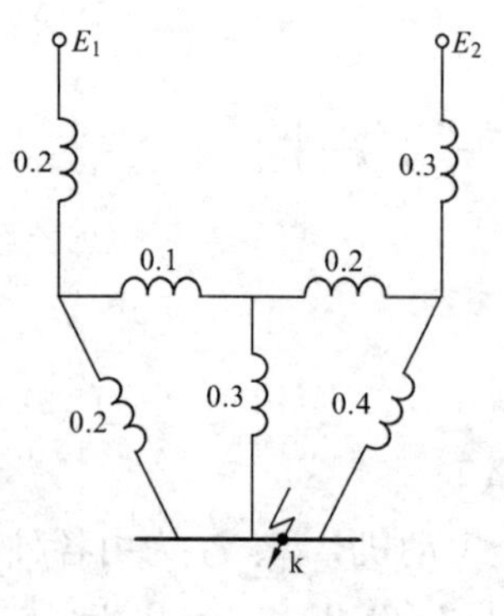

图 7-25　等值电路

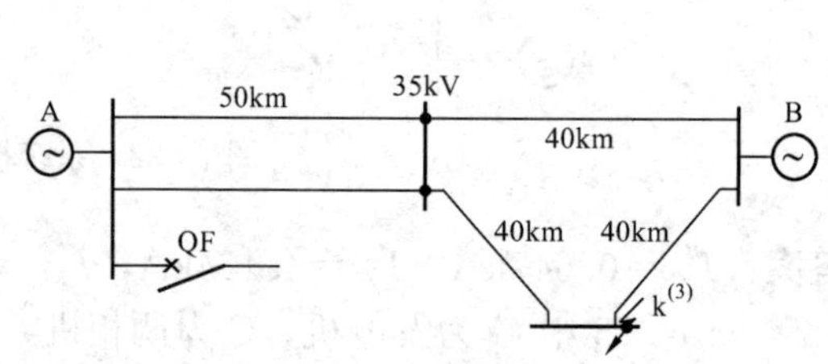

图 7-26　接线图

[**答案**：$I''=1.82(\mathrm{kA})$，$i_{\mathrm{imp}}=4.64(\mathrm{kA})$]

7-11　图 7-27 所示为某一电力系统的等值电路，当 k 点发生三相短路时，试计算短路电流 I_k，以及支路 5 的短路电流 I_5。已知：$E_1=1.46$，$E_2=1.4$，$X_1=0.3$，$X_2=0.4$，$X_3=0.15$，$X_4=0.15$，$X_5=0.2$，$X_6=0.26$，$X_7=0.2$。

[**答案**：$I_k=5.766$，$I_5=2.376$]

7-12　在图 7-28 所示系统中，已知各元件参数如下：

发电机 G1、G2　$S_N=60\mathrm{MVA}$，$x''_d=0.15$；

变压器 T1、T2　$S_N=60\mathrm{MVA}$，$u_{k(1-2)}\%=17$，$u_{k(2-3)}\%=6$，$u_{k(3-1)}\%=10.5$；

外部系统 S：$S_N=300\mathrm{MVA}$，$x''_s=0.4$。试分别计算 220kV 母线 k_1 点和 110kV 母线 k_2 点发生三相短路时短路点的起始超瞬态电流的有名值。（取：$E''_G=E''_S=1.05$）

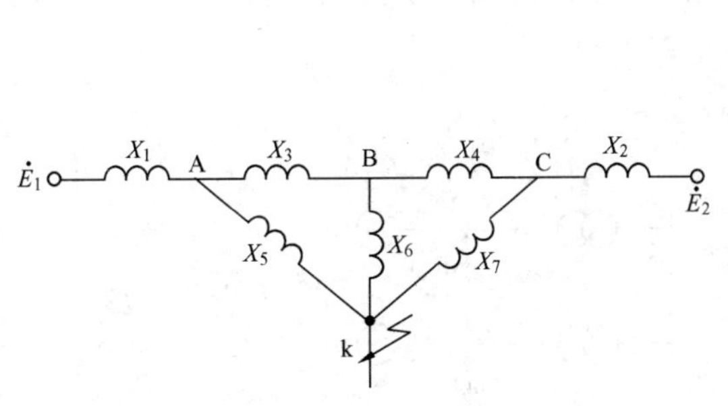

图 7-27　等值电路

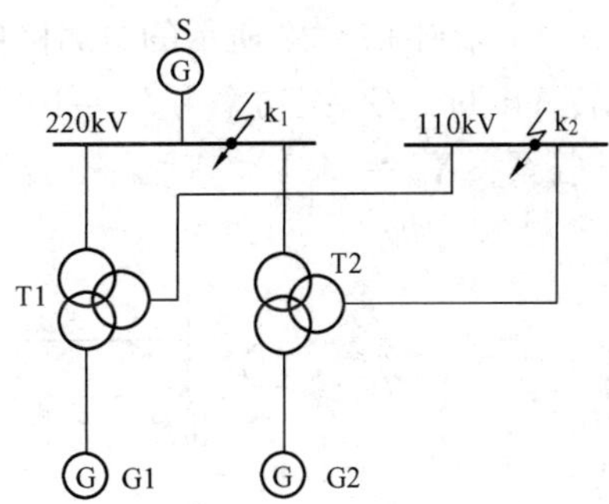

图 7-28　系统图

[**答案**：$I''_{k1}=3.203\mathrm{kA}$，$I''_{k2}=4.0144\mathrm{kA}$]

7-13　电力系统接线如图 7-29 所示。电力系统 C 的数据分别如下：(a) 系统 C 变电站断路器 QF 的额定断开容量 $S_b=1000\mathrm{MVA}$；(b) 在电力系统 C 变电站的母线发生三相短路时，系统 C 供给的短路电流是 1.5kA；(c) 系统 C 是无穷大系统。试计算 k 点发生三相短路时，$t=0\mathrm{s}$ 的短路电流周期分量的有名值。

[**答案**：(a) $I''_k=4.923(\mathrm{kA})$，(b) $I''_k=4.861(\mathrm{kA})$，(c) $I''_k=7.567(\mathrm{kA})$]

7-14　图 7-30 所示网络接线图中，已知当 k_1 点三相短路时短路容量为 $S_{F1}=1500\mathrm{MVA}$。当 k_2 点三相短路时短路容量为 $S_{F2}=1000\mathrm{MVA}$。试求当 k_3 点三相短路时的短路容量。

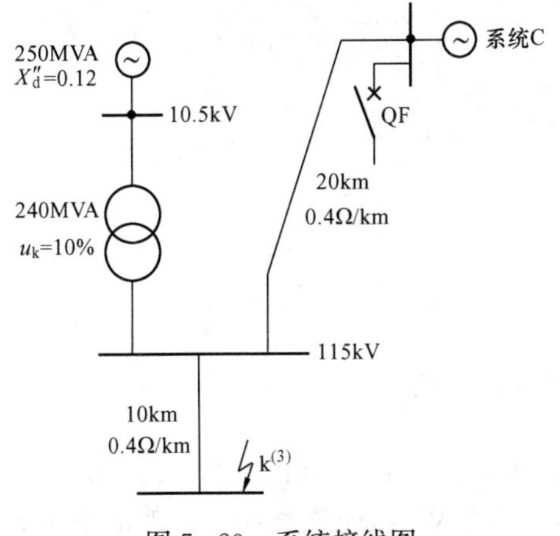

图 7-29　系统接线图

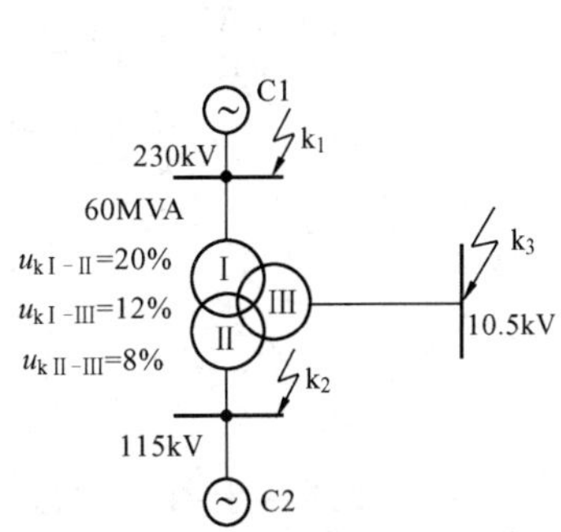

图 7-30　网络接线图

［**答案**：S_{F3}=1153.85MVA］

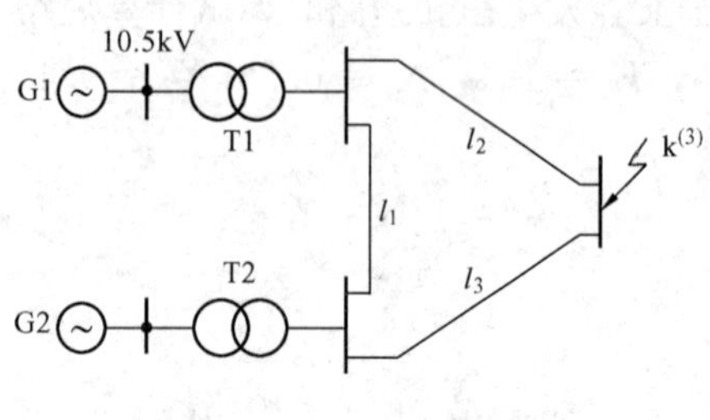

图 7-31　系统接线图

7-15　电力系统接线如图 7-31 所示。其中：发电机 G1：$S_{NG1}=250MVA$，$X''_d=0.4$；G2：$S_{NG2}=60MVA$，$X''_d=0.125$；变压器 T1：$S_{NT1}=250MVA$，$u_k\%=10.5$；T2：$S_{NT2}=60MVA$，$u_k\%=10.5$；线路 l_1：50km，$x_1=0.4\Omega/km$；l_2：40km，$x_1=0.4\Omega/km$；l_3：30km，$x_1=0.4\Omega/km$。当在 k 点发生三相短路时，求短路点总的短路电流（I''）和各发电机支路短路电流。（取 $E_1=E_2=1.08$）

［**答案**：$I''_{G1}=1.7kA$，$I''_{G2}=0.988kA$，$I''=2.688kA$］

7-16　在图 7-32 所示的电力网中，k 点发生三相短路，试求这一网络三个电源对短路点的转移电抗。（基准功率为 $S_n=100MVA$）

［**答案**：$X_{ck}=1.212$，$X_{G1k}=0.833$，$X_{G2k}=2.961$］

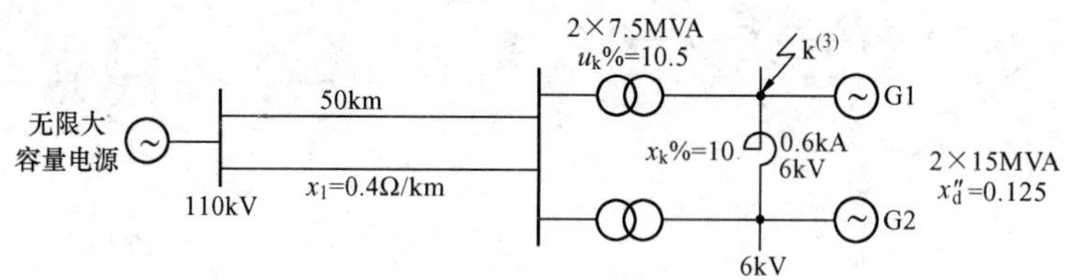

图 7-32　系统接线图

7-17　系统接线如图 7-33 所示。求 k 点发生三相短路，$t=0s$ 的短路电流周期分量有名值。

［**答案**：取 $E''=1$ 时，$I''=18.53kA$］

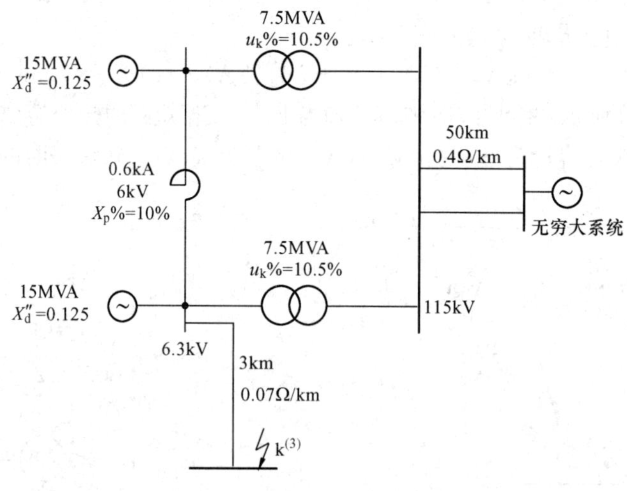

图 7-33　系统接线图

7-18　系统接线示于图 7-34。已知各元件参数如下：发电机 G1、G2，$S_N=60MVA$，$U_N=10.5kV$，$X''=0.15$；变压器 T1、T2，$S_N=60MVA$，$u_k\%=10.5$；外部系统 S，$S_N=300MVA$，$X''_s=0.5$。系统中所有发电机均装有励磁调节器。k 点发生三相短路，试按下列

三种情况分别计算 I_0、$I_{0.2}$、I_∞，并对计算结果进行比较分析。

（1）发电机 G1、G2 及外部系统 S 各用一台等值机代表；

（2）发电机 G1 和外部系统 S 合并为一台等值机；

（3）发电机 G1 和 G2 及外部系统 S 全部合并为一台等值机。

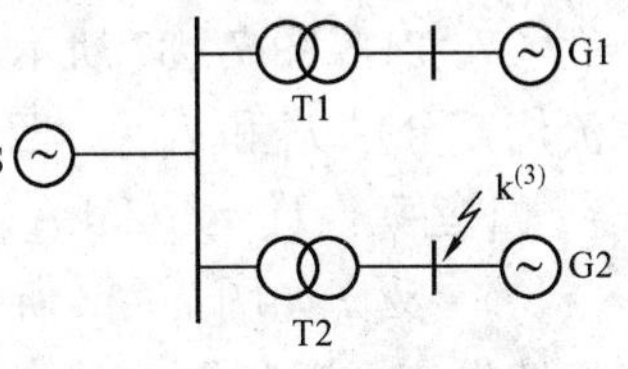

图 7-34　系统接线图

［**答案**：（1）$I_0=42.97\text{kA}$，$I_{0.2}=33.37\text{kA}$；（2）$I_0=44.87\text{kA}$，$I_{0.2}=33.98\text{kA}$；（3）$I_0=42.72\text{kA}$，$I_{0.2}=36.72\text{kA}$］

7-19　电力系统接线如图 7-35 所示。试分别计算 k_1 点和 k_2 点三相短路在 0.2s 和 1s 时的短路电流。各元件型号及参数如下：

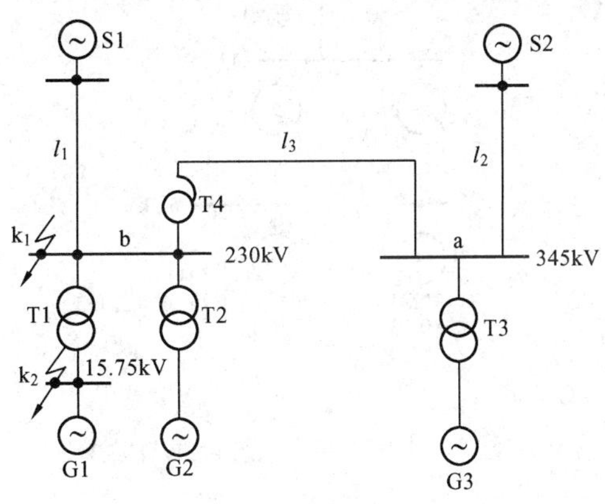

图 7-35　系统接线图

发电机 G1 和 G2 为水轮发电机，每台额定容量 257MVA，$x''_d=0.2004$。发电机 G3 为汽轮发电机，额定容量 412MVA，$x''_d=0.296$。变压器 T1 和 T2，每台额定容量 260MVA，$u_k(\%)=14.35$。变压器 T3，额定容量 420MVA，$u_k(\%)=14.6$。变压器 T4，额定容量 260MVA，$u_k(\%)=8$。线路 l_1，240km，$x=0.411\Omega/\text{km}$；线路 l_2，长度为 230km，$x=0.321\Omega/\text{km}$；线路 l_3，长度为 90km，$x=0.321\Omega/\text{km}$。系统 S1 和 S2 为容量无限大，$X=0$。

［**答案**：$I_{k1(0.2)}=7.431\text{kA}$，$I_{k1(1)}=7.611\text{kA}$；$I_{k2(0.2)}=74.02\text{kA}$，$I_{k2(1)}=73.57\text{kA}$］

7-20　图 7-36 为一简单的电力系统，G 为同步发电机，C 为同步调相机，L1、L2 和 L3 为综合负荷，架空线路 l_1 和 l_2 的额定电压为 110kV，电抗为 $0.4\Omega/\text{km}$，其他有关数据均标在图上。正常运行时各节点电压：$U_4=10.4\angle 0°\text{kV}$，$U_3=114.7\angle 4.74°\text{kV}$，$U_1=10.73\angle 10.69°\text{kV}$，$U_2=6.315\angle 0.07°\text{kV}$；发电机的输出功率为 62.9+j48MVA，调相机输出的无功功率为 4.56Mvar。试计算 k 点（节点 4）发生金属性三相短路时，短路点及发电机的起始超瞬态电流和发电机母线短路瞬间的电压。

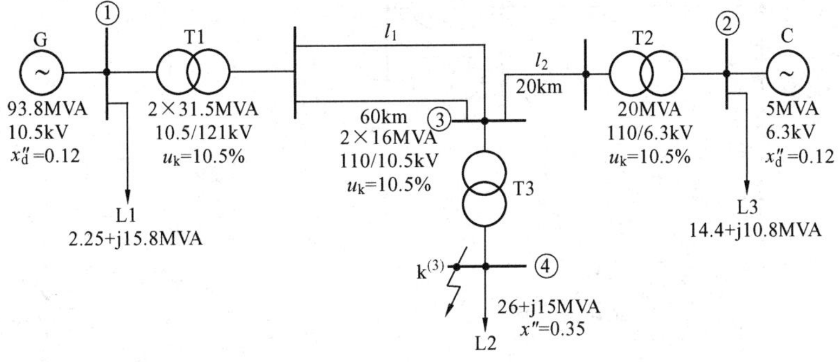

图 7-36　系统接线图

［**答案**：$I''_k=12.65\text{kA}$，$I''_G=9.9\text{kA}$，$U_1=9.02\text{kV}$，$S_D=230\text{MVA}$］

7-21 图 7-37 所示水电厂中，k 点发生三相短路，试求 $t=0$ 和 1.5s 时故障点短路电流周期分量 I''_{k}和 $I_{k1.5}$。四台水轮发电机的 $x''_{d}=0.2$。

［**答案**：$I''_{k}=4.25\text{kA}$，$I_{k1.5}=4.09\text{kA}$］

7-22 如图 7-38 所示电力系统，k 点发生三相短路，试计算 t 为 0s、0.01s、1s 时的短路电流周期分量。图中等值系统 S 可以看作无限大容量系统。

［**答案**：$I''_{k}=21.1\text{kA}$，$I_{k(0.01)}=20.7\text{kA}$，$I_{k(1)}=15.5\text{kA}$］

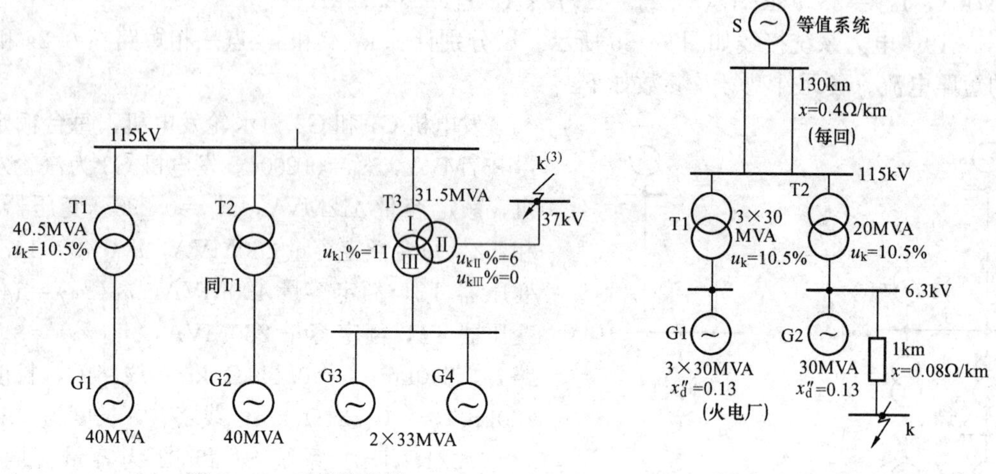

图 7-37 系统接线图

图 7-38 系统接线图

7-23 依图 7-39 所示的网络和参数。求分别在 k_1、k_2 点发生三相短路时，短路处的短路电流及短路容量值。

［**答案**：$I''_{k1}=1.25\text{kA}$，$I''_{k2}=1.69\text{kA}$，$S_{k1}=249\text{MVA}$，$S_{k2}=108\text{MVA}$］

7-24 接线如图 7-40 所示。已知断路器 QF 的额定切断容量为 400MVA，变压器容量为 10MVA，短路电压 $u_k\%=7.5$，试求 k 点发生三相短路时的起始超瞬态电流（有名值）。

［**答案**：$I''=8.275\text{kA}$］

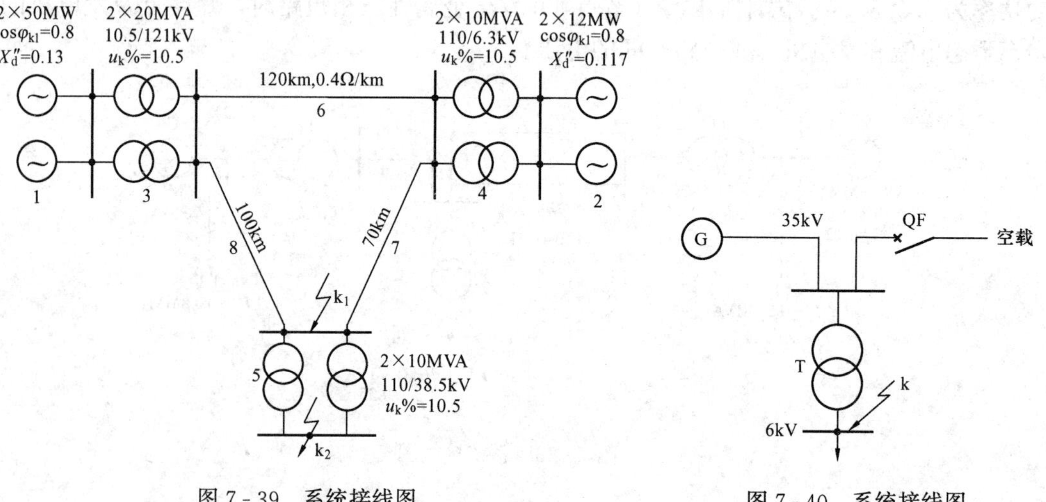

图 7-39 系统接线图

图 7-40 系统接线图

第八章　电力系统不对称故障分析计算

内 容 要 点

电力系统正常运行时三相按正相序对称。当系统中发生不对称短路或断线故障时，三相电压、电流将不再对称。由于是个别地方发生不对称故障导致系统局部的不对称，而系统其他元件的三相参数（阻抗等），以及三相互感等，仍然近似的认为相等。因此，可以不直接求解复杂的三相不对称电路，而采用所谓"对称分量法"来进行分析计算。

一、对称分量法的应用

前提：除故障点的局部外，电力系统其他元件的参数（电路），三相仍然是对称的，各序电压、电流、参数（阻抗等）之间的关系仅与自身序别的参数有关（即正序电压仅决定于正序电流和正序电路参数；负序、零序亦类同）。

a、b、c 三相的量与正、负、零序（1、2、0）分量之间的关系为：

$$\begin{bmatrix}\dot{F}_a\\\dot{F}_b\\\dot{F}_c\end{bmatrix}=\begin{bmatrix}1&1&1\\a^2&a&1\\a&a^2&1\end{bmatrix}\begin{bmatrix}\dot{F}_{a1}\\\dot{F}_{a2}\\\dot{F}_{a0}\end{bmatrix}\Rightarrow\ [\dot{F}_{abc}]=[a][\dot{F}_{120}] \tag{8-1}$$

或

$$[\dot{F}_{120}]=[a]^{-1}[\dot{F}_{abc}]$$

式中　a——复数运算符号，$a=e^{j120}$；

$\dot{F}$——电压 $\dot{U}$ 或电流 $\dot{I}$。

假设图 8-1（a）所示系统在 k 点发生不对称故障时，亦可以表示成图 8-1（b）的形式。

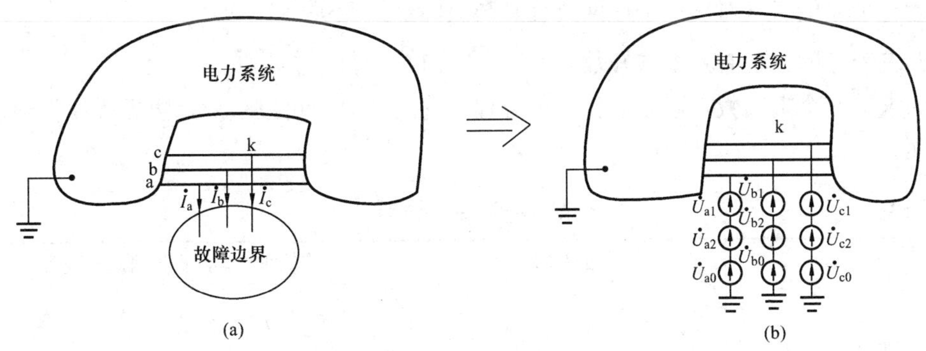

图 8-1　故障系统

当系统发生不对称故障时，根据对称分量法具有的独立性，就可以将故障网络分成三个独立的序网（正、负、零序）来研究。即图 8-1（b）可以用图 8-2（a）＋图 8-2（b）＋图 8-2（c）来表示。

因为正序、负序、零序系统三相分别是对称的，因此，故障分析计算时只需计算一相即可。通常把所分析计算的这一相称为"基准相"。

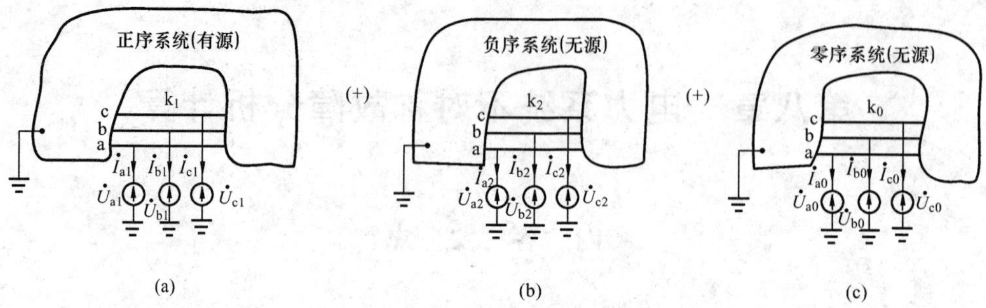

图 8-2　对称分量表示的故障系统

基准相的选择：按故障边界条件，选择最特殊的一相为基准相（原则上选择任何一相均可，但选择最特殊的相作为基准相，分析计算较为方便）。

若选择 a 相为基准相，则图 8-2（a）、（b）、（c）用戴维南定理等效后，可以表示为图 8-3（a）、（b）、（c）所示的等值电路。

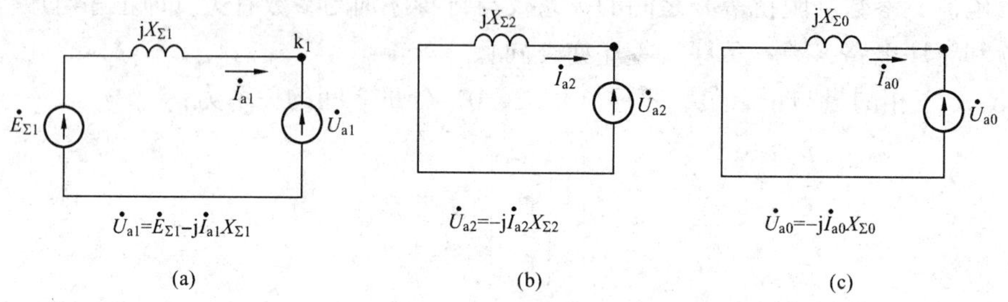

图 8-3　三个序网的等值电路

$E_{\Sigma1}$是正序网故障端口的开路电压，其实质是故障点短路前的电压，即 $E_{\Sigma1}=U_{k101}\approx1$。

根据前述可知：

（1）三个序网络（对应三个序网方程）与故障形式无关；

（2）三个序网方程有六个未知数（$\dot{U}_{a1}$、$\dot{U}_{a2}$、$\dot{U}_{a0}$、$\dot{I}_{a1}$、$\dot{I}_{a2}$、$\dot{I}_{a0}$）。

因此，为求解 6 个未知数，还需寻找三个方程。这三个方程可以从故障边界条件得到，如表 8-1 所示。

表 8-1　　　　故 障 边 界 条 件

故 障 形 式	故障边界条件	解算条件（基准相的对称分量表示）
单相接地（如 $k_a^{(1)}$） （选 a 相为基准相）	$\dot{I}_b=0$ $\dot{I}_c=0$ $\dot{U}_a=0$	$a^2\dot{I}_{a1}+a\dot{I}_{a2}+\dot{I}_{a0}=0$ $a\dot{I}_{a1}+a^2\dot{I}_{a2}+\dot{I}_{a0}=0$ $\dot{U}_{a1}+\dot{U}_{a2}+\dot{U}_{a0}=0$
两相短路（如 $k_{bc}^{(2)}$） （选 a 相为基准相）	$\dot{I}_a=0$ $\dot{U}_b=\dot{U}_c$ $\dot{I}_b=-\dot{I}_c$	$\dot{I}_{a1}+\dot{I}_{a2}+\dot{I}_{a0}=0$ $a^2\dot{U}_{a1}+a\dot{U}_{a2}+\dot{U}_{a0}=a\dot{U}_{a1}+a^2\dot{U}_{a2}+\dot{U}_{a0}$ $a^2\dot{I}_{a1}+a\dot{I}_{a2}+\dot{I}_{a0}=-(a\dot{I}_{a1}+a^2\dot{I}_{a2}+\dot{I}_{a0})$

续表

故障形式	故障边界条件	解算条件（基准相的对称分量表示）
两相接地（如 $k_{ab}^{(1,1)}$）（选 c 相为基准相）	$\dot{U}_a=0$ $\dot{U}_b=0$ $\dot{I}_c=0$	$a^2\dot{U}_{c1}+a\dot{U}_{c2}+\dot{U}_{c0}=0$ $a\dot{U}_{c1}+a^2\dot{U}_{c2}+\dot{U}_{c0}=0$ $\dot{I}_{c1}+\dot{I}_{c2}+\dot{I}_{c0}=0$

这样，由三个序网方程加上三个解算条件（方程）的联立，便可求得故障点的六个未知数（$\dot{U}_{a1}$、$\dot{U}_{a2}$、$\dot{U}_{a0}$、$\dot{I}_{a1}$、$\dot{I}_{a2}$、$\dot{I}_{a0}$）。再按照对称分量的关系式$[\dot{F}_{abc}]=[a][\dot{F}_{120}]$，即可求得三相（故障点）电压和电流（$\dot{U}_a$、$\dot{U}_b$、$\dot{U}_c$、$\dot{I}_a$、$\dot{I}_b$、$\dot{I}_c$）。

二、电力系统各序等值电路（各序网络）

1. 元件的序参数

电力系统各元件序阻抗的大小与各序电流通过该元件时产生的磁场情况有关。

旋转元件：主要包括发电机、电动机、调相机等，这些有相对运动的磁耦合元件，理论上的分析可知，其正序、负序、零序参数均是不相等的，即 $Z_1\neq Z_2\neq Z_0$。

静止磁耦合元件：主要有输电线路、变压器等，理论上的分析可知，其正序和负序参数相等，但不同于零序参数，即：$Z_1=Z_2\neq Z_0$。

静止无磁耦合元件：如电抗器等，它的正序、负序、零序参数均是相等的。即：$Z_1=Z_2=Z_0$。

2. 电力系统各序等值电路

(1) 正序等值电路（正序网）：

1）将各元件的正序等值电路按电力系统的连接形式连接起来。正序电流不流经的元件（如空载元件、变压器中性点电抗等等）不必画出。

2）注意，需将各元件参数（正序）均归算到统一的基准值之下（标幺制）。

3）短路点要接正序电压（$\dot{U}_{k1}$）。

(2) 负序等值电路（负序网）：

1）将各元件的负序等值电路按电力系统的连接形式连接起来。负序电流不流经的元件（如空载元件、变压器中性点电抗等等）不必画出。

2）发电机没有负序电动势源，但可以流通负序电流，应为短接。

3）静止元件负序参数与正序参数相同，旋转元件负序参数原则上不同于正序参数（但实用计算时，也常近似为相同）。也要注意将各元件参数归算到统一基准值之下。

4）故障点接负序电压（$\dot{U}_{k2}$）。

(3) 零序等值电路（零序网）：

1）应特别注意从故障点开始，先画上零序电压 $\dot{U}_{k0}$ 后，再查明零序电流流通的路径，有零序电流流过的元件，按电力系统的连接形式画出，没有零序电流流过的元件不必画出（注意，变压器中性线电抗可以流过零序电流）。

2）发电机没有零序电动势源。是否有零序电流流入，决定于发电机三相的接线方式和外电路变压器的接线方式。

3）不论是旋转元件还是静止元件，零序参数原则上均不同于正、负序参数。亦应注意将各元件参数归算至统一基准值之下。

4）故障点接零序电压（$\dot{U}_{k0}$）。

三、电力系统简单不对称故障的分析计算

电力系统简单不对称故障通常指的是一点故障（包括短路，断线，或经过渡电阻的短路）。

短路故障也常称为横向故障，其故障端口是故障点与大地之间。

断线故障也常称为纵向故障，其故障端口是断口两端，即在正序网、负序网、零序网中是将各序电压串接在断口上（这是与短路故障的最大区别）。因为端口的变化，各序电流的流通路径可能发生变化（即各序网的形式可能变化），则用戴维南定理等值时，数值可能差别较大。对断线故障，只要注意到了以上故障端口的变化，其分析计算的方法（步骤）与短路故障的分析计算方法（步骤）类同。

短路故障通常严重于断线故障，主要因为：①故障端口的变化使得 $X_{\Sigma1}$、$X_{\Sigma2}$、$X_{\Sigma0}$ 变化；②短路时 $E_{\Sigma1}$ 大于断线时 $E_{\Sigma1}$ 许多。

经过渡电阻的短路故障与金属性短路（过渡电阻为零）故障的分析计算方法（步骤）完全类同。三个序网（或方程）相同，仅仅是边界条件有一些区别。

1. 具体分析计算的方法（步骤）

（1）制定各序等值电路，计算各元件各序参数，并用戴维南定理等效成各序等值网络，写出三个序网方程。

（2）选择三相中最特别的相作为基准相，进行分析计算。

（3）根据故障形式，列写反映故障点电压、电流关系的边界条件。

（4）用基准相的对称分量来表示边界条件，并化简得到解算条件。

（5）计算故障点基准相的各序电压和电流。有两种途径：

1）代数方法。联立求解 6 个方程（三个序网方程和三个解算条件方程）。

2）电路方法。根据解算条件中各序电压和电流之间的关系，将三个序网连接起来，即得到所谓“复合序网”。再根据复合序网的电路关系来计算各序电压、电流。

（6）按对称分量法的基本关系 $[\dot{F}_{abc}]=[a][\dot{F}_{120}]$ 来计算故障点的各相电压和电流。

（7）作故障点的电压和电流相量图。以某序的某相电压为基准，根据各序、各相电压和电流的关系，作出各序分量在故障点的相量图，然后逐相叠加各序分量，即可得到电压、电流的相量图。

2. 正序等效定则

三种简单不对称短路故障时，基准相正序电流可统一按下式计算

$$\dot{I}_{k1}^{(n)}=\frac{\dot{E}_{\Sigma1}}{j(X_{\Sigma1}+X_{\Delta}^{(n)})} \tag{8-2}$$

式中 $X_{\Delta}^{(n)}$——附加电抗，其值随短路的型式不同而不同，上角标（n）是代表短路类型的符号。

正序等效定则：简单不对称短路故障的短路点电流正序分量，与在短路点每一相中加入附加电抗 $X_{\Delta}^{(n)}$ 后发生三相短路时的电流相等（加上附加电抗后的等值网络，其实质是复合序网）。短路电流的绝对值与它的正序分量绝对值成正比，即

$$I_{k}^{(n)} = m^{(n)} I_{k1}^{(n)} \tag{8-3}$$

式中 $m^{(n)}$——比例系数，其值随短路形式而变。

各种简单短路时的 $X_{\Delta}^{(n)}$ 和 $m^{(n)}$ 值列于表 8-2 中。

表 8-2　简单短路时的 $X_{\Delta}^{(n)}$ 和 $m^{(n)}$

短路形式	$X_{\Delta}^{(n)}$	$m^{(n)}$
单相接地 $k^{(1)}$	$X_{\Sigma 2}+X_{\Sigma 0}$	3
两相短路 $k^{(2)}$	$X_{\Sigma 2}$	$\sqrt{3}$
两相接地 $k^{(1,1)}$	$X_{\Sigma 2} // X_{\Sigma 0}$	$\sqrt{3}\sqrt{1-\frac{X_{\Sigma 0}X_{\Sigma 2}}{(X_{\Sigma 0}+X_{\Sigma 2})^2}}$
三相短路 $k^{(3)}$	0	1

四、不对称故障时，网络中电压、电流的分布计算

电力系统在设计、运行分析，特别是继电保护的整定中，除了需要知道故障点的短路电流和电压以外，还需要知道网络中某些支路的电流和某些节点的电压，这一要求可通过对故障后各序网络的电流和电压分布计算得到。

1. 电压、电流对称分量经变压器的变换

电压、电流对称分量经变压器后，不仅数值大小要发生变化，而且相位也可能发生变化。变压器两侧电压、电流大小的关系由变压器变比决定，而相位关系则与变压器的联结组别有关。如果电压、电流用标幺值表示，则仅有相位的变化（近似认为 $k_{*}=1$）。

根据分析可知，YN，dm 联结的变压器（其中 m 为联结组别），两侧的对称分量有以下关系

$$\left.\begin{aligned}\frac{\dot{U}_{A1}^{Y}}{\dot{U}_{a1}^{d}} &= \frac{\dot{U}_{AB1}^{Y}}{\dot{U}_{ab1}^{d}} = k e^{-j(12-m)\times 30^{\circ}} \\ \frac{\dot{U}_{A2}^{Y}}{\dot{U}_{a2}^{d}} &= \frac{\dot{U}_{AB2}^{Y}}{\dot{U}_{ab2}^{d}} = k e^{j(12-m)\times 30^{\circ}}\end{aligned}\right\} \tag{8-4}$$

$$\left.\begin{aligned}\frac{\dot{I}_{A1}^{Y}}{\dot{I}_{a1}^{d}} &= \frac{1}{k} e^{-j(12-m)\times 30^{\circ}} \\ \frac{\dot{I}_{A2}^{Y}}{\dot{I}_{a2}^{d}} &= \frac{1}{k} e^{j(12-m)\times 30^{\circ}}\end{aligned}\right\} \tag{8-5}$$

式中 $\dot{U}_{A}^{Y}$、$\dot{U}_{AB}^{Y}$——Y 侧的相电压和线电压；

$\dot{U}_{a}^{d}$、$\dot{U}_{ab}^{d}$——d 侧的等效相电压和线电压；

$\dot{I}_{A}^{Y}$、$\dot{I}_{a}^{d}$——Y 侧、d 侧的线电流；下角中的 1、2 表示正、负序。

2. 网络中任一支路电流和某一节点电压的计算

（1）电流分布的计算。

电力系统发生不对称故障时，系统中任一支路电流的计算方法是：先求出故障点的各序电流，再分别按照各序等值电路求出该支路的电流。最后将各序电流按对称分量法叠加，就可得到该支路的各相电流。

负序网络和零序网络是无源网络，所以故障点的总负序电流、总零序电流求得后，用电路的基本理论，即可方便求得各支路的负序电流和零序电流。若已求得了各支路的电流分布

系数，则只需将总电流乘以分布系数，即得该支路的电流。

正序网络是有源网络，可以根据正序等值电路，按电路的基本理论，分别求得各支路的正序电流。也可以应用叠加原理，将故障点正序电动势作用和网络中发电机电动势作用两种状况相叠加。若认为各元件的正、负序阻抗相等，则正序电流分布系数与负序电流分布系数相等，将总正序电流乘以电流分布系数，即得该支路在故障点正序电动势作用下的正序电流；而另一部分正序电流，即发电机电动势作用下的电流就是正常运行的负荷电流，可以由潮流分布计算求得。这两部分电流叠加，就可得到该支路总的正序电流。

在求取任一支路各序电流时，若该支路与故障点间存在变压器，则要注意各序电流可能有不同的相位变化。

（2）电压分布的计算。

电力系统发生不对称故障时，电源点的正序电压最高，随着与短路点的接近，正序电压将逐渐降低，到短路点即等于短路点的正序电压。由于负序网络和零序网络是无源网络，所以短路点的负序电压、零序电压最高，而电源点的负序电压为零（最低），零序电压在变压器三角形一侧的出线端为零（最低）。

故障后各点电压的计算，可在各支路分布电流计算结果的基础上，根据各序等值电路，考虑各阻抗元件的各序压降后，逐级求得，最后按对称分量法，将各点的正序、负序、零序电压叠加，即可求得该点的各相电压。

五、简单不对称短路故障的计算机算法

实际电力系统的不对称短路故障一般应用计算机进行计算。这里介绍按照前述原理并使用节点导纳矩阵的计算方法。计算的主要步骤如下：

（1）进行潮流计算，求出各节点的正常电压。在简化计算中，假定各节点正常电压相位相同，大小取各自的平均额定电压，可省去潮流计算。

（2）形成各序网络的节点导纳矩阵。正序网络的节点导纳矩阵和计算三相短路故障分量用的导纳矩阵相同。

在负序网络中，各发电机和负荷用负序阻抗的接地支路表示，其他部分和潮流计算的网络相同。因此，可利用潮流计算的节点导纳矩阵，对各发电机和负荷节点的自导纳加以修正，即得到负序网络的节点导纳矩阵。

零序网络的结构和参数与正序网络不同，它的节点导纳矩阵要单独形成。

（3）求各序网络短路点的自阻抗和有关的互阻抗。用短路点注入单位电流法，从正序网络节点导纳矩阵求出短路点 k 对应的一列节点阻抗矩阵元素（Z_{1k1}、Z_{2k1}、Z_{3k1}、$\cdots Z_{kk1}$、$\cdots Z_{nk1}$）；再用同样的方法分别求出负序和零序网络节点阻抗矩阵的第 k 列元素。

（4）计算短路节点各序电流。按 $\dot{I}_{k1}=\dot{U}_{k[0]}/(Z_{\Sigma1}+Z_{\Delta})$，可以计算出正序电流 $\dot{I}_{k1}$，并根据不对称故障的边界条件，可求负序和零序电流（$\dot{I}_{k2}$、$\dot{I}_{k0}$）。

（5）计算各节点正序电压和各支路正序电流。先求各节点正序电压故障分量，其方法和计算三相短路的电压故障分量相同，即在正序网络短路点注入（$-\dot{I}_{k1}$），其他节点注入零电流，求出各节点的电压故障分量，计算式为

$$\Delta\dot{U}_{k1}=-Z_{ik1}\cdot\dot{I}_{k1}\qquad(i=1,2,\cdots k,\cdots,n)\tag{8-6}$$

再用下式求各节点正序电压

$$\dot{U}_{i1} = \dot{U}_{i101} + \Delta\dot{U}_{i1} \qquad (i = 1,2,\cdots,n) \tag{8-7}$$

任一支路 ij 的正序电流为

$$\dot{I}_{ij1} = \frac{\dot{U}_{i1} - \dot{U}_{j1}}{Z_{ij1}} \tag{8-8}$$

（6）计算各节点负序电压和各支路负序电流。在负序网络短路点注入（$-\dot{I}_{k2}$）、其他节点注入零电流，可得

$$\dot{U}_{i2} = -Z_{ik2} \cdot \dot{I}_{k2} \qquad (i = 1,2,\cdots,k,\cdots,n) \tag{8-9}$$

任意支路的负序电流为

$$\dot{I}_{ij2} = \frac{\dot{U}_{i2} - \dot{U}_{j2}}{Z_{ij2}} \tag{8-10}$$

（7）计算各节点零序电压和各支路零序电流

$$\dot{U}_{k0} = -Z_{ik0} \cdot \dot{I}_{k0} \qquad (i\ 为零序网络各节点) \tag{8-11}$$

$$\dot{I}_{ij0} = \frac{\dot{U}_{i0} - \dot{U}_{j0}}{Z_{ij0}} \tag{8-12}$$

（8）计算各节点三相电压和各支路三相电流。此时，必须计及经过 YN，dm 变压器时正、负序电流和电压的相位变化。

六、电力系统复杂故障分析概述

电力系统中两处以上地点同时发生故障称为多重故障（或称为复杂故障）。它的分析方法也是以对称分量法和叠加原理为基础。现以双重故障为例，说明分析的基本方法。

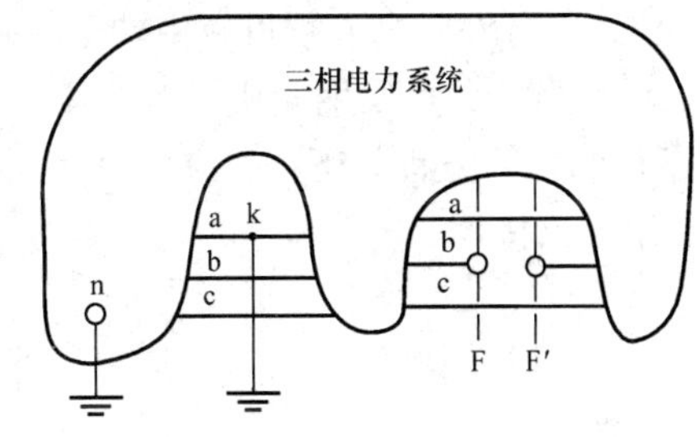

图 8-4 双重故障示意图

图8-4表示电力系统在 k 点发生不对称短路，同时在 F 处发生非全相开断的情况。和简单不对称故障一样，也可用正序、负序和零序网络分别求解三序电流和电压分量，不同之处是各序网络都有两个端口，如图 8-5 所示。正序网络含有全部发电机的电动势，是有源的双口网络，负序和零序网络则都是无源的双口网络。各序网络可用 Y 参数、Z 参数或 H（混合）参数表示的双口网络方程描述。

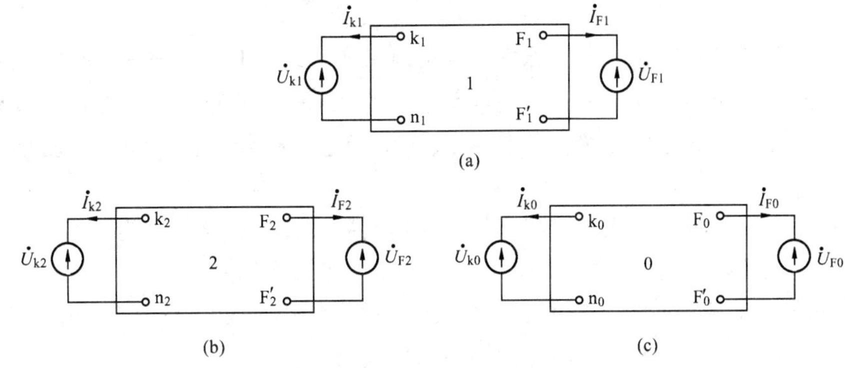

图 8-5 双端口网络表示的各序网

（a）正序等值网；（b）负序等值网；（c）零序等值网

例如用 H 参数表示时，各序网络对应方程如下：

（1）正序网络方程

$$\begin{bmatrix}\dot{U}_{k1}\\ \dot{I}_{F1}\end{bmatrix}=\begin{bmatrix}H_{11(1)} & H_{12(1)}\\ H_{21(1)} & H_{22(1)}\end{bmatrix}\begin{bmatrix}\dot{I}_{k1}\\ \dot{U}_{F1}\end{bmatrix}+\begin{bmatrix}\dot{U}_{k(0)}\\ \dot{I}_{F(0)}\end{bmatrix} \tag{8-13}$$

式中：$\dot{U}_{k(0)}$ 为端口 k_1-n_1 开路、$F_1-F'_1$短路时，k_1-n_1 端口的开路电压；$\dot{I}_{F(0)}$ 为同样情况下，端口 $F_1-F'_1$的短路电流。它们实质上就是正常运行时 k 点的相电压和流过 F 处的电流。

（2）负序网络方程

$$\begin{bmatrix}\dot{U}_{k2}\\ \dot{I}_{F2}\end{bmatrix}=\begin{bmatrix}H_{11(2)} & H_{12(2)}\\ H_{21(2)} & H_{22(2)}\end{bmatrix}\begin{bmatrix}\dot{I}_{k2}\\ \dot{U}_{F2}\end{bmatrix} \tag{8-14}$$

（3）零序网络方程

$$\begin{bmatrix}\dot{U}_{k0}\\ \dot{I}_{F0}\end{bmatrix}=\begin{bmatrix}H_{11(0)} & H_{12(0)}\\ H_{21(0)} & H_{22(0)}\end{bmatrix}\begin{bmatrix}\dot{I}_{k0}\\ \dot{U}_{F0}\end{bmatrix} \tag{8-15}$$

以上三个序网方程与故障形式无关（选定基准相后，以上各序电压、电流即指基准相电压、电流）。

三个序网分别得到 6 个方程，而却有 12 个未知数（分别为两个端口的各序电压和电流）。这另外 6 个方程可以由两个故障点的边界条件得到。

例如：k 点发生 a 相接地故障，F 处发生 b 相断线故障。则若以 a 相为基准相，其边界条件和解算方程如下：

a 相 k 点接地

$$k_a^{(1)}:\begin{cases}\dot{I}_{kb}=0\\ \dot{I}_{kc}=0\\ \dot{U}_{ka}=0\end{cases}\Rightarrow\begin{cases}a^2\dot{I}_{ka1}+a\dot{I}_{ka2}+\dot{I}_{ka0}=0\\ a\dot{I}_{ka1}+a^2\dot{I}_{ka2}+\dot{I}_{ka0}=0\\ \dot{U}_{ka1}+\dot{U}_{ka2}+\dot{U}_{ka0}=0\end{cases} \tag{8-16}$$

b 相 F 点断线

$$\begin{cases}\dot{I}_{Fa}=0\\ \dot{I}_{Fc}=0\\ \dot{U}_{Fb}=0\end{cases}\Rightarrow\begin{cases}\dot{I}_{Fa1}+\dot{I}_{Fa2}+\dot{I}_{Fa0}=0\\ a\dot{I}_{Fa1}+a^2\dot{I}_{Fa2}+\dot{I}_{Fa0}=0\\ a^2\dot{U}_{Fa1}+a\dot{U}_{Fa2}+\dot{U}_{Fa0}=0\end{cases} \tag{8-17}$$

联立求解 6 个序网方程和 6 个边界方程（解算方程），即可得到故障点的 12 个未知数。

复杂故障也可以应用复合序网进行分析计算。图 8-6 所示的三个序网，可以根据两个故障点的边界条件，将其连接起来。例如 k 点 a 相接地，F 点 b 相断线时，复合序网如图 8-6所示。

应指出的是：三个序网必须经过理想移相变压器后再连接，这是因为：

1）保证每一个端口流进与流出的电流相等（双端口网络的要求）。

2）不同故障点的故障形式可能有各种情况，而复合序网只能选择一个基准相进行计算，因此需通过引入理想移相变压器，以起到移相的作用。

根据图 8-6 所示的复合序网，即可进行故障端口各序电压、电流的求解。

（复杂故障的计算机算法略）

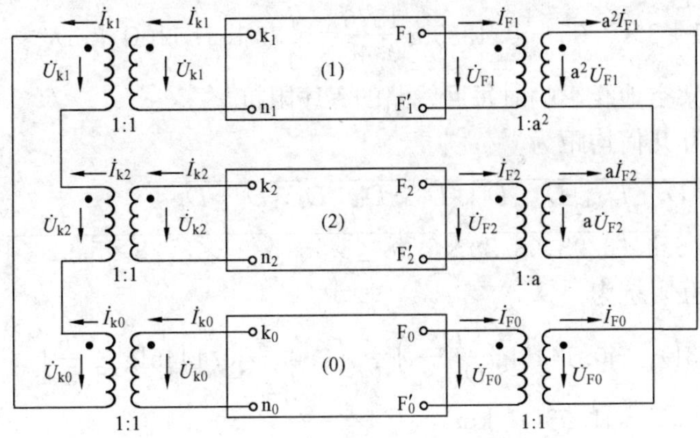

图 8-6　k 点 a 相接地，F 点 b 相断线的复合序网

例　题　分　析

【例 8-1】 图 8-7 所示为具有两根架空地线且双回路共杆塔的输电线路导线和地线的相对位置。设两回线路完全相同，每相导线采用 LGJ-150 钢心铝线，架空地线采用 GJ-70 钢绞线，$f=50\text{Hz}$，大地电阻率 $\rho_e=2.85\times 10^2\Omega\cdot\text{m}$。各导线间的距离为：$D_{a_1b_1}=D_{b_1c_1}=3.06\text{m}$；$D_{a_1a_2}=6.9\text{m}$；$D_{b_1b_2}=5.7\text{m}$；$D_{c_1c_2}=4.5\text{m}$；$D_{a_1b_2}=6.98\text{m}$；$D_{a_1c_2}=8.28\text{m}$；$D_{b_1c_2}=5.92\text{m}$；$D_{a_1g_1}=4.25\text{m}$；$D_{b_1g_1}=7.05\text{m}$；$D_{c_1g_1}=10\text{m}$；$D_{a_2g_1}=6.76\text{m}$；$D_{b_2g_1}=8.52\text{m}$；$D_{c_2g_1}=10.87\text{m}$；$d_{g_1g_1}=4\text{m}$。

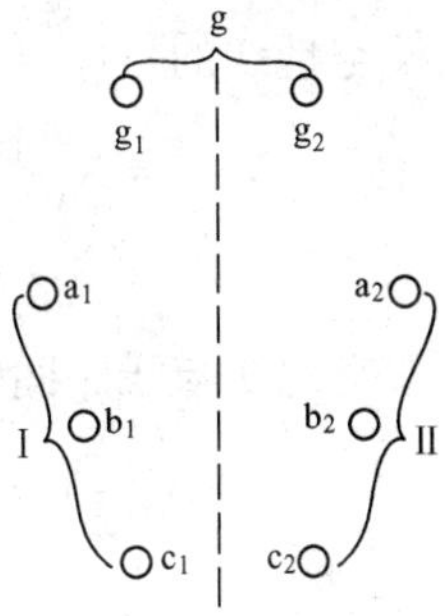

试计算输电线路的零序阻抗。

图 8-7　架空地线和导线的布置

解　(1) 先求未计架空地线及另一回线路影响时单回路的零序阻抗 z_0。

由手册查得 LGJ-150 的导线外径为 17mm，电阻 $r_a=0.21\Omega/\text{km}$。线路三相导线的互几何均距为

$$D_{rq}=\sqrt[3]{D_{a_1b_1}D_{b_1c_1}D_{a_1c_1}}=\sqrt[3]{2\times 3.06^3}=3.86(\text{m})$$

等值深度为

$$D_e=660\sqrt{\frac{\rho_e}{f}}=660\sqrt{\frac{2.85\times 10^2}{50}}=1576(\text{m})$$

导线的自几何半径为

$$D_s=0.9r=0.9\times\frac{17}{2}\times 10^{-3}=7.65\times 10^{-3}(\text{m})$$

每回线路三相导线组的自几何均距为

$$D_{sT}=\sqrt[3]{D_sD_{eq}^2}=\sqrt[3]{7.65\times 10^{-3}\times 3.86^2}=0.48(\text{m})$$

于是可得

$$z_{(0)}=r_a+3r_e+\text{j}0.4335\lg\frac{D_e}{D_{sT}}$$

$$=0.21+3\times0.05+j0.4335\lg\frac{1576}{0.48}=0.36+j1.52(\Omega/\text{km})$$

（2）计算不计架空地线影响时每回线路的零序阻抗 z'_0。

两回线路间的互几何均距为

$$D_{\text{I}-\text{II}}=\sqrt[9]{D_{a_1a_2}D_{a_1b_2}D_{a_1c_2}D_{b_1a_2}D_{b_1b_2}D_{b_1c_2}D_{c_1a_2}D_{c_1b_2}D_{c_1c_2}}$$
$$=\sqrt[9]{6.9\times6.98\times8.28\times6.98\times5.7\times5.92\times8.28\times5.92\times4.5}=6.5(\text{m})$$

两回线路间的零序互阻抗为

$$z_{\text{I}-\text{II}(0)}=3\left(r_e+j0.1445\lg\frac{D_e}{D_{\text{I}-\text{II}}}\right)=3\left(0.05+j0.1445\lg\frac{1576}{6.5}\right)$$
$$=0.15+j1.03(\Omega/\text{km})$$

于是可得

$$z'_{(0)}=z_{(0)}+z_{\text{I}-\text{II}(0)}=0.36+j1.52+0.15+j1.03=0.51+j2.55(\Omega/\text{km})$$

（3）求计及架空地线及另一回线路影响后每一线路的零序阻抗 $z'^{(g)}_{(0)}$。

由手册可查得 GJ－70 在各种工作电流时的参数，现取 $r_g=2.29\Omega/\text{km}$，$D_{sg}=5.52\times10^{-3}\text{m}$

两根架空地线的自几何均距为

$$D'_{sg}=\sqrt{D_{sg}d_{g_1g_2}}=\sqrt{5.52\times10^{-3}\times4}=1.49\times10^{-1}(\text{m})$$

架空地线的零序自阻抗为

$$z_{g0}=3\left(\frac{1}{2}r_g+r_e+j0.1445\lg\frac{D_e}{D'_{sg}}\right)=3\left(\frac{1}{2}\times2.29+0.05+j0.1445\lg\frac{1576}{1.49\times10^{-1}}\right)$$
$$=3.6+j1.75(\Omega/\text{km})$$

架空地线与线路间的互几何均距

$$D_{\text{L}-g}=\sqrt[6]{D_{a_1g_1}D_{b_1g_1}D_{c_1g_1}D_{a_1g_2}D_{b_1g_2}D_{c_1g_2}}$$
$$=\sqrt[6]{4.25\times7.05\times10\times6.76\times8.52\times10.87}=7.57(\text{m})$$

架空地线与线路间的零序互阻抗

$$z_{gm0}=3\left(r_e+j0.1445\lg\frac{D_e}{D'_{\text{L}-g}}\right)$$
$$=3\times\left(0.05+j0.1445\lg\frac{1576}{7.57}\right)=0.15+j1.01(\Omega/\text{km})$$

于是可得

$$z'^{(g)}_{(0)}=z'_0-2\frac{z^2_{gm0}}{z_{g0}}=0.51+j2.55-2\times\frac{(0.15+j1.01)^2}{3.6+j1.75}$$
$$=0.89+j2.19(\Omega/\text{km})$$

【例 8－2】 如图 8－8 所示电力系统，试分别作出在 k1、k2、k3 点发生不对称故障时的正序、负序、零序等值电路，并写出 $X_{\Sigma1}$、$X_{\Sigma2}$、$X_{\Sigma0}$ 的表达式。（取 $X_{m0}\approx\infty$）

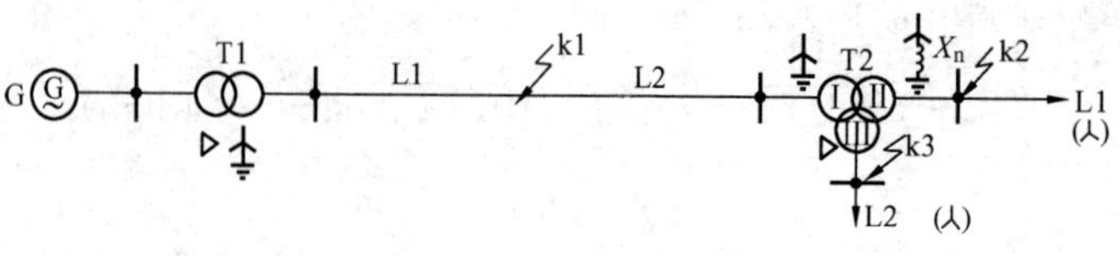

图 8－8 电力系统

解　(1) 在 k1 点发生不对称短路故障时。

1) 作正序等值电路如图 8-9 (a) 所示。以 k1 点与大地为端口，根据戴维南定理，可求得正序等值电抗为

$$X_{\Sigma 1}=(X_{G1}+X_{T1.1}+X_{l1.1})//[X_{l2.1}+X_{\text{I}1}+(X_{\text{III}1}+X_{L2.1})//(X_{\text{II}1}+X_{L1.1})]$$

2) 作负序等值电路如图 8-9 (b) 所示。以 k1 点与大地为端口，根据戴维南定理，可求得负序等值电抗为

$$X_{\Sigma 2}=(X_{G2}+X_{T1.2}+X_{l1.2})//[X_{l2.2}+X_{\text{I}2}+(X_{\text{III}2}+X_{L2.2})//(X_{\text{II}2}+X_{L1.2})]$$

3) 作零序等值电路如图 8-9 (c) 所示。变压器 T2 的Ⅱ绕组虽然是经电抗 X_n 接地，但由于外接负载 L1 是不接地的，所以零序电流仍然不能流通，故在零序网络中不画出。

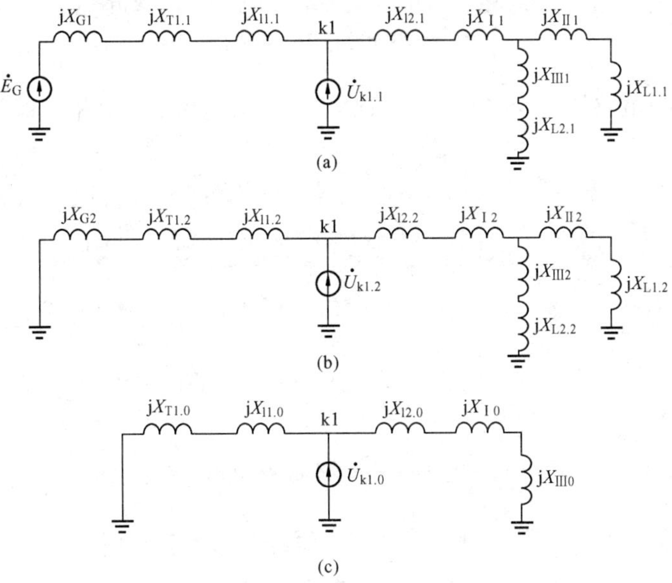

图 8-9　图 8-8 中当 k1 点故障时正、负、零序等值电路
(a) 正序等值电路；(b) 负序等值电路；(c) 零序等值电路

以 k1 点与大地为端口，根据戴维南定理，可求得零序等值电抗为

$$X_{\Sigma 0}=(X_{T1.0}+X_{l1.0})//(X_{l2.0}+X_{\text{I}0}+X_{\text{III}0})$$

(2) 在 k2 点发生不对称短路故障时。

1) 作正序等值电路如图 8-10 (a) 所示。以 k2 点与大地为端口，根据戴维南定理，可求得正序等值电抗 $X_{\Sigma 1}$ 为

$$X_{\Sigma 1}=[(X_{G1}+X_{T1.1}+X_{l1.1}+X_{l2.1}+X_{\text{I}1})//(X_{\text{III}1}+X_{L2.1})+X_{\text{II}1}]//X_{L1.1}$$

2) 作负序等值电路，求等值电抗 $X_{\Sigma 2}$。等值电路的形式类似于图 8-10 (a)（略）。但在负序等值电路中发电机没有负序电源电动势但有负序电流，应为短接。故障点应接负序电压 $\dot{U}_{k2.2}$。根据戴维南定理可求得 $X_{\Sigma 2}$ 为

$$X_{\Sigma 2}=[(X_{G2}+X_{T1.2}+X_{l2.2}+X_{l2.2}+X_{\text{I}2})//(X_{\text{III}2}+X_{L2.2})+X_{\text{II}2}]//X_{L1.2}$$

3) 作零序等值电路，如图 8-10 (b) 所示。根据戴维南定理可求得 $X_{\Sigma 0}$ 为

$$X_{\Sigma 0}=[(X_{T1.0}+X_{l1.0}+X_{l2.0}+X_{\text{I}0})//X_{\text{III}0}]+(X_{\text{II}0}+3X_n)$$

(3) 在 k3 点发生不对称短路故障时。

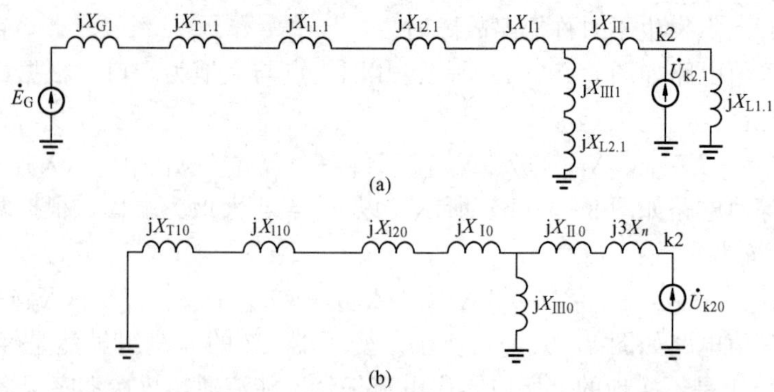

图 8-10　图 8-9 中当 k2 点故障时正、零序等值电路

(a) 正序等值电路；(b) 零序等值电路

1）作正序等值电路如图 8-11 所示。以 k3 点与大地为端口，根据戴维南定理，可求得正序等值电抗为

$$X_{\Sigma 1}=\{[(X_{G1}+X_{T1.1}+X_{l1.1}+X_{l2.1}+X_{\mathrm{I}1})//(X_{\mathrm{II}1}+X_{L1.1})]+X_{\mathrm{III}1}\}//X_{L2.1}$$

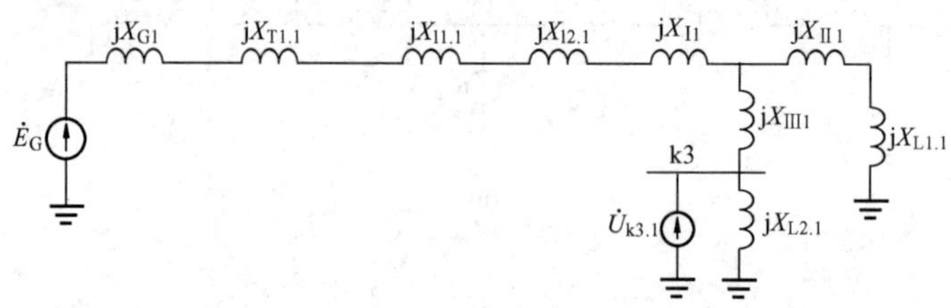

图 8-11　图 8-8 当 k3 点故障时正序等值电路

2）作负序等值电路，求等值电抗 $X_{\Sigma 2}$。等值电路的形式类似于图 8-11（略）。但在负序等值电路中没有电源电动势（短接），故障点应接负序电压 $\dot{U}_{k3\cdot 2}$。按戴维南定理可求 $X_{\Sigma 2}$ 为

$$X_{\Sigma 2}=\{[(X_{G2}+X_{T1.2}+X_{l1.2}+X_{l2.2}+X_{\mathrm{I}2})//(X_{\mathrm{II}2}+X_{L1.2})]+X_{\mathrm{III}2}\}//X_{L2.2}$$

3）零序等值电路。因为不对称故障是发生在变压器 T2 的三角形绕组侧，零序电流不能流通。所以，$X_{\Sigma 0}=\infty$。

【例 8-3】 如图 8-12（a）所示的系统中，变压器 T2 高压母线发生 $k_{b}^{(1)}$、$k_{bc}^{(2)}$、$k_{ab}^{(1.1)}$ 三种金属性不对称短路故障，试分别计算短路瞬间故障点的短路电流和各相电压，并绘制相量图。已知参数如下：

发电机 G　120MVA，10.5kV，$X''_{d}=X_2=0.14$；

变压器 T1 和 T2 相同　60MVA，$u_k\%=10.5$；

线路 L　105km，每回路 $X_1=0.4\Omega/\text{km}$，$X_0=3X_1$；

负荷 L1 容量 60MVA，L2 容量 40MVA，负荷的标幺值电抗，正序取 1.2，负序取 0.35。

故障前 k 点电压 $U_{k101}=109\text{kV}$。

解　根据图 8-12（a）的系统接线，作其正序，负序、零序等值电路，如图 8-12（b）、（c）、（d）。

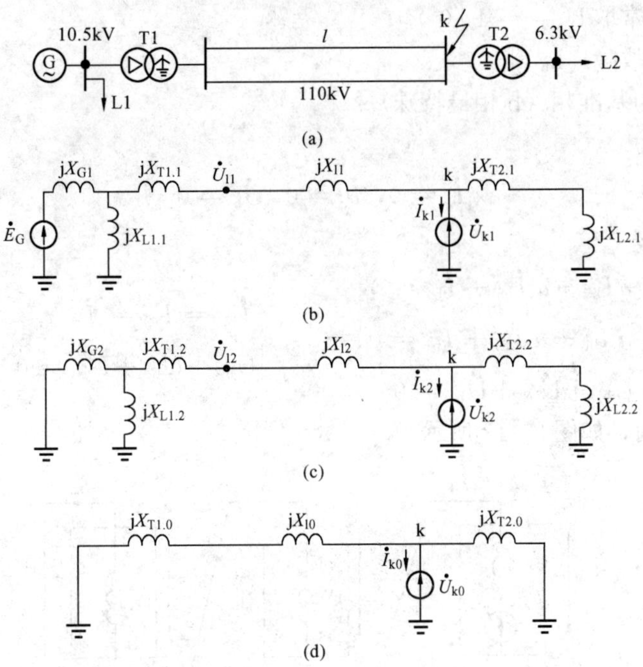

图 8-12　系统以及正序、负序、零序等值电路

(a) 系统接线；(b) 正序等值电路；(c) 负序等值电路；(d) 零序等值电路

计算参数：取 $S_n=120$MVA，$U_n=U_{av}$

发电机 G　$X_{G1}=0.14$，$X_{G2}=0.14$

负荷 L1　$X_{L1\cdot1}=1.2\times\dfrac{S_n}{S_N}=1.2\times\dfrac{120}{60}=2.4$

$X_{L1\cdot2}=0.35\times\dfrac{120}{60}=0.7$

变压器 T1　$X_{T1\cdot1}=\dfrac{u_k\%\cdot S_n}{100S_N}=\dfrac{10.5\times120}{100\times60}=0.21=X_{T1\cdot2}=X_{T1\cdot0}$

线路 1　$X_{l1}=X_{l2}=0.4\times105\times\dfrac{120}{115^2}\times\dfrac{1}{2}=0.1905$

$X_{l0}=3\times X_{l1}=3\times0.1905=0.572$

变压器 T2　$X_{T2\cdot1}=X_{T2\cdot2}=X_{T2\cdot0}=\dfrac{u_k\%\cdot S_n}{100S_N}=\dfrac{10.5\times120}{100\times60}=0.21$

负荷 L2　$X_{L2\cdot1}=1.2\times\dfrac{120}{40}=3.6$

$X_{L2\cdot2}=0.35\times\dfrac{120}{40}=1.05$

则　$X_{\Sigma1}=[(X_{G1}/\!/X_{L1\cdot1})+X_{T1\cdot1}+X_{l1}]/\!/(X_{T2\cdot1}+X_{L2\cdot1})=0.468$

$X_{\Sigma2}=[(X_{G2}/\!/X_{L1\cdot2})+X_{T1\cdot2}+X_{l2}]/\!/(X_{T2\cdot2}+X_{L2\cdot2})=0.367$

$X_{\Sigma0}=(X_{T1\cdot0}+X_{l0})/\!/X_{T2\cdot0}=0.166$

故障前 k 点的电压：$\dot{U}_{k[0]}=109/115=0.948\underline{/0^\circ}$（当已知条件未给出故障前 k 点电压或

电源电动势时，通常取 $\dot{U}_{k|0|} = 1\angle 0^\circ$）。

（1）单相接地故障 $[k_b^{(1)}]$。

1）选择 b 相为基准相（b 相最特殊）。

2）边界条件为

$$\dot{I}_a = 0，\dot{I}_c = 0，\dot{U}_b = 0$$

3）解算条件为

$$\left.\begin{aligned} a\dot{I}_{b1} + a^2\dot{I}_{b2} + \dot{I}_{b0} = 0 \\ a^2\dot{I}_{b1} + a\dot{I}_{b2} + \dot{I}_{b0} = 0 \\ \dot{U}_{b1} + \dot{U}_{b2} + \dot{U}_{b0} = 0 \end{aligned}\right\} \Rightarrow \begin{cases} \dot{I}_{b1} = \dot{I}_{b2} = \dot{I}_{b0} \\ \dot{U}_{b1} + \dot{U}_{b2} + \dot{U}_{b0} = 0 \end{cases}$$

4）作复合序网，如图 8-13 所示。

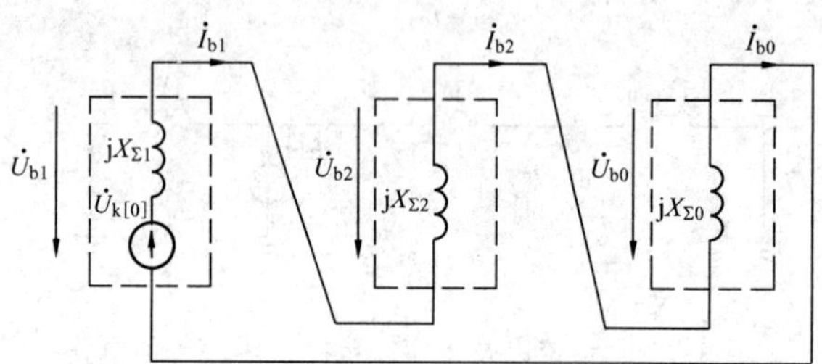

图 8-13　b 相接地复合序网

5）计算序电流、序电压为

$$\dot{I}_{b1} = \dot{I}_{b2} = \dot{I}_{b0} = \frac{\dot{U}_{k|0|}}{j(X_{\Sigma1} + X_{\Sigma2} + X_{\Sigma0})} = \frac{0.948}{j(0.468 + 0.367 + 0.166)} = -j0.947$$

$$\dot{U}_{b1} = j\dot{I}_{b1} \times (X_{\Sigma2} + X_{\Sigma0}) = j \times (0.367 + 0.166) \times (-j0.947) = 0.505$$

$$\dot{U}_{b2} = -j\dot{I}_{b1} X_{\Sigma2} = -j \times (-j0.947) \times 0.367 = -0.348$$

$$\dot{U}_{b0} = -j\dot{I}_{b0} X_{\Sigma0} = -j \times (-j0.947) \times 0.166 = -0.157$$

6）故障点各相电流、电压为

$$\begin{bmatrix} \dot{I}_a \\ \dot{I}_b \\ \dot{I}_c \end{bmatrix} = \begin{bmatrix} a & a^2 & 1 \\ 1 & 1 & 1 \\ a^2 & a & 1 \end{bmatrix} \begin{bmatrix} \dot{I}_{b1} \\ \dot{I}_{b2} \\ \dot{I}_{b0} \end{bmatrix} = \begin{bmatrix} 0 \\ -j2.84 \\ 0 \end{bmatrix}$$

$$\begin{bmatrix} \dot{U}_a \\ \dot{U}_b \\ \dot{U}_c \end{bmatrix} = \begin{bmatrix} a & a^2 & 1 \\ 1 & 1 & 1 \\ a^2 & a & 1 \end{bmatrix} \begin{bmatrix} \dot{U}_{b1} \\ \dot{U}_{b2} \\ \dot{U}_{b0} \end{bmatrix} = \begin{bmatrix} 0.775\angle 107.7^\circ \\ 0 \\ 0.775\angle -107.7^\circ \end{bmatrix}$$

短路电流有效值　$I_b = 2.84 \times \dfrac{120}{\sqrt{3} \times 115} = 1.71(\text{kA})$

非故障电压有效值　$U_a = U_c = 0.775 \times \dfrac{115}{\sqrt{3}} = 51.5(\text{kV})$

7）短路点电压、电流相量图，如图 8 - 14 所示。

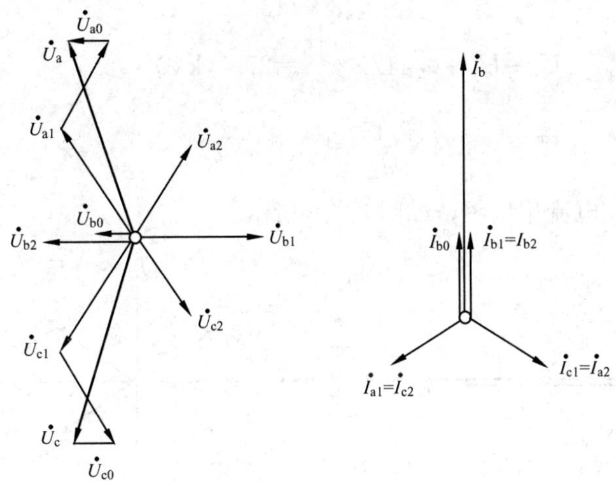

图 8 - 14　b 相接地相量图

（2）两相短路［$k_{bc}^{(2)}$］。

1）选择 a 相对基准相（a 相最特殊）。

2）边界条件为

$$\dot{I}_a = 0,\quad \dot{U}_b = \dot{U}_e,\quad \dot{I}_b + \dot{I}_c = 0$$

3）解算条件为

$$\left.\begin{aligned} &\dot{I}_{a1} + \dot{I}_{a2} + \dot{I}_{a0} = 0 \\ &a^2\dot{I}_{a1} + a\dot{I}_{a2} + \dot{I}_{a0} + a\dot{I}_{a1} + a^2\dot{I}_{a2} + \dot{I}_{a0} = 0 \\ &a^2\dot{U}_{a1} + a\dot{U}_{a2} + \dot{U}_{a0} = a\dot{U}_{a1} + a^2\dot{U}_{a2} + \dot{U}_{a0} \end{aligned}\right\} \Rightarrow \begin{cases} \dot{U}_{a1} = \dot{U}_{a2} \\ \dot{I}_{a1} + \dot{I}_{a2} = 0 \\ \dot{I}_{a0} = 0 \end{cases}$$

4）作复合序网，如图 8 - 15 所示。

5）计算序电流、序电压为

$$\dot{I}_{a1} = \frac{\dot{U}_{k[0]}}{j(X_{\Sigma1} + X_{\Sigma2})} = \frac{0.948}{j(0.468 + 0.367)} = -j1.135$$

$$\dot{I}_{a2} = -\dot{I}_{a1} = j1.135$$

$$\dot{U}_{a1} = \dot{U}_{a2} = -j\dot{I}_{a2}X_{\Sigma2} = -j \times (j1.135) \times 0.367 = 0.417$$

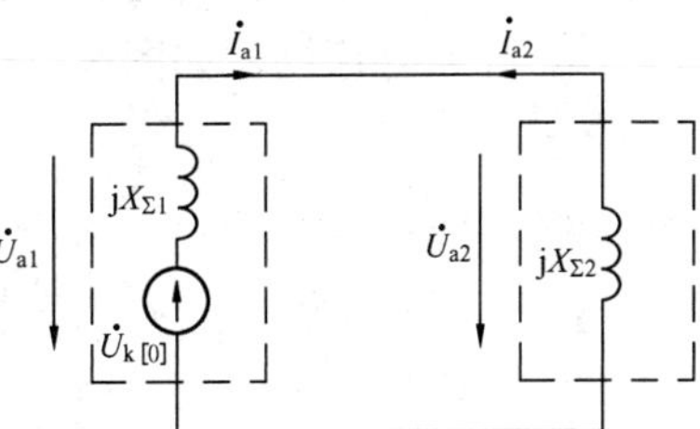

图 8 - 15　bc 相短路复合序网

6）故障点各相电流、电压为

$$\begin{bmatrix} \dot{I}_a \\ \dot{I}_b \\ \dot{I}_c \end{bmatrix} = \begin{bmatrix} 1 & 1 & 1 \\ a^2 & a & 1 \\ a & a^2 & 1 \end{bmatrix} \begin{bmatrix} \dot{I}_{a1} \\ \dot{I}_{a2} \\ \dot{I}_{a0} \end{bmatrix} = \begin{bmatrix} 0 \\ -1.966 \\ 1.966 \end{bmatrix}$$

$$\begin{bmatrix} \dot{U}_a \\ \dot{U}_b \\ \dot{U}_c \end{bmatrix} = \begin{bmatrix} 1 & 1 & 1 \\ a^2 & a & 1 \\ a & a^2 & 1 \end{bmatrix} \begin{bmatrix} \dot{U}_{a1} \\ \dot{U}_{a2} \\ \dot{U}_{a0} \end{bmatrix} = \begin{bmatrix} 0.834 \\ -0.417 \\ -0.417 \end{bmatrix}$$

短路电流有效值 $I_b=I_c=1.966\times\frac{120}{\sqrt{3}\times115}=1.184(\text{kA})$

故障相电压有效值 $U_b=U_c=0.417\times\frac{115}{\sqrt{3}}=27.7(\text{kV})$

非故障相电压有效值 $U_a=0.834\times\frac{115}{\sqrt{3}}=55.4(\text{kV})$

7）短路点电压、电流相量图，如图 8-16 所示。

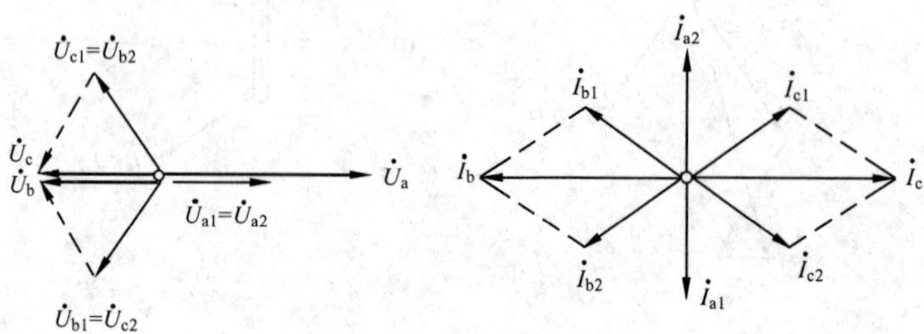

图 8-16 bc 相短路相量图

（3）两相接地故障［$k_{ab}^{(1,1)}$］。

1）选择 c 相为基准相（c 相最特殊）。

2）边界条件为

$$\dot{U}_a=0,\quad \dot{U}_b=0,\quad \dot{I}_c=0$$

3）解算条件为

$$\left.\begin{aligned}a^2\dot{U}_{c1}+a\dot{U}_{c2}+\dot{U}_{c0}=0\\ a\dot{U}_{c1}+a^2\dot{U}_{c2}+\dot{U}_{c0}=0\\ \dot{I}_{c1}+\dot{I}_{c2}+\dot{I}_{c0}=0\end{aligned}\right\}\Rightarrow\begin{cases}\dot{I}_{c1}+\dot{I}_{c2}+\dot{I}_{c0}=0\\ \dot{U}_{c1}=\dot{U}_{c2}=\dot{U}_{c0}\end{cases}$$

4）作复合序网，如图 8-17 所示。

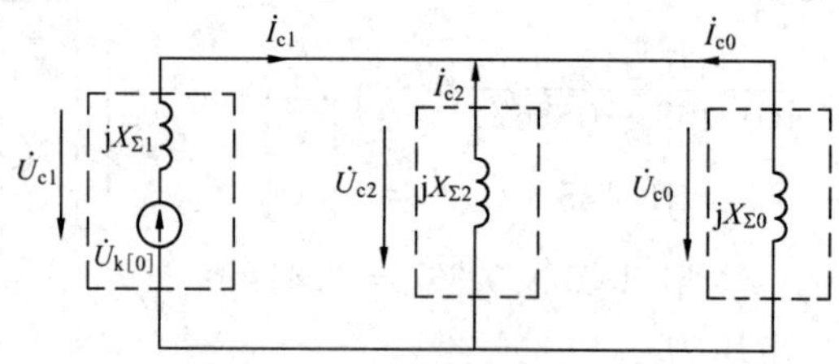

图 8-17 ab 两相接地复合序网

5）计算序电流、序电压为

$$\dot{I}_{c1}=\frac{\dot{U}_{k[0]}}{j(X_{\Sigma1}+X_{\Sigma2}\,/\!/\,X_{\Sigma0})}=-j1.629$$

$$\dot{I}_{c2}=-\frac{X_{\Sigma0}}{X_{\Sigma2}+X_{\Sigma0}}\dot{I}_{c1}=j0.507$$

$$\dot{I}_{c0}=-\frac{X_{\Sigma2}}{X_{\Sigma2}+X_{\Sigma0}}\dot{I}_{c1}=j1.122$$

$$\dot{U}_{c1}=\dot{U}_{c2}=\dot{U}_{c0}=\mathrm{j}\frac{X_{\Sigma2}X_{\Sigma0}}{X_{\Sigma2}+X_{\Sigma0}}\dot{I}_{c1}=0.1862$$

6）故障点各相电流、电压为

$$\begin{bmatrix}\dot{I}_a\\\dot{I}_b\\\dot{I}_c\end{bmatrix}=\begin{bmatrix}a^2&a&1\\a&a^2&1\\1&1&1\end{bmatrix}\begin{bmatrix}\dot{I}_{c1}\\\dot{I}_{c2}\\\dot{I}_{c0}\end{bmatrix}=\begin{bmatrix}2.5\angle137.7^\circ\\2.5\angle42.3^\circ\\0\end{bmatrix}$$

$$\begin{bmatrix}\dot{U}_a\\\dot{U}_b\\\dot{U}_c\end{bmatrix}=\begin{bmatrix}a^2&a&1\\a&a^2&1\\1&1&1\end{bmatrix}\begin{bmatrix}\dot{U}_{c1}\\\dot{U}_{c2}\\\dot{U}_{c0}\end{bmatrix}=\begin{bmatrix}0\\0\\0.559\end{bmatrix}$$

短路电流有效值　$I_a=I_b=2.5\times\frac{120}{\sqrt{3}\times115}=1.51(\text{kA})$

非故障相电压有效值　$U_c=0.559\times\frac{115}{\sqrt{3}}=37.1(\text{kV})$

7）短路点电压、电流相量图，如图 8-18 所示。

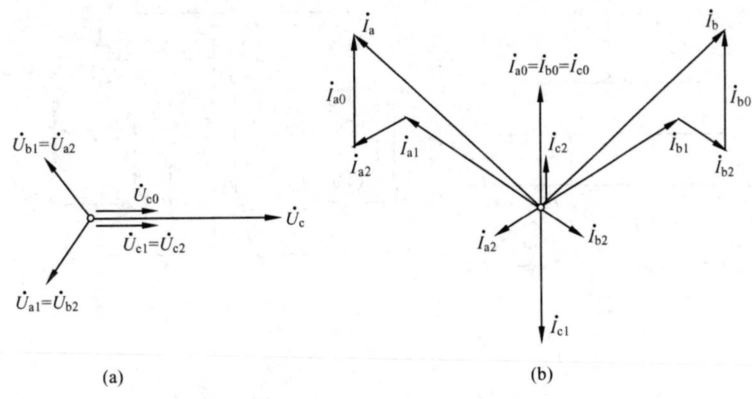

图 8-18　ab 两相接地相量图

【例 8-4】 设电网中 k 点三相短路电流为 6kA，两相短路电流为 $4\sqrt{3}$kA，单相接地短路电流为 9kA，试求该点两相接地短路时流入地中的电流。

解　可根据各种故障时，故障电流与正序分量的关系，以及正序电流的计算方法加以推算，即

$$I_k^{(3)}=I_{k1}^{(3)}=\frac{E_{\Sigma1}}{X_{\Sigma1}}=6(\text{kA})\Longrightarrow E_{\Sigma1}=6X_{\Sigma1}$$

$$I_k^{(2)}=\sqrt{3}I_{k1}^{(2)}=\frac{\sqrt{3}E_{\Sigma1}}{X_{\Sigma1}+X_{\Sigma2}}=4\sqrt{3}(\text{kA})\Longrightarrow E_{\Sigma1}=4(X_{\Sigma1}+X_{\Sigma2})$$

$$I_k^{(1)}=3I_{k1}^{(1)}=\frac{3E_{\Sigma1}}{X_{\Sigma1}+X_{\Sigma2}+X_{\Sigma0}}=9(\text{kA})\Longrightarrow E_{\Sigma1}=3(X_{\Sigma1}+X_{\Sigma2}+X_{\Sigma0})$$

即　$X_{\Sigma1}=\frac{1}{6}E_{\Sigma1}$，$X_{\Sigma2}=\frac{1}{12}E_{\Sigma1}$，$X_{\Sigma0}=\frac{1}{12}E_{\Sigma1}$　则

$$I_{\rm k}^{(1,1)}=\sqrt{3}\times\sqrt{1-[X_{\Sigma2}X_{\Sigma0}/(X_{\Sigma2}+X_{\Sigma0})^2]}\times\frac{E_{\Sigma1}}{X_{\Sigma1}+X_{\Sigma2}/\!/X_{\Sigma0}}$$

$$=\sqrt{3}\times\sqrt{1-(6\times6)/(12\times12)}\times\frac{1}{\frac{1}{6}+\frac{6}{12\times12}}$$

$$=\frac{36}{5}=7.2(\rm kA)$$

【例 8-5】 电力系统故障边界如图 8-19（a）所示。当 bc 两相经 $R_{\rm g}$ 短路接地时，求短路点的各相电流、电压，并作短路点相量图。已知：$\dot{E}_{1\Sigma}={\rm j}1$，$X_{1\Sigma}=0.4$，$X_{2\Sigma}=0.5$，$X_{0\Sigma}=0.25$，$R_{\rm g}=0.35$。

解 根据图 8-19（a），选取 a 相为基准相，则边界条件和解算条件如下。

$$\begin{cases}\dot{I}_{\rm a}=0\\ \dot{U}_{\rm b}=\dot{U}_{\rm c}\\ \dot{U}_{\rm b}=(\dot{I}_{\rm b}+\dot{I}_{\rm c})\cdot R_{\rm g}\end{cases}\Longrightarrow\begin{cases}\dot{I}_{\rm a1}+\dot{I}_{\rm a2}+\dot{I}_{\rm a0}=0\\ \dot{U}_{\rm a1}=\dot{U}_{\rm a2}\\ \dot{U}_{\rm a1}=\dot{U}_{\rm a0}-3\dot{I}_0R_{\rm g}\end{cases}$$

根据解算条件，即可作出复合序网，如图 8-19（b）所示。

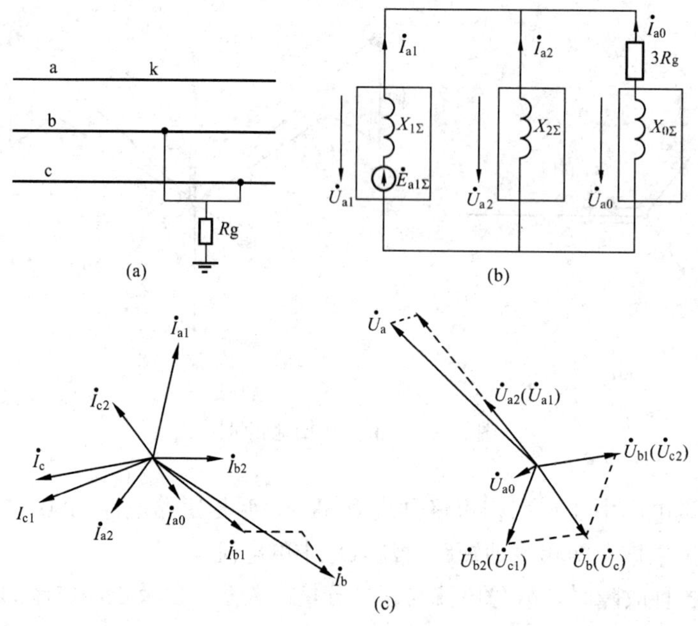

图 8-19　例 8-5 图

由复合序网可求出短路点各序电流和电压为

$$\dot{I}_{\rm a1}=\frac{\dot{E}_{\rm a1\Sigma}}{{\rm j}X_{1\Sigma}+\frac{{\rm j}X_{2\Sigma}({\rm j}X_{0\Sigma}+3R_{\rm g})}{{\rm j}X_{2\Sigma}+{\rm j}X_{0\Sigma}+3R_{\rm g}}}=\frac{{\rm j}1}{{\rm j}0.4+\frac{{\rm j}0.5({\rm j}0.25+3\times0.35)}{{\rm j}0.5+{\rm j}0.25+3\times0.35}}=0.42\underline{/68^\circ}$$

$$\dot{I}_{\rm a2}=-\dot{I}_{\rm a1}\frac{{\rm j}X_{0\Sigma}+3R_{\rm g}}{{\rm j}X_{2\Sigma}+{\rm j}X_{0\Sigma}+3R_{\rm g}}=-0.42\underline{/68^\circ}\times\frac{({\rm j}0.25+3\times0.35)}{{\rm j}0.5+{\rm j}0.25+3\times0.35}=0.35\underline{/226^\circ}$$

$$\dot{I}_{a0}=-\dot{I}_{a1}\frac{jX_{2\Sigma}}{jX_{2\Sigma}+jX_{0\Sigma}+3R_g}=-0.42\angle 68^\circ\times\frac{j0.5}{j0.5+j0.25+3\times 0.35}=0.16\angle 303^\circ$$

各相电流为

$$\dot{I}_a=0$$

$$\begin{aligned}\dot{I}_b&=a^2\dot{I}_{a1}+a\dot{I}_{a2}+\dot{I}_{a0}=0.42\angle 68^\circ+240^\circ+0.35\angle 226^\circ+120^\circ+0.16\angle 303^\circ\\&=0.26-j0.33+0.34-j0.08+0.087-j0.13\\&=0.687-j0.54=0.87\angle -38^\circ\end{aligned}$$

$$\begin{aligned}\dot{I}_c&=a\dot{I}_{a1}+a^2\dot{I}_{a2}+\dot{I}_{a0}=0.42\angle 68^\circ+120^\circ+0.35\angle 226^\circ+240^\circ+0.16\angle 303^\circ\\&=-0.416-0.058-0.096+j0.336+0.087-j0.13\\&=-0.425+j0.148=0.45\angle 161^\circ\end{aligned}$$

各序电压为

$$\begin{aligned}\dot{U}_{a1}=\dot{U}_{a2}&=\dot{I}_{a1}\frac{jX_{2\Sigma}(jX_{0\Sigma}+3R_g)}{jX_{2\Sigma}+jX_{0\Sigma}+3R_g}=0.42\angle 68^\circ\times\frac{j0.5(j0.25+3\times 0.35)}{j0.5+(j0.25+3\times 0.35)}\\&=0.42\angle 68^\circ\times 0.42\angle 68^\circ=0.176\angle 136^\circ\end{aligned}$$

$$\begin{aligned}\dot{U}_{a0}&=\dot{I}_{a1}\frac{jX_{2\Sigma}\cdot jX_{0\Sigma}}{jX_{2\Sigma}+jX_{0\Sigma}+3R_g}\\&=0.42\angle 68^\circ\times\frac{j0.5\times j0.25}{j0.5+j0.25+3\times 0.35}=0.04\angle 213^\circ\end{aligned}$$

各相电压

$$\begin{aligned}\dot{U}_a&=\dot{U}_{a1}+\dot{U}_{a2}+\dot{U}_{a0}=0.176\angle 136^\circ+0.176\angle 136^\circ+0.04\angle 213^\circ\\&=0.363\angle 142^\circ\end{aligned}$$

$$\begin{aligned}\dot{U}_b=\dot{U}_c&=3\dot{I}_0R_g=-3\dot{I}_{a1}\frac{jX_{2\Sigma}\cdot R_g}{jX_{2\Sigma}+jX_{0\Sigma}+3R_g}\\&=-3\times 0.42\angle 68^\circ\times\frac{j0.5\times 0.35}{j0.5+j0.25+3\times 0.35}\\&=-3\times 0.42\angle 68^\circ\times 0.135\angle 55^\circ=0.17\angle 303^\circ\end{aligned}$$

电流和电压相量图见图 8 - 19（c）所示。

【例 8 - 6】 在图 8 - 20（a）的系统中，k 点两相短路接地。参数如下：

汽轮发电机 G1、G2　S_{NG}=60MVA，$x''_d=x_{(2)}=0.14$；

变压器 T1、T2　60MVA，$U_{kI}\%=11$，$U_{kII}\%=0$，$U_{kIII}\%=6$；T3　7.5MVA，$u_k\%=7.5$；

8km 的线路　$x_{(1)}=0.4\Omega/\text{km}$，$x_{(0)}=3.5x_{(1)}$。

试求 t=0s 的短路点故障相电流、变压器 T1 接地中性线的电流和 37kV 母线 h 的各相电压。

解　（一）选取 S_B=60MVA，$U_n=U_{av}$，计算系统各元件的电抗标幺值［示于图 8 - 20（b）中］。

（二）制订系统的各序等值网络

由于正序网络对于短路点对称，故变压器 T1 和 T2 在 115kV 侧的电抗不必画入网络中。负序网络与正序的相同，只是电源负序电动势为零。零序网络示于图 8 - 20（c）。

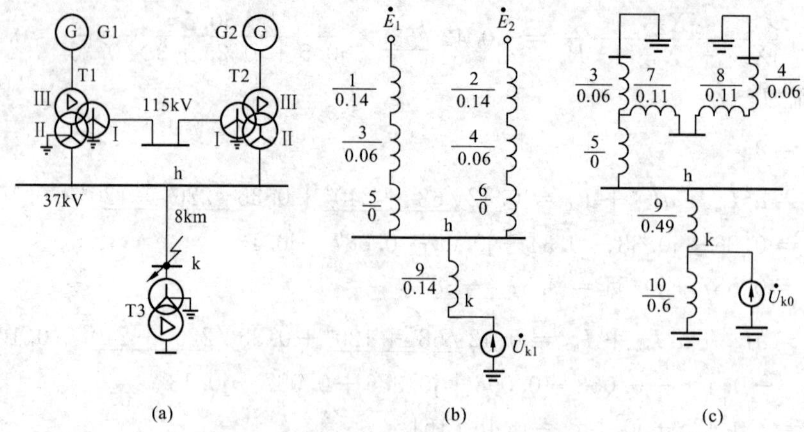

图 8-20 电力系统及其等值网络图

(a) 系统接线图；(b) 正、负序等值网络；(c) 零序等值网络

（三）求各序输入电抗

$$X_{\Sigma1}=X_{\Sigma2}=\frac{0.14+0.06}{2}+0.14=0.24$$

在零序网络中将电抗 x_7、x_8 和 x_4 串联得

$$x_{11}=0.11+0.11+0.06=0.28$$

将电抗 x_{11}和电抗 x_3 并联得电抗

$$x_{12}=x_{11}/\!/x_3=0.28/\!/0.06=0.05$$

将电抗 x_{12}、x_5和 x_9 串联得电抗

$$x_{13}=0.05+0.49=0.54$$

最后计算零序输入电抗，即

$$X_{\Sigma0}=x_{10}/\!/x_{13}=0.6/\!/0.54=0.28$$

（四）计算两相短路接地时的 $X_{\Delta}^{(1.1)}$ 和 $m^{(1.1)}$

$$X_{\Delta}^{(1.1)}=X_{\Sigma0}/\!/X_{\Sigma2}=0.28/\!/0.24=0.13$$

$$m^{(1.1)}=\sqrt{3}\times\sqrt{1-X_{\Sigma0}X_{\Sigma2}/(X_{\Sigma0}+X_{\Sigma2})^2}=\sqrt{3}\times\sqrt{1-0.28\times0.24/(0.28+0.24)^2}$$
$$=1.50$$

（五）计算 0s 时短路点的正序电流

电源的电动势可用超瞬态电动势，并取 $\dot{U}_{k101}=\dot{E}''=\text{j}1.0$，故

$$\dot{I}_{k1}=\frac{\dot{U}_{k101}}{\text{j}(X_{\Sigma1}+X_{\Delta}^{(1.1)})}=\frac{\text{j}1.0}{\text{j}(0.24+0.13)}=2.703$$

于是短路点故障相电流的有名值为

$$I_k^{(1.1)}=m^{(1.1)}I_{k1}\cdot I_B=1.50\times2.703\times\frac{60}{\sqrt{3}\times37}=3.79(\text{kA})$$

（六）计算零序电流及其分布

短路处的零序电流和负序电流分别为

$$\dot{I}_{k0}=-\frac{X_{\Sigma2}}{X_{\Sigma2}+X_{\Sigma0}}\dot{I}_{k1}=-\frac{0.24}{0.24+0.28}\times2.703=-1.248$$

$$\dot{I}_{k2}=-\frac{X_{\Sigma 0}}{X_{\Sigma 2}+X_{\Sigma 0}}\dot{I}_{k1}=-\frac{0.28}{0.24+0.28}\times 2.703=-1.455$$

通过线路流到变压器 T1 绕组Ⅱ的零序电流为

$$\dot{I}_{10}=\frac{x_{10}}{x_{10}+x_{13}}\dot{I}_{k0}=\frac{0.6}{0.6+0.54}\times(-1.248)=-0.657$$

分配到变压器 T1 绕组Ⅰ的零序电流

$$\dot{I}_{\text{I}0}=\frac{x_3}{x_3+x_{11}}\dot{I}_{10}=\frac{0.06}{0.06+0.28}\times(-0.657)=-0.116$$

因此，在变压器 T1 的 37kV 侧接地中性线的电流为

$$I_{n(\text{II})}=3I_{L0}\times\frac{60}{\sqrt{3}\times 37}=3\times 0.657\times\frac{60}{\sqrt{3}\times 37}=1.85(\text{kA})$$

115kV 侧接地中性线电流为

$$I_{n(\text{I})}=3I_{\text{I}0}\times\frac{60}{\sqrt{3}\times 115}=3\times 0.115\times\frac{60}{\sqrt{3}\times 115}=0.105(\text{kA})$$

（七）计算短路点各序电压及节点 h 的各序电压

以短路点正序电流作参考相量，短路点的各序电压分别为

$$\dot{U}_{k1}=\text{j}(X_{\Sigma 0}\ /\!/\ X_{\Sigma 2})\dot{I}_{k1}=\text{j}0.13\times 2.703=\text{j}0.35$$

$$\dot{U}_{k2}=\dot{U}_{k0}=\dot{U}_{k1}=\text{j}0.35$$

37kV 母线 h 的各序电压为

$$\dot{U}_{h(1)}=\dot{U}_{k1}+\text{j}x_L\dot{I}_{k1}=\text{j}0.35+\text{j}0.14\times 2.703=\text{j}0.728$$

$$\dot{U}_{h(2)}=\dot{U}_{k2}+\text{j}x_L\dot{I}_{k2}=\text{j}0.35+\text{j}0.14\times(-1.455)=\text{j}0.146$$

$$\dot{U}_{h(0)}=\dot{U}_{k0}+\text{j}x_{l(0)}\dot{I}_{10}=\text{j}0.35+\text{j}0.49\times(-0.657)=\text{j}0.028$$

因此，37kV 母线 h 的各相电压分别为

$$\begin{aligned}\dot{U}_{ha}&=(\dot{U}_{h(0)*}+\dot{U}_{h(1)*}+\dot{U}_{h(2)*})U_B/\sqrt{3}=\text{j}(0.028+0.728+0.146)\times 37/\sqrt{3}\\&=\text{j}0.902\times 21.4=19.30e^{\text{j}90^\circ}(\text{kV})\end{aligned}$$

$$\begin{aligned}\dot{U}_{hb}&=(\dot{U}_{h(0)*}+a^2\dot{U}_{h(1)*}+a\dot{U}_{h(2)*})U_B/\sqrt{3}\\&=\text{j}\left[0.028+\left(-\frac{1}{2}-\text{j}\frac{\sqrt{3}}{2}\right)\times 0.728+\left(-\frac{1}{2}+\text{j}\frac{\sqrt{3}}{2}\right)\times 0.146\right]\times 21.4\\&=(0.504-\text{j}0.409)\times 21.4=13.89e^{-\text{j}39.06^\circ}(\text{kV})\end{aligned}$$

$$\begin{aligned}\dot{U}_{hc}&=(\dot{U}_{h(0)*}+a\dot{U}_{h(1)*}+a^2\dot{U}_{h(2)*})U_B/\sqrt{3}\\&=\text{j}\left[0.028+\left(-\frac{1}{2}+\text{j}\frac{\sqrt{3}}{2}\right)\times 0.728+\left(-\frac{1}{2}-\text{j}\frac{\sqrt{3}}{2}\right)\times 0.146\right]\times 21.4\\&=13.89e^{\text{j}219.06^\circ}(\text{kV})\end{aligned}$$

图 8-21 为本例题的电流电压相量图。

【例 8-7】 如图 8-22（a）所示自耦变压器，额定容量为 120MVA，额定电压为 220/121/11kV，短路电压：$u_{k1-2}\%=10.6$，$u_{k2-3}\%=23$，$u_{k1-3}\%=36.4$。如高压侧三相直接接地，中压侧三相加以零序电压 $U_0=10\text{kV}$，试计算：（1）中性点直接接地时各侧的零序电流；（2）中性点经 12.5 电抗接地时各侧零序电流和中性点电压。

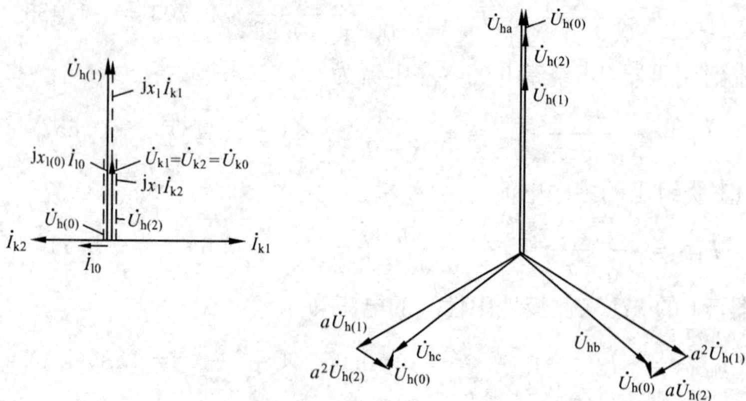

图 8-21　电压电流相量图

解　取自耦变压器的额定值为基准、作等值电路有图 8-22（b），图中加括号的电抗为中性点经电抗接地时的参数。

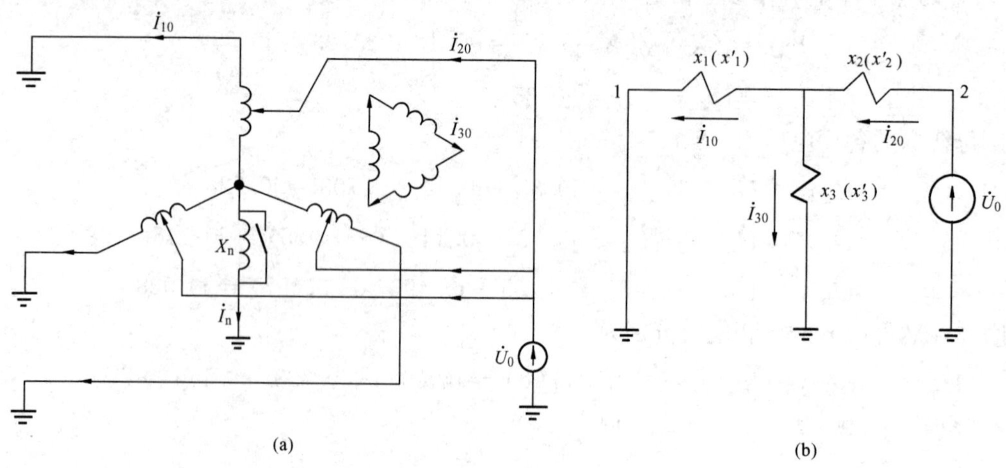

图 8-22　自耦变压器及等值电路

（1）中性点直接接地

各侧电抗为

$$x_1=\frac{1}{2}(10.6+36.4-23)\times\frac{1}{100}=0.12$$

$$x_2=\frac{1}{2}(10.6+23-36.4)\times\frac{1}{100}=-0.014$$

$$x_3=\frac{1}{2}(23+36.4-10.6)\times\frac{1}{100}=0.244$$

中压侧施加的零序电压（相电压）标幺值为

$$U_0=10/\left(\frac{121}{\sqrt{3}}\right)=0.143$$

各侧零序电流标幺值为

$$I_{20}=\frac{0.143}{-0.014+(0.12\ /\!/\ 0.244)}=2.15$$

$$I_{10}=\frac{0.244}{0.12+0.244}I_{20}=1.44$$

$$I_{30}=\frac{0.12}{0.12+0.244}I_{20}=0.709$$

各侧零序电流有名值为

$$I_{20}=2.15\times\frac{120}{\sqrt{3}\times 121}=1.23(\text{kA})$$

$$I_{10}=1.44\times\frac{120}{\sqrt{3}\times 220}=0.453(\text{kA})$$

$$I_{30}=0.709\times\frac{120}{\sqrt{3}\times 11}\frac{1}{\sqrt{3}}=2.58(\text{kA})$$

（变压器额定电流是线电流，所以三角形接法绕组的额定电流为线电流除以$\sqrt{3}$。）

中性线电流为

$$I_{\text{n}}=3(I_{20}-I_{10})=3\times(1.23-0.453)=2.33(\text{kA})$$

（2）中性点经电抗接地

参数归算到高压侧。高中压变比为$K=220/121=1.818$。

接地电抗标幺值为

$$x_{\text{n}}=12.5\times 120/220^2=0.031$$

等值电路各电抗为

$$x'_1=0.12+3\times 0.031\times(1-1.818)=0.044$$

$$x'_2=-0.014+3\times 0.031\times 1.818\times(1.818-1)=0.124$$

$$x'_3=0.244+3\times 0.031\times 1.818=0.413$$

$$I_{20}=\frac{0.143}{0.124+(0.044\ /\!/\ 0.413)}=0.873$$

$$I_{10}=\frac{0.413}{0.044+0.413}\times 0.873=0.789$$

$$I_{30}=\frac{0.044}{0.044+0.413}\times 0.873=0.084$$

各侧电流实际值为

$$I_{20}=0.873\times\frac{120}{\sqrt{3}\times 121}=0.5(\text{kA})$$

$$I_{10}=0.789\times\frac{120}{\sqrt{3}\times 220}=0.248(\text{kA})$$

$$I_{30}=0.084\times\frac{120}{\sqrt{3}\times 11}\frac{1}{\sqrt{3}}=0.305(\text{kA})$$

中性线电流为　$I_{\text{n}}=3\times(0.5-0.248)=0.756(\text{kA})$

中性点电压为　$U_{\text{n}}=0.756\times 12.5=9.45(\text{kV})$

【例 8-8】 电力系统如图 8-23 所示，k 点接地时，若 $3\dot{I}_0=3\text{kA}$、$3\dot{I}'_0=2.1\text{kA}$、$3\dot{I}''_0=$

0.9kA，试求：

（1）k点BC相接地短路且$Z_{\Sigma2}=Z_{\Sigma0}$时，M侧和N侧的三相电流；

（2）k点A相接地短路，M侧和N侧的三相电流。

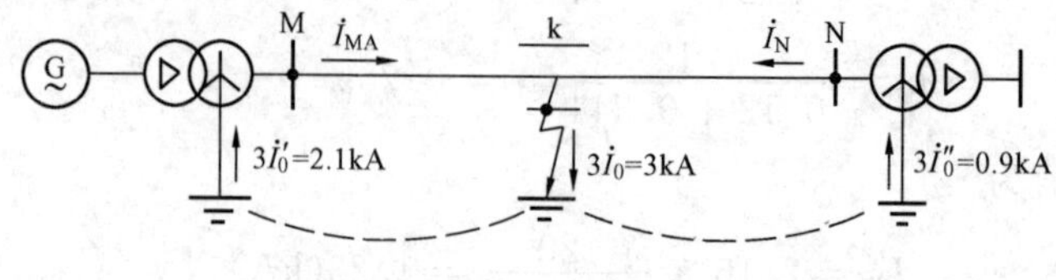

图8-23 电力系统接线图

解 （1）k点BC相接地短路时：

因为图示电力系统在短路故障时空载，所以N侧三相电流只有零序分量，M侧三相电流除零序分量外，还有正序电流分量和负序电流分量。

N侧三相电流为

$$\dot{I}_{NA0}=\dot{I}_{NB0}=\dot{I}_{NC0}=\frac{1}{3}\times 3\,\dot{I}_0''=\frac{1}{3}\times 0.9=0.3(\text{kA})$$

因$3\dot{I}_0'$为M侧三相零序电流之和，故有

$$\dot{I}_{MA0}=\dot{I}_{MB0}=\dot{I}_{MC0}=\frac{1}{3}\times 2.1=0.7(\text{kA})$$

BC相接地短路时，基准相取为A相；又有$Z_{\Sigma2}=Z_{\Sigma0}$。所以由复合序网可得$\dot{I}_{kA2}^{(1.1)}=\dot{I}_{kA0}^{(1.1)}=\dot{I}_{MA0}+\dot{I}_{NA0}=0.7+0.3=1(\text{kA})$；同时，$\dot{I}_{kA1}^{(1.1)}=-(\dot{I}_{kA2}^{(1.1)}+\dot{I}_{kA0}^{(1.1)})=-(1+1)=-2(\text{kA})$。由此可得到M侧的三相电流为（$\dot{I}_{MA1}=\dot{I}_{kA1}^{(1.1)}$、$\dot{I}_{MA2}=\dot{I}_{kA2}^{(1.1)}$）

$$\dot{I}_{MA}=\dot{I}_{MA1}+\dot{I}_{MA2}+\dot{U}_{MA0}=-2+1+0.7=-0.3(\text{kA})$$

$$\dot{I}_{MB}=a^2\,\dot{I}_{MA1}+a\,\dot{I}_{MA2}+\dot{I}_{MA0}=-2a^2+a+0.7=2.86\underline{/65.2^\circ}(\text{kA})$$

$$\dot{I}_{MC}=a\,\dot{I}_{MA1}+a^2\,\dot{I}_{MA2}+\dot{I}_{MA0}=-2a+a^2+0.7=2.86\underline{/-65.2^\circ}(\text{kA})$$

（2）k点A相接地短路时：

因为$\dot{I}_{kA}^{(1)}=3\text{kA}$，所以$\dot{I}_{kA1}^{(1)}=\dot{I}_{kA2}^{(1)}=\dot{I}_{kA0}^{(1)}=1\text{kA}$，$\dot{I}_{MA1}=\dot{I}_{kA1}^{(1)}=1\text{kA}$；$\dot{I}_{MA2}=\dot{I}_{kA2}^{(1)}=1\text{kA}$，$\dot{I}_{MA0}=\dot{I}_0'=0.7\text{kA}$、$\dot{I}_{MA0}=\dot{I}_0''=0.3\text{kA}$。

考虑到N侧三相电流只有零序电流分量，故

$$\dot{I}_{NA}=\dot{I}_{NB}=\dot{I}_{NC}=\dot{I}_{NA0}=0.3\text{kA}$$

M侧三相电流，求得

$$\dot{I}_{MA}=\dot{I}_{MA1}+\dot{I}_{MA2}+\dot{I}_{MA0}=1+1+0.7=2.7(\text{kA})$$

$$\dot{I}_{MB}=a^2\,\dot{I}_{MA1}+a\,\dot{I}_{MA2}+\dot{I}_{MA0}=a^2+a+0.7=-0.3(\text{kA})$$

$$\dot{I}_{MC}=a\,\dot{I}_{MA1}+a^2\,\dot{I}_{MA2}+\dot{I}_{MA0}=a+a^2+0.7=-0.3\text{kA}$$

【例8-9】 如图8-24（a）电力系统，当在双回线的首端d处发生单相断线故障时，试计算断开相的断口电压和非断开相电流。系统各元件参数如下：

发电机G　$S_N=120\text{MVA}$，$U_N=10.5\text{kV}$，$E_G=1.67$，$X_1=0.9$，$X_2=0.45$

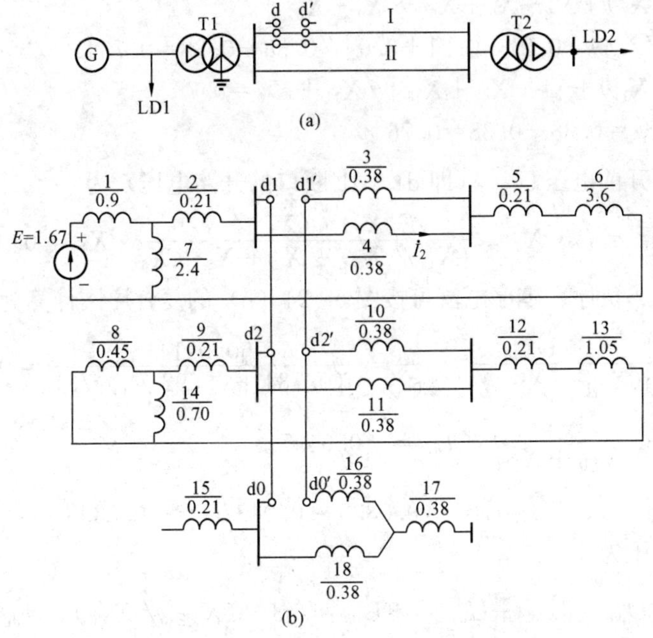

图 8-24　电力系统及其单相断开时的复合序网

变压器 T1　$S_N=60$MVA，$u_k\%=1.05$，10.5/115kV

变压器 T2　$S_N=60$MVA，$u_k\%=10.5$，115/6.3kV

线路　$l=105$km，$X_1=0.4\Omega/\text{km}$，$X_{\text{I}(0)}=0.8\Omega/\text{km}$，$X_{\text{I-II}(0)}=0.4\Omega/\text{km}$

负荷LD1　$S_N=60$MVA，$X_1=1.2$，$X_2=0.35$

LD2　$S_N=40$MVA，$X_1=1.2$，$X_2=0.35$

解　取基准值为：$S_n=120$MVA，$U_n=U_{av}$，作故障后各序等值电路及复合序网如图 2-24 (b)所示。参数计算如下：

$X_1=0.9$

$X_8=0.45$

$$X_2=X_9=X_{15}=\frac{u_k\%S_B}{100S_N}=\frac{10.5\times120}{100\times60}=0.21$$

$$X_3=X_4=X_{10}=X_{11}=105\times0.4\times\frac{120}{11.5^2}=0.38$$

$$X_5=X_{12}=\frac{u_k\%S_B}{100S_N}=\frac{10.5\times120}{100\times60}=0.21$$

$$X_6=1.2\times\frac{120}{40}=3.6,\quad X_{13}=0.35\times\frac{120}{40}=1.05$$

$$X_7=1.2\times\frac{120}{60}=2.4,\quad X_{14}=0.35\times\frac{120}{60}=0.70$$

$$X_{16}=X_{18}=[X_{\text{I}(0)}-X_{\text{I-II}(0)}]l\frac{S_n}{U_n^2}=(0.8-0.4)\times105\times\frac{120}{115^2}=0.38$$

$$X_{17}=X_{\text{I-II}(0)}l\frac{S_n}{U_n^2}=0.4\times105\times\frac{120}{115^2}=0.38$$

$X_{\Sigma1}=[(X_1/\!/X_7)+X_2+X_5+X_6]/\!/X_4+X_3$

$\quad=[(0.9/\!/2.4)+0.21+0.21+3.6]/\!/0.38+0.38=0.734$

$X_{\Sigma2}=[(X_8/\!/X_{14})+X_9+X_{12}+X_{13}]/\!/X_{11}+X_{10}=0.76$

$X_{\Sigma0}=X_{16}+X_{18}=0.38+0.38=0.76$

求故障断口断开前电压$\dot{U}_{dd101}$（即 d1－d1′断口的开路电压）为

$$\dot{U}_{dd101}=\dot{I}_2\cdot X_4=\frac{(E/X_1)\cdot(X_1/\!/X_7)}{(X_1/\!/X_7)+X_2+X_5+X_6}\cdot X_4=0.0914$$

则故障端口的正序、负序、零序电流可按图 8-24（b）的复合序网计算为

$$\dot{I}_{d1}=\frac{\dot{U}_{dd101}}{j(X_{\Sigma1}+X_{\Sigma2}/\!/X_{\Sigma0})}=\frac{j0.0914}{j(0.734+0.692/\!/0.76)}=0.0835$$

$$\dot{I}_{d2}=-\frac{X_{\Sigma0}}{X_{\Sigma0}+X_{\Sigma2}}\times\dot{I}_{d1}=-0.0437$$

$$\dot{I}_{d0}=-(\dot{I}_{d1}+\dot{I}_{d2})=-(0.0835-0.0437)=-0.0398$$

故障断口的电压为

$$\dot{U}_{dd}=\dot{U}_{dd1}+\dot{U}_{dd2}+\dot{U}_{dd0}=3\dot{U}_{dd1}=j3\times(X_{\Sigma2}/\!/X_{\Sigma0})\times\dot{I}_{d1}\times\frac{U_n}{\sqrt{3}}$$

$$=j3\times(0.692/\!/0.76)\times0.0835\times\frac{115}{\sqrt{3}}=j6.02(\text{kV})$$

非故障相电流为

$$\dot{I}_{db}=\frac{-3X_{\Sigma2}-j\sqrt{3}(X_{\Sigma2}+2X_{\Sigma0})}{2(X_{\Sigma2}+X_{\Sigma0})}\times\dot{I}_{d1}\times\frac{S_n}{\sqrt{3}U_n}=-0.0751e^{j61.6^\circ}(\text{kA})$$

同理可以计算得

$$\dot{I}_{dc}=-0.0751e^{j61.6^\circ}(\text{kA})$$

【例 8-10】 电力系统如图 8-25 所示，设变压器 T1 中性点不接地，各元件参数如图中所示。试画出 k 点（N 母线出口）接地短路时故障线路 N 侧三相跳闸后的正序、负序、零序网络并加以简化。

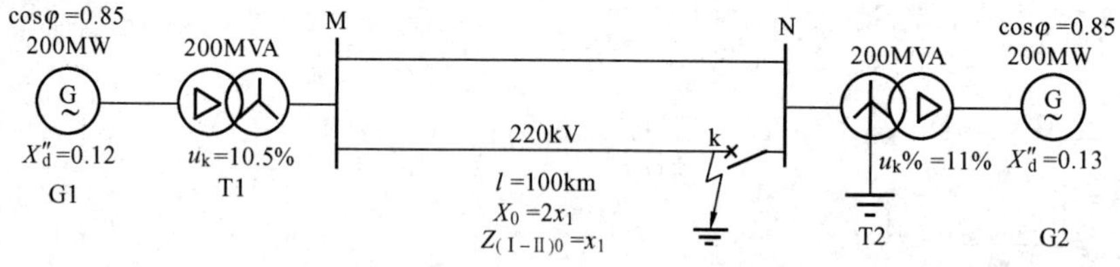

图 8-25　电力系统接线图

解　先计算各元件序阻抗的标幺值，以注脚 1、2、0 表示元件的正序、负序、零序电抗。取基准容量 $S_n=1000\text{MVA}$，基准电压 $U_n=U_{av}$，各元件序电抗计算如下。

发电机 G1　　　$X_1=X_2=0.12\times\frac{1000}{200/0.85}=0.510$

发电机 G2　　　$X_1=X_2=0.13\times\frac{1000}{200/0.85}=0.553$

变压器 T1　　$X_1=X_2=0.105\times\frac{1000}{200}=0.525$

变压器 T2　　$X_1=X_2=0.11\times\frac{1000}{200}=0.550$

$X_0=80\%X_1=0.440$（三柱内铁型）

输电线 MN　　$X_1=X_2=0.4\times100\times\frac{1000}{230^2}=0.756$（一回路值）

$X_0=2X_1=2\times0.756=1.512$（一回路值）

$Z_{(\mathrm{I}-\mathrm{II})0}l=0.756$

1. 正序网络及其简化（注脚的相别略去）

正序网络就是如前所述的三相短路时的网络。k 点三相短路时，正序电流通过网络中所有元件，所以画出正序网络如图 8 - 26（a）所示（电抗前的 j 省去）。k1 为故障点，N1 为发电机 G1、G2 的零电位点。

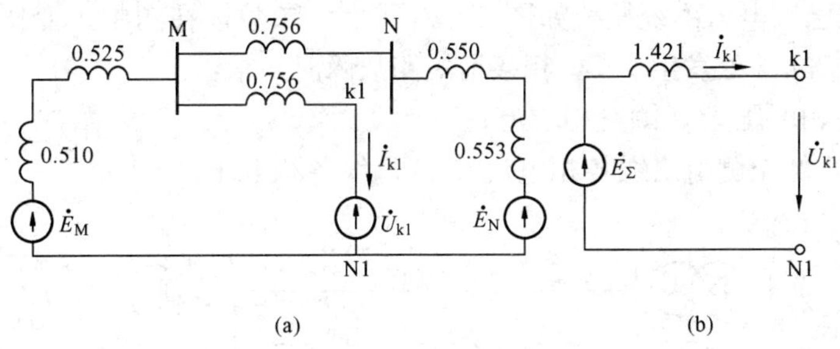

图 8 - 26　正序网络及其简化

（a）正序网络；（b）简化的正序网络

根据戴维南原理，从 k1 和 N1 向网络看进去的等效电动势为 $\dot{E}_\Sigma$，在短路故障分析中是等效的发电机超瞬态电动势，可取 $\dot{E}_\Sigma=\mathrm{j}1$，向网络看进去的综合电抗为

$$X_{\Sigma1}=0.756+[(0.510+0.525)\ /\!/\ (0.756+0.550+0.553)]=1.421$$

作出简化正序网络如图 8 - 26（b）所示。图中 $\dot{U}_{k1}$ 是电压降。

由图 8 - 26（b）写出正序电压方程为

$$\dot{U}_{k1}=\dot{E}_\Sigma-\mathrm{j}\dot{I}_{k1}X_{\Sigma1}=\mathrm{j}1-\mathrm{j}1.421\dot{I}_{k1}$$

2. 负序网络及其简化

因发电机的负序电抗等于超瞬态电抗，故负序网络与正序网络相同，只是发电机电动势为零，即将图 8 - 26（a）中的 $\dot{E}_M=0$、$\dot{E}_N=0$ 就构成了负序网络。负序电压方程为

$$\dot{U}_{k2}=-\mathrm{j}1.421\dot{I}_{k2}$$

3. 零序网络及其简化

按前述画零序网络的原则，作出零序电流流通的途径如图 8 - 27（a）所示，发电机 G1、G2 和变压器 T1 均不流过零序电流，故零序网络，如图 8 - 27（b）所示。零序综合电抗为

$$X_{\Sigma0}=0.756+0.756+0.440=1.952$$

简化零序网络如图 8 - 27（c）所示。序电压方程为

$$\dot{U}_{k0}=-\mathrm{j}1.952\dot{I}_{k0}$$

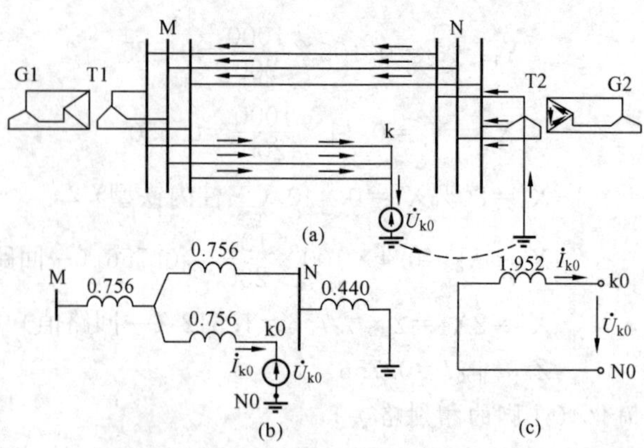

图 8-27　零序网络及其简化

（a）零序电流通路；（b）零序网络；（c）简化的零序网络

【例 8-11】　已知电力系统接线如图 8-28 所示，参数标在图中，变压器均为三相三柱式，当离 M 母线 20km 处发生了 BC 相接地短路故障时，求：

1）M 母线各相电压、M 侧三相电流；

2）变压器 T1 低压侧引出线各相电流及 H 母线各相电压。

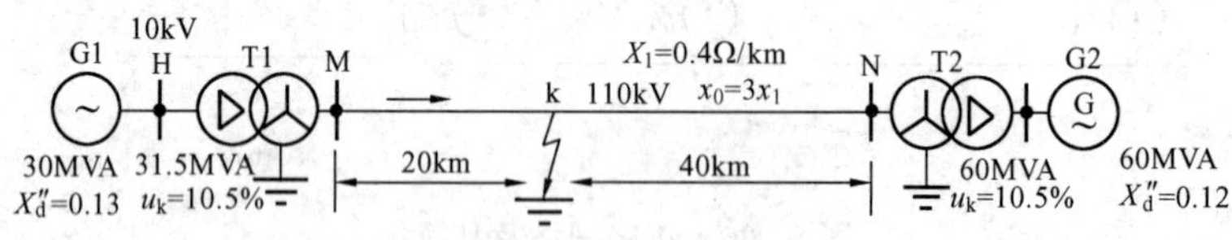

图 8-28　电力系统接线

解　取基准容量 $S_n=100MVA$，基准电压 $U_B=U_{av}$，计算各元件电抗标幺值，作出复合序网如图 8-29 所示（取 A 相为基准相）。

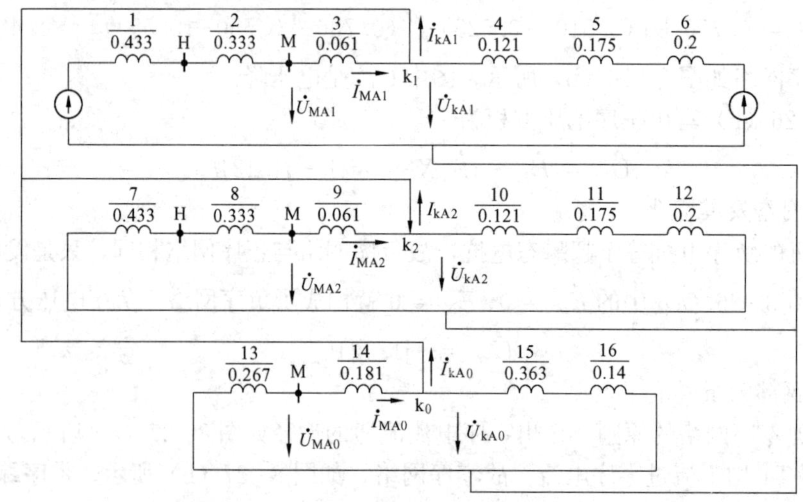

图 8-29　k 点 BC 相接地时复合序网

参数计算如下：

$$X_1=X_7=0.13\times\frac{100}{30}=0.433$$

$$X_2=X_8=\frac{u_k\%\cdot S_n}{100\cdot S_N}=\frac{10.5\times100}{100\times31.5}=0.333$$

$$X_3=X_9=20\times0.4\times\frac{100}{115^2}=0.061$$

$$X_4=X_{10}=40\times0.4\times\frac{100}{115^2}=0.121$$

$$X_5=X_{11}=\frac{u_k\%\cdot S_n}{100\cdot S_N}=\frac{10.5\times100}{100\times60}=0.175$$

三相三柱式变压器，近似取零序电抗为正序电抗的80%，则

$$X_{13}=0.8X_2=0.333\times0.8=0.267$$

$$X_{16}=0.8\times X_5=0.175\times0.8=0.14$$

$$X_6=X_{12}=0.12\times\frac{100}{60}=0.2$$

故障点各序网络等值电抗为

$$X_{\Sigma1}=X_{\Sigma2}=(X_1+X_2+X_3)\ /\!/\ (X_4+X_5+X_6)=0.31$$

$$X_{\Sigma0}=(X_{13}+X_{14})\ /\!/\ (X_{15}+X_{16})=0.237$$

(1) 求M母线各相电压、M侧三相电流。

由复合序网求得故障点的各序电流、电压（取$\dot{U}_{k101}=\mathrm{j}1$）为

$$\dot{I}_{kA1}=\frac{\mathrm{j}1}{\mathrm{j}[0.310+(0.310\ /\!/\ 0.237)]}=2.251$$

$$\dot{I}_{kA2}=-\dot{I}_{kA1}\frac{X_{\Sigma0}}{X_{\Sigma2}+X_{\Sigma0}}=-2.251\times\frac{0.237}{0.310+0.237}=-0.975$$

$$\dot{I}_{kA0}=-\dot{I}_{kA1}\frac{X_{\Sigma2}}{X_{\Sigma2}+X_{\Sigma0}}=-2.251\times\frac{0.310}{0.310+0.237}=-1.276$$

$$\dot{U}_{kA1}=\dot{U}_{kA2}=\dot{U}_{kA0}=-\dot{I}_{kA0}\mathrm{j}X_{\Sigma0}=1.276\times\mathrm{j}0.237=\mathrm{j}0.302$$

M侧的各序电流为

$$\dot{I}_{MA1}=\dot{I}_{kA1}\times\frac{0.496}{0.827+0.496}=2.251\times\frac{0.496}{1.323}=0.844$$

$$\dot{I}_{MA2}=\dot{I}_{kA2}\times\frac{0.496}{0.827+0.496}=-0.975\times\frac{0.496}{1.323}=-0.366$$

$$\dot{I}_{MA0}=\dot{I}_{kA0}\times\frac{0.503}{0.448+0.503}=-1.276\times\frac{0.503}{0.951}=-0.675$$

M侧的三相电流为

$$\dot{I}_{MA}=\dot{I}_{MA1}+\dot{I}_{MA2}+\dot{I}_{MA0}=0.844-0.366-0.675=-0.197$$

$$\dot{I}_{MB}=a^2\dot{I}_{MA1}+a\dot{I}_{MA2}+\dot{I}_{MA0}=0.844e^{\mathrm{j}240^\circ}-0.366e^{\mathrm{j}120^\circ}-0.675$$
$$=-0.914-\mathrm{j}1.048=1.391e^{-\mathrm{j}131^\circ}$$

$$\dot{I}_{MC}=a\dot{I}_{MA1}+a^2\dot{I}_{MA2}+\dot{I}_{MA0}=0.844e^{\mathrm{j}120^\circ}-0.366e^{\mathrm{j}240^\circ}-0.675$$
$$=-0.914+\mathrm{j}1.048=1.391e^{\mathrm{j}131^\circ}$$

化为有名值，M 侧的三相电流为

$$\dot{I}_{MA}=-0.197\times\frac{100}{\sqrt{3}\times115}=-98.9(\text{A})$$

$$\dot{I}_{MB}=1.391e^{-j131^\circ}\times\frac{100}{\sqrt{3}\times115}=698.3e^{-j131^\circ}(\text{A})$$

$$\dot{I}_{MC}=1.391e^{j131^\circ}\times\frac{100}{\sqrt{3}\times115}=698.3e^{j131^\circ}(\text{A})$$

M 母线上的各序电压为

$$\dot{U}_{MA1}=\dot{U}_{kA1}+\dot{I}_{MA1}\times j0.061=j0.302+0.844\times j0.061=j0.353$$

$$\dot{U}_{MA2}=\dot{U}_{kA2}+\dot{I}_{MA2}\times j0.061=j0.302-0.366\times j0.061=j0.280$$

$$\dot{U}_{MA0}=\dot{U}_{kA0}+\dot{I}_{MA0}\times j0.181=j0.302-0.675\times j0.181=j0.180$$

M 母线上的三相电压为

$$\dot{U}_{MA}=\dot{U}_{MA1}+\dot{U}_{MA2}+\dot{U}_{MA0}=j0.353+j0.280+j0.180=j0.813$$

$$\dot{U}_{MB}=a^2\dot{U}_{MA1}+a\dot{U}_{MA2}+\dot{U}_{MA0}=j0.353e^{j240^\circ}+j0.28e^{j120^\circ}+j0.18$$
$$=0.063-j0.137=0.122e^{-j65^\circ}$$

$$\dot{U}_{MC}=a\dot{U}_{MA1}+a^2\dot{U}_{MA2}+\dot{U}_{MA0}=j0.353e^{j120^\circ}+j0.28e^{j240^\circ}+j0.18$$
$$=-0.063-j0.137=0.122e^{-j115^\circ}$$

化为有名值，M 母线上的三相电压为

$$\dot{U}_{MA}=j0.813\times\frac{115}{\sqrt{3}}=j54(\text{kV})$$

$$\dot{U}_{MB}=0.122e^{-j65^\circ}\times\frac{115}{\sqrt{3}}=8.1e^{-j65^\circ}(\text{kV})$$

$$\dot{U}_{MC}=0.122e^{-j115^\circ}\times\frac{115}{\sqrt{3}}=8.1e^{-j115^\circ}(\text{kV})$$

作出 M 母线上三相电压、M 侧三相电流的相量关系，如图 8 - 30（b）所示。

（2）H 母线各相电压、H 侧三相电流。

变压器 T1 低压侧引出线中无零序分量电流，仅有正序、负序分量电流，求得 H 侧三相电流为

$$\dot{I}_{Ha}=\frac{100}{\sqrt{3}\times10.5}(0.844e^{j30^\circ}-0.366e^{-j30^\circ})=4.03e^{j55.6^\circ}(\text{kA})$$

$$\dot{I}_{Hb}=\frac{100}{\sqrt{3}\times10.5}(0.844a^2e^{j30^\circ}-0.366ae^{-j30^\circ})=6.65e^{-j90^\circ}(\text{kA})$$

$$\dot{I}_{Hc}=\frac{100}{\sqrt{3}\times10.5}(0.844ae^{j30^\circ}-0.366a^2e^{-j30^\circ})=4.03e^{j124.4^\circ}(\text{kA})$$

变压器低压侧 H 母线上正序、负序分量电压为

$$\dot{U}_{Ha1}=(\dot{U}_{MA1}+\dot{I}_{MA1}\times j0.333)e^{j30^\circ}=(j0.353+0.844\times j0.333)e^{j30^\circ}=0.634e^{j120^\circ}$$

$$\dot{U}_{Ha2}=(\dot{U}_{MA2}+\dot{I}_{MA2}\times j0.333)e^{-j30^\circ}=(j0.28-0.366\times j0.333)e^{-j30^\circ}=0.158e^{j60^\circ}$$

H 母线上的三相电压为

$$\dot{U}_{H}=\dot{U}_{Ha1}+\dot{U}_{Ha2}=(0.634e^{j120^\circ}+0.158e^{j60^\circ})\times\frac{10.5}{\sqrt{3}}=4.40e^{j109^\circ}(kV)$$

$$\dot{U}_{Hb}=(0.634a^2e^{j120^\circ}+0.158ae^{j60^\circ})\times\frac{10.5}{\sqrt{3}}=2.89(kV)$$

$$\dot{U}_{Hc}=(0.634ae^{j120^\circ}+0.158a^2e^{j60^\circ})\times\frac{10.5}{\sqrt{3}}=4.40e^{-j109^\circ}(kV)$$

作出H母线上三相电压、H侧三相电流的相量关系，如图8-30（a）所示。由图（a）、（b）还可以看出两侧电压、电流间的相量关系。

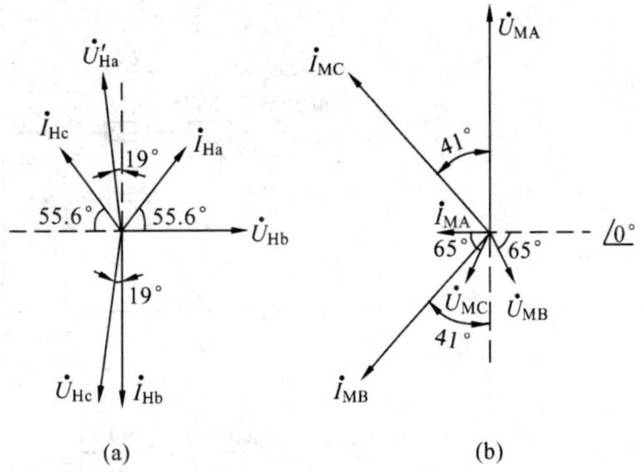

图8-30　变压器T1两侧的电压、电流相量关系（k点BC两相接地短路）

（a）H侧相量关系；（b）M侧相量关系

【例8-12】 系统接线如图8-31所示。假定在k点发生经过渡阻抗的bc两相接地短路，试计算短路点的各相电压和电流。各元件参数及过渡阻抗均标示在图8-31中。

解　（1）取$S_n=100$MVA，$U_n=U_{av}$，计算各元件序阻抗的标幺值，见图8-32所示（取a相为基准相）。

负荷用阻抗表示为

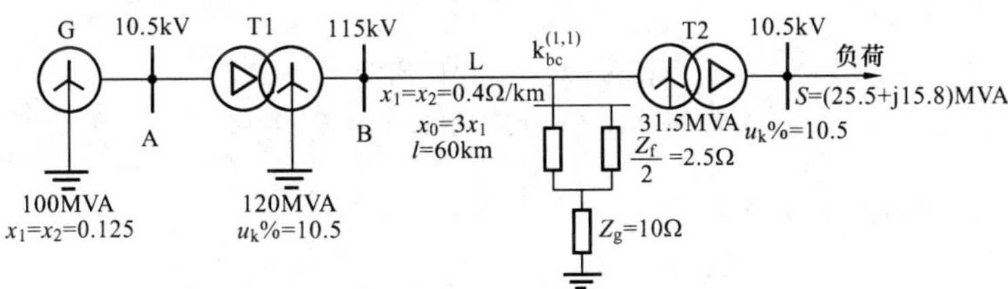

图8-31　系统接线图

$$Z_1=\frac{\dot{U}_1}{\dot{I}_1}=\frac{U_H^2}{P_H-jQ_H}=\frac{10.5^2}{25.5-j15.8}=3.675\underline{/31.8^\circ}(\Omega)$$

$$Z_{1*}=\frac{Z_1}{Z_B}=\frac{3.675\underline{/31.8}\times 100}{10.5^2}=2.834+j1.758$$

过渡阻抗为

$$Z_{f*}=5\times\frac{100}{115^2}=0.0378$$

$$Z_{g*}=10\times\frac{100}{115^2}=0.0756$$

（2）作出各序等值网络图，并求出各序网络的参数$Z_{1\Sigma}$、$Z_{2\Sigma}$、$Z_{0\Sigma}$及$\dot{U}_{k(0)}$值。

正序网络见图8-32（a）。

$$Z_{1\Sigma}=j0.394/\!/(2.834+j2.091)=0.031+j0.367=0.368\underline{/85.2^\circ}$$

负序网络见图8-32（b）。

$$Z_{2\Sigma}=Z_{1\Sigma}=0.031+j0.367=0.368\underline{/85.2^\circ}$$

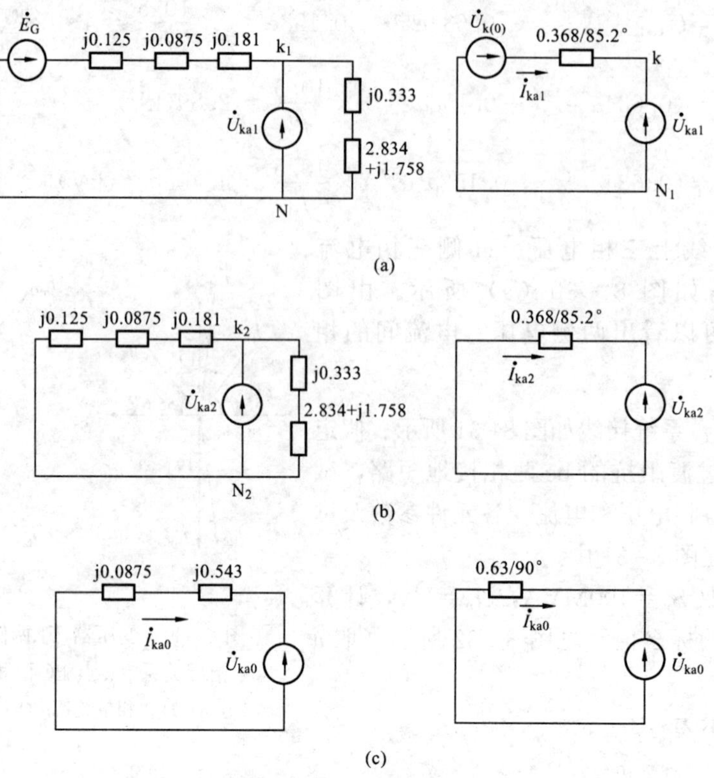

图 8-32 各序网络图

(a) 正序网络；(b) 负序网络；(c) 零序网络

零序网络见图 8-32（c）。

$$Z_{0\Sigma}=\mathrm{j}0.0875+\mathrm{j}0.543=0.63\angle 90^\circ$$

求正序网络中故障处的开路电压 $\dot{U}_{k[0]}$。正常运行时，假定以负荷处的电压作为参考相量，即取 $\dot{U}_{1*}=1$，由已知的负荷可求出负荷电流为

$$\dot{I}_{1*}=\frac{30\angle -31.8^\circ}{\sqrt{3}\times 10.5}\Bigg/\frac{100}{\sqrt{3}\times 10.5}=0.3\angle -31.8^\circ=0.255-\mathrm{j}0.158$$

则

$$\dot{U}_{k(0)}=\dot{U}_{1*}+\dot{I}_{1*}\mathrm{j}x_{T-2}=1+(0.255-\mathrm{j}0.158)\times \mathrm{j}0.333=1.056\angle 4.6^\circ$$

短路计算时，取 $\dot{U}_{k(0)}=1.056\angle 0^\circ$。

（3）计算 bc 两相分别经 $Z_f/2=2.5\Omega$ 短接后又经 $Z_g=10\Omega$ 接地短路时，故障处的各相电流电压。

已知

$$Z'_{1\Sigma}=Z'_{2\Sigma}=Z_{1\Sigma}+\frac{Z_f}{2}=0.031+\mathrm{j}0.367+0.0189=0.37\angle 82.3^\circ$$

$$Z'_{0\Sigma}=Z_{0\Sigma}+\frac{Z_f}{2}+3Z_g=\mathrm{j}0.63+0.0189+0.227=0.676\angle 68.7^\circ$$

根据两相接地短路时的边界条件将三个序网组成复合序网，如图 8-33 所示。

由复合序网求得

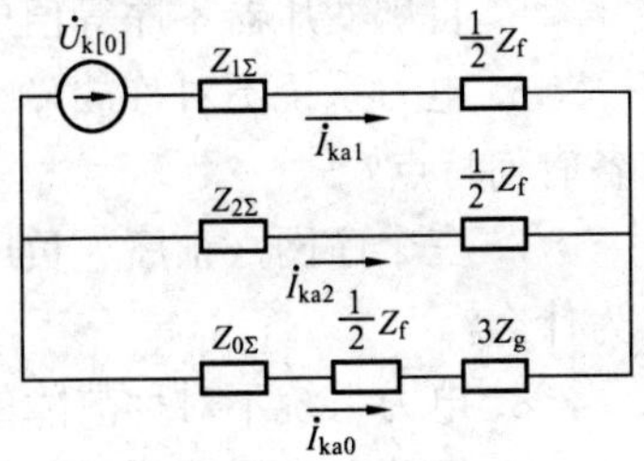

图 8-33　复合序网图

$$\dot{I}_{ka1}=\frac{\dot{U}_{k(0)}}{Z'_{1\Sigma}+\dfrac{Z'_{2\Sigma}Z'_{0\Sigma}}{Z'_{2\Sigma}+Z'_{0\Sigma}}}=\frac{1.056}{0.37\angle 82.3^\circ+\dfrac{0.25\angle 121^\circ}{1.04\angle 73.5^\circ}}$$

$$=0.289-j1.707=1.731\angle -89.9^\circ$$

$$\dot{I}_{ka2}=-\dot{I}_{ka1}\frac{Z'_{0\Sigma}}{Z'_{2\Sigma}+Z'_{0\Sigma}}$$

$$=-0.094+j1.121=1.125\angle 94.8^\circ$$

$$\dot{I}_{ka0}=-\dot{I}_{ka1}\frac{Z'_{2\Sigma}}{Z'_{2\Sigma}+Z'_{0\Sigma}}=-0.194+j0.584=0.616\angle 108.4^\circ$$

则

$$\dot{I}_{ka}=\dot{I}_{ka1}+\dot{I}_{ka2}+\dot{I}_{ka0}=0.289-j1.707-0.094+j1.121-0.194+j0.584\approx 0$$

$$\dot{I}_{kb}=a^2\dot{I}_{ka1}+a\dot{I}_{ka2}+\dot{I}_{ka0}=-2.74+j0.545=2.794\angle 168.7^\circ$$

$$\dot{I}_{kc}=a\dot{I}_{ka1}+a^2\dot{I}_{ka2}+\dot{I}_{ka0}=2.158+j1.238=2.448\angle 29.8^\circ$$

$$\dot{I}_g=\dot{I}_{kb}+\dot{I}_{kc}=3\dot{I}_{ka0}=3\times 0.616\angle 108.4^\circ=1.848\angle 108.4^\circ$$

$$\dot{U}_{ka1}=\dot{U}_{k[0]}-\dot{I}_{ka1}Z_{1\Sigma}=0.4246\angle -7.2^\circ=0.421-j0.0533$$

$$\dot{U}_{ka2}=-\dot{I}_{ka2}Z_{2\Sigma}=0.414\angle 0^\circ$$

$$\dot{U}_{ka0}=-\dot{I}_{ka0}Z_{0\Sigma}=0.368+j0.1225=0.388\angle 18.4^\circ$$

$$\dot{U}_{ka}=\dot{U}_{ka1}+\dot{U}_{ka2}+\dot{U}_{ka0}=1.203+j0.0692=1.205\angle 3.3^\circ$$

$$\dot{U}_{kb}=a^2\dot{U}_{ka1}+a\dot{U}_{ka2}+\dot{U}_{ka0}=-0.096+j0.143=0.1722\angle 123.9^\circ$$

$$\dot{U}_{kc}=a\dot{U}_{ka1}+a^2\dot{U}_{ka2}+\dot{U}_{ka0}=-0.0035+j0.156=0.156\angle 91.3^\circ$$

电流、电压的有名值为

$$I_n=\frac{100}{\sqrt{3}\times 115}=0.502\text{kA},\ U_n=\frac{115}{\sqrt{3}}=66.4(\text{kV})$$

$$I_{kb}=2.794\times 0.502=1.403(\text{kA})$$

$$I_{kc}=2.488\times 0.502=1.25(\text{kA})$$

$$I_g=1.848\times 0.502=0.928(\text{kA})$$

$$U_{ka}=1.205\times 66.4=80.012(\text{kV})$$

$$U_{kb}=0.1722\times 66.4=11.43(\text{kV})$$

$$U_{kc}=0.156\times 66.4=10.33(\text{kV})$$

思 考 题 与 习 题

一、思考题

1. 什么是对称分量法？ABC 分量与正序、负序、零序分量具有怎样的关系？
2. 如何应用对称分量法分析计算电力系统不对称短路故障？
3. 电力系统各元件序参数的基本概念如何？有什么特点？
4. 输电线路的零序参数有什么特点？主要影响因素有哪些？

5. 自耦变压器零序等值电路有什么特点？其参数如何计算？

6. 电力系统不对称故障（短路和断线故障）时，正序、负序、零序等值电路如何制定？各有何特点？

7. 三个序网（正序、负序、零序）以及对应的序网方程是否与不对称故障的形式有关？为什么？

8. 电力系统不对称故障的边界条件指的是什么？

9. 试述电力系统不对称故障（短路和断线故障）的分析计算步骤。

10. 如何制定电力系统不对称故障的复合序网（简单故障和经过渡电阻故障）？

11. 何谓正序等效定则？

12. 电力系统不对称故障时，电压和故障电流的分布如何计算？

13. 为什么说短路故障通常比断线故障要严重？

14. 电力系统不对称故障电流、电压经变压器后，其对称分量将发生怎样的变化？如何计算？

15. 电力系统发生不对称故障时，何处的正序电压、负序电压、零序电压最高？何处最低？

16. 电力系统两处同时发生复杂故障时，应怎样计算？为什么复合序网的连接必须要经过理想移相变压器？

二、练习题

8-1　图8-34所示电力系统，在k点发生单相接地故障，试作正序、负序、零序等值电路。

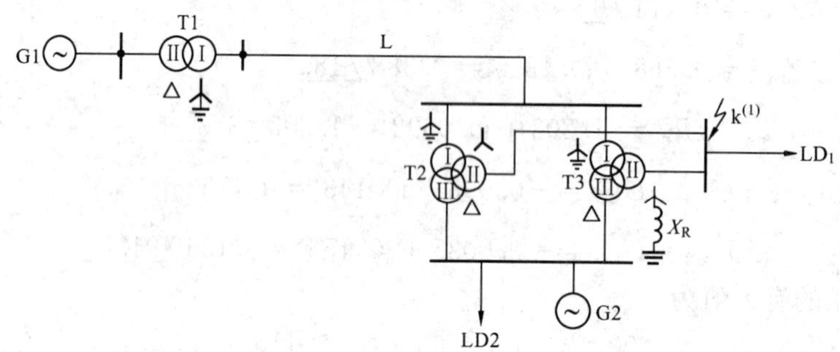

图8-34　系统接线图

8-2　图8-35（a）、（b）、（c）所示三个系统，在k点发生不对称短路故障时，试画出它们的正序、负序、零序等值电路（不用化简），并写出等值电抗 $X_{\Sigma1}$、$X_{\Sigma2}$、$X_{\Sigma0}$ 的表达式？（$x_{mo}\approx\infty$）。

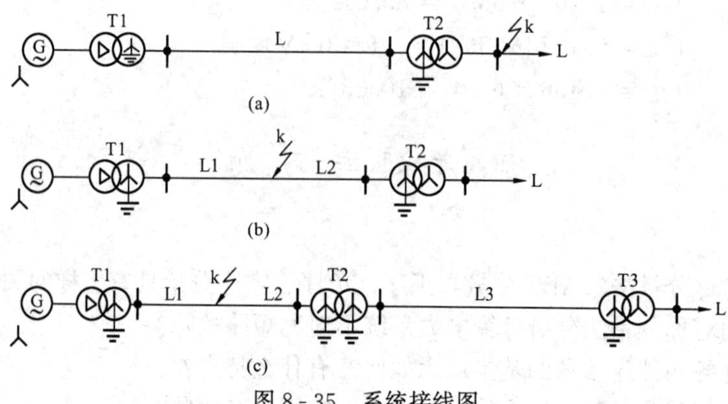

图8-35　系统接线图

8-3　图 8-36 所示电力系统，试作出：①k 点发生单相接地故障时的正序、负序、零序等值电路；②k 点发生单相断线故障时正序、负序、零序等值电路。

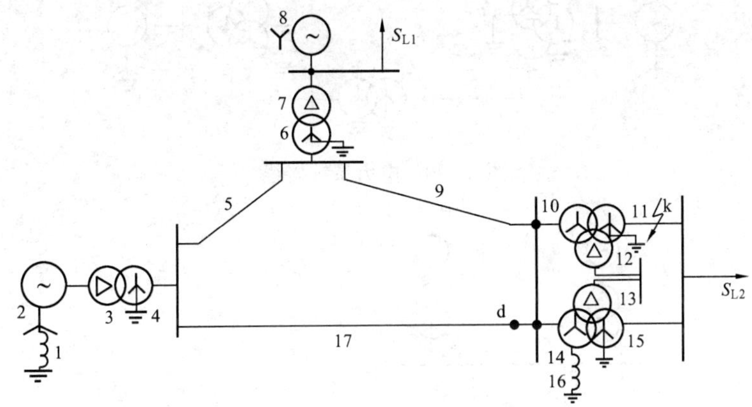

图 8-36　电力系统接线图

8-4　图 8-37 所示电力系统接线。当“X”处发两相断线故障时，试作该系统的正序、负序、零序等值电路，并作复合序网。当基准值取 $S_n=100$MVA，$U_n=U_{av}$时，计算各元件标幺值参数。

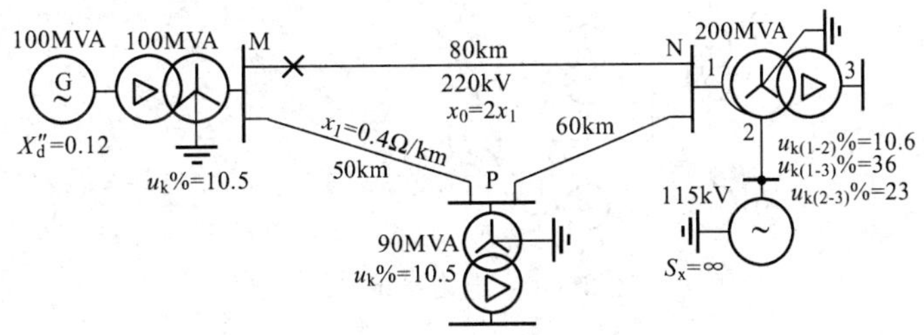

图 8-37　电力系统接线

8-5　图 8-38 所示电力系统，当 k 点发生两相接地故障时，试作正序、负序、零序等值电路。

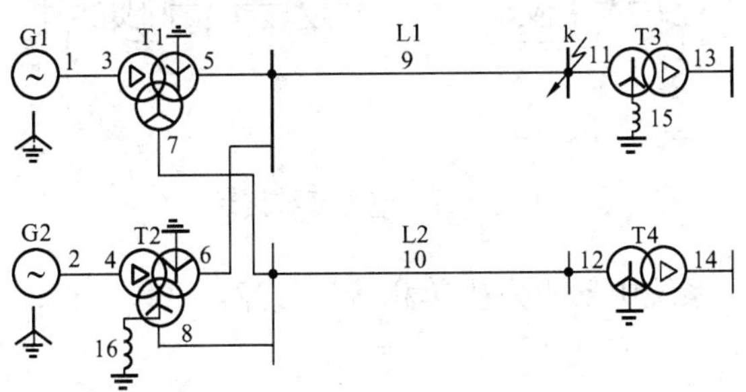

图 8-38　电力系统接线

8-6　图 8-39 所示电力系统，当 k 点发生单相接地时，试作零序等值电路。

8-7　图 8-40 所示电力系统，当 k1、k2、k3 发生单相接地故障时，试作零序等值电路？当“X”处发生单相断线故障时，试作正序、负序、零序等值电路。

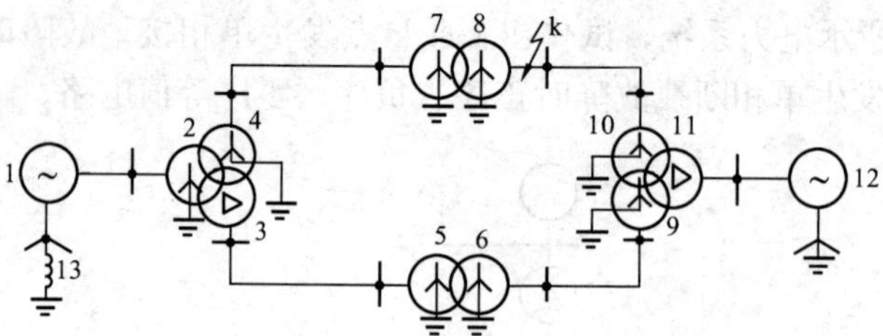

图 8-39　电力系统接线

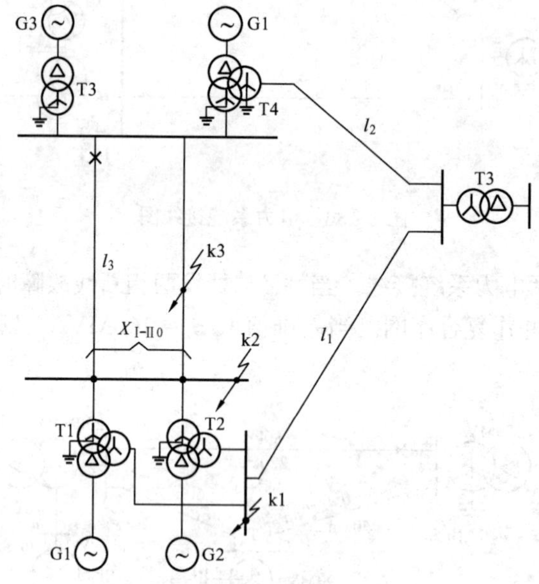

图 8-40　电力系统接线

8-8　图 8-41 所示系统中 k 点发生单相接地故障，试组成复合序网。图中发电机中性点经 x_{pg} 接地，变压器 T2 的三角形绕组接入电抗 x_{PT}。

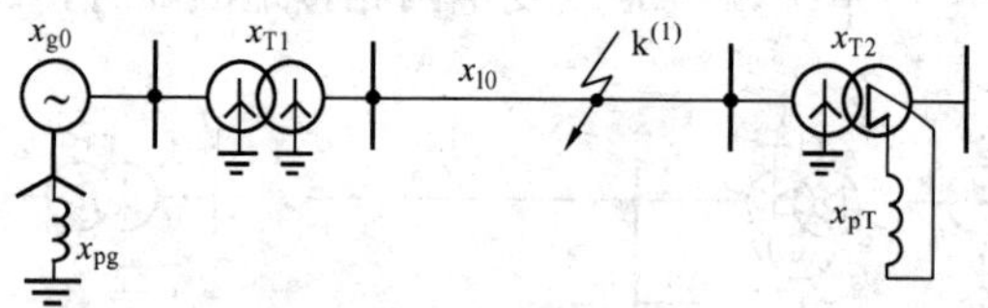

图 8-41　电力系统接线

8-9　图 8-42 所示系统中 k 点发生单相接地故障，试作出正、负、零序网，并组成它的复合序网。

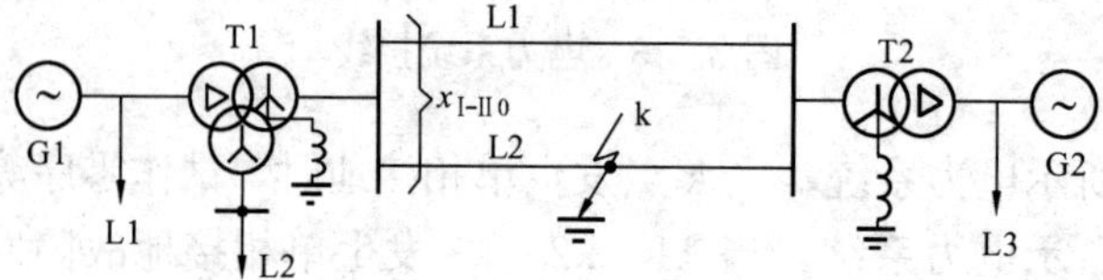

图 8-42　电力系统接线

8-10　简单电力系统如图 8-43 所示，已知元件参数如下：发电机，$S_N=60MVA$，$X''_d=0.16$，$X_2=0.19$；变压器，$S_N=60MVA$，$u_k\%=10.5$。k 点分别发生单相接地、两相短路、两相接地和三相短路时，试计算短路点短路电流的有名值，并进行比较分析。

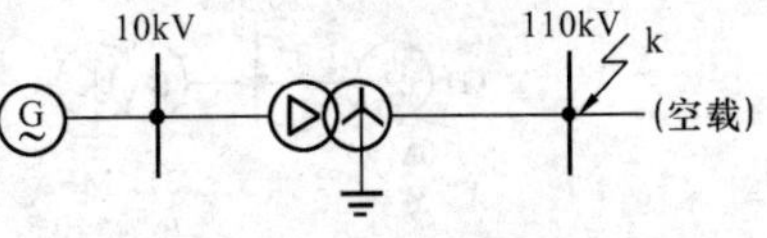

图 8-43　电力系统接线

[答案：$I_k^{(1)}=1.299(kA)$，$I_k^{(2)}=0.891(kA)$，$I_k^{(1.1)}=1.309(kA)$，$I_k^{(3)}=1.087(kA)$]

8-11　在题 8-10 的系统中，若变压器中性点经 30Ω 的电抗接地，试进行题 8-10 所列的各类短路电流的计算，并对两题的计算结果作比较。

[答案：$I_k^{(1)}=0.805(kA)$，$I_k^{(2)}=0.891(kA)$，$I_k^{(1.1)}=0.967(kA)$，$I_k^{(3)}=1.087(kA)$]

8-12　图 8-44 所示系统 k 点发生 B 相接地，求：(1) 故障相电流 I_{kB}；(2) M 母线各序电压；(3) 通过 T2 高压绕组中性点电流；(4) 通过发电机的负序电流。

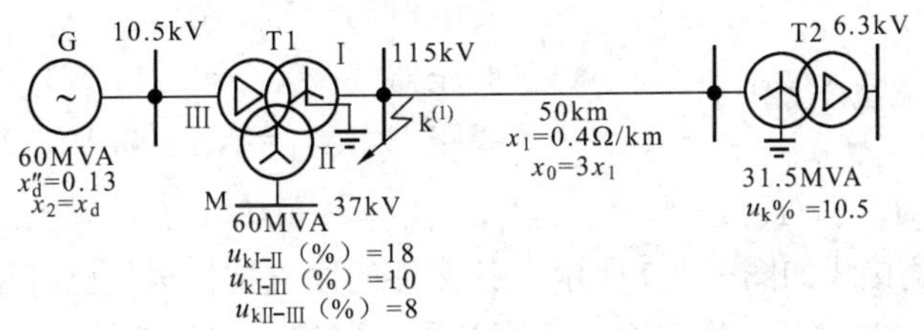

图 8-44　电力系统接线

[答案：(1) $I_{kB}=2.22(kA)$；
(2) $U_{Mb1}=14.5(kV)$，$U_{Mb2}=-22.5(kA)$，$U_{Mb0}=-11.29(kV)$；
(3) $I_g=2.22(kA)$；(4) $I_{G2}=6.08(kA)$]

8-13　如图 8-45 所示的电力系统，试分别作出在 M 点发生短路故障和断线故障时的各序等值电路，并写出各序等值电路用戴维南定理等效后的等值电抗的表达式，分析比较两种故障的区别。

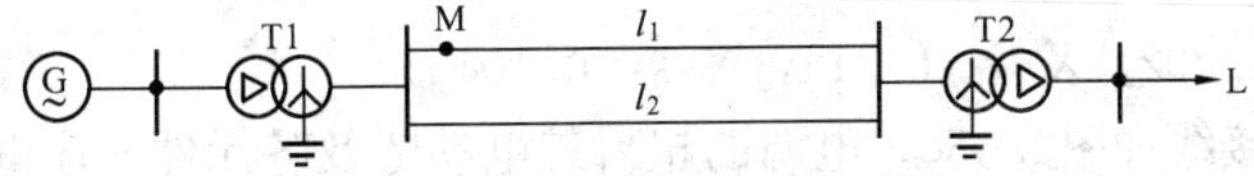

图 8-45　电力系统接线

8-14　如图 8-46 所示的系统中 k 点发生两相短路接地，求变压器中性点电抗分别为 $X_p=0$ 和 $X_p=46\Omega$ 时，故障点的各序电流以及各相电流。并回答：(1) X_p 中有正序、负序电流通过吗？(2) X_p 的大小对正序、负序电流有影响吗？

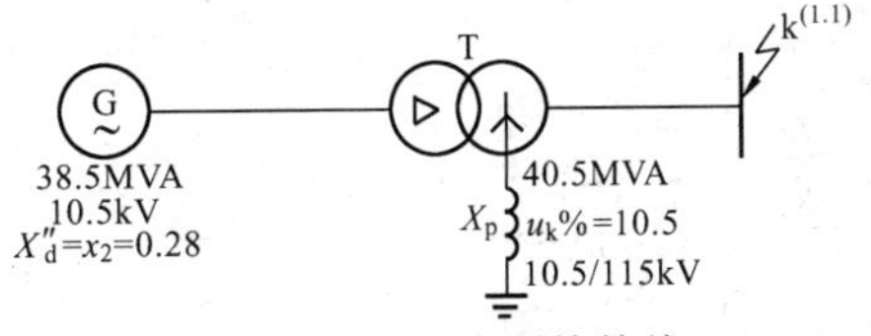

图 8-46　电力系统接线

[答案：$X_p=46\Omega$ 时，$I_{k1}=0.32(kA)$，$I_{k2}=-0.18(kA)$，$I_{k0}=0.137(kA)$，$I_{kb}=0$，

$$I_{kc}=0.488\angle 154^\circ(kA),\ \dot{I}_{ka}=0.488\angle 154^\circ(kA)$$

($X_p=0$ 略)]

8-15　图 8-47 所示电力系统，当 k 点发生 ab 两相接地故障时，试计算故障点的各相电压和各相电流，并作相量图。(取 $\dot{U}_{k101}=1$)

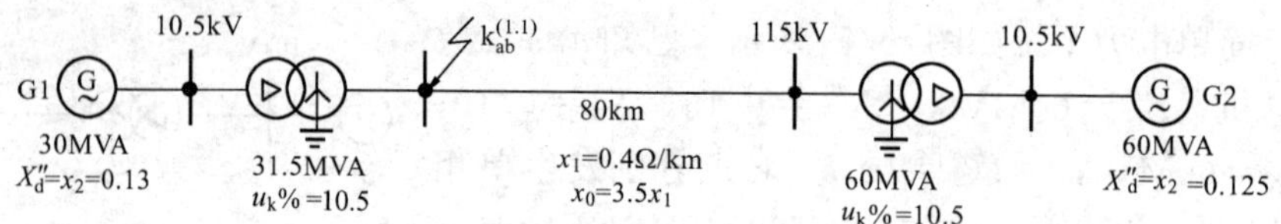

图 8-47　电力系统接线

［**答案：** $U_{ka}=0$，$U_{kb}=0$，$U_{kc}=58.96(kV)$，$I_{ka}=1.54\angle 144°(kA)$，$I_{kb}=1.54\angle 35.2°(kA)$，$I_{kc}=0$］

8-16　图 8-48 所示电力系统中 k 点发生单相接地故障，求故障点和 M 点的电流。功率基准值取为 $S_n=100MVA$，U_n 取为平均额定电压的各元件参数如下：

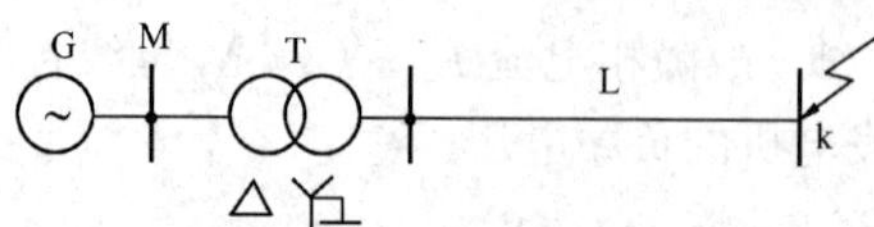

图 8-48　系统接线图

发电机 G　$X''_d=0.66$，$X_{g2}=0.27$，$\dot{E}_a=1.22$

变压器 T　$X_T=0.21$，Y，d11

线路 L　$X_{L1}=X_{L2}=0.19$，$X_{L0}=0.57$

［**答案：** $\dot{I}_{ka}=-j1.46$，$\dot{I}_{kb}=0$，$\dot{I}_{kc}=0$，$\dot{I}_{Ma}=-j0.84$，$\dot{I}_{Mb}=0$，$\dot{I}_{Mc}=j0.84$］

8-17　电力系统接线如图 8-49 所示，各元件的序电抗标幺值已标于图中，如果在 k 点发生单相接地故障（如 a 相），作正序、负序及零序网络，并加以简化，求出各序等值电抗。（$X_{\Sigma1}$、$X_{\Sigma2}$、$X_{\Sigma0}$）

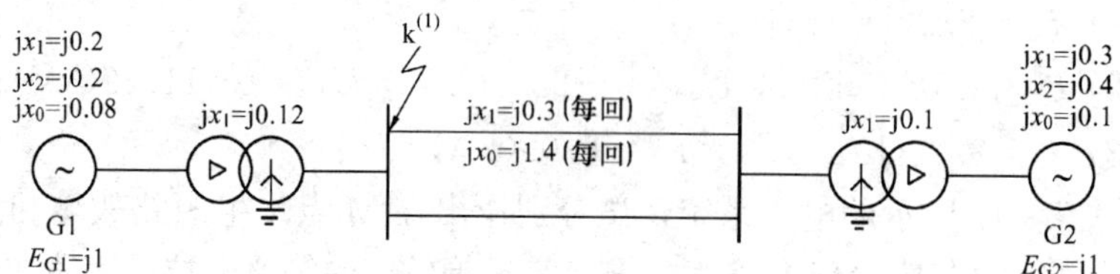

图 8-49　电力系统接线图

［**答案：** $X_{\Sigma1}=0.202$，$X_{\Sigma2}=0.214$，$X_{\Sigma0}=0.104$］

8-18　某系统接线如图 8-50，电源的超瞬态电动势及各元件的序电抗均已知。当在 k 点发生 c 相接地短路时，求短路起始瞬间故障处的各序电流和电压、各相电流和电压，并画出故障处的电压电流相量图（取 $S_n=100MVA$，$U_n=U_{av}$）

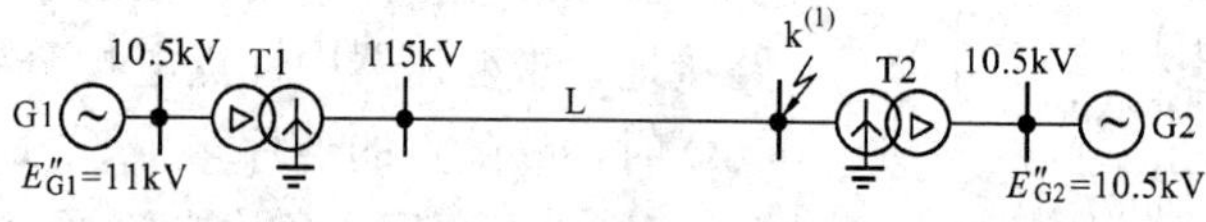

图 8-50　系统接线图

各元件的参数如下：

发电机　G1 为 62.5MVA，10.5kV，$x''_d\%=12.5$，$x_2\%=16$，$E''_{G1}=11kV$；

　　　　G2 为 31.25MVA，10.5kV，$x''_d\%=12.5$，$x_2\%=16$，$E''_{G2}=10.5kV$；

变压器　T1 为 60MVA，10.5kV/121kV，$u_k\%=10.5$；

　　　　T2 为 31.5MVA，10.5kV/121kV，$u_k\%=10.5$；

线路 L：$x_1=x_2=0.4\Omega/\text{km}$，$x_0=2x_1$，$l=40\text{km}$。

［**答案：**$I_{ka}=I_{kb}=0$，$I_{kc}=1.904(\text{kA})$，$U_{kc}=0$，$U_{ka}=U_{kb}=66.2(\text{kA})$］

8-19　如图 8-51 所示简化系统，当在 k 点发生不对称短路故障时，试写出故障边界条件，并画出其复合序网。

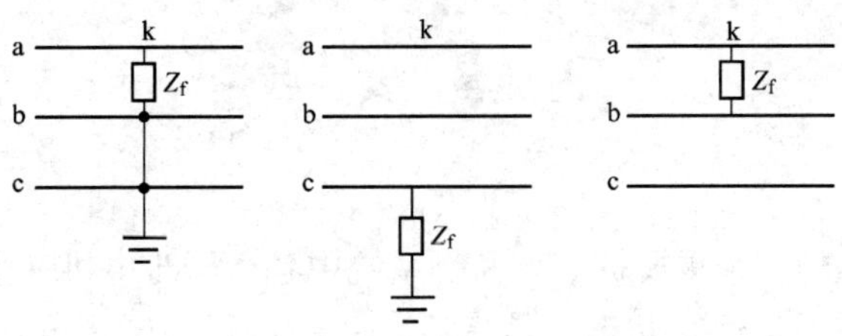

图 8-51　故障点边界条件

第九章 电力系统的电磁功率特性

内 容 要 点

一、概述

电力系统正常运行的一个重要标志，乃是系统中各台同步电机（主要为发电机）都能保持同步运行状态。所谓同步运行状态，是指所有并联运行的同步电机都具有相同的电角速度，在这种情况下，表征运行状态的参数具有接近不变的数值。因此，通常将维持系统中各台发电机同步运行的能力称为电力系统稳定。

所谓电力系统的稳定性，是指当电力系统在某一运行状态下受到某种干扰（微小的或大的扰动）后，能否经过一定的时间后回到原来的运行状态或者过渡到一个新的稳定运行状态的能力。如果能够，则认为系统在该运行状态下是稳定的；反之，若系统不能回到原来的运行状态或者不能建立一个新的稳定运行状态，则说明系统的状态变量没有一个稳定值，而是随时间不断增大或振荡，系统是不稳定的。

电力系统的稳定性，按遭受干扰的大小分为静态稳定性和暂态稳定性。电力系统的静态稳定性即是在小干扰下的稳定性，电力系统的暂态稳定性是在大干扰下的稳定性。

为了分析电力系统的机电瞬态过程及其稳定性，首先应对各类旋转电机及其调节系统的机电特性有一基本了解，并重点掌握同步发电机的转子运动方程及其电磁功率特性。

二、同步发电机转子运动方程

作用在同步发电机转轴上有两个转矩（忽略摩擦影响），一个是原动机作用的机械转矩 M_T，与之对应的功率为机械功率 P_T；另一个是发电机负荷作用的电磁转矩 M_E，与之对应的功率为电磁功率 P_E。

根据旋转物体的力学定律，作用在转轴上的不平衡转矩为

$$\Delta M = M_T - M_E = J\cdot\alpha = J\frac{d\Omega}{dt} = J\frac{d^2\Theta}{dt^2} \tag{9-1}$$

式中　J——发电机及原动机转子的转动惯量；

α、Ω、Θ——转子的机械角加速度、机械角速度、机械角度。

当 $\omega=\omega_N$ 时，$\omega_*=1$，则 $\Delta M_*=\Delta P_*$，上述方程经过"机械"角与"电气"角、"相对"角与"绝对"角以及标幺制的转换，同步发电机的转子运动方程可表达为

$$\Delta M_* = \frac{T_j}{\omega_N}\cdot\frac{d^2\delta}{dt^2} = \Delta P_* = P_{T*} - P_{E*} \tag{9-2}$$

式中，δ 为电气角度；T_j 称为发电机组的惯性时间常数。

$$T_j = \frac{J\omega_N^2}{p^2 S_B} = \frac{J\Omega_N^2}{S_B} = \frac{GD^2}{4}\cdot\frac{\Omega_N^2}{S_B} = \frac{2.74GD^2n^2}{1000S_B}\text{(s)} \tag{9-3}$$

T_j 的物理含义为：在发电机的转轴上施加输入机械转矩 $M_{T*}=1$，输出电磁转矩 $M_{E*}=0$ 时，机组从静止状态（$\omega=0$）升速到额定转速（$\omega=\omega_N$）所需要的时间（s）。

转子运动方程还可以写成状态方程形式

$$\begin{cases}\dfrac{d\delta}{dt}=\omega-\omega_N\\[2mm]\dfrac{d^2\delta}{dt^2}=\dfrac{d\omega}{dt}=\dfrac{\omega_N}{T_j}(P_{T*}-P_{E*})\end{cases}\tag{9-4}$$

转子运动方程初看似乎简单，但方程式的右边，即作用在转子上的不平衡转矩（或功率）却是很复杂的非线性函数。不平衡转矩中的 M_T（或功率 P_T），它主要取决于本台发电机的原动机及其调速系统的特性；发电机电磁转矩 M_E（或功率 P_E），不单与本台发电机的电磁功率特性、励磁调节系统特性等有关，而且还与其他发电机的电磁功率特性、负荷特性、网络结构等有关，它是电力系统稳定分析计算中最为复杂的部分。

在研究电力系统稳定性时，功角 δ 是一个很重要的参数，它具有双重的物理意义：

（1）它是送端发电机电动势与受端系统电压之间的相位角（电气量的含义）；

（2）若将受端无穷大系统看成一个内阻为零的等值发电机，则 δ 即可看成是送端和受端两个发电机转子间的相对位置角（机械量的含义）。

三、简单电力系统的功率特性

下面以图 9-1 所示的单机——无限大容量系统（通常称为简单系统）为例，说明发电机的电磁功率表达式。

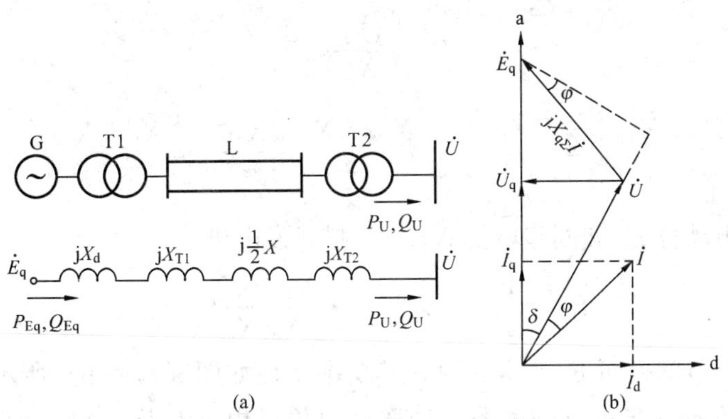

图 9-1　简单系统接线图、等值电路及电压电流相量图

（a）系统接线及等值电路；（b）相量图

1. 隐极发电机

（1）用空载电动势 E_q 和同步电抗 X_d 描述发电机

$$P_{Eq}=R_e(\dot{E}_q\overset{*}{I})=E_qI\cos(\delta+\varphi)=E_qI\cos\varphi\cos\delta-E_qI\sin\varphi\sin\delta\tag{9-5}$$

由图 9-1 的相量图可知，$E_q\sin\delta=IX_{d\Sigma}\cos\varphi$，$E_q\cos\delta=U+IX_{d\Sigma}\sin\varphi$，代入式（9-5）得

$$P_{Eq}=\frac{E_qU}{X_{d\Sigma}}\sin\delta\tag{9-6}$$

当电动势 E_q 和电压 U 恒定时，可作出其功率特性曲线［见图 9-2（a）］。有功功率特性曲线上的最大值，称为功率极限，功率极限可由 $dP/d\delta=0$ 的条件求出。功率极限为 $P_{Eqm}=\dfrac{E_qU}{X_{d\Sigma}}$。

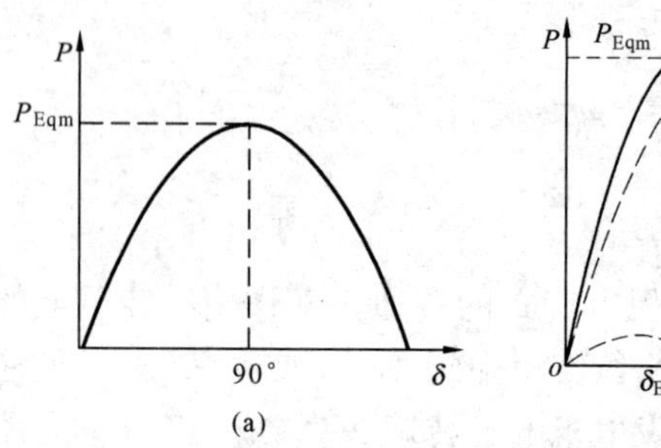

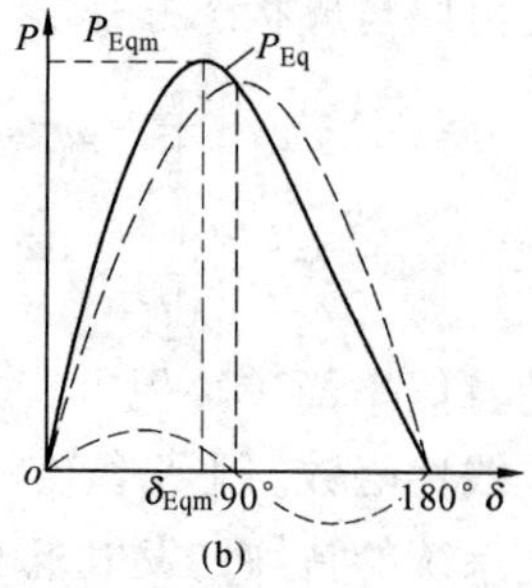

图 9-2　发电机的功率特性曲线

（a）隐极机；（b）凸极机

（2）用瞬态电动势 E'_q 和瞬态电抗 X'_d 描述发电机

$$P_{E'_q}=\frac{E'_qU}{X_{d\Sigma}}\sin\delta-\frac{U^2}{2}\cdot\frac{X_{d\Sigma}-X'_{d\Sigma}}{X_{d\Sigma}X'_{d\Sigma}}\sin2\delta \tag{9-7}$$

（3）用瞬态电抗 X'_d 后的电动势 E' 和瞬态电抗 X'_d 近似描述发电机

$$P_{E'}=\frac{E'U}{X'_{d\Sigma}}\sin\delta' \tag{9-8}$$

（4）发电机端电压为常数

$$P_{UG}=\frac{U_{GU}}{X_{d\Sigma}}\sin\delta_G \tag{9-9}$$

其中，$X_{d\Sigma}=X_d+X_{T1}+\frac{1}{2}X_L+X_{T2}$，$X'_{d\Sigma}=X'_d+X_{T1}+\frac{1}{2}X_L+X_{T2}$

2. 凸极发电机

（1）用空载电动势 E_q 和同步电抗 X_d、X_q 描述发电机

$$P_{E_q}=\frac{E_qU}{X_{d\Sigma}}\sin\delta+\frac{U^2}{2}\cdot\frac{X_{d\Sigma}-X_{q\Sigma}}{X_{d\Sigma}X_{q\Sigma}}\sin2\delta \tag{9-10}$$

当发电机无调节励磁而 E_q＝常数时，其功率特性如图 9-2（b）所示。磁阻功率的出现，使功率与功角 δ 成非正弦的关系。功率极限仍可由 $dP/d\delta=0$ 的条件求出 δ_{Eqm}，再将 δ_{Eqm} 代入式（9-10），即可求出 P_{Eqm}。

（2）用瞬态电动势 E'_q 和瞬态电抗 X'_d 描述发电机

$$P_{E'_q}=\frac{E'_qU}{X'_{d\Sigma}}\sin\delta-\frac{U^2}{2}\cdot\frac{X_{q\Sigma}-X'_{d\Sigma}}{X_{q\Sigma}X'_{d\Sigma}}\sin2\delta \tag{9-11}$$

（3）以某等值同步电抗 X_f（$X_f=0.85X_d$）和 E_f（X_f 后的电动势）表示发电机

$$P_{Ef}=\frac{E_fU}{X_{f\Sigma}}\sin\delta_f \tag{9-12}$$

其中
$$X_{f\Sigma}=X_f+X_{T1}+\frac{1}{2}X_L+X_{T2}$$

四、复杂电力系统的功率特性

为了对复杂系统的功率特性建立较明晰的概念，可将发电机用一个电动势和阻抗表示（至于用何种电动势和阻抗，则视发电机的类型、励磁调节器的性能及给定的计算条件而定），负荷用阻抗表示。运用修改后的潮流计算用节点导纳矩阵，得各发电机输出的电磁功

率为

$$P_{Gi}=E_{Gi}^2|Y_{ii}|\sin\alpha_{ii}+\sum_{j=1,j\neq i}^{n}E_{Gi}E_{Gj}|Y_{ij}|\sin(\delta_{ij}-\alpha_{ij}) \tag{9-13}$$

即

$$P_{Gi}=\frac{E_{Gi}^2}{|Z_{ii}|}\sin\alpha_{ii}+\sum_{j=1,j\neq i}^{n}\frac{E_{Gi}E_{Gj}}{|Z_{ij}|}\sin(\delta_{ij}-\alpha_{ij}) \tag{9-14}$$

式中，节点导纳矩阵中的自导纳 Y_{ii} 的倒数，就是通常所谓的输入阻抗 Z_{ii}，而互导纳 Y_{ij} 的负倒数，就是通常所谓的转移阻抗 Z_{ij}。α_{ii}、α_{ij} 为相应阻抗角的余角，即

$$\left.\begin{aligned}\alpha_{ii}&=90^\circ-\tan^{-1}\frac{X_{ii}}{R_{ii}}\\ \alpha_{ij}&=90^\circ-\tan^{-1}\frac{X_{ij}}{R_{ij}}\end{aligned}\right\} \tag{9-15}$$

由式（9-13）、式（9-14）可以看出，复杂电力系统的功率特性有以下特点：

（1）任一发电机输出的电磁功率，都与所有发电机的电动势及电动势间的相对角有关，因而任何一台发电机运行状态的变化，都要影响到其余所有发电机的运行状态。

（2）任一台发电机的功角特性，是它与其余所有发电机的转子间相对角（共 $n-1$ 个）的函数，是多变量函数，因而不能在 $P-\delta$ 平面上画出功角特性，同时，功率极限的概念也不明确，一般也不能确定其功率极限。

五、负荷稳定

负荷稳定就是负荷在正常运行中受到扰动后能保持在某一恒定转差下继续运行的能力。负荷稳定问题也是电力系统稳定性的一个重要方面。现以一台异步电动机为例来说明负荷静态稳定的概念。

异步电机的电磁转矩为

$$M_e=\frac{2M_{emax}}{\dfrac{s}{s_{cr}}+\dfrac{s_{cr}}{s}} \tag{9-16}$$

$$M_{emax}\approx\frac{U_{LD}^2}{2(x_1+x_2)} \tag{9-17}$$

式中　s_{cr}——临界转差；

M_{emax}——最大转矩。

由式（9-16）可以作出异步电机的转矩—转差特性 M_e（s）如图 9-3 所示。

在正常运行时，电动机转子上作用着两种转矩：一是电磁转矩，它是推动转子旋转的；一是机械转矩，它是制动性质的。在正常运行时，两种转矩相互平衡，电动机保持恒定的转差运行。

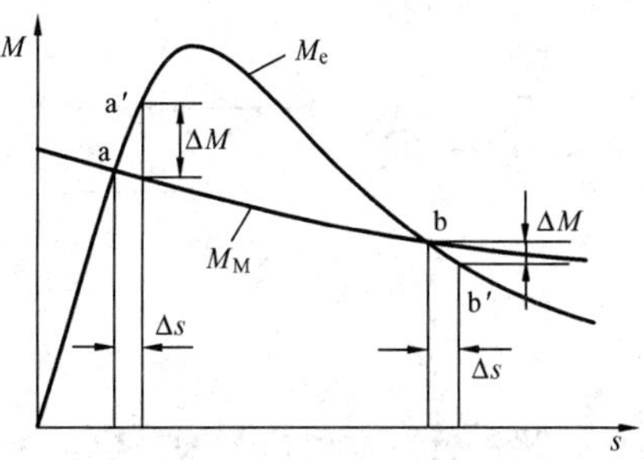

图 9-3　异步电机的转矩—转差特性图

如果我们把机械转矩-转差特性 M_M（s）也画出来（见图 9-3），从图中可以看到有两个平衡点 a、b。在点 a 运行时，如果受到扰动后转差变为 s_a'，增加了一个微小的增量 $\Delta s=s_a'-s_a$，则电磁转矩将大于机械转矩，转子上产生了加速性的不平衡转矩 $\Delta M=M_e-M_M$（或用功率表示为 $\Delta P=P_e-P_M$），使电动机的转速增大，

转差减小，最终恢复到点 a 运行。如果扰动产生负的 Δs，运行点也将回到点 a，所以在点 a 的运行是稳定的。

在点 b 运行时，如果扰动产生正的 Δs，则从图 9-3 中可以看到，此时，电磁转矩将小于机械转矩，转子上产生减速性的不平衡转矩。在此不平衡转矩作用下，电动机转速继续下降，转差继续增大，如此下去直到电动机停转为止。所以在点 b 的运行是不稳定的。

从以上分析可以看到，在点 a 运行时，转差增量 Δs 与不平衡转矩具有相同的符号；而在点 b 运行时两者符号则相反。因此，可以用 $\Delta M/\Delta s>0$ 作为负荷静态稳定的判据。

例 题 分 析

【例 9-1】 已知某汽轮发电机具备下列条件：直轴同步电抗 $X_d=1.5$，暂态电抗 $X'_d=0.18$，有功功率 $P_N=24$MW，视在功率 $S_N=30$MVA，$U_N=10.5$kV。试计算该运行方式下 E_q、E'_q、E' 和 δ' 各为多少？

解 发电机电抗有名值为

$$X_d=1.5\times\frac{10.5^2}{30}=5.51\Omega$$

$$X'_d=0.18\times\frac{10.5^2}{30}=0.66\Omega$$

发电机额定无功功率为

$$Q_N=\sqrt{30^2-24^2}=18\text{Mvar}$$

发电机电动势为

$$E_q=\sqrt{\left(10.5+\frac{18\times5.51}{10.5}\right)^2+\left(\frac{24\times5.51}{10.5}\right)^2}=23.59(\text{kV})$$

$$\delta=\tan^{-1}\frac{24\times5.51}{10.5^2+18\times5.51}=\tan^{-1}0.631=32.25°$$

$$E'=\sqrt{\left(10.5+\frac{18\times0.66}{10.5}\right)^2+\left(\frac{24\times0.66}{10.5}\right)^2}=11.73(\text{kV})$$

$$\delta'=\tan^{-1}0.13=7.4°$$

$$E'_q=11.73\cos(32.25°-7.4°)=11.73\cos24.85°=10.64(\text{kV})$$

【例 9-2】 简单电力系统的接线及等值电路如图 9-4 所示。试作输送到无限大容量母线处的功—角特性曲线。(1) 设发电机为隐极机，$X_d=1.8$；(2) 设发电机为凸极机，$X_d=1.8$，$X_q=1.1$。

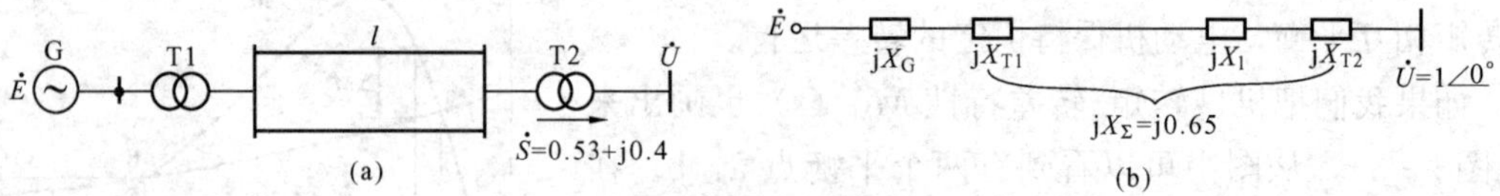

图 9-4　简单系统接线及其等值电路

(a) 系统接线；(b) 等值电路

解 (1) 发电机为隐极机，则

$$X_{d\Sigma}=X_d+X_\Sigma=1.8+0.65=2.45$$

根据电压损耗方程可得

$$E_q=\sqrt{\left(U+\frac{QX_{d\Sigma}}{U}\right)^2+\left(\frac{PX_{d\Sigma}}{U}\right)^2}=\sqrt{\left(1.0+\frac{0.4\times2.45}{1.0}\right)^2+\left(\frac{0.53\times2.45}{1.0}\right)^2}=2.37$$

$$\delta=\tan^{-1}\frac{\delta_u}{\Delta U}=\tan^{-1}\frac{PX_{d\Sigma}/U}{U+\frac{QX_{d\Sigma}}{U}}=\tan^{-1}\frac{1.3}{1.98}=33.3^\circ$$

则

$$P_{Eq}=\frac{E_qU}{X_{d\Sigma}}\sin\delta=\frac{2.37\times1.0}{2.45}\sin\delta=0.97\sin\delta$$

以 $\delta=33.3^\circ$代入上式，得

$$P_{Eq}=0.97\sin33.3^\circ=0.53$$

然后取不同的 δ 值代入，可作出功—角特性曲线如图 9-5（a）所示。

（2）发电机为凸极机，则

$$X_{q\Sigma}=X_q+X_\Sigma=1.1+0.65=1.75$$

因$\overset{*}{S}=\dot{U}\overset{*}{I}$

则
$$\dot{I}=\frac{\overset{*}{S}}{\overset{*}{\dot{U}}}=\frac{0.53-j0.4}{1\angle0^\circ}=0.53-j0.4=0.664\angle-37.04^\circ$$

用发电机稳态运行方程求 E_q，则

$$E_Q=\dot{U}+j\,\dot{I}X_{q\Sigma}=1.0+j0.664\angle-37.04^\circ\times1.75=1.7+j0.928=1.937\angle28.63^\circ$$

$$I_d=I\sin(\delta+\varphi)=0.664\sin(37.04^\circ+28.63^\circ)=0.605$$

$$E_q=E_Q+(X_{d\Sigma}-X_{q\Sigma})I_d=1.937+0.7\times0.605=2.36$$

$$\delta=28.63^\circ$$

于是得

$$\begin{aligned}P_{Eq}&=\frac{E_qU}{X_{d\Sigma}}\sin\delta+\frac{U^2}{2}\times\frac{X_{d\Sigma}-X_{q\Sigma}}{X_{d\Sigma}\cdot X_{q\Sigma}}\sin2\delta\\&=\frac{2.36\times1.0}{2.45}\sin\delta+\frac{1.0^2}{2}\times\frac{2.45-1.75}{2.45\times1.75}\sin2\delta\\&=0.96\sin\delta+0.082\sin2\delta\end{aligned}$$

以 $\delta=28.63^\circ$代入上式，得

$$P_{Eq}=0.96\sin28.63^\circ+0.082\sin57.26^\circ=0.53$$

然后取不同的 δ 值代入上式，可作功—角特性曲线如图 9-5（b）所示。

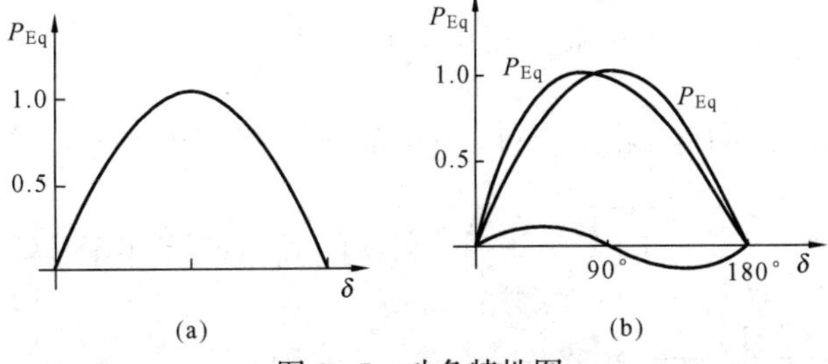

图 9-5　功角特性图

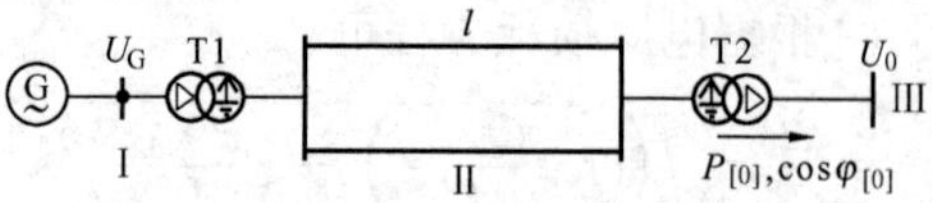

【例9-3】 如图9-6所示电力系统，试分别计算发电机保持E_q、E'_q、E'不变时的功角特性、极限功率。各元件参数如下：

图9-6 简单系统接线图

发电机 $S_{GN}=352.5MVA$，$P_{GN}=300MW$，

$U_{GN}=10.5kV$，$X_d\%=100$，$X_q\%=60$，$X'_d\%=25$

变压器T1 $S_{TN}=360MVA$，$u_k\%=14$，$K_{T1}=10.5/242$；

T2 $S_{TN}=360MVA$，$u_k\%=14$，$K_{T2}=220/121$

线路 $l=250km$，$U_N=220kV$，$x_1=0.41\Omega/km$

运行条件 $U_{[0]}=115kV$，$P_{[0]}=250MW$，$\cos\varphi_{[0]}=0.95$

解 （1）网络参数及运行参数计算

取$S_n=250MVA$，$U_{n(Ⅲ)}=115kV$，则各段的基准电压为

$$U_{n(Ⅱ)}=U_{n(Ⅲ)}K_{T2}=115\times\frac{220}{121}=209.1(kV)$$

$$U_{n(Ⅰ)}=U_{n(Ⅱ)}K_{T1}=209.1\times\frac{10.5}{242}=9.07(kV)$$

各元件参数的标幺值为

$$X_d=\frac{X_d\%}{100}\times\frac{S_n}{S_{GN}}\times\frac{U_{GN}^2}{U_{n(Ⅰ)}^2}=\frac{100}{100}\times\frac{250}{352.5}\times\frac{10.5^2}{9.07^2}=0.95$$

$$X_q=\frac{X_q\%}{X_d\%}\times X_d=\frac{60}{100}\times0.95=0.57$$

$$X'_d=\frac{X'_d}{X_d\%}\times X_d=\frac{25}{100}\times0.95=0.238$$

$$X_{T1}=\frac{u_k\%}{100}\times\frac{S_n}{S_{TN}}\times\frac{U_{TN}^2}{U_{n(Ⅱ)}^2}=\frac{14}{100}\times\frac{250}{360}\times\frac{242^2}{209.1^2}=0.13$$

$$X_l=X_1\frac{S_n}{U_{n(Ⅱ)}^2}=0.41\times250\times\frac{250}{209.1^2}=0.586$$

$$X_{T2}=\frac{u_k\%}{100}\times\frac{S_n}{S_{TN}}\times\frac{U_{TN}^2}{U_{n(Ⅲ)}^2}=\frac{14}{100}\times\frac{250}{260}\times\frac{220^2}{209.1^2}=0.108$$

$$X_c=X_{T1}+\frac{1}{2}X_l+X_{T2}=0.13+\frac{1}{2}\times0.586+0.108=0.531$$

$$X_{d\Sigma}=X_d+X_c=0.95+0.531=1.481$$

$$X_{q\Sigma}=X_q+X_c=0.57+0.531=1.101$$

$$X'_{d\Sigma}=X'_d+X_c=0.238+0.531=0.769$$

运行参数计算

$$U_{[0]}=\frac{115}{U_{n(Ⅲ)}}=\frac{115}{115}=1.0,\varphi_{[0]}=\cos^{-1}0.95=18.19°$$

$$P_{[0]}=\frac{250}{250}=1.0,Q_{[0]}=P_{[0]}\tan\varphi_{[0]}=1\times\tan18.19°=0.329$$

$$E_{Q[0]}=\sqrt{\left(U_{[0]}+\frac{Q_{[0]}X_{q\Sigma}}{U_{[0]}}\right)^2+\left(\frac{P_{[0]}X_{q\Sigma}}{U_{[0]}}\right)^2}=\sqrt{(1+0.329\times1.101)^2+(1\times1.101)^2}=1.752$$

$$\delta_{[0]}=\tan^{-1}\frac{1\times1.101}{1+0.329\times1.101}=38.95°$$

$$I_{d[0]}=\frac{E_{Q[0]}-U_{[0]}\cos\delta_{[0]}}{X_{q\Sigma}}=\frac{1.752-1\times\cos 38.95^{\circ}}{1.101}=0.885$$

$$E_{q[0]}=E_{Q[0]}+I_{d[0]}(X_{d\Sigma}-X_{q\Sigma})=1.752+0.885\times(1.481-1.101)=2.088$$

$$E'_{q[0]}=E_{Q[0]}-I_{d[0]}(X_{q\Sigma}-X'_{d\Sigma})=1.752-0.885\times(1.101-0.769)=1.458$$

$$E'_{[0]}=\sqrt{\left(U_{[0]}+\frac{Q_{[0]}X'_{d\Sigma}}{U_{[0]}}\right)^2+\left(\frac{P_{[0]}X'_{d\Sigma}}{U_{[0]}}\right)^2}=\sqrt{(1+0.329\times0.769)^2+(1\times0.769)^2}=1.47$$

$$\delta'_{[0]}=\tan^{-1}\frac{1\times0.769}{1+0.329\times0.769}=31.54^{\circ}$$

（2）当保持 $E_q=E_{q[0]}=$常数时（凸极机）

$$P_{Eq}=\frac{E_{q[0]}U_{[0]}}{X_{d\Sigma}}\sin\delta+\frac{U_{[0]}^2}{2}\times\left(\frac{X_{d\Sigma}-X_{q\Sigma}}{X_{d\Sigma}X_{q\Sigma}}\right)\sin2\delta=\frac{2.088}{1.481}\sin\delta+\frac{1}{2}\times\left(\frac{1.481-1.101}{1.481\times1.101}\right)\sin2\delta$$

$$=1.41\sin\delta+0.117\sin2\delta$$

计算极限功率对应的功角 δ_{Eqm}，由 $\frac{dP_{Eq}}{d\delta}=0$ 有

$$1.41\cos\delta+2\times0.117\cos2\delta=0$$

$$1.41\cos\delta+0.234(2\cos^2\delta-1)=0$$

$$\cos\delta=\frac{-1.41\pm\sqrt{1.41^2+4\times0.468\times0.234}}{2\times0.468}$$

取正号，可求得 $\delta_{Eqm}=80.93^{\circ}$。

极限功率为

$$P_{Eqm}=1.41\sin\delta_{Eqm}+0.117\sin2\delta_{Eqm}=1.429$$

注意：如果是隐极机，$X_d=X_q$，则 $E_{q[0]}=E_{Q[0]}$，$P_{Eq}=\frac{E_{q[0]}U_{[0]}}{X_{d\Sigma}}\sin\delta$，$P_{Eqm}=\frac{E_{q[0]}U_{[0]}}{X_{d\Sigma}}$

（3）当保持 $E'_q=E'_{q[0]}=$常数时

$$P_{E'q}=\frac{E'_{q[0]}U_{[0]}}{X'_{d\Sigma}}\sin\delta+\frac{U_{[0]}^2}{2}\times\left(\frac{X'_{d\Sigma}-X_{q\Sigma}}{X'_{d\Sigma}X_{q\Sigma}}\right)\sin2\delta$$

$$=\frac{1.458\times1}{0.769}\sin\delta+\frac{1}{2}\times\left(\frac{0.769-1.101}{0.769\times1.101}\right)\times\sin2\delta$$

$$=1.896\sin\delta-0.196\sin2\delta$$

计算极限功率对应的功角 δ'_{Eqm}，由 $\frac{dP_{E'q}}{d\delta}=0$，有

$$1.896\cos\delta-2\times0.196\cos2\delta=0$$

$$1.896\cos\delta-0.392(2\cos^2\delta-1)=0$$

$$\cos\delta=\frac{-1.896\pm\sqrt{1.896^2-4\times(-2\times0.392)\times0.392}}{2\times(-2\times0.392)}$$

化简后可求得　$\delta_{E'qm}=101.05^{\circ}$

极限功率：$P_{E'qm}=1.896\sin101.05^{\circ}-0.196\sin(2\times101.05^{\circ})=1.935$

（4）当保持 $E'=E'_{[0]}=$常数时

$$P_{E'}=\frac{E'_{[0]}U_{[0]}}{X'_{d\Sigma}}\sin\delta'=\frac{1.47\times1}{0.769}\sin\delta'=1.912\sin\delta'$$

$$\delta'_{E'm}=90^{\circ}$$

极限功率：$P_{E'm}=1.912$

【例 9-4】 电力系统如例 9-3 中图 9-6 所示。设发电机为隐极机，$X_d=1.7$，其他元件参数同例 9-3。试计算和比较：①仅考虑电抗；②计及输电线路电阻（0.07Ω/km）；③不计输电系统电阻和送端高压母线并接电阻 1000Ω；④同③，但接入并联电抗 500Ω 等 4 种情况下，发电机的功率特性。

解 按例 9-3 条件计算参数为

$$X_{d\Sigma}=X_{q\Sigma}=0.95\times1.7=1.615$$

$$R_L=0.293\times\frac{0.07}{0.41}=0.05$$

$$R_K=1000\times\frac{121^2}{220^2}\times\frac{250}{115^2}=5.718$$

$$X_K=5.718\times\frac{500}{1000}=2.859$$

(1) 不考虑电阻 R_L 时

$$X_{d\Sigma}=1.615+0.13+0.293+0.108=2.146$$

$$E_{q0}=\sqrt{\left(U_0+\frac{Q_0X_{d\Sigma}}{U_0}\right)^2+\left(\frac{P_0X_{d\Sigma}}{U_0}\right)^2}=\sqrt{(1.706)^2+(2.146)^2}=2.742$$

$$\delta_0=\arctan\frac{2.146}{1.706}=51.52°$$

$$P_{Eq}=2.76^2\times0.011+E_q\times1.0\times0.466\sin(\delta-1.33°)$$
$$=0.084+0.466E_q\sin(\delta-1.33°)$$

$E_q=E_{q0}$不变时，最大功率为

$$P_{Eqm}=1.278,\ \delta_m=90°$$

(2) 计及线路电阻 R_L 时

$$X_{d\Sigma}=2.146,R=0.05,\beta_{12}=-\arctan\frac{R}{X_{d\Sigma}}=-1.33°$$

$$G_{11}=\frac{0.05}{0.05^2+2.146^2}=0.011$$

$$B_{11}=\frac{-2.146}{0.05^2+2.146^2}=-0.466$$

$$|Y_{11}|=|Y_{12}|=0.466$$

$$E_{q0}=\sqrt{\left(U_0+\frac{P_0R+Q_0X_{d\Sigma}}{U_0}\right)^2+\left(\frac{P_0X_{d\Sigma}-Q_0R}{U_0}\right)^2}$$
$$=\sqrt{(1.756)^2+(2.13)^2}=2.76$$

$$\delta_0=\arctan\frac{2.13}{1.756}=50.5°$$

$$P_{Eq}=2.76^2\times0.011+E_q\times1.0\times0.466\sin(\delta-1.33°)$$
$$=0.084+0.466E_q\sin(\delta-1.33°)$$

$E_q=E_{q0}$不变时，最大功率为

$$P_{Eqm}=1.37\quad \delta_m=91.33°$$

（3）接入并联电阻

接入并联电阻后的等值电路如图 9 - 7 所示，则

$$X_1=X_d+X_{T1}=1.615+0.13=1.745$$

$$X_2=0.5X_L+X_{T2}=0.293+0.108=0.401$$

$$Z_1=jX_1+R_k/\!/jX_2=j1.745+\frac{5.718\times j0.401}{5.718+j0.401}=0.028+j2.144$$

$$G_{11}=\mathrm{Re}\left(\frac{1}{Z_1}\right)=0.006$$

$$Z_{12}=jX_1+jX_2+\frac{jX_1jX_2}{R_k}=j1.745+j0.401+\frac{j1.745\times j0.401}{5.718}=-0.122+j2.146$$

$$|Y_{12}|=\left|\frac{1}{Z_{12}}\right|=0.465$$

$$\beta_{12}=\arctan\frac{0.122}{2.146}=3.25^\circ$$

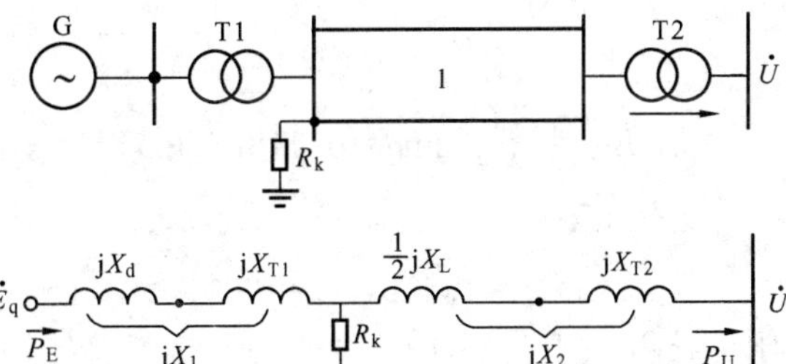

图 9 - 7　接入并联电阻后系统图及等值电路

正常潮流计算如下：

电阻接入点的电压为

$$U_k=\sqrt{\left(U_0+\frac{Q_0X_2}{U_0}\right)^2+\left(\frac{P_0X_2}{U_0}\right)^2}$$

$$=\sqrt{(1+0.329\times0.401)^2+(1\times0.401)^2}=1.2$$

$$\delta_{k0}=\arctan\frac{0.401}{1+0.329\times0.401}=19.5^\circ$$

并联电阻消耗功率为

$$P_k=\frac{U_k^2}{R_k}=\frac{1.2^2}{5.718}=0.252$$

变压器高压侧输出功率为

$$P_1=P_0+P_k=1.252$$

$$Q_1=Q_0+\frac{P_0^2+Q_0^2}{U_0^2}\cdot X_2=0.329+\frac{1+0.329^2}{1}\times0.401=0.773$$

$$E_{q0}=\sqrt{\left(U_k+\frac{Q_1X_1}{U_k}\right)^2+\left(\frac{P_1X_1}{U_k}\right)^2}=\sqrt{(2.324)^2+(1.832)^2}=2.952$$

$$\delta_0=\delta_{k0}+\arctan\frac{1.821}{2.324}=57.58^\circ$$

发电机输出功率特性为

$$P_{Eq}=E_q^2G_{11}+E_qU|Y_{12}|\sin(\delta+\beta_{12})=0.006E_q^2+0.465E_q\sin(\delta+3.25°)$$

$E_q=E_{q0}$不变时，有

$$P_m=0.0523+1.373=1.425$$
$$\delta_m=90°-3.25°=86.75°$$

（4）接入并联电抗时：

根据（3）的计算结果，在并联电抗上消耗的无功功率为

$$Q_k=\frac{U_k^2}{X_k}=\frac{1.2^2}{2.859}=0.504$$
$$Q_1=0.773+0.504=1.277$$
$$E_{q0}=\sqrt{\left(1.2+\frac{1.277\times1.745}{1.2}\right)^2+\left(\frac{1\times1.745}{1.2}\right)^2}=3.385$$
$$X_{12}=X_1+X_2+\frac{X_1X_2}{X_k}=2.146+0.245=0.391$$

则

$$E_{Eq}=\frac{E_qU_0}{X_{12}}\sin\delta=0.418E_q\sin\delta$$

$E_q=E_{q0}$不变时，有

$$P_m=1.416，\delta_m=90°$$

此时功率最大值要比不接并联电抗时大，这是因为为了保持输出功率 P_0 和 Q_0 不变，必须提高电势 E_q，它使 P_m 提高的影响超过了并联电抗使 P_m 减少的影响。

如果保持 $E_{q0}=2.472$ 不变，则功率最大值为

$$P_m=\frac{2.742}{2.391}=1.147$$

下表列出了在 $E_{q0}=2.742$ 不变条件下，各种情况的功率最大值及其对应的角度 δ_m。

考虑情况 / 物理量	仅考虑输电线电抗	串联电阻	并联电阻	并联电抗
P_m	1.278	1.361	1.32	1.147
δ_m	90°	91.33°	86.75°	90°

【例 9-5】 如图 9-8 所示系统，发电机向无穷大系统输送 1.0 的功率。求暂态电动势 E'_q，并计算以下条件下，发电机所能输送的最大电磁功率。①如图所示的系统正常运行；②其中一条线路中间发生三相接地短路；③一条线路断开。系统的数据为：$U_N=U_t=1.0$，$X'_d=0.25$，$X_t=0.10$，$X_l=0.5$。

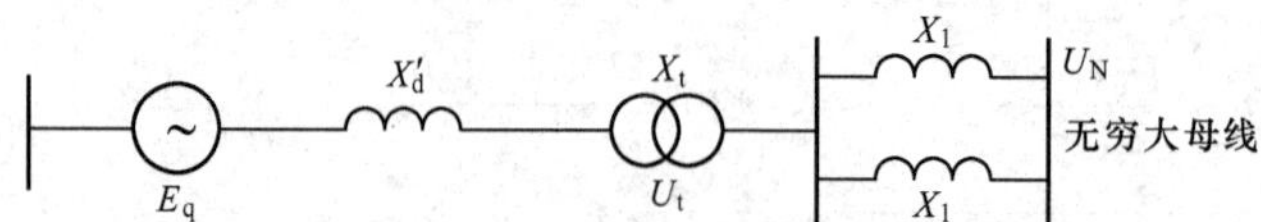

图 9-8　系统接线图

解　以无穷大母线电压为参考，即 $\theta=0$，计算发电机的相角 δ

$$P=\frac{U_tU_N}{X_t+X_l/\!/X_l}\sin\delta$$

$$\delta=\arcsin\left[\frac{P\left(X_t+\frac{X_l}{2}\right)}{U_tU_N}\right]=\arcsin(0.35)\quad \delta\approx 20.5°$$

从发电机流出的电流

$$I_g=\frac{U_t-U_N}{X_t+\frac{X_l}{2}}=\frac{1\angle\delta-1}{j(0.1+0.25)}=1.016\angle 10.2°$$

则 $$E'_q=U_t+jX'_dI_g=1\angle 20.5°+j0.25\times 1.016\angle 10.2°=1.075\angle 33.9°$$

(1) 向无穷大母线传输的最大功率 $P_{max}^{(1)}$ 为

$$P_{max}^{(1)}=\frac{|E'_q|U_N}{X'_d+X_t+X_l/2}=\frac{1.075}{0.25+0.1+0.25}=1.79$$

(2) 如图 9-9 所示，计算左部分系统的戴维南等效电路

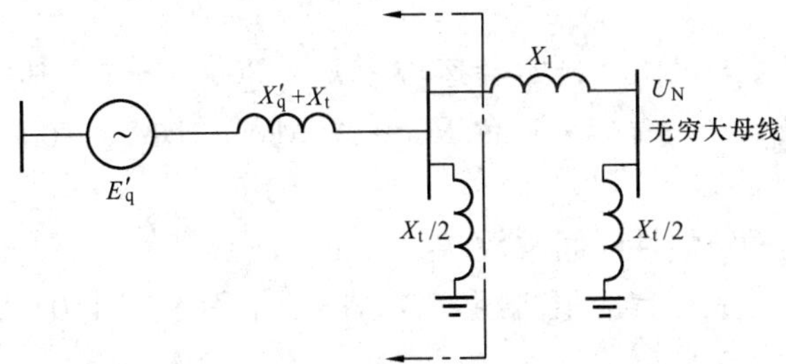

图 9-9　系统双回线路一回中间发生三相短路等效图

$$X_{th}=(X_t+X'_d)/\!/\frac{X_l}{2}=0.146$$

$$E_{th}=E'_q\frac{X_l/2}{X'_d+X_t+X_l/2}=0.448\angle 33.9°$$

最大功率 $P_{max}^{(2)}$ 为

$$P_{max}^{(2)}=\frac{|E_{th}|U_N}{X_{th}+X_l}=0.693$$

(3) 本题第 (3) 问的系统如图 9-10 所示。

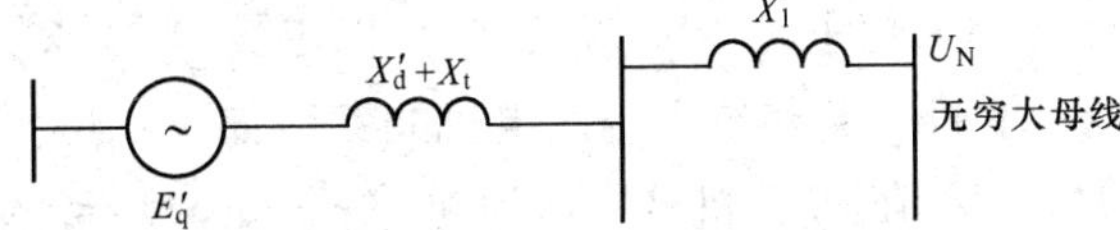

图 9-10　系统双回线路一回断开等效图

最大功率 $P_{max}^{(3)}$ 为

$$P_{max}^{(3)}=\frac{|E'_q|U_N}{X'_d+X_t+X_l}=1.265$$

思 考 题 与 习 题

一、思考题

1. 什么叫电力系统的运行稳定性？如何分类？主要研究内容是什么？

2. 试简述发电机组的额定惯性时间常数及其物理含义。

3. 发电机转子运动方程的基本形式如何？

4. 什么是简单电力系统？简单电力系统的功角 δ 具有怎样的含义？

5. 试简述 E_q 为常数时简单电力系统功角特性方程的基本形式（隐极机和凸极机）。

6. 试简述自动调节励磁装置对功角特性的影响。E'_q 为常数时的功角特性与 E' 为常数时的功角特性有什么区别？

7. 复杂电力系统功角特性有何特点？

8. 试简述负荷稳定的概念。

9. 当角度 δ 以弧度、时间 t 以弧度、惯性时间常数 T_J 以秒、功率 ΔP 以标幺值表示时，发电机转子运动方程为 $\frac{T_J}{\omega_N}\cdot\frac{d^2\delta}{dt^2}=\Delta P_*$（$\Delta P$ 为加速功率）。试推导上述各量的其他单位的发电机转子运动方程式，如：

（1）当 t、T_J 用秒，δ 用度，ΔP 用标幺值时；

（2）当 t、T_J 用秒，δ 用弧度，ΔP 用标幺值时。

二、练习题

9-1　有两台汽轮发电机组，额定转速均为 $n_N=3000$r/min。其中一台 $P_{N1}=100$MW，$\cos\varphi_{N1}=0.85$，$GD^2=34.4\text{t}\cdot\text{m}^2$；另一台 $P_{N2}=125$MW，$\cos\varphi_{N2}=0.85$，$GD^2=43.6\text{t}\cdot\text{m}^2$。试求：

（1）每一台机组的额定惯性时间常数 T_{JN1} 和 T_{JN2}；

（2）若两台机组合并成一台等值机组，且基准功率为 $S_\omega=100$MVA，等值机的惯性时间常数 T_J。

［**答案：**（1）$T_{JN1}=7.211$s，$T_{JN2}=7.31$s；（2）$T_{Jeq}=19.233$s］

9-2　某水电站甲有 4 台 60MVA 机组，每台惯性时间常数为 6s，电站乙有 5 台 200MVA 机组，每台惯性时间常数为 4s，如果两个电站均在一远距离输电线的一端，可看作一等值机。试求等值机以 100MVA 为基准容量的惯性时间常数。

［**答案：**$T_{Jeq}=54.4$s］

9-3　试推导隐极机有功功率及无功功率的功—角特性方程式。

（1）以 E_q、X_d 表示；（2）以 E'_q、X'_d 表示；（3）以 E'、X'_d 表示。

9-4　试推导凸极机的有功功率及无功功率的功—角特性方程式。

（1）以 E_q、X_q 表示；（2）以 E'_q、X_q、X'_d 表示；（3）以 E_Q、X_q 表示。

9-5　某热电厂内发电机的参数如下：额定功率 $P_N=150$MW，$\cos\varphi=0.88$，正常运行时，$U=15$kV，机械转速为 1500r/min，$J=75\times10^3\text{kgm}^2$。求在正常运行时发电机储藏的功能 W_k 及惯性常数。

［**答案：**$W_k=925.28\text{MW}\cdot\text{s}$，$H=5.43$s］

9-6　试计算水轮发电机的运行方式。已知 $X_d=0.8$，$U_N=13.8$kV，$X'_d=0.3$，$X_q=0.5$，$P_N=54$MW，视在功率 $S_N=60$MVA，$Q_N=26.15$Mvar，试计算该运行方式下 E_q、E'_q、δ，E' 和 δ' 为多少？

9-7　某发电厂 F 通过线路与无穷大系统相连，系统如图 9-11 所示，所有元件参数和末端功率均用标幺值表示，等值发电机 F 的标幺电抗 $X_f=1.6$。系统等值电抗 $X_{T-1}+X_l+X_{T-2}=X_C=0.8$，送向末端的功率 $\dot{S}=0.5+j0.4$，试作该系统的有功、无功功率的功—角特性曲线。

［**答案：** $P_{Eq}=0.958\sin\delta$，$Q_{Eq}=0.958\cos\delta-0.417$］

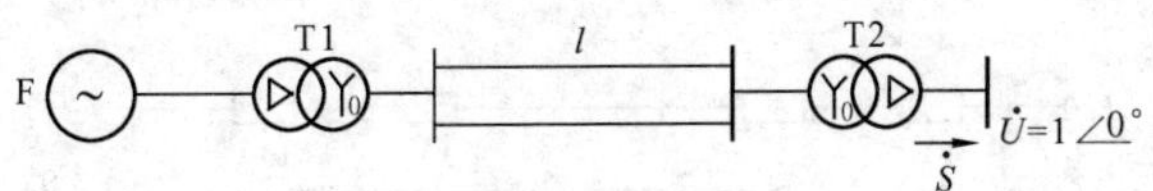

图 9 - 11　系统接线图

9 - 8　如图 9 - 12 所示，已知：$X_d=1.21$，$X_q=0.725$，$X_{T1}=0.169$，$X_{T2}=0.14$，$X_l/2=0.37$，$P=0.8$，$Q=0.059$，$U=1.0$，试画出此系统的电压相量图，并作出下列两种情况下输送到无限大系统有功功率的功—角特性：（1）用空载电动势 E_q 表达的凸极机有功功率的功—角特性；（2）用等值隐极机 $E_Q(X_q)$ 及 $E_f(X_f=0.85X_d)$ 表示的有功功率功—角特性。

［**答案：**（1）$P_{Eq}=0.98\sin\delta+0.09\sin2\delta$；（2）①$P_{Eq}=1.02\sin\delta_f$，②$P_{EQ}=1.11\sin\delta$］

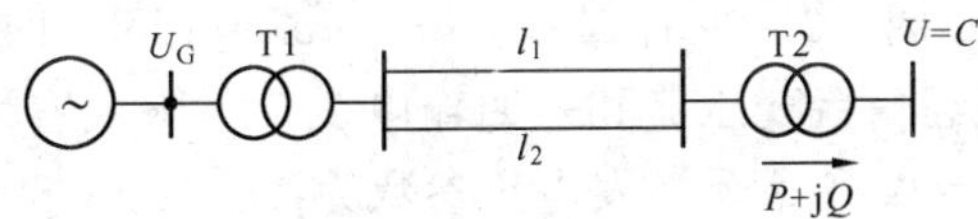

图 9 - 12　系统接线图

9 - 9　如图 9 - 13 所示的电力系统中，发电机为隐极式，各参数均归算至 220kV 电压级，基准值取 $S_n=220$MW，$U_n=209$kV，参数标幺值标于图中，要求按下述三种情况作出功角特性曲线 $P=f(\delta)$ 及 $Q=f(\delta)$。（1）用 E_q、X_d 表示；（2）用 E'_q、X'_d 表示；（3）用 E'、X'_d 表示。

［**答案：**（1）$P_{Eq}=0.96\sin\delta$，$Q_{Eq}=0.96\cos\delta-0.402$；
（2）$P_{E'q}=1.31\sin\delta-0.22\sin2\delta$，$Q_{E'q}=1.31\cos\delta-0.621-0.22\cos2\delta$；
（3）$P_{E'}=1.27\sin\delta'$，$Q_{E'}=1.27\cos\delta'-0.84$］

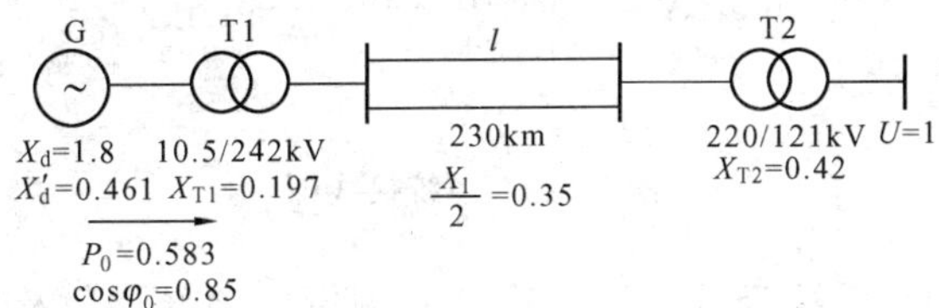

图 9 - 13　系统接线图

9 - 10　如图 9 - 14 系统中，发电机为凸极机，各参数已归算到统一基准值。其发电机的标幺参数为：$X_d=1.8$，$X_q=1.1$，$X'_d=0.55$，其他参数标于图中。试作（1）以 E_q、X_d、X_q 表示发电机时的输送到无限大容量母线的有功功率功—角特性曲线。（2）以 E'_q、X'_d、X_q 表示发电机时的输送到无限大容量母线的有功功率功—角特性曲线。

［**答案：**（1）$P_{Eq}=0.965\sin\delta+0.082\delta\sin2\delta$；（2）$P_{E'_q}=1.34\sin\delta-0.13\sin2\delta$］

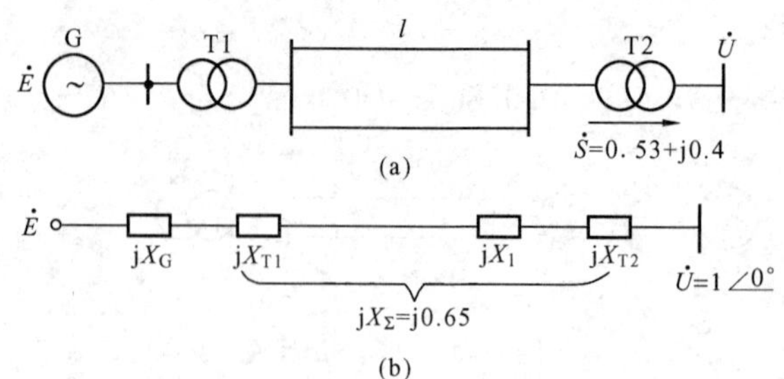

图 9-14　系统接线及等值电路图

9-11　简单电力系统接线如图 9-15 所示，试计算下列两情况下的静态稳定的功率极限：(1) 同步电抗 X_d 后的电动势 $E=1.6$（标幺值）保持不变；(2) 手调励磁维持发电机端电压 U_G 不变（$U_G=1$）（所有数据均为统一基准值的标幺值）。

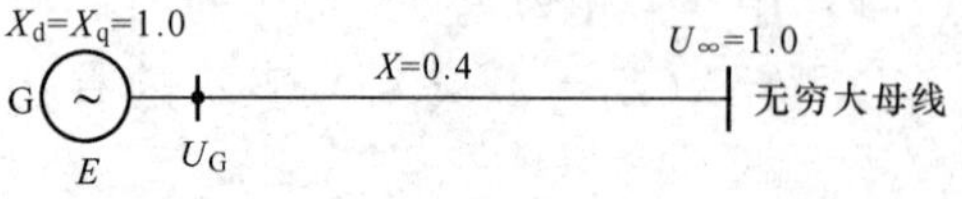

$X_d=X_q=1.0$　$X=0.4$　$U_\infty=1.0$　G　E　U_G　无穷大母线

图 9-15　简单系统图

［**答案**：(1) 当 $\delta_m=90°$时，$P_{Em}=1.143$；(2) 当 $\delta_m=125.5°$时，$P_{VGm}=2.5$］

9-12　一水轮发电机经一台变压器和一回输电线与无限大容量系统相连接。变压器及输电线可用一等值电抗 $X_e=0.45$ 表示。发电机参数为：$U_N=13.8$kV，$P_N=90$MW，$\cos\varphi_N=0.8$；$X_d=0.8$，$X_q=0.5$，$X'_d=0.3$。线路末端负荷为 80+j50MVA。求：(1) 用 E_q、X_d、X_q 表示时，作 $P=f(\delta)$ 及 $Q=f(\delta)$曲线；(2) 用 E'_q、X'_d 表示时作出 $P=f(\delta)$ 曲线；(3) 用 E_Q、X_q 表示时作出 $P=f(\delta)$ 及 $Q=f(\delta)$ 曲线；(4) 用 E'、X'_d 表示时作出 $P=f(\delta)$ 曲线；(5) 把上述五种情况下的 P_{max}及对应的 δ_{max}进行比较。

9-13　简单电力系统及参数如图 9-16 所示。试作当发电机保持 E_q=C、E'_q=C 时，电力系统有功功率功—角特性曲线。

［**答案**：(1) $P_{Eq}=1.332\sin\delta+0.122\sin2\delta$；(2) $P_{E'q}=1.825\sin\delta-0.205\sin2\delta$］

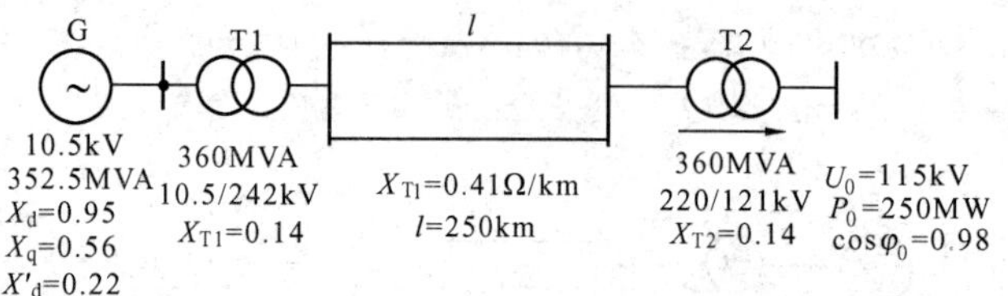

图 9-16　系统接线图

9-14　某单机无限大系统等值电路如图 9-17 所示，系统参数及其原始运行方式下的参数为：$U=1$，$X_{T1}=0.65$，$X_d=1.8$，$X_q=1.1$，$X'_d=0.55$，$P_0=0.52$，$Q_0=0.4$。取基准功率和电压分别为 $S_n=300$MVA、$U_n=115$kV，要求在以下三种情形的条件下作出功—角特性 $P=f(\delta)$ 及 $Q=\varphi(\delta)$：(1) 发电机励磁电流保持恒定（$I_f=C$）；(2) 合成磁链保持不变（$E'_q=C$）；(3) 发电机端电压保持恒定（$U_G=C$）。

［**答案**：(1) $P_{Eq}=0.959\sin\delta+0.08\sin2\delta$，$Q_{Eq}=0.959\cos\delta-0.49+0.082\cos2\delta$；
(2) $P_{E'q}=1.33\sin\delta-0.13\sin2\delta$，$Q_{E'q}=1.33\cos\delta-0.702-0.13\cos2\delta$；
(3) $P_{VG}=2\sin\delta-0.484\sin2\delta$，$Q_{VC}=2\cos\delta-1.05-0.484\cos2\delta$］

9 - 15　如图 9 - 18 所示系统中，电阻负荷 $R=0.9$ 经过开关接至线路中点，参数标于图中，试计算开关打开和合上两种情况下的功率极限，并进行比较分析。

[**答案**：(1) 开关打开时，$P_{Eq}=1.33\sin\delta$；
(2) 开关闭合时，$P_{Eq}=0.11+1.3\sin(\delta+13.03°)$]

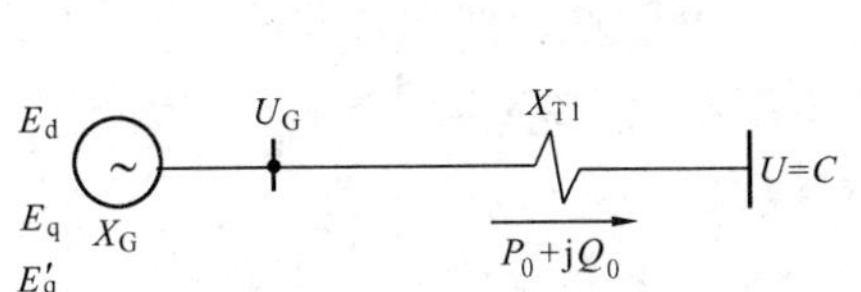

图 9 - 17　简单系统图

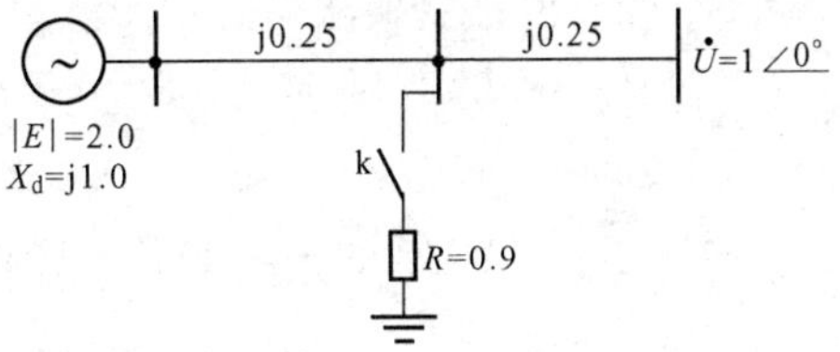

图 9 - 18　简单系统图

9 - 16　如图 9 - 19 所示的系统中，两条并联的线路中有一条发生三相接地短路，用 m 表示线路一段到故障点的距离，其中 $0<m<1$，而 1 是线路的总长度。试求输送功率关于 m 的表达式。发电机电抗和变压器电抗的总和为 X_s，一条线路的电抗为 X_l，发电机电动势为 E_s。

[**答案**：$P'_e=\dfrac{E_sU_N}{X_l+\left(1+\dfrac{1}{m}\right)X_s}\sin\delta$]

9 - 17　简单电力系统的等值网络如图 9 - 20 所示，发电机无励磁调节器，试作输送到无限大容量母线处有功功率的功—角特性曲线。

[**答案**：$P_E=1.123\sin\delta$]

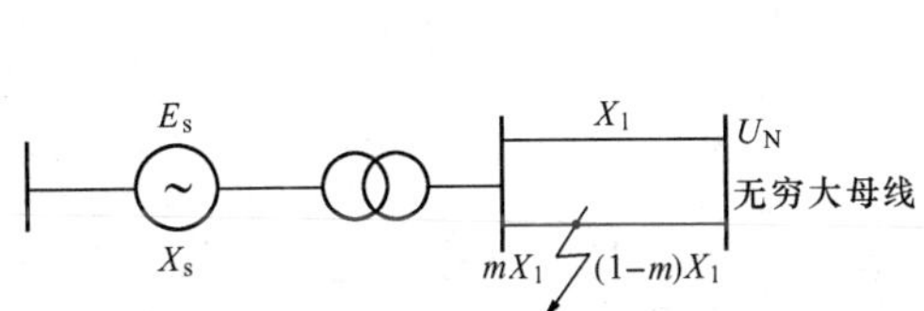

图 9 - 19　系统接线图

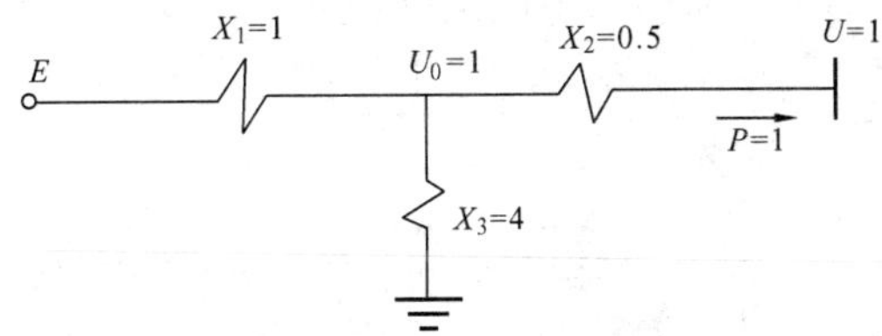

图 9 - 20　简单系统图

9 - 18　如图 9 - 21 所示的系统中，一电容和电抗并联，其标幺值为 1.0，将其通过一断路器接在同一节点上。分别求断路器打开和闭合时输送的最大功率。若用一个并联电抗器代替电容使得有相同的电抗值，求相应的值。已知发电机的电动势为 1.2，电动机电动势为 1.0，其他数据如图中所示。

[**答案**：(1) 断路器打开时，$P_{max}=0.49$；(2) 断路器闭合时，a) 电容，$P^C_{max}=1.37$，b) 电感，$P^l_{max}=0.34$]

9 - 19　电力系统如图 9 - 22 所示，已知各元件参数的标幺值如下：发电机 G1，$X'_d=0.25$，发电机 G2，$X'_d=0.15$；变压器 T1，$X_T=0.15$，变压器 T2，$X_T=0.1$，线路 L，每回 $X_L=0.6$；负荷阻抗 $Z_{LD}=0.28+j0.3$。发电机采用电抗 X'_d 及其后电动势 $E'=$常数模型。试用矩阵消元法和网络变换法求各发电机的输入阻抗和转移阻抗。

［**答案**：(1) 矩阵消去法

$Z_{11}=0.07379+j0.8468=0.85\angle 85^{\circ}$，$\alpha_{11}=4.98^{\circ}$；

$Z_{22}=0.1692+j0.4278=0.46\angle 68.4^{\circ}$，$\alpha_{22}=21.58^{\circ}$；

$Z_{12}=-0.4818+j1.1967=1.29\angle 111.93^{\circ}$，$\alpha_{12}=-21.93^{\circ}$

(2) 网络变换法

$Z_{11}=0.07374+j0.8468=0.85\angle 85.06^{\circ}$，$\alpha_{11}=4.94^{\circ}$；

$Z_{22}=0.1707+j0.4293=0.462\angle 68.31^{\circ}$，$\alpha_{22}=21.69^{\circ}$；

$Z_{12}=-0.4836+j1.2067=1.3\angle 111.84^{\circ}$，$\alpha_{12}=-21.84$］

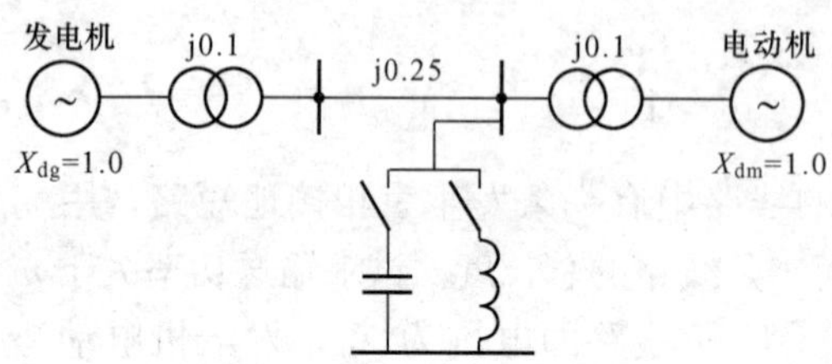

图 9-21　系统接线图

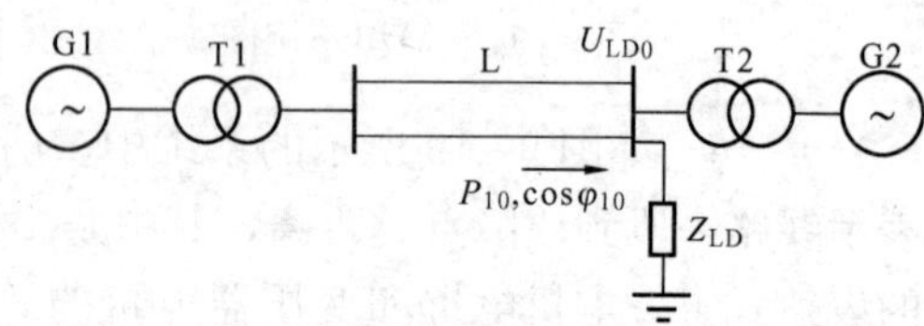

图 9-22　系统接线图

9-20　请写出图 9-23 示出的几种系统的功角特性 $P_1=f(\delta)$，并画出 $P_1=f(\delta)$ 曲线。［**答案**：(1) $P_{Eq}=0.28+1.176\sin(\delta-11.3^{\circ})$；(2) $P_{Eq}=0.8\sin\delta$］

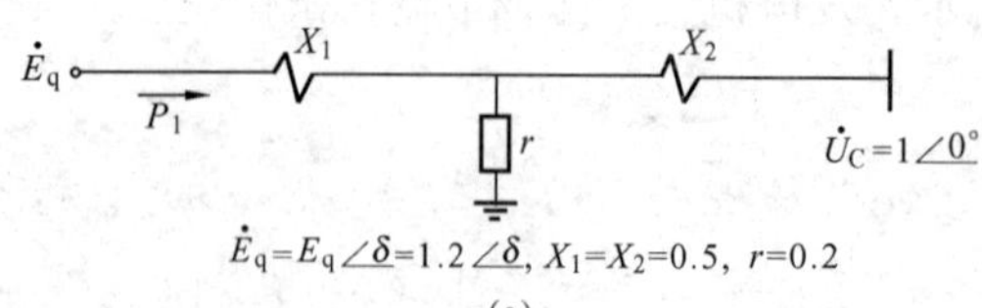

(a)

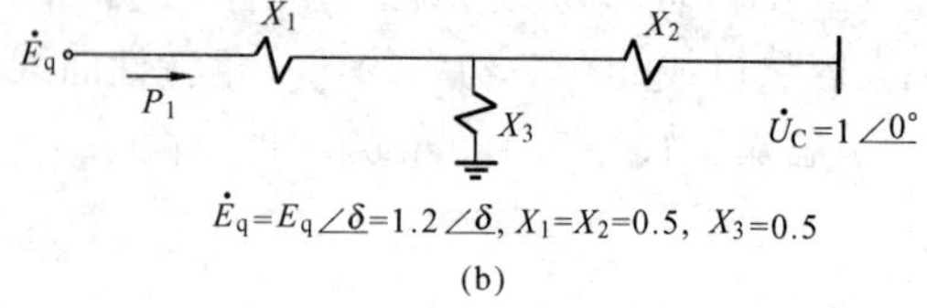

(b)

图 9-23　简单系统图

9-21　作出凸极同步发电机的相量图，并证明用 E'、$X'_{d\Sigma}$ 表示的发电机功—角特性方程为 $P'_E=\dfrac{E'U}{X'_{d\Sigma}}\sin\delta$，写出 δ' 的表达式。其中 δ' 为 $\dot{E}'$ 和 $\dot{U}$ 之间的夹角。

第十章 电力系统静态稳定性

内 容 要 点

电力系统静态稳定性，是指电力系统在某一运行状态下受到某种小干扰后，系统能自动恢复到原来运行状态的能力。能恢复到原来运行状态，则系统静态是稳定的，否则就是静态不稳定的。电力系统具有静态稳定性是保持正常运行的基本条件之一。

一、简单电力系统的静态稳定分析

单机对无穷大容量系统如图 10-1 所示，图中送端为隐极式同步发电机，受端为无穷大容量系统母线。若不考虑发电机励磁调节的作用，即它的空载电动势 E_q 保持恒定，则该简单系统的功角特性关系为：

$$P_{Eq}=\frac{E_qU}{X_{d\Sigma}}\sin\delta \tag{10-1}$$

式中 $X_{d\Sigma}=X_d+X_{T1}+\frac{1}{2}X_L+X_{T2}$。

由此可知该系统的功角特性曲线如图 10-2 所示。

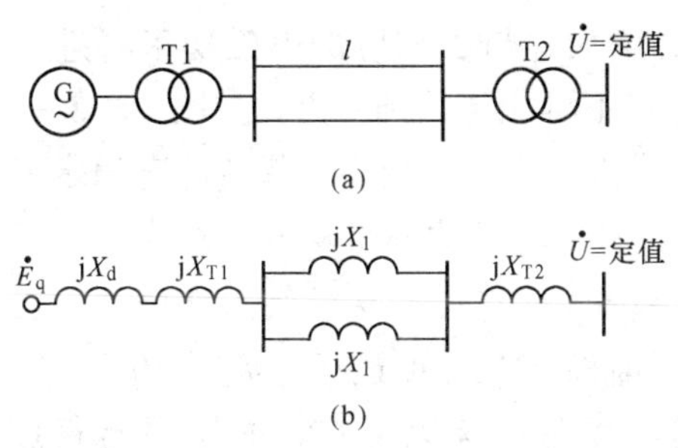

图 10-1 系统接线及等值电路图
(a) 系统接线；(b) 等值电路

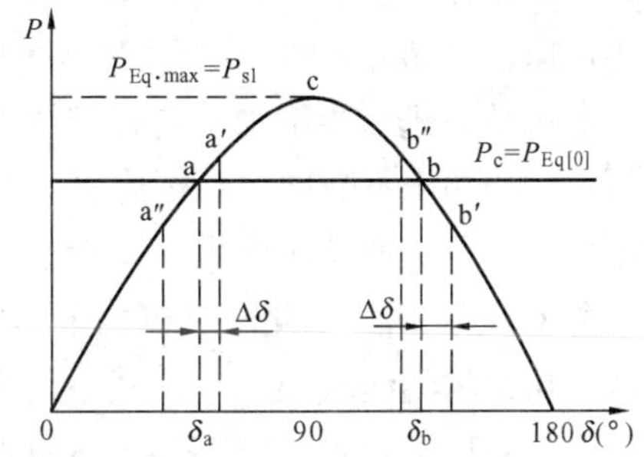

图 10-2 功角特性曲线

若原动机输出的机械功率 P_T 保持不变，并不计摩擦、风阻等影响，当发电机的电磁功率 P_{Eq}与输入的机械功率 P_T 相等时（某一正常运行方式），在功角特性曲线上将有两个平衡点 a、b，但该转矩平衡点是否一定能稳定运行呢？下面就这两点分析系统受到微小干扰后的运行特性，以及静态稳定的实用判据和静态稳定储备系数的概念。

1. 静态稳定性分析

先分析在 a 点的运行情况。在 a 点，若系统受到某种微小的扰动，使发电机的功角产生一个微小的增量 $\Delta\delta$，由原来的 δ_a 变到 δ_a'，于是电磁功率将从 a 点对应的 P_{Eqa}增加到与 a′点对应的 $P_{Eqa'}$，而输入的机械功率保持不变，仍为 $P_T=P_{Eqa}$，此时在 a′点的电磁功率 $P_{Eqa'}$将大于输入的机械功率 P_T，$\Delta P=P_T-P_{Eqa'}<0$，在转子上产生制动性的不平衡转矩。在此不平衡转矩作用下，发电机转速开始下降，功角 δ 开始减小，经过衰减振荡后，发电机将恢复

到原来的运行点 a，如图 10-3（a）中实线所示。如果在点 a 运行时受到扰动产生一个负值的微增量 $\Delta\delta$，由原来的 δ_a 变到 δ''_a，于是电磁功率将减小到与 a″点对应的 $P_{Eqa''}$，此时作用在转子上的过剩功率 $\Delta P = P_T - P_{Eqa''} > 0$，在此加速性不平衡转矩作用下，发电机将加速，功角 δ 增大，运行点将渐渐地回到 a 点，如图 10-3（a）中虚线所示。所以 a 点是静态稳定运行点。据此分析，在图 10-2 中 c 点以前，即 $0° < \delta < 90°$ 时，皆为静态稳定运行点。

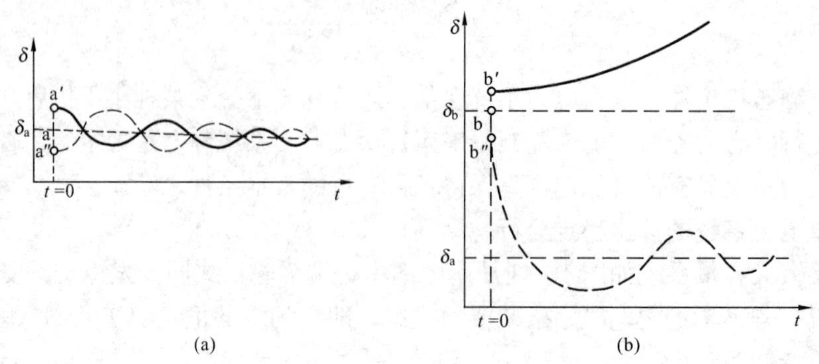

图 10-3　功—角摇摆曲线

2. 静态不稳定分析

再分析在 b 点的运行情况。当系统受到某种微小的扰动，而使功角产生一个微小的增量 $\Delta\delta$ 时，电磁功率将从 b 点对应的 P_{Eqb} 减少到 b′点相对应的 $P_{Eqb'}$，而输入机械功率 P_T 保持不变，则作用在转子上的过剩功率 $\Delta P = P_T - P_{Eqb'} > 0$，在加速性不平衡转矩作用下发电机转子将加速，功角 δ 将进一步增大，而随着功角的增大，与之相应的电磁功率将进一步减小，发电机转速进一步增加，这样继续下去，运行点不可能再回到 b 点，如图 10-3（b）中实线所示。功角 δ 不断增大，标志着两个电源之间失去同步，系统不能保持静态稳定。如果瞬时出现的小干扰使功角产生一个微小的负增量 $\Delta\delta$ 时，电磁功率将从 b 点对应的 P_{Eqb} 增加到 b″点相对应的 $P_{Eqb''}$，此时过剩功率 $\Delta P = P_T - P_{Eqb''} < 0$，在此减速性转矩作用下，发电机将减速，功角将继续减小，一直减小到经过 δ_a 并渐渐稳定在 a 点运行，如图 10-3（b）中虚线所示。所以 b 点不是静态稳定运行点。据此分析，在 c 点以后（$\delta > 90°$）的运行点都不是静态稳定运行点。

3. 电力系统静态稳定的实用判据

根据以上分析可知，对于上述简单电力系统，若功角 δ 在 0°～90°范围内，电力系统可以保持静态稳定运行，在此范围内有 $\frac{dP_{Eq}}{d\delta} > 0$；而 $\delta > 90°$ 时，电力系统不能保持静态运行，此时有 $\frac{dP_{Eq}}{d\delta} < 0$。由此可以得出电力系统静态稳定的实用判据为

$$S_{Eq} = \frac{dP_{Eq}}{d\delta} > 0 \tag{10-2}$$

式中，S_{Eq} 称为整步功率系数。而与 $\delta = 90°$ 对应的 c 点则是静态稳定的临界点，此时功率达到极限，P_{Eqmax} 称为功率极限。在 c 点 $\frac{dP_{Eq}}{d\delta} = 0$，严格地讲，该点是不能保持系统静态稳定运行的。

若考虑自动调节励磁装置对电力系统静态稳定的影响，根据前章分析的自动调节励磁装置对功角特性的影响，维持发电机暂态电势E'_q为常数的功角特性为$P_{E'q}$［见式（9－7）］如图10－4所示。这时，按静态稳定的实用判据，系统静态稳定的条件为

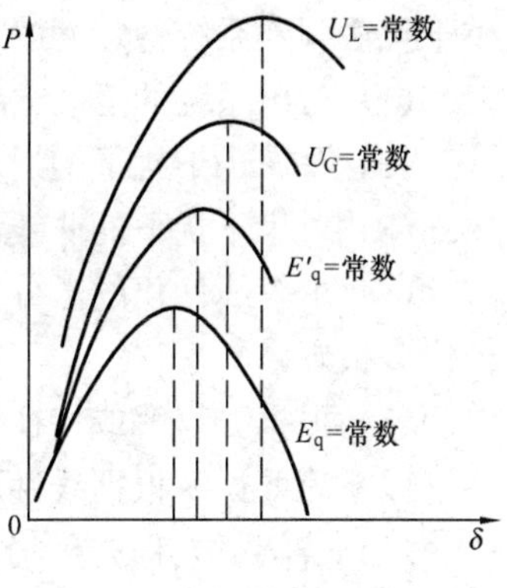

图10－4　使用各种自动励磁调节装置的功角特性

$$S_{E'q}=\frac{dP_{E'q}}{d\delta}>0 \tag{10-3}$$

系统静态不稳定的条件应为

$$S_{E'q}=\frac{dP_{E'q}}{d\delta}<0 \tag{10-4}$$

当$\dfrac{dP_{E'q}}{d\delta}=0$时，对应的点为临界点，则功角为$\delta_{E'qm}>90°$。

因此，一般可以认为计及自动调节励磁装置的作用后，电力系统静态稳定的功角范围扩大了。

4．静态稳定储备系数

从电力系统运行可靠性要求出发，一般不允许电力系统运行在稳定的极限附近。否则，运行情况稍有变动或者受到干扰，系统便会失去稳定。为此，要求运行点离稳定极限有一定的距离，即保持一定的稳定储备。电力系统静态稳定储备的大小通常用静态稳定储备系数K_P来表示，即

$$K_P=\frac{P_{Eqm}-P_{[0]}}{P_{[0]}}\times100\% \tag{10-5}$$

式中　P_{Eqm}——静态稳定的极限功率（即功角特性曲线的顶点）；

$P_{[0]}$——正常运行时的输送功率（$P_{[0]}=P_T$）。

静态稳定储备系数K_P的大小表示了电力系统由功角特性所确定的静态稳定度。K_P越大，稳定程度越高，但系统输送功率受到限制。反之，K_P过小，则稳定程度太低，降低了系统运行的可靠性。

我国目前规定，在正常运行时K_P为15%～20%；当系统发生故障后，由于部分设备（包括发电机、变压器、线路等）退出运行，为了尽量不间断对用户的供电，允许K_P短时降低，但不应小于10%，并应尽快地采取措施恢复系统的正常运行。

电力系统在运行中随时都将受到各种原因引起的小干扰，如果电力系统的运行状态不具备静态稳定的能力，那么电力系统是不能运行的。

二、用小干扰法分析电力系统的静态稳定性

1．小干扰法

研究电力系统遭受小干扰后的暂态过程及其稳定性的理论，是著名学者李雅普诺夫奠定的。李雅普诺夫理论认为，任何一个动力学系统都可以用多元函数$\varphi(X_1、X_2、X_3\cdots)$来表示。当系统因受到某种微小干扰使其参数发生变化时，则函数变为：$\varphi(X_1+\Delta X_1、X_2+\Delta X_2、X_3+\Delta X_3、\cdots)$。若所有参数的微小增量在微小干扰消失后能趋近于零，即$\lim\limits_{t\to\infty}\Delta X_1\Rightarrow0$，$\lim\limits_{t\to\infty}\Delta X_2\Rightarrow0$，…，则该系统可认为是稳定的。

根据这一理论来研究电力系统遭受小干扰后瞬态过程的方法，称之为“小干扰法”。用

小干扰法判断系统稳定性的步骤是：

（1）写出系统的运动方程（微分方程或状态方程）；

（2）写出小干扰下的运动方程；

（3）对小干扰下的非线性方程“线性化”处理；

（4）求解线性化的微分方程，或由线性化后的方程写出特征方程，并求出特征方程的特征值（根）；

（5）根据方程解或特征值（根）的性质判断系统的稳定性。

以下简要说明根据线性化微分方程的特征方程的根，来判别系统稳定与否的一般方法。

（1）若特征方程有正实根时（只要有一个正实根），微分方程的解中必定有某个分量或某些分量随时间的增长而按指数规律不断增大。就电力系统而言，即功角的变量 $\Delta\delta$ 紧随时间的增长而不断增大，系统便不稳定，而且，丧失稳定的过程是非同期性的，如图 10-5 (a)所示。

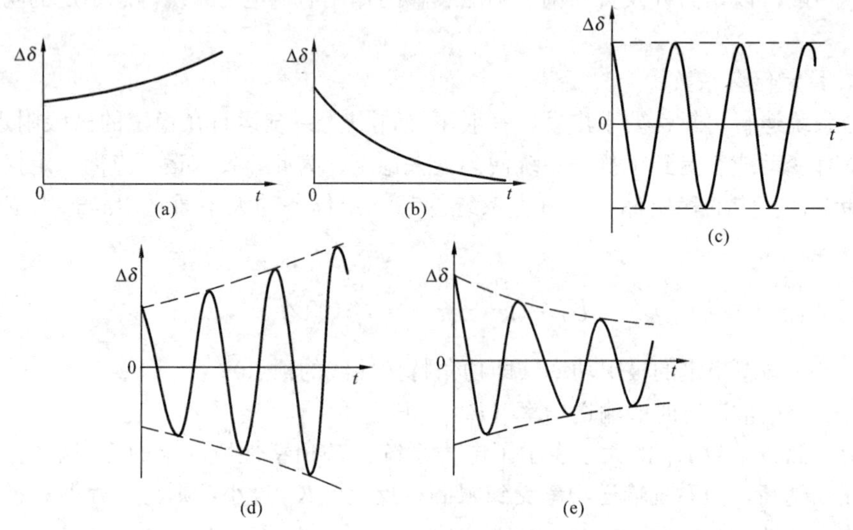

图 10-5　特征方程式的根和微分方程式的解之间的关系

（a）特征方程式有正实根时；（b）特征方程式只有负实根时；（c）特征方程式只有共轭虚根时；（d）特征方程式有实数部分为正值的共轭复根时；（e）特征方程式只有实数部分为负值的共轭复根时

（2）若特征方程只有负实根时，微分方程的解中所有分量都将随时间的增长按指数规律不断减小。就电力系统而言，就是功角的变量 $\Delta\delta$ 随时间的增长而不断减小，系统静态则是稳定的。如图 10-5（b）所示。

（3）若特征方程式只有共轭虚根时，微分方程的解中所有分量都将随时间的增长而不断等幅地交变。就电力系统而言，就是功角的变量 $\Delta\delta$ 等将随时间的增长而不断等幅地交变，即等幅振荡。这是一种临界情况，如图 10-5（c）所示。

（4）若特征方程式有实部为正值的共轭复根（只要有一对这样的共轭复根）时，微分方程的解中必定有某个分量或某些分量随时间的增长而不断交变，且交变的幅值又按指数规律不断增大。就电力系统而言，就是功角的变量 $\Delta\delta$ 等将随时间的增长而不断交变，且交变的幅值将不断增大，即发生所谓“自发振荡”现象，系统静态也是不稳定的，而且丧失稳定的过程将是周期性的，如图 10-5（d）所示。

（5）若特征方程式只有实部为负值的共轭复根时，微分方程式的解中所有分量都将随时间的增长而不断交变，且交变的幅值又按指数规律不断减小。就电力系统而言，就是功角的变量 $\Delta\delta$ 等将随时间的增长而不断交变，且交变的幅值将不断减小，即将发生衰减振荡，系统静态也是稳定的，如图 10-5（e）所示。

总之，对于线性化微分方程的特征方程，只要有一个根位于复数平面上虚轴的右侧，系统就不能保持静态稳定。而且特征方程式有正实根时，系统稳定的丧失是非同期性的；特征方程式有实部为正值的共轭复根时，系统稳定的丧失是同期性的。如图 10-6 所示。

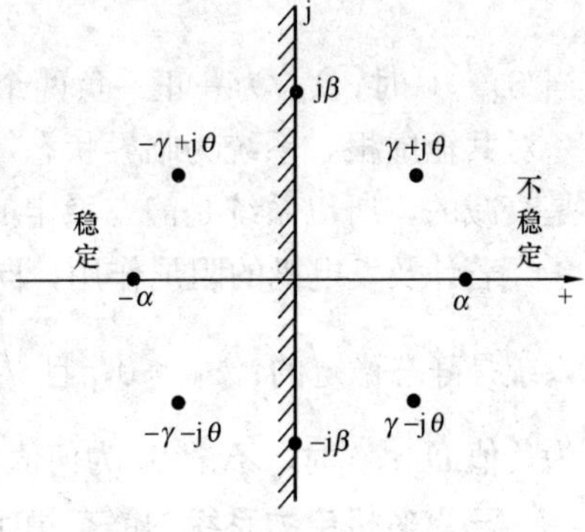

图 10-6　复数平面上的稳定区

2. 用小干扰法分析简单电力系统的静态稳定性（不计自动调节励磁作用）

（1）发电机的转子运动方程为

$$\frac{T_J d^2\delta}{\omega_N dt^2} = P_T - P_{Eq} \tag{10-6}$$

写成状态方程为

$$\frac{d\delta}{dt} = \omega - \omega_N \tag{10-7}$$

$$\frac{d\omega}{dt} = \frac{\omega_N}{T_J}(P_T - P_{Eq}) \tag{10-8}$$

（2）小干扰下的运动方程为

$$\frac{d(\delta_0 + \Delta\delta)}{dt} = (\omega_N + \Delta\omega) - \omega_N \tag{10-9}$$

$$\frac{d(\omega_N + \Delta\omega)}{dt} = \frac{\omega_N}{T_J}\left[P_T - \frac{E_q U}{X_{d\Sigma}}\sin(\delta_0 + \Delta\delta)\right] \tag{10-10}$$

（3）线性化后的运动方程为

$$\frac{d\Delta\delta}{dt} = \Delta\omega \tag{10-11}$$

$$\frac{d\Delta\omega}{dt} = \frac{\omega_N}{T_J}(-\Delta P_{Eq}) = -\frac{\omega_N}{T_J}\left(\frac{dP_{Eq}}{d\delta}\right)_{\delta 0} \cdot \Delta\delta = -\frac{\omega_N}{T_J}S_{Eq} \cdot \Delta\delta \tag{10-12}$$

写成矩阵形式

$$\begin{bmatrix} \Delta\dot{\delta} \\ \Delta\dot{\omega} \end{bmatrix} = \begin{bmatrix} 0 & 1 \\ -\frac{\omega_N}{T_J}S_{Eq} & 0 \end{bmatrix} \begin{bmatrix} \Delta\delta \\ \Delta\omega \end{bmatrix}$$

（4）特征方程为

$$\begin{vmatrix} 0-\lambda & +1 \\ -\frac{\omega_N}{T_J}S_{Eq} & 0-\lambda \end{vmatrix} = 0 \qquad \lambda^2 + \frac{\omega_N}{T_J}S_{Eq} = 0 \tag{10-13}$$

（5）特征方程的根为

$$\lambda_{1,2}=\pm\sqrt{-\frac{\omega_N}{T_J}S_{Eq}}$$

当 $S_{Eq}<0$ 时，$\lambda_{1,2}$ 为一正一负两个实根，系统将非同期性地失去稳定；当 $S_{Eq}>0$ 时，$\lambda_{1,2}$ 为一对共轭虚根，系统为临界状态，作等幅振荡。如果考虑到实际情况下的正阻尼作用，振荡是衰减的，所以系统是静态稳定的。

若计及发电机的阻尼作用，同样分析可知，当发电机阻尼为正值（$D_\Sigma>0$）时，$S_{Eq}>0$，系统是静态稳定的；$S_{Eq}<0$，且 $\sqrt{D_\Sigma^2-\frac{4}{\omega_N}S_{Eq}T_j}>0$ 时，系统是静态不稳定的；当发电机阻尼为负值 $D_\Sigma<0$ 时，不论 S_{Eq} 为何值，特征根的实部至少有一个为正数，系统将是不稳定的。

三、多机电力系统的静态稳定性

讨论多机电力系统的静态稳定性，仍是以小干扰法为理论基础，首先列出各元件的微分方程，然后将它们综合起来得全系统的微分方程组，最后根据全系统微分方程组的特征方程，求特征值判别系统是否静态稳定。

四、提高电力系统静态稳定性的措施

电力系统具有静态稳定性是保证系统正常运行的必要条件。提高系统静态稳定性，主要从提高功率极限 $P_m=\dfrac{EU}{X_\Sigma}$，即提高系统静态稳定储备系数 K_P 和采用附加装置来扩大静态稳定范围来考虑。因此可以从减小系统各元件的电抗 X_Σ，提高发电机的电动势 E 和提高系统运行电压 U 以及采用自动调节励磁装置等多方面着手。具体措施包括：

1. 减小元件的电抗

包括减小发电机、变压器和输电线路电抗。可采取的措施有：（1）采用分裂导线；（2）采用串联电容器补偿；（3）增加输电线的回路数。

2. 提高系统电压

包括提高电压等级和提高系统的运行电压两个方面。

3. 采用自动调节励磁装置

主要依靠采用自动励磁调节器，按运行状态变量的偏移调节励磁，自动地调节发电机励磁电流，以调节空载电动势 E_q，从而保证发电机端电压。其功角特性如图 10-4 所示，能大大提高功率极限，并扩大了稳定范围。

4. 改善系统的结构

从加强系统的联系、缩小“电气距离”来考虑。改善系统结构的做法很多，例如：增加输电线的回路数；输电线路中间设置开关站；采用中继同步调相机或中继电力系统等。

例 题 分 析

【例 10-1】 如图10-7示出一简单电力系统，并给出了发电机（隐极机）的同步电抗、变压器电抗和线路电抗的标幺值（均以发电机额定功率为基准值）。无限大系统母线电压为 $1\angle 0°$。如果在发电机端电压为 1.05 时发电机向系统输送功率为 0.8，试计算此时系统的静态稳定储备系数。

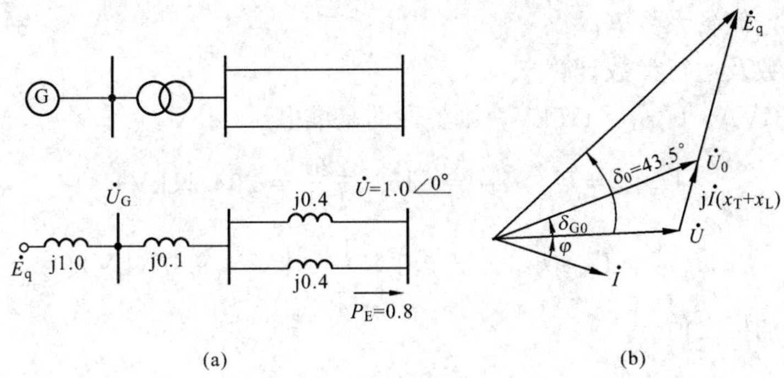

图 10 - 7　系统接线及电压电流相量法

解　此系统的静稳定极限即对应的功率极限为

$$\frac{E_qU}{X_{d\Sigma}} = \frac{E_q \times 1}{1.3}$$

下面计算空载电势 E_q。

（1）计算 U_G 的相角 δ_{G0}

电磁功率表达为

$$P_E = \frac{UU_G}{X_T + X_L}\sin\delta_{G0} = \frac{1 \times 1.05}{0.3}\sin\delta_{G0} = 0.8$$

求得

$$\delta_{G0} = 13.21^\circ$$

（2）计算电流 $\dot{I}$

$$\dot{I} = \frac{\dot{U}_G - \dot{U}}{\mathrm{j}(X_T + X_L)} = \frac{1.05\angle 13.21^\circ - 1\angle 0^\circ}{\mathrm{j}0.3} = 0.803\angle -5.29^\circ$$

（3）计算 $\dot{E}_q$

$$\dot{E}_q = \dot{U} + \mathrm{j}\dot{I}X_{d\Sigma} = 1.0\angle 0^\circ + \mathrm{j}0.803\angle -5.29^\circ \times 1.3 = 1.51\angle 43.5^\circ$$

所以，静态稳定极限对应的功率极限为

$$P_{EM} = \frac{1.51}{1.3} = 1.16$$

静态稳定储备系数为

$$K_P = \frac{1.16 - 0.8}{0.8} \times 100\% = 45\%$$

图 10 - 8　系统接线图

【例 10 - 2】　简单电力系统如图 10 - 8 所示。各元件参数如下：发电机 G，P_N＝250MW，$\cos\varphi_N = 0.85$，$U_N = 10.5$kV，$X_d = X_q = 1.7\Omega$，$X'_d = 0.25\Omega$；变压器 T1，S_N＝300MVA，$u_k\%$＝15，K_{T1}＝10.5/242；变压器 T2，S_N＝300MVA，$U_k\%$＝15，K_{T2}＝220/121；线路 l＝250km，U_N＝220kV，X_1＝0.42Ω/km。运行初始状态为 U_0＝115kV，P_0＝220MW，$\cos\varphi_0$＝0.98。（1）发电机无励磁调节，$E_q = E_{q0}$＝常数，试求功角特性 $P_{Eq} = f(\delta)$、功率极限 P_{Eqm}、δ_{Eqm}，求此时的静态稳定储备系数 $K_P\%$；（2）发电机有励磁调节器，能保持 $E'_q = E'_{q[0]}$ ＝常数，试求功率特性 $P_{E'q} = f(\delta)$，功率极限 $P_{E'qm}$、$\delta_{E'qm}$，

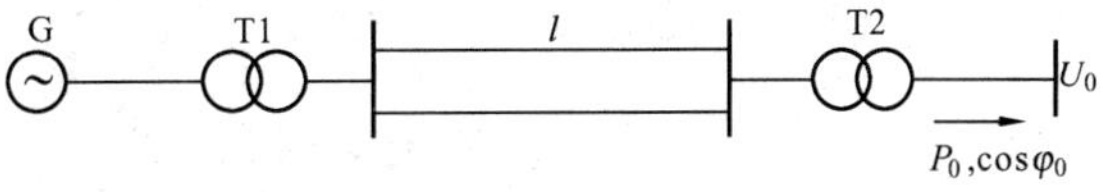

求此时的静态稳定储备系数 $K_P\%$。

解　网络参数及运行参数计算

取 $S_n=250$MVA，$U_{n(3)}=115$kV，则各段的基准电压

$$U_{n(2)}=U_{n(3)}k_{T2}=115\times\frac{220}{121}=209.1(\text{kV})$$

$$U_{n(1)}=U_{n(2)}k_{T1}=209.1\times\frac{10.5}{242}\text{kV}=9.07(\text{kV})$$

各元件参数的标幺值

$$S_{GN}=\frac{P_N}{\cos\varphi_N}=\frac{250}{0.85}\text{MVA}=294\text{MVA}$$

$$X_d=X_q=X_d\frac{S_n}{U_{n(1)}^2}=1.7\times\frac{250}{9.07^2}=5.166$$

$$X'_d=X'_d\frac{S_n}{S_{GN}}\cdot\frac{U_{GN}^2}{U_{n(1)}^2}=0.25\times\frac{250}{9.07^2}=0.760$$

$$X_{T1}=\frac{u_k\%}{100}\frac{S_n}{S_{Tn}}\frac{U_{TN}^2}{U_{n(2)}^2}=\frac{15}{100}\times\frac{250}{300}\times\frac{242^2}{209.1^2}=0.167$$

$$X_l=X_1 l\frac{S_n}{U_{n(2)}^2}=0.42\times250\times\frac{250}{209.1^2}=0.60$$

$$X_{T2}=\frac{u_k\%}{100}\frac{S_n}{S_{Tn}}\frac{U_{TN}^2}{U_{n(3)}^2}=\frac{15}{100}\times\frac{250}{300}\times\frac{220^2}{209.1^2}=0.138$$

$$X_c=X_{T1}+\frac{1}{2}X_l+X_{T2}=0.167+\frac{1}{2}\times0.60+0.138=0.605$$

$$X_{d\Sigma}=X_d+X_c=5.166+0.605=5.771$$

$$X_{q\Sigma}=X_q+X_c=5.166+0.605=5.771$$

$$X'_{d\Sigma}=X'_d+X_c=0.760+0.605=1.365$$

运行参数计算

$$U_0=\frac{115}{U_{n(3)}}=\frac{115}{115}=1.0,\quad \varphi_0=\arccos0.98=11.48°$$

$$P_0=\frac{220}{250}=0.88,Q_0=P_0\tan\varphi_0=0.88\times\tan11.48°=0.179$$

$$E_{Q0}=\sqrt{\left[U_0+\frac{Q_0X_{q\Sigma}}{U_0}\right]^2+\left[\frac{P_0X_{q\Sigma}}{U_0}\right]^2}=\sqrt{(1+0.179\times5.771)^2+(0.88\times5.771)^2}=5.470$$

$$\delta_0=\arctan\frac{0.88\times5.771}{1+0.179\times5.771}=68.2°$$

$$I_{d0}=\frac{E_{Q0}-U_0\cos\delta_0}{X_{q\Sigma}}=\frac{5.470-1\times\cos68.2°}{5.771}=0.883$$

因为 $X_d=X_q$，所以 $E_{q0}=E_{Q0}=5.470$。

(1) 当 $E_q=E_{q0}=$常数时

$$P_{Eq}=\frac{E_{q0}U_0}{X_{d\Sigma}}\sin\delta=\frac{5.470\times1}{5.771}\sin\delta=0.948\sin\delta$$

由 $\dfrac{dP_{Eq}}{d\delta}=0$，有

$$\cos\delta=0,\quad \delta_{Eqm}=90^\circ$$

极限功率

$$P_{Eqm}=0.948\sin\delta_{Eqm}=0.948$$

静态稳定储备系数

$$K_P=\frac{P_{Eqm}-P_0}{P_0}\times100\%=\frac{0.948-0.88}{0.88}=7.72\%$$

（2）当 $E'_q=E'_{q0}=$常数时

$$E'_q=E_Q+I_d(X'_{d\Sigma}-X_{q\Sigma})=5.47+0.883\times(1.365-5.771)=1.58$$

$$\begin{aligned}P_{E'q}&=\frac{E'_qU}{X'_{d\Sigma}}\sin\delta+\frac{U^2}{2}\cdot\frac{X'_{d\Sigma}-X_{q\Sigma}}{X'_{d\Sigma}X_{q\Sigma}}\sin2\delta\\&=\frac{1.58\times1}{1.36}\sin\delta+\frac{1}{2}\times\frac{1.365-5.771}{1.365\times5.771}\sin2\delta\\&=1.161\sin\delta-0.28\sin2\delta\end{aligned}$$

由 $\dfrac{dP_{E'q}}{d\delta}=0$，有 $\delta'_{Eqm}=111.04^\circ$

极限功率为

$$P_{E'qm}=1.161\sin111.04^\circ-0.28\sin(2\times111.04^\circ)=1.268$$

稳定储备系数为

$$K_P=\frac{P_{E'qm}-P_0}{P_0}\times100\%=\frac{1.268-0.88}{0.88}\times100\%=44.1\%$$

【例 10-3】 如图10-9（a)所示，一台隐极机给系统送电，已知 U_T 处电压及功率为 $U_T=1.0, P_0=1.0$，$\cos\varphi_0=0.85$；发电机，变压器参数为 $X_d=1.0, X_T=0.1$，现经 $X_l=0.3$ 的线路送到无限大母线 S 处，求 U_S、P_M 及 K_P。

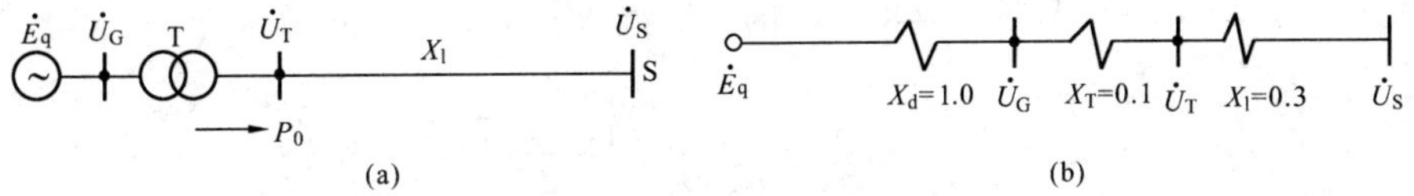

图 10-9　简单电力系统图
（a）接线图；（b）等值电路

解　等值电路如图 10-9（b）所示。

$$U_T=1.0\angle0^\circ,\quad P_0=1.0,\quad \cos\varphi_0=0.85$$

$$Q_0=P_0\tan(\cos^{-1}0.85)=1.0\times\tan(\cos^{-1}0.85)=0.62$$

$$X_{d\Sigma1}=X_d+X_T=1.0+0.1=1.1$$

$$X_{d\Sigma2}=X_d+X_T+X_l=1.0+0.1+0.3=1.4$$

$$\Delta U_1=\frac{PR+QX}{U}=\frac{0+0.62\times0.3}{1.0}=0.186$$

$$\delta U_1=\frac{PX-QR}{U}=\frac{1.0\times0.3-0}{1.0}=0.3$$

$$\dot{U}_s = \dot{U}_t - (\Delta U_1 + j\delta U) = 1.0\angle 0^\circ - (0.186 + j0.3)$$
$$= 0.814 - j0.3 = 0.868/\angle -20.33^\circ$$

$$E_q = \sqrt{\left(U_T + \frac{Q_0 X_{d\Sigma 1}}{U_T}\right)^2 + \left(\frac{P_0 X_{d\Sigma 1}}{U_T}\right)^2}$$
$$= \sqrt{\left(1.0 + \frac{0.62 \times 1.1}{1.0}\right)^2 + \left(\frac{1 \times 1.1}{1.0}\right)^2} = 2.01$$

$$P_m = \frac{E_q U_s}{X_{d\Sigma 2}} = \frac{2.01 \times 0.868}{1.4} = 1.246$$

$$K_P = \frac{P_m - P_0}{P_0} \times 100\% = \frac{1.246 - 1.0}{1.0} \times 100\% = 24.6\%$$

【例 10 - 4】 某电厂有4台汽轮发电机、变压器单元机组并列运行，每台发电机的参数为 $P_N = 100\text{MW}$，$\cos\varphi_N = 0.85$，$U_N = 10.5\text{kV}$，$X_d = 1.63$；每台变压器的参数为 $S_N = 120\text{MVA}$，$u_k\% = 11$，10.5/242kV。该电厂经输电线与无限大系统并列，系统维持电压220kV。从静态稳定的角度看，在发电机额定运行的条件下，为保证有 $K_P = 15\%$ 的储备系数，输电线的电抗允许多大?

解

$$S_n = S_N = \frac{P}{\cos\varphi} = \frac{100}{0.85} = 117.647(\text{MVA}) \quad U_n = 10.5\text{kV}$$

$$U_{ns} = 10.5 \times \frac{242}{10.5} = 242\text{kV} \quad U_{G*} = \frac{10.5}{10.5} = 1 \quad U_{S*} = \frac{220}{242} = 0.909$$

$$P_{0*} = \frac{P_N}{S_N} = \frac{100}{117.647} = 0.85$$

$$K_P = \frac{P_M - P_0}{P_0} \times 100\% = 15\% = \frac{P_{M*} - 0.85}{0.85} \times 100\%$$

则 $$P_{M*} = 0.85 + 0.85 \times 0.15 = 0.9775$$

又由 $P_{M*} = \dfrac{U_{G*} U_{S*}}{X_{d\Sigma *}} = \dfrac{1 \times 0.909}{X_{d\Sigma *}} = 0.9775$，得 $X_{d\Sigma *} = 0.93 \quad X_{d\Sigma *} = X_{T*} + X_{l*}$

$$X_{T*} = \frac{u_k\%}{100} \times \frac{S_n}{S_N} = \frac{11}{100} \times \frac{117.647}{120} = 0.108$$

$$X_{l*} = X_{d\Sigma *} - X_{T*} = 0.93 - 0.108 = 0.822$$

$$Z_n = \frac{U_n^2}{S_n} = \frac{242^2}{117.647} = 497.794$$

有名值电抗 $$X_l = 0.822 \times 497.794 = 409.187(\Omega)$$

【例 10 - 5】 简单系统如图10 - 10所示，试考察此系统的稳定性。A 点所接负荷当电压为 1.0 时的容量为 0.5MVA，功率因数 0.8（参数折算到同一基准值）。

解 系统等效网络如图 10 - 11 所示。

根据已知条件计算参数

$$Y_{11} = \frac{1}{j3.0 + \dfrac{j0.5 \times (1.6 + j1.2)}{j0.5 + 1.6 + j1.2}} = 0.293\angle -88.8^\circ$$

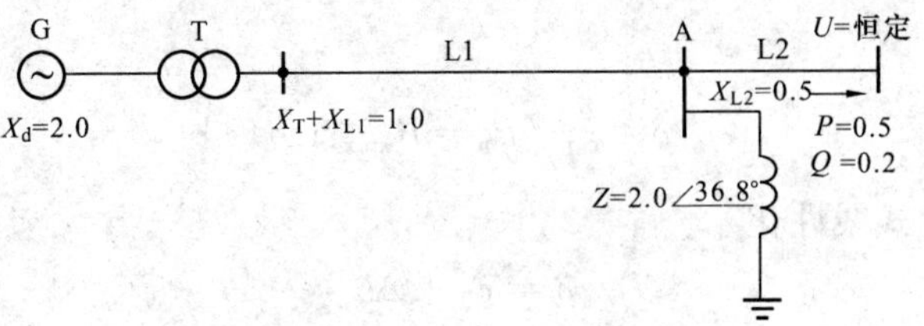

图 10 - 10　系统接线图

$$Y_{12}=\frac{1}{j3.0+j0.5+\frac{j3.0\times j0.5}{2\angle 36.8^\circ}}$$

$$=0.25\angle -98.7^\circ$$

$$\alpha_{11}=90^\circ-88.8^\circ=1.2^\circ$$

$$\alpha_{12}=90^\circ-98.7^\circ=-8.7^\circ$$

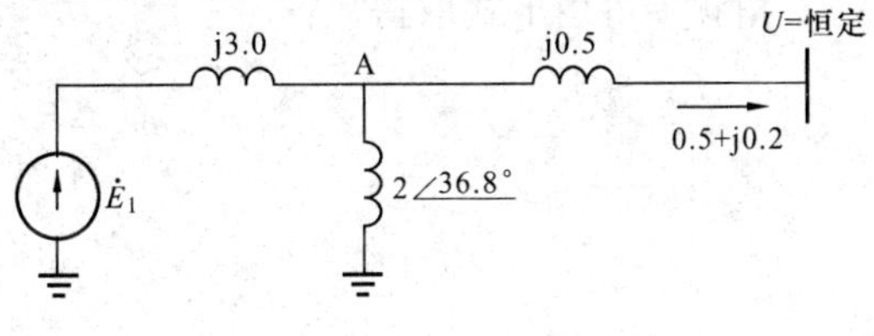

图 10 - 11　等值电路图

A 点电压为

$$U_A=\sqrt{\left[\left(U+\frac{QX_{L2}}{U}\right)^2+\left(\frac{PX_{L2}}{U}\right)^2\right]}=\sqrt{\left[\left(1+\frac{0.2\times 0.5}{1}\right)^2+\left(\frac{0.5\times 0.5}{1}\right)^2\right]}=1.128$$

$$\delta_A=\arctan\left(\frac{0.5\times 0.5}{1+0.2\times 0.5}\right)=12.8^\circ$$

线路损耗的无功功率

$$\Delta Q=\frac{P^2+Q^2}{U^2}X_{L2}=\left(\frac{0.5^2+0.2^2}{1^2}\right)\times 0.5=0.145$$

A 点所接负荷的实际容量

$$S_L=\left(\frac{1.128}{1}\right)^2\times 0.5\angle 36.8^\circ=0.636\angle 36.8^\circ=0.509+j0.381$$

A 点的总负荷

$$S_A=0.5+0.509+j(0.2+0.381+0.145)=1.009+j0.726$$

则　$$E_q=\sqrt{\left[\left(1.128+\frac{0.726\times 3}{1.128}\right)^2+\left(\frac{1.009\times 3}{1.128}\right)^2\right]}=\sqrt{3.059^2+2.683^2}=4.07$$

$$\delta_G=\arctan\left(\frac{2.683}{3.059}\right)+12.8^\circ=54.1^\circ$$

发电机的输出功率为

$$\begin{aligned}P_{Eq}&=E_q^2Y_{11}\sin\alpha_{11}+E_qUY_{12}\sin(\delta_G-\alpha_{12})\\&=4.07^2\times 0.293\times\sin 1.2^\circ+4.07\times 1\times 0.25\sin(54.1^\circ+8.7^\circ)\\&=1.01\end{aligned}$$

发电机输出的最大功率

$$P_m=4.07^2\times 0.293\sin 1.2+4.07\times 1\times 0.25=1.12$$

因此，系统稳定。

【例 10 - 6】 某台发电机经由线路与一无穷大母线连接，其参数为：$H=4s$，$f=50Hz$，线路电抗为 0.35。

若 $P=1.0$，发电机电动势为 1.2，无穷大母线电压为 1.0，求小干扰情况下的频率。

解

$$\ddot{\delta}=\frac{\omega_0}{2H}(P_m-P_{emax}\sin\delta)$$

在 $\delta=\delta_0$ 点将上式线性化

$$\delta=\delta_0+\Delta\delta$$

$$\Delta\ddot{\delta}=-\left(\frac{\omega_0}{2H}P_{emax}\cos\delta\right)\Delta\delta$$

角频率可由下式取得

$$\omega_P=\sqrt{\frac{\omega_0}{2H}P_{emax}\cos\delta_0}$$

$$P_{emax}=\frac{1.2}{0.7}=1.71$$

$$\delta_0=35.8°$$

$$\omega_P=\sqrt{\frac{100\pi}{2H}1.71\cos35.8°}=7.35S^{-1}=2\pi\times1.2s^{-1}$$

$$f_P=1.2Hz$$

思 考 题 与 习 题

一、思考题

1. 何为电力系统静态稳定性？
2. 简单电力系统静态稳定的实用判据是什么？
3. 何为电力系统静态稳定储备系数和整步功率系数？
4. 如何用小干扰法分析简单电力系统的静态稳定性？
5. 提高电力系统静态稳定性的措施主要有哪些？

二、练习题

10-1 简单电力系统如图 10-12 所示，各元件参数如下：（1）发电机 G，$P_N=250$MW，$\cos\varphi_N=0.85$，$U_N=10.5$kV，$X_d=1.0\Omega$，$X_q=0.65\Omega$，$X'_d=0.23\Omega$；（2）变压器 T1，$S_N=300$MVA，$u_k\%=15$，$K_{T1}=10.5/242$；（3）变压器 T2，$S_N=300$MVA，$u_k\%=15$，$K_{T2}=220/121$。（4）线路，$l=250$km，$U_N=220$kV，$X_1=0.42\Omega/$km；（5）运行初始状态为 $U_0=115$kV，$P_{[0]}=220$MW。$\cos\varphi_{[0]}=0.98$。

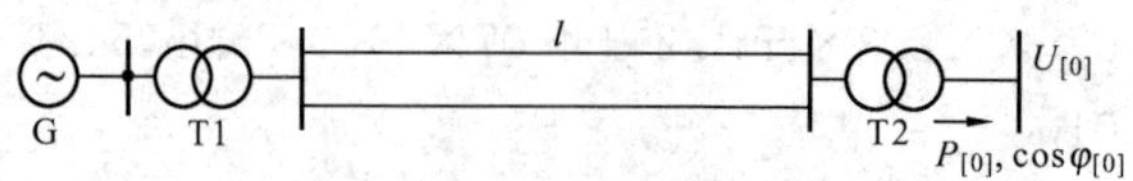

图 10-12 简单系统图

（1）如发电机无励磁调节，$E_q=E_{q[0]}=$常数，试求功角特性 $P_{Eq}(\delta)$，功率极限 P_{Eqm}、δ_{Eqm}，并求此时的静态稳定储备系数 $K_P\%$；（2）如计及发电机励磁调节，$E'_q=E'_{q(0)}=$常数，试作同样内容计算。

［**答案**：（1）E_q 为常数时，$P_{E_q}=1.16\sin\delta+0.085\sin2\delta$，$\delta_m=82.35°$，$P_{Eqm}=1.172$，

$K_P=33.18\%$；

(2) E'_q为常数时，$P_{E'_q}=1.58\sin\delta-0.21\sin2\delta$，$\sin=103.77°$，$P_{E'qm}=1.63$，$K_P=84.9\%$]

10-2　简单电力系统的元件参数及运行条件与题10-1相同，但须计及输电线路的电阻，$r_1=0.07\Omega/km$。试计算功率特性$P_{Eq}(\delta)$，功率极限P_{Eqm}和δ_{Eqm}。

[**答案**：取$S_n=220MVA$，$P_{Eq}(\delta)=0.0636+1.2\sin(\delta-1.13°)$；$P_{Eqm}=1.264$；$\delta_{Eqm}=90.13°$]

10-3　如图10-13所示的电力系统，参数标幺值如下：网络参数为$X_d=1.12$，$X_{T1}=0.169$，$X_{T2}=0.14$，$X_l/2=0.373$；运行参数为$U_C=1.0$，发电机向受端输送功率为$P_0=0.8$，$\cos\varphi_0=0.98$。试计算当E_q为常数时，此系统的静态稳定功率极限及静态稳定储备系数K_P。

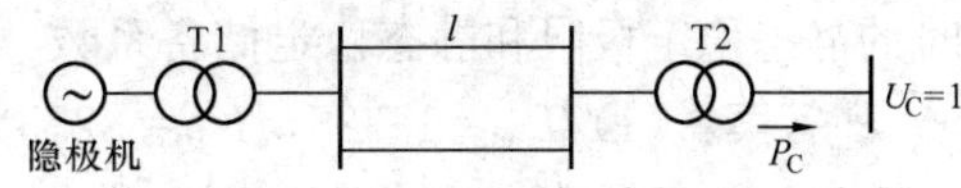

图10-13　系统接线图

[**答案**：$P_m=1.074$，$K_P=34.25\%$]

10-4　如图10-13所示的电力系统，参数标幺值如下：网络参数$X_d=1.21$，$X'_d=0.4$，$X_{T1}=0.169$，$X_{T2}=0.14$，$X_l/2=0.373$；运行参数$U_C=1$，发电机向受端输送功率$P_0=0.8$，$\cos\varphi_0=0.98$。试分别计算当E_q、E'及U_G为常数时，此系统的静态稳定功率极限及静态稳定储备系数K_P。

[**答案**：(1) 当E_q守恒时，$P_m=1.06$，$K_P=32.5\%$；

(2) 当E'守恒时，$P_m=1.348$，$K_P=68.5\%$；

(3) 当U_G守恒时，$P_m=1.54$，$K_P=92.5\%$]

10-5　某一输电系统接线及参数如图10-14所示。试计算此电力系统的静态稳定储备系数。

[**答案**：取$S_n=220MVA$，$K_P=34.7\%$]

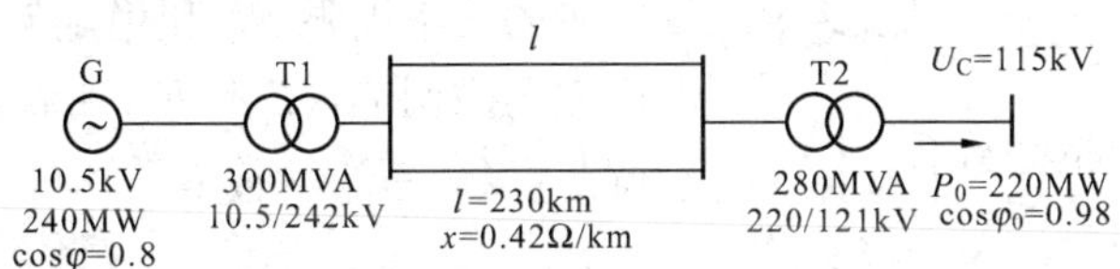

图10-14　系统接线图

10-6　如图10-15所示电力系统，各元件参数已标于图中。正常运行情况下，输送到受端的功率为200MW，功率因数为0.99，受端母线电压为115kV。试分别计算当E_q、E'及U_G为恒定时，系统的功率极限和静态稳定储备系数。

[**答案**：取$S_n=200MVA$，(1) $E_q=1.865$，$P_m=1.302$，$K_P=30.2\%$；(2) $E'=1.35$，$P_m=1.758$，$K_P=75.8\%$；(3) $U_G=1.17$，$P_m=2.42$，$K_P=142\%$]

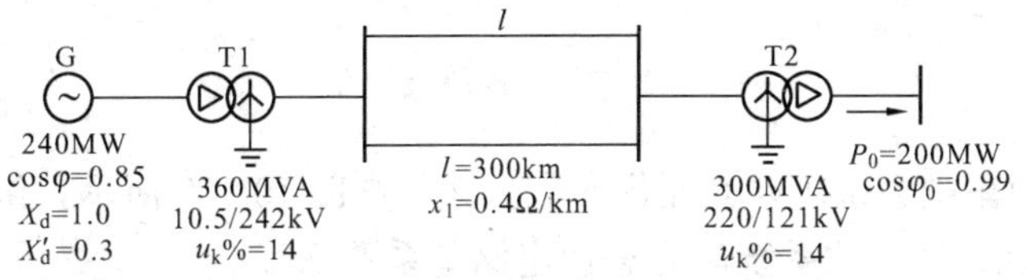

图10-15　系统接线图

10-7 最简单电力系统有如下的参变量：

$$X_d=X_q=0.982,\ X'_d=0.344,\ X_l=0.504$$

$$X_{d\Sigma}=X_{q\Sigma}=1.486,\ X'_{d\Sigma}=0.848$$

$$T_J=7.5s\quad T'_d=2.85s,\ T_e=2s$$

$$P_{e(0)}=1.0,\quad E_{q(0)}=1.972,\ \delta_0=49^\circ,\quad U=1.0$$

试计算（1）励磁不可调时的静态稳定极限和静态稳定储备系数；（2）不连续调节励磁时的静态稳定极限和静态稳定储备系数。

［**答案**：（1）$P_m=1.325$，$K_P=32.5\%$；（2）$P_m=2.21$，$K_P=101\%$］

10-8 某一输电系统接线及参数如图 10-16 所示，发电机给定电抗的数值已计及电抗的饱和，传输给受端的功率 $P_0=220$MW，功率因数 $\cos\varphi_0=0.98$。试计算此系统的静态稳定储备系数。（提示：应用标幺值计算，取 $S_n=220$MVA，$U_n=209$kV）。

［**答案**：$P_M=1.35$，$K_P=27.1\%$］

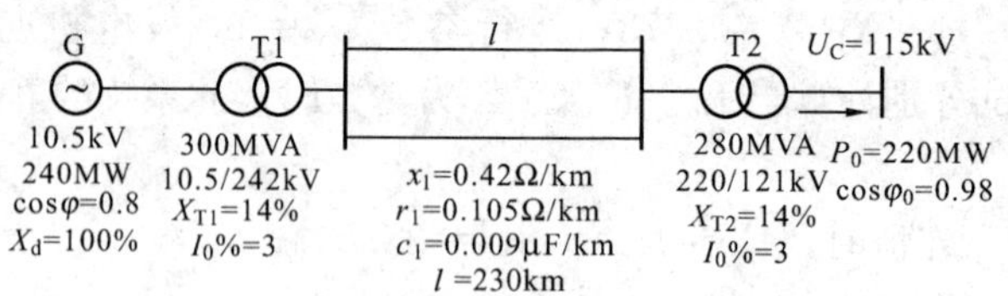

图 10-16 系统接线图

10-9 电力系统如图 10-17，已知各元件参数标幺值：发电机 G，$X_d=1.2$，$X_q=0.8$，$X'_d=0.3$；变压器电抗，$X_{T1}=0.14$，$X_{T2}=0.12$。线路 L，双回 $X_l=0.35$。系统初始运行状态为 $U_0=1.0$，$S_0=0.9+j0.18$。试计算下列情况下发电机的功率极限 P_m 和稳定储备系数 K_P：（1）发电机无励磁调节，$E_q=E_{q0}=$常数；（2）发电机有励磁调节，$E'_q=E'_{q0}=$常数；（2）发电机有励磁调节，$E'=E'_0=$常数。

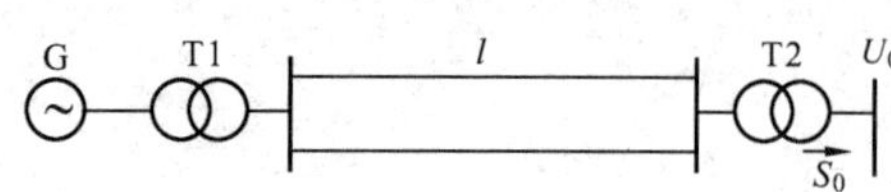

图 10-17 系统接线图

［**答案**：（1）$P_{Eqm}=1.1654$，$K_P=29.49\%$；（2）$P'_{Em}=1.5637$，$K_P=73.74\%$］

10-10 图 10-18 所示电力系统，参数均归标至 220kV 电压级，取基准值 $S_n=220$MVA，$U_n=209$kV，以标幺值示于图中，忽略电阻。求：（1）励磁不可调节时系统的静态稳定储备系数；（2）当励磁为不连续调节时，求静态稳定极限及储备系数。（3）如图初始输送功率减小，对静态稳定极限有何影响？

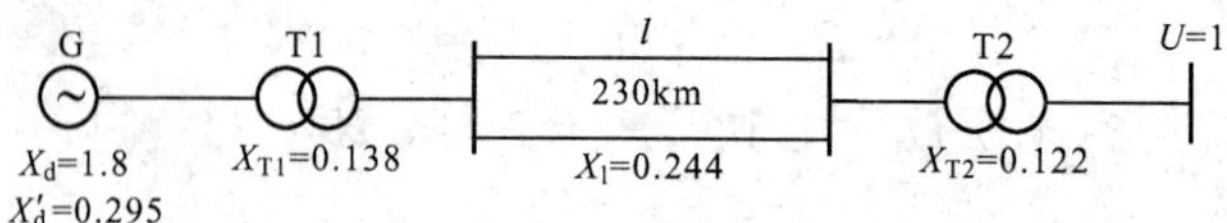

图 10-18 系统接线图

10-11 有一简单电力系统，其元件参数标幺值如图 10-19 所示，试求：（1）单机对无限大母线的功角特性；（2）此系统的静态稳定储备系数 K_P。

［**答案**：（1）$P=1.226\sin\delta$；（2）$P_m=1.226$，$K_P=53.25\%$］

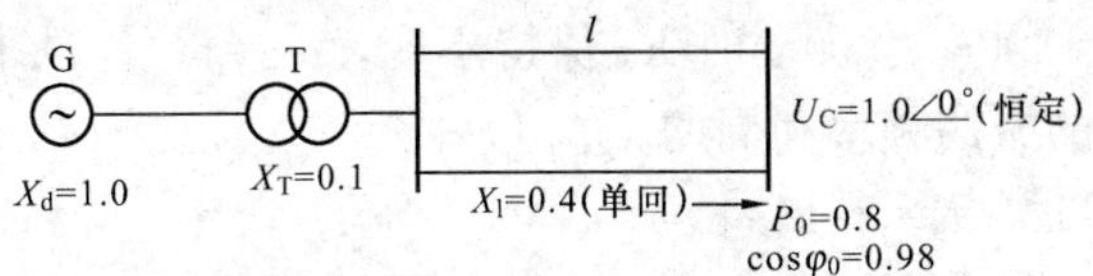

图 10 - 19　简单系统图

10 - 12　有一简单电力系统如图 10 - 20 所示，已知 $U_C=1.0\angle 0°$，$X_\Sigma=1$，$X_d=X_q=1$，系统无任何调压设备，正常运行条件为 $P+jQ=1+j0.14$ 时，试求：(1) E_q；(2) 此系统的功率极限及静态稳定储备系数。

[**答案**：(1) $E_q=2.37$；(2) $P_m=1.19$，$K_P=18.7\%$]

10 - 13　假设有一隐极机经由电抗 $X_2=0.4$ 的输电线输送电力至一无限大系统。假设 $|E_q|=1.8$。$|U_s|=1.0$，$T_J=10s$ 及 $X_d=X_q=1.0$。有一个小的扰动，它会引起瞬态，例如断路器的快速开关。忽略阻尼，试求 $P_{G[0]}=0.05$、0.5、1.2 时功角的振荡频率。

[**答案**：(1) 当 $P_{G[0]}=0.05$ 时，$\omega=6.35rad/s$，$f=1.01Hz$；(2) 当 $P_{G[0]}=0.5$ 时，$\omega=6.1rad/s$，$f=0.971Hz$；(3) 当 $P_{G[0]}=1.2$ 时，$\omega=3.81rad/s$，$f=0.606Hz$]

10 - 14　简单系统如图 10 - 21 所示。发电机参数为 $P_0=0.75$，$\cos\varphi_0=0.85$，$X_d=1.8$，$X_d'=0.46$；变压器参数为 $X_{T1}=0.2$，$X_{T2}=0.15$；每条输电线的电抗，$X_l=1.2$，受端为无限大系统，电压 $U=1.0$。试求下述情况下系统的功率极限值及静态稳定储备系数。(1) 未装自动励磁调节器时；(2) 装有一般比例式调节器时；(3) 装有特制的灵敏的强力式调节器时。

[**答案**：(1) $P_m=1.1176$，$K_P=49\%$；(2) $P_m=1.393$，$K_P=85.8\%$；(3) $P_m=1.693$，$K_P=25.7\%$]

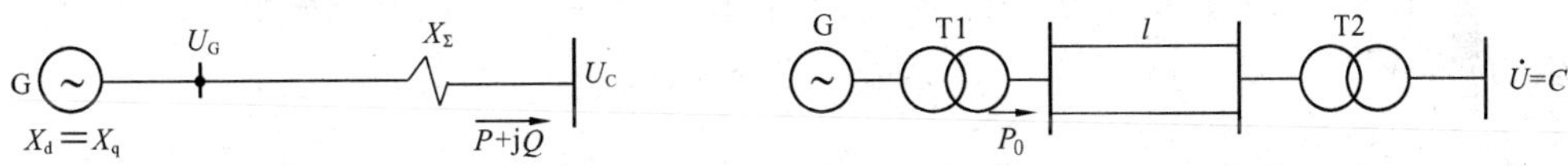

图 10 - 20　简单系统图　　图 10 - 21　简单系统图

10 - 15　某电站通过高压输电线与无限大容量系统并联，图 10 - 22 代表这个系统的接线方式，并标出原始数据。试求在下列条件下系统的静态稳定储备。(1) 无 AVR；(2) 具有比例式 AVR；(3) 具有强力式 AVR。

[**答案**：(1) $E_q=2.39$，$P_m=0.96$，$K_P=65\%$；(2) $E'=1.57$，$P_m=1.365$，$K_P=134\%$；(3) $U_G=1.31$，$P_m=1.90$，$K_P=226\%$]

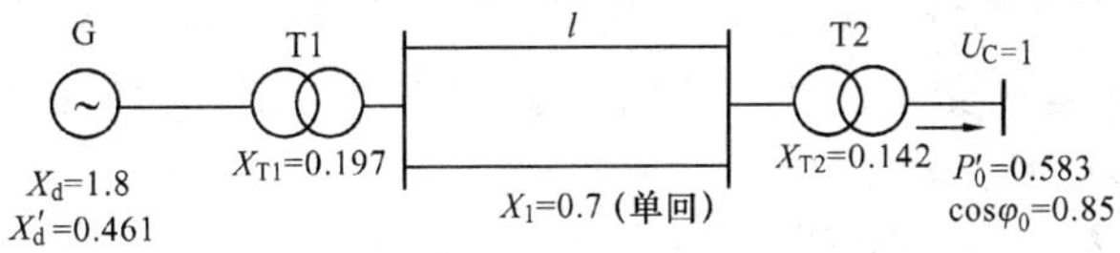

图 10 - 22　系统接线图

10 - 16　图 10 - 23 所示的简单电力系统中，隐极机的参数（标幺值）如下：$X_{d\Sigma}=2.0$，

$E_q=1.1$，$U=1.0$，$H=5.0$。小扰动时 E_q 保持不变，$\delta_0=60°$。试求在不考虑阻尼的情况下，系统受到小扰动时的振荡频率和周期。

［**答案**：$f_e=0.468$Hz，$T=2.14$s］

10-17　已知简单电力系统如图 10-24 所示，发电机经升压变压器和双回线路向系统送电，参数如下：$X_d=0.92$，$X_q=0.51$，$X'_d=0.204$，$X_{T1}=0.125$、$X_{T2}=0.103$，$X_L=1.098$。正常运行时 $P_0=1.0=P_{E(0)}$，$\cos\varphi=0.9$，$U=1.0$。试计算该系统发电机的功角特性、极限功率、极限功角及静态储备系数。

［**答案**：$P_{Eq}=1.46\sin\delta+0.094\sin2\delta$，$P_{Eqm}=1.472$，$\delta_m=82.8$，$K_P=47.2\%$］

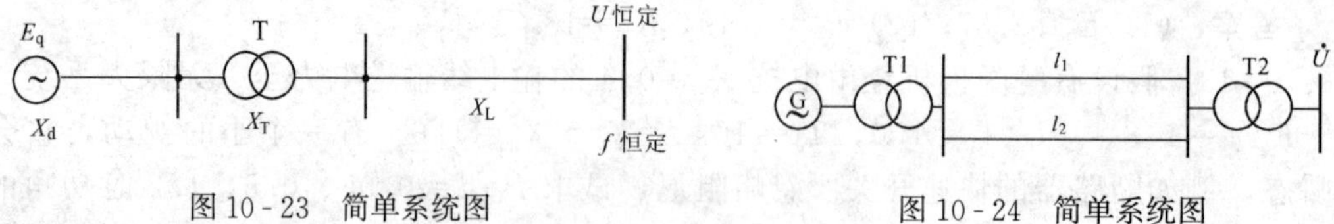

图 10-23　简单系统图　　　　图 10-24　简单系统图

10-18　在题 10-17 所示系统中，当发电机装有按电压偏移比例调节励磁装置时，求极限功角、极限功率及静态稳定储备系数。

［**答案**：$P_{E q'}=1.798\cos\delta-0.121\sin2\delta$，$P'_{Eqm}=1.814$，$\delta_m=97.47°$，$K_P=81.4\%$］

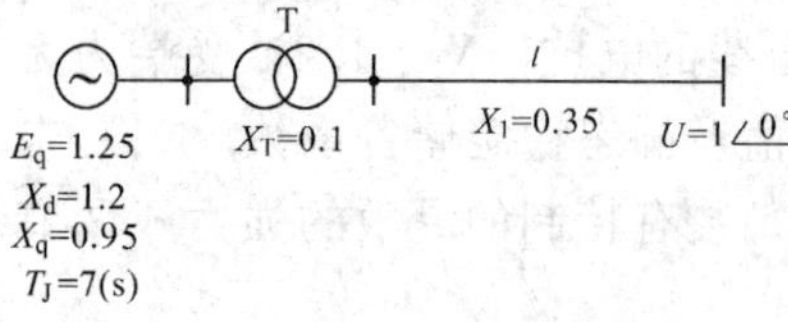

图 10-25　简单系统图

10-19　如图 10-25 所示，凸极发电机经变压器和输电线与无限大容量系统相连，数据如图所示，求在小扰动时转子的自然振荡频率，忽略阻尼及调节器的作用。(1) 输出功率是发电机极限功率的 50%；(2) 输出功率是发电机极限功率的 80%。

10-20　某隐极发电机经变压器和输电线路与无限大系统相连，网络接线及有关参数如图 10-26 所示。设发电机输出功率为其功率极限的 50%，忽略阻尼及调节器的作用。试求该系统的静态稳定极限，并计算在小扰动时，发电机转子的自然振荡频率。

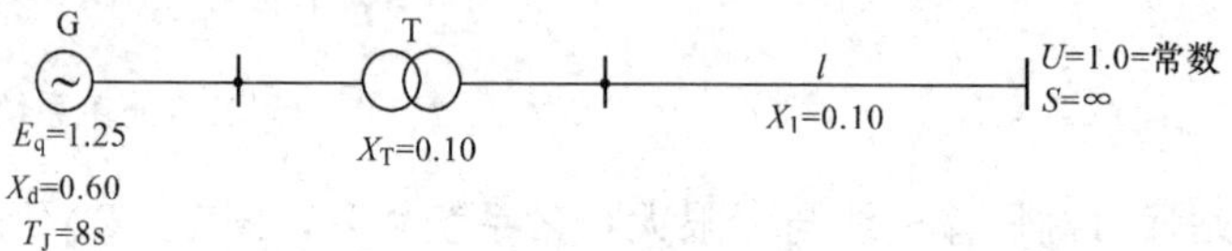

图 10-26　系统接线图

10-21　简单电力系统如图 10-27 所示，已知各元件参数的标幺值：发电机 G 为 $X_d=X_q=1.62$，$X'_d=0.24$，$T_J=10$s，$X'_{d0}=6$s；变压器电抗为 $X_{T1}=0.14$，$X_{T2}=0.11$；线路 L 为双回 $X_L=0.293$。初始运行状态为 $U_0=1.0$，$S_0=1.0+j0.2$。发电机无励磁调节器。试求：(1) 运行初态下发电机受小扰动后的自由振荡频率；(2) 若增加原动机功率，使运行角增到 80°时的自由振荡频率。

［**答案**：(1) $f_e=0.726$Hz；(2) $f_e=0.407$Hz］

10-22　某一台同步发电机经输电线连接到无限大功率母线上运行。其接线图和参数如图 10-28 所示，若用手动调节励磁维持机端电压不变。试问：

(1) 用什么判据判断同步电机的静态稳定？

（2）若用手动调节维持 $U_G=1$，运转在静态稳定边缘时，发电机的空载电动势 E_q 有多大？功率有多少？

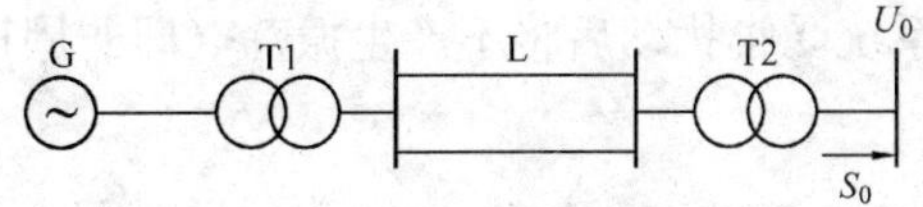

图 10-27　系统接线图

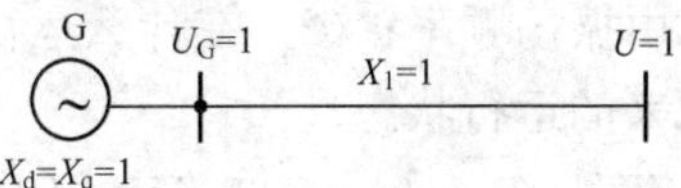

图 10-28　简单系统图

10-23　有一简单电力系统如图 10-29 所示。假设：

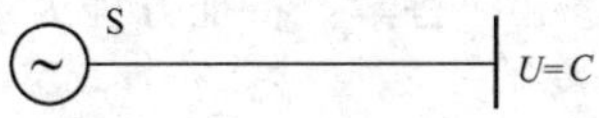

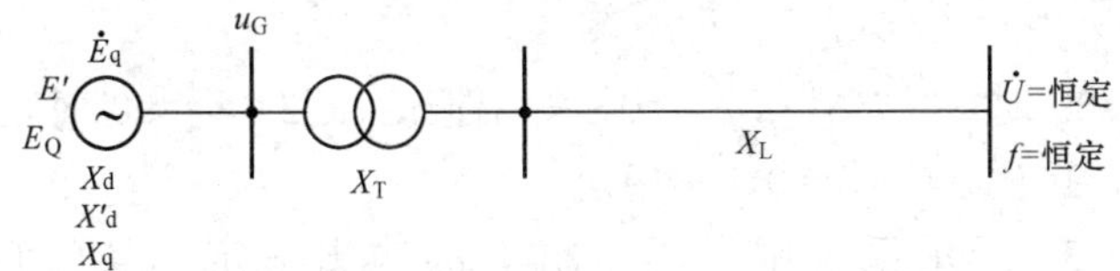

（1）发电机有按功角偏差调节励磁的比例式调节器；

（2）不计励磁机和励磁调节器的时间常数；

（3）不计各元件电阻。

图 10-29　简单系统图

试用小干扰法列出此系统的小干扰方程。

10-24　图 10-30 所示的简单系统中，隐极发电机的参数（标幺值）如下：$X_{d\Sigma}=1.5$，$E_q=1.07$，$U=1$，惯性时间常数 $T_J=15s$，阻尼功率系数 $D=60$，小扰动时 E_q 保持不变。试求：（1）在考虑阻尼和不考虑阻尼的情况下，检验系统在各种运行方式下的静态稳定，并求出振荡频率和周期；（2）当转子位置对其稳态值偏差为 $\Delta\delta_0$ 时（外力随即消失），求角度对时间的变化关系式。δ_0 分别为 0°，60°，85°和 100°。

图 10-30　系统接线图

［**答案**：（1）不计阻尼，$\delta_0=0°$，$\beta=3.86\text{rad/s}$，$f_e=0.614\text{Hz}$，$T=1.63\text{s}$，$\Delta\delta/\Delta\delta_0=\cos 3.86t$

$\delta_0=60°$，$\beta=2.73\text{rad/s}$，$f_e=0.435\text{Hz}$，$T=2.3\text{s}$，$\Delta\delta/\Delta\delta_0=\cos 2.73t$

$\delta_0=85°$，$\beta=1.14\text{rad/s}$，$f_e=0.182\text{Hz}$，$T=5.5\text{s}$，$\Delta\delta/\Delta\delta_0=\cos 1.14t$

$\delta_0=100°$，$P_{12}=\pm 1.61$，$\Delta\delta/\Delta\delta_0=0.5\ (e^{1.61t}+e^{-1.61t})$

即 $\delta_0<90°$时，随着 δ_0 的增大，振荡周期也增大；$\delta_0>90°$时，有一正实根，角度随时间非周期增大。

（2）计及阻尼，a）当 $\delta_0<74.4°$时，$\Delta\delta$ 作周期性衰减振荡。$\delta_0=0°$，$\beta=3.31$，$T=1.9\text{s}$，$f_e=0.526\text{Hz}$。

$\delta_0=60°$，$\beta=1.86$，$T=3.38\text{s}$，$f_e=0.296\text{Hz}$。

b）当 $74.4°<\delta<90°$时，$\Delta\delta$ 非周期性衰减到零。$\delta_0=85°$，$P_{12}=-3.64$ 和 -0.36。

c）$\delta_0>90°$时，$\Delta\delta$ 将不断增长。$\delta_0=100°$时，$P_{12}=0.57$ 和 -4.57］

10-25　简单系统的参数标在图 10-31 中，发电机装有按电压偏差调节的比例式励磁调节器，写出系统的小干扰方程，并校验系统是否稳定。

10-26　判定下列几种特征方程情况下系统是否稳定？

（1）$P^2+3P+4=0$

（2）$-P^2+3P+4=0$

（3）$P^3+3P^2+2P+6=0$

(4) $4P^4+3P^3+2P+3=0$

10-27　题 10-21 中，若发电机的综合阻尼系数为 $D_\Sigma=0.09$，试确定：(1) 运行初态下的自由振荡频率；(2) 在什么运行角度下，系统受小扰动后将不产生振荡（即非周期地恢复到原来的运行状态）。

[**答案**：(1) $f_e=0.685$Hz；(2) $\delta=86.25°$]

10-28　如图 10-32 所示，判断电力系统在 $\delta=60°$时运行的稳定性（列出微分方程、特征方程、利用稳定判据判断）。

[**答案**：特征方程为 $10P^2+0.75=0$；特征根只有共轭虚根，功角随时间不断作等幅振荡]

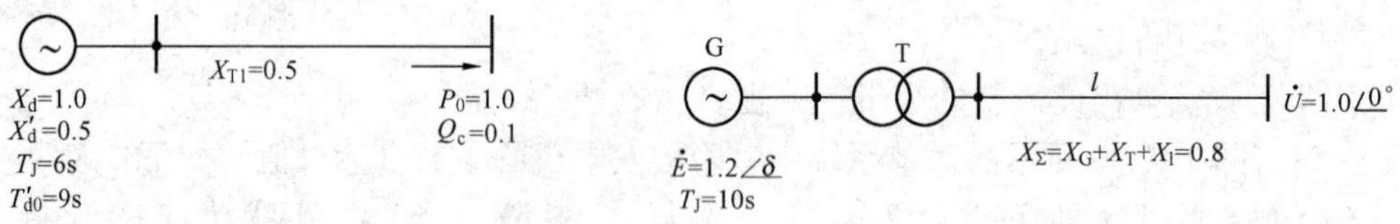

图 10-31　简单系统图　　图 10-32　系统接线图

10-29　系统如图 10-32 所示，判断电力系统在下列几种运行时的稳定性（列出微分方程、特征方程、利用稳定判据）。运行情况：(1) 当 $\delta=60°$时，(2) 当 $\delta=90°$时；(3) 当 $\delta=120°$时。

[**答案**：(1) $\delta=60°$时，$10P^2+0.75=0$，等幅振荡；(2) $\delta=90°$时，$10P^2+0=0$，不稳定；(3) $\delta=120°$时，$10P^2-0.75=0$，不稳定]

10-30　图 10-33 所示系统中，同步机 2 的输出恒定，且已知同步机电抗均为 1.0，空载电压为 1.0（均折算到同一基准值）。试分析在下列给定的运行相角下系统的稳定性：(1) $\delta_{12}=90°$；(2) $\delta_{13}=30°$；(3) $\delta_{23}=10°$。

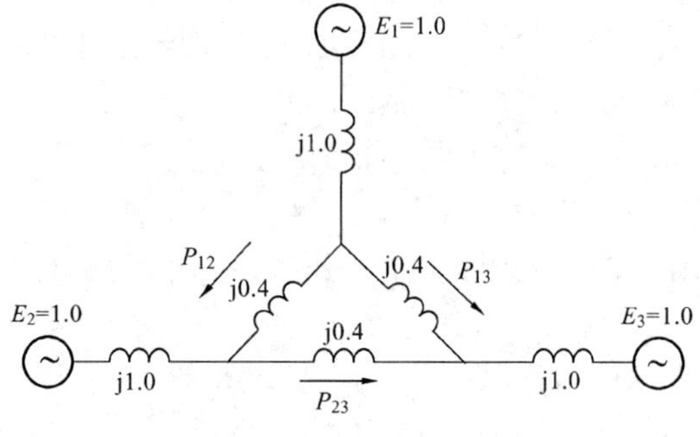

图 10-33　系统接线图

[**答案**：系统稳定的]

10-31　已知具有附加控制器的某等值发电机转子运动方程（增量形式）可表示为：

$$\begin{cases}\dfrac{\mathrm{d}\Delta\delta}{\mathrm{d}t}=\Delta\omega\cdot\omega_0\\[2mm]\dfrac{\mathrm{d}\Delta\omega}{\mathrm{d}t}=\dfrac{\Delta P_E+\Delta P'_E}{T_J}\end{cases}$$

式中，$\Delta P_E=D\Delta\omega+S_E\cdot\Delta\delta$，$\Delta P'_E=K_1\Delta\delta+K_2\dfrac{\mathrm{d}\Delta\delta}{\mathrm{d}t}$，$D$ 为阻尼功率系数，S_E 为整步功率系数，K_1 及 K_2 为附加控制参数。试推导该系统保持静态稳定的条件，并分析 K_1、K_2 对静态稳定性的作用。

10-32　系统如图 10-34 所示，由两个发电机组成的电力系统及其等值电路，发电机不带励磁调节装置，负荷当恒定阻抗处理。证明系统保持静态稳定的条件（或称为静稳定判据）是：$\dfrac{1}{T_{\delta1}}\dfrac{\mathrm{d}P_1}{\mathrm{d}\delta_{12}}-\dfrac{1}{T_{\delta2}}\cdot\dfrac{\mathrm{d}P_2}{\mathrm{d}\delta_{12}}>0$。

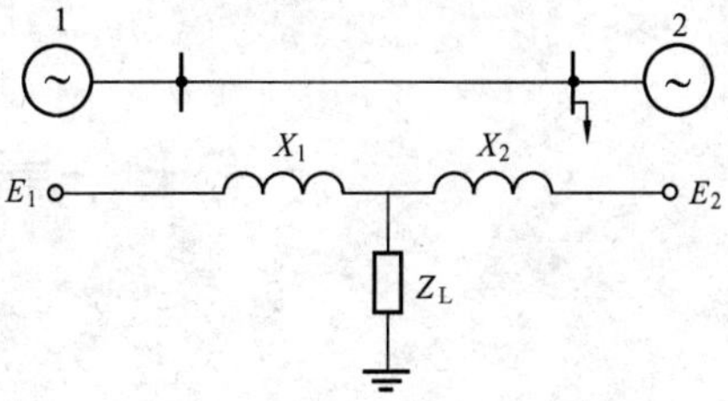

图 10 - 34 简单系统图

10 - 33 两个有限容量发电厂的电力系统，其等值电路如图 10 - 35 所示。系统有关参数为：$X_1=2.49$，$X_2=0.506$，$E_1=2.39$，$E_2=2.52$，$\dot{U}_k=1\angle 0^\circ$，$S_k=3.66+j2.27$，$S_1=0.583+j0.362$，$S_2=3.08+j1.91$。试分别计算当负荷用恒定阻抗代替和用静态特性表示时的功率极限。

［**答案**：(1) 负荷用恒定阻抗表示时，$P_m=0.9$，$K_P=54\%$；(2) 负荷用静态特性表示时，$P_m=0.74$，$K_P=27\%$］

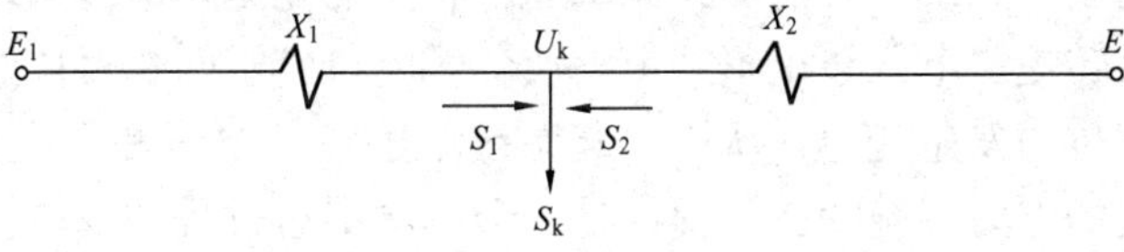

图 10 - 35 简单系统图

第十一章　电力系统暂态稳定性

内 容 要 点

电力系统的暂态稳定性，是指电力系统在某一运行状态下受到某种较大的干扰后，能够过渡到一个新的稳定运行状态或者恢复到原来运行状态的能力。电力系统遭受大干扰后，由于发电机转子上机械转矩与电磁转矩不平衡，使各发电机转子间相对位置发生变化，即各发电机电动势间相对相位角发生变化，从而引起系统中电流、电压和发电机电磁功率的变化。所以，由大干扰引起的电力系统瞬态过程，是一个电磁瞬态过程和发电机转子间机械运动瞬态过程交织在一起的复杂过程。引起大干扰的原因主要有：发电机、变压器、线路及大负荷的投入与切除，发生短路、断线故障等。

本章主要介绍简单电力系统的暂态稳定性及提高暂态稳定性的措施。重点是利用等面积定则分析判断系统的稳定性。

一、简单电力系统的暂态稳定分析

如图 11 - 1（a）所示简单电力系统，在输电线路始端发生短路故障，以此来分析暂态稳定的基本概念。

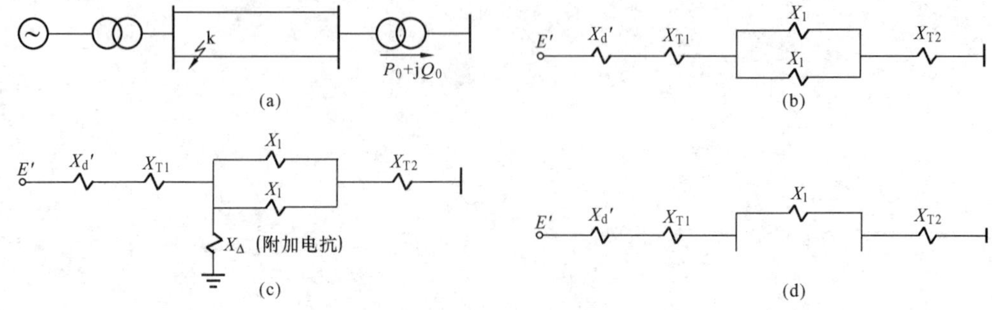

图 11 - 1　单机—无限大系统及其等值电路

（a）系统图；（b）正常时等值电路；（c）故障时等值电路；（d）切除故障后等值电路

1. 简单电力系统在各种运行情况下的功角特性

（1）正常运行时，系统受到大干扰（短路）之前，其等值电路如图 11 - 1（b）所示。送端电源到受端系统的转移电抗为

$$X_{\mathrm{I}} = X'_{\mathrm{d}} + X_{\mathrm{T1}} + \frac{1}{2}X_{\mathrm{l}} + X_{\mathrm{T2}} \tag{11-1}$$

因此正常运行时的功角特性方程为

$$P_{\mathrm{I}} = \frac{E'U}{X_{\mathrm{I}}}\sin\delta = P_{\mathrm{I\,m}}\sin\delta \tag{11-2}$$

（2）短路故障时，大干扰发生，等值电路如图 11 - 1（c）所示，在短路点加上附加电抗 X_Δ，因而

$$X_{\mathrm{II}}=(X'_{\mathrm{d}}+X_{\mathrm{T1}})+\left(\frac{1}{2}X_{1}+X_{\mathrm{T2}}\right)+\frac{(X'_{\mathrm{d}}+X_{\mathrm{T1}})\left(\frac{X_{1}}{2}+X_{\mathrm{T2}}\right)}{X_{\Delta}} \tag{11-3}$$

$$P_{\mathrm{II}}=\frac{E'U}{X_{\mathrm{II}}}\sin\delta=P_{\mathrm{II}\mathrm{m}}\sin\delta \tag{11-4}$$

(3) 故障切除后，再次受到大干扰，其等值电路如图 11-1（d）所示，因而

$$X_{\mathrm{III}}=X'_{\mathrm{d}}+X_{\mathrm{T1}}+X_{1}+X_{\mathrm{T2}} \tag{11-5}$$

$$P_{\mathrm{III}}=\frac{E'U}{X_{\mathrm{III}}}\sin\delta=P_{\mathrm{III}\mathrm{m}}\sin\delta \tag{11-6}$$

以上三种情况，$X_{\mathrm{II}}>X_{\mathrm{III}}>X_{\mathrm{I}}$，所以 $P_{\mathrm{II}}<P_{\mathrm{III}}<P_{\mathrm{I}}$，如图 11-2 所示三种状态下的功率特性曲线。

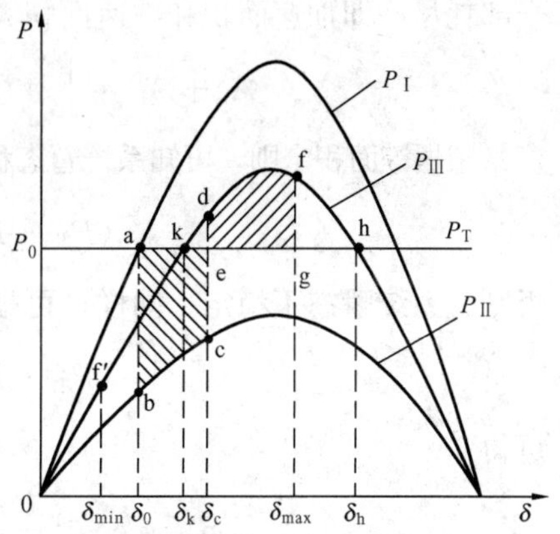

图 11-2 功角特性及面积定则

2. 简单系统受大干扰后发电机转子的相对运动

在正常运行时，发电机输出的电磁功率 P_{I} 等于原动机输入的机械功率 P_{T}，因而工作点为 a 点。发生短路瞬间，由于发电机机械功角 δ 不可能突变，那么运行点将由 a 点跃降至 P_{II} 上的 b 点。此时，过剩功率（$\Delta P=P_{\mathrm{T}}-P_{\mathrm{II}\mathrm{b}}$）大于零，转子开始加速，$\Delta\omega>0$，功角 δ 开始增大，并沿着 P_{II} 曲线向右运动。设运行点达到 c 点时，故障线路切除，在此瞬间，运行点从 P_{II} 上的 c 点跃升到 P_{III} 上的 d 点，此时过剩功率（$\Delta P=P_{\mathrm{T}}-P_{\mathrm{III}\mathrm{d}}$）小于零，转子开始减速。由于此时 $\omega_{\mathrm{d}}>\omega_{\mathrm{N}}$，功角 δ 还将增大，运行点沿 P_{III} 曲线由 d 点向 f 点移动。当转速降到同步速时，运行点达到 f 点（即 $\omega_{\mathrm{f}}=\omega_{\mathrm{N}}$），由于此时过剩功率（$\Delta P=P_{\mathrm{T}}-P_{\mathrm{III}\mathrm{f}}$）仍小于零，转子继续减速，而功角 δ 开始减小（在 f 点功角达到最大 $\delta_{\mathrm{f}}=\delta_{\max}$）。这样一来，运行点仍沿着 P_{III} 曲线从 f 点向 d、k 点移动。在 k 点有 $P_{\mathrm{T}}=P_{\mathrm{III}\mathrm{k}}$，$\Delta P=0$，减速停止，但由于 $\omega_{\mathrm{K}}<\omega_{\mathrm{N}}$，功角 δ 将继续减小，当过 k 点后 $\Delta P>0$，转子又开始加速。加速到同步速 ω_{N} 时，运行点到达 f ′点（$\omega_{\mathrm{f'}}=\omega_{\mathrm{N}}$），此时功角达到最小 $\delta_{\mathrm{f'}}=\delta_{\min}$，随后功角 δ 又将开始增大，开始第二次振荡。如果振荡过程中不计阻尼的作用，则将是一个等幅振荡，不能稳定下来，但实际振荡过程中总有一定的阻尼作用，因此这样的振荡将逐步衰减，系统最后停留在一个新的运行点 k 上继续同步运行。上述过程表明，系统在受到大干扰后，可以保持暂态稳定。

如果短路故障的时间较长，即故障切除迟一些，δ 角从 δ_{c} 起将摆得更大。这样故障切除后，运行点沿曲线 P_{III} 向功角增大的方向移动的过程中，虽然转子也在逐渐地减速，但若运行点到达曲线 P_{III} 上的 h 点时，发电机的转子还没有减速到同步速的话，过了 h 点后，情况将发生变化。由于这时过剩功率又将大于零，发电机转子又开始加速（还没有减速到同步转速又开始加速），而且加速愈来愈快，功角 δ 将无限增大，发电机与系统之间将失去同步，这样的过程表明系统在受到大干扰后瞬态不稳定。

3. 等面积定则

从前述的分析可知，功角由 δ_0 变化到 δ_{c} 的过程中，过剩功率大于零，转子加速，过剩的能量转变成转子的动能而贮存在转子中。过剩转矩所做的功为

$$A_{\mathrm{a}}=\int_{\delta_0}^{\delta_{\mathrm{c}}}\Delta M\mathrm{d}\delta=\int_{\delta_0}^{\delta_{\mathrm{c}}}\Delta P\mathrm{d}\delta=\int_{\delta_0}^{\delta_{\mathrm{c}}}(P_{\mathrm{T}}-P_{\mathrm{II}})\mathrm{d}\delta=\text{加速面积}\,A_{\mathrm{abcea}} \tag{11-7}$$

当转子由 δ_c 变动到 δ_{max} 时，过剩功率小于零，使转子减速，并释放转子储存的动能。过剩转矩所做的功为

$$A_b = \int_{\delta_c}^{\delta_{max}} \Delta M \mathrm{d}\delta = \int_{\delta_c}^{\delta_{max}} \Delta P \mathrm{d}\delta = \int_{\delta_c}^{\delta_{max}} (P_T - P_{\mathrm{III}}) \mathrm{d}\delta = \text{减速面积} A_{edfge} \tag{11-8}$$

当功角达到 δ_{max} 时，转子重新达到同步转速（$\omega=\omega_N$），说明在加速期间积蓄的动能增量全部耗尽，即加速面积和减速面积大小相等，这就是等面积定则。即

$$A_a + A_b = \int_{\delta_0}^{\delta_c} (P_T - P_{\mathrm{II}}) \mathrm{d}\delta + \int_{\delta_c}^{\delta_{max}} (P_T - P_{\mathrm{III}}) \mathrm{d}\delta = 0 \tag{11-9}$$

根据等面积定则，可知系统暂态稳定性的条件是最大减速面积 A_{edfhe}>加速面积 A_{abcea}，即

$$\int_{\delta_0}^{\delta_c} (P_T - P_{\mathrm{II}}) \mathrm{d}\delta + \int_{\delta_c}^{\delta_h} (P_T - P_{\mathrm{III}}) \mathrm{d}\delta < 0 \tag{11-10}$$

否则，系统瞬态不稳定。同样，可根据等面积定则，确定极限切除角 δ_{cr}。由

$$\int_{\delta_0}^{\delta_{cr}} (P_T - P_{\mathrm{II}}) \mathrm{d}\delta + \int_{\delta_{cr}}^{\delta_h} (P_T - P_{\mathrm{III}}) \mathrm{d}\delta = 0 \tag{11-11}$$

可得

$$\delta_{cr} = \cos^{-1} \frac{P_T(\delta_h - \delta_0) + P_{\mathrm{III}m}\cos\delta_h - P_{\mathrm{II}m}\cos\delta_0}{P_{\mathrm{III}m} - P_{\mathrm{II}m}} \tag{11-12}$$

当实际切除角 $\delta_c < \delta_{cr}$ 时，系统能保持暂态稳定性。而转子抵达极限切除角 δ_{cr} 所用的时间称为极限切除时间 t_{cr}［可通过求解发电机组转子运动方程来确定功角随时间变化的摇摆曲线 $\delta(t)$］，若实际切除时间 $t_c < t_{cr}$，系统是暂态稳定性的，反之是不稳定的。

二、发电机组转子运动方程的数值计算

对于简单电力系统，转子运动方程为

$$\frac{\mathrm{d}^2\delta}{\mathrm{d}t^2} = \frac{\omega_0}{T_J}(P_T - P_m \sin\delta) \tag{11-13}$$

1. 分段计算法

用分段计算法求解 $\delta=f(t)$。设计算时间小段为 Δt，其步骤为

第一个时间段
$$\begin{cases} \Delta P_{(0)} = P_0 - P_{\mathrm{II}(0)} = P_0 - P_{\mathrm{II}m}\sin\delta_0 & (11-14) \\ \Delta\delta_{(1)} = 0 + K\dfrac{\Delta P_{(0)}}{2} & (11-15) \\ \delta_{(1)} = \delta_{(0)} + \Delta\delta_{(1)} & (11-16) \end{cases}$$

第二时间阶段
$$\begin{cases} \Delta P_{(1)} = P_0 - P_{\mathrm{II}(1)} = P_0 - P_{\mathrm{II}m}\sin\delta_{(1)} & (11-17) \\ \Delta\delta_{(2)} = \Delta\delta_{(1)} + K\Delta P_{(1)} & (11-18) \\ \delta_{(2)} = \delta_{(1)} + \Delta\delta_{(2)} & (11-19) \end{cases}$$

依此类推……

第 n 个时间段
$$\begin{cases} \Delta P_{(n-1)} = P_0 - P_{\mathrm{II}(n-1)} = P_0 - P_{\mathrm{II}m}\sin\delta_{(n-1)} & (11-20) \\ \Delta\delta_{(n)} = \Delta\delta_{(n-1)} + K\Delta P_{(n-1)} & (11-21) \\ \delta_{(n)} = \delta_{(n-1)} + \Delta\delta_{(n)} & (11-22) \end{cases}$$

2. 改进欧拉法

设有微分方程 $\dfrac{\mathrm{d}\delta}{\mathrm{d}t} = f(\delta,t)$，运用改进欧拉法求解 $\delta = f(t)$ 的步骤：

第一步，$t=t_0$ 时，求 $\left.\frac{d\delta}{dt}\right|_0=f(\delta_0, t_0)$

第二步，$t=t_1$ 时，$\delta_{(1)}=\delta_0+\left.\frac{d\delta}{dt}\right|_0\Delta t=\delta_{(1)}^{(0)}$ 近似值

$\left.\frac{d\delta}{dt}\right|_1^{(0)}=f(\delta_{(1)}^{(0)},t_1)$　$\delta_{(1)}^{(1)}=\delta_0+\frac{1}{2}\left(\left.\frac{d\delta}{dt}\right|_0+\left.\frac{d\delta}{dt}\right|_1^{(0)}\right)\Delta t$ 改进值

依此下去，因此改进欧拉法的递推公式为

$$\begin{cases}\left.\frac{d\delta}{dt}\right|_{n-1}=f(\delta_{(n-1)},t_{(n-1)})\\ \delta_{(n)}^{(0)}=\delta_{(n-1)}+\left.\frac{d\delta}{dt}\right|_{n-1}\Delta t \text{ 近似值}\\ \left.\frac{d\delta}{dt}\right|_n^{(0)}=f(\delta_{(n)}^{(0)},t_{(n)})\\ \delta_n=\delta_{(n)}^{(1)}=\delta_{(n-1)}+\frac{1}{2}\left(\left.\frac{d\delta}{dt}\right|_{n-1}+\left.\frac{d\delta}{dt}\right|_n^{(0)}\right)\Delta t \text{ 近似值}\end{cases}$$

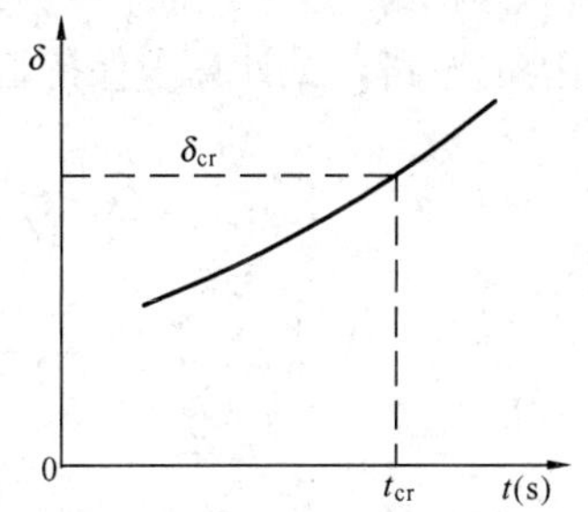

图 11-3　极限切除时间的确定

通过上述两方法可描点作出摇摆曲线，如图 11-3 所示。从摇摆曲线上可找出极限切除角 δ_{cr} 所对应的极限切除时间 t_{cr}。

三、发电机自动调节系统对暂态稳定性的影响

在暂态稳定性的分析计算中，计及自动调节励磁作用时，应考虑发电机电动势变化；计及自动调速系统作用时，应考虑原动机的机械功率变化。而且计及自动调节励磁作用和计及自动调速系统作用时，不能再运用等面积定则先求出极限切除角 δ_{cr}，然后计算与之对应的极限切除时间 t_{cr}，而是用试探法，先给定一个切除时间 t_c，计算在这个时间切除故障时，系统能否保持暂态稳定性。

四、复杂电力系统的暂态稳定性分析

在复杂系统中，电磁功率的确定主要通过解网络方程式，而功率角的确定则仍通过求解描述转子运动的微分方程式。

复杂系统暂态稳定性计算，围绕着制定功率特性方程和应用分段计算法，计算步骤如下：

（1）根据系统接线图、元件参数和代表负荷的恒定阻抗，求正常、故障和故障切除后三种运行情况下便于计算功率特性方程的等值网络。

（2）进行正常情况下的潮流分布计算，并由此求出发电机电动势和它们之间的相角。

（3）求故障时发电机的功率特性方程。

（4）求故障切除后的发电机功率特性方程。

（5）解发电机转子运动方程，应用分段计算法，求各发电机间 $\delta-t$ 的关系曲线。如果所有的相对角 δ_{ij} 经过振荡之后都能稳定在某一值，则系统是稳定的，只要有一个相对角 δ 随时间的变化趋势是不断增大（或不断减小）时，系统则是不稳定的。

五、提高电力系统暂态稳定性的措施

（1）快速切除故障。

（2）采用自动重合闸装置。

（3）发电机装设强行励磁装置。

（4）电气制动。

（5）变压器中性点经小电阻接地。

（6）快速关闭汽门。

（7）连锁切机。

（8）合理地确定电力系统的运行方式。

例 题 分 析

【例 11-1】 一简单电力系统的接线如图11-4所示。设输电线路某一回路的始端发生两相接地短路，试计算为保持暂态稳定性而要求的极限切除角度。

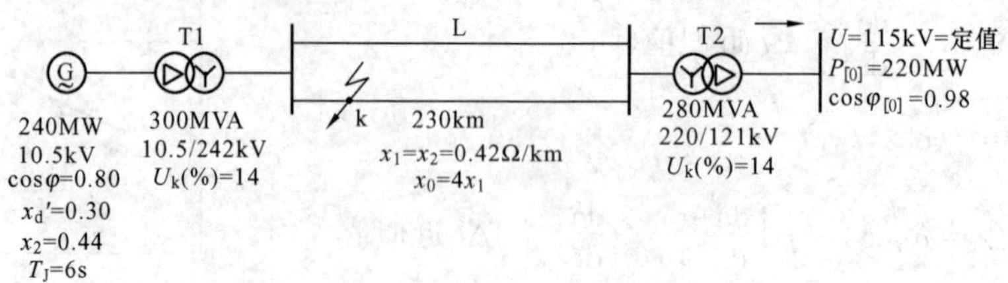

图 11-4 简单系统接线图

解 （1）选择基值，参数计算

取 $S_n=220\text{MVA}$，$U_{n(220)}=209\text{kV}\left(因为\ 115\times\frac{220}{121}=209\text{kV}\right)$，求得正常运行时正序、负序和零序等值电路中的参数，如图 11-5（a）、（b）所示。将发电机的惯性时间常数归算到以 S_n 为基准，则

$$T_J=b\times\frac{P_N/\cos\varphi}{S_n}=6\times\frac{240/0.8}{220}=8.18(\text{s})$$

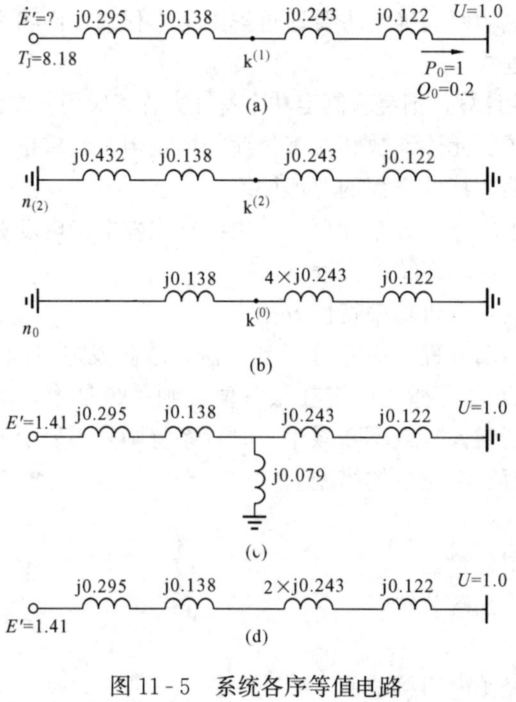

(a)

(b)

(c)

(d)

图 11-5 系统各序等值电路

（2）计算系统正常运行方式，决定 E' 和 δ_0，此时系统总电抗为

$$X_{\mathrm{I}} = 0.295 + 0.138 + 0.243 + 0.122 = 0.798$$

$$Q_0 = P_0 \cdot \tan\varphi_0 = 0.2$$

发电机的瞬态电势为

$$E' = \sqrt{\left(U + \frac{Q_0 X_{\mathrm{I}}}{U}\right)^2 + \left(\frac{P_0 X_{\mathrm{I}}}{U}\right)^2} = \sqrt{(1 + 0.2 \times 0.798)^2 + 0.798^2} = 1.41$$

$$\delta_0 = \tan^{-1}\frac{0.798}{1+0.2\times 0.798} = 34.53°$$

（3）故障后的功率特性。由图 11-5（b）的负序、零序网络可得故障点的负序、零序等值电抗为

$$X_{2\Sigma} = \frac{(0.432+0.138)\times(0.243+0.122)}{0.432+0.138+0.243+0.122} = 0.222$$

$$X_{0\Sigma} = \frac{0.138\times(0.972+0.122)}{0.138+0.972+0.122} = 0.123$$

所以加在正序网络故障点上的附加电抗为

$$X_\Delta = \frac{X_{2\Sigma} - X_{0\Sigma}}{X_{2\Sigma} + X_{0\Sigma}} = \frac{0.222 \times 0.123}{0.222 + 0.123} = 0.079$$

于是故障时等值电路如图 11-5（c）所示，故

$$X_{\mathrm{II}} = 0.433 + 0.365 + \frac{0.433\times 0.365}{0.079} = 2.80$$

所以故障时发电机的最大功率为

$$P_{\mathrm{II\,M}} = \frac{E'U}{X_{\mathrm{II}}} = \frac{1.41 \times 1}{2.8} = 0.504$$

（4）故障切除后的功率特性。故障切除后的等值电路如图 11-5（d）所示。

$$X_{\mathrm{III}} = 0.295 + 0.138 + 2\times 0.243 + 0.122 = 1.041$$

此时最大功率为

$$P_{\mathrm{III\,M}} = \frac{E'U}{X_{\mathrm{III}}} = \frac{1.41 \times 1}{1.041} = 1.35$$

$$\delta_{\mathrm{h}} = 180° - \sin^{-1}\frac{P_0}{P_{\mathrm{III\,M}}} = 180° - \sin^{-1}\frac{1}{1.35} = 132.2°$$

（5）计算极限切除角为

$$\cos\delta_{\mathrm{cr}} = \frac{P_{\mathrm{T}}(\delta_{\mathrm{h}} - \delta_0) + P_{\mathrm{III\,M}}\cos\delta_{\mathrm{h}} - P_{\mathrm{II\,M}}\cos\delta_0}{P_{\mathrm{III\,M}} - P_{\mathrm{II\,M}}}$$

$$= \frac{1\times\frac{\pi}{180}\ (132.2-34.53)\ +1.35\cos 132.2° - 0.5\cos 34.53°}{1.35-0.504} = 0.458$$

$$\delta_{\mathrm{cr}} = 62.7°$$

【例 11-2】 计算例11-1题中的极限切除时间。

解　取 $\Delta t = 0.05\mathrm{s}$，则

$$K = 360 f_{\mathrm{N}} \Delta t^2 / T_{\mathrm{J}} = 360\times 50\times 0.05^2/8.18 = 5.5$$

刚短路时 $\delta_0 = 34.53°$，发电机的输出功率仍将为

$$P_{(0)} = P_{\text{II}M}\sin\delta_0 = 0.504\sin 34.53° = 0.285$$

即在第一个时间段开始时过剩功率从零跃变为

$$\Delta P_{(0)} = P_0 - P_{(0)} = 1 - 0.285 = 0.715$$

所以经第一个时段后的角增量为

$$\Delta\delta_{(1)} = 0 + K \cdot \frac{1}{2} \cdot (0 + \Delta P_{(0)}) = 5.5 \times \frac{0.715}{2} = 1.97°$$

角 $\delta_{(1)}$ 为

$$\delta_{(1)} = \delta_{(0)} + \Delta\delta_{(1)} = 34.53 + 1.97 = 36.5°$$

当第二时段开始时，发电机的输出功率为

$$P_{(1)} = P_{\text{II}m}\sin\delta_{(1)} = 0.504\sin 36.5° = 0.3$$

此时过剩功率为

$$\Delta P_{(1)} = P_0 - P_{(1)} = 1 - 0.3 = 0.7$$

经过第二时段后角增量为

$$\Delta\delta_{(2)} = \Delta\delta_{(1)} + K \cdot \Delta P_{(1)} = 1.97° + 5.5 \times 0.7° = 5.82°$$

所以第二时段终了时角度为

$$\delta_{(2)} = \delta_{(1)} + \Delta\delta_{(2)} = 36.5° + 5.82° = 42.32°$$

如此继续下去，在表 11 - 1 中列出 4 个时段的计算结果。

表 11 - 1 **例 11 - 2 4 个时段的计算结果**

t(s)	n	$\delta_{(n)}$(°)	$\sin\delta_{(n)}$	$P_{(n)} = P_{\text{II}m}$	$\Delta P_{(n)} = P_0 - P_{(n)}$	$\Delta\delta_{(n+1)} = \Delta\delta_{(n)} + K\Delta P_{(n)}$
0	0	34.53	0.566	0.285	0.715/2	1.97
0.05	1	36.50	0.595	0.300	0.700	5.82
0.10	2	42.32	0.673	0.339	0.661	9.46
0.15	3	51.78	0.786	0.396	0.604	12.78
0.20	4	64.56	0.903	0.455	0.545	15.78

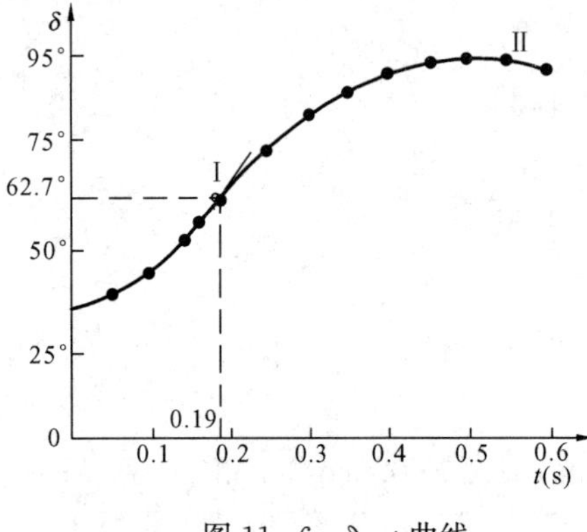

图 11 - 6 δ—t 曲线

由表 11 - 1 可见，0.2s 对应的角度为 64.56°，已大于极限切除角 62.7°，在图 11 - 6 故障期间的 $\delta - t$ 曲线中（曲线Ⅰ，只作到 0.2s）查得对应 $\delta_{cr} = 62.7°$ 的极限切除时间为 0.19s。

【例 11 - 3】 如图11 - 7（a）的所示的系统，已知条件如下：$X_1 = 0.4$，$X_2 = 0.2$，$X_3 = 0.2$，$X'_d = 0.2$，$E'_q = 1.2$，$E = 1$。输入的机械功率 $P_m = 1.5$。假定系统运行在平衡点 δ_1 处，当断路器突然断开，功角特性曲线上的运行点在图 11 - 7（b）中的 P'_e曲线上。求 δ_1，δ_2 和 δ_4。

解 在 $t = 0_-$，发电机和无穷大母线间的总阻抗为 $X'_d + X_0$，其中

$$X_0 = \frac{X_1(X_2 + X_3)}{X_1 + X_2 + X_3} = 0.2$$

$$P_{emax} = \frac{E'_q E}{(X'_d + X_0)} = 3$$

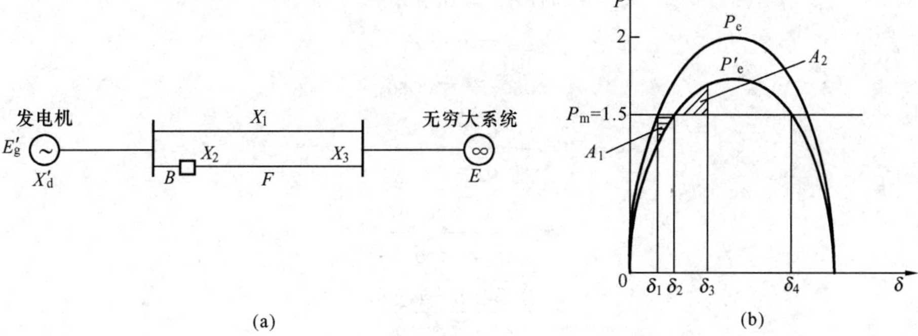

图 11 - 7　系统接线及功角特性曲线

(a) 接线图；(b) 功角特性曲线

当 $\delta=\delta_1$ 时，$P_e=P_m$，即 $P_{emax}\sin\delta_1=P_m$，则

$$\delta_1=\arcsin\left(\frac{P_m}{P_{emax}}\right)=30°$$

在 $t=0$ 时，断路器 B 打开，则有

$$P'_{emax}=\frac{E'_qE}{X'_d+X_1}=2$$

$$P_m=P'_{emax}\sin\delta_2$$

因此

$$\delta_2=\arcsin\left(\frac{P_m}{P'_{emax}}\right)=48.59°$$

$$\delta_4=131.41°$$

【例 11 - 4】 某输入功率区域从无穷大母线获得25MW的功率。已知稳态功率极限是 80MW。应用等面积定则求在不使系统失去稳定的情况下，能够突然增加的区域负荷。

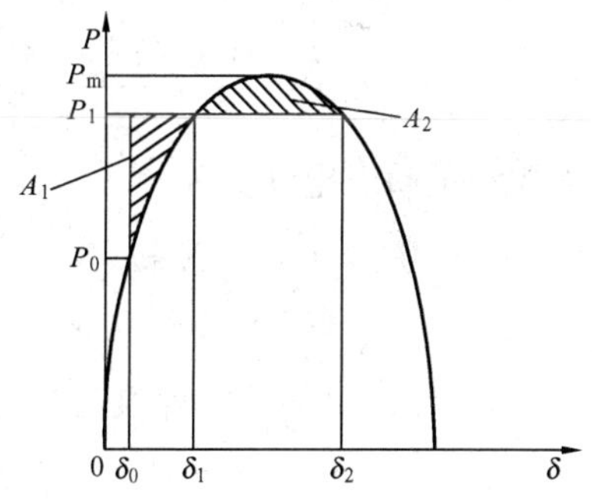

图 11 - 8　功角特性曲线

解　功角特性曲线如图 11 - 8 所示。

$$A_1=(\delta_1-\delta_0)P_1-\int_{\delta_0}^{\delta_1}P_m\sin\delta d\delta$$

$$A_2=\int_{\delta_1}^{\delta_2}P_m\sin\delta d\delta-(\delta_2-\delta_1)P_1$$

令 $A_1=A_2$，得

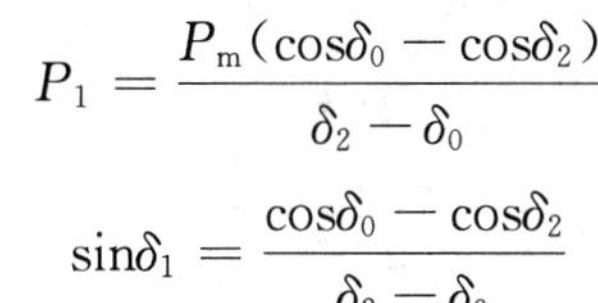

$$P_1=\frac{P_m(\cos\delta_0-\cos\delta_2)}{\delta_2-\delta_0}$$

即

$$\sin\delta_1=\frac{\cos\delta_0-\cos\delta_2}{\delta_2-\delta_0}$$

其中，由已知 $P_0=25$MW，$P_m=80$MW 得

$$\delta_0=\arcsin\left(\frac{P_0}{P_m}\right)=\arcsin\left(\frac{25}{80}\right)=0.3178\text{rad}$$

$$\cos\delta_0 = 0.9499$$

因为
$$\delta_2 = \pi - \delta_1$$

则
$$\cos\delta_2 = -\cos\delta_1$$

所以
$$\sin\delta_1 = \frac{\cos\delta_0 - \cos\delta_2}{\delta_2 - \delta_0} = \frac{\cos\delta_0 + \cos\delta_1}{\pi - \delta_1 - \delta_0} = \frac{0.9499 + \cos\delta_1}{2.8278 - \delta_1}$$

解得，$\delta_1 = 0.954$。因此，$P_1 = P_m \sin\delta_1 = 65.26\text{MW}$。

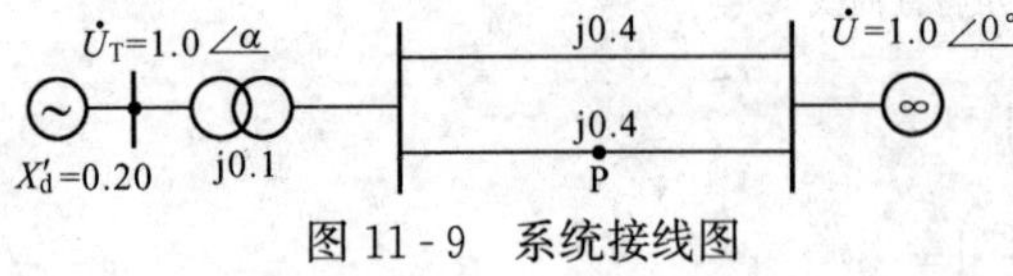

图 11-9 系统接线图

【例 11-5】 图 11-9 所示一发电机经变压器通过双回线向无限大系统供电，输送功率为 1.0，元件参数如图所示（都已折算到同一基准值）。试分析系统的功角特性。

解 发电机出口与系统之间的等效电抗

$$x = 0.1 + 0.4/2 = 0.3$$

由 $\frac{U_T U}{X}\sin\alpha = P_m$ 得

$$\frac{1.0 \times 1.0}{0.3}\sin\alpha = 1.0$$

$$\alpha = \arcsin 0.3 = 17.458°$$

$$\dot{U}_T = 1.0\,\underline{/17.458°} = 0.954 + \text{j}0.300$$

发电机输出的电流为

$$\dot{I} = \frac{1.0\,\underline{/17.458°} - 1.0\,\underline{/0°}}{\text{j}0.3} = 1.0 + \text{j}0.1535 = 1.012\,\underline{/8.729°}$$

发电机的瞬态电动势为

$$\dot{E} = \dot{U}_T + \text{j}X'_d\dot{I}$$
$$= (0.954 + \text{j}0.30) + \text{j}(0.2) \times (1.0 + 0.1535) = 1.050\,\underline{/28.44°}$$

$\dot{E}'$ 与 $\dot{U}$ 之间总的等效电抗为

$$X_\Sigma = 0.2 + 0.1 + \frac{0.4}{2} = 0.5$$

因此
$$P_e = \frac{1.05 \times 1.0}{0.5}\sin\delta = 2.10\sin\delta$$

因为
$$P_e = 1$$

故
$$\sin\delta = 1.0/2.10$$
$$\delta = 28.4°$$

【例 11-6】 例11-5系统中的 P 点发生三相短路时，分析系统的功角特性（取 $H = 5\text{MJ/MVA}$）。

解 等效网络如图 11-10 所示。

由上题知系统稳定运行时 $\dot{E}'=1.05\angle 28.44^\circ$

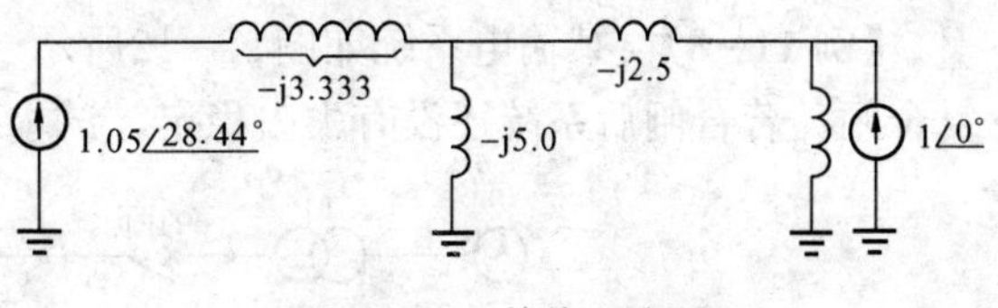

图 11-10　等值电路图

对系统网络进行化简（Y/△变换）得

$$\begin{bmatrix} Y_{11} & Y_{12} \\ Y_{21} & Y_{22} \end{bmatrix} = \mathrm{j}\begin{vmatrix} -2.308 & 0.769 \\ 0.769 & -6.923 \end{vmatrix}$$

发电机传输的最大功率为

$$P_{\max} = |\dot{E}'_1||\dot{E}'_2||Y_{12}| = 1.05\times 1.0\times 0.769 = 0.808$$

所以
$$P_e = 0.808\sin\delta$$

相应得发电机组转子运动方程为

$$\frac{5}{180f}\frac{\mathrm{d}^2\delta}{\mathrm{d}t^2} = 1.0 - 0.808\sin\delta$$

系统发生故障瞬间 $\delta=28.44^\circ$，代入上式得

$$\frac{\mathrm{d}^2\delta}{\mathrm{d}t^2} = (1.0-0.808\sin 28.44^\circ)\frac{180}{5}f = 22.14f$$

【例 11-7】 例11-6系统故障后，线路两侧的断路器动作，将故障切除，分析故障切除后发电机的相角特性及转子运动特性。

解　故障线路被切除后，则

$$y_{12}=\frac{1}{\mathrm{j}\ (0.2+0.1+0.4)}=-\mathrm{j}1.429$$

即
$$Y_{12}=\mathrm{j}1.429$$

相角特性方程为

$$P_e=1.05\times 1.0\times 1.429\sin\delta=1.500\sin\delta$$

转子运动方程为

$$\frac{5}{180f}\frac{\mathrm{d}^2\delta}{\mathrm{d}t^2} = 1.0 - 1.500\sin\delta$$

以上三例题的功角曲线如图 11-11 所示。

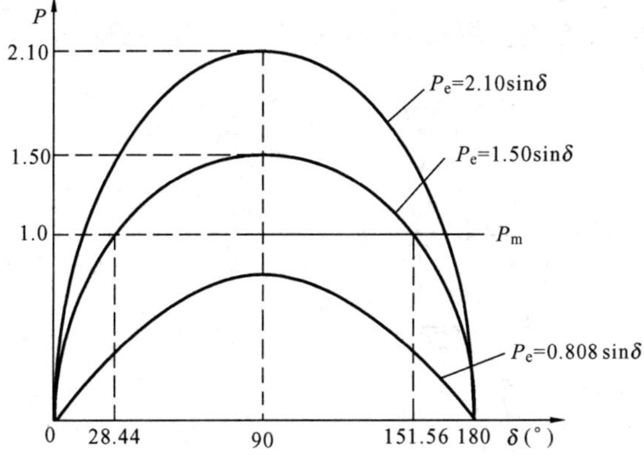

图 11-11　功角曲线图

【例 11 - 8】 某输电系统如图11 - 12所示，当线路突然切除，然后经过一段时间后又重复合闸，若合闸后系统还没有失去稳定，试求最大允许的切除时间为多少？

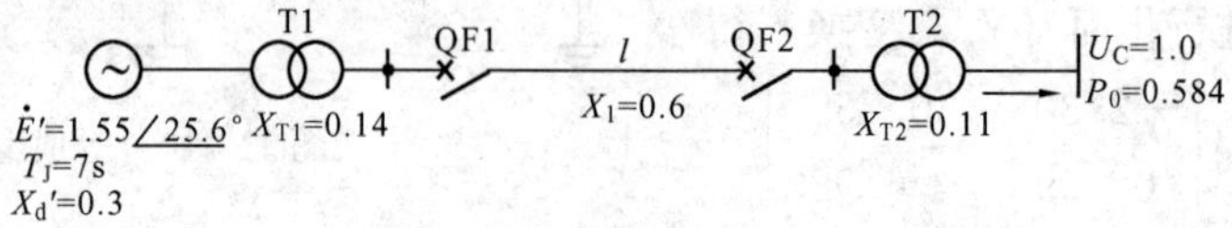

T1 QF1 l QF2 T2 $U_C=1.0$

$\dot{E}'=1.55\angle 25.6^\circ$ $X_{T1}=0.14$ $X_l=0.6$ $X_{T2}=0.11$ $P_0=0.584$

$T_J=7s$

$X_d'=0.3$

图 11 - 12 简单系统图

解 （1）分析特点

①$P_T=P_0=0.584$；②$P_{\mathrm{II}}=0$；③$P_{\mathrm{I}}=P_{\mathrm{III}}$；$P_{\mathrm{I}m}=P_{\mathrm{III}m}$

（2）求 P_{I}

$$X'_{d\Sigma}=X'_d+X_{T1}+X_1+X_{T2}=1.25$$

$$P_{\mathrm{I}m}=\frac{E'U}{X'_{d\Sigma}}=\frac{1.55\times1.0}{1.15}=1.348$$

$$P_{\mathrm{I}}=1.348\sin\delta$$

（3）据面积定则确定 δ_{cr}

$$\cos\delta_{cr}=\frac{P_T(\delta'_k-\delta_0)+P_{\mathrm{III}m}\cos\delta'_k-P_{\mathrm{II}m}\cos\delta_0}{P_{\mathrm{III}m}-P_{\mathrm{II}m}}$$

$$\delta_0=\sin^{-1}\frac{P_T}{P_{\mathrm{I}m}}=\sin^{-1}\frac{0.584}{1.348}=25.6^\circ$$

$$\delta_k=\pi-\delta_0=180^\circ-25.6^\circ=154.5^\circ$$

$$\cos\delta_{cr}=\frac{0.584\times(154.5-25.6)\times\frac{\pi}{180}+1.348\cos154.4^\circ}{1.348}=0.072$$

$$\delta_{cr}=\cos^{-1}0.072=86^\circ$$

（4）求 t_{cr}。

方法之一：直接解法

特点：（$0\sim t_{cr}$）为 Δt 时间段，有

$$\frac{T_J}{\omega_N}\cdot\frac{d^2\delta}{dt^2}=\Delta P(\text{加速功率})=P_T-P_E=P_T-P_{\mathrm{II}}=P_0=0.584$$

$$\int\frac{d^2\delta}{dt^2}dt=\int\frac{P_0\omega_N}{T_J}dt$$

$$\Delta\omega=\frac{d\delta}{dt}=\int\frac{P_0\omega_N}{T_J}dt=\frac{P_0\omega_N}{T_J}+C_1 \qquad (1)$$

$$\int\frac{d\delta}{dt}dt=\int\frac{P_0\omega_N}{T_J}t\cdot dt+\int C_1dt$$

$$\delta=\frac{P_0\omega_N}{T_J}\cdot\frac{t^2}{2}+C_1t+C_2 \qquad (2)$$

边界条件为$t=0$、$\Delta\omega_0=S=0$ 代入式（1）得 $C_1=0$；

$t=0$、$\delta=\delta_0$、$C_1=0$ 代入式（2）得 $C_2=\delta_0$

所以 $\delta=\frac{P_0\omega_N}{T_J}\cdot\frac{t^2}{2}+\delta_0$，$\delta=\delta_{cr}$ 时对应的 $t\rightarrow t_{cr}$

$$\delta_{cr}=\frac{P_0\omega_N}{T_J}\cdot\frac{t_{cr}^2}{2}+\delta_0 \quad 令\ \Delta\delta=\delta_{cr}-\delta_0,t_{cr}=\sqrt{\frac{2\Delta\delta T_J}{\omega_N P_0}}=0.2845$$

思 考 题 与 习 题

一、思考题

1. 何为电力系统的暂态稳定性？
2. 试简述等面积定则的基本原理？
3. 何为极限切除角、极限切除时间？
4. 何为同步发电机组转子的摇摆曲线？有何作用？
5. 如何应用分段计算法、改进欧拉法求解极限切除时间？
6. 复杂电力系统暂态稳定性计算的特点是什么？如何判断复杂电力系统暂态稳定性？
7. 提高电力系统暂态稳定性的措施有哪些？并简述其原理。

二、练习题

11-1　如图 11-13 所示简单电力系统，当在输电线路送端发生单相接地故障时，为保证系统暂态稳定性，试求其极限切除角 δ_{cr}。

[**答案**：$\delta_{cr}=88.9°$]

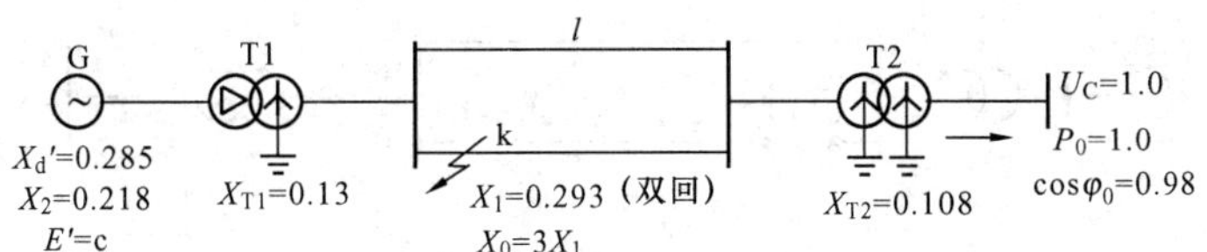

图 11-13　系统接线图

11-2　某发电机通过一网络向一无穷大母线输送 1.0 的功率，最大输送功率为 1.8，这时发生一故障，使发电机最大输送功率降为 0.4。切除故障后，最大输送功率变为 1.3。求临界故障切除角 δ_{cr}，画出功角特性曲线，并指出加速面积和减速面积（忽略电阻）。

[**答案**：$\delta_{cr}=55.4°$]

11-3　如图 11-14 所示简单电力系统，当输电线路一回送端发生三相短路故障时，试计算为保证暂态稳定而要求的极限切除角。(……)

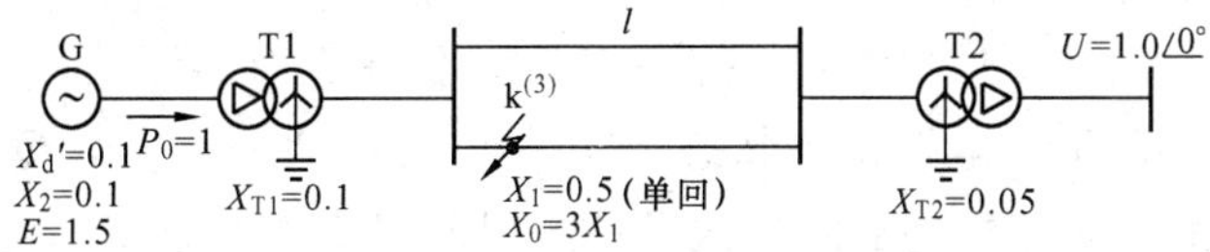

图 11-14　系统接线图

[**答案**：$\delta_{cm}=74.18°$]

11-4　某简单系统如图 11-15 所示，系统阻抗及末端功率 S 都用标幺值表示。

G：$X_d'=0.24$，$X_2=0.50$；

T－1，T－2：$X_1 = X_2 = 0.15$，$X_0 = 0.15$；

l－1，l－2：$X_1 = X_2 = 0.5$，$X_0 = 1.5$；

$S = 1 + j0.1$，$T_j = 7.5s$，末端电压保持 $0.9\angle 0°$。

如果 l－2 的发电厂一侧发生单相短路，并经过 0.2s 切除故障，试校验一下该系统的暂态稳定性。

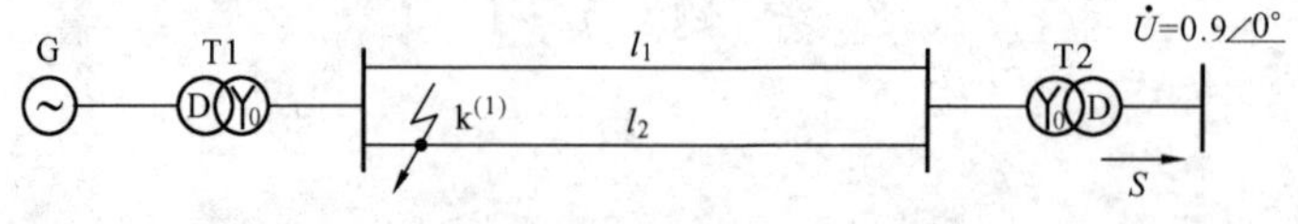

图 11-15　系统接线图

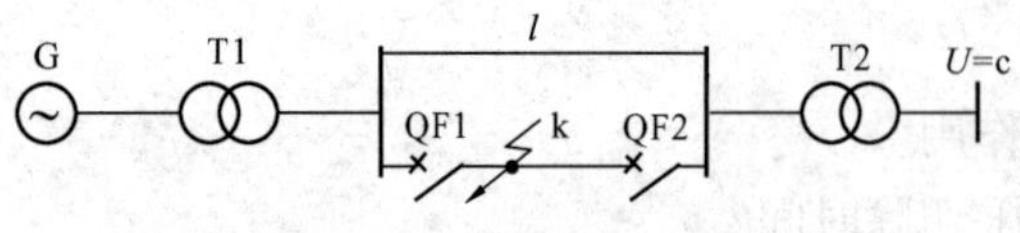

图 11-16　系统接线图

11-5　某电力系统如图 11-16 所示，设在一条线路始端发生三相突然短路，随后经过 t 时间在继电保护装置作用下线路两端开关同时跳闸。求（暂态稳定性）极限切除角度。

已知数据：原动机输出功率 $P_0 = 1$，双回线运行时的（瞬态）功角特性为 $P_1 = 2\sin\delta$，故障线切除后一回线运行时，（瞬态）功角特性为 $P_2 = 1.6\sin\delta$，以上数据均指标幺值数据。

［**答案**：$\delta_{cr} = 64.3°$］

11-6　简单电力系统如图 11-17 所示，当在一回线路上发生三相突然短路时，试计算其保持系统暂态稳定性的短路极限切除角 δ_{cr}。

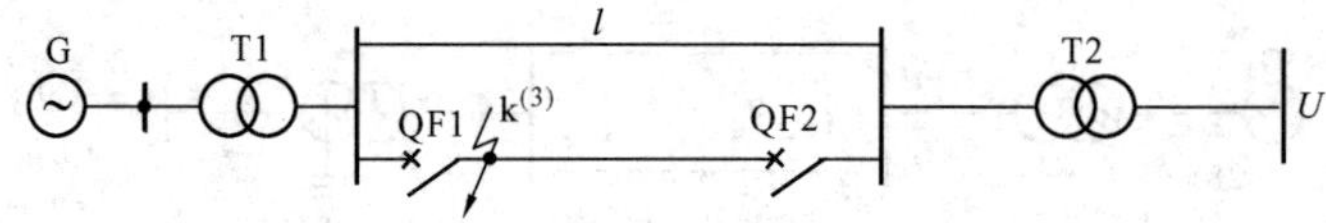

图 11-17　系统接线图

原始数据：$P_0 = 1.0$，$E' = 1.41$，$\delta_0 = 34.53°$，$\dot{U} = 1.0\angle 0°$，$X_{12}^{\mathrm{I}} = 0.79$，$X_{12}^{\mathrm{II}} = 1.043$。

［**答案**：$\delta_{cr} = 53.9°$］

11-7　某发电机与一无穷大容量母线连接，母线电压为 132kV，故障前后两者之间的电抗如下：故障前为 140Ω，故障期间为 385Ω，故障切除后为 175Ω。若在功角为 80°时故障切除，求故障发生前输送的功率。

［**答案**：$P_0 = 52.4$MVA］

11-8　简单电力系统如图 11-18 所示，已知在统一基准值下各元件的标幺值为：发电机 $X'_d = 0.29$，$X_2 = 0.23$。变压器 T1，$X_{T1} = 0.13$，变压器 T2，$X_{T2} = 0.11$。线路 l：双回线，$X_{l1} = 0.29$，$X_{l0} = 3X_{l1}$。运行初始状态：$U_{[0]} = 1.0$，$P_{[0]} = 1.0$，$Q_{[0]} = 0.2$。若在输电线路首端 k1 点发生两相短路接地故障，试用等面积定则的基本原理，判别故障切除角 $\delta_{cr} = 40°$时，该简单系统能否保持暂态稳定性。

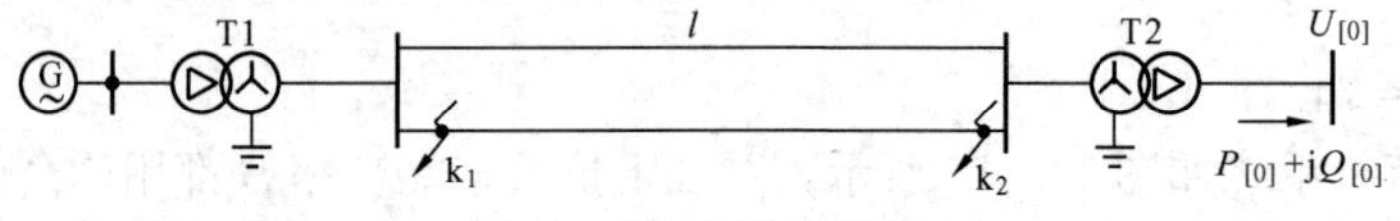

图 11-18　系统接线图

11-9 按照题 11-8 的已知条件，试用等面积定则确定极限切除角 δ_{cr}。

11-10 系统接线及参数与题 11-8 相同，若图 11-18 中 k2 点发生三相短路故障，试用等面积定则求极限切除角 δ_{cr}。

11-11 简单电力系统如图 11-9 所示。发电机电动势标幺值为 1.5，转子惯性时间常数 $T_J=6s$，正常输出功率 $P_0=1$，系统总电抗标幺值为 0.5，受端电压标幺值 $U=1$，设在一回线路的始端 k 处发生三相金属性短路，经某一时间后断路器 QF1、QF2 同时跳开，将故障线路切除，一回线运行时的系统总电抗为 0.75。试求：保持系统暂态稳定性的极限切除角和极限切除时间。

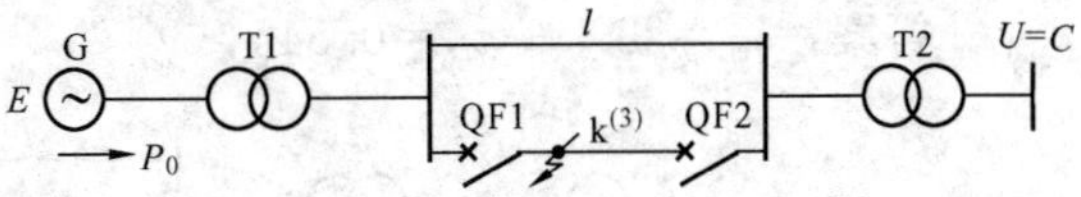

图 11-19 简单系统图

［**答案**：$\delta_{cr}=74.2°$，$t_{cr}=0.19s$］

11-12 电力系统接线如图 11-20 所示。各参数归算到 220kV 电压等级上，并取 $S_n=220MVA$，$U_n=209kV$ 时的数据。设在 k 点发生两相接地短路，试计算为保持暂态稳定性而需要的极限切除时间。

［**答案**：$\delta_{cr}=62.7°$，$t_{cr}=0.19s$］

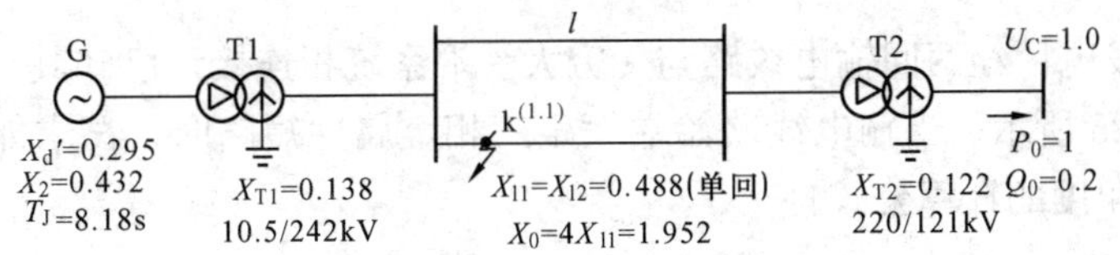

图 11-20 系统接线图

11-13 如图 11-21 所示系统，发电机经变压器通过双回线向无限大系统供电，输送功率为 1.0，变压器高压母线出口 P 点发生三相短路，试计算此系统的临界切除角和临界切除时间。设 $H=5MJ/MVA$，$f=60Hz$，其他参数在图中。

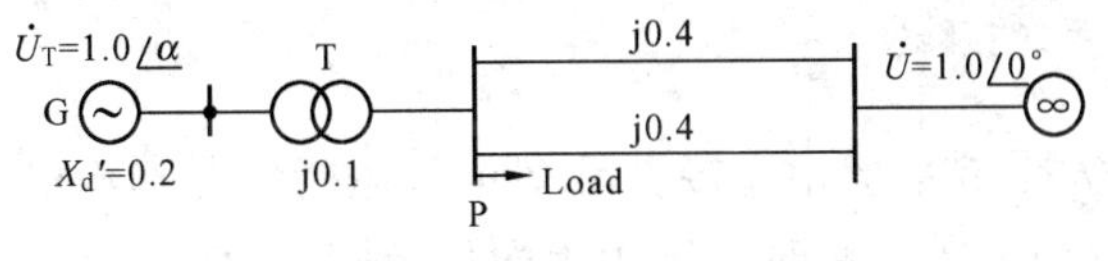

图 11-21 简单系统图

［**答案**：$\delta_{cr}=81.7°$，$t_{cr}=0.22s$］

11-14 简单电力系统的接线如图 11-22 所示，设输电线路某一回线的始端发生两相接地短路。试计算为保持暂态稳定性而要求的极限切除角度和极限切除时间。

［**答案**：$\delta_{cr}=62.7°$，$t_{cr}=0.19s$］

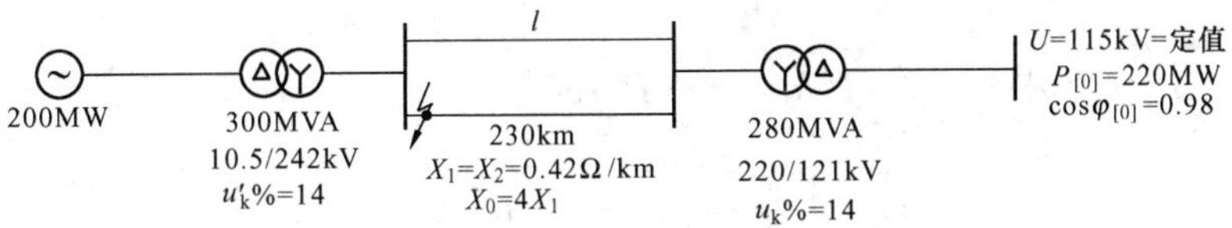

图 11-22 系统接线图

11-15 简单系统如图 11-23 所示，隐极发电机 G 装设有自动调节器，扰动过程中相当于维持 E' 恒定，已知参数为 $X_d=1.67$，$X'_d=0.234$，$T_J=6s$，变压器 $X_T=0.137$，线路 $X_l=0.0424$。系统故障前的运行条件为：$P_T=1$，$E_q=$

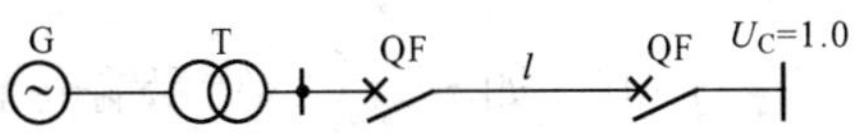

图 11-23 简单系统图

2.64，$U_C=1$（各参数均已归并到同一基准值）。当线路发生三相短路，断路器 QF 能够动作切除故障后再重合。如果能重合成功且系统仍保持稳定，问断路器 QF 必须在多长的时间内重合完毕？

［**答案**：$t=0.186\text{s}$］

11-16　如图 11-24 所示简单电力系统，当在输电线路送端发生单相接地故障时，为保证系统暂态稳定性，试求其极限切除时间（计算时，取 $S_n=250\text{MVA}$，$U_n=209\text{kV}$）。

［**答案**：$\delta_{cr}=88.9°$，$t_{cr}=0.54\text{s}$］

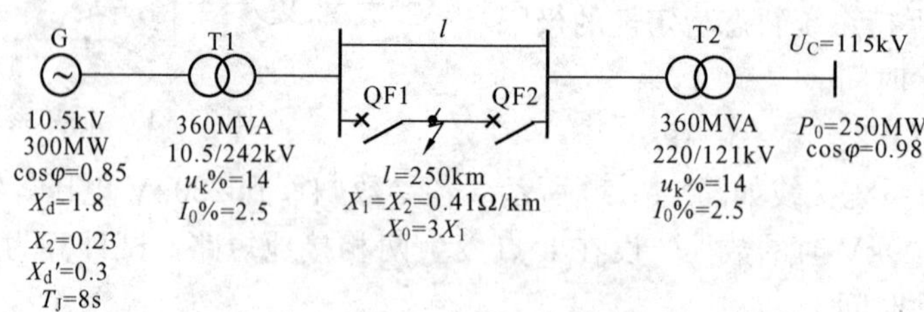

图 11-24　系统接线图

11-17　一发电厂经两回输电线路与无穷大受端系统相连接，已知其正常运行情况和输电参数如图 11-25 所示。当输电线路始端发生三相金属性短路时，试求能维持系统暂态稳定性的极限切除角度的计算公式？

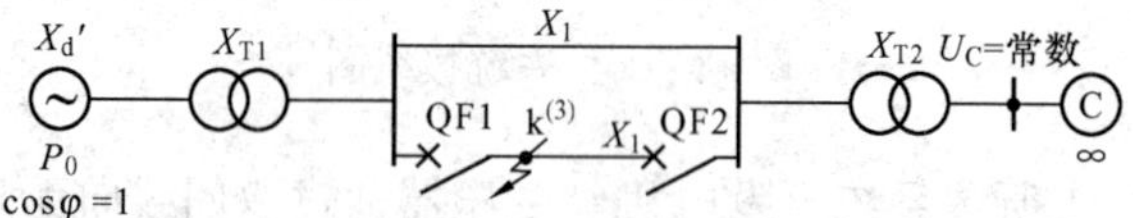

图 11-25　系统接线图

11-18　某发电厂经二回输电线路与无限大受端系统相连接。已知正常运行情况和输电参数如图 11-26 所示。当输电线路首端发生三相金属短路时，试用等面积定则推出：

（1）能维持系统暂态稳定性的极限切除角的计算公式；

（2）当一回输电线突然跳开时，保持系统暂态稳定性的条件是什么？（不计自动调节系统作用）。

［**答案**：（1）$P_{\text{Ⅲm}}=\dfrac{E'U_c}{X'_{d\Sigma\text{Ⅲ}}}$，$\delta_{cr}=\cos^{-1}\left(\dfrac{P_0(\delta'_1-\delta_0)+P_{\text{Ⅲm}}\cos\delta'_k}{P_{\text{Ⅲm}}}\right)$；

（2）$\displaystyle\int_{\delta_0}^{\delta_{cm}}P_0\,d\delta<\int_{\delta_{cm}}^{\delta'_k}(P_{\text{Ⅲm}}\sin\delta-P_0)\,d\delta$］

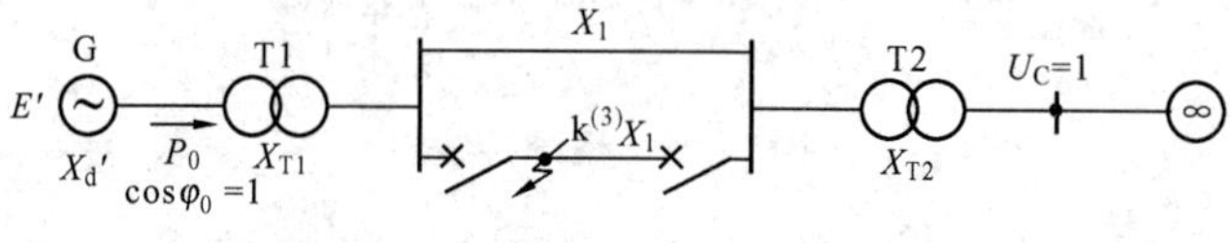

图 11-26　简单系统图

11-19　如图 11-27 所示输电系统，归算到同一基准值的各元件参数标幺值已标注图中，输电线零序电抗为正序电抗的 3 倍。在线路一回路的首端发生单相接地短路，用改进欧拉法确定临界切除时间。

［**答案**：$\delta_{cr}=92.8°$，$t_{cr}=0.53s$］

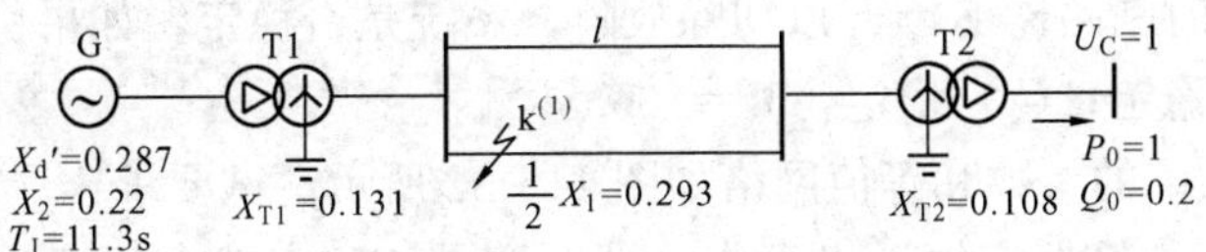

图 11 - 27　系统接线图

11 - 20　题 11 - 19 中高压线路一回路的首端发生两相接地短路，经 0.1s 切除故障线路，试计算并判定此系统的暂态稳定性。（为简化计算，可取发电机的 $X_2=X_d'$，用分段计算法）

［**答案**：稳定］

11 - 21　如图 11 - 28 所示，频率为 60Hz 的发电机，$H=2.7s$，通过三条并联线路与一无穷大母线相连。发电机的电抗（包括变压器）和三条线路电抗分别为 0.2，0.4，0.44 及 0.48。在 2 号线路的送端发生三相对称故障，此时发电机负荷为 1.0。瞬态电动势为 1.3，无穷大母线电压为 1.0，设故障切除时间为 0.125s。试用欧拉法计算 $\delta=f(t)$ 曲线（取 $h=0.05s$）。

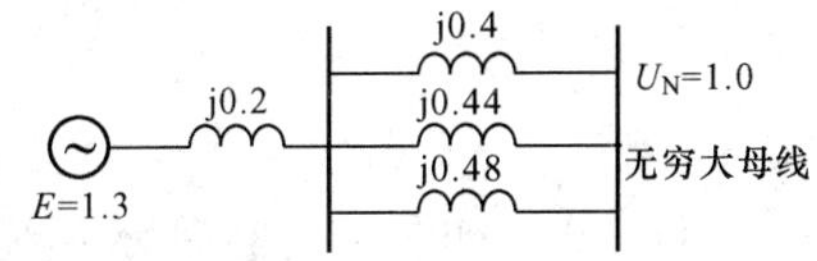

图 11 - 28　简单系统图

11 - 22　如图 11 - 29 所示简单系统短路故障后的电磁功率特性表示式为 $P_E=0.504\sin\delta$，$T_J=8.18s$，$P_T=P_0=1$，$\delta_0=34.53°$，试用改进欧拉法计算 $\delta=f(t)$ 曲线（计算三个时段，步长 $h=0.05s$）。

11 - 23　有一简单电力系统如图 11 - 30 所示，已知：发电机参数为 $X_d'=0.2$、$E'=1.2$，原动机的机械功率 $P_T=1.3$，线路参数如图所示，无限大电源电压 $\dot{U}_C=1.0\angle 0°$。如果在线路始端突然发生三相短路，当在突然三相短路后，转子角度每增加 30°时才切除故障线路，问此系统是否暂态稳定性？

［**答案**：不稳定，$\delta_{cr}=48.2°$］

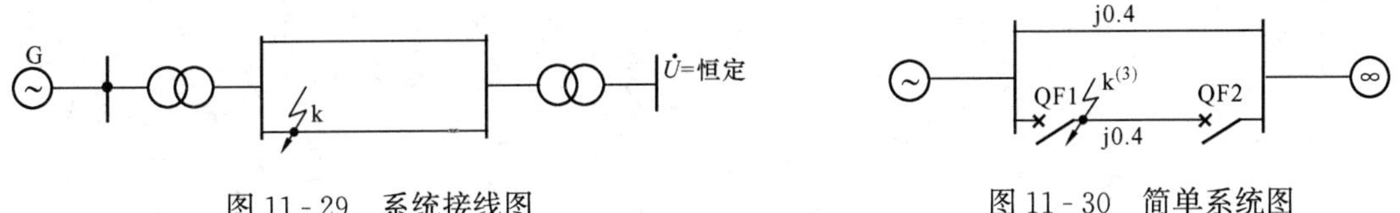

图 11 - 29　系统接线图　　图 11 - 30　简单系统图

11 - 24　在例 11 - 3 题中，若并列的两条线路中有一条终端断路，试判断系统的稳定性。若系统是稳定的，求 δ_3。

［**答案**：稳定，$\delta_3=69.8°$］

11 - 25　如图 11 - 31 所示电力系统，若参数如下：$X_d=1.8$，$X_d'=0.295$，$X_2=0.432$，$X_{T1}=0.138$，$X_{T2}=0.122$，$X_l/2=0.244$，$P_0=1$，$Q_0=0.2$，$T_J=8.18s$，$S_n=220MVA$，$U_n=209kV$，计算突然切除一回线以后，角度 δ 的变化过程，并校验系统是否丧失稳定，假定 $E'=$ 常数。

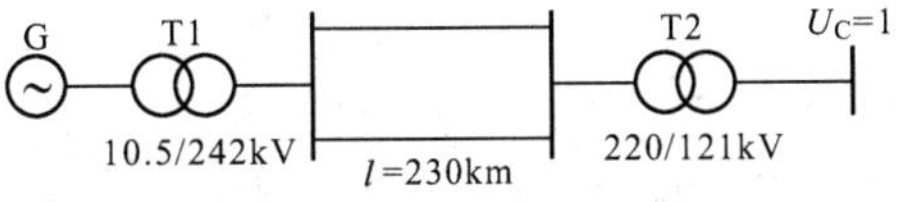

G　T1　T2　$U_C=1$

10.5/242kV　$l=230km$　220/121kV

图 11 - 31　系统接线图

［**答案**：$\delta_{cr}=53.8°$，稳定］

11-26　已知条件同例 11-3，若是并联线路中的一条线路中点处发生三相对称故障，

（1）若故障没有切除，发电机是否稳定？

（2）若 $\delta_C=60°$ 时断路器 B 断开以切除故障，系统是否稳定？如果稳定，求 δ_3。

［**答案**：（1）不稳定；（2）稳定，$\delta_3=105.88°$］

11-27　简单系统的参数和等值网络如图 11-32 所示。试要求：

（1）计算当串联电容器突然退出工作（即断路器 QF 突然合闸）时，在 $t=0\sim0.1\text{s}$ 期间内转子摆动过程。

（2）利用面积定则判定系统是否能维持稳定。

［**答案**：稳定］

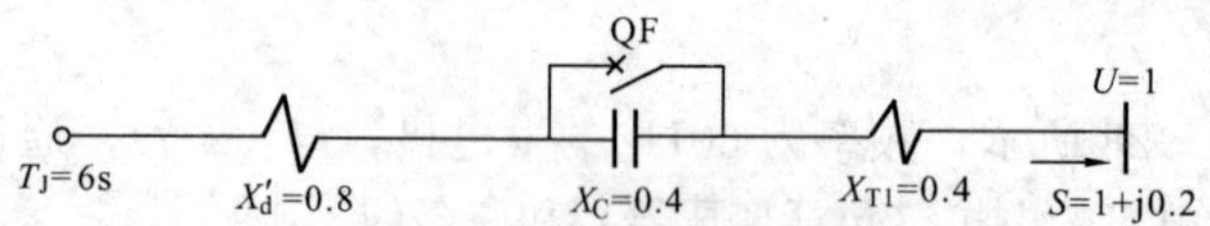

图 11-32　系统等值电路

11-28　如图 11-33 所示系统，输电线三相短路后经某一时间间隔后切除故障。试问：从危害暂态稳定性的观点来看，故障发生在输电线的哪一部分（送端 k1，中间 k2，受端 k3）是最危险的？为什么？

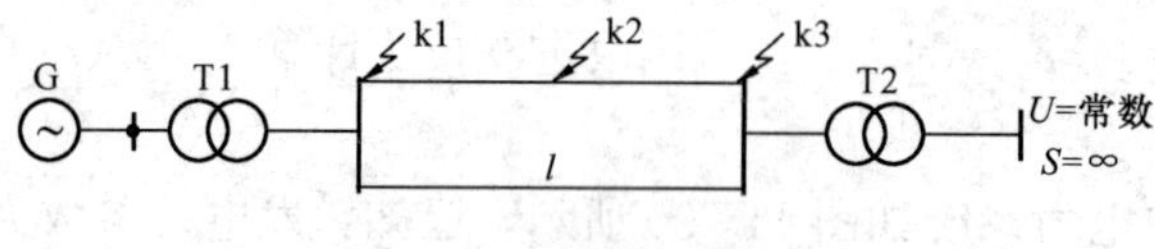

图 11-33　简单系统图

参 考 文 献

1 何仰赞，温增银，等. 电力系统分析（上、下册）. 武汉：华中理工大学出版社，2002.
2 陈珩. 电力系统稳态分析. 3版. 北京：中国电力出版社，2007.
3 李光琦. 电力系统暂态分析. 3版. 北京：中国电力出版社，2007.
4 韩祯祥，吴国炎，等. 电力系统分析. 杭州：浙江大学出版社，2005.
5 徐政. 电力系统分析同步练习册. 杭州：浙江大学出版社，2005.
6 杨淑英，邹永海. 电力系统分析复习指导与习题精解. 北京：中国电力出版社，2002.
7 陆敏政. 电力系统习题集. 北京：水利电力出版社，1988.
8 徐政. 电力系统分析学习指导. 北京：机械工业出版社，2003.
9 韦钢. 电力系统分析基础. 北京：中国电力出版社，2006.
10 许光亚. 电力系统故障分析. 北京：水利电力出版社，1993.
11 周荣光. 电力系统故障分析. 北京：清华大学出版社，2000.
12 刘万顺. 电力系统故障分析. 2版. 北京：中国电力出版社，2006.
13 李焕明. 电力系统分析. 北京：中国电力出版社，1999.
14 杨以涵. 电力系统基础. 2版. 北京：中国电力出版社，2007.
15 于永源. 电力系统分析. 3版. 北京：中国电力出版社，2007.
16 华智明，岳湖山. 电力系统稳态计算. 重庆：重庆大学出版社，1991.
17 东北电业管理局调度中心. 电力系统运行操作和计算. 沈阳：辽宁科学技术出版社，1996.
18 尹克宁. 电力工程. 北京：中国电力出版社，2005.